AF821632

Vorlesungen

über die

Naturlehre

zur

Belehrung derer, denen es an mathematischen Vorkenntnissen fehlt.

Von

Heinrich Wilhelm Brandes,

Professor in Leipzig.

Dritter Theil.

Mit 6 Kupfern.

Leipzig, 1832.

bei Georg Joachim Göschen.

Inhalt.

sie umkreist. Multiplicator oder Galvanometer. Messung der Kraft der electrischen Ströme. Bestimmung der ungleichen Leitung der Electricität in Metallen.

Ein und dreißigste Vorlesung. Faraday's Entdeckung der electromagnetischen Rotationen. Ampère's fernere Untersuchungen über die Anziehung electrischer Ströme und die durch bloße electrische Ströme hervorgebrachten Rotationen. Magnetisch-electrische Rotationen. Rotationen durch den Erdmagnetismus. Ursache des Erdmagnetismus. Einwürfe gegen Ampère. Transversalmagnete in Vergleichung mit dem Leitungsdrathe.

Zwei und dreißigste Vorlesung. Thermomagnetismus. Gesetze seiner Wirkung. Bestimmung hoher Temperaturen durch denselben. Electrische Ströme durch die bloße Nähe electrischer Ströme hervorgebracht. Faraday's Entdeckung electrischer Wirkungen des Magnets und eines Funkens durch Einwirkung des Magnets. Bestätigung der Ampèreschen Theorie.

Erste Vorlesung.

Jede einzelne Lehre der Physik, m. h. H., hat in Rücksicht auf die Art, wie sie unsre Aufmerksamkeit anzieht, in Rücksicht auf das Interesse, welches sie erregt, etwas Eigenthümliches, und muß mit Rücksicht auf diese Eigenthümlichkeit ins Auge gefaßt werden. Die mechanischen Lehren empfehlen sich uns nicht bloß durch die Anwendbarkeit auf Maschinen und durch den überall unverkennbaren Nutzen, den sie gewähren, sondern auch durch die Sicherheit, mit welcher die Schlüsse sich an einander reihen, durch die über alle Zweifel sich erhebende Nothwendigkeit in den aus wenigen Grundlagen hervorgehenden Folgerungen. Die Lehre vom Lichte bietet dem Auge ebenso mannigfaltige Unterhaltung durch schöne Farben-Erscheinungen als dem Verstande durch die Auflösung der schwierigen Fragen, zu welchen diese Erscheinungen Veranlassung geben, dar; und fast auf ähnliche Weise kann man von der Electricität sagen, daß sie uns bald durch die Neuheit ganz unerwarteter Erscheinungen überrascht, bald durch die Gewalt ihrer Wirkungen uns in Erstaunen setzt, bald in einer Reihe räthselhafter Phänomene uns zur Bewunderung des Scharfsinns derer auffordert, die diese Phänomene in ein System zu ordnen, das eine aus dem andern zu erklären, mit so großem Glücke versucht haben. Die Lehre von der Wärme kann wohl nicht auf gleiche Weise auf den Ruhm Anspruch machen, solche Erscheinungen darzubieten, die dem Auge durch ihre Schönheit sich empfehlen, oder die als gänzlich unerwartet unser Erstaunen erregen; aber dagegen hat sie den Vorzug, uns über zahllose Natur-Erscheinungen Aufschluß zu geben, uns mit Wirkungen, die wir von Jugend an gesehen haben, ohne sie uns deutlich zu erklären, vertraut zu machen, und uns zu zeigen, wie grade die Wärme in die ganze Haushaltung der Natur, zwar auch zerstörend, aber doch vorzüglich belebend und heilsam eingreift. Es ist wohl einleuchtend, daß mit diesen Andeutungen nur das ausgesprochen ist, was jede Lehre vorzugsweise auszeichnet; denn keinem Theile der Physik fehlt das ganz, was der eine in vorzüglichem Grade besitzt, und es ist bekannt, daß auch die Wärmelehre durch unzählige nützliche Anwendungen dem practischen Sinne sich sehr empfielt, daß auch sie unerwartete Erscheinungen kennen lehrt, und daß dagegen auch Licht und Electricität als mächtig wirkende Mittel in das ganze Leben der Natur eingreifen, und so weiter.

Wärme und Licht. Wärmestoff.

Die Lehre von der Wärme schließt sich nahe an die Lehre vom Lichte an, theils weil Wärme und Licht sich uns so oft vereinigt zeigen, daß wir zuweilen zweifelhaft werden, ob wir sie nicht als verschiedene Wirkungen einer gleichen Ursache ansehen sollen, theils weil in einigen Fällen die Erscheinungen beider ganz offenbar ähnlichen Gesetzen folgen. Warum wir gleichwohl Bedenken tragen müssen, die Wärme gradezu nur als Wirkung eben der Materie, der wir die Licht=Erscheinungen zuschreiben, zu betrachten, wird sich bei der Angabe der einzelnen Erscheinungen ergeben, und es läßt sich hier wohl nur die kurze Bemerkung voranstellen, daß auch die Wärme zu der Frage Anlaß gegeben hat, ob sie durch einen von Körper zu Körper übergehenden ausströmenden Stoff hervorgebracht wird, oder ob nur die Undulationen des Aethers unserm Gefühle in der Wärme, so wie dem Auge im Lichte, sich wahrnehmbar machen. Diese Frage zu entscheiden, hat hier, wo die Erscheinungen sich nicht mit der Schärfe, welche das Auge erlaubt, verfolgen lassen, noch mehr Schwierigkeit, und ohne entscheiden zu wollen, was tiefere Untersuchungen einst ergeben mögen, finden wir es doch für die Darlegung der Erscheinungen am angemessensten, von einem Wärmestoffe, von seinem Uebergange von einem Körper zum andern, von seiner Verbindung mit den materiellen Theilen der Körper u. s. w. zu sprechen, und dieses um so mehr, da zahlreiche Erscheinungen sich ganz so, als ob sie eine quantitative

Abmessung des Wärmestoffs gestatteten, unserer Betrachtung darbieten. Diesen Erscheinungen folgend sehen wir es so an, als ob ein eigenthümlicher Wärmestoff, eine Materie von großer Feinheit und Elasticität, als Ursache der Wärme und Hitze, wo sie im Uebermaaß vorhanden ist, als Ursache der Kälte, wo sie in geringer Menge vorhanden ist oder wo ein relativer Mangel statt findet, den Erscheinungen der Wärme und Kälte zum Grunde läge, und nur in einzelnen Fällen werden wir Gelegenheit haben, diese Hypothese als nicht ganz genügend tadeln oder unsre Unsicherheit in Beziehung auf die Erklärung der Phänomene nach derselben gestehen zu müssen.

Temperatur. Ungleiche Ausdehnung der Körper bei ungleichen Temperaturen.

Unsre Empfindung lehrt uns zuerst Ungleichheit der Temperatur kennen, indem ein Körper sich fühlbar wärmer, der andre kälter zeigt. Wir bemerken eine Ausgleichung dieser Ungleichheit der Temperatur bei der gegenseitigen Berührung der Körper, so daß der wärmere dem kälteren Wärme abzugeben scheint; die in beiden Körpern uns merklich werdende Wärme setzt sich, wie wir uns ausdrücken, ins Gleichgewicht, und die Körper nehmen dadurch eine gleiche Temperatur an. Diese Gleichheit und Ungleichheit der fühlbaren Wärme ist die erste Erscheinung, die wir deutlich wahrnehmen, aber ohne in unserm Gefühle Mittel zur genaueren Abmessung der Ungleichheit zu finden.

Ein solches Mittel bietet sich uns dagegen in der Ausdehnung der Körper durch die Wärme dar, von welcher man sich leicht durch folgende Erfahrung überzeugen kann. Man nimmt eine Messingkugel und bringt in einer Messingplatte ein Loch an, das grade groß genug ist, um die Kugel durchzulassen; dann findet sich, daß diese Kugel erhitzt nicht mehr durch die Oeffnung fällt, sondern von den Rändern der Platte so lange am Hindurchfallen gehindert wird, bis Kugel und Platte wieder gleiche Temperatur erlangt haben. Kennt man aber einmal diese Eigenschaft der Körper, so findet man sie in zahlreichen Fällen wieder, indem man z. B. bemerkt, daß ein Glasstöpsel sich leicht in die Oeffnung der Glasflasche hineinbringen läßt, wenn die letztere warm, jener dagegen kalt ist, und daß es dann schwer hält, die kalt gewordene Flasche zu öffnen, weil die enger gewordene Oeffnung den Stöpsel jetzt sehr fest umschließt; ein so eingetriebener Stöpsel ist oft sehr schwer wieder herauszubringen, weil bei neuer Erwärmung der Flasche nun beide Körper sich zugleich erwärmen und ausdehnen, statt daß dies zuerst nur bei dem einen der Fall war. Ebenso findet man, daß ein durch die Thür eines erhitzten Ofens hinein gebrachtes kaltes Gefäß sich erhitzt nicht wieder herausbringen läßt, wenn es vorhin nur mit geringem Spielraume hindurch ging.

Die festen Körper dehnen sich weniger aus als die flüssigen, daher sieht man feste Körper bei der Erwärmung in den flüssigen untersinken, wenn sie sich bei geringerer Wärme nur noch eben schwimmend erhielten; denn obgleich sie zusammen erwärmt sich beide ausdehnen, so beträgt dies doch bei dem festen Körper so wenig, daß sein specifisches Gewicht sich nur unbedeutend ändert, während der sich stärker ausdehnende flüssige Körper in bedeutendem Maaße specifisch leichter wird. Diese stärkere Ausdehnung macht die flüssigen Körper mehr geeignet, um zur Abmessung der Ausdehnung und so mittelbar zur Messung der Wärme zu dienen, und sie dienen hiezu um so bequemer, da man ihre Ausdehnung durch passend gewählte Form der Gefäße leichter bemerkbar machen kann. Nehmen wir nämlich an, was die Erfahrung als richtig zeigt, daß Glasgefäße ihren innern Raum bei der Erwärmung nur sehr wenig vergrößern, so wird eine hohle Glaskugel, die mit einer engen Röhre verbunden ist, der bei niedriger Temperatur sie ganz füllenden Flüssigkeit nicht mehr Raum genug geben, wenn eine Erwärmung statt findet, sondern die Flüssigkeit wird dann in die Röhre hineintreten, und man wird ihre Ausdehnung in der engen Röhre sehr bequem wahrnehmen können. Quecksilber dehnt sich von der Kälte des gefrierenden Wassers bis zu der Temperatur eines heißen Sommertags etwa um $\frac{1}{200}$ aus; — eine Ausdehnung, die in einer 12 Zoll langen cylindrischen Röhre noch keine Linie betragen würde; die aber höchst merklich wird, wenn man einer Kugel von 200 Cubiclinien Inhalt eine so enge Röhre angefügt hat, daß eine Cubiclinie eine Länge von 2 Zoll einnimmt. Da dieses die Einrichtung ist, die wir unsern Thermometern geben, so führt mich dies sogleich zu den Ueberlegungen, die der Verfertigung der Thermometer zum Grunde liegen.

Abmessung der Wärme-Unterschiede durch Thermometer.

Um eine richtige Abmessung der Wärme an die Ausdehnung der Körper anzuknüpfen, ist zuerst die Kenntniß bestimmter, immer gleich unter bestimmten Umständen zu erhaltender Wärmegrade, und die Ueberzeugung, daß die Ausdehnung der Körper, auch nach wiederholten Veränderungen, bei gleicher Wärme wieder dieselbe ist, nothwendig. Wir erwerben uns diese doppelte Kenntniß, wenn wir einen flüssigen Körper in eine solche, mit einer Röhre verbundene Kugel füllen, und diese in Materien eintauchen, welche wir als gleich warm anzusehen Grund haben; kömmt da die Flüssigkeit nach allen Abwechselungen von Wärme immer wieder auf denselben Stand, zu gleichem Grade der Ausdehnung, zurück, so dürfen wir glauben, sowohl einen immer gleichen Wärmegrad hervorgebracht, als die Unveränderlichkeit der Ausdehnung in Beziehung auf die Wärme bestätigt zu haben. Dieses Experiment läßt sich am besten in Schnee anstellen, der bei anfangendem Aufthauen schon mit Wasser durchzogen ist, und die Erfahrung zeigt, daß, welche Flüssigkeit auch in jener Kugel und Röhre enthalten ist, und wie oft man, nach willkürlich veranlaßten Wechseln von Wärme, das Eintauchen in solchen Schnee wiederholt, allemal die eingeschlossene Flüssigkeit auf denselben Stand zurückkömmt; und was sich hier bei einem solchen bestimmten Wärmegrade zeigt, das nimmt man bei mehreren wahr, so daß die Ueberzeugung, gleicher Wärme entspreche ein immer gleicher Grad von Ausdehnung eines bestimmten Körpers, als fest begründet erscheint.

Die Verfertigung eines Instrumentes, das wir einen Wärmemesser, Thermometer, nennen wollen, ist hierdurch uns sehr nahe gelegt, obgleich die Ausführung noch einige Schwierigkeit darbietet. Es sollte nämlich, — dies ist eine der vorzüglichsten Schwierigkeiten, — eine flüssige Materie zur Füllung der Thermometerröhre genommen werden, die bei gleichem Unterschiede der Wärme sich um gleich viel ausdehnt, und es sollten zwei ziemlich weit von einander entfernte Temperaturen als feste Temperaturen zur Bestimmung einer Scale der Wärme dienen. Obgleich es uns nun hier, im ersten Anfange der Wärmelehre, noch nicht möglich ist, die Frage, wie man gleiche Unterschiede der Wärme bestimme, und wie man die Eigenschaft irgend einer Flüssigkeit, sich bei gleichem Wärme-Unterschiede gleich viel auszudehnen, kennen lerne, zu beantworten; so darf ich doch es wohl schon jetzt als eine sich später bestätigende Erfahrung aussprechen, daß reines Quecksilber für mittelmäßige Temperaturen diese Eigenschaft beinahe genau besitzt. Daß dieses dagegen nicht eine allgemeine Eigenschaft aller Flüssigkeiten ist, davon kann man sich leicht überzeugen, wenn man Wasser, Weingeist, Quecksilber und andre Flüssigkeiten auf gleiche Weise in solche, mit einer Kugel verbundene Röhren, die wir Thermometerröhren nennen wollen, füllt.

Bringt man nämlich diese gefüllten Röhren zuerst in gefrierendes Wasser, und bemerkt die Puncte, wo das Ende der in die Röhre hinaufreichenden Säule des Flüssigen steht; läßt man dann das Wasser, worin sie bleiben, allmählig sich erwärmen, und bezeichnet beim Kochen wieder die Puncte, wo die Flüssigkeiten in den Röhren sich endigen; so sollte man glauben, beim allmähligen Erkalten würden die sich wieder zusammenziehenden Flüssigkeiten gleichmäßig sinken, und zugleich den halben Raum, drei Viertel des Raumes und so ferner zurück durchlaufen; aber das ist nicht der Fall, sondern das Wasserthermometer hat schon jenen Zwischenraum halb durchlaufen, wenn das Quecksilber erst wenig über ein Viertel zurückgelegt hat.

Um also ein Thermometer zu machen, füllen wir eine Kugel A, die mit einer engen und ziemlich langen Röhre BC (Fig. 1.) verbunden ist, mit ganz reinem, auch von Luft befreitem Quecksilber, etwa so weit an, daß auch im gefrierenden Wasser die Röhre noch bis D gefüllt bleibt. Nachdem das Thermometer in Schnee, der im Aufthauen begriffen ist, so lange, daß es die Temperatur dieses Schnees angenommen hat, eingetaucht gewesen, bezeichnet man den Punct D, wo sich die Quecksilber-Oberfläche befindet, und hat so den einen festen Punct der Thermometerscale. Die Bestimmung des andern Punctes erhält man durch das Kochen des Wassers; aber dieses Kochen tritt nicht immer bei gleicher Wärme ein, sondern bei geringerer Wärme, wenn das Barometer niedriger steht, wenn der Druck der Luft geringer ist; man muß daher das Kochen dann beobachten, wenn das Barometer eine bestimmte Höhe, 28 paris. Zoll zum Beispiel, hat. Wenn diese Vorsicht beobachtet ist, und man das Thermometer so gestellt hat, daß es die wahre Kochhitze des Wassers annimmt, so hat man auch hier einen zweiten festen Punct der Scale, der bei dem Kochen des Wassers unter 28 Zoll Druck der Luft sich immer wieder ebenso findet. Das Thermometer wird, nachdem man alle Luft herausgetrieben, oben zugeschmolzen; den zwischen Gefrierkälte und Siedehitze des Wassers gefundenen Zwischenraum theilt man nun in 80 oder in 100 gleiche Theile, je nachdem man die Scale des Reaumürschen oder des Centesimalthermometers auftragen will, und setzt 0° neben dem Puncte des thauenden Schnees, 80° auf jener Scale, 100° auf dieser neben dem richtig bestimmten Kochpuncte des Wassers.

Damit aber die so verfertigten Thermometer correspondirend werden, muß die Röhre überall gleich weit sein, oder — wie man es ausdrückt, — man muß eine gut calibrirte Röhre anwenden. Um sich zu überzeugen, ob die Röhre in allen ihren Theilen gleich weit ist, bringt man, ehe sie gefüllt wird, nur einen mäßigen Tropfen Quecksilber in die Röhre, und mißt genau, ob er in allen Gegenden der Röhre eine gleiche Länge einnimmt; ist das strenge der Fall, so ist die Röhre brauchbar, im entgegengesetzten Falle muß man eine andre Röhre wählen.

In diesen Regeln sind die wichtigsten Bedingungen zu Verfertigung übereinstimmender Thermometer gegeben, indeß hat man, um völlige Gleichheit zu erhalten, noch auf manche Nebenumstände zu sehn, die ich kurz erwähnen will *). Bei dem Gefrierpuncte findet, wenn schon sehr viel Wasser mit dem Schnee vermischt ist, oder wenn sich nur thauendes Eis im Wasser befindet, nicht mehr eine ganz strenge Gleichheit der Temperatur in allen Wasserschichten statt, indeß ist hier der Unterschied geringe. Die Bemerkung, daß ein Thermometer im allerstrengsten Sinne immer wieder auf den Gefrierpunct zurückkomme, wenn man nach verschiedenen Erwärmungen und Abkühlungen es in eben solchen zergehenden Schnee

*) Ausführl. ist dieser Gegenstand von Egen abgehandelt. Poggend. Ann. XI. 276.

bringt, leidet so fern eine Beschränkung, als erstlich die Veränderungen, welche das Glas bei Erwärmung leidet, nicht sogleich bei der Abkühlung wieder vorübergegangen sind, sondern der dieser Abkühlung entsprechende Zustand erst langsamer eintritt, und zweitens bei längerem Gebrauche eines Thermometers der Druck der Luft eine kleine dauernde Veränderung des Inhalts der Kugel hervorzubringen scheint; — der letztere von mehrern Beobachtern angegebene Umstand wird indeß von **Muncke** in Zweifel gezogen.

Die Bestimmung des Kochpunctes fordert vorzügliche Sorgfalt. Nicht allein ist er bei ungleichem Barometerstande so sehr anders, daß eine Linie Aenderung des Barometers die Wärme des Kochens um $\frac{88}{1000}$ eines Centesimalgrades oder um $\frac{7}{100}$ eines Reaumürschen Grades ändert, sondern die Aufwallungen des Wassers bringen auch ein Wechseln der bald zu hohen, bald zu niedrigen Temperatur hervor. Diese Wechsel sind in den nahe über der Oberfläche des Wassers befindlichen Dämpfen nicht merklich, und man muß daher in einem Gefäße, welches zwar den Zutritt der Luft nicht hindert, aber doch Tiefe genug zwischen der Wasser-Oberfläche und der dem Eindringen der Luft frei gelassenen Oeffnung hat, die Thermometerkugel in den Dampf nahe über dem kochenden Wasser bringen, um die Kochhitze zu bestimmen. Die meisten Verfertiger von Thermometern wählen zu Bestimmung des Kochpunctes einen Barometerstand von 0,76 Meter = 336,9 par. Linien oder auch von 28 paris. Zoll = 336 Lin. Wie viel dann die wahre Kochwärme bei andern, nicht viel verschiedenen, Barometerständen beträgt, läßt sich aus der Angabe, daß die Aenderung bei jeder Linie $\frac{88}{1000}$ Gr. Cent. ($\frac{7}{100}$ ° R.) beträgt, übersehen; bei sehr vermindertem Barometerstande ist aber die Aenderung größer. Bei uns steigt das Barometer selbst an den Ufern des Meeres selten auf 28¾ Zoll und es fällt selten unter 26¼ Zoll; in jenem Falle würde das Kochen, wenn der Kochpunct des Thermometers bei 28 Zoll Barometerstand bestimmt ist, erst bei 100,8° Cent. (80,6° R.), im letztern Falle bei 98,°1 Cent. (78,5° R.) eintreten. In Quito, wo das Barometer 19½ Zoll hoch steht, kocht das Wasser schon, wenn es erst die Wärme von 90° C. (72° R.) erreicht hat, auf dem Chimborasso unter 12½ Zoll Luftdruck schon bei 79° C. (63° R.) Unter der Luftpumpe, wo der Druck nur wenige Linien beträgt, kömmt das Wasser schon bei einer Temperatur von 25° Cent. (20° R.) leicht zum Kochen. Endlich muß ich noch einen Umstand erwähnen, der das Aufkochen des Wassers früher herbeiführt, nämlich Ungleichheiten in der Oberfläche der Gefäße. So wie Körper mit spitzigen Ecken die Entwickelung der Luft bei lufthaltende Flüssigkeiten befördern, so kömmt auch in Gefäßen, deren Oberfläche nicht ganz glatt ist oder in welchen sich fremde Körper befinden, das Wasser eher zum kochenden Aufwallen, als in ganz glatten Gefäßen.

Hierin ist fast alles enthalten, was die Verfertigung der Thermometer betrifft; ich muß nur noch beifügen, daß man die unter dem Nullpunct herabgehenden Grade negative oder Kältegrade (mit dem Zeichen — angedeutet) nennt, die von Null zu größerer Wärme fortgehenden positive oder Wärmegrade (die mit + bezeichnet werden, wenn diese Unterscheidung nöthig ist); beide werden so weit fortgesetzt aufgetragen, als die Zwecke des einzelnen Instrumentes es fordern, oder höchstens so weit als die beim Quecksilber statt findenden Grenzen es gestatten. Da das Quecksilber bei 356° Cent. (285° R.) kocht und bei — 40° Cent. (— 32° R.) gefriert, so sind dieses die äußersten Grenzen der Brauchbarkeit eines Quecksilberthermometers.

Man hat ehemals mehr verschiedene Thermometerscalen angewandt, jetzt ist außer der erwähnten nur noch die Fahrenheitische hie und da im Gebrauch, welche den Nullpunct, einer künstlichen Kälte entsprechend, tiefer setzt *); bei dem Aufthauen des Schnees + 32°, bei dem Kochen des Wassers 212°.

Die zusammengehörenden Grade zeigt Fig. 2.

Genauere Bestimmung der Ausdehnung tropfbarflüssiger und fester Körper.

Da wir uns jetzt im Besitze eines Instruments befinden, welches uns in Stand setzt, gewisse Wärmegrade verständlich zu bezeichnen, so können wir das genaue Maaß der Ausdehnung einzelner Körper mit mehr Sicherheit angeben.

---

*) Hier steht nämlich bei dem Puncte, welchen das in Schnee und Salz gesetzte Thermometer erreicht, Null.

Um zuerst für tropfbar flüssige Körper die Ausdehnung zwischen bestimmten Wärmegraden anzugeben, bedient man sich am besten der Abwägungen. Man bestimmt zum Beispiel das Gewicht einer leeren aus Kugel und enger Röhre bestehenden Thermometerröhre ganz genau, und füllt sie dann in der Temperatur des schmelzenden Schnees bis oben an mit ganz reinem, auch von Luft befreitem, Quecksilber. Wenn dies mit aller Sorgfalt geschehen ist, bestimmt man durch neues Abwägen und bei der Gefrierkälte das Gewicht des die Kugel und Röhre füllenden Quecksilbers, um die bei 0^0 darin enthaltene Menge abzumessen. Man erwärmt jetzt die gefüllte Röhre und läßt das sich ausdehnende Quecksilber ausfließen, bis man die Wärme des kochenden Wassers erreicht hat, alsdann zeigt eine abermalige Abwägung, wie viel Quecksilber übergeflossen ist, und man erhält daher das Gewichtsverhältniß des bei jener und bei dieser Temperatur gleichen Raum ausfüllenden Quecksilbers. Nach den besten Beobachtungen nehmen 982 Gran Quecksilber bei der Wärme des kochenden Wassers so viel Raum ein, als 1000 Gran bei der Kälte des gefrierenden Wassers oder des thauenden Schnees, und die Ausdehnung derselben Gewichtsmasse beträgt also $\frac{18}{1000}$. Das Wasser dehnt sich stärker aus, nämlich um $\frac{43}{1000}$.

Diese Bestimmung der Ausdehnung des Quecksilbers oder Wassers würde genau sein, wenn das Glas, welches zum Gefäße dient, sich nicht ausdehnte; aber dieses Gefäß wird durch die Wärme größer, und jener Versuch giebt also die ausfließende Menge Quecksilber nicht ganz so groß, als es für ein ganz unveränderliches Gefäß der Fall sein würde. Um diesem Fehler ganz auszuweichen, haben Dulong und Petit, bei ihren Versuchen über die Ausdehnung des Quecksilbers durch die Wärme, eine ganz andre Einrichtung angewandt. Da zwei verschiedene Flüssigkeiten, die in einer zweischenklichen Röhre mit verticalen Schenkeln einander im Gleichgewichte halten, durch ihre ungleichen Höhen uns das specifische Gewicht dieser Flüssigkeiten kennen lehren, so bedienten sie sich einer solchen Röhre, deren verticale Schenkel durch eine hinreichend lange horizontale Röhre verbunden waren. In dieser Röhre wurde das Quecksilber im einen Schenkel immer bis auf den Gefrierpunct abgekühlt erhalten, indem man die Röhre hier mit Eis umgab, das nur eine mäßige Oeffnung, um die Oberfläche des Quecksilbers zu beobachten, offen ließ; im andern Schenkel wurde das Quecksilber erhitzt, indem dieser Theil der Röhre seiner ganzen Länge nach in einem kupfernen, mit Oel gefüllten Gefäße sich befand, das man bis zu sehr hohem Wärmegrade erhitzte. Hier standen also kaltes und warmes Quecksilber, wie zwei ungleiche Flüssigkeiten, einander gegenüber, und die genaue Abmessung der Höhen beider Säulen gab das Verhältniß ihrer Dichtigkeiten, also ihrer Ausdehnung. Die Genauigkeit der Versuche scheint einen sehr hohen Grad erreicht zu haben, und die Bestimmung, daß von 0° bis 100° Centes. die Ausdehnung des Quecksilbers für jeden Grad $\frac{1}{5550}$, von 100° bis 200° für jeden Grad $\frac{1}{5425}$, von 200° bis 300° für jeden Grad $\frac{1}{5300}$ beträgt, ist die genaueste, die wir bis jetzt besitzen *). Vergleicht man hiermit das, was man nach der vorigen Methode findet, so erhält man den aus der Ausdehnung des Glases hervorgehenden Fehler, und kann dann die Glasröhren, mit Rücksicht auf diesen Fehler, für andre Flüssigkeiten gebrauchen.

Aber wenn man auch diese Aenderung des Volumens bei zwei bestimmten Wärmegraden ganz vollkommen kennt, so läßt sich doch für die, den zwischen liegenden Wärmegraden entsprechenden, Ausdehnungen noch keine sichere Bestimmung geben, indem manche flüssige Körper sich sehr ungleichmäßig ausdehnen. Das reine Wasser beobachtet unter allen bekannten Flüssigkeiten den seltsamsten Gang in der Ausdehnung, indem es sich bei einer nur wenig die Thauwärme übertreffenden Wärme zusammenzieht, und dann erst bei noch mehr wachsender Wärme sich langsam, nach und nach aber immer mehr bei gleicher Zunahme der Wärme, ausdehnt. Da wir die gleichen Grade des Quecksilberthermometers, wie Sie bald es durch bedeutende Gründe unterstützt finden werden, beinahe genau als Grade wirklich gleicher Wärme-Unterschiede ansehen können, so läßt sich die Ausdehnung des Wassers, so wie sie bestimmten Wärme-Unterschieden entspricht, aus folgender Zusammenstellung mit dem Quecksilber übersehen; es ist dabei angenommen, daß man auch für Wasser den Raum zwischen der dem gefrierenden und dem kochenden Wasser entsprechenden Ausdehnung in 100 gleiche Theile theile; dann würden das Wasserthermometer und Quecksilberther-

*) Ann. de Chim. et Phys. VII. 118.

mometer bei gleichen Temperaturen folgende Puncte der Scale erreichen *):

Wasser	Quecksilber.	Wasser	Quecksilber.
0°	0°	+ 9,°7	+ 30°
— 0,26	+ 3,7	+ 17,°5	+ 40°
0°	$7\frac{3}{4}$°	+ 38,°0	+ 60°
+ 0,°39	+ 10°	+ 64,°8	+ 80°
+ 3,°9	+ 20°	+ 100°	+ 100°.

Und so wie hier die Ausdehnung des Wassers gegen den Kochpunct zu schnell fortschreitet, so ist es auch bei andern tropfbaren Flüssigkeiten der Fall, so daß diejenigen Körper sich zu Thermometern am brauchbarsten zeigen, die wir ziemlich weit von ihrer Kochhitze und ziemlich weit von ihrer Gefrierkälte beobachten, woraus denn der Vorzug des Quecksilbers, so lange wir es nur in mittlern Temperaturen beobachten, sich erklärt. Und selbst bei hohen Temperaturen weichen die Angaben des Quecksilberthermometers noch nicht so sehr von der Wahrheit ab, da 314 Gr. nach der gleichförmigen Scale 300 Gr. Centes. wahrer Wärme entsprechen.

Die Eigenschaft, sich noch vor dem Gefrieren oder Erstarren auszudehnen, besitzt das Wasser in vorzüglichem Grade, indeß scheint sie doch auch dem Wasser nicht ganz allein eigenthümlich zu sein. Das Quecksilber zieht sich bei seinem Erstarren sehr stark zusammen, und hat dadurch ehemals die Meinung, als ob man viel größere Kältegrade, als es wirklich der Fall war, beobachtet habe, veranlaßt. Bei Kältegraden, die bis gegen 35 oder 40 Centes.gr. unter Null gehen, muß man sich eines Thermometers bedienen, das mit reinem Alkohol gefüllt und durch die Vergleichung mit einem Quecksilberthermometer graduirt ist; denn da der Alkohol, selbst bei viel größerer Kälte, nicht gefriert, so kann man seine Veränderungen in Hinsicht der Ausdehnung auch noch unter dem Gefrierpuncte des Quecksilbers als gleichmäßig fortdauernd ansehen, und die Gradtheilung mit ziemlicher Sicherheit auch da fortsetzen, wo das Quecksilber uns verläßt. Für die sehr hohen Wärmegrade, wo das Quecksilber dem Kochen nahe ist, finden wir in andern Flüssigkeiten keine Aushülfe.

*) Muncke in den Mem. présentés à l' acad. de Petersb. Tome I.

Die Abmessung der Ausdehnung fester Körper hat zwar in der wirklichen Ausführung bedeutende Schwierigkeiten, aber die Angabe der Mittel zur Bestimmung dieser Ausdehnung ist sehr einfach. Man bringt den Stab, dessen Ausdehnung gemessen werden soll, am liebsten so an, daß er mit einer Flüssigkeit übergossen werde, welcher man die bestimmte Wärme ertheilt, damit so der ganze Stab möglichst gleichförmig durchwärmt werde; man läßt ferner das eine Ende des Stabes sich an einen unveränderlich festen Widerstandspunct stützen, das andre Ende aber gegen den kurzen Arm eines leicht beweglichen Hebels drücken, damit, indem dieser kurze Arm bei der Verlängerung des Stabes sehr wenig fortgeschoben wird, der längere Arm als Zeiger einen bedeutendern Weg durchlaufe (Fig. 5.) Durch diese Mittel setzt man sich in Stand, Ausdehnungen, die auch nur Zehntausendtel der ganzen Länge betragen, an dem sehr langen Hebel-Arme noch deutlich zu erkennen, und diese Methode ließe nichts zu wünschen übrig, wenn es nur nicht so schwierig wäre, die völlig unveränderte, bei allen Wärmegraden gleich bleibende Lage des einen Endpunctes und der Unterstützung des Hebels im strengsten Sinne zu erhalten. Indeß hat man durch Befestigungen, die mit dem erwärmten Körper in möglichst geringer Verbindung stehen und selbst wenig durch die Wärme verändert werden, den Zweck so nahe erreicht, daß die erhaltenen Bestimmungen für sehr genau gelten können. Solchen Versuchen, vorzüglich von La Place und Lavoisier, von Smeaton, Hällström und andern, verdanken wir die Kenntniß, daß zwischen der Gefrierkälte und Kochhitze des Wassers sich Eisen ungefähr um 120, Stahl nach seiner verschiedenen Beschaffenheit um 108 bis 138, Blei um 290, Glas um 80 bis 93, Platin um 98 Hunderttausendtel seiner ganzen Länge ausdehnt. Auch diese Ausdehnung ist nicht ganz gleichförmig, sondern ein Thermometer von Eisen, dessen bis 100 Gr. Cent. richtige Grade man gleichmäßig fortführte, würde schon 373° da zeigen, wo eigentl. 300 stehen sollte; beim Kupfer würden 329 Gr., beim Platin 312 Gr., beim Glase 353 Gr. jenen 300 Gr. wahrer Wärme entsprechen. Platin und Glas dehnen sich bei niedrigen Temperaturen gleich aus, bei höhern aber ist die Ausdehnung des Glases stärker, wie Dulong und Petit zeigen.

Obgleich aber diese Versuche uns über die Ausdehnung der Körper in den Temperaturen, wo wir uns ihrer am meisten bedienen, sehr genügende Belehrung verschaffen, so würde es doch in Hinsicht auf unsre Kenntniß von der innern Beschaffenheit der Körper angenehm sein, sie noch vollständiger durchzuführen. Welche Verschiedenheit in dem Gesetze der Ausdehnung nahe bei dem Gefrierpuncte oder bei dem Uebergange in den festen Zustand eintritt, sehen wir am Wasser, welches sich bei schon geringer Wärme, wenn die Wärme abnimmt, nur wenig mehr zusammenzieht, bei einer schon dem Gefrierpuncte nahen Abkühlung sich ein wenig ausdehnt, und im Gefrieren sich so stark ausdehnt, daß es oft genug die Gefäße zersprengt. Nachdem es in Eis verwandelt ist, geht die Abnahme des Volumens bei stärkerer Kälte wieder regelmäßig fort und zwar ungefähr so wie bei dem auf 25° Centes. erwärmten Wasser. Diese Erfahrung an einem so bekannten Körper veranlaßte Erman, auch über das Verhalten des Phosphors und einer leicht flüssigen Metallmischung, weil diese schon in mäßiger Wärme schmelzen, Versuche anzustellen *). Er stellte diese Versuche so an, daß er durch Abwägung des Körpers in einer Flüssigkeit die Ausdehnung genau bestimmte, und diese Methode verdient gewiß da, wo man durch eine ganze Reihe von Temperaturen die Ausdehnung zu bestimmen wünscht, den Vorzug. Die Metallmischung aus 2 Theilen Wismuth, 1 Theil Blei und 1 Theil Zinn schmilzt schon bei 94° Cent. (75° R.) und wurde in Oel bis auf 160° R. erhitzt. Bei den Abwägungen so wohl des festen als des flüssigen, immer unter Oel eingetaucht bleibenden, Metalls fand sich, daß von 0° bis 35° R. das Metall sich ausdehnt, dann bis 55° R. sich bedeutend zusammenzieht, von 55° bis 75° R. (wo es schmilzt,) sich ausdehnt, und nach dem Schmelzen in einen nicht ganz so schnellen Maaße sich auszudehnen fortfährt. Bei 75° und 35° Wärme ist das Volumen des Metalles gleich. Der Phosphor dehnt sich ununterbrochen, aber im Augenblicke des Schmelzens plötzlich sehr stark, aus. — Diese beiden Erfahrungen zeigen, daß wir noch wohl manche Merkwürdigkeit in dem Verhalten fester Körper wahrnehmen könnten, wenn wir ohne große Schwierigkeit in der Nähe

*) Poggend. Ann. IX. 557.

ihres Schmelzpunctes ihre Ausdehnung durch die Wärme unter suchen könnten. Im Allgemeinen scheint bei gleichen Wärme-Unterschieden die Ausdehnung beträchtlicher zu werden für höhere Wärmegrade.

Diejenigen festen Körper, welche, ganz gleich in allen ihren Theilen, keine crystallische Bildung zeigen, dehnen sich nach allen Richtungen gleich aus, und die lineare Ausdehnung giebt daher sogleich auch die körperliche Ausdehnung, die man kennen muß um zum Beispiel zu wissen, wieviel die durch Wärme vergrößerte Glaskugel mehr als vorher faßt. Aber Crystalle dehnen sich nicht immer nach allen Seiten gleich aus, sondern die das Licht doppelt brechenden zeigen darin eine merkwürdige Verschiedenheit *). Der Kalkspath namentlich dehnt sich bei Erwärmung nach der Richtung der Haupt-Axe aus, während sich in allen auf diese Axe senkrechten Richtungen seine Abmessungen verkleinern.

Ausdehnung elastischer Flüssigkeiten. Luftthermometer. Differenzthermometer.

Die elastischen Flüssigkeiten sind unter allen Körpern am meisten der Ausdehnung durch die Wärme unterworfen. Dieses zeigt schon der sehr bekannte Versuch, wo man eine nur wenig Luft in den Falten enthaltende Blase erwärmt und sie dann sich aufblähen sieht. Die sehr starke Ausdehnung der Luft bemerkt man am deutlichsten, wenn man in eine Glasröhre, an deren einem Ende eine hohle Kugel ist, einen Tropfen irgend einer Flüssigkeit so bringt, daß dadurch die enge Röhre geschlossen ist; nähert man dann der Kugel die warme Hand, so reicht die von ihr ausgehende geringe Wärme zu, um in der Kugel die Luft so auszudehnen, daß der Tropfen in der Röhre schnell fortgetrieben wird.

Genaue Versuche über die Ausdehnung nicht bloß der atmosphärischen Luft, sondern auch künstlicher Luft-Arten, haben vorzüglich Dalton und Gay-Lussac angestellt. Sie bedienten sich dazu theils genau graduirter Röhren, wo nämlich durch Füllung mit Quecksilber und Abwägung desselben die Abtheilungen der Röhre in bestimmtem Verhältniß zu dem ganzen Volumen des in-

*) S. 2. Theil. S. 315.

nern Raumes aufgetragen waren, theils machten sie den Versuch so, daß der in Quecksilber eingetauchte Hals eines mit erwärmter Luft erfüllten Gefäßes bei dem Abkühlen der Luft etwas Quecksilber aufnahm, dessen Menge man durch Abwägen bestimmte. Bei der erstern Einrichtung kann man, wenn die Luft bei der Nullkälte einen gewissen Raum füllt, sogleich sehn, um wieviel sie sich bei der Erwärmung zu bestimmten, nach der Scale des Thermometers angegebenen, Graden ausgedehnt hat; damit aber die Ausdehnung durch keinen Gegendruck gehindert werde, muß der Theil der Röhre, in welchem das durch einen Tropfen Quecksilber gesperrte Ende der Luftmasse sich befindet, horizontal liegen. Bedient man sich eines Glasgefäßes mit engem Halse, so dringt bei der Abkühlung der Luft allmählig mehr Quecksilber in das Gefäß, und die bei bestimmtem Grade der Abkühlung durch vorsichtige Schließung und Abwägung des Gefäßes gefundene Quecksilbermenge giebt an, um wieviel der Raum, den die Luft noch einnahm, sich vermindert hatte. Dabei ist aber nöthig, daß man das Gefäß immer so stelle, daß die Quecksilberfläche innen und außen gleich hoch ist, damit nicht die Ungleichheit des Druckes die Ausdehnung der Luft anders bestimme, als es der Temperatur gemäß ist. Die zu untersuchende Luft muß von Feuchtigkeit frei sein, und man läßt sie daher durch ungelöschten Kalk oder durch salzsauren Kalk gehn, weil diese Körper alle Feuchtigkeit begierig aufnehmen.

Diese Versuche haben zu der Ueberzeugung geführt, daß alle trockene Luft-Arten sich gleich viel ausdehnen, nämlich vom Gefrierpuncte bis zum Kochpunkte des Wassers um $\frac{375}{1000}$ oder $\frac{3}{8}$ desjenigen Volumens, welches sie bei 0° Wärme hatten. Zugleich ergeben die Versuche, daß diese Ausdehnung gleichförmig fortgeht bei gleichem Zunehmen der Wärme; und da kein Grund ist zu zweifeln, daß diese Gleichförmigkeit auch bei denjenigen Wärmegraden fortdauert, wo die tropfbaren Flüssigkeiten und selbst das Quecksilber unregelmäßig werden, so kann man sich des Luftthermometers bedienen, um in so niedrigen Temperaturen, wo das Quecksilber gefriert, die Wärmegrade zu bestimmen, ja man könnte dies auch für sehr hohe Temperaturen thun, wo indeß die Schwierigkeit viel größer ist.

Die Luftthermometer sind die ersten Thermometer gewesen, deren Drebbel sich schon im Anfange des 17ten Jahrhunderts bediente; aber die von ihm gewählte Einrichtung war, weil die Angaben zugleich vom Drucke der Luft abhingen, nicht angemessen. Für den gewöhnlichen Gebrauch, wo sehr kleine Aenderungen der Wärme anzumerken unnöthig und sogar störend ist, verdienen ohne Zweifel die Quecksilberthermometer den Vorzug; aber da, wo man sehr geringe Unterschiede der Wärme anzugeben nöthig findet, da gewährt das Luftthermometer große Vortheile. Um so kleine Wärme-Unterschiede wahrzunehmen, hat zuerst G. G. Schmidt, nachher Rumford ein Instrument in Vorschlag gebracht, das Leslie passend ein Differentialthermometer genannt hat. Das Instrument besteht aus zwei Glaskugeln A, B, (Fig. 3.), die durch die gekrümmte Röhre ACDB verbunden sind. In dem untern Theile der letztern befindet sich ein Quecksilbertropfen a b, der die in beiden Kugeln enthaltene Luft von einander trennt. So lange nun die Luft in beiden Kugeln gleich erwärmt bleibt, nimmt der Quecksilbertropfen bei horizontaler Lage der Röhre CD immer dieselbe Stelle ein, die dem Gleichgewichte gemäß ist; diese Lage bezeichnet man mit 0, und bringt an der Röhre von da an eine Theilung an. Erhält nun die Kugel B nur die mindeste Erwärmung, so daß die Luft in B mehr als in A erwärmt wird, so drängt die Luft den Quecksilbertropfen nach C hin, und die Scale zeigt, wie viel diese Ausdehnung der Luft beträgt. Hat man also einmal durch Versuche ausgemacht, wie viel Theile der Scale einer Differenz von 1°, von 2° u. s. w. entsprechen, so hat man hier ein sehr empfindliches Thermometer für die Differenz der Wärme. Diese Einrichtung wäre ein wirkliches Luftthermometer, das aber darum nicht ganz bequem sein würde, weil die in A verdichtete Luft der in B erwärmten und zugleich ausgedehnten Luft entgegen wirken würde. Man läßt daher den Raum in A, B, (Fig. 4.) nicht mit Luft gefüllt, sondern entfernt vor dem Zuschmelzen der Kugeln die Luft, nachdem Schwefel-Aether hineingebracht ist, der ungefähr den Raum f g füllt. Wenn dann die Kugeln und die Röhre vollkommen geschlossen worden, so füllet sich der Raum A sowohl als der Raum g B mit Aetherdampf, der in Beziehung auf die Ausdehnung durch die Wärme sich ebenso wie die

Luft verhält. Eine Abkühlung der Kugel B bringt nun eine Verminderung der Elasticität des Aetherdampfes hervor und die Flüssigkeit zieht sich nach h hinauf; dabei aber gewährt der Aetherdampf den Vortheil, diesem Steigen nicht zu widerstehen, da er sich bei der Abkühlung niederschlägt, wie in der Folge gezeigt wird. Dies ist das unter dem Namen Differentialthermometer bekannte Instrument, dessen Empfindlichkeit sehr groß ist.

Pyrometer, zu Abmessung hoher Wärmegrade.

Um hohe Wärmegrade abzumessen, hat man die Beobachtung der Ausdehnung fester Körper angemessener gefunden; aber die Pyrometer, die dieses leisten sollen, lassen noch viel zu wünschen übrig. Ihre einfachste Einrichtung ist die, daß auf einer Grundlage, die der ungleichen Erwärmung nicht ausgesetzt wird, sich in A (Fig. 5.) ein fester Stützpunct für den als Wärmemesser dienenden Stab ABDF befindet, der auf BC, DE, aufliegt, ohne von diesen Stützen festgehalten zu werden. Drängt sich nun das Ende F dieses Stabes gegen den um den festen Punct G beweglichen Winkelhebel FGH, so beschreibt der lange Zeiger GH bei H einen bedeutenden Bogen, wenn auch F nur sehr wenig vorwärts rückt, und man kann die Anzeigen des Pyrometers deutlich genug auf dem Gradbogen bei H wahrnehmen.

Diese Einrichtung setzt voraus, daß die feste Unterlage IK sich gar nicht ausdehne; aber bei hohen Hitzegraden ist es nicht möglich, daß nicht auch die Unterlagen an der Ausdehnung Antheil nehmen sollten, und man hat daher dann die Verbindung zweier Körper, die sich ungleich ausdehnen, so angewandt, daß die Differenz ihrer Ausdehnung abgemessen wird. Von dieser Art ist das von Brogniart für die Porcellan-Oefen vorgeschlagene Pyrometer, wo in einer am untern Ende geschlossenen Röhre von Reißblei ein Platinstäbchen frei auf dem Boden steht, welches mit seinem obern Ende den kurzen Hebel-Arm eines Zeigers fortschiebt, dessen Ruhepunct mit der Röhre verbunden ist. Hier ist der Unterschied der Ausdehnung beider Körper erheblich genug, um die verlangte Wirkung zu zeigen, und da es hier nicht so sehr um eine nach Graden fortgehende Abmessung der Wärme zu thun ist, da man nur bestimmen will, ob der zu gewissen Zwecken nöthige Hitzegrad erreicht ist, so läßt sich ein solches Pyrometer, vorausgesetzt, daß beide Körper ihre Fähigkeit für die Ausdehnung durch die Wärme ungeändert behalten, gar wohl gebrauchen. Daniells Pyrometer hat eine ähnliche Einrichtung, und wenn man den Fortgang der Ausdehnung der Körper als der Zunahme der Wärme immer gleichmäßig entsprechend ansieht, so erhält man durch dasselbe Angaben für die Schmelzhitzen der Metalle und ähnliche Bestimmungen.

Eine andere Einrichtung der Pyrometer hängt davon ab, daß zwei fest verbundene Platten verschiedener Metalle wegen der ungleichen Ausdehnung eine Krümmung annehmen. Wären (Fig. 6.) die beiden Platten AB von Silber, CD von Platin durch feste Verbindungen E, F, gehindert, sich an einander fortzuschieben; so würden, wegen der großen Gewalt, mit welcher die Wärme die Körper nöthigt, die ihrer Natur gemäße Ausdehnung anzunehmen, die durchgehenden Schrauben E, F eine schiefe Stellung, wie e, f, annehmen, damit das Silber c d seiner mehr als doppelt so starken Ausdehnung nachgebe; sind also beide Platten in mehrern Puncten fest verbunden, oder auch überall an einander gelöthet, so entsteht eine Krümmung, die man ebenfalls durch einen längern Zeiger kenntlicher machen kann. Der Hauptsache nach ist Breguets Pyrometer ebenso eingerichtet. Hier sind drei Blätter, nämlich Platin, welches sich am schwächsten ausdehnt, Gold, das sich $1\frac{1}{2}$ mal so stark, und Silber, das sich reichlich doppelt so stark als Platin ausdehnt, auf einander gelöthet, so daß sie, mit der breiten Fläche vereinigt, nun einen dickeren Streifen bilden. Dieser Streifen (Fig. 7.) ist schraubenförmig um einen Cylinder gewunden, und indem sein oberes Ende festgehalten wird, sein unteres aber mit einem, um die Axe jenes Cylinders beweglichen, Zeiger verbunden ist, führt es bei der Ausdehnung oder Zusammenziehung diesen Zeiger im Kreise herum.

Allen diesen Pyrometern fehlt aber noch ein recht sicheres Maaß; sie zeigen eine Zunahme oder Abnahme der Wärme, eine Wiederkehr gleicher Wärme u. s. w. an; aber ob die Wärme-Unterschiede doppelt, dreifach sind, ob gleiche Grade des Pyrometers gleichen Unterschieden wahrer Wärme entsprechen, darüber bleiben wir weit mehr in Ungewißheit, als in den mittlern Temperaturen bei dem Quecksilberthermometer und Luftthermometer. Ueber die Mittel, uns in Hinsicht hierauf genauer zu belehren, werde ich in der Folge noch gelegentlich etwas erwähnen.

Thermometer für die größte und kleinste Wärme.

Um aber jetzt alles zusammen zu fassen, was die Thermometrie betrifft, muß ich doch noch ein Wort über diejenigen Thermometer sagen, welche die größte und kleinste Wärme in Abwesenheit des Beobachters angeben. Unter den verschiedenen hiezu in Vorschlag gebrachten Einrichtungen scheint folgende am meisten Beifall gefunden zu haben. Wenn ein mit Weingeist gefülltes Thermometer mit horizontalliegender Röhre A B angewandt wird, (Fig. 8.), so folgt in einer sehr engen Röhre der Weingeist ebenso den Gesetzen der Ausdehnung durch die Wärme, wie in einer verticalen Röhre, weil die Adhäsion ihn hindert, eine nach der Länge der Röhre ausgedehnte Oberfläche anzunehmen und er sich daher in einer auf die Länge der Röhre senkrechten Oberfläche wie c d endigt. Von einem Quecksilberthermometer mit enger Röhre gilt eben das. Nun ist die Adhäsion des Weingeists an ein darin befindliches Glasstäbchen so bedeutend, daß jener ein feines Glasstäbchen nicht trocken liegend zurückläßt, wenn die Zusammenziehung durch die Kälte den Weingeist von dem Orte zurückzieht, wo das Glasstückchen liegt; das Glasstäbchen geht daher mit der Oberfläche des Weingeistes nach der Richtung gegen A hin mit zurück und bezeichnet immerfort die Stelle der Oberfläche, so lange die Abkühlung zunimmt. Fängt dagegen der Weingeist wieder an sich auszudehnen, so bleibt das von allen Seiten mit der Flüssigkeit umgebene Glasstückchen liegen, weil die von allen Seiten gleiche Adhäsion gar keine Kraft mehr ausübt, um die Schwere und Reibuug des an der Röhre anliegenden Glasstäbchens zu überwinden, und der Beobachter findet die geringste Wärme angezeigt, ohne zu der Zeit, da sie statt fand, selbst gegenwärtig gewesen zu sein.

Ein ähnliches Mittel giebt es für die größte Wärme, indem im Quecksilberthermometer, dessen Röhre horizontal liegt, ein Stahlstäbchen oder andrer Körper vor der sich ausdehnenden Quecksilbermasse her fortgedrängt wird, aber an der Stelle, wo diese wieder anfängt sich zurückzuziehen, liegen bleibt, also den Stand des Quecksilbers für die größte Wärme bezeichnet. Uebrigens darf man bei diesen beiden Thermometern nie versäumen, durch eine kleine Erschütterung das fortzuschiebende Körperchen bis an die Oberfläche des Weingeistes im einen und des Quecksilbers im andern Falle zu bringen, damit jenes bei geringerer, dieses bei größerer Wärme sogleich seinen Ort verändere.

Von den mannigfaltigen Verschiedenheiten, die außerdem bei den Thermometern, nach Verschiedenheit ihrer Bestimmung, statt finden, brauche ich nur wenige Worte zu sagen. Man hat zuweilen den Zweck, auch das Quecksilberthermometer so empfindlich als möglich zu erhalten, und giebt ihm dann eine kleine Kugel oder wählt noch lieber eine flache, breite Form für das das Quecksilber enthaltende Gefäß, damit die ganze Quecksilbermasse recht schnell die Temperatur des umgebenden Medii annehme, und die Röhre muß dann auch recht sehr eng sein. In andern Fällen ist dagegen eine große Trägheit des Thermometers erwünscht; zum Beispiel, wenn man die Temperatur am Boden des Meeres bestimmen will, wo geraume Zeit während des Heraufziehens verloren geht, da ist es vortheilhaft, eine recht große Masse Quecksilber in der Kugel zu haben, damit, nachdem das Thermometer lange genug auf dem Boden des Meeres zugebracht hat, um die dortige Temperatur anzunehmen, es nun nicht so schnell die Wärme oder Kälte der höhern Schichten annehme, sondern mehr Zeit, als zum Heraufziehen erforderlich ist, nöthig habe, um erheblich durchgewärmt oder durchgekältet zu werden. Ja, wo die Zeit des Heraufziehens sehr groß ist, muß man noch andre Mittel, um die einmal erlangte Wärme lange ungeändert zu erhalten, anbringen.

Zweite Vorlesung.

Die neulich angestellten Betrachtungen hatten fast allein den Zweck, uns die Mittel, Grade der Wärme mit möglichster Genauigkeit kennen zu lernen, zu verschaffen, und von dieser Seite ist die Ausdehnung der Körper durch die Wärme uns vorzüglich wichtig; aber auch zur Erklärung mancher Natur-Erscheinungen und zu manchen practischen Anwendungen führt uns die Kenntniß jener Wirkung der Wärme.

Erscheinungen, wobei die Ausdehnung durch die Wärme merklich ist.

Es ist eine gewöhnliche Erfahrung, daß ein Glas zerspringt, wenn man heißes Wasser hineingießt und daß dies bei einem recht kalten Glase am leichtesten erfolgt; dies ist der Erfolg der Ausdehnung des Glases, dessen Theile nämlich an der plötzlich erhitzten innern Seite sich auseinander drängen, und weil die noch nicht erwärmten Theile sich noch nicht ausdehnen, ebenso wie beim Beugen des Glases, ein Zersprengen bewirken. Wäre das Glas nicht so sehr spröde, so würde es durch jene Ausdehnung an der innern Seite ebenso eine Beugung seiner Wände erleiden, wie wir es neulich an dem vereinigten Platin- und Silberstreifen sahen; aber die geringste Beugung zerbricht das Glas, und da die Wärme sich nicht so schnell der äußern Seite mittheilt, so bewirket diese Dehnung an einer Seite sein Zerspringen. Dünne Gläser sind diesem weniger ausgesetzt, weil sie schnell genug in allen ihren Theilen erhitzt werden. Die Erscheinung erfolgt ebenso, wenn man ein kaltes Glas auf den heißen Ofen setzt, wird aber da durch das Unterlegen eines sich langsam erwärmenden Körpers, z. B. Papier, gehindert, weil dieses keine so plötzliche und ungleichförmige Erhitzung zuläßt.

Auf eben dem Umstande beruht die Kunst, einen Riß im Glase nach willkührlicher Richtung fortzuführen. Diese Kunst besteht darin, daß man einen glühenden, spitzigen Eisenstab von dem Ende des schon vorhandenen Risses auf der Oberfläche des Glases dahin, wohin der Riß gehen soll, fortführt. Die plötzliche Ausdehnung an dieser Stelle bringt nämlich das Glas zum Springen, und da man sich ganz nahe an dem Ende des Risses, wo der Zusammenhang schon aufgehoben ist, befindet, so wählt der neue Riß die Richtung dahin, wo am wenigsten Zusammenhang zu überwinden ist. Es gehört indeß einige Vorsicht und Gewandtheit dazu, den Riß ganz nach Willkühr zu leiten, und Ungleichheiten im Glase selbst bringen doch noch oft Krümmungen hervor.

Eine ähnliche Ursache trennt bei starker Abkühlung oft Körper, die sich in höherer Temperatur recht gut vereinigt hatten. Sind nämlich zwei ungleiche Körper in wärmerem Zustande an einander befestiget, so ziehen beide sich beim Erkalten in einen engern Raum zusammen, aber der eine mehr als der andre, und dieses hat die Folge, daß die vereinigt gewesenen Theile nicht bei einander bleiben können, ihren Zusammenhang verlieren, und auseinander fallen. Es ist bekannt, daß Siegellack an einer kalten Metallplatte fast gar nicht haftet; hat man die Metallplatte auf einen mäßigen Grad erwärmt, so hält es fest, weil das warme Metall und das warme Siegellack sich nun zugleich zusammenziehen, und weniger geneigt sind sich zu trennen; aber bei starken Abkühlungen trennen sie sich doch. Aus eben dem Grunde bleibt Platindrath in Glas eingeschmelzt fester als Eisendrath oder Silberdrath. Die beiden letztern Metalle dehnen sich nämlich weit mehr als Glas aus, und ziehen sich daher, indem sie nach dem Schmelzen des Glases abkühlen, mehr als das Glas zusammen, jede zwei Metalltheilchen rücken näher an einander als die zwei an sie beim Schmelzen befestigten Glastheilchen, weshalb die Verbindung getrennt wird; Platin und Glas hingegen dehnen sich in mäßigen Temperaturen fast genau gleich aus und bleiben daher vereinigt.

Das Abspringen der dünnen Schichten feinern Holzes an unsern Mobilien rührt zwar meistens von der durch ungleiche Feuchtigkeit und Austrocknung entstehenden verschiedenen Ausdehnung her; aber die Wärme kann eben das bewirken. Das Krummziehen der Hölzer hat ebenfalls diese zweierlei Ursachen, nämlich theils ein Längerwerden der dem Feuer zugewandten Seite durch die Wärme, theils ein Eintrocknen dieser wärmeren Seite; der Erfolg kann daher von entgegengesetzter Art sein.

Der glühend um das Rad geschlagene eiserne Reif muß es sehr fest umschließen, wenn das Eisen kalt geworden ist. —

Daß wir an die ungleiche Ausdehnung der Körper bei manchen Versuchen, wenn wir genaue Folgerungen ziehen wollen, denken müssen, habe ich schon früher zuweilen erwähnt. Das Aräometer, dessen wir uns zu Bestimmung des specifischen Gewichtes gewisser Flüssigkeiten bedienen, sinkt in eine erwärmte Flüssigkeit tiefer ein, und muß um den richtigen Werth für diese Flüssigkeit zu bestimmen, nur bei der Temperatur, für welche es graduirt ist, gebraucht werden. Selbst die Abwägungen eines festen Körpers in irgend einer Flüssigkeit sind, ohne die Rücksicht auf die Wärme, von geringem Werthe, weil sie uns das Gewicht der einen gleichen Raum einnehmenden Flüssigkeit in Vergleichung gegen das Gewicht des festen Körpers für den gerade statt findenden Zustand kennen lehren, aber das Verhältniß dieser Gewichte sich bei ungleicher Wärme ändert. Und ebenso muß man bei genauen Messungen mit Maaßstäben daran denken, daß das was im strengsten Sinne ein Fuß, eine Toise, ein Meter heißt, nicht bei jeder Wärme die Länge des Maaßstabes ist, der dieser Länge gleich angegeben wird. Will man das ganz genaue Maaß eines eisernen Maaßstabes wieder auf einen eisernen Maaßstab übertragen, und ist man sicher, genau gleiches Eisen in beiden zu besitzen, so könnte man, vorausgesetzt, daß beide genau gleich warm sind, bei jeder Temperatur die Uebertragung machen, weil das in größerer Wärme zu große Maaß auch auf dem neuen Maaßstabe in der Kälte sich ebenso verkleinert. Ueberträgt man aber von einem eisernen Grundmaaße auf einen Messingstab, so muß man beide in diejenige Temperatur bringen, wo der alte Maaßstab seine wahre Länge hat, weil Messing sich anderthalbmal so viel als Eisen ausdehnt und daher eine bei Sonnenhitze der Messingtoise gleiche Eisentoise bei der Frostkälte nicht mehr mit ihr übereinstimmt. Aus diesem Grunde werden bei sehr genauen Messungen langer Linien die Wärmegrade zur Zeit der Messung bemerkt; denn obgleich es uns zu gewöhnlichem Gebrauche ziemlich unbedeutend scheint, daß bei einer Sommerwärme von 30^0 Centes. ein Messingstab von 10 Fuß lang um $\frac{57}{10000}$ eines

Fußes länger ist, als bei der Frostkälte, so macht dies doch, wenn man eine Länge von 10000 Fuß ausmißt, schon $5\frac{3}{4}$ Fuß aus, und jeder Grad Wärme, um welchen man in der Angabe der Wärme fehlt, würde auf 1 Fuß nur 19 Milliontel eines Fußes, aber auf 100000 Fuß beinahe 2 Fuß Fehler hervorbringen. Messungen, die sich mit einer vollkommenen Genauigkeit durch mehrere Breitengrade auf der Erde fort erstrecken sollen, fordern in der Messung der Standlinie die größeste Genauigkeit, weil der hier begangene Fehler sich in gleichem Verhältnisse auf alle größern Linien überträgt.

Nach den französischen Maaßbestimmungen sollte 1 Meter der Zehnmillionste Theil des Erdquadranten, das ist, eines vom Pole bis zum Aequator gemessenen Bogens auf der Meeresfläche, sein; aber der Messingstab, der in 0^0 Wärme dieser Forderung entspräche, würde ihr bei 20^0 Wärme nicht mehr entsprechen, und so wird es verständlich, warum man sagt, der Metermaaßstab halte bei der Kälte des gefrierenden Wassers 443,296 par. Linien desjenigen Pariser Normalmaaßes, welches 2 Toisen = 12 Fuß = 144 Zoll = 1728 Lin. bei $16\frac{3}{4}{}^0$ Cent. Wärme beträgt.

Die Rücksicht, die man bei barometrischen Höhenmessungen sowohl auf die Ausdehnung des Quecksilbers als auf die Ausdehnung der Luft durch die Wärme nehmen muß, ist schon bei den Regeln für die Höhenmessung selbst betrachtet worden. — Auch bei dem Gebrauche feiner Winkel-Instrumente muß man darauf sehen, daß keine Erwärmung, die leicht ein Verändern der Gestalt des Instruments zur Folge hat, statt finde, und die Astronomen sind bei der Genauigkeit, die ihre Beobachtungen fordern, hierauf zu achten genöthiget. Ja selbst die Wände von Gebäuden sind einer Krümmung unterworfen, wenn sie an einer Seite erwärmt werden, und dies ist ein Grund, warum Instrumente auf hohen Thürmen nicht als ganz feststehend anzusehen sind.

Compensationspendel.

Unter den Veränderungen, welche die Wärme bei unsern Instrumenten hervorbringt, ist diejenige vorzüglich wichtig, welche die Pendel, oder in den Feder-Uhren die Spiralfedern, als Regulatoren unserer Uhren, erleiden. Der Secundenzeiger der Pendel-

Uhr rückt immer um 60 Secunden fort, wenn das Pendel 60 Schläge vollendet, aber diese angeblichen Secunden sind nicht Secunden mehr, wenn das Pendel seine Länge ändert; und da unsre Pendel-Uhren von der härtesten Winterkälte bis zur größten Sommerwärme einer Aenderung von mehr als 60 Cent. Gr. unterworfen sind, so ändert ein Pendel mit Stahlstange seine Länge um etwa $\frac{7}{10000}$ der ganzen Länge, das ist, um reichlich $\frac{1}{4}$ Linie, und hiedurch wird die Anzahl der Schwingungen in einem Tage um 30 Schwingungen vermindert, wenn die Wärme um so viel zunimmt *). Diese Aenderungen der Schwingungszeit müßten bei jeder Beobachtung berücksichtiget werden, und dies würde, wegen des unaufhörlichen Wechsels der Temperatur, für ganze Tage und längere Zeiten unausführbar, dadurch aber die bei astronomischen Beobachtungen erforderliche Genauigkeit unmöglich sein. Es ward daher, als man genau gehende Uhren zu machen anfing, ein Bedürfniß, Pendel zu haben, die diesen Veränderungen nicht unterworfen, wo sie compensirt wären. Man hat hiezu vorzüglich zwei Einrichtungen in Anwendung gebracht, unter denen das rostförmige Pendel das bis jetzt am meisten gebrauchte ist.

Wenn man eine Verbindung von Stahlstangen (Fig. 9.) AB, CD, der Wärme aussetzt, so verlängern sich diese bei jedem Wärmegrade (der Centes. Scale) ungefähr um 12 Milliontel ihrer ganzen Länge. Sind auf den unten mit diesen fest verbundenen Stücken BE, DH zwei Zinkstangen FE, GH, fest eingesetzt, so geht, wofern AC fest gehalten wird, mit BE, HD auch das untere Ende der Zinkstangen herab; aber da Zink sich sehr stark ausdehnt, so geht das obere Ende FG, sich von EH entfernend, wieder hinauf, und beide Ausdehnungen müssen sich zum Theil oder ganz einander ausgleichen. Da Zink sich um 30 Milliontel ausdehnt, während Stahl bei 1 Gr. Wärme-Aenderung sich nur um 12 Milliontel ausdehnt, so läßt sich folgende Anordnung des rostförmigen Pendels leicht übersehen. Man nimmt die Stahlstangen AB, CD, 30 Zoll lang, die Zinkstangen FE, GH, 24 Zoll und befestigt an FG die 30 Zoll lange Stahlstange IK, an welcher sich die sehr schwere Linse K des Pendels befindet; wird nun diese

*) Bei Messing sogar 45 Schwingungen.

ganze Verbindung in L aufgehängt, so wird die ganze Entfernung vom Aufhängepuncte bis zur Linse bei jeder Wärme ungeändert bleiben. Durch die Ausdehnung der Stangen AB, CD sinkt nämlich BD um 30 mal 12 Milliontel = 360 Milliontel Zoll herab, die Stangen EF, HG verlängern sich um 24 mal 30 Milliontel Zoll = 720 Mill., weil sie 24 Zoll lang sind und Zink sich um 30 Milliontel ausdehnt, also rückt das Verbindungsstück FG um 360 Milliontel Zoll hinauf, und gerade um so viel verlängert sich die Stange IK hinabwärts, so daß K in gleicher Entfernung von AC oder beinahe in gleicher Entfernung vom Aufhängepuncte L bleibt. Wäre also die Masse der Linse so groß, daß man auf die Stangen nicht zu sehen brauchte, sondern die ganze Masse als im Mittelpuncte der Kugel vereinigt ansehen könnte, so hätte man auf diese Art ein von AC an 36 Zoll langes unveränderliches Pendel. — Da der Mittelpunct des Schwunges nicht genau im Mittelpuncte der Kugel liegt, so wird man die Maaße der Stangen etwas weniges ändern müssen, aber der wichtigste Theil der Compensation ist durch die obigen Verhältnisse bestimmt.

Eine andre Art der Compensation besteht darin, daß man als schwersten Theil des Pendels ein Gefäß mit Quecksilber anbringt, und die Einrichtung so macht, daß dessen Schwerpunct immer gleich entfernt vom Aufhängepuncte bleibt. Die Hauptanordnung ist daher die, daß (Fig. 10.) an der Pendelstange AB ein Gefäß BC mit Quecksilber befestigt ist: dieses Gefäß darf nicht ganz gefüllt sein, damit das Quecksilber nicht gehindert sei, sich auszudehnen. Besteht nun die ganze Verbindung ABC aus Stahl und ist auf den Boden C ein mit Quecksilber gefülltes Gefäß befestigt, so erhält man, wenn AC 38 Zoll lang, das Quecksilber aber 5 Zoll hoch ist, folgende Rechnung. AC dehnt sich um 12 Milliontel bei jedem Grade aus, also sinkt C um 38 mal 12 Milliontel Zoll = 456 Milliontel herab; das Quecksilber dehnt sich bei einem Wärmegrade um 180 Milliontel aus, also rückt der $2\frac{1}{2}$ Zoll über C liegende Schwerpunct um $2\frac{1}{2} . 180$ Milliontel = 450 Milliontel Zoll hinauf und die vorige Senkung ist durch diese Hebung beinahe compensirt, so daß es leicht wäre, durch eine kleine Aenderung des Verhältnisses der Längen, die ohnehin bei den schärfer bestimmten

Ausdehnungen noch etwas anders ausfallen, die Compensation ganz strenge zu erreichen.

Eine ähnliche Compensation, wie das Pendel, fordert die Unruhe der Feder-Uhren, und diese ist um so wichtiger, da gerade die See-Uhren, die Chronometer, auf deren gleichförmigen Gang man bei den längsten Reisen muß trauen können, nicht durch Pendel, deren Bewegung auf Schiffen ohne alle Regelmäßigkeit sein würde, regulirt werden können. Die Spiralfeder einer Uhr verlängert sich bei der Wärme, und macht dann, wenn sie keine andre Masse mit fortzubewegen hat, langsamere Schwingungen; da sie aber die Masse der Unruhe, die als ein kleines Schwungrad anzusehen ist, mit in Schwung setzen muß, so kann man hier die Compensation dadurch bewirken, daß man mit der minder kräftig wirkenden erwärmten Feder eine dem Mittelpuncte näher gerückte, also leichter in Bewegung zu setzende, Masse in Verbindung bringt, oder daß man einen Theil der Masse der Unruhe so anbringt, daß er bei der Erwärmung näher an die Axe rückt. Dies bewirkt man auf folgende Weise. Sie wissen, daß eine aus Messing und Stahl zusammengesetzte gekrümmte Platte ad (Fig. 11.), deren innerer Theil cd aus Stahl, der äußere ab aus Messing besteht, sich bei zunehmender Wärme immer stärker krümmt, weil das Messing sich mehr als der Stahl verlängert; tragen nun zwei solche Streifen die schweren Massen M, M und sind mit der Axe B der Unruhe so verbunden, daß diese Massen alle Schwingungen mit machen müssen, so werden bei gleicher Kraft der Feder die Schwingungen schneller, wenn die Massen M näher gegen die Axe B rücken. Hier, wo dieses Näherrücken durch die Erwärmung, durch die zunehmende Krümmung der Streifen ad, bewirkt wird, und wo die zugleich mit erwärmte und verlängerte Spiralfeder an Kraft verliert, läßt sich beides so gegen einander ausgleichen, daß die Schwingungen der Unruhe gleich schnell bleiben, und Versuche müssen über die dazu nöthigen genauen Abmessungen entscheiden.

Aehnliche Compensationen könnte man auch in andern Fällen, wo eine unveränderliche Länge erhalten werden soll, anwenden.

Unregelmäßigkeit in der Ausdehnung fester Körper.

Ich muß in Beziehung auf die Ausdehnung fester Körper doch noch einen merkwürdigen Umstand erwähnen. Einige Beobachter haben gefunden, daß bei stetigem Zunehmen oder Abnehmen der Temperatur sich das Volumen fester Körper nicht immer ebenso stetig, sondern in kleinen Unterbrechungen, stoßweise, ändert. Eine sehr bekannte Erfahrung scheint mir eben dahin zu gehören. Wenn wir eine sehr erhitzte Ofenthür öffnen, und sie dadurch einer schnellen Abkühlung aussetzen, so giebt sie sehr oft ein beinahe in bestimmtem Tacte sich wiederholendes Geräusch, welches man durch einen leichten Stoß kann aufhören machen; dieses sind, so viel ich einsehe, die stoßweise erfolgenden Aenderungen des Volumens, die bei der Schnelligkeit der Abkühlung stark genug sind, um ein Geräusch zu bewirken; bringt man durch einen Stoß die ganze Masse in zitternde Bewegung, so erleichtert man den Theilchen des festen Körpers die Rückkehr zu dem Ausdehnungszustande, welcher der Wärme gemäß ist, und dieser wird für die nächsten Augenblicke nach jenem Stoße in einem mehr stetigen Uebergange, nicht mehr stoßweise, erreicht *). Diese Erscheinung ist nicht so besonders auffallend oder merkwürdig, da man sich leicht vorstellen kann, daß die Ungleichheit in der Structur fester Körper Hindernisse darbieten mag, die sich der in jedem Augenblicke angemessenen Herstellung der Ausdehnung widersetzen, und die erst plötzlich überwunden werden, wenn bei fortgehender Abkühlung die zusammenziehende Kraft einen gewissen Grad erreicht hat; aber da neulich ein Beobachter hierin einen Beweis für die undulatorische Bewegung des Wärmestoffs selbst hat finden wollen, so verdient sie doch wohl erwähnt zu werden, indem diese Erscheinung gewiß einen ganz andern Grund hat.

Wärme des Wassers in tiefen Seen und im Meere.

Ich gehe zu einigen in die physische Geographie und in die Meteorologie gehörigen Erscheinungen über, die von der ungleichen Ausdehnung flüssiger Körper bei verschiedener Wärme abhängen.

---

*) Laplace expos. du syst. du monde. I. 123.

Die Temperatur des Wassers auf dem Boden tiefer Gewässer wird fast immer niedrig gefunden, z. B. in den Schweitzerseen so groß wie die der größten Dichtigkeit des Wassers entsprechende Wärme *), und in den Tiefen der Meere auch sehr bedeutend niedriger als an der Oberfläche. Dieses läßt sich ziemlich leicht erklären, weil die Sonnenstrahlen mit ihrer Erwärmung gewiß immer nur sehr wenig tief in das Wasser eindringen und daher nur die obern Theile die höhere Temperatur der Luft im Sommer unmittelbar erhalten. Da nun diese durch die Erwärmung leichter werdenden Theilchen kein Bestreben haben zu sinken, sondern fortwährend ihre Stelle an der Oberfläche behalten, so findet kein erhebliches Durchwärmen des Wassers in die Tiefe hinab statt, nämlich nicht weiter hinab, als Wellenbewegung oder Strömung es bewirken. Die Abkühlung dagegen, welche in den kälteren Jahreszeiten, zumal bei Frost und anhaltend kaltem Wetter, eintritt, verbreitet sich sogleich hinabwärts, weil die obern Theilchen, sobald sie schwerer werden als die unteren, sich hinabwärts senken, und die wärmeren Theile zum Heraufsteigen veranlassen. So ist also ein deutlicher Grund vorhanden, warum am Boden tiefer Gewässer ungefähr die kälteste Lufttemperatur, die an dem Orte im Laufe des Jahres vorkömmt, gefunden werden muß, so lange diese Temperatur höher als die der größten Dichtigkeit entsprechende Wärme ist; eine tiefere Temperatur als die der größten Dichtigkeit entsprechende kann (ohne besondre Veranlassung,) am Boden süßer Wasser nie eintreten, weil das Niedersinken kälterer Wassertheilchen (z. B. von 1°, von ½ Gr. Wärme,) unter jene nicht statt findet. Im Meere dagegen kann, weil Salzwasser keine solche größte Dichtigkeit, von welcher an es sich sowohl im Abkühlen als im Erwärmen ausdehnte, erreicht, die Temperatur bis zur Gefrierkälte herabgehen, und Perons Beobachtung, daß die Temperatur wirklich so sehr niedrig am Boden der Meere ist, ließe sich hiernach einsehen, wenn nicht doch noch zwei Umstände dabei im Wege ständen. Der erste ist, daß Peron diese sehr niedrige Temperatur auch in den Tropengegenden, wo die Luft nie so kalt wird, beobachtet hat, der andre, daß wir der Erde, also doch auch

*) Nach von Buch und andern. Gilb. Ann. XIX. 111. XX. 312.

dem Boden des Meeres, eine so niedrige Temperatur nicht beizulegen geneigt sind.

In Beziehung auf den ersten Einwurf, daß die Kälte der Luft dort, wo es keine kalte Jahreszeit giebt, nicht die Kälte am Boden des Meeres bewirken könne, bemerkt Peron wohl mit Recht, daß ein Strom kalten Wassers von den Polen gegen den Aequator am Boden des Meeres fast nothwendig eben so gut wie ein Strom warmen Wassers in der entgegen gesetzten Richtung an der Oberfläche statt finden müsse, und findet in seinen Beobachtungen einen Beweis hiefür *). Der zweite Umstand ist aber allerdings noch nicht ganz aufgehellt, indem, wie von Buch mit Recht bemerkt, eine so große Kälte der Erde selbst in dieser Tiefe nicht glaublich ist, dann aber doch auch nicht klar wird, warum die unaufhörlich vom Boden her sich mittheilende Wärme nicht wirksam genug ist, um auch dem Wasser eine etwas höhere Temperatur zu ertheilen.

Jene Mittheilung der Kälte der Luft an die untern Schichten des Meereswassers ist von der größten Wichtigkeit für die Milderung des Clima's der Gegenden am Meere. Im Sommer ist es minder heiß an den Ufern des Meeres, weil die erwärmte Luft etwas Wärme an das Wasser mittheilt, und diese Mittheilung bleibt nicht ganz und gar oberflächlich, weil die Wellenbewegung eine gleichmäßige Erwärmung bis zu den Tiefen, wohin die Wellen noch reichen, zur Folge hat. Dadurch aber wird das Meer in seinen obern Schichten zu einem Wärmebehälter, der im Winter an die kältere Luft Wärme abgiebt, und das Clima der See-Ufer minder kalt macht. Diese Milderung des Clima's wird noch befördert durch die an der Oberfläche des Meeres, besonders in gewissen Gegenden sehr bedeutenden, warmen Strömungen vom Aequator her, und die Gegenden in der Nähe der Pole erhalten daher eine mildere Temperatur, als sie sonst besitzen würden **).

Man hat bemerkt, daß über Untiefen, wenn der Boden des Meeres nicht allzu nahe unter der Oberfläche ist, das Meeres-

*) Gilb. Ann. XIX. 413; LXIII. 126; XX. 341.

**) Ueber die Entstehung dieser Ströme s. I. Theil S. 139.

wasser kälter ist, als bei großer Tiefe. J. Davy erklärt dies daraus, daß die kältern Wassertheilchen in eine gleichsam unermeßliche Tiefe hinab sinken, da wo die Tiefe des Meeres dies erlaubt, dagegen doch nur bis an den Boden hinabsinken können, wenn dieser nicht so entfernt ist, im letztern Falle also durch ihre Nähe das Wasser auch in geringer Tiefe unter der Oberfläche abkühlen. Bei sehr flachem Wasser erwärmen die Sonnenstrahlen den Boden selbst, und da findet jene Kälte über Untiefen also endlich nicht mehr statt *).

Wasserlöcher auf den Alpen.

Als einen merkwürdigen Beweis dafür, daß das Wasser bei seiner größten Dichtigkeit noch fähig sei, Eis zu schmelzen, führt Rumford folgende Erfahrung an. Die Alpenreisenden finden manchmal auf dem Gletscher-Eise tiefe Wasserlöcher, die bei geringem Durchmesser eine Tiefe von 4 Fuß erlangen und bis oben mit Wasser gefüllt sind. Sie entstehen während des Sommers und vertiefen sich, so lange es oben hinreichend warm ist; dieses allmählige Vertiefen aber wird offenbar dadurch bewirkt, daß die größte Dichtigkeit des Wassers einer Wärme entspricht, die erheblich höher als die Kälte des aufthauenden Eises ist. Es erhellt nämlich leicht, daß unmittelbar am Boden des Wasserloches, wo es sich in einer Eismasse endigt, die Gefrierkälte statt findet; die hier sich eben auflösenden Wassertheilchen sind aber leichter, als die um etwa 1 bis 4 Grad mehr erwärmten, die sich in der Mitte der Wassermasse befinden, und jene steigen daher hinauf, um diesen Platz zu machen; so gelangen Wassertheilchen an den Eisboden, die warm genug sind, um wieder einige Eistheilchen in Wasser zu verwandeln, und da sie bei ihrem Abkühlen wieder aufsteigen und durch neue ersetzt werden, so dauert dieses langsam fortschreitende Aufthauen so lange fort, als die Sonnenstrahlen das obere Wasser noch immer ein wenig über den Gefrierpunct erwärmen.

Luftströmungen.

Ueber die Abhängigkeit der Luftströmungen und der Winde von der ungleichen Erwärmung der Luft habe ich schon bei einer

*) Gilb. Ann. LXVI. 140.

andern Gelegenheit so viel gesagt *), daß ich kaum noch darauf zurückzukommen brauche. Die Frage, warum sich denn die obere Luft in der Atmosphäre nicht erwärmt, da doch die erwärmte Luft ganz gewiß immer aufwärts steigt, kann ich hier noch nicht vollständig beantworten, sondern muß mich begnügen anzudeuten, daß die aufsteigende Luft sich in einen größern Raum ausdehnt und dadurch abgekühlt wird. Bei dem gewöhnlichen Zustande der Luft findet deshalb auch kein merkliches Heruntersinken der kalten Luft statt, weil diese in der Höhe denjenigen Grad der Verdünnung angenommen hat, wodurch sie leichter als die untere wärmere Luft ist, und nur über sehr merklich erwärmten Flächen finden deutlich aufwärts gehende warme Luftströme und zum Ersatze herabwärts gehende kalte Luftströme statt. Dagegen in den Fällen, wo plötzlich heftige Abkühlung in den obern Gegenden der Luft eintritt, da bemerkt man wohl das Herunterstürzen der kalten Luftschichten, und die kalten, oft durchdringend kalten Gewitterwinde scheinen theils dadurch, theils durch die in dem Regengusse mit herabgerissene Luft zu entstehen, die sich von dem Orte der Wolke aus, nachdem sie auf der Erde eine horizontale Richtung angenommen hat, nach allen Seiten hin ausbreitet **).

Als eine hieher gehörende Bemerkung will ich doch noch die anführen, daß Scoresby erzählt, ein lebhafter Sturm, der vom offenen Meere her gegen eine Meilen weit mit Eis bedeckte Meeresfläche fortgeht, werde von Schiffen, die sich mitten in diesem Eise befinden, oft gar nicht bemerkt. Dies erklärt sich aus dem durch den Unterschied der Wärme in jedem Falle veranlaßten Andrange der untern kalten Luft vom Eise her, die sich dem aus der entgegengesetzten Richtung kommenden Sturme widersetzt, und aus der bei der Abkühlung der eindringenden Luft statt findenden Verminderung des Volumens, welche noch erheblicher ist, wenn sich Schnee aus der feuchten, wärmern Luft niederschlägt.

Von den Luftströmungen durch ungleiche Erwärmung macht man eine Anwendung, wo man frische Luft in eingeschlossene Räume bringen will. Läßt sich nämlich da ein Zutritt kalter und

*) I. Theil. S. 139.

**) Kämtz Meteorologie I. 212.

reiner Luft in dem untern Theile des Zimmers erhalten und ohne andre Nachtheile anwenden, während die erwärmte Luft des Zimmers oben ausfließt, so läßt sich der Zweck der Luftreinigung dadurch erreichen, nur hat es oft einige Schwierigkeit, der durch die Kälte der einströmenden Luft verursachten Unbequemlichkeit auszuweichen. Doch es ist Zeit, zu andern Erscheinungen der Wärme überzugehen.

Dritte Vorlesung.

Die Erscheinungen der Wärme, die ich jetzt zunächst Ihrer Aufmerksamkeit, m. h. H., empfelen will, sind die, welche die Verbreitung der Wärme betreffen. Es bieten sich uns hier zwei wesentlich verschiedene Arten, wie die Wärme sich verbreitet, dar, nämlich durch Ausstrahlen und durch Leitung; denn eine dritte Art der Mittheilung, welche wir bei den Phänomenen der Wärme wahrnehmen, wo sie nämlich durch Strömung in den flüssigen Körpern sich verbreitet, kann nicht als eigenthümliche Mittheilungs-Art angesehen werden.

Strahlende Wärme. Zurückwerfung und Brechung derselben.

Nicht bloß die Sonnenwärme, sondern auch die von irdischen leuchtenden Körpern ausgehende Wärme zeigt sich so an das Licht gebunden oder mit demselben zusammengehend, daß wir die Strahlen der Wärme ebenso wie die des Lichtes verfolgen können. Die Brennspiegel sammeln die Sonnenstrahlen in eben dem Puncte als erwärmende Strahlen, wo sie ein Bild vermöge der gesammelten Lichtstrahlen hervorbringen, und wir sehen daher, daß auch die Wärmestrahlen eben das Gesetz der Reflexion, unter einem Winkel, dem Einfallswinkel gleich, zurückgeworfen zu werden, befolgen. Die großen Wirkungen der Brennspiegel sind bekannt, und obgleich es bei großen Spiegeln von mehreren Fußen Durchmesser, nur wenn sie sehr vollkommen gearbeitet sind, statt findet, daß sie die

Strahlen in einem sehr kleinen Brennpuncte vereinigen, so ist doch das, was sie leisten, immer schon sehr erheblich. Das Bild, welches die Sonnenstrahlen im Brennpuncte des Spiegels darstellen, wenn dieser nicht zu viel Grade, so daß man auf die Abweichung wegen der Kugelgestalt nicht zu sehen braucht, umfaßt, läßt sich nach den Regeln der Optik bestimmen, und es ist desto größer im Durchmesser, je größer die Brennweite ist; aus diesem Grunde, weil die vom Spiegel zurückgegebenen Strahlen sich weniger nahe in einen engen Raum vereinigen, ist die Wirkung eines gleich großen Hohlspiegels schwächer bei großer Brennweite, übrigens aber, bei gleicher Brennweite der Größe des Spiegels proportional. Ein Spiegel von 4 Fuß Durchmesser und 6 Fuß Brennweite würde eine Hitze etwa 5000 mal so groß als die unmittelbare Erwärmung durch die Sonnenstrahlen hervorbringen. Man kann auch wirklich mit Brennspiegeln Glas und Metalle schmelzen und Wirkungen hervorbringen, die das heftigste Feuer nur hervorbringen kann. Da diese Wirkung so sehr davon abhängt, daß man recht große Brennspiegel anwendet, welche sich nicht so leicht verfertigen lassen, so hat man versucht, mit vielen vereinigten ebnen Spiegeln eben das zu leisten. Am merkwürdigsten sind in dieser Hinsicht von Büffons Versuche, welcher ebene, mit einander verbundene Spiegel so stellte, daß alle das von ihnen zurückgeworfene Sonnenlicht auf einen Punct warfen; 40 so verbundene Spiegel von 6 Zoll hoch und 8 Zoll breit setzten ein getheertes Brett in 50 Fuß Entfernung in Brand, 117 Spiegel brachten Silber zum Schmelzen.

Die Versuche mit Brennspiegeln zeigen, daß auch die mit keinem Leuchten verbundene Wärme noch ebenso zurückgeworfen wird. Man kann dies beweisen, indem man eine nicht mehr im Dunkeln leuchtende, also keine uns sichtbare Lichtstrahlen mehr aussendende, Metallkugel oder selbst nur ein mit kochendem Wasser gefülltes Gefäß in bedeutender Entfernung von einem Hohlspiegel aufstellt, und ein Thermometer in demjenigen Puncte anbringt, wo ein Licht, an die Stelle jener Kugel gebracht, sein Bild darstellen würde; dieses Thermometer steigt sogleich, sobald jene Kugel ihren Platz einnimmt oder sobald man einen bis zu diesem Augenblicke den Zutritt der Wärme hindernden Schirm wegnimmt. Eben dieser Versuch oder ein ähnlicher, bei dem man sich zweier Brennspiegel bedient, zeigt auch die schnelle Verbreitung der strahlenden Wärme. Pictet stellte zwei Brennspiegel so einander gegenüber, daß die mit der Axe des einen parallel zurückgeworfenen Strahlen auch den andern Spiegel mit seiner Axe parallel trafen; wurde nun eine sehr heiße, aber nicht mehr glühende, Kugel in den Brennpunct des erstern gebracht, wo dann die reflectirten Strahlen den andern Spiegel in parallelen Richtungen trafen, und in seinem Brennpuncte gesammelt wurden, so stieg das im Brennpuncte des zweiten Spiegels stehende Thermometer augenblicklich, wenn der zwischengesetzte Schirm weggenommen ward, und dies auch dann, wenn die Wärmestrahlen 80 Fuß zu durchlaufen hatten. Die Wärmestrahlen gehen also wenigstens so schnell fort, daß wir in Entfernungen von 80 oder 100 Fuß noch keinen Zeitverlust wegen der Fortpflanzung wahrnehmen können; indeß bleiben wir darüber, ob diese Geschwindigkeit der des Lichtes nahe kömmt, unbelehrt.

Die strahlende Wärme ist auch der Brechung auf ganz ähnliche Weise wie das Licht unterworfen. Dies beweisen unsre Brenngläser, welche die durchgelassenen Wärmestrahlen der Sonne ebenso gut als ihr Licht im Brennpuncte sammeln und dadurch bei großen Brenngläsern eine Hitze, die zum Glasschmelzen ausreicht, hervorbringen. Ein ähnlicher Versuch läßt sich mit dunkler Wärme, mit Metallkugeln, die schon nicht mehr glühen, nicht wohl anstellen, weil die so schwache Wärme nicht stark genug das Glas durchdringt.

Die Beobachtung, daß auch die Wärmestrahlen so wie die Lichtstrahlen gebrochen werden, führt zu der Frage, ob sie denn mit irgend einem der Farbenstrahlen in Hinsicht der Brechung ganz genau übereinstimmen. Der ältere Herschel hat diese Frage zuerst beantwortet, indem er in den durch ein Prisma getrennten Farbenstrahlen der Sonne Thermometer aufstellte, und die Wärme vom violetten und blauen Strahle an bis zum rothen immerfort zunehmend fand, ja die größte Wärme erst da beobachtete, wo das Auge sogar auch keine rothe Strahlen mehr bemerkte. Spätere Versuche, besonders die von Seebek, haben gezeigt, daß die Lage der am meisten erwärmenden Gegend des Farbenbildes nicht bei allen Prismen ganz gleich ist, sondern daß sie ebenso wie die Farbenzerstreuung von der Verschiedenheit der Bestandtheile des brechenden

Körpers abhängt, daß aber fast immer die größeste Wärme sehr gegen das Ende des Farbenbildes, wo das Roth liegt, und vielleicht zuweilen jenseits der Grenze des noch deutlich sichtbaren Roth gefunden wird. In den meisten Fällen muß man also den Brennpunct eines Glases da annehmen, wo die rothen Strahlen sich sammeln.

Schwächung der Wärmestrahlen beim Durchgange durch durchsichtige Körper.

Wenn wir Sonnenstrahlen durch eine reine Glasscheibe fallen lassen, so finden wir keinen merklichen Unterschied in den Angaben des Thermometers, wir mögen die Wärme vor oder nach dem Durchgange durch Glas beobachten, und die Strahlen scheinen daher, allenfalls nur so wie das Licht bei dem Durchgange durch Glas und ähnliche Körper, eine sehr geringe Schwächung zu erleiden. Dagegen ist es auffallend, wie sehr schon gegen die Hitze des hell brennenden Feuers eine vorgehaltene Glasplatte sichert, und noch mehr wird die dunkle Wärme durch einen durchsichtigen Körper zurückgehalten. Diese sehr bekannten Erfahrungen sind durch die genauen Versuche von Prevost und Delaroche bestätiget, und diese haben noch einige hiemit verbundene merkwürdige Erscheinungen kennen gelehrt. Bei den hierüber angestellten Versuchen wurden bald ein, bald mehrere Glasschirme zwischen der Wärmequelle und dem Thermometer aufgestellt, diese Schirme aber so oft erneuert, daß ihre eigne Erwärmung nicht auf das Thermometer Einfluß haben konnte, und es zeigte sich, daß die durchgelassene Wärme in Verhältniß der gesammten Wärme desto mehr betrug, je größer diese gesammte Wärme war. Es wurde nämlich eine erhitzte Masse im Brennpuncte eines Brennspiegels aufgestellt, die von diesem parallel zurückgeworfenen Strahlen trafen einen andern Brennspiegel und erwärmten das in dessen Brennpuncte stehende Thermometer. Man stellte jeden Versuch auf doppelte Weise an, bald so daß kein Schirm die Lichtstrahlen aufhielt, bald so daß ein Glasschirm zwischen beide Spiegel gestellt wurde. Hier ergab sich nun, daß Quecksilber von 182° C. (146° R.) warm im einen Brennpuncte das Thermometer ohne Schirm um 3,9 Gr. steigen machte, mit Anwendung des Schirmes dagegen nur 0,15 oder $\frac{3}{20}$ Grad, daß also hier der Schirm nur $\frac{1}{26}$ der

Wärme durchließ; ferner daß kochendes Quecksilber von 356° C. (285° R.) ohne Schirm ein Steigen von 16 Gr., mit dem Schirme von 1,2 Graden, hervorbrachte, daß also in diesem Falle reichlich $\frac{1}{14}$ der auffallenden Wärme durchgelassen wurde; Eisen, dessen Wärme 427° C. (342° R.) betrug, brachte eine doppelt so große Wärme ohne Schirm hervor und von dieser ward beinahe $\frac{1}{7}$ durchgelassen; glühendes Kupfer, dessen Wärme man 960° C. annimmt, gab eine Wärme, wovon $\frac{2}{7}$ durchgelassen wurden, und von der Erwärmung vermittelst einer Argandschen Lampe ward die Hälfte durch den Schirm durchgelassen. Wir sind also berechtiget zu sagen, daß die auf einen Glasschirm auftreffenden Wärmestrahlen in sehr geschwächtem Verhältnisse durchgelassen werden, wenn die Grade der Wärme geringer sind, daß also die an sich größere Wärme gleichsam mit größerer Gewalt das Glas trifft, so daß sie wenig geschwächt durchgelassen wird, während eine schwache Wärme fast ganz und gar aufgehalten wird. Ob wir daraus auf eine ungleiche Geschwindigkeit der stärkern und der schwächern Wärme schließen sollen, ist ganz unentschieden, und die gleich anzuführenden Versuche machen unser Urtheil noch unsicherer.

Nach den eben angeführten Versuchen sollte man nämlich erwarten, daß in dem Falle, wo durch einen Schirm etwa $\frac{1}{7}$ der Wärme durchgelassen ward, durch zwei Schirme nur $\frac{1}{49}$ durchgehen sollte, weil von dem zuerst durchgelassenen Siebtel ja wieder nur der siebte Theil scheint durchgehen zu können, ja noch weniger, weil schwächere Wärme in noch schwächerem Maaße durchgelassen wird; aber so verhielt es sich bei diesen Versuchen nicht, sondern durch zwei Schirme ging $\frac{1}{14}$ der ganzen Wärme, also die volle Hälfte der vom ersten Schirme durchgelassenen Wärme ging durch den zweiten Schirm. Es scheint also hier ein ähnliches Einwirken des Glases, wie bei der Polarisirung des Lichtes statt zu finden, daß nämlich, so wie dort das durch ein Glas gegangene Licht nun am zweiten Glase nicht mehr so viel durch Zurückwerfung an der Oberfläche verliert, so auch hier die durch ein Glas gegangenen Wärmestrahlen fähiger werden das zweite zu durchdringen. Wir weichen also nicht von der Erscheinung ab, wenn wir es als eine Vermuthung aufstellen, ob nicht die Wärmetheilchen ebenso in verschiedenem Zustande ankommen, und indem einige aufgehalten, andre durchgelassen werden, die einmal durchgelassenen sich in dem Zustande befinden, der ihnen auch bei der zweiten parallelen Platte den Durchgang erleichtert *). Hieraus läßt sich dann auch einsehn, warum dickere Glasplatten nicht im Verhältniß der Dicke die Schwächung der Wärme verstärken.

Wie die bei dem Durchgange durch Glasscheiben verlorene Wärme verwendet wird, das ist schwerer als bei dem Lichte zu entscheiden. Ohne Zweifel wird ein Theil an der Vorderfläche, ein Theil an der Hinterfläche zurückgeworfen, und ein Theil wird, wie wir deutlich bemerken, zu Erwärmung des Glases selbst angewandt, aber wieviel jeder dieser Theile beträgt, läßt sich nicht wohl bestimmen. Uebrigens ist es diese Schwächung der Wärmestrahlen, welche selbst den directen Sonnenstrahlen nicht gestattet, das Meerwasser bis zu bedeutender Tiefe zu durchwärmen, und je weniger rein und durchsichtig das Meerwasser ist, desto mehr beschränkt sich die Erwärmung auf die obern Schichten.

Abhängigkeit der Wärmestrahlung von der Beschaffenheit der Oberfläche.

Eben so merkwürdig, als diese Beobachtungen über den Durchgang der strahlenden Wärme durch Glas, sind die Versuche über die von der Oberfläche abhängende Ungleichheit bei der Erwärmung durch strahlende Wärme und bei der Abkühlung eines erwärmten Körpers. Eine sehr leicht sich darbietende Erfahrung zeigt, daß ein schön polirter Metallspiegel fast gar nicht erhitzt wird, wenn man ihn den erwärmenden Strahlen der Sonne oder des Feuers aussetzt, und daß man dagegen ein unpolirtes Metall oder noch mehr ein schwarz überfärbtes Metall durch eben die Wärmestrahlen sehr erhitzt findet. Hier werden also die Wärmestrahlen zur Erwärmung thätig da, wo sie und wo die Lichtstrahlen wenig zurückgeworfen werden. Weiße Körper, die viel Licht zurückwerfen, erwärmen sich weniger als schwarze, und es läßt sich, obgleich ein strenges Abmessen hier schwierig ist, mit Sicherheit sagen, die Kör-

*) Berard hat durch einen Versuch eine wahre Polarisirung der Wärmestrahlen zu finden geglaubt, aber dieser Versuch hat Powell nicht gelingen wollen.

per erwärmen sich bei auffallenden Wärmestrahlen in eben dem Grade mehr, wie sie weniger Licht bei auffallenden Lichtstrahlen zurückwerfen. Eine schwarze Wand wird an den Sonnenstrahlen fast unerträglich heiß; schwarzes Zeug auf den Schnee gelegt, sinkt, weil der Schnee darunter aufthaut, tiefer ein als weißes; Schnee und Eis erhalten da am ehesten tiefer eingethaute Löcher, wo schwarze Erde darauf lag; Gefäße inwendig schwarz gefärbt und mit mehreren Glasplatten oben geschlossen, werden im Innern sehr heiß, wenn die Sonne durch die Glasplatten hereinfällt; wenn man mit einem schwachen Brennglase Papier am Sonnenlichte anbrennen will, so bemerkt man bald, daß dieses leichter da gelingt, wo das Papier schwarz ist, als wo es weiß ist. Hierin liegt der Grund, warum im Winter neben grauen oder schwärzlichen Baumstämmen oder Pfählen der Schnee verschwindet, (durch Abthauen und Verdunsten,) während er in einiger Entfernung sich vollkommen erhält, weil nämlich bei jedem Sonnenstrahle jene Körper sich in einigem Grade erwärmen.

Eine ähnliche Uebereinstimmung findet zwischen Licht und Wärme bei dem Durchgange statt, indem trübes Glas wenig Licht durchläßt und sich zugleich erwärmt, recht helles, reines Glas dagegen fast alles Licht durchläßt und sich beinahe gar nicht erwärmt. In Beziehung auf unsre nächsten Betrachtungen ist indeß jene bei der Zurückwerfung beobachtete Uebereinstimmung noch wichtiger.

Die eben erwähnten Erfahrungen nämlich über die von gewissen Körpern in bedeutendem Maaße, von gewissen Körpern wenig, zurückgeworfene Wärme stimmen mit den Verschiedenheiten der als strahlend von erwärmten Körpern ausströmenden Wärme überein. Wenn man zwei ganz gleiche hohle Kugeln von Metall verfertigen läßt, beide gleich gut polirt, aber die Politur der einen mit Ruß überzieht oder auch nur schwarz überfärbt; so kühlt sich, wenn man sie beide mit gleich heißem Wasser füllt, die geschwärzte schneller ab, und so giebt in allen Fällen diejenige Oberfläche die Wärme leichter her, die fähiger ist, sie bei auffallender Wärmestrahlung von außen leichter aufzunehmen. Der Unterschied der Abkühlung ist so bedeutend, daß man den Versuch nur mit zwei gleichen Metallgefäßen, deren eines polirt, das andre mit Ruß überzogen ist, sehr oberflächlich anzustellen braucht, um, wenn man beide mit kochendem Wasser gefüllt hat, das viel schnellere Sinken des Thermometers in dem geschwärzten deutlich wahrzunehmen.

Man bemerkt diese ungleiche Ausstrahlung auch noch durch eine andre Beobachtung. Wenn man nämlich das polirte und das geschwärzte Gefäß gleich erhitzt, beide zum Beispiel mit kochendem Wasser füllt, so bemerkt man bei Annäherung der Hand die strahlende Wärme schon ziemlich entfernt von dem geschwärzten Gefäße, aber erst bei sehr großer Annäherung, wenn man sie gegen das polirte Gefäß heranbringt. Leslie hat hierüber mehrere Versuche angestellt und Zahlenbestimmungen angegeben, wie viel die unter verschiedenen Umständen durch Strahlung sich zerstreuende Wärme beträgt; darnach ist die Menge der ausstrahlenden Wärme 7 mal so groß, wenn polirtes Silber mit einem dünnen Goldschlägerhäutchen bedeckt, als wenn es ganz frei ist, und 10 mal so groß, wenn es mit Ruß bedeckt, als wenn es frei ist. Ein Versuch, der dies am besten zeigt, ist folgender von Leslie vorgeschlagene, der mit Hülfe eines Differenzthermometers sich leicht anstellen läßt. Man läßt einen Würfel von Blech verfertigen, dessen eine Seite vollkommen glänzend polirt, die andre matt geschliffen, die dritte weiß übermalt, die vierte geschwärzt wird. Man stellt (Fig. 13.) einen Brennspiegel AB auf, und bestimmt genau den Punct, wo ein in bestimmter Stellung D angebrachtes Licht sein Bild C hin wirft; in diesen letztern Punct C, der in der Nähe des Brennpunctes liegt, wenn man das Licht mehrere Fuße weit jenseits des Brennpunctes aufgestellt hatte, bringt man die eine Kugel des Differenzthermometers, in den Ort D aber, wo das Licht sich befand, bringt man jenen Würfel, den man mit kochendem Wasser gefüllt hat. Hier zeigt sich nun die von dem heißen Würfel ausstrahlende Wärme dadurch, daß sie, zurückgeworfen und gesammelt durch die Hohlspiegel, das Thermometer C zum Steigen bringt; aber man bemerkt, daß dieses Steigen viel bedeutender ist, wenn man die schwarze Fläche dem Spiegel zuwendet, daß das Thermometer weniger steigt, wenn die weiße oder die matt geschliffene Fläche gegen den Spiegel gekehrt ist, und daß die Erhitzung am geringsten ist, wenn die polirte Seite diesen Platz einnimmt. So lange das Wasser sich nicht erheblich abkühlt, kann man diese Wechsel mehrmals nach einander hervorbringen.

Hierauf gründen sich manche Vorschriften, die man zu geben pflegt, manche Verbesserungen, die man angebracht hat. Will man die Wärme eines Körpers gern lange erhalten, z. B. die Wärme von Speisen oder Getränken, so bedient man sich am besten der von außen vollkommen polirten Gefäße, weil diese die Wärme nicht so schnell durch Strahlung zerstreuen; soll dagegen, wie bei unsern Oefen, die Wärme recht schnell und vollständig dem umgebenden Raume mitgetheilt werden, so muß man die Oberfläche geschwärzt uud am liebsten nicht glänzend erhalten. Die Platin-Oberfläche unserer porcellanenen Theegeschirre ist also zweckmäßig zur Erhaltung der Wärme, und ebenso würde man Dampfröhren, wenn sich der Dampf darin noch nicht abkühlen soll, von außen poliren müssen, solche Dampfröhren dagegen, die zur Erwärmung von Zimmern dienen sollen, müßten eine schwarze, rauhe Oberfläche haben. Um die Abkühlung, und ebenso um die Erwärmung recht sicher zu hindern, müßte man ein polirtes Gefäß noch mit einem an beiden Seiten polirten Gefäße umgeben, und allenfalls noch eine dritte polirte Wand hinzufügen. Da ein Ofenschirm uns gegen die zu starke strahlende Wärme des Ofens sichern soll, so ist es zweckmäßig, ihn mit einer metallischen Belegung zu versehen, z. B. an beiden Seiten mit Goldpapier zu überziehen. Ebenso könnte man Mobilien, die dem Ofen zu nahe stehen, vor der zu starken Erhitzung sichern.

Auch ein Vorschlag von Flaugergues, wie man die Temperatur der Luft genau bestimmen soll, gründet sich auf diese Erfahrungen. Wenn wir ein Thermometer aufhängen, so ist dies doch immer neben der Einwirkung der Temperatur der Luft auch der Einwirkung der von den umgebenden Körpern ausstrahlenden Wärme ausgesetzt, und davon hängen manche Ungleichheiten ab, die man zu vermeiden wünscht. Flaugergues räth daher an, das Thermometer mit einem Cylinder zu umgeben, dessen Wände ein oder zwei Zoll von dem Thermometer entfernt, diesem keine Wärme unmittelbar mittheilen, und indem sie an der äußern und an der innern Oberfläche metallisch glänzend sind, die Aufnahme der strahlenden Wärme von außen abhalten und nach innen sie nicht leicht abgeben; die frei zuströmende Luft ertheilt dann dem Thermometer die eigentliche Wärme der Luft. Bei dieser Mittheilung der Luftwärme an das Thermometer kömmt es aber auch auf die Oberfläche der Thermometerkugel an, indem eine geschwärzte Oberfläche der Thermometerkugel diese fähiger macht, sich schnell zu erwärmen, wodurch denn freilich in den meisten Fällen, namentlich in den Sonnenstrahlen selbst, die Angaben des Thermometers einem höhern Wärmegrade als dem der Luft entsprechen.

Leslie hat unter dem Namen: Photometer, eine Anwendung des Differenzthermometers bekannt gemacht. Ist die eine Kugel des Differenzthermometers schwarz, die andre völlig durchsichtig, so bringen die auf beide treffenden Wärmestrahlen in der schwarzen Kugel eine größere Wärme hervor, die sich an diesem empfindlichen Instrumente wahrnehmen läßt. Eigentlich ist dieses Instrument also ein Wärmemesser; aber da es nach Leslie's Angaben noch empfindlich genug ist, um da Unterschiede zu zeigen, wo wir nur Unterschiede des Lichtes, nicht Unterschiede der Wärme, bemerken, z. B. wenn man das Instrument am Tage weiter vom Fenster entfernt in das Zimmer zurückstellt, so vertritt es die Stelle eines Licht abmessenden Instrumentes.

Auch das Aethriometer, dessen Zweck es ist zu zeigen, daß die Wolken mehr Wärme als das wolkenlose Blau des Himmels ausstrahlen, beruht auf diesen Grundsätzen. Ein innen sehr vollkommen polirter Metallbecher, der die auf seine innere Fläche fallende Wärmestrahlen in A (Fig. 12.) concentrirt, enthält in diesem Puncte die eine Kugel des Differenzthermometers, die hier am besten schwarz ist, um durch die auf sie fallenden Wärmestrahlen desto besser erwärmt zu werden, während die andre Kugel B außerhalb oder wenigstens so an der Seite steht, daß sie nicht durch concentrirte Strahlen erwärmt wird. Wendet man nun die innere Fläche CDE bald dem blauen Himmel, bald den Wolken zu, so fallen von den letztern doch einige, vom blauen Himmel fast gar keine Wärmestrahlen, (die wenigen abgerechnet, welche die Lufttheilchen selbst zurückwerfen,) auf die innere Fläche, und je reiner das Blau des Himmels ist, desto weniger muß die Erwärmung der im Sammelpuncte A stehenden Kugel die der andern B übertreffen.

Gegenseitige Erwärmung durch Ausstrahlung. Strahlende Kälte.

Da alle uns umgebende Körper in größerm oder geringerm Grade erwärmt sind, so geben sie auch immerfort strahlende Wärme her, und es findet ein unaufhörlicher Austausch der Wärme der verschiedenen Körper statt. Ist das Thermometer ebenso warm, als die Wand, welcher ich es nähere, so bemerke ich diese Ausstrahlung nicht, weil bloß die vom Thermometer gegen die Wand ausstrahlende Wärme ersetzt wird durch die von der Wand gegen das Thermometer übergehende Wärme; dagegen wenn die Wand wärmer ist, sehen wir das Thermometer steigen, weil es mehr Wärme empfängt als verliert, und im umgekehrten Falle sehen wir es sinken. Im letztern Falle, wo die Wand kälter ist, hat es das Ansehn, als ob auch Kälte ebenso strahlend von der Wand ausginge, wie sonst die Wärme, und unsre eigne Empfindung ist, wenn wir uns einem kalten Körper nähern, ebenso; aber offenbar ist dieser Anschein bloß darin begründet, daß die von dem wärmeren Thermometer oder von der wärmeren Hand ausströmende Wärme nicht ganz ersetzt wird durch die von der Wand oder von dem kältern Körper herüber kommende Wärme. Aus diesem Grunde fühlen wir uns unangenehm in einem Zimmer, dessen Wände nicht durchwärmt sind, wenn gleich der Ofen hinreichend warm ist.

Ein vorzüglich auffallendes Phänomen der anscheinend ausstrahlenden Kälte ist folgendes. Wenn man zwei Hohlspiegel einander so gegenüberstellt, daß die vom Brennpuncte A des einen (Fig. 14.) ausgehenden Strahlen, mit der Axe beider Spiegel parallel zurückgeworfen, sich wieder im Brennpuncte B des andern sammeln, so bringt ein nach A gebrachtes Eisstück das Thermometer B zum Fallen, so daß es scheint, als würden die von A ausströmenden Kältestrahlen AD, AE, nach DF, EG, und dann nach FB, GB, zurückgeworfen. Die Erklärung ist aber ganz einfach. Wären in A und B gleich warme Körper, so würde von A die Wärme nach den Wegen ADFB, AEGB, ausströmen und sich in B sammeln, aber ebenso viel Wärme würde von B aus auf denselben Wegen nach A zurückkehren; ist dagegen A kälter, so beträgt die ihm ertheilte Wärme noch immer ebenso viel, statt daß die von ihm ausgegangene Wärme geringer ist; B erhält daher keinen vollkommenen Ersatz für die ausgesandte Wärme, und da B, wenn wir die Hohlspiegel als selbst gar keine Wärme hergebend ansehen, aus dem ganzen Raume F G keine andre Wärme empfängt, als die von A ausgesandte, auf diesen Raum fallende, so wird die Abkühlung in B, der Mangel an Ersatz der verlornen Wärme, desto fühlbarer, je mehr von A her kommende Wärmestrahlen sich in B concentriren würden.

Hier bietet sich zugleich die Frage dar, wie es sich verhält, wenn zwei Körper zwar einerlei Temperatur besitzen, aber wegen ungleicher Oberfläche nicht in gleichem Maaße fähig sind, die Wärme ausströmen zu lassen, und die sie treffende Wärme aufzunehmen. Wir können, um diese Frage zu beantworten, am besten von der gewiß richtigen Erfahrung anfangen, daß, wenn die Wände eines umschlossenen Raumes eine bestimmte Temperatur haben, und alle in diesem Raume enthaltenen festen Körper eben so warm sind, gar keine Veranlassung zur Aenderung der Wärme für alle diese Körper da ist. Diese Erfahrung beruht darauf, daß erstlich zwei Oberflächen, sie mögen senkrecht oder schief gegen die von der einen zur andern gezogenen Richtungslinie stehen, sich nach Verhältniß des Theiles der Kugelfläche, den die eine in Beziehung auf die andre verdeckt, Wärme zusenden, und daß zweitens die Oberflächen, welche mit Leichtigkeit Wärme aufnehmen, sie auch mit Leichtigkeit ausströmen lassen. Was das erstere betrifft, so ist es gewiß, daß (Fig. 15.) zwei Körper von ganz gleichartigen Oberflächen, deren einer eine Umhüllung A B D bildet, die den andern C umschließt, sich, wenn sie beide gleich warm sind, einander weder erwärmen noch abkühlen, und daß dieses statt findet, jene Umhüllung mag eine Kugelfläche sein, oder eine, wie man will, unregelmäßige Form A E F B haben. Die von der letztern gegen C ausgesandte Wärme und ebenso die ihr durch die Ausstrahlung von C zugesandte Wärme, ist also ebenso groß, als diejenige Wärme, die von einer umschließenden Kugelfläche ausgesandt oder umgekehrt von derselben aufgenommen würde, und in beiden Fällen, es mag die Kugelfläche oder die unregelmäßige Oberfläche dem ebenso erwärmten Körper C dargeboten werden, findet die Ausgleichung der Wärme, die gleiche Erhaltung der Temperatur, statt. Aber eben das ist auch zweitens der Fall, wenn die Oberflächen ungleich sind, zum Beispiel das eine Mal die umhüllende Fläche AEBD polirt, das andere Mal geschwärzt ist. In diesen beiden Fällen ist die Ausströmung von C, welchen Körper wir unverändert annehmen, gleich; aber die geschwärzte Umhüllung nimmt von dieser zugesandten Wärme vielleicht zehnmal so viel auf, als die polirte; jene müßte sich also mehr erwärmen als diese, wenn nicht auch die Menge der Wärme, die sie entläßt, zehnmal so groß als bei der andern wäre. Die Erfahrung, daß der Austausch der Wärme zwischen C und der umgebenden Hülle gleich gut statt findet, wenn die Temperatur der Körper gleich ist, und daß in diesem Falle nichts von der Beschaffenheit der Oberflächen abhängt, beweist also diese genaue Uebereinstimmung zwischen der Aufnahme der durch Strahlung zugeführten und dem Verluste der durch Strahlung hervorgehenden Wärme bei ungleicher Beschaffenheit der Oberflächen.

Hiernach lassen sich alle einzelnen Fragen beantworten. Wenn eine polirte Metallwand und eine schwarze Wand einander gegenüber stehen, die beide gleich warm sind, so sendet die letztere eine größere Menge Wärme aus als die erstere, aber der größte Theil derselben wird von der polirten zurückgeworfen, kömmt zu der schwarzen zurück, und ersetzt daher den Wärme-Abgang selbst wieder, den diese schien erleiden zu müssen, und da die polirte Fläche doch auch einige Wärme aussendet und diese zum größten Theile in die geschwärzte Oberfläche eindringt, so findet, wie sich noch genauer nachweisen läßt, ein völliger Ersatz der verlornen Wärme statt. Sind die beiden Wände ungleich warm und die schwarze ist die kältere, so bekömmt sie von der wärmeren polirten Oberfläche erstlich einen Ersatz für den eignen Wärmeverlust, aber zweitens, nach Maaßgabe der höheren Temperatur, einen Ueberschuß von Wärme, der indeß langsamer ausströmt, als es der Fall wäre, wenn auch die polirte Oberfläche geschwärzt würde, der entgegengesetzte Fall läßt sich hiernach leicht beurtheilen; ich werde aber in Beziehung auf beide Fälle noch etwas sagen, wenn ich auf Fouriers Untersuchungen komme. Hieher gehört Rumfords Versuch, der neben einem sehr empfindlichen Luftthermometer an der einen Seite einen um 10 Gr. erwärmten, auf der andern Seite einen um 10 Gr. erkälteten, übrigens dem vorigen ganz gleichen, Körper aufstellte; die strahlende Wärme des einen Körpers bewirkte,

Wärme an das Thermometer mittheilend, hier ebenso viel, als bei dem andern Körper das Aufnehmen der Wärme, und das Thermometer änderte seinen Stand nicht, — der eine erwärmte so viel als der andre Wärme entzog.

Vierte Vorlesung.

Leitung der Wärme.

Die bisher betrachtete Mittheilung der Wärme, die wir in allen Luft-Arten und selbst im leeren Raume beobachten, stellt sich uns so dar, als ob sie, durch alle sehr dünne Körper hindurch statt findend, von der Natur der zwischen liegenden Körper nur wenig abhinge oder wenigstens nicht durch eine Fortpflanzung der Wärme von Theilchen zu Theilchen erklärt werden müsse; wir sehen daher diejenige Mittheilung der Wärme, die wir Leitung der Wärme nennen, als hievon wesentlich verschieden an. Diese nämlich, die in allen flüssigen Körpern nur wenig merklich ist, besteht bei den festen Körpern darin, daß die Wärme, welche man einigen Theilchen des Körpers ertheilt, sich den benachbarten mittheilt, von diesen auf die folgenden übergeht, u. s. w.

Die festen Körper haben ein sehr ungleiches Leitungsvermögen für die Wärme, und im Allgemeinen ist die Leitung durch die dichteren Körper, namentlich durch die Metalle, schneller, als durch Körper von geringer Dichtigkeit, indeß ist die Folge der Körper nach ihrer Leitungsfähigkeit nicht genau mit der Reihe der Dichtigkeiten übereinstimmend, und Platin leitet zum Beispiel viel schlechter als Silber. Manche sehr bekannte Erfahrungen beruhen auf diesem ungleichen Leitungsvermögen. Wenn wir unter ganz gleichen Umständen ein Metallstäbchen und Holz oder Papier erhitzen, so wagen wir ohne Bedenken die letztern Körper mit der Hand zu berühren, statt daß wir an dem Metalle uns zu brennen fürchten. Dieses hängt von der ungleichen Leitungsfähigkeit ab, welche im Metalle auch den entfernten Wärmetheilchen einen so schnellen Zutritt zu den berührenden Theilen meiner Hand gestattet, daß die, lange Zeit durch gleich lebhaft unterhaltene, Mittheilung der Wärme des heißen Körpers mir die unangenehme Empfindung des Brennens, die zerstörende Wirkung auf die Haut, hervorbringt; dem Holze dagegen entreißt meine Hand zwar in den Puncten, wo die Berührung unmittelbar statt findet, ebensowohl die Wärme, aber die so auf die berührenden Theile der Haut übergehende Wärmemenge ist zu geringe, und der aus den entferntern Theilen des Holzes zuströmende Vorrath von Wärme ist zu unbedeutend, um jene nachtheilige Einwirkung auf die Haut hervorzubringen. Darum versehen wir metallene Gefäße, die wir erhitzt tragen oder sonst behandeln wollen, mit hölzernen Handgriffen oder umwickeln die metallenen Handgriffe mit Holzspänen, oder legen ein Tuch oder Papier dazwischen.

Auf ganz ähnliche Art verhält es sich mit kalten Körpern. Wenn in sehr kalten Tagen Wollenzeug, Holz, Silber, neben einander sehr lange der Kälte ausgesetzt gewesen sind, so haben sie gewiß einerlei Temperatur erlangt, und ein mit jedem von ihnen in enge Berührung gebrachtes Thermometer zeigt uns auch diese Gleichheit; aber dennoch fühlt sich das Silber sehr kalt an, statt daß das Holz und vollends die Wolle uns gar nicht so sehr unangenehm ist. Auch hier ist dies die Wirkung der ungleichen Leitung der Wärme, indem das Silber die meiner Hand entzogene Wärme ziemlich schnell zur Erwärmung der ganzen Masse verwendet, statt daß bei dem Holze und noch mehr bei der Wolle eine sehr lange Zeit vergeht, ehe die entfernteren Theile etwas von der Wärme zugeführt bekommen, die meiner Hand entrissen wird. Man kann an sehr kalten Tagen ein Experiment machen, welches einigermaßen gradweise die ungleiche Wärmeleitung nachweiset. Es ist bekannt, daß, wenn man an recht kalten Tagen ein Metall, das sich lange an einem kalten Orte befunden hat, mit nassen Händen berührt, die Hand anklebt, eigentlich anfriert; dies geschieht schon bei ziemlich mäßiger Kälte am Silber, dagegen fordert Zinn größere, Eisen und vollends Messing noch größere Kälte, weil die letzteren Metalle nicht so gute Leiter der Wärme sind, als die erstern.

Um regelmäßige Versuche über die Wärmeleitung fester Körper anzustellen, tauchte Ingenhouß Stäbe aus verschiedenen Metallen, die mit erhärtetem Wachs überzogen waren, in eine heiße Flüssigkeit, und sah das Wachs am Silber am weitesten von der Wärmequelle entfernt zum Schmelzen kommen, statt daß Blei am wenigsten weit die hiezu nöthige Wärme annahm. Aber noch besser sind die Versuche so angestellt worden, daß Thermometer in der Metallmasse angebracht, bei verschiedenen Entfernungen von der Wärmequelle, die in bestimmten Zeiten erlangten Wärmegrade zeigten. Nach solchen Versuchen giebt Despretz an, daß wenn eine Kupferstange am einen Ende immer auf 83° erwärmt erhalten wurde, in $1\frac{1}{2}$ Fuß Entfernung die Temperatur nie über 33° stieg, als die Luft 17° Cent. warm war; bei einer gleichen Bleistange in $1\frac{1}{4}$ Fuß Entfernung stieg die Wärme nie über 28°, bei Marmor in eben der Entfernung nur auf 19°. Holz erwärmt sich in solchen Entfernungen gar nicht mehr, wenn es sich auch am Ende verkohlt. Die Holz-Arten zeigen hier eine eigenthümliche Merkwürdigkeit, nämlich die, daß sie nach der Länge der Fasern die Wärme viel besser fortpflanzen als senkrecht auf die Fasern, und dies so sehr, daß z. B. Eichenholz an einer Stelle auf 82 Gr. Cent. erhitzt in $\frac{3}{4}$ Zoll Entfernung 41, in $1\frac{1}{2}$ Zoll Entfernung $17\frac{1}{2}$ Gr. Wärme zeigte, wenn der Stab nach der Länge der Fibern geschnitten war, dagegen bei fast eben so starker Erwärmung in jenen beiden Entfernungen nur 23 Gr. und $7\frac{1}{2}$ Gr., wenn der Stab quer auf die Fibern geschnitten war *). Diese Verschiedenheit scheint sehr in Betrachtung zu kommen bei der Kälte, welche die Gewächse im Winter zu ertragen im Stande sind, indem das Innere der Bäume nur durch eine Leitung quer gegen die Fibern, also sehr langsam, der Abkühlung unterworfen ist, und dieses offenbar vortheilhaft ist, damit der Wechsel in der Spannung der Gefäße nicht sogleich bei jedem Wechsel der Temperatur eintrete, sondern allmählig und nicht oft wechselnd. Die Bäume erkalten zwar im Innern bis unter den Gefrierpunct uud die Säfte sind dann zu Eis geworden, aber es scheint daß jene langsame Leitung hier dennoch von wesentlichem Nutzen ist **), so wie ja auch gefrorne Kör-

*) Poggend. Ann. XII. 283. XIV. 594.

**) Eine große Anzahl von Beobachtungen über die Veränderungen der Gewächse bei der Kälte und über ihr Erfrieren, finden sich in: Göppert über die Wärme-Entwickelung der Pflanzen, ihr Gefrieren u. s. w. Breslau. Max. 1830.

per, Aepfel und dergl. nicht so sehr leiden, wenn man sie in kaltem Wasser sehr langsam sich bis über den Gefrierpunct erwärmen läßt.

Die Rücksicht auf die Wärmeleitung kömmt in unzähligen Fällen des gemeinen Lebens vor. Unsre warmen Kleider sind darum erwärmend, weil sie schlechte Wärmeleiter sind, und daher die durch die Lebensfunctionen entwickelte thierische Wärme nicht entweichen lassen, und wir ziehen daher diejenigen Körper, welche die Wärme am schlechtesten leiten, Wolle, Pelzwerk, den übrigen vor. Wir bedecken Körper mit Stroh, um sie gegen den Frost zu sichern, weil Stroh die einmal in jenen Körpern enthaltene Wärme nicht leicht entweichen läßt; aber ebenso gut können wir im Sommer Eiskeller mit Stroh bedecken, um den Zutritt der Wärme zu hindern. Thon leitet die Wärme schlechter als Eisen, daher erwärmt sich ein Ofen mit Thonwänden langsam; aber ist ein russischer Ofen mit 6 Zoll dicken Wänden einmal durchgewärmt, so erhält er sich lange warm, und theilt dem Zimmer lange Zeit Wärme mit. Mehrere Schichten schlecht leitender Körper halten die Wärme noch besser als eine einzelne dickere Schichte zusammen, theils weil die zwischen den Schichten enthaltene Luft ein schlechter Wärmeleiter ist, theils weil die Wärme bei jedem Uebergange in einen neuen Körper ein Hinderniß ihres Ueberganges findet und theilweise zurückgeworfen wird. In der schlechten Wärmeleitung liegt der Grund, warum ein Glas dem Zerspringen durch Erhitzung nicht so sehr ausgesetzt ist, wenn man ein Blatt Papier zwischen das Glas und den heißen Körper legt.

Einige Physiker haben die Wärmeleitung der Körper darnach zu beurtheilen gesucht, daß sie beobachteten, in welcher Zeit ein Körper gewisse Grade der Erwärmung annähme oder verlöre; es ist aber offenbar, daß hiebei zwar die Wärmeleitung mit in Betrachtung kommt, aber doch auch noch mehr Umstände mit einwirken, von denen ich bald mehr sagen werde.

In den flüssigen Körpern wird die Mittheilung der Wärme vorzüglich durch Strömung bewirkt, und diese richtige Bemerkung führte Rumford zu dem unrichtigen Schlusse, daß eine eigentliche Wärmeleitung in flüssigen Körpern nicht statt finde. Es ist wahr, daß die durch die Wärme ausgedehnten Theilchen des Flüssigen sogleich nach oben zu fortrücken, statt daß die kälteren herabsinken, daß dadurch eine Mischung der wärmern und kältern Theilchen entsteht, und sich schwer beurtheilen läßt, in welchem Grade die entferntern flüssigen Theile erwärmt werden würden, wenn die Erhaltung einer völligen Ruhe möglich wäre; indeß setzt doch diese in den flüssigen Theilchen bei der Berührung hervorgebrachte Erwärmung schon eine Mittheilung, also eine Zuleitung, voraus, und die Meinung, daß flüssige Körper im strengsten Sinne die Wärme gar nicht leiten, ist fast von selbst widerlegt. Aber langsam und schwach ist die Wärmeleitung in flüssigen Körpern, und dieses hat Rumford allerdings bewiesen. Als Beweis dafür giebt er mit Recht die Erfahrung an, daß Körper von Feuchtigkeit durchdrungen, wo aber die festen Theile die Bewegung hindern, so sehr langsam erkalten. Es ist bekannt, daß breiartige Speisen, gebratene Aepfel und dergl. im Innern sehr lange heiß bleiben, wenn die Oberfläche auch abgekühlt ist, daß hier also die Leitung, die Mittheilung von Theilchen zu Theilchen, sehr schwach ist, wodurch allerdings gezeigt wird, daß flüssige Theilchen wenig zu dieser Mittheilung geeignet sind.

Rumford hat dies durch einige merkwürdige Versuche andrer Art noch mehr gezeigt. Er füllte ein 14 Zoll hohes cylindrisches Gefäß mit 6 Pfund kochend heißem Wasser, und legte eine, nach der Weite des Gefäßes ausgeschnittene, die Oberfläche fast ganz bedeckende, Eisschichte von $3\frac{1}{2}$ Zoll dick, ($10\frac{1}{8}$ Unzen schwer) oben auf dieses Wasser; das Eis war in nicht völlig 3 Minuten ganz zerschmolzen. Wurde dagegen eine eben solche Eisscheibe auf dem Boden des Gefäßes befestigt und nun heißes Wasser vorsichtig aufgegossen *), so vergingen 2 Stunden, ehe die Hälfte des Eises geschmolzen war; ja das Wasser behielt in der Nähe des Eises eine so große Wärme, daß es in 1 Zoll Entfernung über der Eisfläche nach 12 Minuten fast noch ebenso warm als oben, nämlich 77° Cent., war, obgleich ganz nahe an der Oberfläche des Eises das Wasser bis auf 5° Cent. abgekühlt gefunden wurde. Hier hatte also eine nur sehr schwache Zuleitung der Wärme statt gefunden, und die

*) Um das Zerspringen des Glases zu hindern, war schon etwas kaltes Wasser oberhalb des Eises, damit das heiße Wasser sich mit diesem mische.

Schmelzung war, wie Rumford zeigt, vorzüglich durch das Hinabsinken der nicht völlig bis zum Gefrierpuncte, sondern bis zur größten Dichtigkeit, abgekühlten Wassertheilchen bewirkt; die am Eise anliegenden Theilchen werden nämlich abgekühlt, weil aber die ein wenig höher liegenden Theilchen nicht ganz so sehr abgekühlt, schwerer als diese sind, so sinken sie herab, schmelzen das Eis an, und machen, nachdem sie völlig die Eiskälte erlangt haben, wieder andern herabsinkenden Wassertheilchen, die nicht ganz so kalt sind, Platz. In der That also zeigt alles dieses, daß die Wärme im Wasser nach unten zu sehr langsam fortgepflanzt wird, die nach oben gehende Fortpflanzung gewiß großen Theils auf Strömungen beruht *). Indeß hat man sich doch bemüht zu zeigen, daß eine wirkliche Leitung dennoch in einigem Grad statt findet, um Rumfords Behauptung einer so gänzlich fehlenden Leitung zu widerlegen. So zeigt z. B. ein Versuch von Murray die Fortleitung der Wärme im Oele, wo ein Hinabsinken wärmerer Theile nicht statt findet, weil die Dichtigkeit bei der Abkühlung immerfort zunimmt. Murray bediente sich eines ausgehöhlten Eiscylinders, in welchen Mandel-Oel gegossen wurde; ein Thermometer, dessen Kugel sich 1 Zoll unter der Oberfläche des Mandel-Oels befand, war bis auf 0° gesunken, und nun wurde ein Metallschälchen mit kochendem Wasser gefüllt, mit der Oberfläche des Oeles in Berührung gebracht; der Erfolg war, daß das Thermometer in 15 Min. um $1\frac{1}{3}$° Cent. stieg, und dieses mußte doch als wirklicher Erfolg der Leitung angesehen werden, die freilich sehr schwach ist, wenn wir damit die weit schnellere Fortpflanzung durch feste Körper vergleichen.

Auf die Eigenschaft der flüssigen Körper, durch ihre Strömungen den Körpern Wärme zu entziehen, muß man vorzüglich Rücksicht nehmen, wenn man die Abkühlung fester Körper in der Luft richtig beurtheilen will. Diese Abkühlung hängt von drei Umständen ab, von der durch Strahlung an der Oberfläche verloren gehenden Wärme, von der durch Leitung in der Luft, vorzüglich durch die in ihr entstandene Strömung, fortgeführten Wärme, und von

*) Rumfords Versuche stehen vollständig aufgeführt in Gilb. Ann. I. 214. 323. Murray's Versuche Gilb. Ann. XIV. 158.

der Schnelligkeit des Ersatzes an Wärme, die aus dem Innern des Körpers der Oberfläche zugeführt wird. Dulong und Petit haben diese Umstände einzeln berücksichtiget und so die wahren Gesetze der Abkühlung in der Luft gefunden. Um hiebei den Umstand auszuschließen, daß bei festen Körpern die Wärme nicht ohne allen Zeitverlust aus dem Innern zur Oberfläche fortgeführt wird, oder daß die eigenthümliche Leitung nicht so sehr schnell ist, bedienten sie sich einer mit Quecksilber gefüllten Glaskugel, die dann selbst auch als Thermometer diente und die nach bestimmtem Zeitverlaufe noch übrige Temperatur angab; Thermometerkugeln von verschiedener Größe zeigten ein gleiches Gesetz des Wärmeverlustes, indem zum Beispiel bei der einen wie bei der andern der Wärmeverlust in 1 Min., wenn die Kugel 100° wärmer als der umgebende Raum war, doppelt so viel betrug als bei einer Erwärmung von 60 Gr. und ungefähr 8 mal so viel als bei einer Erwärmung von 20 Gr. Dieses Gesetz des verhältnißmäßigen Fortgangs der Abkühlung blieb auch bei andern in die Kugel eingeschlossenen Flüssigkeiten gleich, obgleich das Quecksilber sich schneller als Wasser abkühlte und die größere Quecksilberkugel eine längere Zeit zur Abkühlung brauchte, als die kleinere.

Nach diesen vorläufigen Versuchen, die deutlich anzugeben schienen, daß die innere Leitungsfähigkeit dieser Flüssigkeiten keinen erheblichen Einfluß auf das Gesetz der Abkühlung habe, wurden nun zuerst Versuche im luftleeren Raume, wo also bloß durch Ausstrahlung Wärme verloren ging, angestellt. Aber hier zeigte sich, daß nicht, wie man gewöhnlich annimmt und nach Newtons und Richmanns Regel zu rechnen pflegt, der Wärmeverlust in gleichen sehr kurzen Zeiten der Wärmedifferenz proportional ist, sondern wenn das Quecksilber 240° warm war, der umgebende leere Raum aber auf 0° erhalten wurde, so betrug der Wärmeverlust in jeder Minute $3\frac{1}{2}$ mal so viel, als wenn das Quecksilber 120° war und der leere Raum 0° blieb, und so bei andern Verschiedenheiten der Temperatur.

Die einfache Regel sollte hier für eine längere Zeit allmähliger Abkühlung die sein, daß wenn man den Wärmeverlust für 60° Temperatur-Unterschied und für 80 Gr. Temperatur-Unterschied kennte, man den für 100 Gr. als in gleichem Verhältnisse wachsend finden sollte, daß nämlich, wenn der bei 80° zum Beispiel gleich $\frac{7}{6}$ des Verlustes bei 60° ist, auch wieder der bei 100° Unterschied gleich $\frac{7}{6}$ des Verlustes bei 80° sein sollte; aber dieses Gesetz findet im eingeschlossenen Raume wegen der Zurückstrahlung von dem umschließenden Gefäße nicht ganz statt, sondern die Abkühlung geht langsamer fort. Bei den Versuchen von Dulong und Petit findet man, daß hier das Gefäß 2 Grad Wärme zurückgab, so daß man, wenn die Kugel 80° warm, das Gefäß auf 0° abgekühlt war, den Wärmeverlust in 1 Min. im offenen Raume = 3,7 Gr. setzen mußte, da er sich im Gefäße 1,7 Gr. fand. Hier ergab sich nun, daß bei einer um 20 Gr. zunehmenden Wärmedifferenz der Verlust in 1 Min. um ein Sechstel stieg, also $\frac{7}{6} . 3,7 = 4,3$ Gr. im ganz unbegrenzten Raume gewesen wäre, also nur = 2,3 Gr. in jenem begrenzten Raume. Ebenso rechnet man wieder, wenn die Kugel 120° warm ist und der umgebende Raum 0° bleibt, daß $\frac{7}{6} . 4,3 = 5,0$ Gr. Verlust im leeren Raume, = 3,0 Gr. in dem Gefäße sein müßte; bei 140° wieder $5,0 . \frac{7}{6} = 5,8$, also im Gefäße 3,8 und so weiter, und so ergaben es auch die Versuche. Es versteht sich von selbst, daß diese Herabsetzung der Abkühlung nicht in allen Fällen 2 Gr. beträgt, sondern mehr beträgt, wenn das Gefäß wärmer ist, so daß bei 20 Gr. Wärme des Gefäßes und 100 Gr. Wärme des abkühlenden Körpers die Abkühlung etwas langsamer geht, als wenn jene 0° und diese 80° ist.

Wenn die Thermometerkugel mit Silber überzogen, also gegen das Ausfließen sowohl als gegen das Eindringen der strahlenden Wärme mehr gesichert war, so betrug die Abkühlung nicht so viel, und auch der Einfluß des Gefäßes war geringer. Bei den von Dulong und Petit angestellten Versuchen war die strahlende Wärme $5\frac{1}{2}$ mal so groß, wenn eine reine Glas-Oberfläche, als wenn eine mit Silber überzogene Glas-Oberfläche angewandt ward, und nach Leslie's Versuchen bei polirtem Silber noch bedeutend größer. Jene Regel gilt offenbar in Rücksicht auf die bestimmten Zahlen nur unter den Umständen, die bei dem Versuche gerade statt fanden; aber die Regel, daß man bei gleicher Zunahme der Wärme-Unterschiede mit einer immer gleichen Zahl multipliciren muß, um den Wärmeverlust im leeren Raume zu finden, besteht für alle Fälle.

In der Luft kömmt die oben erwähnte zweite Ursache der Abkühlung hinzu, und man kann den Wärmeverlust in 1 Min. ansehen als zusammengesetzt aus dem, was im leeren Raume statt finden würde, und aus dem Antheil Wärme, den die Luft fortführt. Dieser letztere Antheil ist gleich, es mag die Glas-Oberfläche frei oder mit Silber belegt sein; dieser hat also mit der größern oder geringern Neigung, die Wärme strahlend zu entlassen, keine Verbindung; aber in verschiedenen Luft-Arten ist dieser durch die Luft bewirkte Wärmeverlust ungleich, und besonders im Wasserstoffgas sehr groß, indem er dort über dreimal so viel als in der atmosphärischen Luft bei gleicher Elasticität beider Luft-Arten beträgt *).

Mit Hülfe dieser Versuche ließen sich nun auch aus den mit unermüdlichem Fleiße angestellten Versuchen Böckmanns **) über die Abkühlung der Körper etwas regelmäßigere Resultate ableiten. Auch sie zeigen den Einfluß der Oberfläche auf die durch Strahlung verloren gehende Wärme; aber die drei bei der Abkühlung einwirkenden Ursachen sind hier nicht gehörig getrennt, und daher haben diese an sich höchst schätzenswerthen Versuche nur wenig reine Ergebnisse geliefert.

Fouriers Untersuchungen über die Fortpflanzung der Wärme.

Man hat früher nur wenige Versuche gemacht, diese Fortpflanzung der Wärme nach mathematischen Regeln zu bestimmen, und ich werde daher nur von dem etwas erwähnen, was in neuerer Zeit hierüber von Fourier als Resultat sehr tiefsinniger Untersuchungen bekannt gemacht ist, obgleich Fouriers Untersuchungen zum Theil schon von Newton und nachher von Lambert und andern Physikern (jedoch nur sehr unvollkommen,) vorbereitet worden sind.

Damit man das, was hier bestimmt werden soll, richtig auffasse, stellt Fourier zuerst folgende Betrachtungen an. Wenn ein Ring, zum Beispiel ein metallener Ring, einer Luft von 0°

*) Ann. de Chim. et Phys. VII. 238.

**) Böckmanns Versuche über die Wärmeleitung. Carlsruhe 1812.

Wärme ausgesetzt ist, und diesem an einer einzigen Stelle aus einer dort angebrachten Wärmequelle unaufhörlich Wärme zuströmt, so werden nach und nach wegen der Wärmeleitung auch die entfernteren Theile des Ringes eine höhere Temperatur annehmen. Aber diese Temperatur-Erhöhung (abgesehen davon, worauf ich erst in der Folge komme, daß gleiche Wärmequantitäten nicht in allen Körpern verschiedener Art gleiche Temperatur-Erhöhungen hervorbringen,) ist von zwei Umständen abhängig, theils von jenem Herzuströmen der Wärme im Innern, theils von dem Verluste an Wärme, der durch Ausstrahlung und durch die umgebende kalte Luft hervorgebracht wird. Nach längerer Dauer der Einwirkung jener stets gleichen Wärmequelle entsteht ein Beharrungsstand, das heißt, Thermometer in verschiedenen Puncten des Ringes angebracht, haben nun die Höhe erreicht, welche sie überhaupt erlangen können, und wir fordern von der Theorie, daß sie angebe, in welchem Grade ungleich dann die Temperatur in den verschiedenen Puncten des Ringes ist, unter welchen Umständen die von der Wärmequelle her zuströmende und die an der Oberfläche in die kalte Luft sich zerstreuende Wärme sich einander genau ausgleichen. Eine andre Frage würde die sein, wie im Fortgange der Zeit, ehe der Beharrungsstand erreicht wird, sich in einem bestimmten Puncte die Wärme ändert, und so auch, wie, bei aufhörendem Zufluß neuer Wärme, die nun allmählig abnehmende, doch aber von dem erhitzten Puncte aus sich noch verbreitende, Temperatur sich verhält. Die Beantwortung dieser und ähnlicher Fragen hängt von der Kenntniß der Mittheilung der Wärme von Theilchen zu Theilchen im Innern des festen Körpers, aber auch von der Kenntniß des Wärmeverlustes an der Oberfläche, ab; dieser Wärmeverlust besteht theils aus der ausstrahlenden Wärme, theils aus der den unmittelbar anliegenden Theilchen mitgetheilten Wärme, und diese letztere ist wegen des entstehenden Strömens und der dadurch bewirkten Herzuführung kalter, abermals Wärme raubender, Theilchen ein vorzüglicher Grund der schnellen Abkühlung.

Auch im Innern der Körper kann man die Fortpflanzung der Wärme von einem Theilchen zum andern als durch Strahlung entstehend ansehen, nur findet hier die Verschiedenheit statt, daß die durch unmerklich kleine Zwischenräume getrennten Theilchen fester Körper die durch Strahlung auf sie fallende Wärme sogleich aufnehmen und am weitern Fortgange als strahlende Wärme hindern. Da wo die Wärme aus dem Innern des Körpers hervorzudringen im Begriff ist, wird sie zum Theil nach dem Innern des Körpers zurückgeworfen, und eben die Kraft, welche die von außen kommenden Wärmestrahlen zum Theil reflectirt und am Eindringen hindert, bewirkt auch hier eine Zurückwerfung nach dem Innern. Fourier setzt umständlich aus einander, daß die Wärmestrahlen, welche von innen hervordringend die Oberfläche senkrecht treffen, diese in verhältnißmäßig größerer Zahl durchdringen, und daß die Intensität der hervordringenden Wärme proportional der gegen die Oberfläche senkrechten (aus der Zerlegung der wahren Bewegung als senkrecht gegen die Oberfläche hervorgehenden) Geschwindigkeit ist. Diese Betrachtungen beruhen auf dem vorhin angegebenen gegenseitigen Austausche, der zwischen Körpern von gleicher Temperatur statt findet, und der ohne Zweifel einen gegenseitigen Ersatz der verlornen Wärme giebt, die Gestalt der Körper und die Beschaffenheit ihrer Oberfläche sei, welche man wolle.

Als Princip der Mittheilung der Wärme nimmt Fourier an, daß sie dem Unterschiede der Temperaturen verhältnißmäßig sei. Wenn zwei einander sehr nahe Theilchen eines festen Körpers in verschiedenen Fällen um gleich viel an Wärme verschieden sind, so ist die dem einen Puncte ertheilte Veränderung der Temperatur gleich groß, beide Körper mögen sehr warm oder wenig warm sein; ist die Differenz der Temperatur doppelt so groß, so ist auch die in gleicher, kurzer Zeit vom einen Puncte dem andern ertheilte Wärme doppelt so groß, und so in allen Fällen. Eben dieses Gesetz können wir auch als für den Wärmeverlust an der Oberfläche geltend ansehen, daß nämlich bei einerlei Körpern sich dieser Wärmeverlust verhält wie der Unterschied der Temperatur des Körpers selbst und des umgebenden Raumes; ganz genau kann dies Gesetz nicht gültig sein, da die Stärke des Luftstromes, wenn der Körper in der Luft abkühlt, sich bei zunehmender Differenz der Wärme ändert, aber es wird bei nicht zu großen Temperatur-Unterschieden gültig bleiben. Aus diesem Grunde geht die Abkühlung nach und nach immer langsamer fort, indem der 20 Grad über die Temperatur der Luft erwärmte Körper doppelt so viel Wärme verliert, als der nur noch um 10 Grad erwärmte.

Die einfachste Betrachtung, die in Hinsicht auf die Wärmeleitung vorkommen kann, findet da statt, wo ein sehr breit ausgedehnter Körper durch zwei parallele Oberflächen begrenzt wird, deren eine in immer gleicher hoher Temperatur, die andre in immer gleicher niedriger Temperatur erhalten wird. Hier zeigt die Theorie, daß, nach längerer Dauer des von außen unterhaltenen Zustandes, die Abnahme der Temperatur in den zwischen liegenden Schichten den Abständen proportional ist, also in der mittlern Schichte genau die mittlere Temperatur zwischen jenen äußersten statt findet. Dies gilt nämlich da, wo die Seitengrenzen des nach allen Seiten sehr weit ausgedehnten Körpers so sehr entfernt sind, daß man den Einfluß der durch jene Seitengrenzen verloren gehenden Wärme als nicht in Betrachtung kommend ansehen kann.

Daß dieses so ist, wird durch die Gleichheit der von einer Seite zuströmenden und von der andern Seite abfließenden Wärme bewiesen. Es wird auch gezeigt, daß dieser Wärmestrom in irgend einer Zwischenschichte desto lebhafter ist, je größer die Wärmedifferenz der beiden Grenzschichten und je kleiner der Abstand derselben von einander ist. Alle diese Folgerungen sind sehr einfach, doch aber durch die genaue theoretische Ableitung merkwürdiger, da der Grund, warum sie statt finden, hier strenge erhellt.

In diesem Falle konnten wir die Strömung der Wärme als nur nach einer Richtung gehend ansehen, da die so breit ausgedehnten Grenzflächen uns gestatteten, die Seitenflächen als gar nicht einwirkend anzusehen; der folgende Fall ist schwieriger. Es sei ein sehr langer Stab, dessen eines Ende immer gleich warm erhalten wird, während seine übrige Oberfläche sich in der kalten Luft befindet. Hat hier die allmählige Erwärmung der entferntern Theile einen gewissen Grad erreicht, so verlieren alle Puncte der Oberfläche Wärme, die in die Luft übergeht, und wenn wir irgendwo uns eine Querschnittsfläche des Stabes denken, so geht durch diese in jedem Augenblicke eine gewisse Wärmemenge von der Wärmequelle aus hindurch, theils um den an der Oberfläche des entfernteren Theiles statt findenden Wärmeverlust zu ersetzen, theils um diesen entferntern Theil nach und nach mehr zu erwärmen.

Dauert dieses eine sehr lange Zeit durch fort, so daß die Erwärmung am einen Ende unverändert erhalten wird, und auch die umgebende Luft unerwärmt ihre niedrigere Temperatur behält, so tritt immer mehr und mehr der Beharrungsstand in dem ganzen Stabe ein, welcher dann statt findet, wenn die in irgend einem Querschnitte durchströmende Wärmemenge gerade so groß ist, als der gesammte im jenseitigen Theile statt findende Wärmeverlust, der nämlich durch den Uebergang der Wärme in die Luft hervorgebracht wird. Für diesen Beharrungsstand ist also die durch irgend einen Querschnitt strömende, nach der Richtung des Stabes fortgehende, Wärmemenge um so viel größer als die durch einen entfernteren Querschnitt strömende, als der Wärmeverlust durch die zwischen beiden Querschnitten liegende Oberfläche beträgt; und in dieser Regel ist die rechnende Bestimmung der für jeden Querschnitt passenden Temperatur im Beharrungsstande gegeben. Die Wärme, die man für den Beharrungsstand in bestimmten Entfernungen von der Wärmequelle erhält, ist größer bei dickeren Stäben, von ähnlichen Querschnitten, weil da der Verlust an die Luft in Vergleichung gegen die im Innern fortströmende Wärme geringer ist; die oft angeführte Erfahrung, daß ein bis zum Glühen erhitzter Eisenstab in 6 Fuß Entfernung sich kaum um 1° erhitzt, würde bei sehr dicken Stäben sich nicht ganz bestätiget finden, sondern da würde eine größere Wärme in gleichen Entfernungen fühlbar sein. — Eben die Bemerkung gilt also auch in Beziehung auf die vorhin angeführten Versuche von Despretz.

Eine dritte von Fourier angestellte Betrachtung betrifft die Frage, welche Erwärmung die Luft in einem eingeschlossenen Raume annehmen wird, wenn die umschließende Hülle außen mit kalter Luft umgeben ist, im Innern jener zu erwärmenden Luft aber sich ein heißer Körper befindet. Daß hier nach erlangtem Beharrungsstande der Unterschied der Temperatur, um welchen die Luft im Innern die äußere an Wärme übertrifft, dem Wärme-Unterschiede der Wärmequelle und der äußern Luft proportional sein muß, erhellt von selbst; aber nicht so unmittelbar leuchtet es ein, warum zwei gleiche Wärmequellen nicht geradezu jene Erwärmung der innern Luft (den Temperatur-Unterschied zwischen ihr und der äußern) verdoppeln. Und doch sieht man auch hier leicht ein, daß bei höher steigender Wärme der innern Luft auch der Wärmeverlust durch die äußere Wand hindurch zunimmt, weshalb jene Steigerung der Wärme, durch zwei Wärmequellen hervorgebracht, um so weiter von der Verdoppelung der Wärmezunahme entfernt bleiben wird, je besser die äußere Wand geneigt ist, die ihr zuströmende Wärme von innen aufzunehmen, in ihrer eignen Masse fortzuleiten, und außen wieder zu entlassen; nur da also, wo die Umhüllung aus einer schlecht leitenden Materie besteht, und wo sie innen und außen eine polirte Oberfläche hat, um das Aufnehmen und Entlassen der Wärme zu erschweren, kann man einigermaaßen darauf rechnen, daß zwei Wärmequellen, drei Wärmequellen u. s. w. in regelmäßiger Steigerung die Temperatur des innern Raumes über die der äußeren Luft erheben. — Freilich Folgerungen, die sich fast von selbst zu verstehen scheinen, die aber doch, was die genaue Maaßbestimmung betrifft, erst theoretisch gefunden werden mußten. — Und ebenso wie hier die Wirkung mehrerer Wärmequellen bestimmt wird, so läßt sich auch der Vortheil, den mehrere Umhüllungen gewähren, durch die hier angedeutete Rechnung angeben, und bestimmen, in welchem Maaße die Wärmequelle weniger Wärme verliert, wenn der sie umgebende Raum durch eine Umhüllung oder durch mehrere Umhüllungen gegen den Wärmeverlust gesichert ist, als im entgegengesetzten Falle. Fourier bemerkt mit Recht, daß zwar im Allgemeinen auch ohne genauere Theorie erhellete, daß ein solcher Unterschied statt finden müsse; aber daß die Abmessung dieses Unterschiedes doch erst sich aus einer strengen Theorie ergebe.

Diese Untersuchungen betrafen den nach längerer Einwirkung gleichmäßiger Wärme allemal eintretenden Beharrungsstand der Wärme; aber auch von den Gesetzen der nach und nach erfolgenden Veränderungen des Wärmezustandes handeln Fouriers Untersuchungen. Ich will in Beziehung auf diese nur den Fall erwähnen, wo ein kreisförmiger Ring, dessen einzelne sehr kleine Querschnitte in jedem Puncte gleich erwärmt sind, an verschiedenen Puncten einen beliebigen Grad ungleicher Wärme erhalten hat, während er einer kalten Luft ausgesetzt ist. Wir nennen den Zustand den anfänglichen Zustand, für den wir die Austheilung der Wärme als durch irgend ein Mittel willkürlich hervorgebracht ansehn, und fragen nun, wie die Austheilung der Wärme sich im

Laufe der Zeit ändert. Fände an der Oberfläche gar keine Zerstreuung der Wärme statt, so würde die Austheilung der Wärme, sofern sie im anfänglichen Zustande ungleich war, im Laufe der Zeit eine andre, mehr zur Gleichheit hinneigende, werden, und die Theorie muß lehren, das Gesetz der Austheilung der Wärme zu bestimmen. Hier ergiebt nun die Rechnung den merkwürdigen Schluß, daß die Regel der Wärme-Austheilung in den verschiedenen Gegenden des Ringes dieselbe bleibt, es mag ein Verlust an der Oberfläche statt finden oder nicht. Man kann diese Regel so übersehn. Da wir den Ring als sehr dünne ansehen, um jeden einzelnen Querschnitt als in allen Puncten gleich erwärmt betrachten zu dürfen, so ist hier von einem Unterschiede der Wärme nach Maaßgabe des tiefern Eindringens in das Innere nicht die Rede, das Gesetz der Wärme-Austheilung bezieht sich also nur auf die Länge des Ringes. War nun zu Anfang der Ring überall gleich erwärmt, so bleibt diese Wärme ungeändert gleich, wenn die Oberfläche gar keinem Verluste ausgesetzt ist, sie erleidet dagegen überall eine Verminderung, ist aber doch in den verschiedenen Puncten in jedem folgenden Augenblicke gleich viel vermindert, wenn ein Verlust an der Oberfläche statt findet, und das Gesetz der Austheilung ist in beiden Fällen das Gesetz der Gleichheit. Ebenso, wenn gewisse erwärmte Querschnitte den übrigen Wärme mittheilen, so würde es, bei gänzlich weggedachtem Verluste an der Oberfläche, Puncte geben, die in bestimmtem Maaße minder erwärmt, andre die noch weniger erwärmt wären; und eben dieses Gesetz der Erwärmung findet ungeändert, obgleich mit herabgesetzter Wärme für alle Puncte, statt, wenn die Oberfläche Wärme verliert.

Dieses Gesetz der Austheilung der Wärme ist im ganzen Verlaufe der allmähligen Ausgleichung der Wärme ein anderes, je nachdem die anfängliche Erhitzung eine andre war, indem zum Beispiel bei anfänglicher Erhitzung in einem Puncte das Gesetz der Austheilung auch späterhin anders sein muß, als bei der anfänglichen Erhitzung in zwei oder drei Puncten. Dieses Gesetz der Austheilung der Wärme ist gewöhnlich im Fortgange der Zeit veränderlich, weil, zum Beispiel wenn nur ein Punct erhitzt war, späterhin eine mehr zur Gleichförmigkeit hinneigende Austheilung der Wärme statt findet; aber die Rechnung giebt an, daß es gewisse

Gesetze der Austheilung der Wärme giebt, wo schon im ersten Augenblicke die Austheilung so ist, daß sie auch nachher, den Verhältnissen nach ebenso, obgleich dem Grade nach abnehmend, fortbestehen muß. An diese Fälle knüpft sich das Gesetz der im Fortgange der Zeit eintretenden Austheilung der Wärme auch für alle andern, regelmäßig oder unregelmäßig ertheilten, anfänglichen Erhitzungen an, indem ein Hinstreben zu derjenigen Austheilung der Wärme, wie sie den vorhin erwähnten Fällen entspricht, auch in allen übrigen Fällen statt findet.

Wenn eine dauernd wirkende Wärmequelle an einem Puncte des Ringes, oder mehrere immerfort wirkende Wärmequellen an verschiedenen Puncten des Ringes angebracht sind, so tritt auch hier ein Beharrungsstand ein und die Theorie führt hier auf folgenden Satz, den Fourier durch Versuche als wahr nachgewiesen hat: Wenn man den zwischen zwei Wärmequellen liegenden Theil des Ringes in mehrere gleiche Theile theilt, und die Temperatur dreier auf einander folgender Theilungspuncte bestimmt, so ist die Summe der Thermometerstände der beiden äußersten ein gleiches Vielfaches des mittlern, man mag den Versuch auf den ersten, zweiten, dritten, oder auf den zweiten, dritten, vierten, oder auf den dritten, vierten, fünften dieser Puncte u. s. w. beziehn. Ein ebenso merkwürdiges von Fourier durch Versuche bestätigtes Theorem ist dieses: Wie man auch den Ring in verschiedenen Puncten durch mehrere Wärmquellen erwärme, so vergeht, nach der Wegnahme der Wärmequellen, nur eine kurze Zeit bis die Wärme-Austheilung so ist, daß die Summe der Thermometerstände in zwei entgegengesetzten Puncten des Durchmessers gleich ist, das heißt, Thermometer auf 0° und 180°, auf 35° und 215°, auf 90° und 270°, geben, die ersten zwei, und jede folgenden zwei, immer gleiche Summen. Dieses Theorem beruht darauf, daß die hierin angezeigte Austheilung der Wärme diejenige ist, die dem einfachsten Gesetze entspricht, das ich vorhin als ein solches erwähnte, welches, einmal entstanden, während der ganzen Abkühlung fortdauert. In den Versuchen, die sich auf das erste Theorem beziehen, bietet sich ein Mittel dar, das Verhältniß der Leitung in dem Ringe selbst zu dem Ausströmen von der Oberfläche anzugeben, indem je stärker das Ausströmen von der Oberfläche ist in Vergleichung gegen die innere Leitung, desto größer ist der Multiplicator, mit welchem man die Grade des mittlern Thermometers multipliciren muß, um die Summe der Grade der beiden nächsten zu erhalten.

Diese wenigen Bruchstücke aus Fouriers Untersuchungen müssen hier wohl hinreichen, um nur von dem Inhalte derselben einen Begriff zu geben. Daß die Wichtigkeit dieser Untersuchungen nicht ganz so anerkannt wird, wie sie es verdienten, daß man die von Fourier bei Gelegenheit der Theorie der Wärme bekannt gemachten großen Erweiterungen der Lehren der höhern Analysis fast als sein einziges Verdienst ansieht, scheint mir daher zu kommen, daß sich die theoretischen Folgerungen nicht so durch Versuche bestätigen lassen, wie es in der Lehre vom Lichte so oft der Fall ist. Die Gesetze, nach welchen die Wärme in den einzelnen Puncten des Körpers sich austheilt, und nach welchen diese Austheilung von einem Augenblicke zum andern sich ändert, sind durch Versuche schwer nachzuweisen, indem die thermometrischen Messungen weder schnell genug noch zahlreich genug angestellt werden können. Das wichtige Theorem, daß sich der Zustand der Wärme immer sehr bald so ordnet, daß er entweder als einem der Zustände gemäß oder als einer Zusammensetzung der Zustände entsprechend angesehen werden kann, die bei der Abkühlung, in Rücksicht auf das Verhältniß der Temperatur der einzelnen Puncte, gleichmäßig fortdauern, läßt sich fast einzig in den Fällen nachweisen, wo die Austheilung der Temperatur schon sehr einfachen Gesetzen folgt, und wo daher jenes Theorem nur ein sich fast von selbst verstehendes Resultat giebt. Wäre es dagegen möglich, die Erwärmung jedes Punctes ganz genau nach einer solchen Regel zu ordnen, wie es einem solchen Zustande gemäß wäre, und dann zu beobachten, ob bei der Abkühlung sich eben das Gesetz der Wärme-Austheilung, der fortdauernden Verminderung ungeachtet, erhält; oder könnte man vollends jedem Puncte eine Wärme ertheilen, wie sie der Summe gemäß wäre, die zwei oder drei solchen Wärme-Austheilungen entspräche, und beobachten, ob im Fortgange der Zeit die überall verminderte Wärme sich noch immer jener Summe gemäß, den Verhältnissen nach, zeigte; so würde von einer eigentlichen Vergleichung der Theorie mit der Erfahrung die Rede sein können. Aber solche

Versuche anzustellen, ist bis jetzt unmöglich, und wir müssen uns mit weit unvollkommnern begnügen.

Fourier hat ähnliche Untersuchungen, wie die über die Austheilung der Wärme in einem Ringe, auch über die Austheilung der Wärme in einer Kugel, in einem prismatischen Körper u. s. w. angestellt, die der Hauptsache nach zu ganz ähnlichen Resultaten führen. Poisson hat einige Gegenstände durch eine anders angeordnete Darstellung noch mehr zu erläutern gesucht, aber seine Darstellung hier mitzutheilen scheint mir unnöthig, da sie bei weitem nicht so umfassend und reich an Resultaten ist, als Fouriers Untersuchungen *).

*) Fourier théorie de la chaleur. p. 281. 361. und an mehrern Stellen. Wenn man sich mathematisch ausdrücken darf, so heißt das oben angegebene vorzüglich wichtige Gesetz etwas deutlicher so: Die nach Verlauf einer bestimmten Zeit für jeden Punct des Körpers statt findende Wärme wird durch eine Reihe ausgedrückt, p. 273, deren folgende Glieder bei zunehmenden Werthen der Zeit sehr abnehmen; jedes dieser Glieder allein drückt einen solchen im Verlaufe der Zeit dem Verhältnisse nach gleich bleibenden Zustand der Wärme aus, indem es bloß durch einen mit wachsender Zeit abnehmenden Factor multiplicirt wird und weiter nicht von der Zeit abhängt; dieser Factor nimmt für den Zustand, den ich den zweiten regelmäßigen nennen darf, viel stärker ab, als für den ersten, für den dritten noch stärker, und so ferner; und daher schließt sich, wie sehr auch anfangs der Zustand ein zusammengesetzter, einer Summe vieler Glieder entsprechender, gewesen sein mag, im Verlaufe längerer Zeit der Wärmezustand des nach und nach abgekühlten Körpers je mehr und mehr dem ersten regelmäßigen Zustande an, demjenigen nämlich, der den mit dem Fortgange der Zeit am wenigsten abnehmenden Factor hat. Fourier vergleicht diese sich in eine Summe vereinigenden Aenderungen mit den Schwingungen der Seiten, die dem Grundtone und den zugeordneten höheren Tönen entsprechen können. Mem. de l'acad. des sc. Tome V. p. 233. — —

Ich hoffe, daß man diese Andeutungen als den Sinn der Untersuchungen Fouriers richtig angebend anerkennen wird.

Fünfte Vorlesung.

Nachdem ich Sie, m. h. H., so oft schon mit Abmessungen der Wärme unterhalten habe, ist es wohl Zeit, einmal zu der Frage überzugehen, ob denn unsre Quecksilberthermometer wirklich so zu Abmessung der Temperatur-Unterschiede geeignet sind, wie wir es annehmen, ob diese Unterschiede der Temperatur mit den Unterschieden der den Körpern zugeführten wahren Wärmemenge in unmittelbarer Beziehung stehen, u. s. w.

Bestimmungen der Grade wahrer Wärmedifferenzen.

Es bietet sich uns ein leichter Versuch dar, um Grade wahrer Wärme-Unterschiede zu erhalten, indem doch wohl ganz gewiß ein Pfund Wasser von 10 Gr. Wärme mit einem Pfunde Wasser von 30 Gr. Wärme gemischt eine Mischung von 20 Gr. geben muß, weil hier gar kein Grund einzusehen ist, warum das wärmere Wasser nicht genau ebenso viel zu Erwärmung des kalten als dieses zu Abkühlung des warmen beitragen sollte. Ebenso muß ganz gewiß 1 Pf. Wasser von 10 Grad mit 2 Pf. Wasser von 40 Gr. gemischt eine 30 Gr. warme Mischung hervorbringen, da das eine Pfund 20 Grade empfängt, wenn jedes der zwei Pfunde 10 Gr. abgiebt. Und ebenso wird man in jedem Falle urtheilen, daß z. B. 5 Pf. von 17 Gr. und 7 Pf. von 50 Gr. eine Mischung von $36\frac{1}{4}$ Gr. hervorbringen, indem der Unterschied zwischen 17 und 50 in 12 Theile getheilt und deren 7 genommen und zu 17 Gr. gelegt $17+\frac{33}{12}.7 = 36\frac{1}{4}$ geben, oder $5.17+7.50=12.36\frac{1}{4}$. Hier bietet sich also die mannigfaltigste Gelegenheit dar, um zu sehen, ob das Quecksilberthermometer oder das Luftthermometer die Grade wahrer Wärme wirklich angiebt, die es angeben sollte, und dies ist eine der Methoden, die die Zuverlässigkeit dieser Thermometer gezeigt haben.

Um den Versuch, zwei ungleich warme Wassermengen zu mischen und ihre mittlere Wärme zu bestimmen, genau anzustellen, bedarf es einiger Vorsicht. Denn, wollte man das wärmere Wasser zu dem kältern gießen, dessen Gefäß also auch kälter ist, so würde einige Wärme auf die Vermehrung der Temperatur des Gefäßes verwandt werden müssen, und bei der Mischung im warmen Gefäße würde das Umgekehrte erfolgen; man bedient sich daher am liebsten eines Gefäßes, dem die nach den vorigen Angaben berechnete mittlere Temperatur schon im Voraus ertheilt ist, und vermeidet so den für die Erwärmung oder Abkühlung des Gefäßes erforderlichen Wärme-Aufwand. Kann man dann zugleich den Versuch in einer umgebenden Luft von dieser mittleren Wärme anstellen, so vermeidet man auch den größten Theil der Unsicherheit, die sonst aus der während der Mischung unvermeidlichen Abkühlung, wenn man höhere Temperaturen des Wassers als der Luft hat, entspringt.

Mischungen ungleicher Körper. Specifische Wärme.

Aber so einfach hier bei Mischung gleicher Körper die den Verhältnissen der Massen entsprechende mittlere Temperatur gefunden wird, so würde man doch sehr irren, wenn man diese Berechnung der mittlern Temperatur auch auf ungleiche Körper ausdehnen wollte. Wenn man ein Pfund Wasser mit einem Pfunde Terpentin-Oel mischt, so hat die Mischung, auch bei aller angewandten Sorgfalt, nicht die mittlere Temperatur; sondern bei dieser Mischung gewinnt das Oel an Temperatur mehr als das Wasser verliert, so daß Terpentin-Oel von 30 Gr. mit ebenso viel Wasser von 90 Grad gemischt, eine Mischung von ungefähr 70 Gr. giebt, daß also das Oel zwei Grade Wärme gewinnt für einen, den das Wasser verliert.

Dieser Versuch zeigt, daß die Zunahme der Temperatur nicht in allen Körpern durch gleiche Mengen Wärmestoff in gleichem Maaße bewirkt wird, sondern daß es eine specifische Verschiedenheit der Körper in dieser Hinsicht giebt. Auch ein andrer Versuch zeigt diese Verschiedenheit. Wenn man in gleichen Gefäßen über möglichst gleichen Weingeistflammen gleiche Mengen Terpentin-Oel im einen und Wasser im andern erhitzt; so steigt die Wärme des erstern weit schneller als die des letztern, und man würde ziemlich nahe zu der Folgerung geleitet werden, daß ein Pfund Wasser zwei Flammen bedarf, um eben die Temperatur zu erhalten, die ein Pfund Oel durch eine Flamme in gleicher Zeit erhält. Aehnliche Verschiedenheiten zeigen sich bei allen Körpern, und man legt jedem daher eine specifische Wärmecapacität bei. Ein Körper, der bei gleicher Masse und gleich viel zugeführter Wärme sich doppelt so sehr erhitzt als ein andrer, hat eine halb so große specifische Wärmecapacität als dieser. Man vergleicht die specifische Wärme mit der des Wassers, und würde also, wenn nicht die Mischungen oft aus andern Gründen zu unsichern Resultaten führten, die specifische Wärme am leichtesten durch Mischung gleicher Gewichte warmen Wassers mit einem kalten Körper finden, indem, bei Gleichheit der Gewichte, der Körper, dessen specifische Wärme $\frac{1}{2}$ ist, doppelt so viel an Temperatur gewinnt, als das Wasser verliert; indem der, dessen specifische Wärme $\frac{1}{3}$ ist, dreimal so viel an Temperatur gewinnt, als das Wasser verliert, u. s. w. Diese Mittheilung der Wärme läßt sich, wenn man auf den während der Mischung statt findenden Wärmeverlust Rücksicht nimmt, bei festen und bei flüssigen Körpern anwenden. Man würde zum Beispiel, wenn ein Pfund Quecksilber mit einem Pfunde Wasser gemischt, oder durch einander gerührt würde, bis die Temperatur gleich ist, das Quecksilber sich um 33 Grade erwärmen sehen, wenn das Wasser sich um 1 Gr. abkühlt; man würde ein Pfund Kupfer sich um 9 Gr. erwärmen sehen, während ein Pfund Wasser, in welches das Kupfer gebracht ist, sich um 1 Gr. abkühlt; denn jenes hat ungefähr die specifische Wärme $= \frac{1}{33} = 0,03$, dieses die specifische Wärme $= \frac{1}{9} = 0,11$. Hätte man gleiche Volumina gemischt, so verhielte es sich anders, indem gleiche Maaße ungefähr 14 Gewichtstheile Quecksilber gegen einen Gewichtstheil Wasser enthalten, wo dann das Wasser 14 Grade verliert während das Quecksilber 33 Gr. gewinnt, oder 1 Gr. während das Quecksilber $2\frac{5}{14}$ gewinnt; die Vergleichung, welche man so anstellt, und die man die Vergleichung der relativen Wärmecapacitäten nennt, gäbe also zwischen Wasser und Quecksilber das Verhältniß $2\frac{5}{14}$ zu 1 oder 1 zu $\frac{14}{33}$, das ist, 1 zu 0,42; statt daß das Verhältniß der specifischen Wärmecapacitäten 1 zu 0,03 ist.

Diese Methode, die specifische oder auch die relative Wärme durch Mischung zu finden, scheint nur die Unbequemlichkeit zu haben, daß man, vorzüglich bei festen Körpern einige Zeit warten muß, bis die Mittheilung der Wärme statt findet, und daß man deshalb auf die Abkühlung in der Luft Rücksicht nehmen muß; aber dieses ist doch nicht der Hauptgrund, warum sie nicht so anwendbar ist, als man zuerst glauben möchte. Anwendbar sind diese Mischungen nämlich nur dann, wenn die beiden gemischten Körper nicht merklich chemisch auf einander einwirken, oder wenn kein Uebergang aus dem festen Zustande in den flüssigen oder umgekehrt statt findet, indem, wenn dieses der Fall ist, Wärme oder Kälte auf eine ganz andre Art hier entsteht. Von diesen Temperatur-Aenderungen muß ich noch besonders reden, und will Sie jetzt nur daran erinnern, daß kaltes Wasser mit eben so kalter Schwefelsäure sich erhitzt. — Man hat daher auf andre Mittel denken müssen, um die Wärmemengen zu vergleichen, die gewissen Temperatur-Unterschieden entsprechen; und hiezu bietet die beim Aufthauen des Eises gleichsam verloren gehende Wärme Gelegenheit dar. Die merkwürdige Erscheinung, daß man Eis von 0° Wärme lange dem Zuflusse der Wärme aussetzen kann, ohne daß die Temperatur sich erhöhet, daß nämlich diese immer = 0° bleibt, so lange nur noch ein wenig ungeschmolzenes Eis im Wasser übrig bleibt, verdient in der Folge noch eine genauere Betrachtung; hier aber wollen wir nur bei der einzelnen Erfahrung stehen bleiben, daß ein Pfund Wasser von 75° Centes. (60° R.) Wärme mit einem Pfunde Eis von 0° gemischt, dieses gerade zum Schmelzen bringt, ohne seine Temperatur zu erhöhen. Es bietet sich uns also hier die Wärmemenge, die 1 Pfund Eis zum Schmelzen braucht, als ein bequemes Maaß der Wärmemenge dar, und wenn man sieht, daß ein Pfund Wasser von 100° C. Wärme $1\frac{1}{3}$ Pfund Eis zum Schmelzen bringt, daß ein Pfund Wasser von 25° C. Wärme $\frac{1}{3}$ Pf. Eis schmelzt, daß dagegen ein Pfund Terpentin-Oel von 75° C. Wärme nur ein halbes Pfund Eis schmelzt, so wird es gewiß vollkommen einleuchtend, daß wir hier ein angemessenes Maaß mitgetheilter Wärme gefunden haben. Ich muß hiebei, da auch Eis eine viel tiefere Temperatur als 0° annehmen kann, nur noch bemerken, daß man Eis von 0° Wärme bei diesen Versuchen voraussetzt.

Lavoisier's Calorimeter.

Um die eben angegebene Abmessung der Wärmemenge, die ein Körper entläßt, genauer anzustellen, hat Lavoisier ein eignes Instrument angegeben. Dieses Calorimeter besteht aus einem Gefäße ABC (Fig. 16.), in welches ein Drathnetz DE, um den zu beobachtenden Körper aufzunehmen, hineingebracht wird. Der zwischen dem Drathnetze DE und dem Gefäße ABC freie Raum wird mit Eis von der Nulltemperatur gefüllt, und dann, nachdem der erhitzte Körper in das Drathnetz hineingebracht und ganz mit Eis umgeben ist, das durch die Röhre F ausfließende, aus dem aufgethauten Eise entstandene, Wasser abgewogen. Sie übersehen leicht, daß wenn man ein Pfund 75° C. warmes Wasser in den innern Raum bringen könnte, bis zur völligen Abkühlung ein Pfund Wasser müßte abgeflossen sein, oder da die specifische Wärme des Silbers 0,08 ist, daß 1 Pfund Silber von 75 Gr. warm in das Drathnetz gelegt, 0,08 Pfund Wasser durch Schmelzen des Eises hervorbringen wird, ehe jenes völlig bis zur Nulltemperatur abgekühlt ist.

Diese Angaben reichen hin, um den Begriff von dem, was das Calorimeter leisten soll, deutlich zu machen; aber in der Ausübung ist die Anstellung des Versuches nicht ganz so leicht. Zuerst nämlich ist einleuchtend, daß bei etwas wärmerer Luft schon vermöge des Zutritts der äußern Wärme etwas Eis schmelzen würde, und daß man dieses verhindern muß. Zu diesem Zwecke ist das Gefäß ABC noch mit einem zweiten Gefäße GHI umgeben, und der Zwischenraum zwischen beiden ist mit Eis gefüllt; die äußere Luft wird von diesem Eise etwas schmelzen, aber da das so entstandene Wasser von dem im innern Gefäße entstandenen getrennt bleibt und durch eine andre Röhre K seinen Ausweg findet, so stört dieses den Versuch nicht, und alles durch F abfließende Wasser ist durch die Wärme des hineingebrachten Körpers geschmolzen. Ein zweiter Umstand, welcher sich der genauen Beobachtung entgegenstellt, ist der, daß der mit Eisstücken gefüllte Raum bei einer geringen Menge abgethauten Wassers vielleicht gar kein Wasser giebt, weil es durch Adhäsion an den Eisstücken und zwischen ihnen zurückgehalten wird, und daß aus eben dem Grunde immer das ausfließende Wasser nicht das ganz genaue Maaß des aufgethauten Eises giebt. Diesem Uebel kann man nur dadurch ausweichen, daß man schon vor dem Anfange des Versuches etwas Wasser zwischen dem Eise sich bilden und dieses abfließen läßt, wo dann eben nicht zu fürchten ist, daß am Schlusse des Versuches erheblich mehr oder weniger Wasser als zu Anfang zwischen dem Eise bleibe. Ein dritter Umstand ist, daß man manche Körper nicht ohne Gefäß in jenen mit Drath umgebenen Raum bringen kann. Aber diesem läßt sich dadurch sein Nachtheiliges rauben, daß man die specifische Wärme des Gefäßes bestimmt.

Mit Berücksichtigung dieser Umstände läßt sich die specifische Wärme fester und tropfbar flüssiger Körper mit Hülfe dieses Apparates recht wohl bestimmen. Um zu zeigen, wie dies geschieht, will ich zwei Beispiele berechnen. Man habe erstlich ein Stück Flintglas von $2\frac{1}{2}$ Pf. schwer bis zu 100^0 C. erhitzt, in jenen Raum gebracht, und finde nun 0,63 Pf. geschmolzenes Eis; so schließt man, daß 1 Pf. Glas von 100^0 eine Quantität von 0,252 Pf. geschmolzen habe, also 1 Pfund von 75^0 warm 0,189 Pfund geschmolzen hätte. Da nun 1 Pfund Wasser von 75^0 warm 1 Pfund Eis schmelzet, so hat das Glas bei gleicher Temperatur nur $\frac{189}{1000}$ der Wärme hergegeben, die das Wasser hergegeben hätte, und 0,189 ist die specifische Wärme des Glases. Als zweites Beispiel will ich annehmen, daß man 2 Pf. Terpentin-Oel in einem Glase von $2\frac{1}{2}$ Pfund schwer, beide Körper bis auf 100 Gr. erhitzt, in jenen Raum gebracht, und die Menge des geschmolzenen Eises $=1,88$ Pfund gefunden hätte. Da würde man sagen, von dieser Quantität gehören (dem eben angeführten Versuche zu Folge), 0,63 Pfund der Hitze des Glases, also 1,25 Pf. der Wärme des Oeles; 2 Pfund Oel haben 1,25 Pfund, also ein Pfund Oel 0,625 Pfund gegeben, und dieses eine Pfund hätte bei 75 Gr. nur drei Viertel hiervon, das ist 0,469 Pfund gegeben; die specifische Wärme des Terpentin-Oels ist also 0,469.

Nach diesen Versuchen, die man für mehrere Körper angestellt hat, besitzen die Metalle eine sehr geringe specifische Wärme, und es kann daher scheinen, als ob unsre frühere Bemerkung, daß die Metalle die Wärme sehr schnell unserm Körper bei der Berührung entziehen, hiemit im Widerspruch stände. Allerdings ist es wahr, daß ein Pfund Silber nur etwa ein Fünftel der Wärme gebraucht, die ein Pfund irgend einer Holz-Art bedarf, um eine bestimmte Temperatur anzunehmen; aber das Silber reißt diese Wärmemenge sehr schnell an sich, und darum fühlt es sich im ersten Augenblicke kalt an, obgleich es bei längerer Erwärmung sich mit geringerm Wärme-Aufwande als Holz erwärmt. Die Vergleichungen fallen übrigens verschieden aus, je nachdem man auf die specifische Wärme oder auf die relative, oder was dasselbe ist, je nachdem man auf gleiche Gewichte oder auf gleiche Raumgrößen sieht. Gleiche Gewichte Silber und Holz fordern ungefähr Wärmemengen im Verhältniß 1 zu 5, um gleiche Temperaturen anzunehmen, gleiche Volumina Silber und Holz brauchen ungefähr im Verhältniß $2\frac{1}{4}$ zu 1 Wärmemengen, um sich gleich zu erwärmen, weil Silber 11 bis 12 mal dichter als eine der leichteren Holz-Arten ist. Aehnliche Vergleichungen lassen sich mannigfaltige anstellen.

Rumfords Calorimeter.

Ein Calorimeter, das man zum Unterschiede das Wasser-Calorimeter nennen kann, läßt sich gleichfalls zu Versuchen anwenden, die hieher gehören. Es ist einleuchtend, daß man die specifische Wärme so dünner Körper wie die Luft-Arten nicht auf dem vorhin angegebenen Wege finden könnte; denn wenn man auch ein Gefäß mit sehr erhitzter Luft in den Eis-Apparat brächte, so würde ihre Abkühlung, wegen des geringen Maaßes von Wärme, das sie gewiß nur enthält, wenig Eisschmelzung bewirken. Man muß sich daher eines Instrumentes bedienen, das geeignet ist, einen lange Zeit erneuerten Luftstrom durchzulassen, und die von demselben zugeführte Wärme aufzunehmen. Ein solches Instrument ist das Wasser-Calorimeter, dessen Haupttheil (Fig. 17.) ein mit kaltem Wasser gefülltes Gefäß AB ist, auf dessen Boden eine gekrümmte Röhre DE sich fortzieht, durch welche man, um die specifische Wärme der Luft zu bestimmen, einen Strom warmer Luft gehen läßt, um durch seine an das Wasser mitgetheilte Wärme die Menge der zugeführten Wärme zu bestimmen. Hier liegt der Vorzug vor dem vorhin beschriebenen Instrumente darin, daß die im Innern des Wassergefäßes fortgeführte Röhre DE, deren Krümmungen in horizontaler Richtung die Zeichnung nicht angeben kann, nicht durch einmalige Füllung eine erhebliche Wärme des Wassers zu bewirken braucht, sondern daß, indem man die beim Durchzuge abgekühlte Luft immer durch neue, bei F eintretende, ersetzt, eine große Menge Luft zu jenem Zwecke mitwirkt. Bei diesem Versuche muß man darauf sehen, daß Luft von bestimmter Dichtigkeit und bestimmter Wärme gleichförmig durch die gekrümmte Röhre DE fließe; man muß es so einrichten, daß sie ihre Wärme bei dem Durchgange durch das im Wasser befindliche Rohr ganz verliere, und muß dann die Zunahme der Temperatur des Wassers beobachten, und bei der Berechnung auf die zugleich statt findende Erwärmung des Gefäßes Rücksicht nehmen. Damit man die Wärme des Wassers genau kennen lerne, hat das in dem Gefäße AB befindliche Thermometer K nicht eine Kugel, sondern einen mit Quecksilber gefüllten Cylinder, der sich durch die ganze Tiefe des Gefäßes erstreckt, und so wirken alle Wasserschichten, die vielleicht etwas ungleich erwärmt sein könnten, auf das Thermometer ein. Die für den Zug der warmen Luft bestimmte Röhre, welche dem Wasser die Wärme mittheilt, liegt unten im Gefäße, damit das durch sie erwärmte Wasser, aufsteigend in dem übrigen, die Wärme gleichmäßiger vertheile. Damit man nicht nöthig habe, die Abkühlung durch die umgebende Luft in Rechnung zu ziehen, füllt man das Gefäß mit sehr kaltem Wasser, und läßt den Versuch so lange dauern, bis das Wasser ebenso weit über die Temperatur der Luft erhitzt ist, als es beim Anfange des Versuchs unter die Temperatur der Luft erkältet war, indem dann während der ersten Hälfte des Versuches die umgebende Luft ebenso viel zur Erwärmung, als während der letzten Hälfte des Versuchs zur Abkühlung beiträgt. Hat man alles dieses beachtet, so muß man auf folgende Weise rechnen. Wenn das Gefäß von Kupfer ist, so brauchen 900 Gewichtstheile Kupfer nur ungefähr ebenso viel Wärme als 100 Gewichtstheile Wasser um gleiche Temperatur anzunehmen, und man rechnet daher dem Gewichte des Wassers, welches erwärmt wird, ein Neuntel des Gewichtes des Kupfers hinzu, und nennt dies, das Gefäß auf Wasser reduciren. Beträgt nun die Wassermasse mit Einschluß des reducirten Gefäßes 6000 Gewichtstheile und man muß 2000 Gewichtstheile Luft, 65 Grad wärmer als das Wasser zu Anfang war, durchgehen lassen, damit das Wasser um 5 Grade erwärmt werde; so sagt man, damit 6000 Gew.th. Wasser um 5 Gr. erwärmt werden, oder damit 30000 Gew.th. Wasser um 1 Gr. erwärmt werden müssen, 2000 Gew.th. Luft sich um 60 Gr. abkühlen, oder 120000 Gewichtth. Luft um 1 Grad. Die specifische Wärme der Luft ist also nur $\frac{1}{4}$ so groß, als die des Wassers. So groß hat man die specifische Wärme der atmosphärischen Luft gefunden; die specifische Wärme des Wasserstoffgases ist dagegen $12\frac{1}{3}$ mal so groß, das heißt, man braucht nur ein Pfund der letztern, wo man $12\frac{1}{3}$ Pfund der erstern braucht, um eine bestimmte Wärme hervorzubringen; da aber das Wasserstoffgas bei gleichem Gewichte und gleicher Elasticität etwa $13\frac{3}{4}$ mal so viel Raum einnimmt, als atmosphärische Luft, so müßte man hiernach mehr Cubicfuße Wasserstoffgas als atmosphärischer Luft anwenden, um eben die Erhitzung zu bewirken.

Rumford hat eben dieses Instrument noch auf andre Weise angewendet; doch davon werde ich in der Folge reden.

Bestimmung der specifischen Wärme durch die Abkühlungszeiten.

Wenn man annimmt, daß bei geringen Massen auf die bei verschiedenen Körpern ungleiche Zuleitung der Wärme im Innern nicht viel ankömmt, und wenn man durch Gleichheit der Oberfläche bewirkt, daß die strahlende Wärme den Körper in gleichem Maaße verläßt, so giebt im luftleeren Raume die Zeit der Abkühlung ein Mittel, die specifische Wärme zu finden, indem man die ausgesandte Wärmemenge aus den Zeiten der Abkühlung berechnen kann. Auf diese Betrachtung gründen sich die von Dulong und Petit angestellten Versuche, wo Metalle fein zermalmt in ein Gefäß von Silber gepreßt wurden, in dessen Mitte sich das Thermometer befand; bei der geringen Menge des zermalmten Metalls konnte man die Masse als überall gleich warm ansehen, und die Oberfläche entließ mit immer gleicher Leichtigkeit die Wärme, daher konnten die Abkühlungszeiten als Maaße der in verschiedenen Körpern enthaltenen ungleichen Wärmemenge wenigstens ziemlich nahe angesehen werden.

Ungleiche specifische Wärme der Luft bei ungleicher Dichtigkeit.

In Hinsicht auf die specifische Wärme der Luft haben die Beobachter, denen wir die Versuche darüber verdanken, Clement, Desormes, Delaroche, Berard, und Haycraft noch die Bemerkung gemacht, daß die Luft-Arten mehr Wärme aufnehmen, indem sie sich ausdehnen. Wenn man eben die Luft-Art nur einem halb so großen Drucke aussetzt, wodurch, wie Sie wissen, auch ihre Dichtigkeit auf die Hälfte herabgesetzt wird, so findet man die durch gleiche Volumina erhitzter Luft bewirkte Erwärmung nicht bloß halb, sondern 7 Zehntel so groß, und ebenso für größere Verdünnungen. Die verdichtete Luft enthält dagegen nicht so viel Wärme, als sie nach der vermehrten Masse enthalten sollte, sie trägt nicht in so vermehrtem Maaße zur Erwärmung bei, ihre specifische Wärme ist geringer.

Hierauf beruhen viele merkwürdige Erfahrungen. Sie haben gewiß bei den Versuchen mit der Luftpumpe oft bemerkt, daß die Glasglocke sich von innen mit einem Thau belegt, daß sie beschlägt, wenn man in den leeren Raum plötzlich wieder Luft einströmen läßt. Dies beruht darauf, daß selbst im leeren Raume eine bedeutende Menge Wärmestoff vorhanden ist, ungefähr vier Zehntel dessen, der sich in Luft von gewöhnlicher Dichtigkeit findet; kömmt nun die Luft, die ihren Wärmestoff mitbringt, hinzu, so ist die Menge des in diesem Raume vorhandenen Wärmestoffs größer als dem natürlichen Zustande der Luft gemäß ist, und es entweicht etwas Wärmestoff durch die Wände der Glocke, wobei dann die Wasserdämpfe, die er aufgenommen hat, weil sie die Wand der Glocke nicht durchbringen können, sich uns als Niederschlag kenntlich machen.

Gay-Lussac hat diese Bestimmung genauer erhalten, indem er zwei gleiche Glasbehälter so mit einander verband, daß die aus dem einen hervordringende Luft in den andern, welcher ausgepumpt war, überging. In beiden Recipienten befanden sich sehr empfindliche Thermometer, mit deren Hülfe noch Hunderttel der Wärmegrade beobachtet werden konnten, und nachdem die Temperatur in dem luftleeren und dem luftvollen Raume gleich geworden war, ließ man die Luft aus dem zweiten Recipienten in den ersten hinübergehen, wobei dann das Thermometer im zweiten um $\frac{6}{10}$ Grad fiel, und das im ersten um ebenso viel stieg; die dem luftvollen Raume mit dem Hinüberfließen der Luft entzogene Wärme fand sich also in dem andern Raume wieder. Wenn man in dem luftvollen Recipienten Wasserstoffgas hat, so ist die diesem Recipienten entzogne und die dort hinüber geführte Wärme ungefähr anderthalb mal so groß, als bei atmosphärischer Luft. Wenn man in diesen Fällen das im Recipienten aufgestellte Thermometer beobachtet, so ist es leicht begreiflich, daß dieses nur geringe Aenderungen seines Standes zeigt, während der eigentliche Unterschied der Temperatur viel größer sein muß; denn das Quecksilber im Thermometer nimmt nur langsam die Temperatur der Luft an, und diese erwärmt sich schon wieder durch den Zutritt von Wärme aus den umgebenden Körpern, ehe noch das Thermometer hinreichend gefallen ist. Dalton hat daher die wahren hier statt findenden Aenderungen der Temperatur so bestimmt, daß er ein erhitztes Thermometer in einen kalten Raum brachte, und sah, bei welchem Temperatur-Unterschiede es ebenso schnell, als bei jenem Versuche fiel; er fand, daß dies bei einem Unterschiede von 28 Gr. Cent. statt fand, wodurch also jener Wärmeverlust auf etwa 28° geschätzt werden könnte.

Derselbe Grund, welcher hier Erhöhung der Temperatur veranlaßt, wenn dichtere Luft in einen eingeschlossenen Raum übergeht, ist es auch, aus welchem wir die Kälte erklären müssen, welche bei dem Hervorbringen dichterer Luft in einen unbegrenzten Raum bemerkt wird. In diesem Falle nämlich dehnt sich die verdichtete Luft in einen größern Raum aus und bringt nicht Wärme genug mit, um in diesem größern Volumen eben die Temperatur zu erhalten; sie reißt daher von den benachbarten Körpern Wärme an sich, und kühlt sie zuweilen so sehr ab, daß sich die Dünste aus der Luft gefroren ansetzen. Man hat dies an der Höll'schen Wassermaschine in Schemnitz beobachtet, wo Luft durch einen sehr starken Wasserdruck comprimirt angewandt wird, um das Wasser zu heben, und wo, wenn man diese stark zusammengepreßte Luft hervordringen läßt, ihre Ausdehnung eine solche Kälte hervorbringt, daß die dem Luftstrome ausgesetzten Körper sich mit Eis belegen *).

Endlich gehört auch der Versuch hieher, wo man in dem pneumatischen Feuerzeuge eine bis zum Zünden gehende Hitze hervorbringt. In einer Röhre von starkem Glase nämlich ist ein Kolben, mit dem man in plötzlichem Stoße die Luft verdichtet; diese läßt dabei so viel Wärme frei, daß ein unten in dem Raume der ver-

*) Gilb. Ann. XVIII. 412.

dichteten Luft liegendes Stückchen Feuerschwamm sich entzündet. Die hier hervorgebrachte Wärme muß gegen 300 Gr. Cent. betragen, da nach Gay-Lussac's Beobachtung der Schwamm sich auf schmelzendem Wismuth (bei 283 Gr.) noch nicht entzündet, wohl aber auf schmelzendem Blei (bei 323 Gr.). Ermann ist indeß geneigt, den größten Theil der Wirkung dem zugleich erfolgenden Zusammenpressen des weichen Körpers zuzuschreiben.

Diese Versuche dienen nun auch, um die Bemerkungen vollständiger zu verstehen, deren Sie sich aus der Lehre vom Schalle erinnern werden. Indem die Oscillationen der Schallwellen eine Verdichtung der Luft hervorbringen, entbinden sie zugleich Wärme, und die diesen Verdichtungen folgenden Verdünnungen sind mit Abkühlung begleitet, dadurch aber wird der Wechsel der ausdehnenden Kraft größer als er bei gleichbleibender Temperatur sein würde, und der Schall pflanzt sich so fort, als ob die Luft eine größere specifische Elasticität besäße, als sie wirklich besitzt. Dabei darf man freilich nicht an eine fühlbare Wärme bei der Fortpflanzung des Schalles denken, da ein Wechsel, der hundert mal, ja tausend mal und öfter in einer Secunde erfolgt, unmöglich fühlbar sein kann. Diese Beschleunigung der Fortpflanzung des Schalles hängt von dem Verhältniß der specifischen Wärme der Luft, die immer gleichen Druck ausübt, zu der specifischen Wärme derjenigen, die ein gleiches Volumen behält, ab. Wenn nämlich eingeschlossene Luft sich nicht ausdehnen kann, so steigt bei hinzukommender Wärme die Temperatur um eine bestimmte Anzahl von Graden; ist hingegen eben diese Luft in einem der Ausdehnung fähigen Gefäße enthalten, so wird bei gleicher hinzu kommender Wärmemenge die Temperatur weniger steigen, weil ein Theil der Wärme bei der Ausbreitung in einen größern Raum aufgewendet wird. Könnte man also in plötzlichem Wechsel die Luft bald ausdehnen, bald verdichten, so würde nach Maaßgabe jenes Verhältnisses die Ausdehnungskraft der Luft stärkere Ungleichheiten als ihre Dichtigkeit erleiden, und ebenso geschieht es in den unmerklichen Oscillationen bei der Fortpflanzung des Schalles, so daß in diesen Betrachtungen ein Maaß für die vergrößerte Geschwindigkeit des Schalles gefunden wird. Steigt bei der Verdichtung mit der Verdoppelung der Dichtigkeit die elastische Kraft nicht auf 2, sondern auf $2 \cdot \frac{4}{3}$, mit der Verdreifachung der Dichtigkeit nicht auf 3, sondern auf $3 . \frac{4}{3} = 4$, mit der Vervierfachung auf $\frac{16}{3}$ und so ferner, so nimmt die Geschwindigkeit des Schalles beinahe um ein Sechstel zu, (weil $\frac{7}{6} . \frac{7}{6} = \frac{49}{36}$ beinahe mit $\frac{4}{3}$ übereinstimmt,) also von 880 Fuß, wie Newtons Theorie angab, auf 1027 Fuß, wie die Erfahrung angiebt *).

Auch die Erfahrung, daß die Luft in großen Höhen kälter ist, findet hier ihre Erklärung. Wenn die Luft in der Nähe der Erde erhitzt ist, so steigt sie in die Höhe und verdünnt sich, wird aber eben dadurch fähig, die mehrere Wärme so in sich aufzunehmen, daß keine Erhöhung der Temperatur mehr statt findet. Man hat gesucht, das Gesetz dieser Wärme-Abnahme in der Höhe durch Schlüsse, die auf die veränderte Wärmecapacität sich gründen, zu bestimmen; aber dazu scheint noch die vorhandene Zahl von Erfahrungen nicht hinzureichen.

Aenderung der Wärmecapacität in festen Körpern.

Auch bei festen Körpern ändert sich die Wärmecapacität, indem sie sich ausdehnen, und die Untersuchungen, von Wilh. Weber angestellt, welche dieses ergeben, dienen zu einem recht schönen Beweise, wie oft eine Lehre durch eine scharfsinnige Anwendung einer andern Lehre eine Erweiterung erhält. Die Töne der transversal schwingenden Saiten sind es, aus denen Weber jene Ungleichheit der specifischen Wärme bei ungleicher Ausdehnung hergeleitet hat, indem er die Anzahl ihrer Schwingungen aus der Abzählung der sogenannten Schwebungen genau bestimmte. Diese Schwebungen hört man, als ein periodisches Anschwellen des Tones, wenn zwei tönende Körper fast genau einerlei Schwingungszeit haben, indem in diesem Falle unser Ohr zwar keine Ungleichheit des Tones mehr empfindet, aber doch beim gleichzeitigen Tönen unterscheidet, daß im einen Augenblicke die einzelnen Vibrationen strenge zusammen treffen, im andern nicht. Machte z. B. die eine Saite 1000 Vibrationen in 1 Sec., die andre 1001, so würden die 1000ste der einen mit der 1001sten der andern genau eintreffen, statt daß die Vollendung der 500sten und der 501sten am meisten

---

*) I. Th. S. 325.

aus einander läge; und dieses macht sich dem Ohre durch eine etwas größere Fülle des Tones in jenem, durch eine etwas verminderte Stärke in diesem Falle kenntlich; in jeder Secunde kömmt in diesem Falle eine solche Schwebung vor. Zählt man also in einem andern Falle 15 Schwebungen in 5 Secunden, so schließt man, daß die eine Saite 3 Schwingungen in 1 Sec. mehr macht als die andre, oder bei der Vergleichung der Saite mit der Stimmgabel, daß die Saite eine Schwingung mehr oder weniger in $\frac{1}{3}$ Sec. macht, als die Stimmgabel.

Es ist Ihnen aus der Lehre vom Schalle bekannt, daß die Töne einer bestimmten, immer gleich langen Saite von der Spannung derselben abhängen; aber da die Wärme die Saite verlängern würde bei gleicher Spannung, so nimmt sie der in unveränderlicher Länge aufgespannten Saite einen Theil ihrer Spannung, der Ton wird daher bei der Erwärmung etwas tiefer. Und nun wird es leicht sein, die Weberschen Versuche zu verstehen. Denken Sie sich eine aufgespannte Saite, die genau in der Mitte durch eine zweckmäßige Klemme festgehalten wird, so daß die Vibrationen des eines Theiles den andern nicht mit erschüttern, und daß man den einen schärfer spannen kann, während der andre seine Spannung behält. Hat man so beide Theile ungleich gespannt, so wird man aus der Ungleichheit der vollkommen scharf bestimmten Töne die Ungleichheit der Spannung beurtheilen können, und wenn man durch Lösung der Klemme die beiden Theile vereinigt, so werden sie eine gemeinschaftliche und gleiche Spannung bekommen, woraus dann, wenn man die Klemme wieder fest anschraubt, ein leicht zu berechnender gleicher Ton für beide Hälften hervorgeht. Aber nach diesem Lösen der Klemme zeigt sich eine Verschiedenheit des Tones, wenn man dieses Lösen nur einen Augenblick dauern läßt, in Vergleichung gegen den, welchen man bei längerer Dauer der Verbindung erhält. Offenbar theilt sich im Augenblicke des Lösens der Klemme (schon in $\frac{1}{4}$ Sec. wie Weber bemerkt,) die Spannung auf beide Theile gleich aus, und der schärfer gespannte Theil verdichtet sich also während der matter gespannte Theil sich ein wenig ausdehnt; bliebe dabei die Temperatur beider Theile im strengsten Sinne ungeändert, so würde auch bei der kürzesten Dauer der Verbindung die gleiche Spannung beider Theile auch eine gleiche Ausdehnung bewirken, und der Ton, den beide Theile geben, würde gleich sein, und derselbe sein, wie bei länger dauernder Verbindung beider Theile; dagegen muß, wenn in dem Augenblicke der gleichen Spannung der sich verdichtende Theil eine etwas höhere Temperatur annimmt, der sich ausdehnende Theil etwas an Temperatur verliert, nach der Herstellung gleicher Wärme der Ton beider Theile sich ungleich zeigen, wenn die Verbindung nicht lange genug gedauert hatte, um jenen Temperatur-Unterschied vorübergehen zu lassen. Einer der Versuche Webers wird dies völlig erläutern. Eine 514 Linien lange Stahlsaite, deren beide Hälften von 257 Lin. auf die angegebene Weise getrennt waren, wurde in der ersten Hälfte durch 1006, in der zweiten durch 7000 Grammen gespannt. Bei der mittleren Spannung gab jede der beiden Hälften einen sehr wenig tiefern Ton, als die f Stimmgabel, so daß, wenn man nach längerer Verbindung beider Theile (nach längerer Lösung der Klemme) beide schwingen ließ, der erste in $\frac{4}{3}$ Sec. der andre in $\frac{2}{3}$ Sec. eine Schwingung weniger als die Stimmgabel machte; aber wenn man die Lösung der Klemme nur $\frac{1}{4}$ Sec. dauern ließ, und dann (nach Wiederherstellung gleicher Temperatur, die sehr schnell eintritt,) die Töne prüfte, so machte der erste Theil 3 Schwingungen in 5 Secunden weniger, der zweite Theil 3 Schwingungen in 5 Secunden mehr als im vorigen Falle. Bei so kurzer Dauer der Oeffnung der Klemme hatte nämlich zwar die Spannung sich im ersten Augenblicke ausgeglichen, aber die erste, dabei neu ausgedehnte Hälfte hatte eine geringe Erniedrigung der Temperatur erlitten, und als diese durch Zutritt der Wärme von außen gehoben war, zeigte diese Hälfte eine etwas mattere Spannung als die andre Hälfte, die, im ersten Augenblicke etwas erwärmt, gleiche Spannung, jetzt abgekühlt, stärkere Spannung zeigte. Diese durch die Schwebungen hörbar werdende Differenz der Spannung verräth also, daß die Verlängerung der Saite durch vermehrte Spannung sie fähig macht, mehr Wärme aufzunehmen oder eine momentane Temperatur-Erniedrigung bewirkt, das ist, bei der Ausdehnung nimmt die Wärmecapacität, die specifische Wärme, der festen Körper zu. Bei jenem Versuche mußten, nach der veränderten Ausdehnung, die Wechsel der Temperatur etwa 1 Sr.

betragen, aber so schnell vorübergehend, daß an eine Messung mit dem Thermometer nicht zu denken wäre *).

Auch wenn die Wärme selbst eine Ausdehnung der festen Körper hervorbringt, so findet dabei eine Zunahme der specifischen Wärme statt, und Eisen, das schon bis 350 Grad erwärmt ist, bedarf eine größere Wärmemenge, um sich bis 360 Gr. zu erwärmen, als Eisen von 50 Gr. nöthig hat, um die Wärme von 60 Gr. zu erlangen. Der Unterschied beträgt so viel, daß in jenem Falle 8 Pfund Eisen ungefähr so viel Wärme als in diesem Falle 9 Pfund Eisen fordern, wenn sie sich um einen Grad erhitzen sollen.

Aus diesem Grunde sind die Bestimmungen höherer Temperaturen, die man durch Mischung oder durch Eintauchen in einen flüssigen Körper erhält, unsicher; denn wenn man zum Beispiel 1 Pfund glühendes Kupfer in 10 Pfund Wasser von 0° Wärme tauchte und dadurch die Wärme des Wassers um 10 Gr. steigen sähe, so würde man schließen, 1 Pfund Wasser hätte sich auf 100 Grad erhitzen müssen, und weil kaltes Kupfer etwa nur $\frac{1}{9}$ so viel Wärme als Wasser fordert, um gleiche Temperaturgrade zu erlangen, so würde man dem glühenden Kupfer eine Wärme von 1000 Grad beilegen, damit ein Wärmeverlust von 900 Grad beim Kupfer und ein Wärmegewinn von 100 Gr. beim Wasser eine gemeinschaftliche Wärme von 100 Gr. hervorbringe; wenn aber die specifische Wärme des erhitzten Kupfers größer, zum Beispiel $\frac{1}{7}$, wäre, so würde eben jener Versuch die Hitze des glühenden Kupfers nur 800 Gr. angeben, nämlich 700 Gr. Wärmeverlust zu 100 Gr. Wärmegewinn. So ist also dieses sehr passend scheinende und oft fast einzig anwendbare Mittel, um sehr hohe Temperaturen abzumessen, doch nur in sehr weiten Grenzen brauchbar, und lehrt uns die Hitze glühender Körper und ähnliche hohe Wärmegrade nicht genau kennen, ja selbst die Mischungen gleicher Massen ungleich erwärmter aber gleichartiger Körper geben nicht im allerstrengsten Sinne ein Maaß wahrer Wärme.

*) Poggend. Annal. XX. 179.

Vergleichung der verschiedenen Wärmecapacitäten mit den Atomengewichten.

Die sehr ungleiche Größe der specifischen Wärme der Körp r, die sich weder nach der Dichtigkeit, noch nach der Leitungsfähigkeit für die Wärme, noch nach andern Ungleichheiten, an die man etwa denken könnte, richtet, scheint am meisten mit dem Atomengewichte der Körper in Verbindung zu stehen. Dulong und Petit ziehen aus ihren Versuchen den Schluß, daß die Atome aller einfachen Körper gleiche Capacität für die Wärme haben. Die specifische Wärme des Eisens verhält sich zu der des Schwefels ungefähr wie 11 zu 19, oder gleich schwere Stücke Eisen und Schwefel fordern, um gleiche Temperaturen zu erlangen, Wärmemengen im Verh. 11 zu 19; die Anzahl der Atome in gleichen Gewichten dieser beiden Körper müßte also nach dem angegebenen Gesetze wie 11 zu 19 sein, oder die Gewichte der Atomen müßten sich umgekehrt wie 19 zu 11 verhalten. Nach andern Bestimmungen *) verhalten sie sich wie 339 zu 201, das ist wie 19 zu $11\frac{1}{4}$, und eine ähnliche Uebereinstimmung findet sich bei mehrern Körpern; doch ist die Untersuchung wohl noch nicht so weit fortgeführt, daß man dieses Resultat als ganz erwiesen ansehen dürfte, und Poggendorff macht dabei die sehr gegründete Bemerkung, daß die specifische Wärme fester Körper bei ungleichen Temperaturen eine Aenderung leidet, da doch das Atomengewicht ungeändert bleibt, also jenes Gesetz nicht strenge richtig sein könne.

Frei werdende Wärme durch Aenderung der Capacität.

Daß bei Compressionen der Luft Wärme frei wird, weil die Luft dann eine geringere Wärmecapacität hat oder die Wärme nicht mehr in sich enthalten kann, ist schon früher angeführt. Einigermaßen ähnlich ist die bemerkbare Wärme, die entsteht, wenn trockne Pulver Feuchtigkeit in sich aufnehmen. Hier werden die flüssigen Körper mit großer Gewalt von den festen angezogen, und vielleicht (so wie die Luft, wenn sie von Kohle absorbirt wird,) verdichtet, wobei dann Wärme frei werden könnte.

*) Th. II. S. 52.

Man rechnet hieher auch einige chemische Verbindungen, die sich beim Zusammenmischen erhitzen. Wenn man Schwefelsäure in Wasser gießt, so entsteht eine sehr starke Erhöhung der Temperatur, die man auf folgende Weise zu erklären pflegt *). Das Wasser nimmt, indem es sich chemisch mit der Säure verbindet, einigermaßen die Natur der Säure an, das ist, seine specifische Warme geht von 1 auf $\frac{1}{3}$ herab; also werden von dem gesammten im Wasser enthaltenen Wärmestoffe zwei Drittel frei und durch Temperatur-Erhöhung fühlbar. Läge nun der absolute Nullpunct der Wärme 750 Cent. Gr. unter Null, so würden 500 Wärmegrade — wenn dieser uneigentliche Ausdruck verstattet ist, — frei, oder Wärme, die ihrer Quantität nach eine Erhöhung der Temperatur von 500 Graden bewirken könnte, erhielte hier eine freie Thätigkeit, wodurch denn allerdings die große Erhitzung erklärt würde. Aehnliche Beispiele sind zahlreich vorhanden. Die Erhitzung des Kalkes beim Löschen; die bis zum Entzünden gehende Erhitzung, wenn man gleiche Theile concentrirte rauchende Salpetersäure und Schwefelsäure gemischt zu ebenso viel Terpentin-Oel gießt, u. s. w. — Ob aber jene Erklärung die richtige sei, scheint immer noch zweifelhaft, und Dulong und Petit behaupten geradezu, daß die auf solche Weise entwickelten Wärmemengen gar in keinem Verhältnisse zu den Wärmecapacitäten der gemischten Körper stehen, und daß, nachdem diese Wärme frei geworden, sich keine verminderte Wärmecapacität der Mischung zeigt. Diese und ähnliche Erzeugungen von Wärme sind daher noch im höchsten Grade räthselhaft.

Man hat auch die thierische Wärme, die allerdings durch das Athmen großen Theils hervorgebracht wird, aus der ungleichen Capacität des Sauerstoffgas und des kohlensauren Gas zu erklären gesucht, sie sei nämlich der frei werdende Wärme-Ueberschuß, den ein gleiches Volumen Sauerstoffgas mehr enthalte, als ein gleiches Volumen kohlensaures Gas; aber auch diese Erklärung ist nicht so genügend, als man anzunehmen geneigt war.

*) G. G. Schmidt Handb. d. Naturl. 1826. S. 413.

Erregung von Wärme durch Reiben. Feuerschlagen.

Aber selbst viel bekanntere Erscheinungen sind noch ebenso wenig erklärt. Es ist eine unter den ungebildetsten Völkern bekannte, seit Jahrtausenden bekannte, Erfahrung, daß Reibung zweier Körper an einander Wärme hervorbringt; unser Feuerschlagen ist ein solches Mittel, Wärme zu entwickeln; bei Maschinen, selbst bei Wagenrädern, kann ein Brennen durch zu starke Reibung entstehen; manche Völker bringen das Entzünden durch Reiben von Hölzern hervor. Es ist also die Erscheinung deutlich genug, daß beim Reiben Wärme frei wird. Da bei plötzlichem Zusammenpressen, beim Hämmern und in ähnlichen Fällen eben das geschieht, so ist der Schluß nicht ganz unangemessen, daß bei der Aenderung des Volumens der festen Körper, so wie bei den Luft-Arten, die Wärmecapacität verändert wird, durch Druck Wärme frei wird. Diese Hypothese läßt sich vertheidigen; denn da wir gar nicht wissen, welche sehr große Menge Wärmestoff vielleicht noch selbst in den Körpern vorhanden ist, die eine niedrige Temperatur haben, so enthält es nichts Ungereimtes, wenn wir sagen, indem diese Wärme auch nur aus den an der Oberfläche liegenden Theilchen ausgetrieben wird, mache sie sich als fühlbare Wärme kenntlich, und da die Zuleitung von innen her immer neue Wärme darbietet, so können diese Wärme-Erzeugungen fast unerschöpflich fortdauern. Um diese Hypothese durchzuführen, steht es uns frei, jenen Vorrath an Wärmestoff, der in den Körpern vorhanden ist, überaus groß anzunehmen, indem es keine Erfahrung giebt, die darin unsern Voraussetzungen Grenzen setzte. Aber obgleich sich so die Hypothese wohl glaublich machen läßt, so darf man doch auch nicht verhehlen, daß sie sich auf gänzlich ungewisse Behauptungen stützt, und daß sie daher auch gar wohl ganz irrig sein kann. Auffallend ist hier schon die sehr große Wärme, die beinahe augenblicklich hervorgeht, und die Unerschöpflichkeit dieser Wärmequelle. Sind es auch beim Feuerschlagen nur sehr kleine Stahltheilchen, die glühend werden, und ist also der Wärme-Aufwand auch nur diesen kleinen Massen entsprechend, so ist doch auch die Zahl der bei einem leichten Schlage comprimirten Theile ebenfalls geringe, und diese wenigen in ihrem Volumen veränderten Theile müssen jene Wärme hergegeben haben. Und diese Wärme-Erzeugung geht unvermindert vor, wie lange man auch den Versuch fortsetze. Rumfords Versuche hierüber sind am vollständigsten ausgeführt; bei einem Drucke von 10000 Pfund und einer nicht einmal sehr schnellen Drehung von Metall in Metall brachte er das die gedrehte Metallmasse umgebende Wasser, welches 19 Pfund betrug, zum Kochen, und die Wärme schien sich unaufhörlich zu erzeugen. Diese Wärme-Entwickelung findet auch im luftleeren Raume statt.

Rumford und andre Physiker haben diese Versuche als für die Immaterialität der Wärme sprechend angesehen, indeß muß man wohl richtiger sagen, sie scheinen nach der Ansicht dieser Physiker sich besser durch eine Undulation des Wärmestoffs als durch ein Ausströmen und Mittheilen desselben zu erklären. Setzt man nämlich voraus, eben jener Aether, aus dessen Vibrationen man die Erscheinungen des Lichtes erklärt, bringe durch seine Vibrationen auch auf unser Gefühl die Empfindung der Wärme hervor, so ließe sich es wohl denken, daß hier die mechanische Erschütterung jene Vibrationen bewirke, und sie wiederholt und unerschöpflich erneuert bewirke, wenn sich jene Erschütterung erneuert. Aber so manche andre Erscheinungen sind doch weit mehr geeignet, einen Uebergang des Wärmestoffes von einem Körper zum andern anzudeuten, so daß es mir schwer wird, mich für diese Undulationstheorie zu erklären; und ich weiß auch nicht, ob irgend jemand schon diese Theorie mit einigem Glücke in recht klarer Entwickelung auf die übrigen Erscheinungen der Wärme, wo so oft eine quantitative Abmessung sich anzudeuten scheint, angewandt hat. Muncke's Gedanke, daß einige Phänomene nicht sowohl aus einem Ueberströmen oder einer Vermehrung des Wärmestoffs entstehen, als vielmehr aus Schwingungen, verdient wohl nähere Berücksichtigung, indem es wenigstens gewiß ist, daß in andern Fällen dergleichen wesentlich verschiedene Erscheinungen vorkommen, und derjenige, der alle Bewegungen der Luft oder des Wassers als strömende erklären wollte, ebenso sehr fehlen würde; als der, welcher alles auf Wellen zurückzuführen suchte. Indeß, welche Auskunft man auch ergreife, immer scheinen wir noch in Beziehung auf die zuletzt erwähnten Erscheinungen weiter als in andern Lehren von dem, was wir Gewißheit nennen, entfernt zu sein.

Sechste Vorlesung.

Wärme, die bei Aenderung des Aggregatzustandes latent wird.

Weit besser als die zuletzt angeführten Erscheinungen lassen sich diejenigen erklären, die mit dem Flüssigwerden des Eises und mit der Verwandelung des Wassers in Dampf verbunden sind. Wenn man an sehr kalten Tagen ein Thermometer, das ganz von Eis umgeben ist, beobachtet, so steht es oft sehr tief unter dem Nullpuncte; bringt man es so in einen wärmeren Raum, so wird das Eis erwärmt und das Thermometer steigt bis es den Nullpunct erreicht hat, dann aber zeigt es, obgleich immer neue Wärme zufließt, keine Temperatur-Erhöhung an während das Eis schmilzt, sondern das Thermometer bleibt auf Null bis sich das gesammte Eis in Wasser verwandelt hat. Offenbar ist also ein Aufwand von Wärme nöthig, um aus Eis Wasser zu machen, und die während der ganzen Zeit des Schmelzens zuströmende Wärme wird auf diese Form-Aenderung, auf diese Aenderung des Aggregatzustandes, verwandt. Auf ähnliche Weise wird Wärme gebunden, um Wasser in Dämpfe zu verwandeln, und sowohl jener als dieser Wärme-Aufwand hat seine genau bestimmte Größe, die man in folgenden Zahlen übersehen kann. Nimmt man eine Eismasse von —10 Gr. Cent. und bringt diese an ein immer gleich erwärmendes Feuer, das gerade so gewählt ist, daß in 4 Minuten die Temperatur des Eises bis 0° steigt, so sollte man erwarten, daß in den folgenden 4 Minuten ein neues Steigen des Thermometers bis auf +10° statt finden werde, aber das erfolgt nicht, sondern 30 Minuten lang kann jene Wärme gleichförmig zuströmen, ohne etwas anders als die völlige Schmelzung des Eises zu bewirken. Sobald alles Eis in Wasser verwandelt ist, steigt das mit Wasser umgebene Thermometer in 40 Minuten bis zum Kochpuncte, bleibt aber, während das Wasser kocht, hier wieder stehen, und 210 Minuten lang ändert sich die Temperatur des Wassers nicht, am Ende dieser Zeit aber ist alles Wasser gänzlich in Dampf verwandelt. Es wird also ebenso viel Wärme erfordert, um 1 Pfund Eis in Wasser zu verwandeln, als 1 Pfund Wasser auf 75 Gr. Centes. (60° R.) zu erhitzen, und es wird ebenso viel Wärme erfordert, um 1 Pfund Wasser in Dampf zu verwandeln, als 1 Pfund Wasser auf 525° Cent. (420° R.) oder als 10 Pfund Wasser auf $52\frac{1}{2}$° Cent. zu erhitzen *).

Der eben beschriebene Versuch, obgleich er recht passend ist, um die Uebersicht der Erscheinungen darzustellen, scheint doch eben nicht geeignet, um jene Zahlen mit großer Genauigkeit zu erhalten; aber andre Versuche zeigen eben das, was ich hier angegeben habe. Um zuerst bei dem Schmelzen des Eises stehen zu bleiben, so ließe sich der dazu nöthige Wärme-Aufwand am besten durch den Eis-Apparat von Lavoisier bestimmen; bringt man in denselben 1 Pfund Wasser von 70 Gr. warm, so beträgt das geschmolzene Eis noch nicht 1 Pfund, erst bei 75 Gr. C. ist dieses der Fall, und es bestätigt sich also jene Behauptung, und das schon oben angewandte Wärmemaaß, welches von der Schmelzung einer bestimmten Eismenge hergenommen wurde, erhält hier seine völlige Erklärung.

Diese latent werdende Wärme wird bloß verbraucht, um Flüssigkeit hervorzubringen; und so wie sie bei Wasser erforderlich ist, so ist auch bei andern Körpern mit dem Schmelzen Wärme-Aufwand verbunden, so daß während des Schmelzens die Temperatur nicht höher steigt. Man kann hieran mit Recht die Frage anschließen, ob auch umgekehrt Wärme frei wird, wenn das Wasser sich in Eis verwandelt, und es scheint auffallend, daß wir dies so wenig deutlich bemerken. Der Grund hievon liegt ohne Zweifel darin, daß das Gefrieren so langsam statt zu finden pflegt, daß die Wärme in den umgebenden Körpern sich zu zerstreuen Zeit findet, und es würde schwierig sein, etwa mit einem viel kälteren Gefäße den Versuch anzustellen. Indeß giebt es einen Fall, wo sich diese Wärme-Entwickelung beim Gefrieren doch zeigt. Das Wasser läßt sich nämlich, wenn man seine Oberfläche mit Oel bedeckt und es vor

*) In jenen Zeit-Angaben würde man nämlich in 30 Min. ein Steigen auf 75°, in 210 Min. ein Steigen um 525° erwarten.

aller Erschütterung sichert, bis mehrere Grade unter Null abkühlen, ohne daß es in Eis verwandelt wird; bringt man aber, nachdem dies geglückt ist, eine kleine Erschütterung hervor, so erfolgt das Gefrieren in einem Augenblicke und das Thermometer steigt bis auf Null, das heißt, im Gefrieren wird so viel Wärme frei, daß das bis zu mehrern Graden unter Null erkältete Wasser, Thermometer und Gefäß nun wieder die Nulltemperatur erhält.

Auch für andre Körper hat man die Wärme, die bei dem Flüssigwerden latent wird, zu bestimmen gesucht. Bei den Metallen, die erst in sehr hohen Hitzegraden schmelzen, scheint dies nach Rudbergs Beobachtungen am besten durch die Beobachtung der Abkühlungszeiten von 10 zu 10 Grad zu geschehen. Man bemerkte nämlich, daß sehr erhitztes geschmolzenes Zinn von 290° auf 280° Cent. in 14 Sec., von 240 bis 230° in 23 Sec. abkühlte, aber von 230 bis 220 Gr., wo es fest wird, 560 Sec. Zeit gebrauchte; man schließt also mit Recht, daß in dieser so sehr langen Zeit nicht allein die freie Wärme, sondern auch die im flüssigen Zinn latente Wärme verloren geht, und dadurch die Verzögerung der Abkühlung statt findet. Dieser Schluß ist um desto mehr begründet, da nachher die Abkühlung wieder schneller fortgeht und zum Beispiel in dem vorigen Versuche die Abkühlung des festen Zinnes von 220° bis 210° nur 33 Sec. forderte. Rudberg schließt aus diesen Versuchen, daß ein Gewichttheil flüssiges Zinn so viel Wärme latent enthält, als erforderlich ist, um 1 Gewichttheil Wasser $13\frac{1}{3}$ Grad zu erwärmen, und dieses ist ungefähr so viel Wärme, als nöthig ist, um ein Gewichttheil Zinn um 220 Grad zu erwärmen *). Diese Rechnung ist unsicher, da wir die specifische Wärme des so sehr erhitzten Zinnes nicht genau kennen, indeß zeigt sie doch, daß auch hier viel Wärme frei wird, wenn der Zustand der Festigkeit eintritt; und bei Blei, welches mit 320° Cent. schmilzt, findet etwas Aehnliches statt, doch ist die Wärme, die 1 Gewichttheil Blei im Schmelzen aufnimmt, nur so groß, daß sie 1 Gewichttheil Wasser um beinahe 6 Grad erhitzen könnte.

---

*) Poggend. Ann. XIX. 125. XX. 284. u. Gilb. Ann. XXXVIII. 305.

Eiscrystalle. Schnee.

Der Grund, warum außer einer niedrigen Temperatur auch einige Bewegung erfordert wird, damit Eis entstehe, scheint in der regelmäßigen Bildung der Eiscrystalle zu liegen, bei welcher die Theilchen nicht ganz in der Anordnung bleiben, welche sie im Wasser hatten, und die daher eine Erschütterung, damit die neue Anordnung der Theilchen eintrete, fordert. Wirklich aber zeigt sich uns eine solche bestimmte Anordnung, indem das Eis Crystalle bildet. Wir sehen die Eisnadeln und Eisblättchen in einem Gefäße sich immer unter Winkeln von 60 Graden an einander ansetzen, und die Zwischenräume zwischen diesen füllen sich mit kleinern, ebenso geneigten Nadeln aus. Wir sehen diese Eisbildung am leichtesten und auch fast am vollständigsten bei dem Gefrieren der Fensterscheiben, deren dünne Wasserschichte sich gern mit großer Regelmäßigkeit in Crystalle bildet. Ist an einer Fensterscheibe nur sehr wenig Feuchtigkeit, so finden wir einzelne sechsspitzige Sterne auf ihr, die sich nur, wenn es zu sehr an Feuchtigkeit gefehlt hat, nicht vollkommen zu sechsspitzigen Sternen ausbilden. Ist die Glasscheibe ganz mit einer dünnen Schichte Wasser bedeckt, so schießen einzelne Eisnadeln an und an diese fügen sich unter dem Winkel von 60 Graden andre Nadeln, die oft sehr schnell zunehmen, oft in parallelen Richtungen einen bedeutenden Raum füllen. So entstehen die Blumen an den Fenstern, bei denen die Krümmung der einzelnen Nadeln wohl theils von Ungleichheiten im Glase, theils von der mehr oder minderen Dicke der Wasserschichte herrührt. Man hat diese Regelmäßigkeit der Crystalle als sechseckige und dreieckige Prismen auch oft bei größern Eismassen gefunden; Clarke aber glaubt gefunden zu haben, daß die eigentlich ursprüngliche Gestalt der Eiscrystalle das Rhomboid mit Winkeln von 60 und 120 Graden sei, daß aus diesem sich die größern Eiscrystalle zusammensetzen, daß aber nur bei einem sehr langsamen Gefrieren, bei gelinder Kälte, diese Grundform kenntlich bleibe *).

Eben diese Bildung in Eisnadeln, an welche sich feinere Eisnadeln unter dem Winkel von 60 Gr. ansetzen, zeigt der Reif und noch schöner der Schnee. Bei starkem Froste, am besten wenn

*) Gehlers Wörterb. Th. III. S. 111.

nur wenige und kleine Schneeflöckchen fallen, hat der Schnee die ganz reine Gestalt sechsspitziger Sterne oder sechseckiger Blättchen; bei andern Schneecrystallen haben sich Nadeln unter dem Winkel von 60° zusammengefügt, oder es haben sich Verbindungen von regelmäßigen Sechs-Ecken gebildet, und so entstehen die in Fig. 18. dargestellten und noch viel mannigfaltigere Formen der Schneecrystalle. Bei recht kalter und mit wenig Dünsten beladener Luft sieht man wohl einzelne Eisnadeln, noch nicht zu Sternen verbunden, ohne Zweifel aber von dreieckig prismatischer oder von rhomboidischer Form herabfallen. Wenn sich die Schneecrystalle zahlreicher bilden, so hängen sie sich an einander und bringen die eigentlichen Schneeflocken hervor, die sich am unregelmäßigsten an einander gehängt bei gelindem Froste zeigen, aber immer aus jenen regelmäßig gebildeten kleinen Crystallen hervorgehen.

Ausdehnung des Wassers beim Gefrieren.

Das Eis ist specifisch leichter als Wasser ungefähr in dem Verhältnisse 9 zu 10; es findet also beim Gefrieren eine Ausdehnung, eine Zunahme des Volumens, statt. Diese ist so gewaltsam, daß sie die Gefäße, worin das Wasser eingeschlossen ist, zersprengt, und wo das Wasser oben eine freie Oberfläche hat, dieser eine gewölbte Gestalt giebt. Die Gewalt, mit welcher sich hier das Eis ausdehnt, ist sehr groß, so daß eine hohle Eisenkugel von $15\frac{1}{2}$ Zoll innerm Durchmesser und $2\frac{3}{4}$ Zoll dicken Wänden vom Eise zersprengt wurde, also eine Kraft, die man auf Millionen Pfunde schätzen kann, ausgeübt wurde *). Man hat ähnliche Versuche öfter angestellt und immer gleich auffallende Kräfte gefunden, dabei aber auch bemerkt, daß das Wasser erst, indem es sich mehr Raum

*) Um ungefähr die Größe der entstandenen Bruchfläche zu bestimmen, dient die Angabe, daß ein Stück von 150 Pfund fortgeschleudert wurde. 150 Pfund Eisen sind ungefähr 470 Cubiczoll, also 170 Quadratzoll der Kugel-Oberfläche; die ganze Kugel-Oberfläche betrug ungefähr 1000 Quadratzoll; rechne ich den Umfang jenes Stückes zu 45 Zoll, die Bruchfläche auf reichlich 100 Quadratzoll, so kann man die erforderliche Kraft wohl auf 2600000 Pfund rechnen, wie Muncke sie bestimmt. Gehlers Wörterb. III. 115.

gemacht hat, zum Gefrieren kömmt, und ungefroren bleibt, wenn die Festigkeit des Körpers kein Zersprengen gestattet. Dies zeigte sich bei Williams Versuchen dadurch, daß einmal der schließende Stöpsel bei — 17° Reaum. herausgedrängt und 62 Fuß weit fortgeschleudert, dabei aber auch ein offenbar erst in diesem Augenblicke sich bildender Eiscylinder hervorgedrängt wurde. Die große Gewalt, mit welcher hier die Anordnung in Crystallformen als nothwendige Bedingungen des Gefrierens gefordert wird, erhellt hieraus, und es ist wohl offenbar, daß darin, nicht in der zufällig eingeschlossenen Luft, der Grund der Ausdehnung des Eises zu suchen ist. Man hat sich überdies auch überzeugt, daß Wasser, welches durch Auskochen frei von Luft geworden ist, völlig ebenso eine zersprengende Kraft ausübt.

Wegen dieses vergrößerten Volumens schwimmt das Eis auf dem Wasser, und wenn man das specifische Gewicht desselben $= \frac{9}{10}$ annimmt, so ist allemal nur ein Zehntel der schwimmenden Eismasse oberhalb des Wassers, also bei schwimmenden Eisbergen auf dem Meere gewiß in den meisten Fällen eine sehr tief gehende Masse im Wasser eingetaucht, obgleich nicht über die Tiefe, sondern nur über die ganze Ausdehnung des unter dem Wasser befindlichen Theiles ein Urtheil möglich ist.

Polar-Eis, Gletscher, Schneelinie, Schneelawinen.

Eis und Schnee kommen auf der Erde in so manchen merkwürdigen Beziehungen vor, daß die physische Geographie oft davon zu reden Veranlassung hat, weshalb Sie auch mir gestatten werden, etwas länger bei den Erscheinungen, die von ihnen abhängen, zu verweilen. Die Polarmeere sind mit ewigem Eise erfüllt und bekanntlich ist darum die Fahrt in den nördlichen Meeren so schwierig, ja zum Theil unmöglich. Merkwürdig ist in Beziehung auf die nördlichen Meere, welche noch beschifft werden können, daß in der Gegend von Spitzbergen das Meer bis zu weit nördlichern Breiten befahren werden kann, als an der grönländischen und asiatischen Küste. Offenbar ist dies die Folge der aus südlichen Gegenden kommenden warmen Seeströme, die zwischen America und Europa bis zu sehr nördlichen Gegenden vordringen und das Eis dort während des Sommers so unterbrechen, daß die Wallfischfänger bis zum 80sten Grade der Breite gelangen können. Die Grenzen des fast ganz undurchdringlichen Eises, welche in der Gegend von Island und Spitzbergen eine so bedeutende Einbiegung haben, sind indeß nicht völlig unveränderlich, sondern um die Jahre 18 bis 22 dieses Jahrhunderts konnte man zu den östlichen Küsten Grönlands gelangen, die seit vielen Jahren unzugänglich gewesen waren. Diese Befreiung von Eise war dadurch entstanden, daß vorzüglich im Jahre 1818 ungeheure Eismassen sich abgelöset hatten und nach Süden zu getrieben waren, so große Massen, daß Schiffe, die von Neufundland (in 47° Breite) absegelten, viele Tage lang von Eis umgeben und so weit als das Auge reichte davon umgeben waren.

In jenen nördlichen Meeren und vorzüglich in der Davisstraße kommen Eisberge von mehr als 100 Fuß, ja bis 250 Fuß über dem Wasser und so tief gehend vor, daß sie bei 600 Fuß Tiefe des Wassers auf dem Grunde sitzen bleiben. Sie sind so zahlreich, daß Roß 700 auf einmal in der einen Hälfte des Horizontes zählte. Die Entstehung dieser ungeheuern Massen scheint vielleicht einzig oder doch wenigstens vorzüglich an den Ufern der festen Länder statt zu finden, und die Vermuthung, daß sie von den Abhängen der Berge ins Meer herab stürzen, hat sehr viel für sich. Aber auch nachdem sie so das Meer erreicht haben, können sie durch Regen und Schnee und durch feuchte Niederschläge aus der wärmern Luft noch sehr zunehmen, daher denn auch sich im Sommer oft oben auf denselben aufgethautes süßes Wasser findet. Diejenigen Eismassen dagegen, welche wenig über das Wasser hervorragend die Eisfelder bilden, entstehen auch mitten auf dem Meere, indem bei stärkerer Kälte das Wasser sich mit Eiscrystallen füllt, aus deren Vereinigung dann die oft Meilen weit verbreiteten, theils aus großen theils aus kleinen Stücken bestehenden, Eisfelder hervorgehen. Diese Eismassen setzen die jene Gegenden besuchenden Schiffer oft in die größesten Gefahren. Oft finden diese sich durch schnell sich vereinigende Eismassen so von Eis umgeben, daß sie nirgends einen Ausweg sehen, und den Bewegungen des Eises ganz und gar folgen müssen. Dabei ereignet es sich zuweilen, daß mehrere ungeheure Eisfelder so gegen einander drängen, daß Schiffe in Gefahr gerathen, von ihnen zerdrückt zu werden. Besonders gefährlich soll es in solchen Fällen sein, daß große Eismassen, die eine drehende Bewegung angenommen haben, durch diese mit aller der Gewalt, deren eine so große Masse fähig ist, an einander stoßen, und sich und alles, was ihnen in den Weg kömmt, zertrümmern. Andre Gefahren drohen den Schiffen von umstürzenden Eisbergen. Suchen sie bei Sturm zwischen Eisbergen Schutz, oder können sie nicht vermeiden, sich in der Nähe derselben länger aufzuhalten, so ereignet es sich, daß die Eismassen zertrümmert herabstürzen und das Schiff beschädigen, oder daß sie durch eine Veränderung ihres Schwerpunctes, etwa dadurch daß große Stücke unter Wasser sich von ihnen lostrennen, eine andre Lage annehmen, und so umstürzend das Schiff bedecken. Oft erstrecken sich diese großen Eismassen unter dem Wasser weiter seitwärts als oben, und das Schiff befindet sich oberhalb eines Theiles der Eismasse; nimmt dann die ganze Masse eine etwas veränderte Lage an, so hebt sich zuweilen jener unter dem Wasser befindliche Theil plötzlich hervor und stößt von unten an das Schiff oder hebt es aus dem Wasser hervor. Wie dies geschehen kann, zeigt Fig. 19., wo die Masse B, so lange sie mit C vereinigt ist, recht wohl in der angegebnen Stellung schwimmend bleiben kann, statt daß die Masse B sogleich umstürzen und das Schiff bei A bedecken wird, wenn sich die Masse C lostrennte. Dagegen würde das Schiff bei A durch die Masse D aus dem Wasser gehoben werden können, wenn sich plötzlich der Theil F von der Eismasse D trennte, mit welcher er bisher verbunden war. Nirgends scheinen die dem Seefahrer drohenden Unglücksfälle so zahlreich und mannigfaltig zu sein, nirgends scheinen sie eine so unausgesetzte Achtsamkeit auf alle Umstände, so viel Entschlossenheit, um schnell einen günstigen Umstand zu benutzen, nirgends so viel Thätigkeit und Arbeit, um selbst durch Durchsägen des Eises und ähnliche Mittel sich frei zu machen, zu fordern, als in diesen nördlichen und südlichen Polarmeeren, wo überdies beständige Nebel und öftere Stürme die Gefahren noch vergrößern.

Auch das Gefrieren kleinerer Gewässer, der großen Ströme, Landseen u. s. w. bietet manche merkwürdige Erscheinungen dar. Das Losbrechen des Eises in den großen Strömen, wo oft dichte Eisstücke von mehrern tausend Quadratfußen und einem oder mehr Fuß dick, Masse genug haben, um ganze Brücken fortzuführen, um 10 Pfähle von Fußdicke auf einmal abzuschneiden, bietet nicht selten auffallende, aber auch gefährliche Erscheinungen dar. Die dabei oft entstehenden Eisdämmungen, wo der Strom sich durch über und unter einander geschobene Eisschollen selbst den Ausgang versperrt, bringen die gefährlichsten Ueberschwemmungen hervor; und obgleich zuweilen ein Zertrümmern dieser Dämme durch Kanonenkugeln oder ein Zersägen durch zeitig genug gemachte Einschnitte in das Eis, die Gefahr abwenden kann, so sind doch in großen Strömen die Fälle oft von der Art, daß sie allen durch menschliche Kraft anzuwendenden Hülfsmitteln viel zu mächtig sind.

Unter den noch nicht ganz erklärten Erscheinungen bei der Entstehung des Eises in Strömen verdient wohl das sogenannte Grund-Eis erwähnt zu werden. Da die Kälte uns immer durch die Luft zugeführt wird, und die Erde im Innern, wenigstens in unsern Gegenden, keineswegs die Frostkälte hat, so scheint es schon deswegen nicht wohl möglich, daß sich Eis auf dem Boden der Gewässer bilden sollte. Dies scheint in süßem Wasser noch um so mehr nicht geschehen zu können, da das schwerste Wasser nicht das von 0° Wärme, sondern das von etwa 4 Gr. Wärme ist, also am Boden ein Wasser sich sammeln muß, das nicht die Gefrierkälte hat. Gleichwohl sind die Behauptungen, daß es ein Grund-Eis gebe, daß man mehrmals ein ganz entschiedenes Entstehen des Eises am Boden der Gewässer bemerkt habe, so oft wiederholt worden, daß man kaum an ihrer Wahrheit zweifeln kann. Nach einigen Beobachtungen scheint es, als ob die gute Wärmeleitung eines steinigen Ufers die Abkühlung bewirken könne; aber nach andern Beobachtungen entsteht auch in 10 Fuß Tiefe mitten im Flusse auf dem Boden Eis, und ein Beobachter in Solothurn fand die Aar am Boden in 10 bis 12 Fuß Tiefe gefrierend und 0° kalt, während das obere Wasser noch $+ 1\frac{1}{2}$ bis 2° warm, die Luft aber sehr kalt war. Wenn diese Eisbildung am Boden der Flüsse statt findet, so überziehen sich zuweilen die auf dem Boden liegenden Körper so mit Eis, daß sie mit demselben bis auf die Oberfläche des Wassers heraufgehoben werden *).

*) Biblioth. univ. XLI. p. 201. Phil. Transact. for 1816.

Gewöhnlicher aber ist es, daß bei mäßiger Kälte die Eisbedeckung sich ganz ruhig oben ansetzt; bei plötzlicher strenger Kälte und in etwas stärker bewegtem Wasser bilden sich unzählige Eisnadeln, im Wasser schwimmend, die dann sehr bald zu ganzen Eisschollen vereinigt die Oberfläche mit Eis bedecken. Daß diese Eisbildung zuweilen bei gleicher Kälte und gleicher Schnelligkeit eines und desselben Stromes schneller fortgeht, als zu anderer Zeit, glaubt Arago aus ungleichem Wärmeverlust durch strahlende Wärme erklären zu müssen, und bemerkt dabei, daß heitrer Himmel die Eisbildung befördere. Indeß ist es wohl gewiß, daß auch die größere oder geringere Kälte in den entfernten, höhern Gegenden eben des Stromes dabei von sehr bedeutendem Einfluß ist, indem oft das den Strom herunter kommende Eis, oft das an dem Orte selbst entstehende Eis, mehr zur Bildung der Eisdecke beiträgt.

Ebenso merkwürdig als die Eisbildungen in den Polarmeeren sind die Gletscher. Es ist bekannt, daß in den höhern Gegenden der Atmosphäre die Temperatur immer so niedrig ist, daß auf den höchsten Bergen selbst im Sommer der Schnee nicht aufthaut. Diese Schneegrenze, oberhalb welcher der Schnee niemals aufthaut, liegt nicht in der Höhe, wo die mittlere jährliche Temperatur Null ist, sondern höher, weil die warmen Sommertage so stark auf das Schmelzen des Schnees wirken. Die Schneegrenze entfernt sich stärker von der Mittelwärme = 0 in hohen Breiten, weil dieser vorherrschende Einfluß der Sommerwärme bedeutender in den langen Sommertagen der hohen Breiten ist, als in der Gegend des Aequators, wo das ganze Jahr eine beinahe gleichförmige Wärme hat. Außerdem hängt die Höhe der Schneegrenze noch von Nebenumständen ab, indem auf ausgedehnten hohen Gebirgen eine weit verbreitete niedrige Temperatur das Bestehen des Schnees unterstützt, wogegen einzelne Bergspitzen, auch wenn ihr Abhang es gestattet, sich nicht so leicht mit ewigem Schnee bedecken. Diese Schneegrenze liegt unter dem Aequator 15000 Fuß, in den Alpen 8000 Fuß hoch.

Diesem ewigen Schnee verdanken die Gletscher, die jedoch weit unter die Schneegrenze herabreichen, ihr Entstehen. Sie bilden sich da, wo das Schmelzen des Schnees im Sommer theils durch Regen, theils durch Sonnenwärme, noch statt findet, und wo daher der Schnee, weil ein bis in die Thäler hinab vollständiges Aufthauen nicht möglich ist, sich in eine dichte Eismasse verwandelt. Die so entstandenen Eismassen füllen die Gebirgsthäler und lagern sich an den Abhängen, und indem sie an den Abhängen alljährlich, durch Abthauen an der untern Grenze, ihre Stützpuncte verlieren, sinken die höher liegenden Massen allmählig immer tiefer herab, und gelangen in Gegenden, die weit niedriger liegen, als es der eigentlichen Schneegrenze, derjenigen Höhe nämlich, wo der jährlich fallende Schnee nicht mehr ganz aufthauet, gemäß ist. Auf diesem Umstande beruhet es, daß die Gletscher sich gegen ihre untern Grenzen hin an der Erdfläche unterhöhlt zeigen, und daß Ströme ihren Ursprung aus den Gletschern, wo sie aus Eisgewölben hervorströmen, haben. Die Erde nämlich hat in der Gegend, wo sie noch mit Gletscher-Eis bedeckt ist, eine größere Wärme als die Nulltemperatur, und obgleich sie in der Oberfläche selbst durch das aufliegende Eis unaufhörlich abgekühlt wird, und ihre Wärme durch das Aufthauen des Eises verliert, so bringt doch die stetige, wenn gleich langsame, Zuleitung der Wärme aus dem Innern der Erde unaufhörlich neue Wärme an die Oberfläche, wodurch das Aufthauen des Eises unterhalten wird. So höhlt sich also der untere Theil des Eises aus, und wenn nun im Sommer die untern Ränder der Gletscher wegthauen, so rücken die höher liegenden Eismassen herab und drängen sich oft mit solcher Gewalt vorwärts, daß sie bebautes Land und selbst Wälder vor sich fortschieben, wobei oft weite Strecken des bebauten Landes überdeckt und verwüstet werden. Dieses Vorrücken der Gletscher ist in kalten Sommern und nach schneereichen Wintern oft so bedeutend, daß sie Flächen von 1000 Fuß breit in wenigen Jahren neu bedecken, wogegen sie in warmen Sommern sich etwas wieder zurückziehen; doch scheint die allgemeine Erfahrung auf ein Wachsen im Ganzen in unserm Jahrhundert hinzudeuten. Jenes allgemeine Vorrücken aber, welches oft nur darin besteht, daß die höhern Massen den Platz der abgethauten einnehmen, findet in jedem Jahre statt. Es ist mit dem Entstehen der tief hinabgehenden Spalten verbunden, die durch das Abtrennen der niedrigern Massen, welche dem Thale zu vorrücken, von den noch ruhend bleibenden, entstehen. Diese Spalten erstrecken sich oft, vielleicht gewöhnlich, bis an die untern Höhlungen, in welchen das aufgethaute Wasser am Boden fortfließt, und es sind einzelne Fälle vorgekommen, wo Menschen, die in den Spalten hinabgestürzt waren, und glücklich genug den Boden unverletzt erreichten, in diesen Eisgewölben, die dem Wasser den Ausfluß gestatten, sich wieder hervorarbeiteten. Diese Spalten rücken selbst mit hinab dem Thale zu, indem jede oben sich ablösende Masse herabsinkt, wenn das Abthauen ihr unten die Stütze raubt; und so geschieht es, daß Körper, die vor mehreren Jahren in eine solche Spalte hinabgefallen sind, ohne den Boden zu erreichen, endlich an der Seite des Gletschers auf der Oberfläche sichtbar werden. Fig. 20. stellt dies dar. Denn wenn hier, nachdem bei B das Eis abgethaut ist, die nachrückende Masse A den Raum einnimmt, den früher die Masse B einnahm, so ist ein bei a in der dort angezeigten Spalte hinabgefallener Körper jetzt in b auf der freien Oberfläche. Von den Gletschern an der Küste der Davisstraße scheinen die großen Eismassen in das Meer herabzugleiten, die als Eisberge in jenen Gegenden so häufig sind, und zuweilen Erde und Steine mit sich fortführen.

Auch die Lawinen gehören zu den großen Natur-Erscheinungen, die von der Entstehung des Schnees abhängen. Sie entstehen theils im Winter, wenn frisch gefallener, lockerer Schnee irgendwo seine Stützpuncte verliert und nun über einer stark geneigten Ebne herabgleitet oder gar über Abhänge herabstürzt, theils im Frühling, wenn die dicht gelagerten Schneemassen durch Aufthauen an den Stellen, wo sie eine Stütze fanden, zum Stürzen kommen. Die erstern stürzen mit mehr Schnelligkeit in das Thal hinab, und da durch die entstandene Erschütterung gewöhnlich eine große Masse Schnee in Bewegung kömmt, da diese in ihrem schnellen Sturze die Luft heftig zusammendrückt und Bäume und Häuser im Sturme mit sich fortreißt, so werden diese Winterlawinen für gefährlicher gehalten, als die beim Frühlingsthauwetter gewöhnlich langsamer herabkommenden, aber wo sie hinfallen auch mit ihrer dichten Masse alles begrabenden Frühlingslawinen *).

*) Gilb. Ann. LXIV. 181. 209.

Künstliche Kälte, durch Mischungen hervorgebracht.

Aus den Erscheinungen der latent werdenden Wärme beim Aufthauen lassen sich die hohen Kältegrade erklären, die man durch Mischungen von Salzen und Schnee oder von Salzen und Säuren hervorbringt. Indem nämlich diese Körper in den flüssigen Zustand übergehen, reißen sie die Wärme mit großer Gewalt an sich, und kühlen die benachbarten Körper stark ab. Schon gewöhnliches Salz mit Schnee gemischt bringt eine viel größere Kälte hervor als bloß schmelzender Schnee, noch wirksamer aber ist eine Mischung von salzsaurem Kalk (fixem Salmiak) mit Schnee. Wenn der salzsaure Kalk crystallisirt und dann zerstoßen ist, so muß man ungefähr doppelt so viel von demselben als vom Schnee nehmen und diese Körper schichtenweise mischen; dann entsteht eine bis auf 40 Reaum. Grade gehende Kälte, in welcher das Quecksilber gefriert. Man thut wohl, den Versuch nur in einer Umgebung, wo es wenigstens 6 bis 8 Gr. R. kalt ist, anzustellen, und sich eines weiteren Gefäßes mit Schnee und Salz gefüllt zu bedienen, um schon eine Kälte von 18 bis 20° zu bewirken; setzt man dann in dieses das kleinere Gefäß, worin der Schnee mit salzsaurem Kalk gemischt werden soll, und hat von diesem nicht zu wenig vorräthig, so wird man das Quecksilber gewiß zum Gefrieren bringen. Ein nicht zu geringer Vorrath ist erforderlich, um die entstandene Kälte, die wegen der äußern, gewöhnlich um 20 bis 30 Gr. höhern, Temperatur bald geringer zu werden geneigt ist, lange genug zu unterhalten.

Schnee mit Kochsalz bringt mit etwas Salpetersäure gemischt eine bedeutende Kälte hervor, selbst wenn die äußere Luft ziemlich hoch über den Gefrierpunct erwärmt ist; aber mit einer Mischung von gleichviel Schnee und Salpetersäure bei + 14° Wärme eine Kälte von — 35° hervorzubringen, (wie man es wohl erreicht hat,) ist nur bei Anwendung sehr bedeutender Quantitäten und durch Umgebung des Hauptgefäßes mit einer sehr erkältenden Mischung möglich.

In den Polargegenden gefriert das Quecksilber sehr oft durch die dort statt findende Kälte der freien Luft, und da es sich dann unregelmäßig und sehr stark zusammen zieht, so hat man ehemals geglaubt, daß die Kälte dort einem viel höhern Thermometergrade entspreche, als es wirklich der Fall ist. Man muß sich in diesen Fällen des Weingeistthermometers bedienen, um den wahren Wärmegrad anzugeben, weil der Weingeist selbst da noch flüssig bleibt, wo das Quecksilber lange gefroren ist. Dieses gefriert bei 39° Centes. (31° R.), vom reinen Alkohol dagegen nimmt man an, daß er erst bei — 79° Centes. gefriert, und diese von Hutton allein gemachte Beobachtung ist noch nicht recht sicher.

Die Schmelzpuncte der Körper sind also in so hohem Grade verschieden, daß (wenn wir auch nur vom Quecksilber anfangen wollen,) das Quecksilber schon bei — 39° Cent. schmilzt, das Wasser bei 0°, Wachs bei 61°, Schwefel bei 109°, Zinn bei 227°, Blei bei 321°, Silber ungefähr bei 1220°, Guß-Eisen ungefähr bei 1900° *). Die sogenannte Rosesche Metallmischung von 1 Th. Zinn, 2 Th. Blei, 3 Th. Wismuth, oder besser 118 Zinn, 207 Blei, 284 Wismuth bedarf nicht ganz der Kochhitze des Wassers, um zu schmelzen. — Gleichwohl sind diese Erscheinungen des Schmelzens von der einen, und des Erhärtens oder Gefrierens von der andern Seite offenbar für alle diese Körper gleichartige, auch mit gleichen Umständen begleitete, Erscheinungen.

Absoluter Nullpunct der Wärme.

Die Ueberzeugung, daß weder die Gefrierkälte des Quecksilbers, noch irgend ein von uns künstlich zu bewirkender Kältegrad derjenige ist, wo man von wirklichem Mangel aller Wärme reden dürfte, hat zu der Frage Veranlassung gegeben, wie tief denn das Thermometer bei dem gänzlichen Mangel aller Wärme sinken würde. Die Frage ist offenbar nicht zu beantworten, indeß giebt folgende Betrachtung doch einen Begriff von der Art, wie man sie zu beantworten gesucht hat.

Wenn man eine Wärmequantität, die das Wasser um 9 Grad erwärmt, anwendet, um sehr kaltes Eis zu erwärmen, so steigt, bei gleichem Gewichte des Wassers und Eises die Temperatur des Eises um 10 Grad. Die Capacität des Wassers ist also um ein

*) Daniell giebt nach seinem Pyrometer für das Schmelzen des Kupfers 1132 bis 1163° Centes. für Silber 1061 bis 1077, für Eisen 1587 Gr. an.

Neuntel größer als die des Eises, das heißt, dem Wasser muß $\frac{1}{9}$ des Wärmestoffes, dessen das Eis bedarf, zugeführt werden, wenn es um 1 Gr. erwärmt werden soll; und wenn wir dies so auslegen, daß auch im Wasser bei gleicher Temperatur $\frac{1}{9}$ so viel Wärmestoff, als im Eise vorhanden ist, so muß die 75 Graden Centes. entsprechende latente Wärme des Wassers ein Neuntel der bei 0 Gr. im Eise enthaltenen Wärmequantität betragen. Hiernach wäre —675° Centes. das absolute Null der Wärme, nämlich Eis, das 675° Wärme über dem absoluten Null enthält, bekömmt noch ein Neuntel = 75° hinzu, um Wasser zu geben.

Dieser Schluß ist in sehr vieler Hinsicht unsicher, da wir über die bei veränderter Temperatur vielleicht sehr veränderte Wärmecapacität des Eises gar nichts wissen, ja nicht einmal über jene Wärmequantitäten eine recht klare Ansicht besitzen. Es ist auch wohl gewiß, daß wir aus den latenten Wärmen andrer Körper, und ihren specifischen Wärmen vor und nach dem Erhärten, ganz andre Zahlen erhalten würden. Ebenso unsicher scheint mir die Behauptung, daß der absolute Nullpunct bei — 213° R. oder 266° Cent. liegen müsse, weil die Luft sich von 1 bis $\frac{214}{213}$ ausdehnt, wenn die Wärme um 1° R. zunimmt, oder von 1 bis $\frac{267}{266}$, wenn die Wärme um 1° Cent. zunimmt. Allerdings findet diese Ausdehnung bei den mittlern Temperaturen gleichmäßig statt; aber bei sehr tiefen Temperaturen kann ja vielleicht der luftförmige Zustand aufhören, und dann hört gewiß auch die Gültigkeit jenes Schlusses, daß die Zunahme des Volumens der Zunahme der Wärme proportional sei, auf.

Doch ich unterhalte Sie zu lange mit einer Frage, die für jetzt wenigstens sich noch ganz außer dem Gebiete unserer Forschungen befindet.

Siebente Vorlesung.

Entstehung der Dämpfe.

Schon neulich habe ich, h. H., eine zweite Erscheinung, bei welcher Wärme latent wird, erwähnt, die Bildung der Dämpfe. Daß bei ihrer Erzeugung ein Wärme-Aufwand statt findet, ohne eine Erhöhung der Temperatur hervorzubringen, ist schon daraus klar, daß kochendes Wasser durch verstärktes Feuer zwar zu heftigerem Aufwallen, zu schnellerem Verdampfen, aber nicht zu einer größeren Wärme gebracht wird; die zuströmende Wärme wird also latent, sie vereiniget sich mit dem Wasser, um ein neues, elastisches Fluidum, den Dampf, hervorzubringen.

Da wir jedes der Luft ausgesetzte Wasser sich allmählich vermindern sehen, da auch die Dämpfe des kochenden Wassers sich in der Luft verlieren, so war es ein sehr natürlich scheinender Gedanke, der Luft eine auflösende Kraft beizulegen, vermöge welcher sie das Wasser in sich aufnähme, und dieser Gedanke hat eine lange Zeit bei den Physikern Beifall gefunden. Aber seine Unrichtigkeit erhellt schon aus der einfachen Erfahrung, daß die gewöhnliche Verdunstung in niedrigen Temperaturen nicht allein ebenso gut, sondern sogar weit schneller im luftleeren Raume statt findet, also da statt findet, wo jenes angebliche Auflösungsmittel gänzlich fehlt. Dagegen bewährt sich die Regel als eine ohne Ausnahme geltende, daß die Verdampfung, sie geschehe langsam in niedrigen Temperaturen oder heftig beim Kochen, sie finde im luftvollen oder im luftleeren Raume statt, immer mit Wärme-Aufwand verbunden ist. Der benetzte Finger, den wir der Luft darbieten, lehrt uns durch die in ihm erzeugte Empfindung von Kälte, daß das verdunstende Wasser dem Körper, an welchem es sich befindet, Wärme entreißt, und die Erfahrung des Landmannes, daß bei schwachem Winde die Richtung des Windes sich darin kenntlich macht, daß die dem Winde ausgesetzte Seite des nassen Fingers mehr erkaltet, giebt einen Beweis für den vermehrten Wärme-Aufwand an der Seite, wo der Wind die Ausdünstung beschleuniget. Doch die Beweise für die bei der Verdampfung latent werdende Wärme bieten sich uns in der Folge noch auffallender dar.

Elasticität der Dämpfe.

Die Dämpfe sind ein elastisches, in vieler Hinsicht der Luft ähnliches Fluidum. Um sich von der Elasticität der Dämpfe zu überzeugen, ist vielleicht kein Versuch besser geeignet, als der folgende, wo sich die Dämpfe in gewöhnlicher Luftwärme entwickeln und sogleich eine bedeutende Quecksilbersäule tragen. Man bedient sich zweier verbundener Glasröhren TT, FA (Fig 21.), deren eine TT oben ganz offen bleibt, die andere FA mit einem Hahne Y oben geschlossen werden kann. Füllt man nun, indem man den oberen Ansatz ganz abschraubt, beide Röhren bis an Hh mit Quecksilber, so steht dieses gewiß in beiden Röhren gleich hoch, weil der freie Luftdruck auf beide Oberflächen statt findet, und eben das dauert fort, wenn man das obere Stück mit dem schließenden Hahne wieder aufschraubt. Dieser Hahn Y, der gar keine Bohrung hat, dient bei jeder Stellung, um das kleine oberhalb Y befindliche Gefäß von der Röhre FA abzusperren; aber seine Fassung hat sowohl nach oben als gegen A zu eine Oeffnung, und in der, übrigens genau cylindrischen, Oberfläche des Hahnes selbst befindet sich eine genau unter die Oeffnung t des oberhalb Y befindlichen Gefäßes V passende Vertiefung, damit, wenn das Gefäß mit einer Flüssigkeit, z. B. Aether, gefüllt ist, und diese Vertiefung sich an der Oeffnung t befindet, auch sie einen Tropfen eben jener Flüssigkeit aufnehme. Wird nun der Hahn in seiner genau schließenden Fassung gedreht, so daß der in der Höhlung aufgefaßte kleine Tropfen auf die untere Seite des Hahnes, also vor die nach der Röhre AF gehende Oeffnung kömmt, so verdampft er und diese Dämpfe füllen die Röhre AF; sogleich aber steigt auch das Quecksilber in der andern Röhre, während es in AF herabgedrückt wird, und man sieht deutlich, daß die Elasticität der Dämpfe stark genug ist, um selbst bei mäßiger Temperatur eine erhebliche Quecksilbersäule zu tragen. Man bedient sich hiezu gern des Schwefel-Aethers, weil er, schnell verdampfend, die Wirkung sogleich hervorbringt, und weil die Elasticität seiner Dämpfe größer ist, als die des Wassers.

In diesem Experimente ist der Erfolg zu sehr zusammengesetzt, um es zu Abmessung der Kraft der Dämpfe anzuwenden, indem der Raum, welchen Luft und Dämpfe zusammen einnehmen, sich beim Zutritte der Dämpfe vergrößert, indem es unbestimmt ist, ob man so viele Dämpfe, als der Raum aufnehmen könnte, hervorgebracht hat, u. s. w. Um also das Maaß der Elasticität der Dämpfe zu bestimmen, ist eine andre Anordnung nothwendig, deren Beschreibung ich noch einige Ueberlegungen vorausschicken muß. Zuerst die, daß man Dämpfe, welche den möglichst größesten Grad von Dichtigkeit besitzen, von denjenigen unterscheiden muß, die noch mehr von der tropfbaren Flüssigkeit in sich aufnehmen können. Wenn wir uns für jetzt auf bloße Wasserdämpfe beschränken, so hätte in den vorigen Versuchen ein Tropfen Wasser in die Röhre AF gebracht werden müssen, und es ist offenbar, daß ein sehr kleiner Tropfen in einem ziemlich großen Raume vielleicht nicht hinreicht, um diesen letztern mit Dampf zu füllen, daß also bei dem Verdampfen mehrerer Tropfen der Dampf eine größere Dichtigkeit erlangen wird; die größeste Dichtigkeit, die der Wasserdampf bei bestimmter Temperatur erreichen kann, findet da mit Sicherheit statt, wo noch Wasser unverdampft übrig bleibt, und dieses ist daher eine Bedingung, die bei den Untersuchungen über die Dämpfe von größester Dichtigkeit, (und diese sind die wichtigsten,) statt finden muß. Eine andre Bemerkung betrifft ein Mittel, einen eingeschlossenen Raum luftleer zu machen durch Hervorbringung von Dämpfen. Da die Elasticität der eingeschlossenen Luft sich vermehrt, wenn Dämpfe sich mit ihr vermischen, so wird ein Theil jener Luft, wenn man ihr eine Ausfluß-Oeffnung frei macht, ausströmen; läßt man bei bedeutender Wärme, am liebsten durch Kochen des Wassers, sich in jenem Raume immer neue Dämpfe entwickeln, so fließen zwar auch Dämpfe, aber immerfort auch Luft, durch die Oeffnung aus, und der umschlossene, nur durch eine kleine Oeffnung mit der äußern Luft in Verbindung stehende, Raum wird bei lange dauernder Dampf-Erzeugung immer mehr luftleer. Wenn man nun, während die Dampf-Erzeugung noch in dem Maaße fortdauert, daß sie den Zutritt der Luft hindert, die Oeffnung luftdicht schließt, dann aber die Dämpfe abkühlen läßt, so gehen bei der Abkühlung die Dämpfe wieder in den tropfbaren Zustand über, und der nun ganz eingeschlossene Raum enthält keine Luft mehr, sondern nur noch Dämpfe von einer geringen, der erniedrigten Temperatur angemessenen Elasticität.

Nach diesen Bemerkungen wird die Art, wie man den Versuch über die Elasticität der Dämpfe in nicht zu hohen Temperaturen anstellt, leicht verständlich sein. Man nimmt ein Barometer AB (Fig. 22.), welches mit gut ausgekochtem Quecksilber bis an A gefüllt, und über A luftleer ist, dessen niedrigere Quecksilberfläche sich aber in dem weitern Gefäße BC befindet. Ueber diese Quecksilberfläche BC bringt man etwas Wasser und läßt dieses eine Weile kochen, damit durch die entstehenden Dämpfe alle Luft aus dem Gefäße BC ausgetrieben werde, dann schließt man, nachdem vorher das Thermometer E in dem dampfvollen Raume angebracht ist, die Oeffnung D luftdicht, und läßt nun die Dämpfe erkalten. So lange die Dämpfe des Wassers die Kochhitze hatten, bei welcher sie nämlich eine ebenso große Elasticität als die umgebende Luft besitzen, erhielt sich das Quecksilber in der Barometerröhre bis an A, so wie vor dem Experimente; aber wenn die Dämpfe sich abkühlen, so sinkt allmählig das Quecksilber bei A, und wenn die Dämpfe bis zur Gefrierkälte abgekühlt sind, so sind beinahe beide Quecksilber-Oberflächen gleich hoch, und wir sehen daraus, daß der Raum BCD ebenso gut als der Raum in der andern Röhre luftleer geworden ist, und der erstere nur noch mit Dämpfen von geringer Elasticität angefüllt ist. So oft man nun die Dämpfe und das noch übrige Wasser in dem Gefäße BD erwärmt, so steigt das Quecksilber in der Röhre A; es erreicht bei gleichen Wärmegraden immer gleiche Höhen, und wenn man es bis zu dem Grade erwärmt, bei welchem es kochte, als die Oeffnung D luftdicht geschlossen wurde, so steht das Quecksilber so hoch, als es, dem damaligen Barometerstande gemäß, zu jener Zeit stand. Dieses Apparates bediente sich G. G. Schmidt, um die Elasticität der Dämpfe bei verschiedenen Wärmegraden zu beobachten; Daltons Versuche sind etwas anders angestellt worden. Dieser brachte in eine gerade Barometerröhre, die mit ausgekochtem Quecksilber gefüllt war, etwas Wasser, und indem er sie dann auf die bekannte Weise mit dem offenen Ende in ein Gefäß mit Quecksilber tauchte und das Wasser zum Hinaufsteigen auf die Oberfläche des Quecksilbers brachte, erhielt er ein gewöhnliches Barometer, in dessen luftleerem Raume sich Wasser befand, und Dämpfe entwickelten. Die Barometerröhre wurde nun durch den Boden eines Gefäßes gesteckt und darin verkittet; das Gefäß wurde mit Wasser (oder für Versuche, die über die Kochhitze des Wassers hinaus gehen sollten, mit Oel) gefüllt, und durch die Erhitzung desselben auch das Wasser in der Barometerröhre zu schwächerer oder stärkerer Verdampfung gebracht. So wie nun bei erhöheter Wärme die Elasticität der Dämpfe zunahm, so fiel das Quecksilber im Barometer, und der Unterschied zwischen der Quecksilberhöhe im gewöhnlichen Barometer und in diesem Barometer gab die elastische Kraft der Dämpfe bei jeder Wärme an. Wenn in diesem Barometer die Quecksilbersäule so weit herabgedrückt war, daß beide Oberflächen gleich hoch standen, so hatten die Dämpfe diejenige Wärme, wobei auch im Freien das Wasser kochte, und es zeigt sich also deutlich, daß die Kochhitze in einem nicht geschlossenen Gefäße diejenige ist, bei welcher die Dämpfe eine ebenso große Spannkraft besitzen, als die atmosphärische Luft.

Erscheinungen des Kochens.

Nun erst übersehen wir also recht genau die Erscheinungen des Kochens, und diese verdienen daher hier noch einmal im Zusammenhange dargestellt zu werden. Wenn wir Wasser unter dem gewöhnlichen Drucke der Luft erhitzen, so sehen wir zuerst die dem Wasser beigemischte Luft entweichen, dann folgt ein eigener Ton, als Vorbote des Kochens, endlich erfolgt das fortdauernde Aufwallen, wobei vom Boden des Gefäßes Dampfblasen aufsteigen. Die Verdampfung nämlich findet bei einer mäßigen Wärme nur an der Oberfläche statt, und obgleich sie dort bei erhöheter Temperatur immer lebhafter fortgeht, so kommen doch, so lange die Kochhitze noch nicht erreicht ist, immer noch nicht aus dem Innern der Wassermasse Dämpfe hervor. Wenn der Boden des Gefäßes die Kochhitze erreicht hat, das Wasser aber noch nicht in gleichem Maaße durchwärmt ist, so fangen Dämpfe an, sich am Boden des Gefäßes zu bilden, und als elastisches Fluidum in Form kleiner Blasen aufzusteigen; aber diese kleinen Dampfblasen treten sogleich in etwas kälteres Wasser, wo sie wieder zu Wasser werden, und indem neue

Blasen sich unaufhörlich wieder erzeugen und wieder zerfallen, so bringt diese in jeder Secunde oftmals wiederholte Erneuerung gleicher kleiner Bewegungen den Ton hervor, den man wohl das Singen des Wassers vor dem Kochen nennt. Steigt dann die Wärme noch etwas höher, wird das Wasser in allen seinen Theilen bis zur Kochwärme erhitzt, so steigen die Dampfblasen bis an die Oberfläche herauf, und das Wasser erreicht nun, bei offenem Kochen, keine höhere Temperatur. Die so am Boden des Gefäßes erzeugten Dämpfe haben diejenige Elasticität, welche nöthig ist, um den Druck der Atmosphäre und den Druck der über ihnen stehenden Wassersäule zu überwinden, oder, da der letztere ziemlich unbedeutend zu sein pflegt, den Druck, dessen Maaß die Barometerhöhe angiebt.

Wenn man sich auf hohen Bergen befindet, so tritt, wie Sie sich erinnern, das Kochen schon bei einem niedrigern Wärmegrade ein, und selbst bei einem erheblichen Fallen des Barometers in unsern Gegenden erreicht das kochende Wasser einen geringern Grad von Wärme, weil die nicht so warmen Dämpfe schon den nur 26 Zoll betragenden Luftdruck durch ihre Elasticität überwinden, wozu sie nicht im Stande wären, wenn das Barometer auf 28 Zoll stände. Hieraus entsteht in hoch liegenden Gegenden eine Unbequemlichkeit, wenn man sich offener Gefäße zum Kochen bedient, indem der Erfolg des Kochens, sofern wir uns dieses Mittels bedienen, um unsre Speisen zu bereiten, bei dieser geringern Wärme nicht vollkommen genug hervorgeht. In so hochliegenden Gegenden, wo die Kochwärme bei freier Oberfläche nicht hinreichen würde, um Speisen weich zu kochen, muß man sich daher der ganz geschlossenen Gefäße bedienen. Die Rumfordschen Töpfe sind so eingerichtet, daß man ihren Deckel unter einen, sie oben einfassenden, Rand schiebt, so daß der von innen kommende Druck des Dampfes den Deckel nicht heben kann. In dem nun ganz geschlossenen Raume entwickeln sich die Dämpfe, aber da sie sich nicht ganz frei entwickeln können, so erhitzt das Wasser sich mehr, weil die zunehmende Elasticität der schon entwickelten Dämpfe die Entstehung neuer Dämpfe erschwert, und so kann man in diesen Gefäßen in höheren und in niedrigeren Gegenden gleich gut eine sehr hohe Temperatur des in Kochen gesetzten Wassers hervorbringen. Diese ganz geschlossenen Töpfe müssen mit einem Sicherheitsventile versehen sein, das heißt, mit einer Oeffnung, die von außen geschlossen ist, deren Deckel aber sich hebt und einige Dämpfe hervorgehen läßt, wenn der Druck von innen sehr bedeutend wird. Dieses ist nothwendig, weil die Dämpfe bei zu großer Erhitzung und dadurch steigender Elasticität den Topf zersprengen würden, wenn ihnen nicht bei einem bestimmten, noch nicht allzu hohen, Grade von Elasticität das Ventil einen Ausgang gestattete.

Und so wie hier im ganz verschlossenen Raume, bei einem durch die schon entstandenen Dämpfe vermehrten Drucke, das Kochen selbst bei verstärkter Hitze noch nicht eintritt, so findet es umgekehrt bei niedrigern Graden der Wärme statt, wenn das Wasser sich in verdünnter Luft befindet. In dem fast luftleeren Raume unter der Luftpumpe kocht das Wasser bei 23° R. (29° Cent.), wenn die verdünnte Luft noch einen Zoll Quecksilber in der Barometerprobe zu tragen vermag; es kocht bei $14\frac{1}{2}$° R. (18° C.), wenn das Barometer $\frac{1}{2}$ Zoll hoch steht, bei 7° R., wenn es $\frac{1}{4}$ Zoll hoch steht. Die Blasen, die man dann bei fortgesetztem Auspumpen der Luft im Wasser aufsteigen sieht, sind Dampfblasen, die unerschöpflich, immer neu hervorgehen. Eben dies Erscheinen von Dampfblasen sieht man im Wasserhammer (Fig. 23.), wenn man das Gefäß A mit der Hand erwärmt. Da hier die Luft ganz entfernt und dann das Gefäß geschlossen worden ist, so leidet die Oberfläche des Wassers nur einen sehr geringen Druck, und wenn man die in dem Gefäße und der Röhre enthaltene Flüssigkeit so vertheilt, daß die Röhre BC bis D, das Gefäß bis E gefüllt ist, so vermehrt man durch die Wärme der Hand die Entstehung der Dämpfe leicht so sehr, daß sie durch die enge Röhre bei B dringen und durch die Flüssigkeit BD aufsteigen. Diese Dampfblasen kann man, da die obere Flüssigkeit BD nicht durch die Hand erwärmt wird, leicht in solchem Maaße hervorgehen lassen, daß sie zwar bei B eintreten, aber die Oberfläche D nicht erreichen, sondern in dem kalten Theile der Flüssigkeit ihre Elasticität wieder verlieren, und hierin liegt der beste Beweis, daß man keine Luft aus dem Raume über E, (der übrigens auch wirklich luftleer ist,) hinübertreibt, sondern bloß Dämpfe. Wenn bei dem Verschwinden der Dampfblase das Wasser zurückfällt, so giebt dies einen lebhaften Laut, so wie denn überhaupt das gegen das Ende der Röhre anschlagende Wasser hier, weil keine Luft Widerstand leistet, mit einem ziemlich lauten Schalle anschlägt, woher auch der Name Wasserhammer entstanden ist.

Einige Flüssigkeiten kochen ei niedrigern Temperaturen als das Wasser; reiner Alkohol schon bei 79 ° Cent. (63½ ° R.), Schwefel = Aether bei 38 ° bis 40 ° Cent. (30½ bis 32 ° R.); andre bei höheren Temperaturen. Aber bei welcher Wärme sie auch im Freien zum Kochen gelangen, allemal haben bei ihrer Kochwärme die aus ihnen aufsteigenden Dämpfe die gleiche Elasticität, sie üben nämlich den Druck aus, welchen die Barometerhöhe in dem Augenblicke anzeigt.

Mittel, die Elasticität der Dämpfe bei höhern Temperaturen zu bestimmen. Größe dieser Elasticität für alle Wärmegrade.

Die Anwendung der Dämpfe zur Bewegung von Maschinen hat Veranlassung gegeben, die Elasticität der Dämpfe auch bei starker Erwärmung zu bestimmen, und wir besitzen zahlreiche Versuche über diesen Gegenstand, der gleichwohl noch immer nicht erschöpft ist. Unter den verschiedenen Mitteln, die man, um die alsdann sehr stark wachsende Elasticität der Dämpfe zu messen, angewandt hat, scheint mir die von Arzberger angewandte Einrichtung vorzüglich eine Erwähnung zu verdienen, weil sie den von den Dämpfen ausgeübten Druck so unmittelbar angiebt. In eine Metallröhre, stark genug, um selbst durch heftige Pressung von innen nicht zersprengt zu werden, ABC (Fig. 24.) ist bei A das Thermometer angebracht, an dessen aus der Röhre hervorragendem obern Theile die Temperaturen abgelesen werden. Die Oeffnung C ist durch ein genau passendes Kugelventil geschlossen, welches durch Gewichte E, an dem um D beweglichen Hebel = Arme DF angehängt, mit bekannter Gewalt zugedrückt wird. Die Röhre wird durch eine Druckpumpe vermittelst der Röhre bei H gefüllt, und unterdeß die Luft bei G sowohl als bei C ausgelassen. Ist die Röhre gefüllt, das Wasser durch Auskochen von Luft befreit, und dann durch Hähne bei G und bei B völlig eingeschlossen, so erhitzt man die Röhre ABC und belastet nun die Schale E mit Gewichten; offenbar braucht man nur Achtung zu geben, wie hoch das Thermometer im Innern in dem Augenblicke steht, da der Dampf, den Druck des Gewichtes überwindend, das Ventil bei C hebt, aus der bekannten Größe des Ventils ergiebt sich der Druck der Dämpfe auf einen Quadratzoll und dann leicht auch die Höhe der Quecksilbersäule, die dieser Druck zu erhalten im Stande wäre.

Noch vollkommener sind indeß die von Arago und Dulong angestellten Versuche, weil diese fast unmittelbar die Quecksilberhöhen beobachteten, die der Elasticität des Dampfes bei bestimmter Wärme entsprechen. Sie bedienten sich einer Röhre, worin die comprimirte Luft dem Dampfe das Gleichgewicht hielt, und da mit eben demselben Apparate die mit bestimmten Quecksilbersäulen zusammen gehörende Dichtigkeit der Luft beobachtet war, so konnte man die Versuche so ansehen, als ob sie eine unmittelbare Vergleichung der Quecksilbersäulen mit den Pressungen der Dämpfe enthielten. Der Apparat war zwar seiner Größe wegen schwierig zusammengesetzt, aber die ganze Anordnung ist gleichwohl sehr einfach. Es stand nämlich (Fig. 25.) an der einen Seite eines mit Quecksilber gefüllten Gefäßes A die mit Luft gefüllte geschlossene Röhre B, einer oben offenen gegen 70 Fuß hohen Röhre C gegenüber, die sich nach und nach mit Quecksilber füllte, und die Zusammensetzung dieser Röhre forderte sehr schwierige Vorsichten. Indem man nun auf die Oeffnung D mit Hülfe einer Wasserpresse einen sehr heftigen Druck auf die Oberfläche des Quecksilbers anbrachte, stieg von den in A enthaltenen hundert Pfund Quecksilber immer so viel in die Röhre C hinauf, als das Gleichgewicht gegen jenen heftigen Druck forderte, und zugleich wurde die bei B eingeschlossene Luft in einen engern Raum gedrängt und dabei auch die Röhre B zum Theil mit Quecksilber gefüllt. Die Beobachtung zeigte, welchem Drucke der Quecksilbersäule C die verschiedenen Verdichtungen der Luft in B entsprachen, und nachdem man so sich überzeugt hatte, daß selbst bis zu einem Drucke von 27 Atmosphären (63 paris. Fuß Quecksilber) die Luft in B sich dem Mariottischen Gesetze gemäß verdichtete, konnte man die Röhre C ganz weglassen, und statt der Wasserpresse bei D brachte man nun eine Wasserröhre DE an, die, bis an E mit Wasser gefüllt, bei F auf den Dampfkessel befestigt, nun diente, den vollen Druck der Dämpfe auf die Oberfläche des Quecksilbers in A zu beobachten. Die Versuche wurden bis zu einem Drucke der Dämpfe, welcher 21 Atmosphären betrug, fortgesetzt, und nach dem dadurch als ziemlich sicher angegebenen Gesetze noch weiter gerechnet. Das einzige, was bei diesen, sonst sehr vollkommenen Versuchen nicht ganz sicher sein könnte, ist die Beobachtung der Thermometer, die in Flintenläufen, mit Quecksilber umgeben, in den Dampfraum eingetaucht waren, und deren Röhren und Scalen sich außerhalb befanden; indeß ist auch in Hinsicht auf diese Bestimmung der Wärme, worauf hier alles ankömmt, so vorsichtig als möglich verfahren, wenn auch nicht alle Zweifel über die Genauigkeit der Wärme-Angaben ganz gehoben sind. Aus diesen letztern Versuchen haben sich die Maaße der Elasticität der sehr erhitzten Dämpfe etwas größer als aus Arzbergers Versuchen ergeben *), so daß die Pariser Versuche bei 224 Gr. Centes. schon einen Druck von 24 Atmosphären angeben, statt daß Muncke's, nach Arzbergers Versuchen geführte Rechnung, nur 21 Atmosphären giebt, und die Pariser Versuche für 40 Atmosph. Druck nur 252½ Gr. Cent. fordern, statt 263 Gr. nach Arzberger, endlich für 50 Atm. Druck 266 Gr. Cent., diese 280 ° Cent.

Da es der Mühe werth ist, den Druck, welchen die Wasserdämpfe bei niedrigen und hohen Temperaturen ausüben, zu kennen, so theile ich noch folgende Uebersicht der Ergebnisse der bisherigen Versuche mit. Selbst bei der Nulltemperatur ist die Elasticität der Dämpfe nicht ganz verschwindend, jedoch ist der ausgeübte Druck da nur einer Quecksilbersäule von 1½ Linien oder 0,13 Zoll gleich, bei 25 Gr. Cent. (20 ° R.) 0,85 Zoll, bei 50 ° C. (40 ° R.) 3,37 Zoll, bei 75 ° C. (60 ° R.) 10,75 Zoll, bei 100 ° C. (80 °R.) 28 Zoll; bei 125 ° C. (100 ° R.) ungefähr 2¼ Atmosph. oder 63 Zoll, bei 150 ° C. (120 ° R.) reichl. 4½ Atmosph., bei 175 ° C. (140 ° R.) ungefähr 8½ Atmosphären, bei 200 ° Cent. (160 ° R.) 15 Atmosphären, bei 224 Gr. Cent. (179⅓ ° R.) 24 Atmosphären, nach Angabe der Versuche von Arago und Dulong.

Der Alcoholdampf hat bei gleicher Wärme größere Elasticität, welches schon daraus, daß der Alcohol bei 79 ° C. (62 bis 63 ° R.) kocht und sein Dampf also dann 28 Zoll Quecksilber trägt, erhellt;

*) Gehlers phys. Wörterbuch II. 351. Poggend. Ann. XVIII. 473.

bei 50° Cent. ist seine Elasticität = 7 Zoll, bei 100° Cent. = 64 Zoll, bei 125° C. = 5 Atmosphären. Noch größer ist die Elasticität der Dämpfe des schon bei 38° kochenden Schwefel-Aethers; sie beträgt bei 38° Cent. 28 Zoll, bei 80° Cent. $4\frac{1}{2}$ Atmosphären. Dagegen erreicht der Quecksilberdampf erst bei der sehr großen Hitze von 356° Cent. (285° R.), wo das Quecksilber kocht, eine elastische Kraft, die dem Drucke der Atmosphäre gleich ist, und bei niedrigen Temperaturen ist daher die Elasticität des Quecksilberdampfes sehr unbedeutend.

Elasticität der Dämpfe, die nicht ihre größte Dichtigkeit haben und der mit Luft gemischten Dämpfe.

Wenn in einem luftleeren Raume sich nur wenig Wasser befindet, so geht dieses bei erhöheter Wärme gänzlich in Dampf über, und dieser Dampf hat, so lange noch etwas von tropfbarem Wasser übrig war, die größeste Dichtigkeit, welche er bei der eben statt findenden Temperatur, vorausgesetzt, daß diese dauernd genug ist, erreichen konnte. Aber wenn nun gar kein Wasser mehr übrig ist, und die Wärme noch immer höher steigt, so würde der Dampf mehr Wasser aufnehmen können, und seine Dichtigkeit ist also nun nicht so groß, als sie der Wärme gemäß sein könnte. Es läßt sich aus den angestellten Versuchen schließen, daß die Elasticität sich dann zu der bei der größesten Dichtigkeit eintretenden verhält, wie diese Dichtigkeiten selbst. Hätte man also beobachtet, daß bei 50° Cent. der letzte Tropfen Wasser verschwand, und ließe nun die Erhitzung bis 100° Cent. steigen, so würde man, wenn der Raum, welchen der Dampf einnimmt, noch immer gleich wäre, sagen: Der Dampf von 100° sollte $7\frac{1}{5}$ mal so dicht sein, als Dampf von 50°, und dann würde seine Spannkraft 28 Zoll betragen; da er aber nur so dicht ist, als der Dampf von 50° es schon war, so beträgt seine Elasticität nur kaum 4 Zoll (eigentlich 28 divid. mit $7\frac{1}{5}$ also 3,89 Zoll), so daß sie bei der Erhitzung nur um $\frac{1}{2}$ Zoll Quecksilberhöhe zugenommen hat, statt daß sie bei so viel höherem Wärmegrade um $24\frac{2}{3}$ Zoll zugenommen hätte, wenn Wasser genug vorräthig gewesen wäre, um dem Dampfe die dieser höhern Temperatur entsprechende Dichtigkeit zu geben.

Diese Betrachtungen bezogen sich auf Dämpfe, die ungemischt mit Luft einen Raum, als eigenthümliche elastische Flüssigkeit, ganz allein ausfüllten; aber da die in der atmosphärischen Luft befindlichen Dämpfe zu wichtigen meteorologischen Betrachtungen Anlaß geben, so verdient auch die Frage, wie sich die mit Luft gemischten Dämpfe verhalten, eine nähere Untersuchung. Und hier ist es nun höchst merkwürdig, daß die Menge der Dämpfe gleich groß bei gleicher Temperatur ist, es mag in dem Raume, der sie aufnimmt, atmosphärische Luft enthalten sein, oder nicht. Man sollte allerdings glauben, erstlich daß ein schon mit Luft gefüllter Raum nicht im Stande sei, nun auch noch ebenso viele Dämpfe, als die Temperatur es im leeren Raume gestatten würde, aufzunehmen, und zweitens daß ein in der Luft enthaltener Dampf doch den Druck der umgebenden Luft auszuhalten habe und diesem mit der geringeren, ihm bei niedriger Temperatur eigenen, Elasticität nicht widerstehen könne; — beide Vermuthungen sind irrig. Wir sind daher genöthiget anzunehmen, daß die Dämpfe sich so mit der Luft vereinigen, daß sie, gleichsam zwischen den Lufttheilchen ihren Platz einnehmend, dem Drucke der Luft nicht so ausgesetzt sind, wie es bei dem gegenseitigen Drucke größerer Massen der Fall wäre. Indem so die Luft und der Dampf, so als ob sie ganz unabhängig von einander wären, den Raum erfüllen und ihren Druck ausüben, erleidet eine dem gemeinschaftlichen Drucke beider ausgesetzte Fläche eine Pressung, die der Summe derjenigen Pressungen gleich ist, die von der Luft allein und vom Dampfe allein würden ausgeübt werden. Gay-Lussac hat, um dies genau zu zeigen, ein Instrument angewandt, das ich schon vorhin zu einem oberflächlichen Versuche angewandt habe, und das ich nun vollständiger erklären muß (Fig. 21.). Die weitere Röhre AF ist genau getheilt, damit man den Raum, welchen die Luft vor der Mischung mit Dampf und nachher einnimmt, genau vergleichen könne. Sie steht in freier Verbindung mit der engen Röhre TT′, kann von oben, indem man die oberhalb A liegenden Stücke abschraubt, mit Quecksilber gefüllt werden, und hat unten einen Hahn W, um Quecksilber ausfließen zu lassen. — Die der Berührung mit Quecksilber ausgesetzten Theile, die nicht von Glas sein können, müssen von polirtem Eisen sein, um nicht vom Quecksilber angegriffen zu werden. Der bei A aufzuschraubende Theil besteht aus einem größern Recipienten, der mit vollkommen trockener Luft (atmosphärischer oder einer künstlichen Luft-Art,) gefüllt wird, aus einem Hahne Y, der den Zutritt der Luft bei einer Stellung gestattet, bei der andern Stellung hindert, und aus einem zweiten Hahne R, der eben diese Bestimmung hat. Man trocknet nun alle Theile des Instruments vollkommen, füllt die Röhre FA und also zugleich auch TT' mit ganz trockenem und keine Luft enthaltendem Quecksilber, und schraubt den obern Theil, in dessen Ballon sich völlig trockene Luft befindet, auf. Nun werden die Hähne Y, R, geöffnet, und zugleich dem Quecksilber bei W ein Ausfluß gestattet, damit die weite Röhre sich nach und nach mit trockener Luft fülle. Da man das Ausfließen des Quecksilbers unterbrechen kann, wenn man will, so nimmt man den Augenblick wahr, da ein angemessener Theil AH mit Luft gefüllt ist; dann sperrt man den Hahn W und hierauf auch den Hahn R. Da die Luft aus dem Ballon austretend sich ausdehnte, so ist in AH verdünnte Luft, und die Oberfläche H ist daher höher als h; man bringt aber die Luft AH zu eben dem Grade von Elasticität, wie die äußere Luft, indem man bei h Quecksilber zugießt, und damit inne hält, wenn die hiedurch in einen engern Raum gebrachte Luft das Quecksilber in H genau so hoch als in h hält. Jetzt ist also AH mit ganz trockener Luft gefüllt, deren Elasticität durch die gerade statt findende Barometerhöhe bestimmt wird, indem bei horizontaler Oberfläche Hh, der Druck der innern Luft genau dem Drucke der äußeren das Gleichgewicht hält. Um nun Dämpfe in den Raum AH zu bringen, schraubt man den Ballon oberhalb R ab und schraubt dagegen einen andern Hahn an der Stelle von Y an. Dieser Hahn Y ist nicht durchbohrt, sondern hat, wie schon früher erwähnt ist, eine kleine Vertiefung, die sich, wenn man das kleine Gefäß oberhalb mit Wasser füllt und diese Vertiefung auf die obere Seite des Hahnes bringt, auch mit Wasser füllt, und, bei einer halben Umdrehung des Hahnes in seiner genau schließenden Fassung, diesen Tropfen nach unten hin führt, wo er, wenn der Hahn R geöffnet ist, verdampft und den Raum AH mit Dämpfen füllt. Man wiederholt das Aufnehmen eines Tropfens und das Hinabführen zum Verdampfen so lange bis keine neue Dampf-Erzeugung, die sich durch ein Hinabdrängen der Quecksilberfläche H kenntlich macht, mehr eintritt; alsdann ist man sicher, daß die Sättigung eingetreten ist, das heißt, daß ein Dampf von der größesten Dichtigkeit, die bei dieser Temperatur erreicht werden kann, in A H vorhanden ist. Aber da durch den hinzu gekommenen Dampf die Luft das Quecksilber bei H herab, bei h hinauf gedrängt hat, so üben die vermischten elastischen Flüssigkeiten einen etwas größern Druck als den der Atmosphäre aus; es ist daher vortheilhaft, mit großer Vorsicht ein wenig Quecksilber bei W ausfließen zu lassen, damit die sich ausdehnenden elastischen Flüssigkeiten A H zu dem genauen Drucke der Atmosphäre zurückgeführt werden; man muß wohl Achtung geben, den Hahn W in dem Augenblicke zu schließen, wo beide Oberflächen H, h, genau gleich hoch stehen; dann übt wieder die feuchte Luft eben den Druck aus, den vorhin die trockene ausübte, der nämlich dem Barometerstande entspricht.

Um ein der Natur gemäßes Zahlenbeispiel anzunehmen, will ich voraussetzen, man stelle den Versuch in einem bis auf 23° R. ($28\frac{3}{4}$° Cent.) erwärmten Zimmer an, und die trockene Luft habe gerade 27 Theile eingenommen, als ihr Druck dem Drucke der äußern Luft gleich war, dieser Druck aber entspreche genau der Barometerhöhe von 28 Zoll; dann wird man nach Vollendung des Versuches die feuchte Luft 28 Theile einnehmen sehen. Es ist nämlich die Elasticität eines Wasserdampfs von größter Dichtigkeit bei 23° R. gerade 1 Zoll, die Elasticität einer von 27 Theilen auf 28 Theile ausgedehnten Luft aber = 27 Zoll, wenn sie bei ihrer ersten Dichtigkeit = 28 Zoll war; die Elasticität der Dämpfe ersetzt also genau den Druck, der wegen der Ausdehnung der Luft um 1 Zoll geringer hätte ausfallen sollen.

Nach dieser vielleicht etwas zu strengen Darstellung des Beweises, daß die Elasticität des Dampfes sich ganz genau als die Elasticität der Luft verstärkend zeigt, daß die Dämpfe ihre Wirkung in der Luft genau so wie im luftleeren Raume ausüben, wenn sie gleich in der Luft sich etwas langsam, im leeren Raume sehr schnell entwickeln, will ich nun auch nur noch eine einzige Bemerkung über die Elasticität der Dämpfe beifügen. Ich muß Sie, um diese einzuleiten, an die früher bewiesene Behauptung erinnern, daß die Dämpfe einer nicht so leicht kochenden Flüssigkeit bei gleicher Wärme weniger Elasticität besitzen, als die Dämpfe einer bei geringerer Wärme kochenden Flüssigkeit; da nun Salzwasser erst bei etwas höherer Temperatur zum Kochen kömmt als reines Wasser, so müssen die Dämpfe des salzigen Wassers etwas weniger Elasticität besitzen, als die des süßen Wassers. Der Schluß ist keinem Zweifel unterworfen; aber bekanntlich steigt in den Dämpfen des salzigen Wassers kein Salz mit auf, sondern die Dämpfe geben süßes Wasser; — warum sind denn also diese Dämpfe gleichwohl an Elasticität von denen verschieden, die ohne Zusatz von Salz zum Wasser entstanden sind? Der Grund muß wohl der sein, daß das im Wasser enthaltene Salz gleichsam mit dem Wärmestoffe um den Besitz des Wassers streitet; der Wärmestoff kann sich nicht mit der ganzen Quantität Wasser verbinden, die ihm bei reinem Wasser zukäme, sondern das Salz fordert einen Theil hievon, und daher ist der Salzwasserdampf, bei gleicher Temperatur und so lange er sich über dem noch übrigen salzigen Wasser befindet, ein wenig dünner, obgleich der Dampf kein merkbares Theilchen Salz mit fortführt.

Dichtigkeit der Dämpfe.

Daß auch die Bestimmung, wie viel Wasser denn in Dämpfen von bestimmter Elasticität enthalten ist, von Wichtigkeit sei, brauche ich kaum zu bemerken, und spätere Betrachtungen werden es noch mehr zeigen. Das einfachste Mittel, um zuerst die Dichtigkeit der Dämpfe des kochenden Wassers zu finden, ist das von G. G. Schmidt angewandte, daß man in einem Glasgefäße, welches nur eine kleine Oeffnung hat, und diese röhrenförmig ausgezogen, um sie schnell an der Lampe zuschmelzen zu können, Wasser zum Kochen bringt, und in dem Augenblicke, wo der letzte Tropfen verkocht, die Oeffnung zuschmelzt. Wenn man dann das Gefäß abwägt, und dieses Gewicht mit dem vergleicht, welches bei vollkommener Anfüllung mit Wasser von gegebener Temperatur statt findet, so kennt man, weil man ja auch das Gewicht des leeren Gefäßes bestimmen kann, das Verhältniß des Gewichtes der Dämpfe zu dem Gewichte des Wassers und folglich auch zu dem Gewichte trockener Luft. Die Dichtigkeit der Wasserdämpfe bei niedrigern Temperaturen hat man durch ein anderes Verfahren bestimmt. Der ungelöschte Kalk hat die Eigenschaft aus feuchter Luft alle

Dämpfe an sich zu ziehen; wenn man also ein Gefäß so mit einem Raume, worin Wasser bei bestimmter Temperatur verdampft, in Verbindung setzt, daß jenes sich mit Dämpfen füllt, dann aber den Zutritt neuer Dämpfe hemmt und eine abgewogene Quantität ungelöschten Kalk hineinbringt, so zeigt die Gewichtszunahme des Kalks, nachdem er die Feuchtigkeit aufgenommen hat, wie viel Wasser als Dampf in jenem Raume enthalten war.

Genauer als diese Versuche sind indeß die von Gay=Lussac sowohl als von Muncke angestellten. In einem mit völlig ausgetrockneter Luft gefüllten Glasgefäße waren kleine hohle Glaskugeln, die mit einer abgewogenen Menge Wasser gefüllt und dann zugeschmolzen worden, so gelegt, daß man sie in dem geschlossenen Raume zerschlagen konnte. Indem man nun Achtung gab, bei welchem Wärmegrade dieses, nun mit der trockenen Luft in Berührung gekommene, Wasser gerade eben in Dampf verwandelt war, kannte man die Dichtigkeit des dieser Temperatur entsprechenden Dampfes, nämlich des Dampfes, welcher die größeste Dichtigkeit hat, die bei dieser Wärme statt finden kann. War zum Beispiel das Gefäß so groß, daß es 11760 Gran Wasser (von 4° Temperatur, wo das Wasser die größte Dichtigkeit hat,) faßte, und fand man, daß 1 Gran Wasser genau bei 50° Cent. verdampft war, so sah man, daß Dampf von der größten Dichtigkeit bei 50° Cent. $= \frac{1}{11760} = 0,000085$ der Dichtigkeit jenes Wassers hat. Ein Dampf von dieser Wärme besitzt eine Elasticität, die 3,37 Zoll Quecksilber das Gleichgewicht hält; und Luft von dieser Wärme hat die Dichtigkeit $= \frac{1}{917}$ bei einer Elasticität $= 28$ Zoll Quecksilber, also eine Dichtigkeit $= \frac{1}{7620} = 0,000131$ bei einer Elasticität $= 3,37$ Zoll Quecksilber; die Dichtigkeit $= 0,000085$ jenes Dampfes ist also beinahe $\frac{10}{16}$ der Dichtigkeit einer ebenso warmen und ebenso viel Druck ausübenden Luft *).

---

*) Wenn (nach der Angabe I. Th. S. 260.) Luft von 0° Wärme und 28 Zoll Elasticität $\frac{1}{771}$ der Dichtigkeit des Wassers besitzt, so hat Luft von 40° R. (50° Cent.) nur $\frac{213}{253}$ dieser Dichtigkeit (vergl. I. Th. S. 216. 217. III. Th. S. 16.) also $= \frac{1}{917}$ bei 28 Zoll Druck; aber nur eine Dichtigkeit $= \frac{1}{917} \cdot \frac{3,37}{28} = \frac{1}{7620}$ bei 3,37 Zoll Druck, und $\frac{1}{11760}$ ist $= \frac{1}{1,54 \cdot 7620}$; also die Luft 1,54 mal so dicht als der ebenso warme und ebenso elastische Dampf, wofür oben 1,6 gesetzt ist.

Alle diese Versuche stimmen, wenn man auf kleine, hier wohl unvermeidliche, Unterschiede nicht sieht, dahin überein, daß, wenn man die Rechnung für jede Temperatur ebenso führt, immer die Verhältnißzahl $\frac{5}{8}$ oder 1 zu 1,6 für die Dichtigkeit des Wasserdampfes gegen ebenso warme und eine gleiche Elasticität besitzende Luft hervorgeht.

Einen Zweifel, der in Beziehung auf die Dichtigkeit der Dämpfe Ihnen aufstoßen könnte, muß ich noch bemerken. Es könnte scheinen, als ob bei einer Compression des Wasserdampfes durch einen Kolben seine Dichtigkeit ebenso wie die Dichtigkeit der zusammengepreßten Luft zunehmen müßte; aber das ist nicht der Fall, sondern wenn ein Cylinder, in welchem sich noch Wasser befindet, mit Dampf von der größesten Dichtigkeit gefüllt ist, und nun ein Kolben den Dampf auf einen engern Raum beschränkt, so schlägt sich, bei gleich bleibender Wärme, tropfbares Wasser nieder, und der übrige Raum bleibt nur noch mit Dampf von der vorigen Dichtigkeit gefüllt. Wenn der Dampf sich auf diese Weise niederschlägt, so füllt sich der ganze Raum mit sichtbarem Dunste, welcher an den Wänden des Gefäßes, indem die in ihm latent gewesene Wärme entweicht, sich in feinen Wassertröpfchen niederschlägt. Bei der Compression eines Dampfes, der wegen Mangel an Wasser nicht seine größte, der statt findenden Wärme entsprechende, Dichtigkeit hat erreichen können, verhält es sich anders; da nämlich tritt der Dunst- und Wasserniederschlag erst dann ein, wenn bei der Compression jener Punct der größesten Dichtigkeit überschritten ist; ehe dieser erreicht ist, behält der, in Vergleichung gegen seinen frühern Zustand, etwas verdichtete Dampf noch immer seine Durchsichtigkeit und erlangt nach dem Maaße der Verdichtung eine größere Elasticität.

So wie in dem eben erwähnten Falle der Dampf von größester Dichtigkeit bei der Compression sogleich in Dunst und Wasser verwandelt wird, so geschieht es auch bei der geringsten Abkühlung. Wir sehen dies bei dem frei hervorgehenden Dampfe an der Oberfläche heißen Wassers, wo unmittelbar auf der Oberfläche der sehr heiße Dampf vollkommen durchsichtig ist, in geringer Entfernung aber, wo die Dichtigkeit des Dampfes noch wenig verändert ist, ein Dunst sichtbar wird, weil bei der eintretenden Abkühlung ein

Dampf von dieser Dichtigkeit nicht mehr als durchsichtiger Dampf bestehen kann; in weiterer Entfernung wird dieser Dunst wieder unsichtbar, indem der in einen größern Raum ausgebreitete Dampf denjenigen Grad von Verdünnung erreicht, der einem bei der Wärme der Atmosphäre gebildeten Dampfe entspricht. — Das niedergeschlagene Wasser in den Dunsttheilchen geht durch neue Verdampfung in den elastischen Dampfzustand über.

Daß man durch ähnliche Versuche die Dichtigkeit des Alcoholdampfes, des Dampfes von Schwefel-Aether u. s. w. gefunden hat, erwähne ich nur kurz, und füge nur noch eine Bemerkung über die Dämpfe des Quecksilbers hinzu. Da ohne Zweifel in dem leeren Raume des Barometers, (im Torricellischen Vacuum) sich Quecksilberdämpfe entwickeln, die sich zuweilen sogar dadurch kenntlich machen, daß feine Quecksilbertröpfchen sich oben an der Röhre anlegen, so scheint die Besorgniß zu entstehen, daß diese durch ihre Elasticität den Stand des Barometers erniedrigen möchten. Diese Besorgniß ist ungegründet; denn da man findet, daß Alcoholdampf bei einer Wärme von 40 Graden unter dem Kochpuncte des Alcohol, und Aetherdampf bei einer Wärme von 40 Gr. unter dem Kochpuncte des Aethers, ziemlich eben die Elasticität haben, wie Wasserdampf bei einer Wärme von 40 Gr. unter dem Kochpuncte des Wassers, so schließt man, wenn gleich diese Regel nur obenhin richtig ist, daß Quecksilber von 56° Cent. nur Dämpfe von eben der Elasticität wie Wasser von — 200° Cent. hervorbringen muß, oder daß bei 300° Cent. unter dem Kochpuncte beider Flüssigkeiten die Elasticitäten gleich sind. Aber die Elasticität eines so ungemein kalten Wasserdampfes würde kein Zehntausendtel Linie Quecksilber mehr tragen, also wird auch jener Quecksilberdampf unsere Beobachtungen nie unrichtig machen.

Latente Wärme der Dämpfe.

Daß der Dampf durch Wärme-Aufwand entsteht, habe ich schon zu Anfang bemerkt, und es ist nicht schwer diesen Wärme-Aufwand genauer zu bestimmen. Die über dem kochenden Wasser sich erhebenden Dämpfe zeigen sich, wenn man ein Thermometer in ihnen aufstellt, ebenso warm als das kochende Wasser selbst; aber ihre Hervorbringung fordert eine große Menge Wärme, und eben diese Wärme findet man auch wieder, wenn man Dämpfe zur Erwärmung kalter Körper anwendet. Mischt man 1 Pfund Wasser von 100° Cent. mit 1 Pfunde Wasser von 10° Cent., so ist die Temperatur der Mischung 55°; aber wenn man Wasserdämpfe von 100° in Wasser von 10° übergehen läßt, so bedarf es lange keines Pfundes Dampf, um die Mischung zu 55° Wärme zu bringen. Sie übersehen leicht, daß ein Versuch, so angestellt, daß man die kochend heißen Dämpfe in kaltes Wasser hinein leitet, und dann die aufgewandte Dampfmenge durch Abwägen vor und nach dem Versuche, und zugleich die Erwärmung bestimmt, die latente Wärme der Dämpfe geben muß. Hätte man z. B. gefunden, daß 61 Gewichttheile Wasser von 20° C. ein Zuströmen von einem Gewichttheile Wasserdampf von 100° C. forderten, um jenes Wasser auf 30° C. zu bringen; so würde man schließen, da 61 Theile um 10 Grade erhitzt sind, so würde 1 Theil um 610 Grade erhitzt sein; der eine Gewichttheil Dampf gab also 610 Grade Wärme her, und da er dabei nur um 70 Gr., nämlich von 100 bis 30, abgekühlt wurde, so mußten die übrigen 540° Cent. (432° R.) dadurch hervorgehen, daß der Dampf in Wasser verwandelt wurde, oder aus der latenten Wärme des Dampfes hervorgehen. So wie also 1 Pfund Eis zum Schmelzen ebenso viel Wärme verbraucht, als 1 Pfund Wasser, um 75° Cent. erhitzt zu werden, ebenso fordert 1 Pfund Wasser, um in Dampf verwandelt zu werden, ebenso viel Wärme, als nöthig ist, um 10 Pfund Wasser um 54° C. oder um 1 Pf. Wasser um 540 Gr. Cent. (432° R.) zu erhitzen. Die Anwendung des Eis-Apparats giebt eben dieses Resultat.

Ob diese latente Wärme der Dämpfe immer gleich bleibe, auch bei höhern Temperaturen; ob die Wirkung der stark erhitzten und daher sehr elastischen Dämpfe mehr betrage als dem einfachen Verhältnisse des aufgewendeten Feuermaterials angemessen ist? — diese und noch mehrere ähnliche Fragen darf ich hier wohl übergehen, doch bemerke ich, daß die bisherigen Versuche für eine genau dem Aufwande an Feuermaterial angemessene Wirkung sprechen.

Achte Vorlesung.

Anwendung der Dämpfe zum Heitzen, zum Kochen u.s.w.

So sehr auch die Lehre von der Wärme überhaupt mit den Bedürfnissen und Geschäften des bürgerlichen Lebens in Verbindung steht, so ist doch wohl kein Theil derselben, der zahlreichere und auffallendere Anwendungen darböte, als die Lehre von den Dämpfen. Ich will mit den minder großen Anwendungen anfangen und dann zu den Dampfmaschinen, als der erfolgreichsten Anwendung, übergehen.

Daß man die Dämpfe zum Erwärmen, zum Trocknen, zum Heitzen von Zimmern, anwenden kann, ist offenbar, und diese Anwendung wird vorzüglich da vortheilhaft, wo irgend eine Art von Fabrication das Hervorgehen von Dämpfen bewirkt, und wo man daher keinen eignen Aufwand von Brennmaterial zur Erwärmung nöthig hat. Man leitet zu diesem Zwecke die Dämpfe in Röhren, deren Oberfläche nicht polirt ist, fort, weil die strahlende Wärme dann besser in die zu heitzenden Räume ausströmt; man kann bei dieser Einrichtung die Röhren am Fußboden der Zimmer und durch die ganze Länge der Zimmer fortleiten, wodurch der Vortheil einer, besonders im unteren Theile der Luft statt findenden, und einer gleichförmigen Erwärmung, erreicht wird. Da der Dampf, indem er sich in den Röhren abkühlt, in Wasser verwandelt wird, so müssen die Röhren etwas geneigt liegen, um dem Wasser einen Zurückfluß in den Kessel zu gestatten. Diese Heitzung gewährt sofern eine Sicherung gegen Feuersgefahr, als man bei einer durch viele Theile eines großen Gebäudes gehenden Heitzung nicht mehr als ein Feuer, das man in einem sehr wohl verwahrten Raume anbringen kann, nöthig hat, statt daß sonst alle einzelnen Feuer gleiche Aufmerksamkeit fordern. In manchen Fällen ist auch das eine Annehmlichkeit, daß die Röhren nie so brennend heiß werden, als bei unmittelbarer Heitzung durch Feuer. Diese Annehmlichkeit ist besonders da von Wichtigkeit, wo man in Fabriken Gegenstände irgend einer Art durch das Anhäufen um diese Röhren oder durch das Aufhängen an denselben trocknen will, indem da ein stärkerer Wärmegrad leicht Beschädigung hervorbringt.

Durch die Zuleitung der Dämpfe in Gefäße, die nicht selbst auf dem Feuer stehen, kann man die in denselben enthaltenen Gegenstände erwärmen, und hat dabei den Vortheil, nicht bloß sich eines hölzernen Gefäßes, das man nicht dem Feuer unmittelbar aussetzen dürfte, bedienen zu können, sondern auch leichter denjenigen mäßigen Grad von Wärme zu erhalten, der zu irgend einem Zwecke erforderlich ist. Wenn die Dämpfe in großer Menge zuströmen, so kann man mit Wasserdämpfen Wasser zum Kochen bringen.

Man hat die Vortheile des im Dampfe Kochens oft gerühmt. Dieses im Dampfe Kochen besteht darin, daß in dem Topfe sich, etwa in der halben Höhe, ein durchlöcherter Boden befindet, auf welchen man die zu kochenden Speisen legt, während Wasser oder auch Fleisch im Wasser sich im unteren Theile des Topfes befindet. So werden jene Speisen nur von dem Dampfe durchdrungen, was in manchen Fällen vortheilhafter sein soll. Ein solcher Topf muß ziemlich dicht verschlossen sein, damit nicht durch das Entweichen zu vielen Dampfes ein öfteres Nachfüllen neuen Wassers nöthig werde. Der Zweck der völlig geschlossenen Kochgefäße, der Rumfordschen Töpfe, ist ein anderer, nämlich der, bei gehinderter Verdampfung die Wärme zu verstärken, und diese Einrichtung der Kochgefäße ist daher Holz ersparend, weil bei dem Kochen in offenen Gefäßen eine große Menge Hitze zum Entstehen des verloren gehenden Dampfes verwandt wird, hier hingegen diese Wärme zugleich dazu wirkt, größere Hitze hervorzubringen und dadurch die gewöhnlichen Erfolge des Kochens schneller, zugleich aber noch größere Wirkungen, ein Zerkochen von Knochen u. s. w., hervorzubringen. Auch für das gewöhnliche Kochen knüpft sich eine Regel an die Bemerkung, daß eine starke Dampf-Erzeugung unnützen Wärme-Aufwand fordert, nämlich die, daß man ein zwar ununterbrochenes, aber nie sehr heftiges Kochen anwenden muß, indem bei dem letztern der Wärmegrad nicht merklich erhöhet wird, während die vielen verloren gehenden Dämpfe Wärme unnütz fortführen. Gesalzenes Wasser nimmt beim Kochen etwas mehr Wärme an, eine Schichte von Fett auf der Oberfläche hindert das Kochen noch etwas länger, oder bewirkt, daß eine größere Wärme eintritt, ehe das gesalzene und mit Fett bedeckte Wasser zum Kochen kömmt; — schon durch diese Wirkung tragen jene beiden Umstände bei, ein besseres Weichwerden der Speisen zu bewirken.

Die Chemiker bedienen sich des Erhitzens im Marienbade, damit der zu erhitzende Körper gewiß nicht einer größern Hitze, als der Kochwärme des Wassers ausgesetzt werde; — dieses Marienbad ist nämlich ein Gefäß mit kochendem Wasser, in welchem dasjenige Gefäß aufgestellt ist, worin sich der zu erhitzende Körper befindet.

Die Destillation gründet sich auf die Eigenschaft der Flüssigkeiten, sich bei bestimmten Wärmegraden in Dampf zu verwandeln, und bei geringerer Wärme sich wieder als tropfbare Flüssigkeit niederzuschlagen. Man bringt daher unter dem Gefäße, wo die der Destillation zu unterwerfende Flüssigkeit sich befindet, Feuer an, und leitet dann die Dämpfe in das mit kaltem Wasser oder allenfalls mit Eis umgebene Kühlgefäß, wo die übergegangenen Dämpfe sich als tropfbare Flüssigkeit darstellen. Der Zweck des Destillirens ist gewöhnlich, eine leichter verdampfende Substanz von der schwerer verdampfenden zu trennen. Man destillirt daher den Wein, um aus ihm Weingeist zu gewinnen; denn da der Dampf des Weingeistes in der Kühlröhre noch als Dampf fortgeht, wenn das mit aufgestiegene Wasser sich schon niederschlägt, so erhält man den Weingeist desto gereinigter, desto stärker und von desto geringerm specifischen Gewichte, je mehr man die Einrichtung so macht, daß die weniger elastischen Wasserdämpfe sich, früher niedergeschlagen, absondern. Will man eine solche Destillation bei geringerer Wärme bewirken, so muß man sie in luftleeren Gefäßen vollbringen. Man macht dann die Einrichtung so, daß aus dem Raume über der zu destillirenden Flüssigkeit durch Wasserdämpfe, die man durch eine Seitenröhre einläßt, die Luft ausgetrieben wird, indem man der Luft und den siedend heißen Dämpfen durch eine andre Röhre einen Ausgang gestattet; hat man die Luft ausgetrieben, so schließt man jene beiden Röhren, und da alsdann, bei geringerer Wärme, wegen des mangelnden Luftdruckes, die Ausdünstung lebhaft fortgeht, so hat man nur nöthig, die Kühlröhre oder das Gefäß, worin das Destillat sich sammeln soll, mit Eis zu umgeben, damit dort der in dem andern Gefäße entstandene Dampf sich niederschlage und immer neuer Verdampfung in jenem Gefäße Raum gebe. Auf diese Weise kann man selbst bei sehr niedrigen Temperaturen destilliren, was den Vortheil hat, theils sogar ohne allen künstlichen Wärme-Aufwand den Zweck zu erreichen, theils da, wo große Hitze nachtheilige Veränderungen hervorbringen könnte, diese zu vermeiden.

In schwächerm Maaße findet selbst im luftvollen Raume eine Destillation auch bei geringer Wärme statt. Stellt man nämlich die Kühlröhre A und das zum Aufnehmen des Destillats bestimmte Gefäß B (Fig. 26.) in eine sehr stark abkühlende Eismischung, so schlagen sich die bei gewöhnlicher Wärme in C erzeugten Dämpfe in B und A nieder, und während sich in C immer neue Dämpfe bilden, sammelt sich die übergegangene Flüssigkeit in dem Gefäße B.

Dampfkugel; Aeolipile. Dampfgebläse.

Wenn man Wasser in einem metallenen Gefäße, das oben nur eine enge Röhre zum Auslassen des Dampfes hat, erhitzt; so dringt der Dampf aus der Röhre mit bedeutender Gewalt, als heißer Wind, hervor, und man hat also eine Windkugel oder Aeolipile. Noch heftiger ist dieses Hervordringen, wenn man ein sehr starkes ganz geschlossenes, aber mit einem Hahne versehenes, Gefäß, den Papinianischen Topf, so erhitzt, daß die Dämpfe eine viel größere Hitze und Elasticität erlangen, als beim freien Kochen; öffnet man nämlich da den an dem obern Theile des Gefäßes angebrachten Hahn, so dringen die Dämpfe mit der größesten Gewalt, so daß sie einen hoch hinaufgehenden Dampfstrahl bilden, hervor. Damit man zugleich einen belehrenden Versuch mit dem Papinianischen Topfe anstellen könne, ist es gut, ein in den Dampfraum reichendes Thermometer A und ein durch Compression der Luft den Druck abmessendes Barometer B anzubringen (Fig. 27.). Um aber vor dem Zersprengen des Topfes sicher zu sein, muß man auch ein Sicherheitsventil C anbringen, das sich bei zu starkem Drucke von selbst öffnet. Jene Dampfkugel läßt sich mit Weingeist gefüllt zum Gebläse, wenn dieses eine Flamme anfachen soll, brauchen, wenn man den Weingeistdampf auf die Flamme zu strömen läßt, wo dann der Weingeistdampf selbst mit verbrennt. Mit Weingeist giebt die Dampfkugel noch zu einem angenehmen Experimente anderer Art Gelegenheit. Man schraubt nämlich, nachdem die Dampfkugel größten Theils mit Weingeist gefüllt ist, eine bis beinahe auf den Boden des Gefäßes reichende und oben als enge Sprungröhre hervorgehende Röhre AB (Fig. 28.) an, setzt dann die Kugel auf eine hinreichend erhitzende Flamme, und bewirkt nun, indem der Raum CD sich mit elastischem Dampfe füllt, ein Hervorspringen des erhitzten Weingeistes bei B. Zündet man den hervorspritzenden Weingeist an, so bildet er eine Feuer-Fontaine.

Die Dampfmaschine.

Aber vielseitiger und eben dadurch wichtiger als alle bisher angeführten Anwendungen des Wasserdampfes ist die Anwendung seiner Elasticität zum Bewegen der Maschinen. Die Dampfmaschinen haben durch die große Gewalt, mit welcher sie wirken, durch ihre Unabhängigkeit von örtlichen Umständen, durch den kleinen Raum, den sie, selbst bei großer Wirksamkeit, nur fordern, und durch ihre Fähigkeit, sich selbst fortzubewegen, alle andern Maschinen in Schatten gestellt. Das Princip ihrer Wirksamkeit ist ein sehr einfaches. In einem Cylinder, der sich von dem Dampfkessel aus mit Dampf anfüllt, befindet sich ein beweglicher Kolben, den die Elasticität des Dampfes fortschiebt; hat er den Punct erreicht, bis zu welchem er vorrücken soll, so verschließt man den Zutritt des Dampfes und kühlt diesen ab, damit der Druck der Atmosphäre den Kolben zurückdränge, oder leitet den Dampf nach der andern Seite des Kolbens, damit der Dampf selbst das Zurückdrängen bewirke; — so hat man die ganze Haupt-Anordnung der Dampfmaschine.

Schon am Ende des vorletzten Jahrhunderts machten Papin und Savery die Bemerkung, daß die große Gewalt der Dämpfe diese zur Betreibung von Maschinen anwendbar mache, und unvollkommene Dampfmaschinen wurden bald nachher verfertigt. Die Bemerkung, daß der abgekühlte Dampf seine Elasticität fast völlig verliere, leitete auf den Gedanken, nur das Fortschieben des Kolbens nach der einen Richtung durch die Kraft der Dämpfe zu bewirken, und nach der Zerstörung des Dampfes durch Abkühlung, dem Luftdrucke die Zurückführung des Kolbens zu seiner ersten Stellung zu überlassen. Man brachte daher zwei Hähne an, die beide zu dem Raume führten, welcher zwischen dem Dampfkessel und dem Kolben liegt, und deren einer den heißen Dampf, der andre kaltes Wasser einließ; diese wurden abwechselnd geöffnet und geschlossen, so daß der Dampfhahn offen blieb so lange der Kolben sich von dem Dampfkessel entfernte, aber sich schloß, wenn der Kolben die Grenze seines Vorrückens erreicht hatte, dagegen der Hahn, welcher kaltes Wasser einsprützen ließ, nun geöffnet wurde, und geschlossen blieb so lange neuer Dampf einströmte. Man kam bald auf Einrichtungen, wodurch die Steuerung dieser Hähne, ihre richtige Oeffnung und Schließung, durch die Maschine selbst hervorgebracht ward; aber ein großer Nachtheil war unvermeidlich mit dieser Einrichtung verbunden, nämlich die stets erneuerte Kälte des Cylinders, welcher durch den wieder eintretenden Dampf erst wieder erwärmt werden mußte, dadurch aber mehr Aufwand an Feuer forderte. Ein Mittel, dieser steten Zerstörung des Dampfes auszuweichen, mußte daher als eine große Verbesserung der Dampfmaschine angesehen werden, und dieses erfand Watt, indem er dem Dampfe eine doppelte Leitung gab, um aus dem Dampfkessel sowohl auf die eine als auf die andre Seite des Kolbens zu gelangen, und indem er, während der Dampf auf die eine Seite wirken sollte, dem bis dahin an der andern Seite eingeschlossenen Dampfe einen freien Uebergang in die Luft oder in einen abgesondert liegenden kalten Condensator gestattete. Da der Zweck der Dampfmaschine fordert, nicht allein daß eine Bewegung anderer Maschinen, die Hebung und Senkung von Pumpenkolben, die Drehung von Mühlen, Rädern u. s. w. bewirkt werde, sondern auch daß die Steuerung der den Zutritt des Dampfes regulirenden Hähne, daß die Zuführung neuen Wassers in den Dampfkessel und alles, was die Maschine selbst bedarf, durch jenen vermittelst des Dampfes in Bewegung gesetzten Kolben hervorgebracht werde; so ist die ganze Maschine fast nothwendig sehr zusammengesetzt. Ich begnüge mich daher, Sie nur auf die Haupttheile aufmerksam zu machen. Die Dampfröhre (Fig. 29.), die von dem Kessel N ausgeht, leitet den Dampf zu der Röhre D E, welche bei D eine Oeffnung zum obern Theile, bei E zu dem untern Theile des Cylinders V, in welchem der Kolben W auf und nieder geht, hat. Eine zweite, neben jener liegende Röhre F B führt von eben jenen Oeffnungen des Cylinders zu dem Condensator A. Bei E und D sind Hähne, welche die Leitung des Dampfes in den Cylinder abwechselnd öffnen, und schließen, und ebenso sind bei F und B zwei Hähne für die Leitung zu dem Condensator. Ist nun, wie es die Figur darstellt, der Kolben oben, so drückt bei a ein Vorsprung an der Stange C auf den die Hähne D und B regierenden Winkelhebel und beide Hähne e öffnen sich; ein zweiter Vorsprung drückt auf den Ansatz b der Hähne E, F, die sich dadurch beide schließen; so ist also der Zufluß D des Dampfes in den Raum oberhalb des Kolbens und zugleich die Röhre B geöffnet, welche den unterhalb befindlichen Dampf in den mit kaltem Wasser immer kalt erhaltenen Raum A leitet, und der Kolben wird herabgedrückt, weil der unten gesammelte Dampf, ohne erheblichen Widerstand zu leisten, aus dem untern Raume abfließt. Wenn der Kolben unten anlangt, so bringen die an der Stange C in richtiger Entfernung angebrachten Vorsprünge die entgegengesetzte Drehung der Hähne hervor, und nun ist also F geöffnet und D geschlossen, das heißt, es gelangt in den obern Raum kein neuer Dampf mehr, sondern der dort vorhandene findet freien Ausweg in den Condensator, weil zugleich F geöffnet ist, dagegen ist dem Dampfe der Zugang nach dem untern Theile gestattet, die Verbindung mit dem Condensator aber bei B geschlossen. Die übrigen Theile der Maschine will ich nur kurz angeben. Daß bei S an dem andern Arme des Waagebalkens Q T sich die in Bewegung zu setzenden Theile der Maschine befinden, läßt sich leicht übersehen; Q ist eine Verbindung, welche die Kolbenstange hindert eine schiefe Richtung bei dem Hin- und Hergehen des Waagebalkens Q T anzunehmen; bei G wird das sich im Condensator sammelnde Wasser nach K, L gepumpt und durch die Röhre L M zum Ersatze des verdampften Wassers dem Kessel N zugeführt *).

---

*) Da Fig. 29. die Theile der Maschine noch vollständiger zeigt, so wird es wohl manchen Lesern angenehm sein, den Zweck der einzelnen Stücke noch näher kennen zu lernen, die bei Watts Maschinen vorkommen, und die, wenn sie auch bei den mannigfaltig abgeänderten Dampfmaschinen nicht ganz so vorkommen, doch einen Begriff von den vielen Zwecken, denen die Maschine Genüge leistet, geben. Daß der Kessel N in X und bis an x x mit Wasser gefüllt ist, und in Z Z Z

Diese Maschinen können einen mehr oder mindern Druck ausüben, indeß betrug bei den frühern Einrichtungen die Elasticität der Dämpfe nicht erheblich mehr als der Druck der Atmosphäre. Dampfmaschinen von so geringem Drucke sind wenigern Gefahren ausgesetzt, aber wenn sie bedeutende Wirkung leisten sollen, so muß der Kolben sehr groß sein, indem zum Beispiel, wenn der Dampf gerade den Druck von 15 Pfund auf den Quadratzoll, einen Druck ungefähr dem der Atmosphäre gleich, ausübt, der Kolben 1000 Quadratzoll Fläche, beinahe 3 Fuß Durchmesser, haben muß, um

---

vom Feuer umgeben ist, erhellt leicht. Aus dem Kessel gehen zwei Röhren d, e, herauf, die gewöhnlich verschlossen sind; da die eine etwas tiefer als die dem Wasser bestimmte Grenze reicht, die andre nicht ganz so tief, so giebt beim Oeffnen die eine Wasser, die andre Dampf, wenn das Wasser seine richtige Höhe hat; geben beide Wasser, so ist der Kessel zu sehr gefüllt, geben beide Dampf, so ist zu wenig Wasser da. Der Zufluß des Wassers durch die Röhre L M wird vermittelst des Schwimmers f regulirt; wenn sich dieser hebt, also das Wasser zu hoch steht, so schließt der an dem kleinen Hebel g h angebrachte Schieber k den Zufluß, welcher sich dagegen öffnet, wenn der Schwimmer zu sehr sinkt, in welchem Falle durch M Wasser zufließt. Wie die Dampfröhre Y D den heißen Dampf in die Röhre D E und durch die Oeffnungen D und E in den obern und untern Theil des Cylinders V führt, ist oben beschrieben; die Hähne D und E öffnen und schließen sich abwechselnd, und die mit dem Kolben herauf- und herabgehende Stange C dreht durch die Verbindungsstangen a D, b E diese Hähne. Neben D E geht die Röhre F B in den mit kaltem Wasser umgebenen Condensator A herab, ihre Hähne F und B, durch die Stangen F b, a B, regiert, gestatten dem Dampfe den Abfluß, wenn er nicht mehr wirken soll. Die Stange C, die diese vier Hähne bewegt, dient zugleich, das etwas erwärmte Wasser aus dem Condensator weg nach K zu bringen, damit der in der Röhre L L sich bewegende Pumpenkolben dieses Wasser in den Kessel zurückführe; auch diese Pumpe wird, weil ihre Kolbenstange an dem Waagebalken Q T hängt, mit in Bewegung gesetzt. Endlich zieht auch noch die Kolbenstange R den Kolben der Pumpe P herauf, um kaltes Wasser nach t t zu Abkühlung des Condensators zu bringen. So bringt die Maschine selbst alle die Theile in Bewegung, die zu Unterhaltung der Bewegung dienen; bei T S aber ist die Stange, welche das Hauptrad der in Bewegung zu setzenden Maschine treibt; die in einander greifenden Räder bei r sind bestimmt, diese Bewegung gleichförmiger zu machen.

15000 Pfund Kraft zu besitzen. Es ist daher in vieler Hinsicht vortheilhafter, Dampfmaschinen von hohem Drucke anzuwenden, das heißt, den Dämpfen eine Hitze, welche die Kochwärme des Wassers sehr übertrifft, zu geben, indem es nur dadurch möglich ist, die Abmessungen der Maschine, bei gleicher Wirksamkeit, bedeutend zu vermindern. Dieses hat selbst in Rücksicht auf den Aufwand an Feuerungsmaterial Vortheile; denn wenn gleich die hervorgebrachte Elasticität des Dampfes an sich selbst nicht in stärkerem Maaße, als der Wärme-Aufwand, wächst, so läßt sich doch leicht übersehen, daß man bei kleinen Abmessungen der Maschine den unnützen Verlust von Wärme viel leichter hindern kann, als bei großen Maschinen.

Unter diesen Maschinen von hohem Drucke haben sich kürzlich die von Perkins einen vorzüglichen Ruhm erworben, und da es hier nicht meine Absiche sein kann, Sie mit vielerlei Abänderungen der Dampfmaschine bekannt zu machen, so will ich nur von dieser Perkinsschen Maschine noch etwas sagen. Da hier mit einem Drucke von 35 Atmosphären, wie Perkins angiebt, gearbeitet wird, so müssen alle Theile der Maschine, zu welchen der Dampf während seiner vollen Elasticität Zutritt hat, sehr stark gearbeitet sein, und sind dies in dem Grade, daß sie einen Druck von 4000 Pfund auf den Quadratzoll, also von 250 Atmosphären auszuhalten vermögen. Der Dampfkessel, oder wie er von Perkins genannt wird, der Generator des Dampfes AB, (Fig. 30.) steht mitten in dem durch starkes Anblasen kräftig angefachten Feuer CDE, das bei F seinen fernern Zug hat. Aus dem Dampf-Erzeuger AB geht eine nach dem Cylinder führende Röhre aaa, deren Ventil b so belastet ist, daß es sich erst öffnet, wenn der Dampf 35 mal so stark als die Atmosphäre drückt; — mit dieser Kraft also wird der Kolben der Maschine fortgetrieben. Eine zweite vom Generator ausgehende Röhre ccc trägt ein Sicherheitsventil, nämlich ein Ventil, das sich öffnet, wenn die Dämpfe jenen erforderlichen Grad von Elasticität bedeutend übersteigen, und welches dann die zu heftig erzeugten Dämpfe in die freie Luft ableitet; eine dritte Röhre dddd, durch ein mit 37 Atmosphären belastetes Ventil e geschlossen, führt überflüssigen Dampf oder überflüssiges Wasser in das zu Abkühlung der Dämpfe bestimmte Gefäß GH. Eine vierte Röhre ffff steht mit einer starken Druckpumpe I in Verbindung, die immerfort durch zugepumptes, schon warmes, Wasser den Abgang im Dampfgenerator ersetzt; sie muß eine Kraft von reichlich 35 Atmosphären ausüben, damit das zuströmende Wasser nicht durch den so sehr elastischen Dampf zurückgedrängt werde; indeß, da sie nur einen geringen Durchmesser zu haben braucht, so beträgt diese Kraft von 35 Atmosphären doch nicht so sehr viele Pfunde, sondern bei $\frac{1}{4}$ Zoll Durchmesser würden 110 Pfund Druck auf den Kolben dieser Wasserpumpe I zureichen. Die Zuführung der Dämpfe zu dem Cylinder, worin der Kolben sich bewegt, können Sie sich von a aus ungefähr wie bei andern Dampfmaschinen vorstellen, nur daß die Ableitung der Dämpfe, nach vollendeter Wirkung, durch die Röhre gggg nicht nach einem kalten Condensator hin statt findet, sondern die in diesem Falle so sehr elastischen Dämpfe sich mit hinreichender Schnelligkeit in einen bedeutend erwärmten Raum GH ergießen, aus welchem dann das aus ihnen entstandene, immer noch sehr heiße Wasser durch die Röhre hhhh jener Druckpumpe I zugeführt und so in den Dampfgenerator zurückgebracht wird. K, K sind zwei Gewichte, die vermittelst der Hebel LK, LK bei d und b mit gehöriger Gewalt zudrücken.

Bei einer solchen Perkinsschen Maschine betrug der Durchmesser des die ganze Maschine treibenden Kolbens nur 2 Zoll, aber dennoch mußte die Wirkung, welche sie ausübte, 1600 Pfund betragen. Eine so kleine und folglich, wenn gleich alle Theile sehr stark sein müssen, dennoch nur leichte Maschine ist offenbar ganz geeignet, in dem engen Raume eines Dampfwagens bequem gebraucht zu werden.

Bestimmung des Effects der Dampfmaschinen, Anwendung bei Dampfschiffen und Dampfwagen.

Wie man den Druck berechnet, welchen Dämpfe von bestimmter Elasticität auf einen Kolben von gegebener Größe ausüben, brauche ich wohl kaum zu erwähnen. Sie erinnern sich, daß die Atmosphäre auf jeden Quadratzoll (paris. Maaß) ungefähr 15 Pf. Druck ausübt, also ein Dampf von der Elasticität, die wir 10 Atmosphären nennen, 150 Pfund auf den Quadratzoll, 15000 Pfund auf 100 Quadratzoll u. s. w. Man pflegt die Kraft der

Dampfmaschinen nach Pferdekräften zu vergleichen, und obgleich man obenhin leicht versteht, was damit gemeint ist, so ist es doch nothwendig in wissenschaftlicher Beziehung diesen, offenbar etwas schwankenden, Begriff näher zu bestimmen. Die Angaben hierüber sind bedeutend ungleich. Nach Edwards kann ein Pferd, Stunden lang gleichmäßig fortarbeitend, ein Gewicht von 150 Pfund in einer Minute 220 Fuß hoch heben, und dieses kann man so ansehen, als ob 150.220 = 33000 Pfund in einer Minute 1 Fuß gehoben würden; damit stimmt Watt und auch Girard überein. Andre Schriftsteller dagegen, namentlich Smeaton, setzen die Kraft eines Pferdes nur so groß, daß dadurch 23000 Pfund in 1 Min. 1 Fuß gehoben werden könnten. Prony nimmt sie noch geringer an. Hiernach müßte man den Effect auf folgende Weise berechnen. Eine Maschine in den Gruben von Cornwallis, nach Watts Anordnung erbaut, hatte einen Kolben von 63 Zoll Durchmesser oder 3116 Quadratzoll; hätte sie nun mit einer Kraft von 2 Atmosphären gearbeitet, so hätte der Druck auf den Kolben 93500 Pfund betragen. Diese Maschine hob in jeden 10 Secunden 82000 Pfund (ungefähr 1170 Cubicfuß) Wasser in einem Hube 16 Fuß hoch, also 6.82000 = 492000 Pfund in 1 Minute 16 Fuß hoch, wofür wir 7872000 Pfund in 1 Min. 1 Fuß hoch setzen; dieser Effect betrug also 239 Pferdekräfte (zu 33000 Pfund) nach Watts Angabe, oder 340 Pferdekräfte (zu 23000 Pfund) nach Smeatons Angabe, und ersetzte, da die Maschine Tag und Nacht arbeitete, ein Pferd aber nur 8 Stunden fortarbeiten kann, wenigstens 720 Pferde. Wenn man bei Perkins Maschine annimmt, daß sie wirklich mit 35 Atmosphären Druck arbeitet, welches auf einen Kolben von 2 Zoll Durchmesser 1650 Pfund Druck beträgt, und wenn man die Angabe hinzufügt, daß der Kolben in jeder Minute 100 Kolbenzüge von 1 Fuß vollendete, so hätte man 1650.100 = 165000 Pfund 1 Fuß hoch in jeder Min. gehoben, welches selbst nach Watt 5 Pferdekräfte, nach Smeaton 7 Pferdekräfte, betrüge.

Es scheint mir hier zu einer allzu weitläuftigen Betrachtung zu führen; wenn ich Sie mit dem Feuerungs-Aufwande, den die Maschinen fordern, unterhalten wollte. Die Maschinen von hohem Druck gewähren dabei wohl mehr als einen Vortheil, indem der

Wärmeverlust wohl nicht in dem Grade zunimmt, wie die mit mäßigen Temperatur-Aenderungen so bedeutend steigende Elasticität der Dämpfe, indem die Reibung des Kolbens doch immer nur dieselbe bleibt, während die Kraft so vielfach gesteigert, und also mit einem, nach Verhältniß der ganzen Kraft, geringern Verluste, nützlich angewendet wird. Aber besonders in Hinsicht auf Benutzung der Feuerung sind hier die mannigfaltigsten Verbesserungen angebracht worden. Die Aufstellung des Dampfgenerators mitten in dem Feuer selbst, so wie Perkins sie angiebt, die Umgebung des Feuers mit Wänden, die den Wärmeverlust hindern, die vortheilhafteste Anordnung der Luftzüge, um das Feuer anzublasen, die Zusammensetzung der in dem Kessel selbst herumgeführten Feuerzüge u. s. w. sind Umstände, die offenbar hier von großer Bedeutung sind. Nach englischen Berichten hob man mit 1 Bushel Steinkohlen als Feuerung aufgewandt, bei der im Jahre 1811 noch viel geringern Vollkommenheit der Maschinen nur 15 Millionen Pfund Wasser 1 Fuß hoch, aber schon Woolfs Verbesserungen brachten diese Quantität auf 50 Millionen Pfund, und jetzt sollen einige Maschinen bis gegen 80 Millionen Pfund heben. Da 1 Bushel nur wenig über 1 Cubicfuß beträgt, also an Gewicht 120 Pfund betragen mag, so gäbe das schon bei Woolfs Verbesserungen das 400000fache Gewicht *).

Daß diese große Gewalt, welche man durch die Dämpfe hervorbringt, nun zu Betreibung aller Arten von Maschinen angewandt werden kann, ist offenbar, und es giebt kaum noch eine Art von Maschinen, die man nicht durch sie schon in Bewegung gesetzt hätte. Fast am allermeisten haben die Dampfböte und die Dampfwagen die Aufmerksamkeit aller Menschen auf sich gezogen; die ersteren wegen der Schnelligkeit und Sicherheit, mit welcher sie die Reisenden befördern, die letzten durch die ungeheuern Lasten, die

*) Diese nach Tilloch Magazine XLVI. 116. und Taylors philos. Magaz. new Series X. 97. mitgetheilten Angaben stimmen auch mit dem überein, was im Bullet. de la Soc. philomath. 1822. 36 vorkömmt, wo für Woolfs Maschine angegeben wird, 1 Kilogramm Brennmaterial hebe 139700 Kilogramm 1 Meter hoch, da nämlich 1 Meter = 3,08 Fuß, so hat man 430300 Kilogramm 1 Fuß hoch.

sie, mit einer bis dahin unerreichbaren Geschwindigkeit, von einem Orte zum andern bringen.

Die Einrichtung der Dampfschiffe ist sehr leicht zu übersehen. Die Dampfmaschine, die sich im Innern des Schiffes befindet, treibt ein in der Mitte des Schiffes angebrachtes oder zwei an beiden Seiten befindliche Schaufelräder, deren breite Flächen, so wie die Ruderflächen, sich gegen das Wasser drängen und daher das Schiff fortschieben. Man hat diese Schiffe jetzt bis zu 200 Fuß Länge und 80 Fuß Breite, die mit einer Gewalt, 200 Pferdekräften gleich, fortgehen. Sie durchlaufen zwar gewöhnlich nur 1 bis $1\frac{1}{2}$ Meile in der Stunde, aber es giebt Dampfböte, die 16 engl, also über 3 deutsche Meilen, in der Stunde zurücklegen, und es würde nicht so schwer sein, ihnen selbst eine größere Geschwindigkeit, des dann freilich stark wachsenden Widerstandes ungeachtet, zu geben, wenn nicht theils der dadurch in starkem Maaße vermehrte Kosten-Aufwand, theils doch auch die bei vermehrter Geschwindigkeit aus jedem Unfalle entstehenden Gefahren, hiebei eine gewisse Grenze setzten. Die bis dahin als ganz unmöglich angesehene Sicherheit, eine Zeit zu bestimmen, wo der Reisende bei einer weiten Reise zu Wasser an einem gewissen Orte ankommen soll, die Ersparung an Zeit bei Seereisen, und noch gewisser bei Flußreisen, die sonst so leicht durch Zufälle verzögert werden konnten, sind ungemein große Vortheile, die durch die Dampfschifffahrt hervorgegangen sind. Denn obgleich heftige Stürme wohl für immer unüberwindliche Hindernisse bei allen Verbindungen zur See in den Weg stellen werden, so sind doch diese verhältnißmäßig so selten, daß man es nur als eine einzelne Ausnahme ansehen kann, wenn durch sie die sichere und schnelle Verbindung sehr entfernter Oerter gehindert wird. Ueberdies ist auch die Gefahr, von Stürmen überfallen zu werden, wegen der kurzen Zeit, die der Reisende auf dem Wasser zubringt, sehr vermindert.

Und ebenso wie bei den Reisen zu Wasser eine Ersparung an Zeit bewirkt worden ist, und dadurch auch die Reisen überhaupt erleichtert sind, ebenso ist es auch mit den Dampfwagen der Fall; indeß hat die Anwendung der Dampfwagen ganz eigenthümliche Schwierigkeiten. Der Gedanke scheint sehr nahe zu liegen, daß man eine auf vier Rädern ruhende Dampfmaschine bauen könne, daß an der gemeinschaftlichen Axe zweier dieser Räder ein gezahntes Rad angebracht, und dieses durch die Dampfmaschine in Bewegung gesetzt werden müsse; — es ist ganz offenbar, daß dann diese beiden Räder in Umdrehung gesetzt werden und durch ihr Fortwälzen über dem Boden den ganzen Apparat fortbewegen. Aber dieser einfache Gedanke ist nicht so leicht ausgeführt. Wenn man eine Dampfmaschine in einer Fabrik und selbst, wenn gleich da schon bei beschränkterem Raume, in einem Dampfschiffe einrichtet, so kann man sich hinreichenden Platz, um die Maschine gehörig groß anzulegen, nehmen; es kömmt auch auf ein größeres Gewicht aller Theile der Dampfmaschine nicht so sehr an, und man kann alle Mittel zu Verstärkung des Feuers durch große Blasebälge und durch hohe Schornsteinröhren ohne Schwierigkeit anbringen; bei einem Dampfwagen hingegen ist der Raum im höchsten Grade beschränkt, die Anbringung hoher Schornsteine unbequem und fast unmöglich, und so findet der Erbauer der Maschine sich mannigfaltig von allen Seiten eingeengt. Die Maschinen von hohem Drucke, die in kleinen Abmessungen ausgeführt doch große Wirkung geben, bieten hier allerdings ein wichtiges Hülfsmittel dar; aber je stärkere Elasticität der Dämpfe sie fordern, desto heftiger muß auch die Hitze sein, desto mehr Mittel, um das Feuer kräftig anzublasen, muß man besitzen, und dieses in so kleinem Raume auszuführen, ist daher eine Haupt-Aufgabe, mit deren immer vollständigerer Auflösung sich die Verfertiger von Dampfwagen beschäftigen. Auf unsern gewöhnlichen Wegen sind, selbst wenn sie horizontal fortgehen, noch mehr aber wenn sie aufwärts gehen, die Hindernisse so groß, daß man sogar in England es noch nicht zweckmäßig gefunden hat, auf Chausseen Dampfwagen anzuwenden, sondern diese nur auf den Eisenbahnen gebraucht. Die englischen Eisenbahnen gewähren nämlich eine so große Erleichterung bei der Fortschaffung von Lasten, daß man dort viel eher eine Dampffahrt zu Stande bringen kann. Nach englischen Berichten *) rechnet man auf vollkommen guten Chausseen doch nur 1500 Pfund für ein Pferd, wenn es die Last mit ziemlicher Geschwindigkeit fortbringen soll; auf den Eisenbahnen aber bringt ein Pferd 20000 Pfund fort. Bei der Beförderung von

*) Quaterly Review XLII. 313.

Personen bestimmt man die gezogene Last nicht ganz so groß, indeß bringt auch da ein einziges Pferd 25 Personen mit ihrem Gepäcke fort, und dieses so schnell, daß 2 deutsche Meilen in 1 Stunde zurückgelegt werden. Bei dieser großen Erleichterung, welche die Eisenbahnen gewähren, ist es also nicht zu verwundern, daß ein Dampfwagen, dessen Maschine auf 17 Pferdekräfte angegeben wurde, gegen 100000 Pfund, stündlich 1 deutsche Meile weit, fortbringt, daß ein anderer mit 13 Pferdekräften 26000 Pfund stündlich $2\frac{1}{4}$ deutsche Meile fortbringt, und wenn er bloß 45 Reisende fährt, über 4 deutsche Meilen in 1 Stunde zurücklegt. Einer der Dampfwagen auf dem Eisenwege zwischen Stockton und Darlington setzte 24 Kohlenwagen, zusammen mit 127000 Pfund beladen, in Bewegung, und da jeder Wagen selbst 2400 Pfund wog, so war die ganze in Bewegung gesetzte Last 185000 Pfund.

Welche große Vortheile aus dieser schnellen und leichten Verbindung in England hervorgegangen sind, läßt sich leicht erachten, und es lassen sich auffallende Beispiele von dem dadurch erhöheten Betrieb und Handelsverkehr anführen. Aber die übertriebene Schnelligkeit der Bewegung führt auch große Gefahren mit sich, indem ein bei mäßiger Schnelligkeit wenig erheblicher Unfall auf die gefährlichste Weise gesteigert wird, wenn ein Fortschleudern von 30 Fuß Schnelligkeit in einer Secunde damit verbunden ist.

Dampfcanonen.

Es ist nicht zu verwundern, daß man die große Elasticität des Dampfes auch zum Forttreiben von Kugeln anzuwenden versucht hat. Bleibt gleich die Elasticität des Dampfes gar sehr hinter derjenigen zurück, welche das explodirende Schießpulver ausübt, so hat man doch bei den Dämpfen den Vortheil, daß man die Kugel mit immer gleicher Gewalt, so lange sie im Laufe der Canone bleibt, also mit stärkerer Beschleunigung, forttreiben kann, als dies bei dem Schießpulver der Fall ist. Perkins hat wirkliche Versuche mit Dampfgewehren angestellt, indeß ist es bis jetzt, wie es scheint, bei einer geringen Anzahl von Versuchen geblieben, über deren Erfolg man folgendes gelesen hat. Es wurde Dampf von 65 Atmosphären Druck angewandt, (wobei indeß die Mittel, sich von der Abmessung dieser Kraft zu versichern, nicht angegeben sind,) und diese Kraft konnte so unausgesetzt wirken, daß 250 Kugeln, von der Seite her immer neu in den Lauf gebracht, nach einander in 1 Minute fortgeschleudert werden konnten. Die Gewalt, mit welcher diese Kugeln in 105 Fuß Entfernung wirkten, war so groß, daß sie durch 12 hinter einander stehende, 1 Zoll dicke Bretter schlugen. Hoffentlich stehen dieser Anwendung der Dämpfe zu einem so zerstörenden Zwecke manche Hindernisse im Wege; denn wir dürfen wohl nicht wünschen, daß ein so verheerendes Zerstörungsmittel je den menschlichen Händen, die so leicht zum Mißbrauch ihrer Kraft verleitet werden, zu Gebote stehen möge.

Gefahren bei Anwendung der Dampfmaschinen, und Ursachen derselben.

Abgesehen von der eben erwähnten Besorgniß, daß das größeste Beförderungsmittel der Industrie zur verheerenden Gewalt angewandt werden könne, gewährten alle bisherigen Betrachtungen nur einen erfreulichen Eindruck. Durch eine so einfache Kraft, die sich uns im verdampfenden Wasser darbietet, hat der Scharfsinn der Menschen Wirkungen zu erlangen gewußt, die alles das weit übertreffen, was die kühnsten Erwartungen unsrer Vorfahren zu hoffen wagten, ja die uns selbst, so sehr wir auch schon gewöhnt sind, große Wirkungen zu erwarten, noch immer neue Gelegenheit zur Verwunderung geben. Und wenn man auch die, in einzelnen Fällen nicht ganz ungegründete, Besorgniß hervorgehoben hat, daß man die Menschen unbeschäftigt der Dürftigkeit hingebe, während Maschinen alle Arbeiten verrichten; so hat sich doch im Allgemeinen die Wahrheit bestätiget, daß die Maschinen, indem sie selbst wieder zahlreiche Menschen in Thätigkeit setzen, und indem sie die Bedürfnisse und Annehmlichkeiten des Lebens zu geringeren Preisen liefern, zur Verbreitung eines größern Wohlseins der Gesellschaft beitragen. Aber auch diese mächtig wirkende Kraft führt, wie alle so mächtige Kräfte, große Gefahren bei ihrem Gebrauche mit sich, und diese näher kennen zu lernen, ist nicht allein für die Anwendung, sondern auch in wissenschaftlicher Hinsicht, wichtig.

Daß man, um den Gefahren zu entgehen, mit welchen die zersprengende Kraft der Dämpfe die Dampfkessel bedroht, ein Sicherheitsventil anbringt, habe ich schon früher erwähnt. Dieses hat den Zweck, theils wenn die Entwickelung der Dämpfe in zu großer Menge statt findet, theils wenn ein Hinderniß in dem Gange der Maschine den Verbrauch der Dämpfe störte, den Dämpfen einen freien Ausgang zu gestatten, sobald ihr Druck eine gewisse Grenze übersteigt. Dieses Ventil wird daher mit einem so großen Gewichte belastet, daß es bei dem ruhigen Gange der Maschine ungeöffnet bleibt, aber aufgestoßen wird, wenn die Dämpfe um mehrere Grade stärker erhitzt werden und dadurch eine zu große Elasticität erhalten. Daß dieser Vorsicht ungeachtet Unglücksfälle vorkamen, glaubte man anfangs leicht daraus erklären zu können, daß entweder der Dampfkessel durch den Gebrauch gelitten habe, und nicht mehr im Stande gewesen sei, den ihm zugemutheten Druck zu ertragen, oder daß unvorsichtige oder unvernünftige Belastung des Ventiles dieses gehindert habe seinen Zweck zu erreichen, und wirklich ließ sich in mehreren Fällen, wenn gleich meistens die Maschinenwärter bei dem Zersprengen getödtet wurden, nachweisen, daß diese selbst Schuld an dem Unglücke waren. Aber keinesweges konnte man alle Unglücksfälle, deren sich schon viele ereignet haben, diesen Umständen beimessen, indem auch da, wo die große Stärke der zersprungenen Kessel den guten Zustand derselben zeigte, und wo ein für die Arbeiter unzugängliches Ventil durch keinen Zufall überlastet sein konnte, der Kessel oft mit der unerhörtesten Gewalt zersprengt ward. Um von dieser Gewalt einen Begriff zu geben, führt Arago an, daß ein Kessel von 4 Zoll dickem geschmiedeten Eisen in zwei Stücke getrennt ward, deren eines 140 Centner schwer (der Kessel war 37 Fuß lang, 4 Fuß breit und 4 Fuß hoch,) durch das Gewölbe der Werkstatt und durch das Dach hinaufgetrieben und 150 Fuß weit fortgeschleudert wurde, und daß von einem Dampfbote durch das Zerspringen des Kessels das ganze Verdeck des Schiffes fortgeschleudert, der 20 Centner schwere obere Theil des Kessels auf 700 Fuß weit geworfen, und andre Stücke hoch in die Luft hinaufgetrieben wurden.

Unter den Unglücksfällen, die man nicht einer zu großen Belastung des Ventiles zuschreiben konnte, zeichnen sich besonders die als merkwürdig aus, die bei einem vorher träger gewordenen Gange der Maschine, oder auch nachdem der Kessel glühend geworden war, eingetreten sind, und bei einigen derselben fand sich noch die Merkwürdigkeit, daß der Kessel nicht in einer zufällig gekrümmten Linie, wo vielleicht zufällig der schwächere Zusammenhang es veranlaßte, geborsten war, sondern an der Wasserfläche, beinahe wie gerade abgeschnitten, sich aus einander getrennt hatte. Diese Umstände haben zuerst Perkins auf eine Erklärung dieser Unglücksfälle gebracht, die sehr viel Wahrscheinlichkeit hat. In den Fällen, wo man kurz vor dem Zerspringen den Kessel glühend sah, und wo das Zerspringen so unmittelbar auf diese Erscheinung folgte, daß man ihr nicht zuvorkommen konnte, mußte ganz gewiß das Wasser im Dampfkessel zu sehr verkocht, und kein neues zugetreten sein, indem die Dampf-Erzeugung, wenn sie auch bei sehr hohen Wärmegraden statt findet, doch immer noch keine Glühehitze zuläßt, sondern einen so ungeheuern Wärme-Aufwand fordert, daß die Erhitzung des Kessels ungemein weit unter der Glühehitze bleibt. Der Kessel war also entweder ganz oder wenigstens an vielen von der Flamme umspielten Stellen trocken geworden, und eben dadurch mußte, was man oft vor dem Zerspringen bemerkt hat, die Maschine einen matten Gang annehmen, weil die durch diese große Hitze sehr ausgedehnten Dämpfe doch nicht die Dichtigkeit hatten, die sie früher bei niedrigerer Temperatur besaßen, und deshalb auch, der Erhitzung ungeachtet, mit geringerer Elasticität wirkten. Dieses Trockenwerden des Kessels konnte nur daher entstehen, daß die dem Kessel das Wasser zuführende Pumpe ihre Dienste nicht regelmäßig leistete, und es wäre wohl kein Unglück erfolgt, wenn sie ganz und gar aufgehört hätte, Wasser zuzuführen. Aber wenn sie nun, nachdem der Kessel eine viel zu große Hitze angenommen hatte, einen Strom Wasser hereinsendete, so wurde dieses in einem Augenblicke in Dampf verwandelt, und zwar in Dampf von einer viel größern Hitze, also auch, da es ihm nun nicht mehr an Dichtigkeit fehlte, von einer viel größern Elasticität, als man je dem Kessel zuzumuthen beabsichtigte. So konnte also in demselben Augenblicke, wo die Maschine langsam fortging, eine Dampf-Erzeugung plötzlich eintreten, welcher das Oeffnen des Ventils einen viel zu unvollkommenen Ausfluß gestattete, und die mit einer explodirenden Gewalt alles zersprengte; und dieses ist um so eher glaublich, da die Elasticität des Dampfes bei höheren Temperaturen so mächtig wächst, und eine Elasticität von 100 Atmosphären noch bei weitem nicht die Glühehitze fordert. Perkins und Arago haben noch eine Bemerkung hinzugefügt. Selbst wenn der Kessel nicht leer ist, aber die Flammen den Kessel auch da, wo kein Wasser darin ist, umspielen, kann der Kessel oben glühend werden, während das Wasser eine viel geringere Hitze erhält. Die Dampf-Entwickelung wird dann schwächer fortgehen, weil das Wasser nur ungefähr seine gewöhnliche Hitze hat, aber der auf die Oberfläche pressende Druck größer ist; aber wenn nun Wasser mit der glühenden Oberfläche in Berührung kömmt, so tritt eine in hohem Grade vermehrte Entwickelung von Dampf ein, und folglich die vorhin erwähnte Wirkung. Dabei ist aber der Kessel nun auch durch die plötzlich veränderte Temperatur dem Zerspringen mehr ausgesetzt, und vorzüglich wird dies an der Oberfläche des im Kessel enthaltenen Wassers der Fall sein. Es mag nämlich der ausgeleerte Kessel plötzlich bis zu einer gewissen Höhe gefüllt werden, oder es mag die nur am obern Theile glühende Fläche plötzlich benetzt werden, so hat die veränderte Ausdehnung des Metalles in der Wasserfläche eine beinahe strenge abgeschnittene Grenze. Im ersten Falle ist es gerade der bis an die Wasserfläche reichende untere Theil des Kessels, der plötzlich seiner Glühehitze beraubt wird und seine Wärme zu plötzlich entwickelten Dämpfen verwendet, und es ist bekannt, daß ein Gefäß, bei so plötzlicher Aenderung der Wärme seines einen Theiles, beinahe nothwendig zerspringt; im andern Falle, wenn, wie Perkins und Arago annehmen, durch ein gewaltsames Hervordringen der Dämpfe aus dem noch übrigen Wasservorrathe und ein Heraufsprützen an die Decke des Kessels diese obere Hälfte des Deckels sich plötzlich abkühlt, so kann ein Sprung an der Grenze des Wassers ebenso gut hervorgehen *).

*) Arago erwähnt noch einen Umstand, der das Zerreißen gerade an der Wasser-Oberfläche bewirke, daß nämlich die Aenderung der Elasticität des Dampfes, als nur auf den Theil der Wände oberhalb des Wassers wirkend, ein Heraus- und Hereinbeugen der Wand hervorbringe, dessen Grenze die Niveaulinie des Wassers ist. Hiegegen scheint mir die Erinnerung statt zu finden, daß der unter dem Wasser liegende Theil der Wand, wegen des durch das Wasser nach allen Seiten fortgepflanzten Druckes, genau eben den Druck leidet, wie der obere

Um diesen großen Unglücksfällen, die schon zahlreichen Menschen das Leben gekostet haben, vorzubeugen, hat man mehrere Vorschläge gethan. Gegen eine nicht allzu plötzlich eintretende Vermehrung der Kraft des Dampfes thut gewöhnlich das Sicherheitsventil vollkommen genügende Dienste, jedoch hat man nöthig gefunden, das Ventil nicht so, daß es einen breiten Rand rund um die Oeffnung herum bedeckt, anzubringen, weil das Hervordringen des Dampfes zwischen diesen Rändern ebenso wie das Hervordringen verdichteter Luft gehindert wird *), und so das Entweichen des Dampfes nicht in hinreichendem Maaße statt findet. Aber da so sehr oft das Zerspringen des Kessels durch eine plötzlich vermehrte Dampf-Entwickelung bewirkt zu werden scheint, da das Zerspringen zuweilen eingetreten ist, gleich nachdem das Sicherheitsventil sich wirklich geöffnet hatte; so sieht man, daß dieses für solche Fälle nicht ausreicht. Man hat daher, und dieses hat namentlich Perkins bei seinen Maschinen angebracht, einen Theil der Röhren (Fig. 30. bei M.) viel schwächer, als alle übrige dem Drucke des Dampfes ausgesetzten Wände gemacht, und diesem schwachen Theile eine solche Stellung gegeben, daß die Röhre hier, indem sie zersprengt wird, keine Nachtheile hervorbringen kann. Je größer der so dem Dampfe geöffnete Ausgang ist, desto mehr Sicherheit gewähren gewiß diese Sicherungsröhren. Indeß bleibt doch, wie mir scheint, auch hier noch die Bedenklichkeit übrig, ob für eine plötzliche, beinahe vollkommen explodirende, Entwickelung von Dampf dieses Mittel ausreiche, und ob nicht der durch den Wechsel der Temperatur zum Zerspringen vorbereitete Kessel, seiner größern Stärke ungeachtet, schon in eben dem Augenblicke platzen kann, wo jene Röhre zerstört wird.

Das wirksamste Mittel gegen das Zerspringen des Kessels scheint daher ein solches zu sein, was die zu große Erhitzung des Kessels unmöglich macht. Wasserdämpfe können, das dürfen wir doch wohl mit aller Sicherheit behaupten, niemals eine Elasticität

---

Theil, weshalb denn dieses Herausbeugen und Hereinbeugen, wobei die von der Wasserfläche bezeichnete Linie ruhend bleibe, mir nicht statt zu finden scheint.

*) Vergl. I. Th. S. 269.

von 40 Atmosphären erreichen, wenn sie nicht bis über 250° C. erhitzt sind, und ein Druck von 60 Atmosphären kann erst bei 280° C. eintreten; diese Hitze muß also kein Theil der Oberfläche des Kessels erreichen, dann ist man sicher, auch keine Dämpfe von so großer Elasticität zu haben. Und hiezu hat von Reichenbach ein Mittel, das später auch Arago empfolen hat, vorgeschlagen und angewandt, nämlich die Anbringung leicht schmelzbarer Metalle. Wenn man in dem Deckel des Kessels sich eine nicht zu kleine Oeffnung mit einem Metalle, das bei 250° Cent. schmilzt, geschlossen denkt, so kann niemals der Dampf eine Elasticität von 40 Atmosphären erreichen, weil ein solcher Dampf doch nur da entstehen kann, wo er jene Wärme findet. Diese leicht schmelzbaren Stellen müssen da liegen, wo eine unmäßige Erhitzung am ehesten zu vermuthen ist, und da die Erhitzung gewiß immer in allmählig steigenden Graden zunimmt, so ist wohl nicht zu fürchten, daß diese Schmelzung zu viel Zeit fordern könnte. Daß man die auf diese Weise absichtlich geschwächten Stellen so anlegen müsse, daß ihr Aufbrechen keinen Nachtheil bringe, versteht sich von selbst. Die Sicherung scheint durch diese Anwendung leicht schmelzbarer Metallmischungen vollkommen erreicht zu werden; aber sie haben zu dem Einwurfe Anlaß gegeben, daß sie schon bei geringerer Wärme etwas erweicht werden, und daher früher nachgeben, als es der Zweck der Maschine fordert. Nach Arago's Bemerkung vermeidet man diesen Nachtheil, wenn man sie mit einem engmaschigen Gewebe von unschmelzbarem Metalle bedeckt; dieses gestattet dem noch ungeschmolzenen Metalle kein Nachgeben gegen den Druck des Dampfes, hindert aber das Hervorbringen der Dämpfe nicht, sobald das Metall schmilzt; und so läßt sich hoffen, daß durch dieses allemal zeitig genug eintretende Oeffnen eines Ventiles, ehe noch der Druck so unmäßig wird, und lange ehe die Glühehitze eintritt, alle Gefahren so sicher, als es bei menschlichen Werken überhaupt möglich ist, abgewendet werden können.

Neunte Vorlesung.

Ausdünstung und Regen.

Noch eine sehr reichhaltige Anwendung der Lehre von den Dämpfen bietet uns, m. h. H., die Meteorologie dar. So wie überhaupt die Wärme die wichtigste Ursache der Aenderungen ist, die wir im Luftkreise wahrnehmen, so sind es insbesondre die entstehenden und sich verdichtenden, und im entgegengesetzten Falle die verminderten oder durchsichtig gewordenen Dämpfe, von welchen Nebel, Wolken, Thau und Regen und von welchen heitere Luft und Trockenheit abhängen.

Daß die Ausdünstung des, einen großen Theil der Erde bedeckenden, Wassers unaufhörlich die Luft mit Feuchtigkeit erfüllt, daß durch eben diese Ausdünstung der größere Theil des im Regen herabfallenden Wassers sehr bald wieder in die Luft zurückkehrt, während nur ein kleinerer Theil durch die Flüsse dem Meere zuströmt, daß so ein unaufhörlicher Kreislauf der sich in Dämpfen erhebenden und in Regen oder Thau wieder herabfallenden Wassertheile statt findet, ist bekannt genug. Da so unermeßliche Wassermengen durch die Ströme in das Meer geführt werden und dennoch das Meer nicht höher steigt, da dieser ganze Proceß der Entstehung von Regen und der Herstellung des heitern Wetters seit Jahrtausenden gleichmäßig fortdauert; so folgt von selbst, daß das Meer nicht so viel an Regen empfangen muß, als es ausdünstet, und daß das feste Land im Ganzen mehr Regen als Ausdünstung haben muß. Beobachtungen über dieses Verhältniß anzustellen, ist kaum möglich, weil die Ausdünstung, die wir in Gefäßen mit Wasser beobachten, keine genaue Vorstellung von derjenigen Ausdünstung giebt, die über Wiesen und Wäldern, über trockenen Haiden und Sümpfen, über Bergen und Thälern statt findet; indeß ist doch diese Beobachtung, um wieviel die Oberfläche eines der Luft ausgesetzten Wassergefäßes sich täglich senkt, die einzige, welche wir bequem anzustellen vermögen, und ich theile Ihnen daher einige Bestimmungen darüber mit. Nach Starke's Beobachtungen in Augsburg geht die Verdunstung an einem Tage bei großer Hitze bis auf 6 Linien und im ganzen Jahre auf mehr als 60 Zoll; offenbar aber ist da die Ausdünstung viel stärker als auf der ganzen Oberfläche des Bodens. Dalton giebt in Manchester die Ausdünstung des wärmsten Monates höchstens zu $7\frac{2}{3}$ Zoll, des ganzen Jahres zu 44 Zoll an, bemerkt aber, daß man die Ausdünstung eines mit Gras bewachsenen Bodens nur zu 23 Zoll jährlich rechnen könne, wogegen in Manchester jährlich 34 bis 35 Zoll Regen fallen.

Je mehr man zu den Gebirgen hinauf geht, desto mehr nimmt das Uebergewicht des Regens zu, wie es auch der Fall sein muß, da täglich so erhebliche Wassermengen in den Bächen herabströmen. Dieser Unterschied mag sehr ungleich sein, aber Thomson bemerkt, daß in Glasgow die jährliche Regenmenge 23 Zoll, an einem nur 466 Fuß höher im Gebirge liegenden Orte Corbeth dagegen 42 Zoll beträgt, und Schübler hat in Tübingen 26 Zoll, in Göbingen auf der Alp, nur $1\frac{3}{4}$ Meilen von Tübingen aber 1400 Fuß höher, beinahe 38 Zoll Regen im Jahre gefunden. Jede Gegend hat hierin ihr Eigenthümliches, z. B. die südliche Küste von England, den Regen bringenden Winden ausgesetzt, hat mehr Regen als die östlicheren Theile der Insel, Plymouth 42 Zoll, während um London nur 20 bis 25 Zoll fallen. Diese Zahlen beziehen sich auf die mittlere Regenmenge in einer längern Reihe von Jahren; in einzelnen Jahren ist die Regenmenge ziemlich ungleich, so daß z. B. Flaugergues aus funfzigjährigen Beobachtungen in Viviers $20\frac{1}{2}$ Zoll als die kleinste, 48 Zoll als die größte Regenmenge angiebt. Die heftigsten Regen, die wir zu sehen gewohnt sind, betragen in ebenen Gegenden in unserm Clima selten einen Zoll, indeß kommen als Ausnahme doch auch bedeutend größere Regenmengen vor; so führt z. B. Flaugergues einen Tag an, wo in 18 Stunden so viel Regen fiel, daß das Wasser 13 Zoll hoch für jeden Punct der Oberfläche betrug, in Genua hat es einmal 30 Zoll in einem Tage geregnet, und die Gebirgsgegenden, vorzüglich in Ungarn, werden öfter von solchen Wolkenbrüchen, die dann zerstörenden

Sturz der Bergwasser zur Folge haben, heimgesucht. In den tropischen Gegenden sind Regen, die 8 oder 9 Zoll in einem Tage betragen, gar nicht selten, und in Cayenne hat es einmal in 24 Tagen 151 Zoll geregnet.

Die Ausdünstung dauert, wenn die Luft nicht sehr feucht ist, selbst bei großer Kälte fort und selbst das Eis nimmt durch Ausdünstung ab, so wie wir denn ja auch alle wissen, daß gefrorne Wäsche trocken wird, ohne vorher aufzuthauen. Schübler hat sich von der Ausdünstung des Eises durch viele Versuche überzeugt, und gefunden, daß selbst bei — 9 Gr. Temperatur beinahe $\frac{1}{4}$ Lin. von dem in einem Cylinder gefrornen Wasser unter günstigen Umständen, das heißt bei trockner Luft und starkem Winde, in einem Tage verloren gehen kann. Indeß hat man die Frage aufgeworfen, ob selbst die niedrigste Temperatur immer noch fähig bleibe, die Verdampfung zu unterhalten. Wollastons Bemerkung, daß in den höchsten Gegenden der Atmosphäre die Elasticität der Luft so schwach werden müsse, daß sie die, der Schwere wegen herabstrebenden, Lufttheilchen nicht mehr hinaufzudrängen vermöge, veranlaßte Faraday zu der richtigen Bemerkung, daß aus ähnlichen Gründen es auch eine Grenze der Verdampfung geben müsse. Sehen wir nämlich die Verdampfung als dadurch hervorgebracht an, daß die Wärme, vermöge der durch sie ertheilten elastischen Kraft, ein Wassertheilchen nach dem andern losreißt, so muß bei sehr geringer Wärme diese elastische Kraft endlich so klein werden, daß sie das Losreißen nicht mehr bewirken kann, und dann hört alle Verdampfung auf. Faraday glaubt bei dem Quecksilber eine solche Grenze gefunden zu haben, indem Quecksilber in einem verschlossenen Gefäße auf ein etwas entfernt von seiner Oberfläche angebrachtes Goldblättchen bei sehr kalter Luft gar keine Einwirkung zeigt, obgleich bei 10 bis 20° Wärme diese Einwirkung unverkennbar ist.

Hygrometer.

Doch ich darf Sie nicht zu lange mit dieser allgemeinen Betrachtung unterhalten, und gehe daher zu der Frage über, welche Mittel wir besitzen, den Grad der Feuchtigkeit der Luft und die Menge der Wasserdämpfe in der Luft zu bestimmen. Um diese

Mittel richtig zu beurtheilen, muß ich Sie zuerst auf den Satz aufmerksam machen, daß die Luft nicht immer dann am feuchtesten scheint, wenn sie viele Dämpfe enthält, sondern dann, wenn sie nicht fähig ist, noch Dämpfe aufzunehmen. Dieser Satz kann Ihnen wohl nicht paradox scheinen, da Sie wissen, wie sehr die Menge Wassers, die in Dämpfen in einem gewissen Raume enthalten sein kann, von der Wärme abhängt, und wie deshalb eine sehr erwärmte Luft, obgleich sie schon viel Wasser in Dampfform enthält, dennoch fähig sein kann, das tropfbare Wasser noch zum Verdunsten zu bringen, während kältere Luft, wenn sie auch nicht so viel Dampf enthielte, kein Wasser mehr aufnehmen würde. Wenn man ziemlich trockene Luft an einem sehr erwärmten Orte in ein Gefäß einschließt, so wird sie trocken erscheinen, so lange sie warm bleibt, bringt man sie aber in einen kalten Raum, so belegen sich die innern Wände des Gefäßes mit einem Thau, weil die durch die Wände entweichende Wärme das Wasser, mit welchem sie sich zu durchsichtigem, elastischem Wasserdampfe verbunden hatte, an den Wänden zurückläßt. Aus eben dem Grunde beschlagen unsere kalten Fensterscheiben im Winter mit Thau, obgleich die Luft in der Mitte des Zimmers eher zu trocken ist, und im Sommer, selbst wenn die Luft sich gar nicht als feucht zeigt, sehen wir an einem Glase mit Eis das aus den Dämpfen in der Luft niedergeschlagene Wasser herunterfließen. Alle diese Erscheinungen zeigen uns, daß Feuchtigkeit in der Luft vorhanden ist, selbst dann, wenn die fühlbare Feuchtigkeit der Wärme wegen unbedeutend scheint.

Um indeß zuerst nur Instrumente zu haben, welche uns die fühlbare Feuchtigkeit kenntlich machen, ohne ihr Maaß zu bestimmen, ist man seit langer Zeit auf die Körper aufmerksam gewesen, welche eine Veränderung durch feuchte Luft leiden, und hat gesucht, diese als Hygrometer, als Anzeiger der Feuchtigkeit, zu gebrauchen. Ich will unter diesen die unvollkommensten zuerst nennen. Einige Salze zerfließen in einer etwas feuchten Luft, andre nehmen wenigstens etwas Wasser auf und dadurch vergrößert sich ihr Gewicht; und eine eben solche Zunahme des Gewichtes bei feuchter Luft bemerkt man an einigen Thon-Arten. Man hat daher solche Körper, namentlich auch Kochsalz, als Hygrometer empfohlen, indem Kochsalz bis zum Zerfallen ausgetrocknet, in die Schale einer feinen

Waage gelegt und der freien Luft ausgesetzt, allmählig schwerer wird; die Gewichtszunahme ist bei feuchtem Wetter am schnellsten und größten. Sie übersehen leicht, daß diese Bestimmung der Feuchtigkeit an sich keine große Genauigkeit gestattet, und daß wegen der längeren Zeit, die allemal vergehen muß, ehe das Salz die angemessene Menge von Wasser aufnimmt, schnelle Aenderungen der Feuchtigkeit in der Luft gar nicht beobachtet werden können. Indeß können diese Mittel dienen, um z. B. zu prüfen, in welchem Grade feucht ein dumpfes Zimmer oder ein Keller ist, und es ist bekannt, daß es oft genug vorkömmt, daß ein mit salzigem Wasser durchzogenes Holz an einem feuchten Orte nie trocknet.

Einen bedeutenden Vorzug vor diesen Hygrometern haben diejenigen, die von der Aenderung der Gestalt der Körper abhängen. Es ist bekannt, daß gedrehte Seile sich durch Feuchtigkeit verkürzen, daß dadurch eine aufwickelnde Drehung entsteht, und hierauf allein hat man schon Anordnungen von sehr unvollkommenen Hygrometern gegründet. Eben darauf gegründet, aber auch ziemlich ebenso unvollkommen sind die Hygrometer, die aus einer unten mit einer thierischen Haut geschlossenen und mit Quecksilber gefüllten Glasröhre bestehen; zieht sich bei veränderter Trockenheit der Luft diese Haut zusammen, verkleinert sich also der von derselben gebildete, das Quecksilber fassende Sack, so steigt das Quecksilber in der Röhre. Diese Hygrometer werden mit der Zeit unempfindlicher, und es ist auch kaum möglich, sie so übereinstimmend zu machen, daß die Grade zweier Hygrometer als gleichen Feuchtigkeiten entsprechend können angesehen werden.

Etwas tauglicher sind die Federkielhygrometer und die Elfenbeinhygrometer. Aus der Beschreibung der letztern, die Leslie da anzuwenden empfielt, wo andre Hygrometer sich nicht gut anwenden lassen, z. B. um die Feuchtigkeit im Innern eines Kornhaufens zu untersuchen, wird sich auch die Einrichtung der erstern, bei welchen ein dazu besonders präparirter Federkiel gebraucht wird, übersehen lassen. Man drechselt (Fig. 31.) aus recht fein geadertem Elfenbein einen eiförmigen Körper A etwa $\frac{5}{4}$ Zoll lang, aber von so dünnen Wänden, daß er nur 8 bis 10 Gran wiegt, und doch 300 Gran Quecksilber faßt; an dem obern Ende wird mit einer feinen Schraube ein etwas dickeres Stück B eingesetzt, in welchem eine Glasröhre BC befestigt ist; dieses ganze Instrument, (das dann ungefähr einem Thermometer mit einer Elfenbeinkugel ähnlich sieht,) setzt man eine Zeit lang in reines Wasser, damit das Elfenbein die Ausdehnung, welche der größten Feuchtigkeit entspricht, annehme, und füllt dann das Gefäß und die Röhre bis zu einem niedrigen Puncte der Röhre mit Quecksilber. Wird nun die Röhre in Theile getheilt, deren jeder einem Tausendtel des ganzen Quecksilbervolumens entspricht, so dient die Höhe des Quecksilbers als Angabe der Feuchtigkeit, indem die trockener werdende Elfenbeinmasse sich zusammenzieht, und das Quecksilber zum Steigen bringt. Ist die Röhre oben gegen das Eindringen von Staub und fremden Körpern, jedoch nicht luftdicht, geschlossen, so kann man dies Hygrometer selbst mitten in einen Kornhaufen, zwischen Papierballen u. s. w. bringen, und nach Verlauf einer oder mehrerer Stunden zeigt das Hygrometer den Grad der Feuchtigkeit an. Leslie bemerkt, daß die großen Aenderungen, die man an diesen Hygrometern von Elfenbein und noch mehr am Buchsbaumholze bei starker Feuchtigkeit bemerkt, den Grund deutlich machen, warum ausgelegte Holz-Arbeit bei dem Wechsel zwischen großer Feuchtigkeit und mäßiger Trockenheit so sehr leidet.

Die Unvollkommenheit dieser Hygrometer besteht vorzüglich in der Langsamkeit, mit welcher sie den der Feuchtigkeit der Luft angemessenen Zustand annehmen, und in der Ungleichartigkeit der angewandten Materien selbst; aber die Eigenschaft der festen Körper, sich durch Feuchtigkeit und Trockenheit zu vergrößern oder zu verkleinern hat auch zu den vollkommnern Hygrometern von Saussure und Deluc geführt. Die Fibern der thierischen Körper und der Pflanzen dehnen sich da, wo sie durch ein feines Gewebe verbunden sind, vorzüglich der Breite nach aus, wenn sie feucht werden, wie man dies an breiten Holzstücken vorzüglich da sieht, wo sie an ein Holz, dessen Fasern senkrecht auf die Fasern jener sind, so befestigt sind, daß die Ausdehnung nicht gehindert wird. Aus diesem Grunde verkürzen sich gedrehte Seile, weil die Ausdehnung nach der Breite hier die bedeutendste ist. Papier dehnt sich, seines gleichmäßigen Gewebes wegen, nach allen Seiten aus. Auf diese starke Ausdehnung nach der Breite gründet sich Deluc's Fischbeinhygrometer, das aus einem schmalen Fischbeinstreifen besteht, der aus einem durch Runddrechseln erhaltenen, breiten und sehr dünnen Fischbein quer über die Fasern geschnitten wird. Wenn diese Fischbeinstreifen sehr dünne und schmal bei bedeutender Länge sind, so dehnen sie sich bei zunehmender Feuchtigkeit hinreichend aus, und verkürzen sich, wenn die Luft trockener wird, und dieses in sehr kurzer Zeit. Ebenso verhält es sich mit dem von Saussure angegebenen Haarhygrometer, welches aus einem, durch Auslaugen dazu besonders bereiteten Menschenhaare besteht, dessen Verlängerung ein Zunehmen der Feuchtigkeit anzeigt. Der Streit zwischen Saussure und Deluc über die Vorzüge des einen oder des andern Hygrometers ist beinahe vergessen, und ungeachtet der Vorwürfe, die Deluc dem Haarhygrometer machte, hat dennoch das Haarhygrometer sich mehr im Gebrauche erhalten, als das Fischbeinhygrometer, weil die quer über die Fasern geschnittenen Fischbeinstreifen so ungemein fein sein müssen *) und stärkere Streifen viel zu unempfindlich für kleine Aenderungen der Feuchtigkeit der Luft sind. Die Einrichtung beider Hygrometer ist fast dieselbe. Das Haar wird (Fig. 32.) oben bei L mit seinem einen Ende in einer feinen Zwinge befestigt, das andre Ende ist an dem äußern Umfange einer runden Axe d so befestigt, daß noch ein Theil des Haares um die Axe gewickelt ist. Verkürzt sich nun das Haar durch Trockenheit, so dreht sich die Axe d und der mit ihr fest verbundene Zeiger df, der auf dem Gradbogen die Aenderungen der Länge stark vergrößert angiebt; und damit bei der Verlängerung des Haares dL durch vermehrte Feuchtigkeit nicht das Haar schlaff bleibe, dient der Zeiger dl selbst zu einem, das Haar immer spannenden, obgleich geringen, doch hiezu hinreichenden, Gegengewichte. Statt also daß die größere Trockenheit durch Verkürzung des Haares, bei gleicher Elasticität desselben, den Zeiger zu den niedrigern Feuchtigkeitsgraden von 80 auf 70 u. s. w. fortführt, nöthiget das Gewicht des Zeigers das länger gewordene Haar sich mehr aufzuwickeln und immer gespannt zu bleiben.

---

*) Deluc sagt, er habe Fischbeinstreifen von 1 Fuß lang, nur $\frac{1}{7}$ Gran schwer gehabt, die ein Gewicht von $\frac{1}{3}$ Unze trugen, und sich von der größten Trockenheit bis zur größten Feuchtigkeit um mehr als 1 Zoll ausdehnten.

Damit aber diese Instrumente den Namen Hygrometer, als wirklich die Feuchtigkeit abmessend, verdienen, war es vor allem nöthig, so wie beim Thermometer, zwei feste Puncte zu bestimmen, und hier kann man der Forderung, die Puncte der größten Feuchtigkeit und der größten Trockenheit als Endpuncte der Scale anzugeben, beinahe strenge Genüge leisten. Der ungelöschte Kalk und der salzsaure Kalk haben ein so großes Bestreben die Dämpfe aus der Luft an sich zu ziehen, daß sie, erhitzt in ein geschlossenes Gefäß gebracht, die Luft vollkommen austrocknen, wenigstens in dem Grade vollkommen, daß selbst bei starker Abkühlung, wo sonst doch die noch übrige Feuchtigkeit am meisten auf die hygrometrischen Körper wirkt, das Haar des in diesem Raume mit eingeschlossenen Hygrometers keine Aenderung mehr zeigt. Den Punct, den alsdann der Zeiger angiebt, bezeichnet man mit Null. Um dagegen die größte Feuchtigkeit zu bestimmen, brachte Saussure feuchte Gegenstände unter die Glocke, wo sich das Hygrometer befand, so daß die Luft sich ganz mit Feuchtigkeit beladen konnte, und setzte an den alsdann angezeigten Punct des Hygrometers 100 Gr. Den zwischen diesen beiden Puncten enthaltenen Bogen theilt man in 100 Grade, und hat so ein nach bestimmten Gesetzen verfertigtes, also mit andern ebenso verfertigten Instrumenten gut vergleichbares, Hygrometer. Aber dieses Hygrometer giebt nicht Grade der Feuchtigkeit in dem Sinne an, daß man die Menge des in der Luft enthaltenen Wassers sogleich aus der Anzahl der Grade kennen lernte, sondern die jedem Grade entsprechende wahre Feuchtigkeit muß durch eine Reihe Versuche erst bestimmt werden.

Die Forderung, die Menge Wasser in der Luft bei jedem Hygrometergrade zu kennen, läßt sich offenbar nicht anders als mit beständiger Rücksicht auf die Wärme erfüllen. Wenn in einem fest verschlossenen Gefäße, worin sich kein befeuchteter Körper befindet, worin also kein neuer Dampf zu dem schon vorhandenen hinzukömmt, ein Hygrometer und ein Thermometer aufgestellt sind, so geht das Hygrometer auf Feuchtigkeit zu, wenn das Thermometer sinkt, und man kann also für die hier statt findende Wassermenge ein Täfelchen der jedem Wärmegrade entsprechenden Angaben der Feuchtigkeit verfertigen. Stellt man diesen Versuch so an, daß man in ein Gefäß von bestimmter Größe zuerst völlig ausgetrocknete Luft und dann eine bestimmte Menge Wasser, die ganz sich in Dampf verwandelt, gebracht hat, so erhält man genauen Aufschluß über die Sprache des Hygrometers. Nach Saussure's auf diese Weise angestellten Versuchen dürfte man ungefähr annehmen, daß bei dem höchsten Grade des Hygrometers im Cubicfuß Luft 17 Gran Wasser sind, wenn das Thermometer auf 25° R. steht und nur 6 Gran, wenn das Thermometer 0° zeigt, daß dagegen mit 80 Graden des Hygrometers $12\frac{1}{4}$ Gran bei jener, $4\frac{1}{4}$ Gran bei dieser Wärme zusammen gehören; aber diese Bestimmungen Saussure's sind nicht völlig genau, weil seine Messung des in der Luft verdunsteten Wassers unvollkommen war.

Gay-Lussac hat die Vergleichungen so angestellt, daß er das Hygrometer in einem eingeschlossenen Raume beobachtete, wo die Elasticität des Dampfes durch andre Mittel bekannt war. Befindet sich nämlich bei bestimmter Wärme in einem eingeschlossenen Raume Wasser, so erlangt der Dampf die dieser Wärme angemessene Elasticität und Dichtigkeit; bringt man Wasser mit Schwefelsäure gemischt in denselben Raum, so erlangen die Dämpfe eine geringere Elasticität, und wenn man diese Elasticität kennt und dabei den Stand des Hygrometers beobachtet, so ergiebt sich eine Tafel zur Bestimmung der jedem Grade zugehörenden Elasticität und Dichtigkeit der Dämpfe. Nach diesen Bestimmungen enthält die Luft bei 88° des Haarhygrometers drei Viertel der Dämpfe, die sie bei 100° enthält, bei 80° ungefähr drei Fünftel, bei 73° die Hälfte, bei 64° nur zwei Fünftel der mit 100° zusammengehörenden Dampfmenge. Wenn also bei einer Wärme von 18° Centes. ungefähr 7 Gran Wasser in der Luft sind bei dem größten Feuchtigkeitszustande, oder bei 100 Hygrometergraden, so würden bei eben der Wärme und einem Hygrometerstande von 73° nur $3\frac{1}{2}$ Gran Dampf in der Luft sein.

Bestimmung der Feuchtigkeit der Luft durch die Verdunstungskälte, und durch den Condensationspunct der Dämpfe.

Ein ganz andres Verfahren, um die Feuchtigkeit der Luft zu bestimmen, hat Leslie angegeben, indem er das Differenzthermometer anwendet, und so die Verdunstungskälte bestimmt. Bedeckt man eine der beiden Kugeln des Differenzthermometers (Fig. 3.) mit dünnem Mouselin und befeuchtet diesen, so wird der so bedeckten Kugel durch die Verdampfung Wärme entzogen, und die in der Röhre enthaltene Flüssigkeit zeigt diesen Wärme-Unterschied an. Je trockener die Luft ist, desto schneller geht die Verdampfung fort, und die entstandene Kälte ist desto größer. Es kann vielleicht scheinen, als ob wegen des stets neuen Aufwandes von Wärme das Differenzthermometer immer mehr und mehr Kälte anzeigen sollte; aber dies findet darum nicht statt, weil die umgebende Luft der abgekühlten Kugel Wärme zuführt, und dies immer mehr, je größer der Unterschied der Wärme geworden ist, endlich also so viel, daß dadurch der Verlust an Wärme ersetzt und ein weiteres Sinken der Temperatur gehindert wird. Je schneller das Verdampfen erfolgt, das heißt, je trockener die umgebende Luft ist, desto größer ist die Temperatur-Differenz, weil die bei schneller Verdampfung so schnell eintretende und schnell erneuerte Kälte nicht so bald durch die Wärme der umgebenden Luft ersetzt wird. Augusts Psychrometer beruht auf eben dieser Wärmedifferenz.

Andre Erfolge dieser Verdunstungskälte will ich nachher angeben, und jetzt sogleich zu dem vollkommensten Hygrometer übergehen, das auf der Bestimmung des Condensationspunctes der Dämpfe beruht. Schon vor längerer Zeit machte Dalton darauf aufmerksam, daß man, bei gleich warmer, aber ungleich feuchter Luft, das Bethauen eines kalten Gefäßes bei ungleicher Kälte des Gefäßes wahrnehme; er schlug daher vor, durch allmählige Abkühlung des in einem Glase enthaltenen Wassers allenfalls durch beigemischtes Eis, die Temperatur zu bestimmen, wo der erste leichte Thau sich aus der Luft an das Glas anlegt, und so den Bethauungspunct, den Condensationspunct der Dämpfe, das ist, den Wärmegrad, welchem dieser entspricht, zu bestimmen. Dieses Verfahren ist etwas schwierig, aber der Gedanke ist nicht allein richtig, sondern enthält auch das wahre Princip der Hygrometrie.

Sie wissen, daß ein im leeren Raume enthaltener Dampf, wenn Wasser genug vorhanden ist, bei bestimmter Wärme z. B. 10° Cent. eine gewisse Dichtigkeit und Elasticität annimmt, die wir als die zu dieser Wärme gehörige größeste bezeichnet haben.

Lassen Sie diesen Dampf ein Glasgefäß füllen, worin kein tropfbares Wasser mehr ist; so wird, so lange der Dampf mehr erwärmt ist, seine Durchsichtigkeit ungetrübt und das Gefäß unbethauet bleiben; aber wenn der Dampf unter jene ursprüngliche Wärme von 10° abgekühlt wird, so belegt sich das Gefäß mit einem feinen Thau, der bei stärkerer Abkühlung bedeutender wird, weil in dem Dampfe mehr Wasser enthalten ist, als bei einer Wärme von 9° oder einer noch geringeren sich in Dampfgestalt erhalten kann. Und eben dies gilt auch von Dämpfen, die mit Luft gemischt sind, diese mögen nun in einem Gefäße enthalten oder frei in der Atmosphäre vorhanden sein; kennen wir den Wärmegrad, bei welchem sie sich in sehr geringem Grade niederzuschlagen anfangen, so kennen wir ihre Dichtigkeit, weil sie diejenige ist, die wir als die größeste eben der Wärme entsprechende aus Versuchen kennen. Es wird am besten sein, dies durch ein wirkliches Beispiel zu erläutern. Am 6. Sept. 1819, als die Wärme der Luft 18,°9 Cent. war, beobachtete Daniell den Bethauungspunct bei 7,°8 Centes., das ist, bis zu dieser Temperatur abgekühlt zeigte eine glatte Oberfläche den ersten feinen Niederschlag. Da nun nach Muncke's Tafel *) die größte Dichtigkeit des Dampfes bei 7,°8 Cent. (= 6,°2 R.) nur 7 Milliontel der Dichtigkeit des Wassers beträgt, und 1 Cubicfuß Rheinl. Wasser 498000 Gran wiegt, so wog ein Cubicfuß jenes Dampfes $3\frac{1}{2}$ Gran, — in einem Cubicfuß Luft waren $3\frac{1}{2}$ Gran Wasser. Die Luft war also schon recht trocken, weil der Condensationspunct 11 Grad unter der Temperatur der Luft lag, und Luft von 18,°9 Wärme noch beinahe 4 Gran Wasser in jedem Cubicfuß aufnehmen konnte, ehe sie den höchsten Grad der Feuchtigkeit erreicht hätte. Dagegen war bei einer andern Beobachtung die Luft ebenso warm, der Bethauungspunct aber fand sich bei 17°,8 Cent. = 14,°2 R., welcher Wärme ein Dampf = 14 Milliontel der Dichtigkeit des Wassers entspricht, so daß 7 Gran Wasser in 1 Cubicfuß Luft enthalten waren, und die Luft kaum noch $\frac{1}{2}$ Gran aufzunehmen fähig, also beinahe auf dem höchsten Puncte der Feuchtheit war.

---

*) Gehlers Wörterbuch II. 383.

So also lernen wir genau die Menge Wassers in der Luft kennen. Wenn bei großer Hitze von 28 ° R. oder 35 ° Cent. die Luft vollkommen feucht ist, so daß das Bethauen bei der geringsten Abkühlung statt findet, so enthält ein Cubicfuß Luft $19\frac{1}{2}$ Gran Wasser; wäre dagegen bei solcher Wärme die Luft so trocken, daß 7 ° 5 Cent. = 6 ° R. dem Bethauungspuncte entspräche, so enthielte ein Cubicfuß nur $3\frac{1}{2}$ Gran und wäre also fähig 16 Gran Wasser aufzunehmen, so daß das schnelle Ausdünsten des Wassers zu solcher Zeit sich sehr wohl erklärt. Am schnellsten findet es statt, wenn ein lebhafter Wind den entstandenen Dampf, der das Entstehen neuen Dampfes hindern würde, fortführt.

Die Schwierigkeit, den Condensationspunct der Dämpfe zu jeder Zeit zu bestimmen, hat Daniell durch sein Hygrometer sehr bedeutend vermindert. Es besteht (Fig. 33.) aus einer gekrümmten Glasröhre, an welcher sich an beiden Enden angeblasene Glaskugeln b, a von $\frac{5}{4}$ Zoll Durchmesser befinden. In der einen b ist innerhalb der Kugel und Röhre ein Thermometer angebracht, dann ist in diese Kugel Aether gethan und zum Kochen gebracht, um die Luft aus beiden Kugeln und der Röhre durch die Oeffnung f auszutreiben; wenn die Aetherdämpfe aus der bis dahin noch offen gelassenen Mündung f stark ausströmen, wird diese Oeffnung an der Lampe zugeschmolzen. Indem nun so der Raum in beiden Kugeln luftleer ist, wird er offenbar immer mit einem, der jedesmaligen Temperatur angemessenen, Aetherdampfe von dem in der Kugel noch in hinreichender Menge übrigen Aether gefüllt sein, und so lange beide Kugeln gleich auf diesen Dampf einwirken, steht das innere Thermometer so hoch als das am Fuße des Instruments in freier Luft angebrachte Thermometer D. Sobald man aber die Kugel a f, die zu diesem Zwecke mit Mouselin überzogen ist, mit Aether betröpfelt, reißt der an der Oberfläche verdampfende Aether Wärme an sich, bringt daher den innern Aetherdampf zum Niederschlagen, und bewirkt so ein lebhafteres Verdampfen des Aethers in der Kugel b, und dabei kühlt sich diese Kugel sehr erheblich ab. Ihre Abkühlung erreicht, bei der Gewalt, mit welcher der auf a f verdampfende Aether die Wärme an sich reißt, bald den Grad, wobei die Condensation der Dämpfe in der freien Luft auf der Oberfläche der Kugel b statt findet, und der Beobachter muß, sobald er den leisesten Hauch von Niederschlag auf der Kugel bemerkt, den Grad des im Innern enthaltenen Thermometers ablesen, indem dieses dann die Wärme des Bethauungspunctes angiebt. Damit der leichteste Niederschlag deutlicher sichtbar sei, ist die Kugel b vergoldet, und man sieht den Niederschlag da am ersten, wo sich die Oberfläche des Aethers im Innern der Kugel befindet. Die Beobachtung dieses Hygrometers ist etwas schwierig, weil man den ersten Augenblick des leisesten Bethauens wahrnehmen und da den Stand des innen angebrachten Thermometers beobachten muß; dieser erste feine Niederschlag ist aber keinesweges so leicht wahrzunehmen, und man muß, da das Thermometer immer tiefer fällt, sehr achtsam sein, ihn richtig zu beobachten. Wenn die Befeuchtung mit Aether nur unvollkommen ist, so sinkt das Thermometer langsam, und man hat dann etwas mehr Zeit, um sich von dem nach und nach merklicher werdenden Bethauen zu überzeugen, doch muß man bei wirklichem Gebrauche dieses Hygrometers sich gewöhnen, den ersten Anfang des Bethauens wahrzunehmen, und der vergoldeten Kugel eine solche Stellung gegen das Licht geben, daß die kleinste Veränderung des Glanzes bemerkbar sei. Wegen dieser Schwierigkeit, den wahren Temperaturgrad, der mit dem ersten Anfange des Bethauens zusammen gehört, richtig zu beobachten, hat man mit Recht Augusts Psychrometer eine größere Aufmerksamkeit geschenkt. Es besteht aus zwei gleichen Thermometern, deren eines eine Bedeckung hat, die man während der Beobachtung mit reinem Wasser feucht erhält. Dieses befeuchtete Thermometer zeigt die Verdunstungskälte, und nach Augusts Erfahrungen und Schlüssen liegt diese Verdunstungskälte fast genau in der Mitte zwischen der Wärme der freien Luft und dem Bethauungspuncte, so daß man den letzten aus der leichten Beobachtung jener beiden Thermometer findet. August giebt hiezu noch genauere Regeln, die sich auf eine strengere Vergleichung der durch die Dämpfe der Thermometerkugel entrissene und der ihr aus der Luft zugeführten Wärme gründen.

Andre Anwendungen der Verdunstungskälte.

Ein Versuch, auf welchen Daniells Hygrometer fast unmittelbar führt, ist derjenige, den Wollaston angegeben und an seinem Chryophorus (Kälteträger) dargestellt hat. Zwei Kugeln, ebenso wie bei jenem Hygrometer durch eine Glasröhre, die man hier etwas länger nimmt, um das Experiment auffallender zu machen, verbunden, sind luftleer und zum Theil mit Aether gefüllt. Man legt die eine in eine Mischung aus Salz und Schnee, und sieht nun die andre, der höhern Wärme der umgebenden Luft ungeachtet, sich mit Reif, mit Dünsten, die sich aus der Luft zu Eis niederschlagen, überziehen. In der sehr abgekühlten Kugel nämlich verliert der Aetherdampf seine Dampfform und in der andern erneuert sich die Dampfbildung um so lebhafter, je mehr in der ersten der Dampf vernichtet wird; je kälter also jene Kugel ist, desto größer ist in der andern der Wärme-Aufwand zu neuer Dampfbildung, und so entsteht an der der wärmern Luft ausgesetzten Kugel, durch Uebertragung der Kälte, Reif. Es findet dabei im Innern der Kugeln eine desto schnellere Destillation nach der mit einer Eismischung umgegebnen Seite hinüber statt, je kälter es dort ist.

Auf dieser Verdunstungskälte beruhen mehrere Mittel, ehr bedeutende Kältegrade hervorzubringen. Wenn man eine Thermometerkugel mit Baumwolle bedeckt und diese mit Aether betröpfelt, so kann man, vorzüglich wenn man durch einen auf die Kugel gerichteten Blasebalg einen starken Luftzug hervorbringt, das Thermometer bis tief unter den Gefrierpunct fallen machen. Eben darauf beruht das Gefrieren des Wassers im luftleeren Raume, selbst bei 20 Grad Wärme. Ich habe schon oft erwähnt, daß im luftleeren Raume die Ausdünstung weit schneller statt findet, eben darum aber ist auch die Verdunstungskälte größer. Aber diese würde nur so lange zunehmen, als der luftleere Recipient noch nicht mit Dampf gefüllt ist, und man muß daher, damit sie beständig zunehme, den entstandenen Dampf fortschaffen; dies geschieht, wenn man wasserfreie Schwefelsäure in dem Recipienten aufstellt, weil diese die Eigenschaft hat, den entstandenen Dampf sehr begierig aufzunehmen und daher die Füllung des Recipienten mit Dampf zu hindern. Indem so der luftleere Raum, theils durch ununterbrochenes Fortpumpen, theils durch die Hülfe der Schwefelsäure, fähig bleibt, immer neuen Dampf aufzunehmen, gefriert das unter der Glocke der Luftpumpe der Verdunstung ausgesetzte Wasser. Dieser Versuch ist um so auffallender, da er, wenn die Luftpumpe ein bis auf 1 Linie gehendes Sinken der Barometerprobe gestattet, selbst bei 20 bis 22 ° Cent. Wärme der Luft gelingt, und da das Wasser seine Dämpfe in völligem Aufkochen hergiebt, dann aber zu Eis wird. Man darf bei diesem Versuche nur ein Uhrglas voll Wasser nehmen, weil größere Quantitäten den Versuch allzu sehr erschweren würden, man muß dieses Wasser in einiger Entfernung oberhalb eines breiten Gefäßes mit Schwefelsäure aufstellen, und das Auspumpen rasch fortsetzen, damit nicht zu viel Wärme durch die Glaswände des Recipienten zuströme. Die Schwefelsäure wird bei diesem Versuche, wegen des sich mit ihr durch die aufgenommenen Dämpfe mischenden Wassers, warm; aber obgleich dies ein hindernder Umstand ist, so gelingt dennoch der Versuch fast unfehlbar, wenn nur die Luftpumpe gut ist. Configliachi und später Dove haben diesen Versuch, den man den Leslieschen Versuch genannt hat, so abgeändert, daß eine mit Quecksilber gefüllte Kugel mit Flachs umwickelt und dieses mit Schwefel-Aether befeuchtet in den Recipienten gebracht wird; die unten hin gestellte Schwefelsäure nimmt auch die Aether-Dämpfe auf, und befördert die Verdunstung des ohnehin schnell verdampfenden Aethers so, daß das Quecksilber in jener Kugel gefriert.

Die außerordentlich schnelle Verdampfung des Schwefelkohlenstoffs macht diesen Körper geschickt, noch größere Kältegrade hervorzubringen. Unter der Luftpumpe bringt er leicht das Quecksilber zum Gefrieren, und Marcet hat das Weingeistthermometer bis auf — 56 ° ja bis auf — 62 ° Cent. (45 ° bis 50° R.) fallen sehen, selbst wenn die Luft nur bis auf 1½ Lin. der Barometerprobe ausgepumpt war *).

*) Gilb. Ann. XLVIII. 170. XLIII. 364.

Zehnte Vorlesung.

Die neulich angestellten Betrachtungen betrafen die in elastischer Form, als durchsichtige Dämpfe, in der Luft enthaltenen Wassertheilchen; aber auch von ihrem Uebergange in den Zustand sichtbarer Dünste und tropfbaren Wassers, von der Entstehung der Nebel, der Wolken, des Regens und des Thaues muß ich noch etwas sagen, da ein großer Theil der meteorischen Erscheinungen hier ihre Erklärung findet.

Nebel und Wolken.

Wenn die Dämpfe warmen Wassers in der kalten Luft aufsteigen, so zeigt sich ein neblicher Dunst, bestehend aus sehr kleinen Theilen niedergeschlagenen Wassers, weil der so dichte Dampf bei geringerer Wärme nicht mehr als elastischer Dampf bestehen kann; in etwas größerer Entfernung von der Dampfquelle wird er wieder unsichtb r, weil er, in größeren Raum ausgebreitet, aufs neue sich in einen der niedrigen Temperatur angemessenen, weniger dichten, elastischen Dampf verwandelt. Ebenso zeigt sich uns der ausgehauchte Athem in kalter Luft. Und ganz dieselben Gründe bringen in einer Menge von Fällen ausgedehnte Nebel in der Atmosphäre hervor. Diese müssen nämlich in zwei Fällen nothwendig entstehen, sowohl wenn aus einer Dampfquelle Dämpfe in eine kältere Luft übergehen, als auch wenn eine mit Dämpfen erfüllte Luft an der Oberfläche eines kälteren Körpers abgekühlt wird. Das erstere findet bei den Nebeln statt, die wir oberhalb des Wassers sich Abends nach Sonnen-Untergang, oft auch die ganze Nacht durch, und im Winter bei plötzlich starker Kälte, bilden sehen. Die Erfahrung zeigt, daß nach heißen Sommertagen die Oberfläche des festen Landes schneller erkaltet, als die Gewässer, und dieses ist auch so fern leicht zu erklären, als im Wasser die an der Oberfläche erkalteten Theilchen in die Tiefe hinabsinken, dagegen aber erwärmte Theilchen den Platz an der Oberfläche einnehmen. Indem nun die über dem festen Boden abgekühlte Luft über die Oberfläche des

Wassers geführt wird, trifft sie an dieser einen gesättigten Dampf an, von der Dichtigkeit nämlich, welche als die größeste Dichtigkeit der Wärme der Wasser-Oberfläche entspricht; diesen kühlt sie ab, und bringt einen Nebel, niedergeschlagene Wassertheilchen, hervor. Diese Nebel über den Gewässern dauern so lange, als die Luft nahe über der Oberfläche des Wassers merklich kälter als das Wasser selbst ist. Daß an heitern Sommertagen Abends der ganze Lauf von Gräben und schmalen Flüssen so durch aufsteigende Nebel bezeichnet wird, ist bekannt; und ebenso rauchen die Gewässer bei plötzlich eintretender sehr heftiger Kälte im Winter, weil das, in Vergleichung gegen die sehr kalte Luft, nicht so kalte Wasser Dämpfe entwickelt, die einer nicht so niedrigen Temperatur entsprechen.

Auf ähnliche Weise entstehen in Wäldern und vorzüglich auf Bergen, wo die kältere Luft freieren Zutritt hat, die einzelnen Nebelwolken, die man, dem Rauche ähnlich, nach einem Regen, wenn die Luft noch feucht ist, sich erheben sieht. Sie entstehen oft ganz deutlich da, wo ein von Bäumen freier Platz durch die Sonnenstrahlen erwärmt wird, wo also aus dem nassen und erwärmten Grase Dämpfe aufsteigen, die, sobald sie sich in die kältere Luft erheben, als Dunst sichtbar werden. Auch die auf dem Meere beobachteten Nebel haben zum Theil diesen Ursprung. Die von den Reisenden oft erwähnten Nebel in der Gegend von Neufundland, wo der Golfstrom wärmeres Wasser als die Luft hinführt, haben ihren Grund gewiß in der Abkühlung, welche der wärmere Dampf in der Luft leidet. Dagegen scheinen die in allen Polargegenden so sehr häufigen dichten Nebel umgekehrt in der bis zur Eiskälte abgekühlten Oberfläche des Meeres ihren Grund zu haben, die, wenn ein aus wärmeren Gegenden und mit wärmeren Dämpfen beladener Wind dorthin gelangt, eine Abkühlung der untern Luftschichten und dadurch ein Entstehen dicken Nebels bewirkt. Diese Nebel ruhen oft in einer kaum 100 Fuß hohen Schichte auf dem Meere, erhalten aber von der beständig neu zuströmenden, mit Dampf erfüllten, Luft immer neue Nahrung. Die aus diesen Nebeln sich niederschlagenden Wassertheilchen bedecken die Eisberge im Meere mit Schichten von einem aus bloßem atmosphärischen Wasser entstandenen Eise, welches daher gar kein Salz enthält.

In dieser unter unsern Augen vorgehenden Nebelbildung zeigt sich uns auch, wo nicht der einzige doch ein Hauptgrund der Wolkenbildung. So oft eine Mischung zweier Luftmassen, die nur nicht allzu weit von dem Puncte größter Feuchtigkeit entfernt, aber an Wärme erheblich verschieden sind, statt findet, schlägt sich Dunst nieder, und so oft Luftmassen, die ziemlich mit Feuchtigkeit beladen sind, an einem kälteren Körper vorbei gehen, entstehen Wolken. Das Letztere scheint der Grund zu sein, warum Abends die Bergspitzen sich mit Wolken bedecken, die sich allmählig tiefer herabsenken. Die Oberfläche des Berges nämlich kühlt sich mehr ab als die in gleicher Höhe liegende Luftschichte, und indem nun die ziemlich feuchten Luftschichten durch die Oberfläche des Berges abgekühlt werden, bedeckt sich der Berg mit einer Wolke. Eben das kann auch am Tage statt finden, und da dann durch die Wolkenbedeckung dem Berge die Erwärmung der Sonne entzogen wird, so muß aus vermehrtem Wärme-Unterschiede die Wolkenbildung zunehmen. Bei dieser Wolkenbildung ist oft die in gleicher Höhe liegende Luftschichte warm genug, um die Dämpfe wieder in elastischer Gestalt aufzunehmen, und man sieht dann an der dem Winde ausgesetzten Seite des Berges immer neue Wölkchen sich an die große Wolke anlegen, diese vereinigen sich an der Spitze des Berges mit der großen Wolke, und an der andern Seite trennen sich abgerissene Wolkenflocken, die in der Luft zergehen; so erneuert sich die Wolke unaufhörlich, während sie, ihrer Größe nach unverändert, auf dem Berge zu ruhen scheint. Da diese Bedeckung der Berge mit Wolken nur statt findet, wenn viele Feuchtigkeit in der Luft ist und viele Feuchtigkeit in der Luft gewöhnlich Regen ankündigt, so ist der Grund, warum jene Wolken auf Bergen Regen bedeuten, leicht einzusehen. Berge, die mit Schnee und Eis bedeckt sind, müssen vorzüglich leicht sich so mit Wolken bedecken *).

Ganz aus denselben Gründen erklärt sich die oft so schnell eintretende und schnell wieder verschwindende Bedeckung des Him-

*) Das Tafeltuch auf dem Tafelberge am Vorgeb. d. g. Hoffn. Barrows Reisen im südl. Africa. I. 51. Die Bedeckung des Ararat mit Wolken, von Freygangs Reise nach d. Caucasus. S. 232. S. meine Beitr. z. Meteorol. S. 342.

mels mit einer dünnen Decke weißer Wolken. Bei veränderlichem Wetter bemerken wir oft, daß der Himmel vor wenigen Minuten noch blau war, und nun auf einmal ganz mit diesen leichten Wolken bedeckt ist; oft nimmt die Verdichtung dieser Wolken schnell zu und geht bis zum Hervorbringen des Regens; oft aber sind auch die Wolken ebenso geschwind wieder verschwunden als sie entstanden sind. Dieser schnelle Wechsel erklärt sich am besten aus einem in der höheren Luft statt findenden kalten Luftstrome, der in den oberen Luftschichten nicht Wassertheilchen genug findet, um Wolken zu bilden, aber wenn er sich tiefer in die zu solcher Zeit gewöhnlich warmen und sehr feuchten Luftschichten herabsenkt, an der Grenze dieser warmen Schichte Wolken niederschlägt. Es läßt sich leicht übersehen, daß diese Wolkenschichte wieder verschwinden wird, wenn jener kalte Luftstrom in der niedrigen Gegend nicht dauernd genug ist; aber so oft er wieder eintritt, wird sich die Erscheinung erneuern. In diesem Falle ist die Wolkenbildung sehr veränderlich, wenn diese Luftströmungen es sind, und sehr zum Regen hinneigend, weil die Wolkendecke das Sonnenlicht schwächt und daher selbst ein Grund der Abkühlung und verstärkter Niederschläge wird. Auf den Wechsel dieser Wolken können gewiß sehr kleine örtliche Umstände bedeutend einwirken; ein von einer trockenen Gegend aufwärts gehender warmer Luftstrom kann die Wolken zertheilen, ein von einem feuchten Orte hinaufwärts gehender warmer Luftstrom kann sie mit neuen Wassertheilen beladen. Dagegen wenn sich die, oft viele Stunden unverändert bleibenden, Schäfchenwolken bilden, die nur eine ganz dünne Schichte weißer, gewöhnlich sehr hoch stehender Wolken darstellen, dann ist es wahrscheinlich ein wärmerer Luftstrom, der sich über der kälteren Luft hin ergießt. Aus jenem wärmeren Luftstrome schlagen sich an der Grenze der kalten Luft die kleinen Wolken nieder, und da die wärmere Luft oberhalb dieser Wolken immer noch den Sonnenstrahlen ausgesetzt bleibt, da die wärmeren Lufttheilchen auch kein Bestreben haben, sich herabzusenken, so ist es im engern Sinne nur allein die Trennungsschichte beider Luftmassen, die sich trübt, und in welcher nur so viel neue Nebeldünste wieder hervorgehen, als durch Verdampfen an der Oberfläche in den durchsichtigen Zustand zurückkehren. Darum bedeuten diese Schäfchen im Frühling warmes Wetter, weil sie einen bis in die Wolkenregion herabgehenden warmen Wind verrathen. Warum diese Wolken die so bestimmten kugeligen Formen annehmen, warum zu andern Zeiten sich die Wolken in so lange, oft seltsam gewundene Fäden ausdehnen, und diese Form so lange unverändert beibehalten, darüber sind wir noch gar nicht recht belehrt. Die Vermuthung, daß diese glänzend weißen Wolken aus Schneenadeln, so klein, daß sie wie Sonnenstäubchen in der Luft schweben, bestehen mögen, ist sehr wahrscheinlich, und wird besonders durch die oft in diesen glänzenden Wölkchen erscheinenden Nebensonnen bestätigt. Dagegen scheinen zu andrer Zeit die feinen Wölkchen mehr zu Hervorbringung der kleinen Höfe um Sonne und Mond geeignet.

Auch die Erscheinung der Wolken über Inseln, so daß man schon aus der Ferne die Lage der Inseln aus der Lage der Wolken schließen kann, gehört hieher. Da nämlich am Tage der Boden der Inseln, am meisten in heißen Gegenden, mehr als das Meer erhitzt wird, so bildet sich hier ein warmer, offenbar aber auch mit Dämpfen beladener Luftstrom, der oben, wo er sich abkühlt, diese als Wolken niederschlägt; über die Grenzen der Insel hinaus wird dieser Niederschlag sich nicht erstrecken, indem dahin nicht die so sehr erwärmte, mit Dämpfen beladene Luft gelangt. Und umgekehrt kann auch dieser heiße Luftstrom eine völlige Wolkenlosigkeit hervorbringen, wenn er von trockenen Gegenden aufsteigt. Die africanischen Sandwüsten sind bekanntlich so heiß und so dürr zugleich, daß für sie aus Gründen, die früher angeführt sind, ein beständiges Herzuströmen der kalten Luft aus den benachbarten Gegenden in den untern Luftschichten, dagegen ein beständiges Abwärtsströmen nach den kalten Gegenden zu in den höhern Luftschichten statt finden muß. Die aus den kühlern und feuchten Gegenden über die heiße Wüste geführte Luft enthält nicht Dämpfe genug, um in so großer Wärme den Dämpfen ihre größte Dichtigkeit zu geben, sondern jene Wassertheilchen, wenn sie auch als Nebel und Wolken heran gezogen wären, gehen als durchsichtige Dämpfe aufwärts und werden in hohen Regionen wieder zu den Umgebungen, woher sie kamen, zurückgeführt, so daß über der Wüste, eben weil sie trocken und heiß ist, sich nicht einmal Wolken bilden können, viel weniger Regen. In einigem Grade ähnlich geschieht es bei uns in den mit kaltem Nordostwinde begleiteten heitern Frühlingstagen. Wenn dieser kalte Wind in unsern Gegenden eine feuchte Luft findet, so wird er eine Ursache des Regen- oder Schneeniederschlages; aber wenn er lange genug kalte Luft zugeführt hat, so daß wir nur die aus den nördlichen Gegenden kommende Luft allein zu berücksichtigen haben, so muß diese uns als trocken und austrocknend erscheinen. Diese Luft kömmt aus sehr kalten Gegenden und erwärmt sich daher bei ihrem Fortgange nach Süden; wäre sie dort — 3° gewesen, hier + 12° Cent. geworden, so würde sie in jedem Cubicfuß 3 Gran Wasser aufzunehmen fähig, selbst wenn sie dort vollkommen feucht war; sie erscheint uns daher als sehr austrocknend, und darauf beruht diese Wirkung des Frühlings-Ostwindes, der nicht allein keine Wolken hervorgehen läßt, sondern auch die Erde schnell abtrocknet und uns durch diese austrocknende Eigenschaft das Gefühl größerer Kälte bringt, als der Stand des Thermometers zu rechtfertigen scheint.

Ich kehre zu der Wolkenbildung zurück, und füge an das Vorige zunächst die Betrachtung, daß wo die Nebelbildung rasch fortschreitet, ein Entstehen von Tropfen und Regen die natürliche Folge ist. Diese Tropfenbildung scheint schon da einzutreten, wo der Fortgang der Wolkenmassen ein Hinderniß findet; daher regnet es bei Winden, die vom Meere herkommen oder überhaupt mit Dämpfen erfüllt sind, am meisten an den Bergen, gegen welche zu die Wolken getrieben werden. Dieses ist der Grund mancher periodischer Regen, die zum Beispiel auf der Halb-Insel diesseits des Ganges bei dem beständigen Südwestwinde auf der einen Seite, bei dem beständigen Nordostwinde auf der andern Seite der Gebirge statt finden. Indem so die Wolken sich diesseits der Gebirge ihres Wassers entladen, bringen sie an die andre Seite keinen Regen; und aus denselben Gründen ist es klar, warum die südwestliche Küste Englands so viel mehr Regen als das mittlere Land und die Ostküste hat, warum der heiße und feuchte Italienische Sirocco anhaltende Regen bis nach dem südlichen Deutschland bringt, während das nördliche Deutschland zu solchen Zeiten eines heitern Himmels genießen kann.

So sehr viele Erscheinungen des Regens erklären sich vollkommen leicht, und Huttons Theorie des Regens, daß zwei ungleich warme Luftmassen, selbst wenn sie dem Sättigungszustande nicht ganz nahe sind, bei der Mischung allemal einen Niederschlag geben, enthält allerdings eine für die meisten Fälle sehr genügende Auskunft. Sie wissen aus dem Vorigen, daß Luft von 8° Cent. $3\frac{1}{2}$ Gran, Luft von 18° Cent. 7 Gran Wasser im Cubicfuß im Maximum enthält, aber wenn diese Luft bei der Mischung 13° warm wird, so kann sie nur 5 Gran enthalten und jede 2 Cubicfuß geben $\frac{1}{2}$ Gran Wasser; bei größern Wärme-Unterschieden wird dies noch viel erheblicher *). Aber so sehr dies geeignet ist, die mäßigen Regen zu erklären, so kann ich doch einen Zweifel, ob eben diese Erklärung für die Gewitterregen, für die Platzregen, für die Wolkenbrüche, ausreicht, nicht ganz als widerlegt ansehen. Wenn man die Nachrichten von dem zerstörenden Regengusse am 3. u. 4. Aug. 1829 in der Gegend des Dee in Schottland, oder von dem auf 8000 Quadratklafter beschränkten und kurze Zeit dauernden Regengusse, der am 26. Jul. 1809 eine Gegend der Zipser Alpen in Ungarn traf, liest **), so kann man sich nicht wohl dabei beruhigen, eine allmählig eintretende Mischung warmer und kalter Luft als die Ursache dieser, so überraschenden, mit furchtbarer Schnelligkeit herabstürzenden Wasserströme anzusehen. Ist gleich die ***) von Kämtz angeführte Betrachtung, daß die ganze über uns stehende Luftsäule bei großer Hitze 11 Zoll Wasser herzugeben im Stande sei, ganz richtig; so bleibt es doch sehr dunkel, warum so auf einmal diese Luftsäule beinahe ihren ganzen Wasservorrath hergebe, und warum sogar mit so großer Schnelligkeit Wasser aus den benachbarten Gegenden herbeigeführt werde. Man hat sonst der Electricität allein das Geschäft, diese heftigen Regen hervorzubringen, übertragen, hat den electrischen Funken, den Blitz, aus einer Mischung von Wasserstoffgas und Sauerstoffgas Wasser erzeugen lassen, obgleich niemand das Wasserstoffgas in der Atmosphäre nachzuweisen wußte; — unstreitig hat man darin zu viel gethan,

*) Sehr viele einzelne Phänomene, die sich hieraus erklären, erwähnt Kämtz in seiner Meteorologie. I. Th. 4. Abschn.

**) New philos. Journal by Jameson Jul. 1830. p. 280. und Baumgartners Zeitschr. V. 72.

***) Meteorologie. I. 420.

aber sollte man nicht auch auf der andern Seite zu viel thun, wenn man einzig an Mischung warmer und kalter Luftmassen denkt, und Blitz und Donner als Erscheinungen betrachtet, die nur im Gefolge jener Ereignisse, ohne allen weitern Einfluß, eintreten? Gewiß wird die Luft bei den plötzlichen Ausbrüchen eines Gewitterregens nicht so ihres Wasservorraths beraubt, wie es der Fall sein müßte, wenn die über uns stehende Luftsäule allein ihre Dämpfe hergäbe, wir sind daher genöthigt, einen sehr schnellen Zutritt der benachbarten Dämpfe zuzugestehen, obgleich sich dieses Herandringen gar nicht gerade durch eine stürmische Bewegung der Luft gegen die Gewittergegend zu äußert, und ich glaube daher, daß wir genöthiget sind, unsre Unwissenheit über die Umstände, wodurch diese Platzregen entstehen, zu bekennen. Einige hieher gehörige Betrachtungen werde ich noch bei Gelegenheit der Gewitter-Electricität erwähnen.

Ebenso dunkel ist der Ursprung des Hagels. Wir wissen nicht, woher die so sehr große Kälte in der Luft entsteht, die nicht allein Schneeflocken hervorbringt, sondern so bedeutend ist, daß ganze Eismassen sich an diese anlegen. Der Hagel scheint erst in den niedrigern Gegenden der Atmosphäre seine volle Größe dadurch zu erlangen, daß sich aus der warmen, mit Dämpfen erfüllten Luft Wasser an ihm (wie an dem mit Eis gefüllten Glase im Sommer,) niederschlägt; aber welche große Kälte muß die kleine Eismasse besitzen, um durch diesen Zutritt warmer Dämpfe nicht geschmolzen zu werden, sondern diese Dämpfe zum Gefrieren zu bringen? — Wüßten wir diese große Kälte erst zu erklären, so ist allerdings diese Vergrößerung der Hagelkörner, und ebenso der Regentropfen kalter Gewitterregen, im Herabfallen, sehr gut durch jene Betrachtung erklärt.

Der Thau.

Ich habe die Erscheinungen des Thaues bis zuletzt aufgespart, weil die Mannigfaltigkeit, die sich bei dem Bethauen der Körper zeigt, von einem Umstande abhängt, an den die Phänomene der Wolken und des Regens uns nicht so sehr erinnern, nämlich von dem Ausstrahlen der Wärme von der Oberfläche der Körper.

Die Erscheinungen des Thaues bestehen darin, daß nach warmen, heitern Sommertagen, bei stiller Luft, schon vor Sonnen-Untergang im Schatten, nach Sonnen-Untergang an allen hinreichend freien Orten, die meisten Gegenstände feucht werden, und sich endlich mit Wassertropfen bedecken, daß dieses bei bedeckter Luft und in eingeschlossenen Räumen, wo hohe Gebäude den Himmel verdecken, wenig oder gar nicht statt findet, und daß ungleichartige Körper sehr ungleich vom Thau befeuchtet werden. Diese Ungleichheiten haben in früherer Zeit zu unrichtigen Ansichten Anlaß gegeben, und das Verdienst, welches Wells sich um die Lehre vom Thau erworben hat, besteht vorzüglich darin, daß er den richtigen Gedanken, der Thau könne sich nur auf Körpern, die kälter als die Luft sind, anlegen, durch Beobachtungen bewährte, und daß er die Umstände, durch welche das Erkalten der Gegenstände eintritt, sorgfältig erforschte.

Das bethauende Gras ist zuweilen um 4 bis 5 Gr. Cent. kälter als die Luft, Wollflöckchen und Schwanenfedern zuweilen 8 bis 9 Gr. kälter als die Luft, und wenn der Himmel sich bewölkt, wobei der Unterschied zwischen der Wärme der Luft und des Grases abnimmt, so wird auch die Vermehrung des Bethauens geringer, und hört auf, wenn jener Unterschied verschwindet. Wenn man während des Thauens ein Thermometer in das Gras und eines in unbewachsene Erde setzt, so steht jenes niedriger, und das Gras bethauet mehr als die freie Erde. Metallplatten bethauen, wenn sie polirt sind, gewöhnlich nicht, sind aber dann auch nicht kälter als die Luft; bethauen sie, so sind sie gewiß auch kälter als die Luft. Wenn man ein Uhrglas so auf polirtes Metall legt, daß es in der Mitte das Metall berührt, so bleibt es in der Mitte unbethauet, während es am Rande sich mit Thau belegt; — dort nämlich erhält es die Wärme des Metalles, das sich in diesem Falle nicht so sehr als die Luft abkühlt, während das Glas für sich allein kälter als die Luft wird. Der Thau befolgt also darin ganz die Regel aller Dampfniederschläge, daß er an kältern Körpern sich anlegt. Aber warum werden denn einige Körper mehr als andre abgekühlt? — Die mehr erkaltenden sind die, von denen wir auch sonst schon wissen, daß sie mehr Wärme durch Ausstrahlung verlieren. Polirte Metalle erkalten sehr langsam und bleiben daher bei der Kühle des Abends wärmer als die Luft, oder nur im seltensten Falle haben sie eine niedrigere Temperatur als die Luft; bringt man sie mit leicht erkaltenden, die Wärme gut ausstrahlenden Körpern so in Verbindung, daß sie durch Leitung zugleich mit abkühlen, so bethauen selbst die Metalle. Erde giebt mehr strahlende Wärme her, Gras ist noch besser dazu geeignet, Flöckchen Seide oder Baumwolle oder die feinen Schwanenfedern verlieren am meisten Wärme, und so kann man genau die Reihenfolge der Körper nachweisen, die mehr oder minder leicht strahlende Wärme von sich geben, und es findet sich, daß eben diese Reihenfolge das leichte Erkalten bei der Abendkühle und das leichte Bethauen bestimmt.

Diese Ungleichheit des Bethauens findet bei unähnlichen Gegenständen statt, die der Luft auf ganz gleiche Weise ausgesetzt sind; aber ähnliche Gegenstände bethauen zu eben der Zeit ungleich, wenn sie sich in verschiedenen Lagen befinden. Wenn ein Platz eng eingeschlossen, mit hohen Wänden umgeben ist, so läßt sich leicht einsehen, daß die hier aufgestellten, nicht erheblich von der Erde entfernten Gegenstände nur wenig Wärme, als durch Strahlung ausgesandt, verlieren können; denn Wände und Boden und alle Gegenstände senden sich gegenseitig strahlende Wärme zu, und ersetzen zum Theil ihren Verlust, so daß nur die wenigen, nach dem freien Himmel gesandten Wärmestrahlen ohne Ersatz bleiben. Diese geringe Abkühlung ist der Grund, warum das Bethauen an solchen Stellen, die, wie Wells es ausdrückt, den freien Anblick des Himmels nicht genießen, so geringe ist, weil nämlich die Abkühlung dort geringe ist. Wells hat Wollflöckchen oberhalb eines Brettes und nahe unterhalb eines Brettes aufgehängt, jene nahmen drei bis viermal so viel Thau auf als diese, so daß 10 Gran Wolle oberhalb in einer Nacht 14 Gran, unterhalb nur 4 Gran, in einer andern Nacht die obere Wolle 20 Gran, die untere nur 4 Gran aufgenommen hatte. Auch wenn die Wollflöckchen auf dem Grase lagen, aber das eine von einem Cylinder von Thon, einen Fuß im Durchmesser und 2½ Fuß hoch, umgeben, das andre frei; so erhielt das freie Flöckchen viel mehr Thau; bei einem Versuche mit 10 Gran Wolle, das freie Flöckchen 16 Gran, das beschattete nur 2 Gran. Wells hat mehrere solche Versuche angestellt, die alle den Satz beweisen, daß der Thau da weniger fällt, wo durch eine gehinderte freie Aussicht auf den Himmel die Ausstrahlung vermindert wird und daher auch die Abkühlung nicht so erheblich ist. Die Wolken zeigen eben diese Wirkung eines die ausstrahlende Wärme ersetzenden Daches. Sind die Wolken niedrig genug, so befinden sie sich in Luft, die fast ebenso warm als die untere Luft sein kann, weil die Abnahme der Wärme in der Höhe dann nicht groß ist, und in diesem Falle geben die Wolken ebensoviel Wärme her, als die Körper auf der Erde ausstrahlen, so daß diese völligen Ersatz erhalten. Befinden sich aber die Wolken auch in kälterer Luft oder sind sie selbst kälter als die untere Luft, so geben sie doch immer einigen Ersatz für die ausstrahlende Wärme, statt daß der heitre Himmel der durch Strahlung hinaufwärts gehenden Wärme gar kein Hinderniß und gar nichts, wovon Ersatz herkommen könnte, darbietet.

Wells hat noch mehr einzelne Umstände erklärt, zum Beispiel die Sicherung der Pflanzen gegen das Erfrieren in kalten Frühlingsnächten. Diese kann oft durch die leichteste Bedeckung, wenn sie auch nur in der Ferne aufgestellt den freien Anblick des heitern Himmels hindert, statt finden, indem Gras beinahe ganz unabgekühlt die Wärme der Luft behielt, wenn ein dünnes Tuch in 6 Zoll Entfernung ein Dach darüber bildete, während das unbedeckte Gras 3 Grad kälter als die Luft ward. Diese Sicherung reicht aber freilich dann nicht mehr aus, wenn die Luft selbst bis zu größern Entfernungen von der Erde die Frostkälte annimmt. Auch die Erfahrung, daß die Frühlings-Nachtfröste auf Hügeln weniger nachtheilig als in der Ebne zu wirken pflegen, läßt sich vollkommen erklären, wenn man die ganz unbezweifelte Erfahrung, daß nur die nahe an der Erd-Oberfläche liegenden Lufttheilchen in der Nacht bedeutend abgekühlt werden, während die obern sich viel wärmer erhalten, beachtet. Allerdings nämlich verlieren auch die an Hügeln stehenden Pflanzen durch Ausstrahlung ihre Wärme und nehmen daher dem benachbarten Lufttheilchen seine Wärme, aber dieses Lufttheilchen wird dann sogleich schwerer als das ihm benachbarte und sinkt hinabwärts, so daß eben der Punct der festen Oberfläche nach und nach einer Menge von herabsinkenden Theilchen die Wärme entzieht, also nicht so kalt wird, als ein in der Ebne liegender Punct, der nur einmal durch die sich auf ihm niederlegenden Lufttheilchen Zufluß neuer Wärme erhält.

Auch die künstliche Eisbildung in Ost-Indien, die in vollkommen heitern Nächten, wo die Luft nicht die Frostkälte erreicht, statt findet, gehört hieher. Die Methode dieser Eisbildung besteht der Hauptsache nach in folgendem. Auf einer Ebne macht man Vertiefungen von $\frac{1}{2}$ Fuß tief und 5 Fuß breit, diese werden mit Zuckerrohr oder Stroh belegt und darauf flache Gefäße von unglasirtem Töpfergute mit Wasser gefüllt während der Nacht ausgestellt; diese Gefäße, obgleich sie das Wasser nicht durchfließen lassen, gestatten doch ein solches Durchschwitzen, daß sich die Außenseite des Gefäßes immer feucht erhält, und in diesen Gefäßen gefriert das Wasser während die Luft 5° Cent. und selbst noch mehr Wärme hat. Die Uebereinstimmung dieser Eisbildung mit der Entstehung des Thaues ist nicht zu verkennen, weil auch bei jener ein ganz heiterer Himmel und vollkommene Windstille ein nothwendiges Erforderniß ist. Wells hat in England in heitern Nächten, wo die Luft im Frühling oder Herbst nicht die Frostkälte erreichte, diese Eisbildung mit Erfolg nachgeahmt, und die Ursachen derselben auf folgende Weise erklärt. Man stellt das Wasser in flachen Vertiefungen auf, weil die kältere Luft, als schwerer, sich nach diesen Vertiefungen senkt. Man legt Stroh oder Zuckerrohr unter, weil dies die Wärme der Erde, die etwas unter der Oberfläche immer größer bleibt, schlecht zuleitet, und selbst sehr leicht die Wärme entläßt, wenn dem Ausstrahlen der Wärme kein Ersatz von anders woher im Wege steht. Die durchnäßten Thongefäße scheinen die Wärme durch Ausstrahlung leicht zu verlieren, und so ist alles hier vereinigt, um eine niedrige Temperatur hervorzubringen, die sich, bei der nur geringen Höhe des Wassers in den Gefäßen, der ganzen Wassermasse mittheilt. Die an der ganzen Oberfläche der Gefäße unterhaltene Feuchtigkeit kann vielleicht darum als nöthig angesehen werden, weil die feuchte Außenfläche der Gefäße nicht gestattet, daß ein Zutritt der Wärme von unten her hindernd einwirke, wenn auch, wie Williams es beobachtet hat, die Stroh-Unterlage nicht ganz die Eiskälte erreichte; — die von unten das Gefäß treffende Wärme kann nämlich, zur Dampfbildung verwandt, nicht die Abkühlung des Wassers aufhalten. Diese Ueberlegungen scheinen mir die Schwierigkeiten bei der Erklärung dieser Erscheinung größtentheils zu entfernen, indem die Erscheinung nur so fern überraschend bleibt, als nicht bloß Gefrierkälte, sondern wirkliches Gefrieren, eintritt, welches, wie Sie wissen, einen sehr großen und dauernden Verlust von Wärme voraussetzt *).

Einzelne schwierige Erscheinungen bei der Erhitzung flüssiger Körper.

Die bisher vorgetragenen Lehren von der Entstehung und Wirkung der Dämpfe standen alle in so schönem Zusammenhange, daß Sie, m. h. H., die Beantwortung einer Frage, die ich Ihnen sogleich vorlegen will, vermuthlich ohne Bedenken glauben aussprechen zu können, und doch einen Irrthum aussprechen werden, wenn Sie den bisherigen Lehrsätzen gemäß Ihre Antwort einrichten. Die Frage ist: Wenn man ein metallenes Gefäß bis zur vollen Glühehitze bringt, und nun einen Wassertropfen auf diese glühende Oberfläche fallen läßt, wird dieser schnell verdampfen? — Niemand wird Bedenken tragen, zu antworten, daß, da schon eine mäßig erhitzte Ofenplatte Wärme genug besitzt, um Wassertropfen sogleich unter zischendem Geräusche zum schnellen Verkochen und zum Verdampfen zu bringen, die Glühehitze dies noch weit schneller bewirken müsse; — und doch ist dies gar nicht der Fall. Der Versuch, der dies beweiset, ist, wenn man keine sehr große Wasserkugel verlangt, gar nicht schwer anzustellen, ja es bedarf dazu nicht einmal der Glühehitze. Zuerst bemerkt ist diese Erscheinung von Leidenfrost in der Mitte des vorigen Jahrhunderts und nachher ist sie in Beziehung auf glühende Metalle öfter wiederholt dargestellt worden; später aber hat man bei polirten Metallen schon in viel geringerer Hitze eben das gefunden. Nimmt man nämlich ein silbernes Gefäß mit polirter Oberfläche und erhitzt dieses bedeutend über die Kochhitze, so wird ein hineinfallender einzelner Wassertropfen nicht zischend verkochen, sondern in Kugelform auf dem Bo-

*) Die von Muncke gegen diese ganze Ansicht gemachten Einwürfe (Handb. d. Naturlehre II. 451 und I. 704.) muß ich der näheren Prüfung der Leser überlassen; hier würde es zu viel Raum fordern, wenn ich die Gründe darlegen wollte, die mich, so wenig ich das Gewicht dieser Einwürfe geringschätzend beurtheile, veranlaßt haben, der bisherigen Ansicht von Ausstrahlung der Wärme treu zu bleiben.

den herumlaufen, und, wenn dieser Boden gegen die Mitte vertieft ist, in der Mitte als Kugel liegen bleiben; läßt man langsam einen zweiten, dritten Tropfen zufließen, so vereinigen sich diese mit dem ersten, und der größer werdende Tropfen, den man leicht bis auf $\frac{1}{2}$ Zoll Durchmesser und darüber bringt, nimmt nun die abgeplattete Gestalt des Quecksilbertropfens an, der auf einer Fläche ruht, zu welcher das Quecksilber keine Adhäsion hat. Der Weingeist läßt sich ebenso anwenden, und da er bei noch geringerer Hitze kocht, so gelingt der Versuch noch eher. Dieser Tropfen, der gewöhnlich in eine schnelle rotirende Bewegung geräth, verkleinert sich allmählig, aber sehr langsam, und daß er Dämpfe entwickelt, sieht man daraus, daß die Flamme zuweilen, wenn es ein Weingeisttropfen ist, diese Dämpfe ergreift und der Tropfen mitten in der Flamme liegt; aber auch dann verdampft er nicht merklich schneller, sondern man kann die Flamme eine Weile dauern lassen, und findet den Tropfen fast ungeändert, wenn man sie ausbläst. So gelingt der Versuch, einen Weingeisttropfen, ohne daß er kocht, lange auf der heißen Oberfläche des Metalles liegen zu haben, sehr leicht; aber wenn man zu viel Weingeist auf einmal zuschüttet und dadurch die Oberfläche zu sehr abkühlt, so geräth der Tropfen ins Kochen und verkocht zischend in wenig Augenblicken. Ebenso verhält es sich, wenn man Wasser in ein glühendes eisernes Gefäß tröpfelt, auch wenn hier die Oberfläche rauh ist; der Tropfen nimmt die Kugelform an und verkleinert sich hier zwar merklicher, indeß doch langsam genug; aber er verkocht im Augenblick, wenn man so viel Wasser zugießt, daß die Hitze zu sehr vermindert wird.

An diese Erscheinung des Nichtkochens schließt sich eine zweite. Wenn das Silbergefäß über der Flamme erhitzt, einen großen Wassertropfen oder Spiritustropfen in Kugelform enthält, so entferne man es vom Feuer und lasse es abkühlen, ziemlich lange bleibt der Tropfen ungeändert, nur daß er in immer schnellere rotirende Bewegung geräth; aber plötzlich, so wie wenn ein Gefäß zerspringt, zerreißt die Kugelform, der Tropfen kocht zischend auf, und verkocht entweder ganz, wenn er nicht groß ist, oder kocht so lange bis er dem berührenden Metalle zu viele Wärme geraubt hat, wo er dann in ganz gewöhnlicher Weise, das Gefäß genau berührend, mit horizontaler Oberfläche, einem ziemlich schnellen Verdampfen ausgesetzt, bald aufgezehrt wird.

Diese Erscheinungen sind ohne Zweifel überraschend. Man sieht deutlich, daß die zu große Hitze des Metalles hier das gewöhnliche Verdampfen hindert, und daß dies bei einem geringern Wärmegrade wieder eintritt; aber aus welchen Gründen? Daß die Bedingung des Nichtkochens die Kugelform des Tropfens ist, das scheint aus allen Umständen hervorzugehen, und diese Kugelform tritt, wie Sie wissen, wegen gänzlich aufgehobener Adhäsion des Flüssigen gegen die feste Oberfläche ein. Die Wärme, von der wir auch aus andern Erscheinungen wissen, daß sie sich als abstoßend zeigt, scheint hier, vermöge dieses Abstoßens, die sonst statt findende Adhäsion aufzuheben; bei polirter Oberfläche reicht schon ein mäßiger Grad von Hitze, (bei mehreren Metallen wenigstens) hin, um die Adhäsion zu überwinden, bei unpolirter Oberfläche des Metalles ist die Glühehitze nöthig, und bei erdigen Körpern scheint keine Hitze zuzureichen, um die Erscheinung hervorzubringen. Daß dieser Mangel an Adhäsion die Hauptbedingung des Nichtkochens ist, scheint ein von Rumford angegebener Versuch zu zeigen, wo schon dem kalten Wasser die Adhäsion zu der Fläche, worauf es ruht, benommen ist. Läßt man den polirten Boden eines silbernen Gefäßes über einer Lichtflamme sich mit Ruß bedecken, so hat diese Fläche eine so geringe Adhäsionskraft gegen das Wasser, daß der Wassertropfen wie eine Perle darauf liegt; und auch diesen Wassertropfen bringt man nicht zum Kochen, aber sobald man ihn einen nicht mit Ruß bedeckten Theil der Oberfläche berühren läßt, so verkocht er zischend, (vorausgesetzt, daß die Hitze nicht den Grad erreicht, wobei auch das Silber selbst keine Adhäsion mehr zeigt). Auf dieser Adhäsion beruht gewiß auch die auf polirtem Metalle fast immer eintretende schnelle Bewegung des Tropfens. Die Oberfläche ist nämlich nicht leicht so gleich, vielleicht auch nicht so vollkommen gleichmäßig erwärmt, daß die Adhäsion überall gleich gut aufgehoben wäre; jede Ungleichheit der von rechts und links anziehenden oder abstoßenden Kräfte bringt aber eine Bewegung hervor, die sehr leicht dauernd werden kann, wie der Versuch mit dem Uhrglase auf dem geneigten Spiegel zeigt *). Wenn der Zeitpunkt

*) II. Theil. S. 22.

des Zerplatzens herannaht, so wird die Bewegung schneller, weil dann die Ungleichheiten der Adhäsion merklichern Einfluß haben. Indeß können diese Bewegungen auch von der an der Oberfläche des Metalls doch immer in schwachem Grade statt findenden Dampf-Entwickelung herrühren, und da diese stärker wird bei abnehmender Hitze des Metalles, so nehmen auch die Bewegungen zu; das Zerplatzen der Kugel scheint dadurch einzutreten, daß in dem Momente, wo der untere Theil der Kugel sich eng an die Oberfläche anschließt, wo die Adhäsion das Uebergewicht über die Abstoßung bekömmt, sich im Berührungspuncte Dämpfe von großer Elasticität, der Hitze des Metalles entsprechend', entwickeln, die den ganzen Tropfen aus einander treiben. Daß aber auch vorher schon Dämpfe, obgleich nicht mit der Gewalt des Kochens, entstehen, erhellt theils aus der allmähligen, wenn gleich langsamen Verminderung des Tropfens, theils aus der schon erwähnten Entzündung dieser Dämpfe, die eine große Flamme bilden, wenn es Weingeist oder Aether ist.

Warum nun aber der der Adhäsion beraubte Tropfen nicht kocht, darüber hat man mehrere Meinungen aufgestellt. Daß er nicht die Kochwärme erlangt, scheint gewiß; aber der Grund dieser geringen Erwärmung erhellt nicht ganz. Döbereiner glaubte, der Tropfen berühre die Oberfläche gar nicht; aber theils hat Muncke sich überzeugt, daß kein sichtbarer Zwischenraum vorhanden ist, theils ist auch bei einem Tropfen, der einen großen Durchmesser erlangt, es ganz gewiß, daß er so nahe, wie zwei glatte Körper sich berühren können, in Berührung kommen muß; indeß ist es auch wahr, daß das Tanzen sehr kleiner Tropfen eine merkliche Abstoßung verräth. Aber wenn auch keine merkliche Entfernung statt findet, so ist doch ganz gewiß die Berührung auch nur so unvollkommen, wie bei zwei harten polirten Körpern, und sofern die Mittheilung der Wärme sehr schwach. Nimmt man dazu, daß von dieser wenigen mitgetheilten Wärme doch auch noch ein Theil durch die langsame Verdampfung verloren geht, so möchte die hinüber geleitete Wärme wohl allerdings geringe sein. Aber der Tropfen empfängt doch auch strahlende Wärme, und diese kann besonders da, wo der Tropfen fast von allen Seiten mit glühendem Eisen umgeben ist, nicht unbedeutend einwirken. Man hat gesagt, der ganz durchsichtige Wassertropfen lasse die Wärmestrahlen durch ohne erhitzt zu werden; aber auch ein auf glühendem Eisen durch Asche oder andre Körper verunreinigter Tropfen zeigt eben jene Erscheinungen, und wenn man in das polirte Silbergefäß ein wenig geschabte Kreide bringt, so wird der Tropfen milchig, ohne darum seine Eigenschaften zu verlieren. Man sieht daher nicht ganz ein, warum der von so heißen Körpern rings umgebene Körper nicht heiß wird. Eine Hypothese, daß die Wärme verwandt werde, um das Wasser zu zersetzen, hatte einiges Gewicht, so lange man die Erscheinung nur über glühenden Oberflächen, namentlich auf glühendem Eisen, kannte, und wenn wirklich sich das Wasser in die zwei bekannten Luft-Arten verwandelte, so würde dazu wohl allerdings ein großer Wärme-Aufwand nöthig sein; aber auf einer Silberfläche, vollends auf einer lange nicht bis zum Glühen erhitzten Silberfläche, ist an Wasserzersetzung gar nicht zu denken; und obgleich Fischer beim Weingeiste aus dem Geruche nach Lampensäure auf Zersetzung schließt, so darf man doch schwerlich beim Wasser eine Zersetzung annehmen. Der Grund der geringen Wärme scheint also noch nicht recht erklärt zu sein. Das Unerklärliche, das der Versuch darbietet, steigt desto mehr, je größer der Tropfen wird, und da man ihm nicht bloß einen Zoll Durchmesser geben, sondern auch nach Lechevalliers Angabe einen glühenden Platintiegel nach und nach fast ganz füllen kann, wo die Zahl der in naher Berührung stehenden Puncte immer größer wird, so übersieht man nicht, wie da immer noch die Erwärmung so geringe bleibt. Noch weniger erhellt dies bei folgendem von Lechevallier erzählten Versuche. Dieser nahm einen hinreichend starken, 6 Zoll langen und 1 Zoll weiten Metallcylinder, und füllte ihn mit Wasser; nachdem die Oeffnung fest verspundet war, wurde der Cylinder glühend gemacht, sodann die Verspundung weggenommen, und dennoch drangen, der Glühehitze ungeachtet, keine Dämpfe hervor, sondern diese entwickelten sich erst mit Heftigkeit, wenn die Hitze bis unter die Hitze des Rothglühens herabgesunken war. Hier scheint es doch unmöglich, daß das Wasser nicht sollte einen hohen Hitzegrad angenommen haben, und es scheint hier also ganz an einem Erklärungsgrunde zu fehlen. Lechevallier behauptet übrigens, daß Wasser in einen weißglühenden Cylinder getröpfelt, nur

95 ° Cent. Wärme hat, und daß kochendes Wasser hineingetröpfelt sich abgekühlt, das ist, nicht mehr die Kochhitze erreichend, gefunden habe *).

Perkins führt zu Unterstützung der Behauptung, daß die erhitzten Körper stark abstoßend auf Flüssigkeiten wirken, noch folgende Erfahrung an. Der in hohem Hitzegrade erhaltene Dampf drang durch eine Röhre von $\frac{1}{8}$ Zoll Durchmesser nicht hervor, und ein Riß im Dampfkessel, der den wenig erhitzten Dampf stark durchließ, hielt bei starker Erhitzung den Dampf zurück. Nach Perkins Ansicht war es die vom Metalle ab treibende Kraft der Hitze, die hier das Hervorbringen des Dampfes hinderte. Muncke's Versuche machen es indeß zweifelhaft, ob so große Oeffnungen selbst im Glühen kein Wasser durchlassen; aber sie bestätigen, daß kleine Oeffnungen allerdings dem Wasser keinen Ausfluß gestatten, wenn das Gefäß glüht.

Ungleiche Leitung der Wärme.

Ich knüpfe hieran noch einige andre noch nicht erklärte Erscheinungen, die eine unter gewissen Umständen sehr verschiedene Wärmeleitung zu verrathen scheinen. Wenn man einen am Stiele mit der Hand gehaltenen silbernen Löffel über einer Lichtflamme erhitzt, bis die Hand den Stiel mäßig warm fühlt, dann aber den Löffel von der Flamme entfernt, so steigt die Hitze des Stiels schneller, als wenn man fortwährend die Flamme hätte einwirken lassen. Man sollte eher das Gegentheil erwarten, da die abkühlende Luft einen Aufwand an Wärme zu fordern scheint. Fischer, der auf diese Sonderbarkeit aufmerksam macht, theilt noch andre Versuche mit, die ebenfalls auffallend sind. Wenn man gleiche Stückchen von Silber und Platin durch eine mäßige Wärme, zum Beispiel des kochenden Wassers, erhitzt, so scheinen sie die Wärme ziemlich gleich gut zu leiten, ein Wachs-Ueberzug wird am einen nicht viel weiter als am andern weggeschmolzen; bringt man aber die Enden in eine Flamme, so leitet Silber die Wärme viel weiter als Platin, obgleich das letztere glühend wird; und erst, wenn man das glü-

*) Frorieps Notizen. XXVIII. Nro. 16.

hende Platin aus der Flamme herausnimmt, theilt sich die Wärme dem andern Ende schneller mit, als während das Glühen in der Flamme unterhalten ward *).

Es ließen sich wohl noch mehr Erscheinungen sammeln, die eine von den gewöhnlichen Gesetzen abweichende Bewegung des Wärmestoffs in den Körpern andeuten **); aber da sie noch allzu vereinzelt dastehen, und keine genaue Erklärung gestatten, so scheint es mir nicht angemessen, länger dabei zu verweilen.

Elfte Vorlesung.

Das Verbrennen.

Unter den Erscheinungen, welche die Hervorbringung der Wärme betreffen, bieten die Erscheinungen des Verbrennens so viel Merkwürdiges und auch so viel für die Anwendung Wichtiges dar, daß auch dieser Gegenstand hier noch umständlicher abgehandelt zu werden verdient.

Das Verbrennen findet dadurch statt, daß die durch irgend ein Mittel einmal hervorgebrachte Hitze die den Körper umgebende Sauerstoffluft zersetzt, und wir finden uns bewogen, anzunehmen, daß das Sauerstoffgas bei dieser Zersetzung den Wärmestoff frei läßt, welcher jenem seine elastische Luftform verlieh, daß der Sauerstoff selbst aber, die wägbare Basis der Sauerstoffluft, unterdeß andere Verbindungen eingeht. Da diese Verbindungen verschieden sind, je nachdem der sich zersetzende, brennende Körper ein andrer ist, so will ich sogleich ein einzelnes Beispiel näher betrachten.

*) Poggend. Ann. XIX. 507.

**) Es gehört dahin die als ganz sicher angegebene Erfahrung, daß ein im metallenen Kessel zum recht starken Kochen gebrachtes Wasser im Augenblicke des Abhebens vom Feuer den Boden des Kessels so abkühle, daß man ihn mit der Hand berühren könne, gleich nachher aber dem Boden wieder die volle Hitze ertheile.

Wenn man die fetten Körper, welche wir zu Hervorbringung von Flammen anwenden, der Destillation in geschlossenen Gefäßen unterwirft, so geben sie Wasserstoffgas und Kohlenstoffgas mit nur wenig Sauerstoffgas; sie bedürfen einer bedeutenden Hitze, um in diese Bestandtheile zersetzt zu werden, und eben diese Hitze reicht, wenn sie unter freiem Zutritt des Sauerstoffgas statt findet, auch zu, um die Verbrennung des Wasserstoffgas, das heißt, die Verbindung seines Wasserstoffs mit dem Sauerstoff, wobei dann Wasserdampf hervorgeht, zu bewirken. Indem so das Sauerstoffgas seinen schweren Bestandtheil, den Sauerstoff, zu Bildung eines neuen Körpers, des Wassers, hergiebt, wird eine große Menge Wärme frei, und daher hat man, mit gutem Grunde, die Meinung gefaßt, daß der elastische Zustand des Sauerstoffgas, das Bestehen desselben im luftförmigen Zustande, darauf beruhe, daß der Wärmestoff in sehr großer Menge als Bestandtheil im Sauerstoffgas enthalten sei. Sein Freiwerden ist es also, worin wir die Entstehung der Wärme begründet finden.

Ist der Zutritt des Sauerstoffs ungehindert, so unterhält sich nun das Brennen fortwährend selbst, da die zuerst durch eine fremde Ursache herbeigeführte Erhitzung fortbesteht, weil die Zersetzung der Luft sie immer erneuert. Eben diese Zersetzung findet auch in andern Fällen statt, wo kein Wasserstoff entwickelt wird. Die schon ihrer flüchtigen Bestandtheile beraubte Kohle hat bei der Glühehitze eine so große Verwandtschaft zum Sauerstoff, daß auch sie das Sauerstoffgas zersetzt, der Kohlenstoff bildet mit dem Sauerstoff die kohlensaure Luft, aber, obgleich hier eine neue Luft-Art entsteht, so wird doch auch hier, wie die Erfahrung zeigt, Wärme frei, und das Verbrennen wird unterhalten, so lange die gewöhnliche atmosphärische Luft oder noch lieber das reine Sauerstoffgas freien Zutritt hat. In andern Fällen scheint zwar eine Verschiedenheit einzutreten, die aber doch nur in der gradweisen Ungleichheit der Erscheinungen besteht. Das glühende Eisen zersetzt ebenfalls das in der Atmosphäre enthaltene Sauerstoffgas, und man könnte daher glauben, während das glühende Eisen sich oxydirt und dabei Wärme frei wird, müsse das Glühen des Eisens ebenso gut als das Glühen der Kohle unterhalten werden, was doch nicht der Fall ist. Aber offenbar ist hier die frei werdende Wärme zwar vorhanden, jedoch nicht in so hinreichendem Maaße, daß sie den Proceß des Oxydirens fortwährend erneuern könnte; und daß dies so ist, erhellt, wenn wir ein Stück glühenden Stahl in reines Sauerstoffgas bringen, wo ein Stückchen angebrannter Zunder an eine Stahlfeder befestigt, zureicht, um den glühend werdenden Stahl in ein vollkommenes, sehr glänzendes Verbrennen zu versetzen. Hier nämlich, wo der Sauerstoff so reichlich zuströmt, ist die Zersetzung des Sauerstoffgas und die Verbindung des Sauerstoffs mit dem Eisen so lebhaft fortgehend, daß Wärme genug frei wird, um auch die nächsten Theile der dünnen Stahlmasse glühend und zur Oxydirung fähig zu machen. Dieses Experiment ist, so wie das Verbrennen des Phosphors in reinem Sauerstoffgas eines der glänzendsten, indem, wie in so vielen Fällen, die durch schnelle Zersetzung des Sauerstoffgas hervorgebrachte Hitze, auch hier mit der lebhaftesten Licht-Erscheinung verbunden ist.

Diese Erscheinung des im reinen Sauerstoffgas im eigentlichen Sinne verbrennenden Stahls leitet uns nun auch zu der richtigen Beurtheilung der Erscheinungen, die wir an der Kohle und an andern brennenden Körpern in verdünnter Luft oder in einer nur wenig Sauerstoffgas enthaltenden Luft wahrnehmen. Die Lichtflamme erlischt, die Kohle hört auf zu glühen, wenn wir die Luft stark verdünnen, und eben das geschieht, wenn in eingeschlossener Luft der Sauerstoff nach und nach verzehrt wird. Wir sind geneigt anzunehmen, der gänzliche Mangel an Sauerstoff bringe diesen Erfolg hervor; aber es ist gewiß, daß das Auslöschen der Flamme schon eintritt, wenn auch noch ziemlich viel Sauerstoff übrig ist. Offenbar ist es hier, wie bei dem glühenden Eisen; die Zersetzung nämlich dauert zwar zuerst fort, aber es entbindet sich nicht Wärme genug, um den Proceß lebhaft zu unterhalten, das in dem umgebenden Raume nur sparsam vorhandene Sauerstoffgas muß gleichsam mühsam zusammengesucht werden, und bringt daher nicht mehr den vollen Hitzegrad hervor; und indem dieser sinkt, vermindert sich die Stärke der Anziehung für den Sauerstoff, und sehr bald tritt, da beide Umstände dazu mitwirken, das gänzliche Erlöschen ein, weit eher als aller Sauerstoff verzehrt ist.

Davy hat über diesen Gegenstand genauere Versuche angestellt, und gefunden, daß die Körper, welche zum Entzünden einer geringern Hitze bedürfen, in einem Raume, der wenig Sauerstoffgas enthält, noch fortbrennen, während andre schon erlöschen. Phosphor, der sich schon bei sehr niedriger Temperatur entzündet, brennt in verdünnter atmosphärischer Luft fort, wenn diese auch bis auf $\frac{1}{60}$ der natürlichen Dichtigkeit verdünnt ist; für Schwefel hingegen wird eine Dichtigkeit, die mehr als $\frac{1}{20}$ ist, erfordert, und eine Alcoholflamme erlischt schon, wenn die Dichtigkeit der Luft ungefähr $\frac{1}{6}$ ist. Ebenso verhält es sich mit den Luft-Arten, daß nämlich die bei geringerer Hitze entzündbaren auch in verdünnterer Luft noch fortbrennen. Wasserstoffgas, das man, indem es sich entwickelt, aus einer Röhre hervorströmen und dort verbrennen läßt, giebt, wenn man die die Flamme umgebende Luft verdünnt, zuerst eine größere Flamme, die aber, wenn die Dichtigkeit $\frac{1}{10}$ der natürlichen Dichtigkeit ist, erlischt. Dieses Erlöschen tritt bei einer größern Flamme später ein, weil die Hitze hier etwas besser unterhalten wird, selbst wenn der Verbrennungsproceß langsamer fortgeht. Ebenso kann man die Flamme länger erhalten, kann sie zu einer vollständigern Zerstörung des Sauerstoffgas anwenden, wenn man auf andre Weise die Abnahme der Hitze hindert. Befindet sich in der Flamme ein Metalldrath, so bringt die Flamme diesen zum Glühen, und nun ist sie fähig, noch aus dem mehr verdünnten Sauerstoffgas sich die nöthige Nahrung zu suchen, weil der Metalldrath die einmal erlangte Hitze länger behält, und dadurch die zu Zersetzung des Sauerstoffgas nöthige Hitze auch dann noch unterhält, wenn der Verbrennungsproceß selbst diese Hitze nicht mehr zu unterhalten vermag. Davy's Versuche zeigten, daß die Alcoholflamme bei einer Verdünnung der Luft bis auf $\frac{1}{6}$ schon erlosch, wenn sie allein brannte, aber erst bei einer Verdünnung bis auf $\frac{1}{8}$ der natürlichen Dichtigkeit, wenn ein glühender Platindrath die Hitze unterhielt.

Jene Regel, daß sich die Entzündbarkeit eines Körpers durch den Grad der Verdünnung der atmosphärischen Luft, wobei er noch fortbrennt, bestimmen lasse, findet auch Anwendung auf Mischungen von Gas-Arten, die gemischt entzündbar sind. Wasserstoffgas und Sauerstoffgas in dem Verhältnisse gemischt, wie es zur Wasserbildung nöthig ist, lassen sich durch den electrischen Funken nicht mehr entzünden, wenn ihre Dichtigkeit weniger als $\frac{1}{18}$

derjenigen ist, die dem Drucke der Atmosphäre entspricht; gleiche Theile Chlorine und Wasserstoffgas dagegen, die sich bei niedrigerer Temperatur entzünden, gestatten auch eine Verdünnung bis auf $\frac{1}{24}$. Sind solche Gasgemische mit andern, brennbaren oder nicht brennbaren Luft-Arten verbunden, so wird ihre Brennbarkeit in ungleichem Maaße geschwächt nach Verschiedenheit der beigemischten Luft-Arten, indem zum Beispiel 1 Maaß Sauerstoffgas mit 2 Maaß Wasserstoffgas gemischt nicht mehr zum Entzünden vermittelst eines starken electrischen Funkens zu bringen ist, wenn es auch nur $\frac{1}{2}$ Maaß Oel bildendes Gas beigemischt enthält, statt daß eine Beimischung von 8 Maaß Wasserstoffgas nöthig ist, um das Explodiren zu hindern. Ebenso bedarf man weniger kohlensaures Gas, um die Explosion zu hindern, als Stickgas. Eine ähnliche Verschiedenheit findet bei brennbaren festen Körpern statt, die man in ein mit kohlensaurem Gas oder mit Stickstoffgas vermischtes Sauerstoffgas bringt.

An die Erfahrung, daß ein fremder erhitzter Körper das Verbrennen noch unterhält, wenn auch die Umstände sonst minder günstig für die Zersetzung sind, schließt sich Davy's Glühlämpchen an. Bringt man nämlich einen sehr feinen Platindrath, der spiralförmig gewunden ist, nachdem man ihn glühend gemacht hat, in ein Glas, worin sich unten Aether befindet, so daß der Drath sich bloß in den Aetherdämpfen befindet, so dauert das Glühen des Drathes ohne Aufhören fort. Der Aetherdampf nämlich findet hier Hitze genug, um zu verbrennen, und diese Zersetzung liefert wieder Hitze genug, um das Glühen eines so dünnen Drathes zu erhalten. Mit erwärmtem Alcohol gelingt der Versuch auch. Aber da die Masse des sehr dünnen Platindraths so sehr geringe ist, so reicht ein geringer Luftzug zu, um ihn abzukühlen, und dann hört leicht die ganze Erscheinung auf; man muß ihn daher gegen Abkühlung von außen sichern. Auf ähnliche Weise erhält eine mit sehr dünnem Platin überzogene Glaskugel, wenn man sie zuerst in einer Alcoholflamme hat glühend werden lassen, sich fortwährend glühend, wenn sie über dem sich immer mit neuem Alcohol füllenden Dochte in den Dämpfen desselben steht, und gegen Abkühlung gesichert ist. Auch andre Metalldräthe geben ähnliche Erscheinungen, sind aber bei der leichten Schmelzbarkeit nicht so bequem zu benutzen. Auch verkohlte Körper erhalten sich im Aetherdampfe länger glühend.

Oefen und Feuerherde. Rauch verzehrende Oefen.

So bekannt alles das ist, was unsre gewöhnlichen Oefen und die Mittel zur Erwärmung betrifft, so lassen sich doch auch dabei eine Menge von Betrachtungen anstellen. — Daß wir den Schwefel anwenden, um aus dem kleinsten Zunderfunken Feuer anzumachen, beruht darauf, daß der Schwefel schon bei so niedriger Temperatur, — wenige Grade über der Hitze des kochenden Wassers — sich entzündet. Aber schon beim Anzünden des Feuers in unsern Oefen finden wir allerlei Schwierigkeiten. Der brennende Holzspan erlischt, wenn er den kalten Boden des Ofens berührt, ja wir dürfen ihn nicht einmal mit einem größern Holzstücke berühren, ohne in Gefahr zu sein, daß wir ihn dadurch der Wärme berauben, deren er um fort zu brennen bedarf, und nur Körper, die bei sehr geringer Hitze sich entzünden, gestatten einige unvorsichtige Abkühlung ohne zu erlöschen. Es ist daher eine Regel, den neu zu entzündenden zweiten Holzspan, vorzüglich wenn er nicht sehr dünne oder wenn er von einem schwerer entzündbaren Holze ist, ohne Berührung des brennenden Spanes über der Flamme zu halten, damit er erhitzt werde, ohne jenen abzukühlen. Es ist eine Regel, das kleine brennende Holzstückchen lieber auf Kohlen, als auf Holz oder gar auf den eisernen Boden des Ofens zu legen, weil die Kohle ein schlechter Wärmeleiter ist, und sich leicht selbst bis zum Brennen erhitzt. Ein zu scharfer, kalter Luftzug tödtet die schwach glimmende Flamme, weil er zu sehr abkühlt; ein mäßiger Luftzug belebt sie, weil er die Zersetzung durch immer neu zugeführten Sauerstoff befördert.

Ist das Feuer einmal so weit im Brennen, daß dieses Auslöschen durch Luftzug nicht mehr zu fürchten ist, so thut die Verstärkung des Luftzugs die besten Dienste, um das Feuer zu beleben, und um aus dem Feuermateriale die größte Menge von Hitze zu gewinnen. Das Holz nämlich giebt bei mäßiger Hitze mehrere Stoffe her, die unverbrannt fortgeführt werden, die dagegen völlig verbrannt werden, wenn man sie stärkerer Hitze aussetzt. Wir sehen dieses an dem dicken Rauche, den selbst trocknes Holz giebt, wenn es langsam und unvollkommen verbrennt; dieser Rauch enthält noch vielen brennbaren Stoff, der zur Erhitzung oder zum Leuchten beitragen kann. Er enthält nämlich harzige Stoffe, Holz-Essig, Ruß, und alle diese Körper kann man auch, wenn man Holz in verschlossenem Raume stark erhitzt und dadurch verkohlt, als Ergebniß dieser Destillation auffangen; und da diese Stoffe bei hinreichender Hitze selbst fähig sind, zersetzt zu werden und das Sauerstoffgas zu zersetzen, so verlieren wir sehr, wenn wir sie unbenutzt entweichen lassen. Auf dem vollkommenen Verbrennen dieser Stoffe beruht zum Theil der Vortheil der geschlossenen Feuerherde, wo das auf dem Roste A brennende Holz durch den starken Zug in der hoch hinaufgehenden Röhre B veranlaßt wird (Fig. 34.), seine Flamme durch den horizontalen Theil C des Herdes fortzuführen. Ist hier durch glühende Kohlen, die sich in D befinden, hinreichende Hitze, um die bei A entweichenden Rauchtheile zu verbrennen, so kann man es erlangen, daß hier alles, was verbrennlich ist, der völligen Zersetzung unterworfen wird. Die Vortheile, welche dieser starke Zug, den eine hohe Röhre B hervorbringt, gewährt, ist in jeder Hinsicht bedeutend. Statt daß ein bei A frei brennendes, auf einem gewöhnlichen Roste liegendes, Holz nur durch einen langsamen Zufluß von Luft angefacht wird, führt hier dagegen der durch die Erhitzung in der Röhre B hervorgebrachte Strom heißer Luft einen Ueberfluß von Sauerstoffgas herbei, welches, durch das brennende Holz durch strömend, und allen erhitzten brennbaren Theilen sich darbietend, die Verbrennung vollkommen macht. Noch besser wird diese vollkommene Verbrennung bewirkt, wenn man in den sehr erhitzten Rauch einen Strom von Luft, die noch gar nichts von ihrem Sauerstoff verloren hat, hereindringen läßt, damit es gewiß nicht an diesem zum Verbrennen so wichtigen Körper fehle *).

So erhält man durch diese und ähnliche Vorrichtungen Rauch verzehrende Oefen, und unsre gewöhnlichen Oefen sind es desto mehr, je lebhafter der Zug ist, den sie bewirken, und je mehr dafür gesorgt ist, daß der Rauch lange heiß erhalten werde, fortwährend der Hitze glühender Kohlen ausgesetzt, nicht durch zu frühes Abkühlen eine Art, hier ganz unnützer, Destillation erleide. Eine ein-

*) Gilb. Ann. XXXII. 300.

fache Anordnung solcher Rauch verzehrender Oefen verdient hier noch erwähnt zu werden. Wenn (Fig. 35.) auf dem Roste A das zum Brennen bestimmte Holz liegt und man glühende Kohlen auf dasselbe legt, so ist der gewöhnliche Erfolg, daß das Holz seinen Rauch nach B aufwärts sendet; ist aber die Röhre C bedeutend hoch und hat man sie vorher so erhitzt, daß ein starker Luftstrom in ihr hinauf, also bei B eindringend von B nach D hinabwärts, geht; so zieht dieser Luftstrom die Flamme nach innen und die immer mehr und mehr erhitzte Röhre C erfüllt den Zweck, den Rauch vollständig zu verbrennen, immer besser, je stärker das in A angemachte und in die Röhre hinein gehende Feuer ist.

Ein ebenfalls wichtiger Umstand beim Anordnen des Feuers ist, daß man die noch unentflammten Holzstücke auf die passendste Weise zu Verstärkung des Feuers anbringe. Die Holzstücke müssen nicht zu groß sein, damit sie viel glühende Oberfläche darbieten, um so das Sauerstoffgas vollständiger zu zersetzen. Sie müssen nicht so auf die Kohlen gelegt werden, daß sie durch ihre Kälte die Kohlen tödten, ihnen zu viel Wärme entziehen, und sie dadurch zur Zersetzung der Luft untauglich machen; sie müssen dagegen dem Zutritte der Flamme vollkommen ausgesetzt sein, ohne die Kohlen in zu vielen Puncten zu berühren; sie müssen einander so nahe sein, daß das Entflammen des einen Stückes das andre erreiche, dabei aber muß der Luftzug ungehemmt jedem derselben Sauerstoffgas zuführen können. Ist der Rost, auf dem allemal das Feuer am besten brennt, in der Mitte etwas gesenkt, so hat das den Vortheil, daß auch die allmählig abnehmende Menge des Feuermaterials sich gegen die Mitte sammelt, und dem Zuge auf die vortheilhafteste Weise ausgesetzt bleibt.

Damit kein unnützer Luftzug neben dem Feuer vorbei gehe, ist es vortheilhaft, den Rost so anzulegen, daß alle seine Oeffnungen gegen den Mittelpunkt des Feuers gehen, indem alsdann auch die von der Seite eindringende Luft auf das Feuer zu geleitet wird. Ebenso ist es da, wo ein starker Blasebalg das Feuer anbläst, vortheilhaft, diesen in einen das Feuer umgebenden hohlen Cylinderraum blasen zu lassen, damit durch die durchlöcherte innere Wand dieses Cylinderringes die von allen Seiten auf den Feuerraum eindringende Luft ein Anblasen von allen Seiten gegen die Mitte des Feuers hervorbringe.

Ebenso wichtig als diese Rücksichten auf die kräftige Unterhaltung des Feuers, sind auch die auf die beste Benutzung desselben. In Beziehung darauf verdient es vorzüglich beachtet zu werden, daß das Feuer nur die Körper gut erwärmt, die es mit seiner Flamme berührt. Allerdings trägt auch die strahlende Wärme des brennenden Feuers bei, die entfernten Wände unserer Oefen zu erhitzen, aber, wenn bloß in der Mitte eines großen Ofens ein Feuer brennt, so wird der Ofen bei weitem nicht so gut erwärmt, als wenn wir die Flamme zwingen, sich an den Wänden hin zu ziehen. Daher ist es vortheilhaft, dem Theile des Ofens, worin das Feuer brennt, eine schmale und niedrige Form zu geben, damit bei hinreichendem Zuge die Flamme alle Seitenflächen berühre; dann aber muß auch die erhitzte und aller verbrennlichen Stoffe beraubte Luft lange genug in den Zügen des Ofens fortgeleitet werden, damit sie alle ihre Wärme absetze. Ebenso muß man beim Kochen sorgen, daß die Flamme den Boden der Gefäße treffe, und an ihnen hin spielend so viel Wärme als möglich an sie mittheile. Solcher Regeln lassen sich noch manche geben, und Rumford hat zu manchen einzelnen practischen Anwendungen Anleitung gegeben *).

Zu der Bestimmung, wie viel Wärme man beim Verbrennen irgend eines Feuerungsmittels erhalte, scheint Montgolfiers Calorimeter sehr angemessen zu sein **), da Rumfords Calorimeter doch nur um die Hitze einer kleinen Flamme zu bestimmen, dienen kann. Dieses Instrument besteht aus einem mit Wasser gefüllten Kasten (Fig. 36.) ABCD, in dessen Mitte sich ein mit vollkommen wasserdichten Wänden versehener Ofen EFGH befindet. Dieser Ofen hat seinen Rost bei FG und bei H ist der Luftzug; durch die Oeffnung bei A werden die zum Brennen bestimmten Körper hereingelegt und entzündet, dann aber wird diese Oeffnung durch einen dichten Deckel geschlossen, so daß der

*) Gilb. Ann. III. 309. IV. 85. 222. 330.

**) Gilb. Ann. XXXV. 484.

Luftzug den Rauch durch die sehr lange Röhre ikl fortführen muß. Es versteht sich von selbst, daß man den Zug so muß zu verstärken suchen, daß das Brennmaterial so wenig als möglich unverbrannten Rauch durch die Oeffnung l entweichen lasse, und daß auch alle Wärme dem Rauche und der bei l hervorgehenden Luft fast ganz entzogen sei. Damit auch die bis in die Röhre ikl hinüber geführte Wärme zur Erhitzung des Wassers beitrage, ist die Zugröhre rund um mit einer Wasserröhre umgeben, deren Durchschnitt die Figur in mno, pqr, zeigt. Das Wasser wird aus dem etwas höher stehenden Gefäße UV durch die Röhre ts zugeführt, und die Röhre px leitet es bis auf den Boden des Hauptgefäßes ABCD herab. Um die Luft auszulassen, ist oben bei Y eine Röhre mit einem Hahne, und um das Wasser abzulassen, unten eine Röhre bei Z. Der mit diesem Instrumente anzustellende Versuch besteht darin, daß man eine abgewogene Quantität des Brennmaterials in den Ofen legt, dieses schnell zum vollen Brennen bringt, dann die Zeit beobachtet, die erforderlich ist, bis das Wasser einen bestimmten Hitzegrad erreicht, und sobald dieser erreicht ist, das Feuer durch Verschließen aller Oeffnungen tödtet. Die Menge des verbrannten Brennmaterials giebt dann an, theils in welchem Grade das eine oder andre Material mehr Hitze giebt, theils wie ein verschieden unterstütztes, schnelles oder langsames, Brennen ungleich wirkt, u. s. w. Es ist wohl einzusehen, daß auch bei sorgfältiger Ausführung des Versuches hier noch viele Schwierigkeiten sich einer genauen Bestimmung entgegenstellen, doch scheint diese Anordnung immer noch am besten zu vergleichenden Versuchen dienen zu können.

Die von **Bull** angestellten Versuche sind auf eine noch schwierigere Weise zu Stande gebracht, indem er ein kleines Zimmer von 8 Fuß Länge, Breite und Höhe mitten in einem größern Zimmer bauen ließ, und durch einen in dem kleinern Zimmer angebrachten Ofen den Grad der Wärme, den abgewogne Brennmaterialien hervorbrachten, bestimmte. Diese Versuche zeigen allerdings gerade die Wirkung am meisten unmittelbar, die gewöhnlich am wichtigsten für uns ist; aber es scheint doch auch da schwierig, eine vollkommene Vergleichbarkeit der Versuche zu bewirken. **Peclet** theilt die von **Bull**, **Rumford** und andern bekannt gemachten Folgerungen mit, von denen ich hier nur sehr wenig anführen kann *). Sehr stark ausgetrocknetes Holz bringt, wenn man gleiche Gewichte an Holz anwendet, nicht sehr verschiedene Wärmemengen hervor; aber die vollkommene Austrocknung ist so vortheilhaft, daß ein nur gewöhnlich trockenes Fichtenholz nicht völlig $\frac{5}{6}$ der Wärme giebt, die man von ebenso viel wiegendem, im Ofen vollkommen ausgetrocknetem Fichtenholze erhält, — der Aufwand an Holz ist im letzten Falle zwar um so viel als das Gewicht der feuchten Theile betrug, größer genommen, aber dies ist doch lange nicht der ganzen Quantität des unvollkommen trockenen Holzes gleich, wenn das Letztere gleich viele Wärme geben soll. Man kann rechnen, daß 1 Pfund ganz trocknes Holz so viel Wärme giebt, als nöthig ist, um 40 Pfund Eis zu schmelzen. Ein gleiches Gewicht der besten Holzkohlen giebt fast doppelt so viel Wärme als Holz, aber die Kohlen sind bei weitem nicht von gleicher Güte. Ein bestimmtes Gewicht Steinkohlen giebt weniger Wärme als dem Gewichte nach ebenso viel Holzkohle. Baum=Oel, dem Gewichte nach gerechnet, giebt $\frac{5}{4}$ bis $\frac{3}{2}$ mal so viel Wärme als Holzkohle, und Wasserstoffgas giebt bei gleichem Gewichte dreimal so viel Wärme als Holzkohle. Für die Holz=Arten, die wir nach Klaftern und nicht nach Gewicht zu berechnen pflegen, sind folgende Vergleichungen angegeben: Nußbaumholz giebt doppelt so viel Wärme als Birkenholz, Rothbuchen= und Weißbuchenholz $\frac{4}{3}$ mal so viel als Birke, Fichtenholz $\frac{9}{8}$ mal so viel als Birkenholz, die Italienische Pappel dagegen nur $\frac{5}{6}$ dessen was Birkenholz giebt, nämlich Klafter gegen Klafter gerechnet. Indeß, so schätzenswerth diese Angaben sind, so kommen doch, theils durch die Verschiedenheit des Holzes, theils durch die Verschiedenheit der Anwendung, in den Bestimmungen des Werthes, den wir den Brennmaterialien beilegen müssen, große Ungleichheiten vor. Oft ist uns ein schnell brennendes Feuer angenehmer, wenn es auch im ganzen Verlaufe des Verbrennens nicht so viel Hitze giebt, oft verlangen wir ein lange dauerndes mäßig wärmendes Feuer, u. s. w.

*) Ueber die Wärme und deren Anwendung in Künsten und Gewerben, von Peclet; übers. v. Hartmann. Erster Th. Braunschw. Vieweg. 1830.

Löschen des Feuers.

Aber auch das Feuerlöschen hängt von eben den Grundregeln ab, wie das Verstärken des Feuers. Das Feuer erlischt, wenn es keinen Zufluß von Sauerstoffgas hat, und ein genaues Schließen aller Züge erstickt daher das Feuer. Es erlischt, wenn man die brennende Fläche schnell abkühlt, und dies geschieht am wirksamsten durch flüssige Körper, die eine sehr große Wärme zum Verdampfen fordern. Indem nämlich die brennende Oberfläche mit einer dünnen Wasserschichte überzogen wird, und diese beim Verdampfen einen sehr großen Wärme-Aufwand fordert, wird die brennende Fläche bis unter den Wärmegrad, wobei sie sich entzünden kann, abgekühlt. Es bedarf dazu nur einer mäßigen Quantität Wassers, und der Strahl der Feuerspritze wird vortheilhafter angewandt, wenn er eine ausgedehnte Fläche, an ihr hinstreichend, mäßig befeuchtet, als wenn er sich mit großer Gewalt auf wenige Puncte ergießt. Wie wirksam diese Abkühlung ist, zeigt der Versuch, wo man Wasser in einem Papiere über der Lichtflamme erhitzt. Hier entzündet sich das Papier nicht, weil das die andre Seite des Papiers berührende Wasser doch höchstens bis zur Kochhitze erwärmt wird, und diese Kochhitze ist bei weitem geringer als diejenige, deren das Papier zum Entzünden bedarf. Daß die Löschung zuerst auf die untersten Puncte gerichtet werden muß, ist offenbar, da diese die höhern mehr erhitzen, als es umgekehrt der Fall ist. Körper, die leicht entzündbar sind, gestatten eben darum kein leichtes Auslöschen, weil hier eine viel tiefere Abkühlung nöthig ist, als bei schwer entzündlichen Körpern. Indeß kann man selbst mit brennbaren Körpern einen brennenden Körper löschen, wenn man nur schnell eine so große Quantität hinzubringt, daß die Abkühlung stark genug ist, wobei dann überdies auch dem Feuer der Zutritt der Lebensluft geraubt wird.

Zwölfte Vorlesung.

Flammen. Lampen-Erleuchtung.

Noch merkwürdigere Betrachtungen als die Erwärmung durch das Feuer bietet die Flamme uns dar. Die meisten verbrennlichen Körper, welche mit Flamme brennen, geben bei der zerstörenden Destillation Luft-Arten, welche Wasserstoff und Kohlenstoff enthalten, und die Entzündung dieser Luft-Arten bringt die Flamme hervor *). Nachdem nämlich bei unsern gewöhnlichen Lichtern durch eine fremde Erhitzung das Wachs oder der Talg im Dochte zum Brennen gebracht ist, reicht diese Hitze hin, um die benachbarten Theile zu schmelzen; sie ziehen sich nun in dem Dochte herauf, kommen hier in die völlige Gluth der Flamme, wodurch sie zersetzt und selbst in Brand gesetzt werden, und damit ist die Dauer des Prozesses gesichert. Nur wenn durch starke Abkühlung, am gewöhnlichsten durch einen starken Luftzug, die Erhitzung unterbrochen wird, erlischt das Licht, und hier findet man wieder, daß eine Wachslichtflamme leichter als eine ebenso große und ganz gleiche Talglichtflamme und viel leichter als eine Schwefelflamme auszublasen ist, weil die letztere bei sehr geringer Wärme fortbrennt. Die noch matt brennende Flamme eines eben angezündeten Lichtes kann sogar durch bloße Annäherung eines sehr kalten Körpers getödtet werden, weil sie so wenig Wärme entwickelt, daß der ganze Verbrennungsproceß durch die mindeste Entziehung von Wärme aufgehoben werden kann.

Die Flamme brennt nur da, wo sie mit der atmosphärischen Luft in Berührung ist, so daß sie nur einen dünnen leuchtenden Mantel um den innern, zwar sehr erhitzten, aber doch kein Verbrennen darbietenden, Raum bildet. Man sieht dies, wenn man

*) Von allen Flammen gilt dies nicht. Schwefel z. B. bringt im Brennen Schwefelsäure, durch die Verbindung des Schwefels mit dem Sauerstoffe, hervor.

einen sehr brennbaren Körper in die Mitte der Flamme bringt, wo er wohl schmilzt, aber nicht brennt; selbst Phosphor in der Mitte einer großen Weingeistflamme brennt nicht, sondern bleibt geschmolzen und unentzündet, bis bei Verminderung des Weingeistes die kleiner werdende Flamme den Zutritt der Luft zu ihm gestattet, wo er sich dann entzündet. Diese hohle Kegelform der Flamme wird am besten sichtbar, wenn man ein aus sehr dünnem Drath mit sehr engen Maschen verfertigtes Drathgewebe von oben herab in die Flamme bringt; dann ist nur der kreisförmige Umfang dieser Durchschnittsfläche leuchtend, der mittlere Raum dagegen enthält unverbrannte Bestandtheile, die sich beim Brennen fetter Körper als Ruß anlegen. Die Flamme nimmt eine spitzige Form an. Der hinaufsteigende Strom erwärmter Luft, welcher unten an den Seiten des mit brennbaren Luft-Arten erfüllten Raumes in der Breite, welche die entwickelten brennbaren Luft-Arten einnehmen, zurückgehalten wird, drängt sich oberwärts, wo diese Raum finden, sich höher hinauf auszudehnen und wo sie zum Theil schon verzehrt sind, von allen Seiten nach der Mitte, und hier wird der hinaufgehende Strom dieser Luft-Arten verengert und endlich schmal genug und hinreichend mit atmosphärischer Luft gemischt, um durch und durch brennend den Kegel zu schließen. Im untern Theile der Flamme, wo die zerstörende Destillation des fetten Körpers in unsern Lichtern und Lampen erst statt findet, ist sehr wenig Zersetzung der erzeugten Luft-Arten, eine Menge von Kohlenstoff legt sich hier, wenn man die Flamme unterbricht, als Ruß an. Höher hinauf, wo die Verbrennung am lebhaftesten fortgeht, wo der blaue Theil der Lampenflamme aufhört, ist die Hitze der Flamme am größesten und der unverbrannt sich anlegenden Theile sind wenigere, obgleich bei der gewöhnlichen Lichtflamme und Lampenflamme noch erhebliche Mengen unverbrannter Stoffe oberhalb der Flamme als Rauch verloren gehen. Nähert man zwei Flammen einander, so brennen sie höher auf, und geben ein stärkeres Licht, offenbar weil die sich gegenseitig unterstützende Hitze noch Theile verbrennt, die an der Oberfläche der einzelnen Flamme, unvollkommen verbrannt, verloren gingen.

Da die Mitte der Flamme aus Mangel an Oxygen nicht leuchtet, so begreift man leicht, wie viel gewonnen wird, wenn man einen Luftstrom in der Mitte der Flamme hinaufgehen läßt, oder wenn man einen cylindrischen Docht anwendet, wie dies in den Argandschen Lampen der Fall ist. Diese große Verbesserung der Lampen, die Argand 1783 bekannt machte, hat nicht bloß vor den gewöhnlichen, sondern selbst vor den bloß bandförmig nach einer Richtung ausgedehnten Dochten den Vorzug. Der Luftzug wird nämlich in dem so stark erhitzten innern Raume der Flamme mehr befördert, und diese Erhitzung befördert auch schon an sich das vollständige Verbrennen der aus dem Oele entwickelten Luft-Arten. Der Vortheil, den jener innere Luftzug gewährt, wird noch vermehrt, wenn man eine gläserne, unten und oben offene Röhre die Flamme umgeben läßt. Diese, indem sie selbst erhitzt wird, befördert den raschen Zutritt des Sauerstoffgas, und nöthiget den hinaufgehenden Luftstrom, sich nahe an der Flamme hin zu drängen, und sie so möglichst vollkommen mit Sauerstoff zu nähren. Und so ist es denn wohl einzusehen, warum diese Argandschen Lampen alles Brennbare ganz verzehren, so daß gar kein Rauch sich oberhalb der Flamme findet, sondern Wasserdampf (aus der Vereinigung der Hydrogen mit dem Oxygen,) und kohlensaures Gas (aus der Vereinigung des Oxygen mit dem Kohlenstoffe), die einzigen Producte des Verbrennens sind.

Rumford hat diese Anordnung noch dadurch vollkommener gemacht, daß er die Lampen vielflammig machte. Dochte nämlich, die neben einander in angemessenen Entfernungen stehen, und die Rumford als platte Dochte anbringt, verstärken, indem sie zugleich brennen, den Luftzug so sehr, und die entstandene Hitze beschleunigt die Zersetzung aller brennbaren Bestandtheile so sehr, daß das Licht noch viel stärker ist, als bei dem einfachen cylindrischen Dochte. Rumford giebt von seiner Lampe; mit vier platten, $1\frac{3}{5}$ engl. Zoll breiten Dochten, an, daß sie mehr Licht als sechs sehr schön brennende Argandsche Lampen gab, und bei ihrem vollkommensten Glanze die Stelle von 40, gleichsam in einen Punct vereinigten, Wachslichtern vertrat. Dabei ist dann freilich auch der Aufwand an Oel größer, aber wenigstens lange nicht so groß, als es das Verhältniß des Lichtes zu fordern scheint. Rumford hat mehrere Versuche mit dem Photometer angestellt, um die Zunahme des Oelverbrauchs bei vermehrter Helligkeit zu finden.

Wenn er eine Argandsche Lampe durch Herunterziehen des Dochtes so lichtschwach machte, daß sie nur einem Wachslichte gleich leuchtete, so brauchte sie an Gewicht $2\frac{1}{4}$ mal so viel Oel als das Wachslicht an Wachs verbrannte; gab man ihr durch Vergrößerung des Dochtes die Helligkeit von 2, 3, 4, 5, 6, 7, 8, 9 Wachslichtern, so stieg der Oelverbrauch nur auf $2\frac{3}{4}$, $3\frac{1}{20}$, $3\frac{3}{5}$, $4\frac{1}{20}$, $4\frac{2}{5}$, $4\frac{7}{10}$, $5\frac{1}{7}$, $5\frac{3}{5}$, so daß sie also bei einer Lichtstärke, gleich 9 Wachslichtern, nur $5\frac{3}{5}$ mal so viel Oel als ein Wachslicht an Wachs verbrannte, oder bei dem 6 fachen Glanze erst doppelt so viel Oel als bei dem einfachen Glanze, bei dem 9 fachen Glanze nur $2\frac{1}{2}$ mal so viel als bei dem einfachen Glanze verzehrte. Da Rumford versichert, daß bei allen diesen Versuchen eine vollständige Verbrennung statt fand, so ist es allerdings auffallend, daß die Lichtmenge in so viel größerem Verhältniß als das Brennmaterial wächst. Offenbar ist das Licht da stärker, wo die Wärme in einem kleinen Raume recht bedeutend ist, aber warum dieses Concentriren der Wärme Licht frei macht, ist uns noch ganz unbekannt.

Etwas Aehnliches findet bei Talg- und Wachslichtern statt; sie verbrauchen zwar am wenigsten von dem fetten Körper, wenn die Flamme klein ist, aber geben dann auch so wenig Licht, daß z. B. Rumford nur $\frac{1}{16}$ des Lichtes bei $\frac{1}{4}$ des Wachsverbrauchs erhielt, wenn er ein sehr dünnes Wachslicht in Vergleichung gegen das vorhin zum Maaße gebrauchte anwandte. Die Wärme, die Rumford mit seinem Calorimeter bestimmte, indem er die Lichtflamme unter die Zugröhre setzte, war der Menge des verbrannten Wachses sehr nahe entsprechend.

Bei andern Vervollkommnungen der Lampen, daß man ihr Licht durch zurückwerfende Spiegel verstärkt, daß man es durch einen matt geschliffenen Glasschirm gleichmäßiger vertheilt, wobei in der ganzen Erleuchtung wenig verloren geht, indem diese, von allen Puncten des Schirms ausgehend, beinahe so viel beträgt, als bei der freien Flamme, deren großer Glanz auf einen kleinen Raum beschränkt ist; — will ich hier nicht verweilen.

Gas = Erleuchtung.

Die Bemerkung, daß es die aus dem brennbaren Körper entweichenden brennbaren Luft=Arten sind, welche die Flamme hervorbringen, leitete schon vor längerer Zeit darauf hin, einzusehen, daß beim Verkohlen des Holzes im Freien eine Menge brauchbarer Stoffe verloren gehe, und daß es daher vortheilhaft sei, das Holz in geschlossenen Räumen der Hitze und so der Verkohlung auszusetzen, damit theils die im Rauche fortgeführten bei dieser Hitze noch nicht brennbaren Körper (die Holzsäure zum Beispiel) aufgefangen, theils die brennbaren Luft = Arten benutzt werden könnten. Auf dieser Betrachtung beruhten die Thermolampen, die Lebon schon 1799 so anwandte, daß die entweichenden Gas-Arten zur Erleuchtung gebraucht wurden; Murdoch hatte ähnliche Versuche schon 1792 angestellt, ohne sie damals weiter zu verfolgen. Diese Erfindung, die auch in Deutschland nachgeahmt wurde, und deren Nutzen, theils um durch die brennbaren Luft-Arten zu erleuchten, theils um das Feuer zu verstärken, in welches man sie nach der Entwickelung aus den in geschlossenen Räumen verkohlten Holzstücken leitete, man sehr wohl anerkannte, ward indeß nur wenig benutzt, bis Winsor durch eine Reihe von Versuchen sich in Stand gesetzt fand, die Sache mehr ins Große zu treiben, und sich 1804 ein Patent auf eine Gas=Erleuchtung durch das in den Steinkohlen enthaltene Gas geben ließ. Seit dem hat diese Gas=Erleuchtung großes Aufsehen gemacht, und man hat sowohl das aus Steinkohlen, als das aus Oelen und Thran entwickelte Gas dazu angewandt, indem man von den Gefäßen, die das Gas enthalten, Röhren zu den Puncten hin, wo man eine Flamme fordert, leitet, hier das Gas aus einer Oeffnung hervordringen läßt, und die Luft entzündet, die dann, nach Verschiedenheit der Oeffnungen, größere oder kleinere Flammen giebt.

Die brennbaren Körper enthalten alle Kohlenstoff, Wasserstoff und meistens nur eine geringe Menge Sauerstoff, welche Stoffe bei der Zerstörung des Körpers durch die Hitze sich in andern Verhältnissen wieder verbinden. Aus den bei einer noch nicht bis zum Brennen gehenden Hitze erzeugten Stoffen gehen bei größerer Hitze jene Bestandtheile hervor, die sich theils zu kohlensaurer Luft

(Kohlenstoff und Sauerstoff) theils zu brennbaren Luft-Arten (Kohlenstoff und Wasserstoff) verbinden. Kohlen-Wasserstoff-Gas und Oel bildendes Gas gehen, nach Verschiedenheit des Mischungsverhältnisses, aus den letztern beiden hervor, und beide Luft-Arten sind zum Erleuchten sehr wohl geeignet. Die durch Zersetzung der Steinkohlen hervorgebrachten Luft-Arten geben ein schöneres Licht als die Steinkohlen selbst, weil sie von den übrigen Stoffen, die beim Verbrennen der Steinkohlen mit entbunden werden, schon gereinigt sind. Die schönen Flammenströme, die wir aus den brennenden Steinkohlen zuweilen hervorbrechen sehen, sind, nach Accums Bemerkung, diesen Gas-Arten zuzuschreiben; aber zwischen ihnen brechen der unvollständig zersetzte Rauch, der eine theerige Substanz giebt, Wasserdampf und unverbrennliche Luft-Arten hervor, und diese verfinstern den Glanz jener Flammen.

Auf ähnliche Weise verhält es sich mit dem Oele, so daß auch das aus Oel hervorgehende, aus Kohlenstoff und Wasserstoff zusammengesetzte Gas ein schöneres, überdies auch gleichförmigeres Licht giebt, als das Oel selbst. Nach den genauen Vergleichungen von Preuß *) ist die Beleuchtung mit dem aus Oel entwickelten Gas wohlfeiler und schöner, als die mit dem Gas aus Steinkohlen, und die Wohlfeilheit wird noch dadurch befördert, daß man schlechtes Oel, selbst Thran, anwenden kann, da die übeln Gerüche ohnehin durch Reinigen der Gas-Arten müssen weggeschafft werden. Nach den Angaben von Preuß geben 15 Pfund Oel ungefähr 200 Cubicfuß Gas, (und diese sollen ungefähr so viel Licht geben als 700 Cubicfuß Steinkohlengas); eine derjenigen Brenn-Oeffnungen, die ein Licht einer kleinern Argandschen Lampe gleich, oder 10 Talglichtern zu $\frac{1}{6}$ Pfund gleich, geben, braucht stündlich $\frac{5}{4}$ Cubicfuß jenes Oelgas, und es läßt sich also übersehen, mit wie mäßigem Aufwande die Erleuchtung erhalten wird. Das Oel wird hier mit mehr Vortheil als in der Argandschen Lampe verwandt, und man kann annehmen, daß die hervorgebrachte Erleuchtung durch die letztere nur $\frac{3}{4}$ von derjenigen ist, die das

*) Gilb. Ann. LXXVI. 113. Herapath hat bedeutend verschiedene Angaben, die man eben dort S. 161 findet.

Gas, bei gleichem Aufwande von Oel, bewirkt. — Ein Pfund gute Wachslichter giebt nur ungefähr halb so viel, ein Pfund gute Talglichter nur ungefähr $\frac{2}{5}$ so viel Erleuchtung, wenn man Zeit und Helligkeit des Brennens gehörig vergleicht, als ein Pfund zu Gas-Erleuchtung verwendetes Oel.

Der Vorzug des aus Oel hervorgebrachten Gas liegt vorzüglich darin, daß die Menge der beiden Gas-Arten, die zum Leuchten am wichtigsten sind, des Oel erzeugenden Gas und des Kohlen-Wasserstoffgas hier größer, die Menge des dunkel brennenden Wasserstoffgas und der ebenfalls unvortheilhaften Luft-Arten, nämlich des gasförmigen Kohlenstoff-Oxyds und des Stickgas, viel geringer ist. Nach Henry's Versuchen enthält das Oelgas, oder das aus der Zersetzung des Oeles gewonnene Gas, in 100 Theilen 38 Theile Oel erzeugendes Gas, 46 Theile Kohlenwasserstoffgas, statt daß im Steinkohlengas nur 7 Theile jener, 56 Theile dieser Luft-Art vorkommen; die minder oder gar nicht zum Leuchten beitragenden Luft-Arten betragen also dort nur 16, hier 37 Theile. Die große Menge des Oel erzeugenden Gas, welches unter allen brennbaren Luft-Arten am meisten Licht giebt und zugleich am schwersten ist, begründet hier den großen Vorzug des aus Oel gewonnenen Gas.

Im Allgemeinen verdanken, nach Davy's Bemerkung, die Flammen ihren Glanz nicht dem Wasserstoff, sondern den darin enthaltenen dichteren Bestandtheilen, wozu auch der Kohlenstoff mit gehört. In unsern gewöhnlichen Lichtflammen ist da der Glanz am stärksten, wo der im untern Theile noch zum Absetzen als Ruß vorhandene Kohlenstoff zum vollen Glühen und Verbrennen kömmt; die Gasflammen besitzen nur dann einen starken Glanz, wenn sie aus schweren brennbaren Luft-Arten bestehen, in denen sich viel Kohlenstoff befindet; Zink-Oxyd in eine Flamme von Schwefel oder Wasserstoffgas gebracht, giebt dieser ein ungemein starkes Licht. Die Hitze der Flamme steht mit diesem Glanze in keinem Verhältnisse, da die unscheinbare Flamme des aus Wasserstoff und Sauerstoff gemischten Gas eine ausgezeichnet starke Hitze hervorbringt.

Die Anordnung der zur Gas-Erleuchtung nöthigen Apparate will ich nur kurz beschreiben. Sie bestehen aus drei Theilen, nämlich aus dem Gefäße, worin durch starke Hitze das Gas entwickelt wird, aus einem zweiten Gefäße, worin es gereinigt wird, und aus dem dritten, worin es gesammelt und den Brenn-Oeffnungen zugeleitet wird. Für den ersten Zweck bedient man sich bei dem Steinkohlengase einer eisernen Retorte, worin die Steinkohlen durch ein unter der Retorte angebrachtes Feuer erhitzt werden, damit alle flüchtigen Bestandtheile durch die zum zweiten Gefäße führende Röhre ausgetrieben werden. Bei der Bereitung des Oelgas bedarf man einer kleinern Retorte, die auf 600 Grad der Centesimalscale erhitzt wird, und in der sich das in einem langsamen Strome zufließende Oel sogleich zersetzt. Das zweite Gefäß ist bei dem Steinkohlengas bestimmt, das Theer und die übrigen flüssigen Substanzen aufzunehmen, und das Gas, welches hier durch Wasser mit Kalk gemischt geht, von der nicht mit brennbarer Luft verbundenen Kohlensäure und andern Stoffen zu reinigen. Für das Oelgas hat man ebenfalls am besten gefunden, die Dämpfe und Luft ziemlich weit durch Wasser fort zu leiten, damit das Gas von den Dämpfen befreit als reines Gas übergehe. Das dritte Gefäß ist (Fig. 37.) das unten offene Gasometer AB, das mit seiner Oeffnung AB in das Wasser im Gefäße M, M, getaucht ist, und durch die Gewichte C, D, beinahe im Gleichgewichte gehalten wird; die vom zweiten Gefäße herkommende Röhre XXX füllt das Gasometer und ist oben mit der mit Wasser gefüllten Haube Y bedeckt, damit das in dem Raume EF gesammelte Gas nicht zurück in diese Röhre, sondern in die offene Röhre GHIK bringe; öffnet man dann den Hahn K, so strömt das Gas zu den Oeffnungen L, L, L, hin, wo es entzündet wird, und mit schöner weißer Flamme brennt *).

Daß diese Gas-Erleuchtung schon in vielen Städten angewandt wird, und, wenn nicht die erste Auslage so groß wäre, noch öfter angewandt werden würde, ist Ihnen bekannt. — Aber so nützlich diese, die Flamme betreffende, Erfindung ist, so bietet sich uns doch eine noch ungleich wichtigere dar.

---

*) Verschiedene Anordnungen zur Gas-Erleuchtung sind beschrieben in: Accums pract. Abh. über das Gaslicht, übers. v. Lampadius. Berlin. 1819.

Davy's Sicherheitslampe.

Davy's auch in wissenschaftlicher Beziehung sehr schätzenswerthen und gehaltreichen Untersuchungen über die Flamme, die ich schon mehrmals angeführt habe, gewinnen noch ein viel anziehenderes Ansehen durch die Veranlassung, die ihn zu denselben führte und durch die nützliche Erfindung, zu welcher sie ihn leiteten. Die Veranlassung gaben die mit jedem Jahre zahlreicher werdenden Unglücksfälle, die sich durch Entzündung brennbarer Luft-Arten, schlagender Wetter, wie die Bergleute es nennen, in den englischen Kohlenbergwerken ereigneten. Je tiefer diese Kohlenschachte hinabgeführt werden, desto öfter muß es sich ereignen, daß die aus dem Gesteine so oft hervorbringenden unathembaren Luft-Arten, wegen des so sehr erschwerten Zutrittes der Luft von oben, wegen der immer größern Schwierigkeit eines die Luft erneuernden Luftzuges, sich ansammeln und gefährliche Erfolge hervorbringen. Unter diesen Luft-Arten, die sich vorzüglich aus alten verlassenen Gruben, aber auch sonst aus den Spalten der Stein- und Steinkohlenschichten entwickeln, und die zuweilen in ungewöhnlich reichlichem Maaße hervordringen, sind die brennbaren die häufigsten und die gefährlichsten, weil sie, mit atmosphärischer Luft gemischt, eine Explosion veranlassen, sobald das Grubenlicht des Bergmannes sie erreicht. Durch diese Explosion werden oft ganze Strecken der Bergwerke verschüttet, die in der Tiefe arbeitenden Bergleute werden entweder durch die Explosion selbst verstümmelt oder getödtet, oder durch das Einstürzen der Zugänge aller Hülfe beraubt. Diese immer häufiger werdenden Unglücksfälle veranlaßten den dringenden Wunsch, daß man dem Bergmanne, der eben so wenig die Lampe entbehren kann, als er Mittel besitzt, den Ort, wo sich schlagende Wetter gesammelt haben, voraus zu erkennen, eine mit der äußern Luft nicht in unmittelbarer Verbindung stehende Lampe zu verschaffen im Stande sei. Diese Absperrung der brennenden Lampe von der äußern Luft schien große Schwierigkeit zu haben, da man die Lampe doch mit atmosphärischer Luft unterhalten mußte, um sie brennend zu erhalten, und jede Anordnung, die diese nur aus geschlossenen Gefäßen zuführte, mit zu großen Unbequemlichkeiten verbunden war. Die Wichtigkeit der Entdeckung eines

Sicherungsmittels gegen jene großen Gefahren bewog Davy, die Umstände, unter denen die explodirenden Gas-Arten zur Explosion kommen, genau zu erforschen, und er fand da, daß diese Explosion nur erfolge, wenn ein hoher Grad von Erhitzung statt findet. Vorzüglich erregte die Erfahrung, daß die Flamme unserer Lampen durch ein Gewebe aus sehr dünnen Metalldräthen nicht hindurchdringe, wenn die Oeffnungen klein sind, seine Aufmerksamkeit, und er bemerkte, daß bei sehr feindräthigen und eng gewebten Drathnetzen dieses Zurückhalten der Flamme so vollkommen statt fand, daß es selbst durch das Glühendwerden des Drathnetzes nicht aufgehoben ward. Da die brennbaren Dämpfe, der Rauch und die Mischung brennbarer Luft-Arten, aus deren Entzündung die Flamme entsteht, durch das Gewebe durchdringen und sich vermittelst einer hinzugebrachten Flamme entzünden lassen, obgleich sie sich durch die an der andern Seite des Gewebes brennende Flamme nicht entzünden, so schloß Davy, daß die Hitze des dünnen Drathes, selbst im Glühen, nicht so groß sei, daß das Entzünden der Luftmischung dadurch bewirkt werden könne, daß die Abkühlung es sei, wodurch das Drathgewebe die Flamme zurückhält. Auf diese Versuche und auf die daraus hergeleitete Ansicht gestützt, ließ er einen die Lampe ganz umschließenden Cylinder von Drathgewebe verfertigen, so daß die äußere Luft durch die engen Oeffnungen des Gewebes zutreten, aber auf keinem andern Wege zur Flamme gelangen konnte; diese Lampe brachte er geradezu in eine Knallluft, und hatte das Vergnügen zu sehen, daß die Explosion sich nicht bis auf die Luft außerhalb des Drathcylinders verbreitete. Bringt man nämlich diese Lampe zuerst in eine nur mit wenigen brennbaren Luft-Arten gemischte Atmosphäre, so vergrößert sich bloß die Flamme; steigt die Menge der brennbaren Luft auf ein Zwölftel des Raumes der Luft, so erfüllt sich der ganze Drathcylinder mit einer blauen Flamme, worin die Lampenflamme mit hellerem Lichte fortbrennt; beträgt die brennbare Luft ein Fünftel des Ganzen, so erfüllt sich der ganze innere Raum des Drathcylinders mit starkem Lichte; aber auf den umgebenden Raum dehnt sich diese Entzündung nicht aus. So war also die Entdeckung einer Sicherheitslampe für den Bergmann gemacht, indem auch er mitten in den schlagenden Wettern nur die Entzündung derselben im Innern seiner Lampe wahrnimmt, und selbst wenn die Menge der brennbaren Luft noch mehr zunimmt, nur das als schlimmsten Fall zu fürchten hat, daß die Luftmischung nicht mehr genug Sauerstoff, um fortzubrennen, enthält, wo dann seine Lampe erlischt.

Damit das Drathnetz den Zweck, die Flamme zurückzuhalten, erfülle, muß es mit vollkommener Sorgfalt gemacht und unterhalten sein, damit nirgends eine größere Oeffnung sich finde; der Drath muß so fein sein, daß er nur ungefähr $\frac{1}{40}$ Zoll stark ist; denn obgleich, wie Davy sagt, auch stärkerer Drath im Glühen noch nicht die explodirenden Wetter zündet, so ist es doch sicherer, einen dünnen Drath, der weniger Hitze abgeben kann, zu wählen; vor allem aber müssen die Maschen so eng sein, daß sie nur $\frac{1}{20}$ Zoll Zwischenraum lassen, damit nicht die in die Oeffnungen eindringende Flamme, in der Mitte zu wenig abgekühlt, durch das Gewebe hindurch dringen kann. Diese Lampe hat unten ihr Oelgefäß, das abgeschraubt und mit Oel gefüllt werden kann; dann zündet man die Lampe an und verschließt durch das Aufschrauben des Drathcylinders jeden andern Zutritt der äußern Luft. Fig. 38 stellt diese Lampe dar.

Die Erfahrung hat an zahlreichen Beispielen gezeigt, daß die Sicherung durch diese Davysche Sicherheitslampe als vollkommen angesehen werden kann, und sie ist daher auch außer England in Bergwerken, die durch schlagende Wetter Gefahren darbieten, eingeführt. Sie hat in Kohlenbergwerken, wo man Gegenden kannte, die nie ohne Gefahr besucht werden konnten, wo der Bergmann kein andres Licht als die einzelnen Funken eines Feuer schlagenden Stahles hin bringen durfte, den entschiedensten Nutzen gewährt und ist als eine der segenvollsten Erfindungen anerkannt worden. Nach Blessons Erfahrungen schützt sie auch gegen die Entzündungen des Schießpulverstaubes, der in Pulvermühlen die Luft erfüllt, und ist daher da, wo man solche Räume im Dunkeln besuchen muß, anwendbar. Ebenso kann sie die so oft vorgekommenen Entzündungen großer Massen spirituöser Flüssigkeiten, deren Dämpfe so leicht die Entzündung veranlassen, verhüten, wenn man sich statt der gewöhnlichen Lichter auch dort der Sicherheitslampe bedient.

Gegen Davy's Theorie, daß die Abkühlung hier das Brennen hindere, hat man mancherlei Einwendungen gemacht, die mir aber doch nicht erheblich genug scheinen, um Davy's Ansicht zu verlassen. Folgende zwei Einwendungen scheinen mir die bedeutendsten. Erstlich, man könne die Fälle, wo Lichter nach Davy's Meinung durch Abkühlung erlöschen, nicht alle so erklären, weil ja oft ein ausgeblasenes Licht sich sogleich von selbst oder durch Anblasen wieder entzünde. Bekanntlich tritt das aber nur ein, wenn ein ziemlich großer glühender Docht da ist, welcher — so scheint es mir, — Hitze genug giebt, um die Sauerstoffluft in dem Maaße zu zersetzen, daß das neue Entflammen durch die erzeugte Hitze statt finden kann; wird dieses durch Anblasen befördert, so muß, glaube ich, dieses Anblasen milder als dasjenige sein, wodurch man das Licht zum Erlöschen brachte. Zweitens, obgleich im gewöhnlichen Falle die Flamme nicht durch das Drathnetz dringe, so könne dies doch geschehen, wenn die brennenden Gas-Arten mit bedeutender Gewalt durch diese Oeffnungen hervordringen. Dies beruht aber wohl darauf, daß beim Glühen des Drathes, welches jenem Hindurchdringen der Flamme vorausgeht, die Abkühlung der Luft-Arten bis unter die Entzündungshitze einige Zeit fordert; dringt nun das brennende Gas mit keiner erheblichen Kraft hervor, (gewöhnlich dringt wohl eher das äußere hinein,) so vergeht Zeit genug, um die geringe, nöthige Abkühlung noch eintreten zu lassen; wird es aber mit Gewalt durchgedrängt, so findet diese Abkühlung nicht vollkommen statt. Da diese Erklärungen mir ausreichend scheinen, und der Fall des mit Gewalt Hervordrängens aus dem Innern der Lampe nie statt findet, also die practische Anwendbarkeit nicht von diesem Einwurfe abhängt; so will ich Sie hiermit und mit andern Meinungen über die Ursache dieses Zurückhaltens der Flamme, (die Dräthe übten eine abstoßende Kraft auf die Flamme aus, die zum Bestehen der Flamme nöthigen Luftströmungen würden unterbrochen, u. s. w.) nicht unterhalten.

Gebrauch der Flamme vor dem Gebläse. Newmannsches Gebläse.

Die Flamme bietet uns durch ihre Fähigkeit, Wärme zu erregen, noch eine neue Reihe von Erscheinungen dar. Bekanntlich wird die Lampenflamme angewandt, um kleine Körper zu schmelzen, Glas in andre Formen zu bringen, indem man bei den Glasbläser-Arbeiten durch Schmelzen und Blasen bald an die Röhre eine Kugel anbläst, bald Aenderungen der Form bewirkt u. s. w. Um diese Anwendungen der Flamme zu machen, bedient man sich der Gebläse, deren Zweck ein doppelter ist, erstlich die Hitze der Flamme auf einen Punct zu vereinigen, zweitens diese Hitze auch wirklich zu verstärken. Daß schon das erstere beitrage, die Wirkung der Flamme zu verstärken, hat Rumford dadurch gezeigt, daß er eine Flamme vermittelst eines Stromes kohlensaurer Luft anblies, und auch da das Glühen und Schmelzen des Glases bewirkte; indeß hat er gewiß Unrecht, wenn er bloß in dieser Gewalt des Antreffens der Flamme und in dieser Richtung auf einen bestimmten Punct, und gar nicht in einer Vermehrung der Wärme-Entwickelung selbst, den Grund der vor dem Löthrohre oder vor dem Gebläse verstärkten Wirkung der Flamme sucht. Daß vielmehr die Wirkung der Flamme durch die Zuführung von Sauerstoffgas noch mehr verstärkt wird, zeigt die Anwendung der Sauerstoffgebläse, aus denen nämlich Sauerstoff gegen die Weingeistflamme getrieben wird, welche dann eine sehr viel größere Wirkung leistet.

Um diesen Gebläsen eine, längere Zeit dauernde, gleiche Stärke zu geben, gerieth Newmann auf den Gedanken, eine comprimirte Luft anzuwenden und diese in einem sehr dünnen Strahle auf die Weingeistflamme zu richten, welche dadurch gleichmäßiger als bei andern Gebläsen ihre Dienste leistete. Aber dieses Compressionsgebläse führte Newmann noch zu einer zweiten, wichtigern Verbesserung, indem er Wasserstoffgas und Sauerstoffgas, in dem Verhältniß gemischt, welches zur Bildung des Wassers nöthig ist, anwandte. Früher schon hatte Hare eine große Verstärkung der Hitze der Weingeistflamme dadurch erhalten, daß er aus zwei getrennten Gefäßen, durch zwei Röhren zugleich, die sich in einem Mündungsstücke vereinigten, beide Gas-Arten zuströmen ließ; er hatte mit dieser Vorrichtung schwer schmelzbare Körper geschmolzen und andre große Wirkungen hervorgebracht. Daß eine in dem zur Wasserbildung angemessenen, genau richtigen Verhältnisse gemischte Verbindung beider Luft-Arten diesen Zweck noch vollständiger erfüllen müsse, ließ sich erwarten; aber die Anwendung eines solchen Gebläses schien auch großen Schwierigkeiten unterworfen zu sein. Es ist nämlich bekannt, daß zwar eine reine brennbare Luft, es sei Wasserstoffgas oder Kohlen-Wasserstoffgas, wenn sie aus einer Oeffnung hervordringt, ohne Gefahr angezündet werden kann, daß aber eine Mischung dieser Luft-Arten mit Sauerstoffgas sogleich eine gefährliche Explosion hervorbringen würde, wenn man diese ebenso behandeln wollte. Bei jenen Luft-Arten nämlich kann nur das in die atmosphärische Luft hervorströmende Gas sich entzünden und eine Flamme bilden, ein Hineinbringen der Flamme in den großen Gasbehälter ist unmöglich, weil sie des Sauerstoffs, der dort nicht vorhanden ist, zum Fortbrennen bedarf; hier hingegen bietet jedes Theilchen im Innern des Gasbehälters beide zum Verbrennen nöthigen Stoffe dar; die an der Mündung angezündete Flamme ergreift daher die ganze Mischung, und das mit einer starken Explosion erfolgende Verbrennen des ganzen Luftvorrathes ist schnell, ja augenblicklich, vollendet. Diese Mischung heißt daher Knallgas und jenes Newmannsche Gebläse ein Knallgasgebläse. Diese Gefahr zu entfernen, fand Newmann in Davy's Entdeckung, daß die Flamme nicht durch enge Oeffnungen dringe, ein, wenigstens in den meisten Fällen, ausreichendes Mittel. Er ließ nämlich aus einem langen Haarröhrchen die gemischte Luft hervordringen, und fand, daß diese dann, am sichersten wenn der Luftstrom recht lebhaft ausfloß, nicht in den Gasbehälter zurückbrannte; und dieses lebhafte Hervordringen fand hier allemal statt, da das Knallgas vermittelst der Luftpumpe comprimirt wurde.

Die durch diesen entzündeten Luftstrom bewirkte Hitze übertrifft alles, was andre Gebläse geleistet hatten, bei weitem, und zwar vorzüglich dann, wenn die Mischung aus 2 Raumtheilen Wasserstoffgas und 1 Raumtheile Sauerstoffgas bestand, indem dann keine Luft-Art im Uebermaaß vorhanden ist, und beide im Verbrennen völlig zu Wasser vereinigt werden. In dieser Hitze schmilzt Platin sogleich, die für unschmelzbar gehaltenen Erden schmelzen u. s. w. Clarke, der der erste war, welcher Versuche mit diesem Gebläse anstellte, sah den Strontian mit schöner Amethystfarbener Flamme verbrennen, Bergcrystall, Feuerstein, Serpentin wurden geschmolzen, Gold verflüchtigt, u. s. w.

Clarke glaubte anfangs, die enge Röhre sichere völlig gegen alle Gefahr; aber bald überzeugten ihn die einige Mal eingetretenen Explosionen vom Gegentheil, und er fand daher nöthig, die Einrichtung etwas vorsichtiger zu machen. Dieses geschah theils dadurch, daß eine starke Bretterwand den Experimentator von dem Gasgefäße trennte und nur die Mündung der Röhre diesseits der Wand lag, theils dadurch, daß das comprimirte Gas nicht unmittelbar zu der Mündungsröhre, wo sie verbrannte, gelangte, sondern vorher durch ein Gefäß mit Oel gehen mußte, in welchem es in getrennten Blasen aufstieg, die also die Entzündung nicht bis zu dem Gasgefäße fortpflanzen können. Fig. 39 stellt diese Einrichtung vor. A ist die Blase mit der Gasmischung, die durch die Röhre B diese zu der Verdichtungspumpe C führt; von der Verdichtungspumpe, die am Ende D durch ein Ventil geschlossen ist, geht die Röhre E bis auf den Boden des mit Oel gefüllten Kastens F, durch den es aufsteigt, und dann aus der Röhre G hervorströmt. Die Wand H, durch welche der Griff I des Pumpenkolbens und die Röhrenmündung G durchgeht, sichert den Beobachter gegen alle Unfälle. Man hat eine viel einfachere Einrichtung angegeben, wo die Blase A mit Gasmischung durch Gewichte B comprimirt wird, wie Fig. 40 zeigt, und dann aus der Röhre C bringt; aber um hier einen stärkern Luftstrom benutzen zu können, sollte die Röhre C lang sein und doch das mit Oel gefüllte Gefäß nicht weggelassen werden. Die größere Stärke des brennenden Luftstromes ist aber hier, ebenso wie die richtigen Mischungsverhältnisse, von großer Wichtigkeit.

Mit Hülfe dieser Sicherung konnte Clarke es wagen, einen Luftstrom von $\frac{1}{2}$ Linie dick hervordringen zu lassen, wodurch die Erfolge noch auffallender wurden. Dieser starke entzündete Luftstrom brachte Platin so zum Schmelzen, daß man eine halbe Unze fließend erhielt; Eisen verbrannte unter einem höchst glänzenden Funkensprühen, die am schwersten zu reducirenden Metalle wurden in dieser Hitze metallisch dargestellt u. s. w. *).

*) Gilb. Ann. LV. 1. 40. LXII. 339.

Obgleich man aber sich von einem solchen Gebläse eine bedeutende Hitze versprochen hatte, so hat man doch, als die Hitze so über Erwartung groß wurde, gefragt, worin der Grund dieser überaus großen Wirkung liege. Gilbert sucht ihn darin, daß das Wasserstoffgas selbst, als ein in hohem Grade elastischer Körper, ebenso gut und noch mehr Wärme als das Sauerstoffgas, bei der Zersetzung giebt, und daß das comprimirte Gas mit so großer Geschwindigkeit hervordringt, also die Menge des zersetzten Gases groß ist, der geringen Dicke des Luftstromes ungeachtet. Gewiß tragen beide Umstände zur Verstärkung der Hitze bei, aber eine Hauptursache der Wärme ist gewiß die, daß die beiden gemischten Luft-Arten einen in allen Theilen brennenden Feuerstrom geben, der nicht bloß an der Oberfläche einen Feuermantel hat, wie die gewöhnlichen Flammen, und daß daher auch die Zersetzung schneller und gewaltsamer fortgeht, als in irgend einem andern Falle.

Brewster hat noch auf eine andre Erregungsweise sehr großer Hitze aufmerksam gemacht. Er befestigte über der Flamme der bei der Gas-Erleuchtung angewandten Luft ein feines Drathnetz und ließ die Flamme unterhalb fortbrennen, entzündete aber auch die durch das Drathnetz gedrungenen Lufttheile. Hier erhielt er nun eine sehr schwach leuchtende, aber sehr große Hitze gebende Flamme. Auch diese Flamme hat, wie Brewster bemerkt, ihre Hitze daher, daß die Luft bei dem Durchgange durch das Drathnetz sich mit atmosphärischer Luft gemischt hat, und so ein Knallgas bildet, das nicht als dünner Lichtmantel einer Flamme, sondern als vollkommener Feuerstrom brennt. Um bequemer von der Entzündung einer solchen Knallgasmischung Vortheil zu ziehen, schlägt Brewster folgende Einrichtung vor, die sich sogleich mit einem kleinen Gas-Erleuchtungs-Apparate verbinden läßt. Das zur Gas-Erleuchtung bestimmte Gas steigt nicht allein (Fig. 41.) durch die Oeffnung M hervor, wo man es gewöhnlich sogleich anzündet, sondern es dringt zugleich, zugeleitet durch die Röhre a b c d f, aus vier Oeffnungen des hohlen Ringes f hervor. Die aus diesen vier Oeffnungen dringende Luft wird angezündet, und da die Flammen nun von dem aus M hervordringenden, aber schon mit atmosphärischer Luft gemischten Gas angeblasen werden, und dieses explosive Gas selbst sich entzündet, so erhält man eine große

Hitze. Die Hähne A, b, müssen so regulirt werden, daß weder der Luftstrom bei M durch zu heftigen Andrang die Flämmchen ausbläst, noch auch zu schwach für die Erlangung des Zweckes sei. Auf den Ring g werden die zu erhitzenden Gegenstände gelegt.

Entzündung bei niedrigen Temperaturen. Selbst-Entzündung.

Bei andern Feuer-Erscheinungen umständlich zu verweilen, halte ich hier für weniger angemessen, da die meisten zu viele Erläuterungen aus der Chemie fordern würden. Im Allgemeinen ist die Entzündung der Erfolg einer starken Verwandtschaft zweier Körper, bei deren Verbindung Wärme und Licht frei wird. Die Electricitätslehre giebt noch einen tiefern Grund dieser Verwandtschaften an.

Nur bei einigen, schon in niedriger Temperatur eintretenden, Feuer-Erscheinungen, die wir deshalb Selbst-Entzündungen, entstehend ohne hinzugebrachtes Feuer, nennen, will ich noch einen Augenblick verweilen. Eine solche bieten uns die jetzt so gewöhnlichen Zündhölzchen dar, deren Spitze mit chlorsaurem Kali überzogen ist. Wird dieser Körper in concentrirte Schwefelsäure getaucht, so geht die Verbindung mit so großer Heftigkeit vor, daß eine Entzündung eintritt, die den am Zündhölzchen sogleich über jener Substanz angebrachten Schwefel mit entzündet.

Aehnliche Erscheinungen des Selbst-Entzündens zeigen die Pyrophore, welche die Eigenschaft besitzen, beim Zutritte der Luft sich zu entzünden. Der Hombergsche Pyrophor, der aus Kohle und aus dem mit Schwefel verbundenen Kalimetall besteht, hat, wenn er gut bereitet ist, die Eigenschaft, die Wasserdämpfe aus der Luft schnell an sich zu ziehen und das Wasser zu zersetzen, so wie das Kalimetall selbst diese Eigenschaft, wegen seiner ungemein starken Verwandtschaft zum Sauerstoff, im höchsten Grade besitzt und wo es mit Wasser zusammen kömmt, es unter Entzündung zersetzt. Auch die Knallmetalle gehören hieher. Diese gefährlichen Verbindungen explodiren bei geringer Erhöhung der Temperatur, und einige derselben bringen daher schon bei der leisesten Reibung, selbst wenn die Menge sehr klein ist, eine zerstörende Explosion hervor. Bei einigen derselben wird diese Wirkung nach der Meinung der Chemiker durch die Zersetzung des in ihnen enthaltenen Ammoniak hervorgebracht, dessen Wasserstoff sich mit dem Sauerstoff des in der Verbindung enthaltenen Metall-Oxydes verbindet; in andern Fällen scheint eine eigne, der Cyansäure den Bestandtheilen nach fast gleiche Säure, Knallsäure, die Erscheinung zu bewirken.

Auch die uns im gemeinen Leben vorkommenden Körper zeigen nicht selten Selbst-Entzündungen. Nach mehreren Erfahrungen ist die fein zerriebene Kohle der Entzündung ohne hinzugebrachtes Feuer unterworfen, und Auberts Versuche zeigen, daß diese durch die bekannte Fähigkeit der Kohle, auch wenn sie nicht zerrieben ist, Luft zu absorbiren, hervorgebracht wird; diese Luft-Absorption bewirkt in der fein zerriebenen Kohle, wenn diese in bedeutender Menge zusammen ist, eine bis auf 180° Cent. gehende Erhitzung und im Innern, etwa 5 bis 6 Zoll von der Oberfläche, eine Entzündung, die sich dann nach oben ausbreitet. Die bei dieser Absorption der Luft eintretende Zunahme des Gewichtes der Kohle rührt, nach Aubert, nicht bloß von dieser Luft, sondern auch von aufgenommenem Wasser her. Wollene Zeuge, die mit Oel befeuchtet sind und auf Stroh liegen, können sich, wenn die Sonnenhitze sehr brennend ist, so erhitzen, daß sie sich entzünden *). Heuhaufen, die feucht zusammen gebracht sind, gerathen in eine Art von Zersetzung, wobei das Heu schwarz wird, und erhitzen sich sehr gewöhnlich bis zum Dampfen, zuweilen auch bis zur wirklichen Entzündung. Bei Haufen von Korn und bei manchen andern Körpern findet etwas Aehnliches statt.

Entzündung des Wasserstoffgas durch Berührung des Platinschwamms.

Als eine Selbst-Entzündung von besondrer Art muß ich noch die von Döbereiner entdeckte Eigenschaft des Platins anführen. Wenn man das metallische Platin sich sehr fein zertheilt verschafft, so wie man es bei der Zersetzung des Platinsalmiaks durch Feuer erhält, so besitzt dieser Platinschwamm die Eigenschaft das über seine Oberfläche hin strömende Wasserstoffgas, unter dem Zutritt der atmosphärischen Luft zu entzünden. Döbereiner wurde

*) Poggend. Ann. XX. 451. Gilb. Ann. LXIII. 426. 439.

durch eine Reihe von Versuchen auf die Anstellung dieses Versuchs geleitet, indem er bei einem Oxyde des Platins die Eigenschaft, das Wasserstoffgas begierig anzuziehen, entdeckt hatte. Dieses Entzünden und das Erglühen des Platins findet in reinem Wasserstoffgas nicht statt, sondern das aus einer Oeffnung hervordringende Wasserstoffgas muß sich mit atmosphärischer Luft (oder mit Sauerstoffgas) mischen und so an der Oberfläche des Platins hinstreichen. Eben diese Wirkung zeigen frisch abgefeilte Platinspäne, die jedoch nicht lange wirksam bleiben, aber durch Glühen oder durch Berührung von Salpetersäure oder Salzsäure (die durch Abtrocknen wieder weggeschafft sind,) stellt sich die Wirkung wieder her. Platinblättchen wirken nicht wenn sie glatt sind, wohl aber wenn sie sehr unregelmäßig faltig zusammengedrückt sind. Dieses Metall hat in den angegebenen Zuständen die Eigenschaft, selbst bei gewöhnlicher Temperatur, das Wasserstoffgas zu einer Verbindung mit Sauerstoffgas zu veranlassen, und indem diese Verbindung, so schnell statt findend, Wärme genug frei macht, so brennt das Wasserstoffgas und der Platinschwamm wird glühend. Nur wenige andre Metalle (Palladium z. B.) besitzen eben die Eigenschaft, bei mehrern hingegen ist sie nicht in der gewöhnlichen Temperatur, wohl aber bei etwas höhern Wärmegraden merklich. Man hat den ersten Ursprung dieser Erscheinung aus der starken electrischen Anziehung erklärt, welche das Platin auf den Wasserstoff ausübt, wodurch eine anfangende Erhitzung und, wegen der dadurch erhöhten Anziehung beider luftförmigen Stoffe auf einander, das Verbrennen entstehe; aber diese Erklärung ist doch nicht ganz genügend.

Diese Eigenschaft des Platins macht es brauchbar zu eudiometrischen Bestimmungen; denn wenn man die zu prüfende Luft mit Wasserstoffgas mischt, so bringt das hineingebrachte Platin eine Verbindung des vorhandenen Sauerstoffgas mit dem Wasserstoffgas hervor und aus der Menge der zerstörten Luft ergiebt sich, weil allemal zwei Volumentheile Wasserstoffgas sich mit einem Volumentheile Sauerstoffgas verbinden, die Menge des vorhanden gewesenen Sauerstoffgas.

Schlußbemerkungen über die Theorie der Wärme.

Die bisher mitgetheilten Erfahrungen enthalten die wichtigsten Erscheinungen, welche die Wärme uns zeigt, und sie sollten nun billig uns zu entscheidenden Bestimmungen über die Natur der Grund-Ursache der Wärme führen. Wie weit wir aber von der Kenntniß dieser noch entfernt sind, das habe ich schon mehrmals bemerkt, und muß auch hier dies Bekenntniß wiederholen. Die meisten Erscheinungen lassen die Erklärung zu, daß der Wärmestoff ein für unsre Abwägungen nicht merkbares Fluidum ist, das seiner Elasticität wegen sich überallhin, wo die Temperatur geringer ist, ergießt. Vermöge seiner Elasticität dehnt es die Körper aus, und die schon erhitzten Körper dehnen sich bei gleichen Aenderungen der Temperatur mehr aus, als die minder erhitzten, weil die gegenseitige Anziehung der Körpertheilchen sich der Ausdehnung weniger widersetzt, wenn sie weiter aus einander gerückt sind. Findet der Wärmestoff einen Abfluß in einen kältern Körper, so vermindert sich das Volumen des nun abkühlenden Körpers, weil die gegenseitige Attraction der Körpertheilchen diese wieder ungehindert näher an einander bringt. Sie haben gesehen, daß das Abmessen der Wärmemenge, die von einem Körper zum andern übergeht, das Abmessen der Wärme beim Schmelzen des Eises u. s. w., sich ganz gut diesen Ansichten angemessen zeigte; aber ich habe Ihnen auch nicht verhehlt, daß diese Ansicht — und ebenso jede andre — nicht ohne Schwierigkeit ist.

Und so wenig als wir hier zu einem Grade von Gewißheit gelangt sind, eben so wenig können wir uns dessen in Beziehung auf den Zusammenhang zwischen Licht und Wärme rühmen. Licht und Wärme befolgen bei der Strahlung so sehr übereinstimmende Gesetze, aber sind im Durchgange durch andre Körper doch so sehr verschieden. Die Zurückwerfung geschieht fast nach gleichen Gesetzen, aber bei dem Eindringen des Lichts in die undurchsichtigen Körper geht dieses, so scheint es uns, ganz verloren, während die Wärme hier gerade die bedeutendste Wirkung zeigt. Beim Durchgange durch durchsichtige Körper geht das Licht beinahe ungeschwächt durch, statt daß die Wärme fast ganz zum Erwärmen des Körpers verwandt wird. Da wo Licht und Wärme hervorgebracht wird, gehen sie gewöhnlich zugleich, aber nicht in verhältnißmäßiger Menge hervor; die Lichtmenge scheint vermehrt zu werden, wenn die Entwickelung der Wärme schneller, gleichsam gedrängter, statt findet, aber die Wärmemenge bleibt darum, wenn sie auch in kürzerer Zeit hervorgeht, unvermehrt. Man hat gesagt, die Wärme enthalte das Licht als Bestandtheil, und werde bei sehr lebhafter Entwickelung zersetzt, so daß das Licht frei werde; — ich weiß nicht, ob diese Voraussetzung viel weiter führt.

Doch es ist passender, diese theoretischen Fragen, zu deren Beantwortung noch kein sicherer Weg eröffnet zu sein scheint, indem auch eine Undulationstheorie hier schwerlich zum Ziele führt, zu verlassen, und an den Dank gegen unsre Vorgänger und unsre Zeitgenossen für die umfassende Kenntniß der Erscheinungen, welche sie uns verschafft haben, das Bekenntniß zu knüpfen, daß die letzte Ursache dieser Erscheinungen uns noch verborgen ist

Dreizehnte Vorlesung.

Die Untersuchungen über die Electricität, m. h. H., mit welchen ich Sie jetzt zu unterhalten anfange, gehören ganz der neuern Zeit an, und gewähren uns, da wir ihre Entwickelung vom ersten Anfange an vor uns haben, dadurch eine eigenthümliche Belehrung, daß sie uns zeigen, wie sich, sobald man nur anfängt zu fragen und zu beobachten, eine Frage nach der andern beantwortet, und sich so ein System entwickelt, das uns zuletzt um so mehr mit Bewunderung und Freude erfüllt, je geringer und unbedeutender es in seinem ersten Anfange erschien. In keinem Zweige der Physik hat sich die Kunst, zu errathen, welche Erscheinungen sich an die schon bekannten anknüpfen mögen, die Kunst, durch geschickte Anordnung von Versuchen den Grund der Erscheinungen zu erforschen und die Wahrheit der Hypothesen zu prüfen, glänzender gezeigt, als in der Lehre von der Electricität, wo nicht selten ein einziger neuer Versuch die Grundlage einer ganzen Reihe überraschender und durch wohlgeordnete Versuche bestätigter Kenntnisse wurde.

Erregung der Electricität durch Reibung. Anziehung.

Zwar hat man schon in den ältesten Zeiten einige Erscheinungen bemerkt, die wir jetzt als der Electricität angehörend kennen, aber sie standen so einzeln da und erschienen als so ganz geringfügig, daß sie kaum einige Aufmerksamkeit erregten. Der Bernstein (electrum) vorzüglich war es, von dem man wußte, daß er durch Reibung die Eigenschaft erlange, leichte Körper anzuziehen, und diese Erfahrung hat daher später Anlaß gegeben, die Kraft, die dabei wirksam ist, Electricität, also eigentlich Kraft des Bernsteins, zu nennen. Lange Zeit scheint es kaum jemand der Mühe werth gefunden zu haben, außer dem Bernstein noch andre Körper aufzusuchen, welche ähnliche Eigenschaften besitzen, und in der That konnte auch diese schwache Anziehung nicht die Vermuthung erregen, daß wir es hier mit einer Kraft zu thun haben, deren Gewalt sich uns im Gewitter in ihrer furchtbaren Stärke zeigt, und deren Wirkungen überall von der größten Wichtigkeit sind; daher sind bis zu Ende des 16ten Jahrhunderts außer Bernstein und Agat (und vielleicht dem Turmalin) keine oder sehr wenige Körper bekannt gewesen, welche eine solche besondre Anziehung ausüben. Erst Gilbert, der gerade im Jahre 1600 sein Buch über den Magnet bekannt machte, war durch die vom Magnet auf Eisen ausgeübte Anziehungskraft darauf geleitet, auch die Anziehungen, denen er schon den Namen electrischer Wirkungen beilegt, näher zu untersuchen. Er fand, daß es viele Körper gebe, die jene Eigenschaft, durch Reibung anziehend zu werden, besitzen, namentlich mehrere Edelsteine, Schwefel, Glas und die harzigen Körper. Er überzeugte sich, daß sie ihre Anziehungskraft auf alle leichten Körper wirksam zeigten, daß aber diese Wirkung bei trockner Luft lebhafter hervortrete und durch Feuchtigkeit gehindert werde.

Mittheilung der Electricität. Gegenseitiges Abstoßen.

Aber obgleich dies ein recht bedeutender Fortschritt in der Kenntniß der electrischen Körper und ihrer Wirkungs-Art war, so dauerte es doch noch wieder fast ein Jahrhundert, bis neue Erweiterungen dieser Lehre entdeckt wurden. Erst im letzten Drittel des siebzehnten Jahrhunderts stellte Guericke und fast zu eben der Zeit Boyle eine neue Reihe von Versuchen an. Der erstere bediente sich einer Schwefelkugel, die er in einem gläsernen Gefäße gegossen und mit einer Axe und Handgriff zum Drehen versehen hatte, um durch Reiben mit der Hand sie electrisch zu machen. Er bemerkte, daß dieser electrisch gemachte Körper nicht allein alle leichten Körper an sich zog, und selbst Wassertropfen in seiner Nähe gegen sich zu ausgedehnter machte, sondern daß auch eine Abstoßung statt fand, daß nämlich der einmal angezogene Körper sich nun von dem electrischen Körper entfernte und erst dann zum zweiten Male angezogen wurde, wenn er einen andern Körper berührt hatte. Das letztere zeigte Guericke an Federchen, die in der Luft schwebend, nach einmaliger Berührung der electrischen Kugel vor dieser flohen, wenn man die Kugel ihnen näherte. Guericke bemerkte, daß diese Federchen selbst wieder fähig waren, andre Körper anzuziehen, daß sie also selbst electrisch geworden waren oder Electricität durch Mittheilung von dem geriebenen Körper erhalten und aufgenommen hatten. Eine Flaumfeder breitete sich aus, so daß die einzelnen Theile abstoßend auf einander wirkten; dagegen ward sie vom Finger angezogen oder übte vielmehr selbst diese anziehende Kraft aus, und wenn sie den Finger berührt hatte, so war sie wieder fähig von der electrischen Kugel angezogen zu werden. Einige andere Erfahrungen, die Guericke sich noch nicht erklären konnte, übergehe ich hier; aber die Erfahrung, daß der geriebene Schwefel im Dunkeln leuchte, also ein electrisches Licht entstehe, kann ich doch nicht unerwähnt lassen.

Boyle stellte ähnliche Versuche, aber unvollkommner, an, und Wall bemerkte, daß das electrische Licht des Bernsteins mit einem Knistern begleitet war. — Newton scheint zuerst bemerkt zu haben, daß die untere Seite einer Glasscheibe die Wirkungen der Electricität zeigte, wenn man die obere gerieben hatte, und auch diese Bemerkung ist für jenen Zustand der Kenntnisse keine ganz unerhebliche. Daß Wollenzeug zum Reiben des Glases besser als Leinen sei, daß es also einen Unterschied der Wirksamkeit des Reibezeuges gebe, gehört auch zu den kleinen Entdeckungen Newtons.

Die wichtigen Entdeckungen andrer Art, zu denen Newtons Untersuchungen über das Licht und über die Bewegung der Himmelskörper Anlaß geben, mögen die Ursache gewesen sein, daß man die electrischen Untersuchungen in den nächsten 30 Jahren wenig weiter brachte; denn erst 1709 trat Hawksbee mit neuen Versuchen auf, unter denen die über das electrische Licht im luftleeren Raume, die ich später erzählen werde, die wichtigsten sind. Ueber das Anziehen und Abstoßen stellte er manche neue Versuche an. Er bediente sich des Glases als eines leicht und stark electrisch werdenden Körpers, und nach ihm hat man fast immer nur Glaskugeln, Glasröhren, Glasscheiben, als die zu diesem Zwecke tauglichsten Körper angewandt. Er bemerkte, daß seitwärts hängende Fäden alle gegen den Mittelpunct der geriebenen Kugel angezogen wurden, daß sie dagegen nach allen Richtungen aus einander gingen, wenn sie selbst mit der electrisirten Kugel oder ihrer Axe verbunden waren; ferner daß Fäden innerhalb einer Glaskugel in Bewegung geriethen, wenn eine andere electrisirte Glaskugel in die Nähe gebracht wurde. Er bemühete sich, auch Metalle durch Reibung electrisch zu machen; aber dieses gelang ihm nicht, aus Gründen, worauf wir sogleich zurückkommen.

Die durch diese Erfahrungen schon klar angedeutete Mittheilung der Electricität wurde erst 1728 von Grey genauer untersucht, und Grey gelangte dadurch zu ganz neuen Aufschlüssen. Er bediente sich zu seinen Versuchen einer Glasröhre, die an beiden Enden mit Korkstöpseln geschlossen war und die er durch Reiben electrisch machte; und hier bemerkte er, daß leichte Körper nicht allein vom Glase, sondern auch von dem Kork angezogen und dann wieder abgestoßen wurden, daß also dieser ebenso gut als die geriebene Röhre selbst die electrischen Wirkungen ausübte. Um diese Mittheilung weiter zu versuchen, steckte er ein längeres Stäbchen mit einer Kugel in den Kork, und auch diese zeigte eben die Wirkungen.

Leiter und Nichtleiter.

Diese deutlichen Spuren einer Fortleitung der Electricität, einer Mittheilung auch an entferntere Körper veranlaßten Grey noch weiter zu gehen, eine längere Schnur an jenen Kork zu befestigen und eine damit verbundene Kugel, 26 Fuß tief herabhängend, in die Nähe leichter Körper zu bringen, während die Röhre electrisch gemacht wurde, um zu sehen, ob auch diese Kugel sich electrisch zeige. Der Versuch gelang, so wie alle schon früher für kleinere Entfernungen angestellten Versuche, und die anziehende Kraft der Electricität war also hier bis auf so bedeutende Entfernungen durch eine hänfene Schnur mitgetheilt oder fortgeleitet worden. Grey erkannte vollkommen die Wichtigkeit dieser neuen Entdeckung, und wünschte nun, auch in horizontaler Richtung die Fortleitung zu versuchen; da aber ein Faden oder ein Seil sich durch bedeutende horizontale Entfernungen nicht ohne Unterstützung fortführen läßt, und ihm sehr wohl einleuchtete, daß die Electricität sich vermittelst einer solchen Unterstützung auch den andern Körpern mittheilen möchte, so suchte er diesem Nachtheile dadurch abzuhelfen, daß er eine dünne und zwar eine seidene Schnur wählte, um damit die horizontal fortgeführte hänfene Schnur zu unterstützen. Wirklich gelang so die Fortleitung der Electricität bis zu mehr als 100 Fuß Entfernung; aber als Grey, da die Seide brach, einen feinen Metalldrath anwandte, war die Fortleitung nach der Richtung, wo man die Wirkungen der Electricität zu erhalten wünschte, nicht mehr möglich, sondern der Metalldrath zeigte sich, seiner Feinheit ungeachtet, selbst als Leiter der Electricität, statt daß Seide nun als ein Nichtleiter erkannt, und so der wichtige Unterschied zwischen Körpern, welche die Electricität leiten, und welche sie nicht leiten, deutlich bewiesen wurde.

Die Leitungsversuche wurden von Grey noch weiter fortgesetzt, indem er Schnüre, die Leiter waren, bis zu mehr als 700 Fuß fortführte, und wenn sie durch Seide von der Verbindung mit andern, seitwärts ableitenden, Körpern getrennt waren, auch in diesen Entfernungen Wirkungen der Electricität erhielt. Die Untersuchung, welche Körper leiteten oder nicht leiteten, lehrte bald Harze, Glas, Seide, als Nichtleiter, Metalle, feuchtes Holz, hänfene Seile, als Leiter kennen.

Ich breche hier die historischen Nachrichten ab, da es jetzt nöthig wird, bei jedem Gegenstande ausführlich zu verweilen, und da die bis zu Grey's Versuchen im Jahre 1729 so langsam fortschreitenden Kenntnisse nun in Beziehung auf mehrere Theile der Electricitätslehre erweitert wurden; indeß werde ich gelegentlich wieder auf die Geschichte der weitern Fortbildung der einzelnen Zweige unserer Kenntnisse von der Electricität zurückkommen. Die Entdeckung, daß einige Körper der Electricität keinen leichten Durchgang gestatten, ist in mehr als einer Hinsicht wichtig. Sie setzt uns in Stand, die Körper, die wir durch Mittheilung electrisiren wollen, gegen den Verlust der Electricität zu sichern, indem wir sie isoliren, das ist, sie durch Nichtleiter, am liebsten durch Glasfüße oder durch Unterlagen von harzigen Körpern, oder durch Aufhängen an Seide, von andern Körpern, auf welche die Electricität übergehen könnte, trennen. Sie lehrt uns den Grund des Mißlingens der electrischen Versuche bei feuchtem Wetter kennen, indem wir nun einsehen, daß nur die trockene Luft ein guter Nichtleiter der Electricität ist, statt daß feuchte Luft eine Ableitung gestattet. Sie erklärt manche einzelne Versuche, und bei dieser Erklärung muß ich etwas länger verweilen.

Man pflegt, um das Anziehen und Abstoßen der Körper bei dem Electrisiren zu zeigen, leichte Kugeln, gewöhnlich von Hollundermark, an Fäden aufzuhängen. Reibt man nun eine Glasröhre und nähert sie jenen Körpern, so ist die erste Wirkung, daß sie von dem electrisirten Körper angezogen werden, bei allen gleich, die Faden mögen leitend oder isolirend sein. Aber wenn unter jenen Kugeln einige an seidenen Fäden hängen, andre an leinenen oder an dünnen Metallfäden, und wenn die letztern durch Metalle oder auch nur durch Holz oder Stein mit größern Körpern in Verbindung stehen; so findet man, daß die erstern, nachdem sie von der Glasröhre Electricität erhalten haben, abgestoßen werden, während die durch Leiter mit andern Körpern in Verbindung stehenden kleinen Kugeln immerfort angezogen werden. Jene an Seide hängenden Kügelchen behalten, weil die Seide ein Nichtleiter ist, die ihnen mitgetheilte Electricität, und zeigen uns, daß die schon mit Electricität geladenen Körper von dem Körper, welcher ihnen Electricität ertheilte, abgestoßen werden; die durch Leitung mit andern Körpern in Verbindung stehenden Kugeln verlieren in jedem Augenblicke die erlangte Electricität und werden daher immer auf's neue von dem electrisirten Glase angezogen. Die isolirten Kugeln, sie mögen an Seidenfäden hängen oder durch einen Glasstab, an welchem der Faden befestigt ist, von andern Körpern getrennt sein, kehren, wenn sie einen andern Körper berührt und an ihn ihre Electricität abgesetzt haben, zu der electrisirten Glasröhre zurück, um sich neue Electricität zu holen, und wiederholen oft dieses Hin= und Zurückgehen. Schon bei den gewöhnlichsten Versuchen mit geriebenem Siegellack oder geriebenem Glase bemerken wir dies, indem kleine Papierstückchen abwechselnd herankommen und wieder zu einem leitenden Körper zurückgehen, so daß sie, wenn die Electricität stark und dauernd genug ist, ihren Tanz, am besten zwischen einem breiten Leiter der unter einem horizontalen, gleichfalls breiten, electrisirten Körper gehalten wird, lange fortsetzen.

Das electrische Glockenspiel, wo eine metallene Glocke, isolirt gehalten, electrisirt wird, andre mit Ableitung versehene metallene Glocken in der Nähe jener stehen, und Metallkugeln an seidenen Fäden zwischen jener und diesen hängen, gehört auch hieher. Die Metallkugeln, die an seidenen Fäden hängen, werden von der electrisirten Glocke angezogen und dann zu den nahe stehenden Glocken abgestoßen, kehren aber, sobald sie ihre Electricität an diese übertragen haben, zu der erstern zurück, und setzen ihr Geläute so lange fort, als der mittleren Kugel Electricität ertheilt wird.

Um die Electrisirung eines leitenden aber isolirt aufgestellten Körpers wahrzunehmen, pflegt man zwei Kugeln an leinenen Fäden, oder zwei Strohhälmchen an diesem Körper selbst neben einander aufzuhängen. Sobald der Körper electrisirt wird, erhalten auch diese angehängten Körper Electricität, und ihr Auseinandergehen, weil sie sich abstoßen, zeigt, daß jener Leiter electrisirt ist. Bedient man sich eines langen metallenen Leiters, der auf Glas ruht, und nirgends Spitzen darbietet, (denn diese geben Ableitung); so gehen die Strohhalme, selbst am entferntesten Ende des Leiters, in demselben Augenblicke aus einander, da man ihn mit dem electrisirten Körper irgendwo berührt. Sind die Glasfüße vollkommen trocken, ist auch die Luft trocken und alle Ableitung vermieden, so bleibt dieser Leiter lange in seinem electrischen Zustande, und verliert die Electricität nur dadurch nach und nach, weil die Luft, selbst wenn sie trocken ist, doch nicht ganz nichtleitend ist. Bei feuchter Luft verliert der isolirte Leiter viel schneller seine Electri, cität. Allemal aber wenn man ihn mit einem metallischen Leiter auch nur aufs mindeste berührt, ist die Electricität sogleich gänzlich abgeleitet.

Die Leitungsfähigkeit der Körper ist sehr verschieden. Die Metalle gehören alle zu den besten Leitern, aber wir werden später doch auch unter ihnen Grade der bessern Leitung bestimmen lernen. Kohle ist ein fast ebenso guter Leiter als die Metalle. Erze sind gleichfalls leitend und manche Steine sind es, weil sie fast nie ohne einige Feuchtigkeit sind; Holz und andre Körper, die irgend etwas von Feuchtigkeit aufnehmen, leiten desto mehr, je feuchter sie sind; Pflanzen und die meisten Theile der thierischen Körper, auch die Knochen, sind Leiter. Dagegen sind alle Glas-Arten Nichtleiter oder Isolatoren. Alle harten Steine, ferner Phosphor, Schwefel, alle harzigen Körper, völlig trockene Salze, sind Nichtleiter. Die Hölzer und die weichern Stein-Arten isoliren desto besser, je mehr ihnen alle Feuchtigkeit entzogen ist. Seide, Federn, trockene Haare und Pelz sind Nichtleiter. Das Wasser ist ein Leiter, vorzüglich wird die Electricität an seiner Oberfläche gut fortgeleitet; fette Oele dagegen isoliren vollkommen. Die trockene Luft ist ein Nichtleiter und dadurch entsteht die Möglichkeit, die Electricität anzuhäufen, die gänzlich fehlen würde, wenn die, alle Körper umgebende, Luft ein guter Leiter wäre; in sehr feuchter Luft ist es wirklich kaum möglich, Electricität merkbar zu machen. Uebrigens ändert sich die Leitung bei verschiedenem Zustande der Körper, schmelzendes Harz wird leitend und sehr heißes Glas gleichfalls. Bei Körpern, die nur schwach leiten, wird es merklich, daß sie bei größerer Länge und bei geringerer Dicke die Ableitung mehr hindern. Daher darf man die Glasfüße, auf welchen der zu isolirende Körper ruht, nicht zu kurz machen; auch dürfen dieser Unterstützungen nicht zu viele sein, weil doch jede in einigem Grade Electricität entweichen läßt. Wir werden bald Mittel finden, die Vortheile, die hier der eine oder der andre Körper gewährt, noch genauer anzugeben.

Metalle werden durch Reiben electrisch.

Man glaubte ehemals diejenigen Körper als idio-electrische, als fähig selbst electrisch gemacht zu werden, ansehen zu dürfen, die durch Reiben diese Eigenschaft erhalten; aber bei näherer Untersuchung zeigt es sich, daß alle Körper durch Reiben electrisch werden. Es ist nämlich einleuchtend, daß ein Metall, welches ich in die Hand nehme, beim Reiben keine Electricität zeigen kann, weil die erregte Electricität sogleich der Hand zu geleitet wird, und so sich der Erde und allen umgebenden Körpern mittheilt.

Um zu entscheiden, ob auch Metalle durch Reibung electrisch werden, muß man sie mit einem Handgriffe von Glas oder Harz versehen, oder da, wo man sie mit der Hand hält, die Leitung zur Hand hinüber durch Seide unterbrechen, und es findet sich, daß auch die Metalle dann durch Reibung electrisch werden. Der ganze Unterschied liegt also nur in der Leitung. Das Glas wird nur an den Stellen electrisch, wo man durch Reiben die Electricität hervorruft, und selbst eine ganz nahe an jenen Puncten statt findende Berührung leitet die Electricität nicht ab; ein geriebenes Metall dagegen zeigt sich, wenn es sorgfältig isolirt gehalten wird, an seiner ganzen Oberfläche electrisirt, verliert aber auch jede Spur von Electricität, sobald man es nur im geringsten berührt. Am Glase, am geriebenen Siegellack und ähnlichen Körpern kann man zahlreiche Puncte der Oberfläche durch Berührung der Electricität berauben, und dennoch zeigen sich diese Körper noch electrisch, weil noch unberührte Puncte übrig bleiben; es ist daher schwer, ein electrisirtes Glas durch viele Berührung so gänzlich von aller Electricität zu befreien, daß es keine Spur von Wirkung mehr zeige, und erst nach längerer Zeit oder durch die umgebende feuchte Luft oder durch ein Anhauchen findet endlich das Aufheben aller electrischen Wirkung statt.

Electroscope. Electrometer.

Schon diese wenigen Kenntnisse setzen uns in Stand, Mittel zu Abmessung der Electricität zu finden, indem die Anziehungskraft, welche ein electrisirter Körper gegen einen unelectrisirten ausübt, und die Abstoßungskraft, mit welcher zwei aus derselben Quelle mit Electricität geladene Körper auf einander wirken, uns als Maaß für die Stärke der Electricität dienen. Indeß sehr oft ist es uns nicht um ein genaues Maaß dieser Kraft, sondern nur um ein Kenntlichmachen einer stärkern oder schwächern Electricität zu thun, und hiezu dienen unsre gewöhnlichen Electrometer, die daher eigentlich nur Electroscope, Electricitätszeiger, heißen sollten, nicht Electricitätsmesser. Um die Electricität eines isolirten Leiters kenntlich zu machen, hängt man sehr oft nur zwei Hollundermarkkugeln an leitenden Fäden an ihm auf, und da diese, weil sie mit dem Leiter zugleich electrisch werden, sich einander abstoßen, so giebt ihre Divergenz, ihr Auseinandergehen, eine Andeutung von der Ladung des Leiters, und man erkennt das Zunehmen der Ladung an einer stärkern Divergenz der Fäden. Statt dieser Fäden hängt man bei sehr schwachen Ladungen zwei Goldblättchen so neben einander, daß sie sich mit ihren breiten Flächen berühren; ihr Auseinandergehen ist schon bei sehr geringen Ladungen erheblich genug, um die Ladung zu zeigen. Man bringt zu Erkennung schwacher Ladungen diese Goldblättchen oder auch sehr leichte Kugeln oder Strohhälmchen sehr gewöhnlich innerhalb des Glascylinders ABCD (Fig. 42.) an, wo dann der metallene Boden AB durch den Leiter FG mit den Blättchen oder Fäden E, E, in Verbindung steht, das Glas ABDC aber zur Isolirung und zum Schutze gegen Luftzug dient; bei F wird der zu prüfende electrisirte Körper mit dem Electroscop in Verbindung gesetzt. Wenn solche Fäden oder Strohhalme an dem Leiter selbst an mehreren verschiedenen Puncten angebracht werden, so gehen sie alle zugleich aus einander, wenn man an irgend einem Puncte des Leiters diesem Electricität mittheilt, und dieses selbst dann wenn der Leiter sehr erheblich lang ist, nur versteht es sich, daß der Leiter isolirt sein muß, und überdieß muß er nirgends Spitzen oder allzu dünne auslaufende Theile darbieten, indem diese, aus Gründen, die ich erst später anführen werde, die Electricität ableiten.

Ist die Electricität stark, so bedient man sich schwerer Körper; eine Kugel A (Fig. 43.) die durch einen Metalldrath BA mit dem Fuße CD in Verbindung steht, wird von der Kugel E abgestoßen, und der hinter beiden Kugeln A, E, angebrachte Quadrant zeigt den Grad der Abstoßung und dadurch eine Vergleichung der mehrern oder mindern Stärke der Electricität; bei sehr starken Ladungen kann man diesen Kugeln eine bedeutendere Größe geben, immer aber muß auch an dem Electroscop jede Art von Spitzen vermieden sein, damit die Electricität nicht ausströme. Dieses

Electroscop wird mit seinem leitenden Fuße DC auf dem Leiter befestigt, welchen man untersuchen will. Eben den Zweck erfüllen die Fig. 44. dargestellten zwei Electrometer, von denen ich bald Gebrauch machen werde. Sie bestehen, beide ganz gleich, aus einem Leiter CBDE, der sich in E, C, in Kugeln endigt, und auch bei D, F, hinreichend abgerundet ist, um kein Ausströmen der Electricität bei den mäßigen Ladungen, wozu man sie nur anwenden kann, zu gestatten. Der Fuß AB ist von Glas und mit Lack überzogen, um alle Ableitung zu hindern. Neben DE befindet sich ein Strohhalm GH, der in seiner Mitte F auf einer Axe aufliegt, die ihm gestattet, mit Leichtigkeit von DE zurückzuweichen, und der Gradbogen HI zeigt, wie viel er sich in jedem Falle entfernt. Der Strohhalm ist beinahe im Gleichgewichte, jedoch so daß er mit einem geringen Uebergewichte zur verticalen Stellung gelangt; da er nun durch die leitende Axe F mit dem Leiter CDE verbunden ist, so wird er abgestoßen, sobald man diesem Leiter kleine Ladungen von Electricität ertheilt, und wenn gleich die Grade, die man an dem Gradbogen HI abliest, nicht eigentlich Grade der Electricität sind, so irrt man doch nicht so gar sehr, wenn man eine Electricität, die 40° Abstoßung bewirkt, für doppelt so stark als die, welche 20° bewirkt, ansieht. Hat man zwei solche Electrometer, die bei ganz gleichen Abmessungen auch so abgeglichene Strohhalme haben, daß sie bei gleicher Electricität auch gleiche Grade zeigen, so sind diese übereinstimmenden Electrometer zu manchen Zwecken brauchbar. Um sich von dieser Gleichheit zu überzeugen, bringt man beide Leiter CD, cd, bei C, c, in Berührung, und sieht, ob dann die Strohhalme gleiche Grade zeigen, welches man durch kleine Correctionen bewirken kann, wenn es nicht statt findet. Daß aber die Bogengrade ziemlich nahe für Grade der electrischen Ladung gelten können, so nahe als es die hier nur beabsichtigten Versuche fordern, davon überzeugt man sich auf folgende Weise. Man giebt dem einen Electrometer, wenn es mit dem andern noch nicht in Berührung ist, eine Ladung, die den Strohhalm zum Beispiel auf 40° bringt; man rückt nun das andre noch ungeladene Electrometer hinan, damit bei Cc eine Mittheilung, ohne weitere Ableitung, statt finde; dann hat, wegen der ganz gleichen Gestalt, jedes der beiden Electrometer die Hälfte der vorigen Ladung und beide gehen nun nahe genug auf die halbe Anzahl Grade, auf 20°, herab. Trennt man sie nun, entladet das eine durch Berührung mit dem Finger, und läßt durch neue Mittheilung bei Cc die Ladung sich wieder halbiren, so kommen beide auf 10°. So wenig strenge diese Vergleichung ist, so reicht sie doch in vielen Fällen um so mehr zu, da man den Strohhalm doch immer nur in einiger Entfernung von dem Bogen HI darf vorbeigehen lassen und deshalb die Beobachtung der Grade nur mittelmäßige Genauigkeit zuläßt. Wenn man ähnlich angeordnete Electrometer so einrichtet, daß das eine 30° zeigt, das zweite 20°, das dritte 10°, bei gleichen Ladungen, so kann man das letztere bei stärkern Ladungen anwenden, wo das erste nicht mehr brauchbar ist, und so doch noch eine ziemlich sichere Vergleichung zwischen stärkern und schwächern Ladungen erhalten.

Weit mehr zu genauer Abmessung brauchbar ist die Coulombsche Drehwaage, die jedoch nur bei schwachen Ladungen kleiner Körper anwendbar ist. Sie besteht aus einem Stäbchen AB, das in seinem Schwerpuncte (Fig. 45.) an dem sehr feinen Faden DE befestigt ist und daher horizontal schwebend an dem Faden hängt. Da der Faden sehr dünne ist und auch eine nicht zu geringe Länge FE hat, so wird er der Drehung nur eine höchst geringe Kraft entgegensetzen, und obgleich das Stäbchen AB in einer bestimmten Lage zur Ruhe kömmt, so wird doch selbst die unbedeutendste Kraft dasselbe um mehrere Grade fortrücken und dadurch eine Drehung des Fadens bewirken. Diese Drehung, die Anzahl Grade, um welche der Faden gedreht ist, giebt ein Maaß der drehenden Kraft, und es läßt sich zeigen, daß ganz genau die zehnfache Kraft das Stäbchen um zehnmal so viele Grade fortdreht, als die einfache Kraft. Um nun diese Coulombsche Drehwaage bequem zu gebrauchen, ist der Faden mit dem Stäbchen in einem cylindrischen Glase, so daß E den Mittelpunct des Glases einnimmt, und auf dem Umfange des Glases ist in der Höhe, wo der Waagebalken schwebt, eine Theilung in 360 Grade, um die Stellung von AB genau beobachten zu können. Der Faden wird oben bei F in einer Klemme festgehalten und diese ist mit einem Zeiger versehen; ändert man nun die Stellung der Klemme so, daß der Zeiger um 10 Gr. fortrückt, so wird sich auch die Stellung, wobei das Stäbchen zur

Ruhe kömmt, um 10 Gr. ändern, und man hat es also in seiner Gewalt, die Ruhestellung, wo man will, zu bewirken. Für den Gebrauch als Electrometer macht man das Stäbchen AB von Gummilack und befestigt daran eine kleine Kugel von Hollundermark, die also isolirt ist; bei C befindet sich am Glase eine gleiche, ebenfalls isolirte Kugel, und man stellt nun die Klemme so, daß die Kugel A sich grade dann an C anlegt, wenn der Faden DE ganz ungedreht ist. Giebt man nun den an einander liegenden Kugeln eine geringe electrische Ladung, z. B. indem man ein sehr kleines geladenes Metallkügelchen mit ihnen in Berührung bringt, so stoßen sie sich einander ab, und A entfernt sich von der unbeweglichen Kugel C; je mehr sie sich entfernt, desto mehr wird der Faden gedreht und widersetzt sich daher mit immer stärkerer Gewalt der weitern Drehung, und da zugleich die Abstoßung bei größeren Abständen gewiß geringer wird, so tritt endlich ein Gleichgewicht ein, so daß die abgestoßene Kugel z. B. auf 80° zur Ruhe kömmt, wenn C sich bei 0° befindet. Fände man bei der Prüfung einer andern Ladung weniger Grade, so wäre sie schwächer, und um sie mit der vorigen zu vergleichen, müßte man ganz wenig oben an der Klemme drehen, um die Kugel A auch jetzt auf 80° zu bringen; gesetzt dies hätte eine Aenderung von 20° an dem Zeiger bei F gefordert, so betrüge die Drehung des Fadens nur $80 - 20 = 60°$, und die Drehungskraft des Fadens wäre nur drei Viertel der vorhin statt findenden, also auch die bei gleichem Abstande ausgeübte Abstoßungskraft im letzten Falle nur $\frac{3}{4}$ der vorigen.

Einige Versuche mit dem Electrometer.

Mit diesem Instrumente hat Coulomb den Verlust, den eine schwache electrische Ladung in der Luft leidet, abgemessen. Hätte zum Beispiel der mit 80° übereinstimmende Abstand anfangs eine Drehungskraft von 80°, nach 2 Min. nur von 76° gefordert, um im Gleichgewichte gehalten zu werden, so würde der Verlust in 2 Min. ein Zwanzigstel betragen haben. Dieser Verlust beträgt, wie Coulombs Versuche zeigen, bei unverändertem Zustande der Luft, immer einen gleichen Theil der noch übrigen Ladung, so daß, wenn man nach längerer Zeit den Abstand von

80° schon mit einer Drehungskraft = 40° erhalten konnte, der Verlust an Drehungskraft in 2 Min. nur 2° betrug, u. s. w.

Auch über die ungleiche Vollkommenheit der Isolirung lassen sich Versuche mit der Drehwaage, jedoch auch nur in Beziehung auf schwache Ladungen anstellen. Das Siegellack und Gummilack ist so sehr gut isolirend, daß es schwache Ladungen schon bei geringer Länge fast gar nicht ableitet. Man kann sich davon überzeugen, wenn man die ruhend bleibende Kugel C (Fig. 45.) bald auf einem dünnen Lackfaden, bald auf zweien oder dreien ruhen läßt, indem in allen diesen Fällen der Verlust an Electricität in gleichen Zeiten fast gleich bleibt. Dagegen, wenn eben diese Kugel an einem einzelnen, nicht sehr langen Coconseidenfaden hängt, so verliert sie die Electricität schneller, an zwei Fäden hängend noch schneller u. s. w. Nach Coulombs Versuchen ist ein Faden von Siegellack oder auch von Gummilack $\frac{1}{2}$ Lin. dick und $1\frac{1}{2}$ Zoll lang für mäßig geladene Hollundermarkkugeln von $\frac{1}{2}$ Zoll Durchmesser fast völlig strenge isolirend; auch ein Seidenfaden mit Siegellack überzogen thut eben die Dienste. Dagegen isolirt ein feiner Glasfaden von 5 bis 6 Zoll lang oder ein Haar oder ein Seidenfaden nur an sehr trockenen Tagen, man muß diese daher mit Gummilack überziehen. Die minder gute Isolirung durch Seide oder Glas ist vorzüglich bei etwas stärkern Ladungen merklich, bei sehr schwachen Ladungen ist die abstoßende Kraft der Electricität nicht groß genug, um in diesen doch immer noch überaus schlechten Leitern die Electricität fortzutreiben. Längere Fäden isoliren besser, so daß ein viermal so langer Faden die doppelt so starke Electricität noch vollkommen isolirt, wenn die einfache Länge die einfach starke Electricität noch vollkommen gut isolirte; aber diese Vergleichung gilt nur in Beziehung auf gleich trockne Luft und auf gleich dicke Fäden. Uebrigens findet sich bei gleichem Zustande der Luft der allmählige Verlust gleich, der Körper sei positiv oder negativ electrisirt.

Der Gebrauch der Drehwaage ist ihrer großen Beweglichkeit wegen etwas schwierig, und sie kann zu fehlerhaften Schlüssen Anlaß geben, wenn irgend ein andrer Theil des Instruments auch nur die geringste Spur von Electricität angenommen hat; man muß daher bei ihrem Gebrauche große Vorsicht anwenden.

Doch es ist Zeit, daß ich diese, mehr auf Einzelnheiten gehenden, Betrachtungen verlasse, und Sie mit einer der folgenreichsten Entdeckungen bekannt mache, die uns neue, wesentliche Belehrung über die Natur der electrischen Erscheinungen gewährt.

Entgegengesetzte Electricitäten.

Nach allen bisher angeführten Erfahrungen, und nach alle dem, was man bis zu Grey's Untersuchungen kennen gelernt hatte, schien es gar keinen Zweifel zu leiden, daß ein electrisirter Körper, wenn man mehr Electricität hinzubringt, auch stärkere Wirkungen zeige müsse; und eben so wenig konnte man zweifeln, daß die Abstoßung, die wir zwischen zwei electrisirten Körpern bemerkt haben, ganz allgemein zwischen jeden zwei electrisirten Körpern sich zeigen müsse; aber hier findet sich eine sehr merkwürdige Verschiedenheit, die Dufay 1733 bemerkte. Wenn man ein leichtes Kügelchen an einem seidenen Faden aufhängt und es mit geriebenem Siegellack berührt, so wird das Kügelchen electrisch, und wird vom Siegellack abgestoßen; so oft man das Siegellack wieder nähert; erneuert sich diese Abstoßung, so lange als das Kügelchen seine Electricität nicht verloren hat. Aber man nähere nun dem durch Siegellack electrisirten Kügelchen eine geriebene Glasröhre, so wird jenes mit großer Gewalt gegen diese angezogen werden; und wenn man das Kügelchen zur Berührung mit dem Glase hat kommen lassen, wenn es die Electricität des Glases angenommen hat, so wird es von dem geriebenen Glase abgestoßen, vom geriebenen Siegellack aber stark angezogen; und so finden immer bei der Electrisirung durch Glas und bei der Electrisirung durch Siegellack zwar genau gleiche Erscheinungen statt, so lange man immer nur einen dieser Körper dem durch ihn electrisirten Körper nahe bringt, aber entgegengesetzte Wirkungen, wenn man bald Glas bald Siegellack dem electrisirten Körper nähert.

Diese Beobachtung veranlaßte Dufay zwei verschiedene Electricitäten, die Glas-Electricität und die Harz-Electricität anzunehmen; Sie werden aber bald sehen, daß diese Namen nicht passend sind. Dagegen finden wir uns veranlaßt, diese Electricitäten entgegengesetzte zu nennen, weil sie sich ganz so verhalten, daß ein Hinzuthun der einen ein Vermindern der andern bewirkt. Die vorhin beschriebenen zwei völlig gleichen Electrometer (Fig. 44.) zeigen dies sehr gut. Wenn wir zuerst beide einzeln gleich stark mit Siegellack electrisiren, und sie sind so angeordnet, daß diese gleiche Electrisirung sich durch eine Abstoßung zu gleichen Graden zeigt, so bleibt die Abstoßung gleich, auch wenn man beide sich in C, c, berühren läßt; ferner, wenn man beide mit Siegellack electrisirt, aber ungleich, so daß das eine Electrometer 20 Grade, das andre 50 Grade zeigt, so kommen sie beide auf 35 Grad bei der gegenseitigen Berührung, und so in allen Fällen auf den mittlern Grad. Genau ebenso verhält es sich, wenn beide Electrometer durch die Berührung mit geriebenem Glase electrisirt sind. Aber nun electrisire man das eine jener Electrometer mit Glas, das andre mit Siegellack und bringe sie beide einzeln zu gleichen Graden der Abstoßung; so gehen beide bei der Berührung auf Null herab, das ist, die eine Electrisirung hat in der Berührung die andre völlig unthätig gemacht, ihre Wirkung ganz aufgehoben, obgleich nur eine Mittheilung des einen isolirten Körpers an den andern statt fand. Man electrisire das eine mit Glas, bis es auf 50 Gr. gekommen ist, das andre mit Siegellack, bis es auf 20 Grad gekommen ist; so gehen sie bei der Berührung nicht bis auf die Mittelzahl 35, sondern bis auf 15 Grad herab, und diese noch übrige Electricität ist der Art nach mit der der stärkern Ladung gleichartig, also hier dem Glase entsprechend, wie man daraus sieht, daß sie durch neue Electricität des Glases vermehrt, durch neu hinzukommende Electricität des Siegellacks geschwächt wird. Es ist also ganz klar, daß gleiche Grade beider Electricitäten vereinigt sich völlig zerstören, daß dagegen 20 Grade der einen von den 50 Graden der andern nur 20 zerstören, wo dann aber der Ueberrest von 30 Graden, weil er sich auf beide Electrometer austheilt, jedes nur auf 15 Grad bringt. Diese wenigen Beispiele zeigen deutlich die in allen Fällen sich bestätigende Regel, daß die den beiden gleichen Electrometern ertheilten Electricitäten, indem sie sich unter beide gleich austheilen, sie auf die halbe Summe der Grade bringen, wenn es gleichartige Electricitäten waren, auf die halbe Differenz, wenn es ungleichartige Electricitäten waren.

Dieses Verhalten ist ganz dem gemäß, was bei den in der Arithmetik oder Algebra mit positiv [+] und mit negativ [—]

bezeichneten Größen statt findet. Gewinn und Verlust stehen einander als positive und negative Größen entgegen, und bieten daher die besten Beispiele zur Vergleichung dar. Wenn zwei Personen sich vornehmen, ihren Gewinn oder Verlust im Spiele gleich zu theilen, so hat keiner dem andern etwas zu geben oder von ihm zu fordern, wenn ihre Gewinne gleich oder wenn die Verluste gleich sind; hat dagegen der eine 20, der andre 50 gewonnen, so ist 35 der Gewinn eines jeden, und ebenso wenn beide verloren haben; dagegen wenn der eine 50 gewonnen, der andre 50 verloren hat, so gleicht sich dies völlig aus, und sie haben beide weder Gewinn noch Verlust; hat einer 50 gewonnen, der andre 20 verloren, so gehen 20 von dem Gewinne auf diesen über und dann erst werden die übrigen 30 unter beide gleich getheilt, so daß der Gewinn eines jeden 15 ist. Da es sich nun bei den Ladungen mit den beiden verschiedenen Electricitäten ebenso wie hier mit den positiven und negativen Größen, mit Gewinn und Verlust, verhält, so ist dies die Ursache, warum man die eine Electricität, die durch Reibung des glatten Glases mit Wolle oder Seide am Glase hervorgebrachte, die positive, kurz +E, die andre Electricität, die wir durch Reiben an Bernstein, Siegellack, Harz, Schwefel erhalten, die negative Electricität, oder —E, nennt. Sie werden bald sehen, daß die Vergleichung mit Gewinn und Verlust sich in Beziehung auf die entgegengesetzten Electricitäten noch weiter fortführen läßt.

Um auch ohne jene zwei gleichen Electrometer die Wirkungen der entgegengesetzten Electricitäten zu zeigen, hat man nur nöthig, am einen Ende eines Leiters, der nur einige Zolle lang zu sein braucht, aber einen Fuß von Glas mit Lack überzogen haben muß, zwei leitende Körper, Goldblättchen oder leinene Fäden mit Kügelchen, oder Strohhalme aufzuhängen. Berührt man nun (Fig. 46.) das eine Ende A des Leiters mit geriebenem Siegellack, so gehen die Kugeln B aus einander. Bringt man, während dies statt findet, gegen A zu, ohne noch zu berühren, abermals geriebenes Siegellack, so gehen die Kugeln weiter aus einander, bringt man dagegen ebenso geriebenes Glas gegen A zu, so nähern sich die Kugeln einander, fallen auch wohl ganz zusammen. Man stellt diese Electrometer, wie schon vorhin erwähnt ist, in der Form

Fig. 42. auf, und gebraucht sie, wenn der Körper F G, der auf dem cylindrischen Glase A D ruht und folglich isolirt ist, irgend eine Electricität erhalten hat, zur Untersuchung, ob es positive oder negative Electricität ist, indem ein gegen F zu genäherter electrisirter Körper die Kugeln mehr aus einander treibt, wenn er diejenige Electricität bringt, welche der Körper F G Fig. 42. schon besitzt.

Entgegengesetzte Electricitäten der beiden geriebenen Körper.

Die Frage, ob bei der Reibung die positive oder die negative Electricität hervorgehen wird, ist nicht immer leicht zu beantworten, und es beruht der Erfolg sogar auf Nebenumständen; aber eine merkwürdige Regel steht ganz fest, nämlich daß unter zwei Körpern, die an einander gerieben Electricität hervorbringen, allemal der eine positiv, der andre negativ electrisch ist *). Um dieses merkwürdige Gesetz zu bestätigen, muß man sowohl den geriebenen als den reibenden Körper isoliren, und wenn dies gut genug geschehen ist, so findet man es in der That so; und nun erst können wir mit etwas mehr Genauigkeit die Körper angeben, welche positiv und welche negativ werden. Glattes Glas wird bei der Reibung fast an allen Körpern positiv electrisch, und die zur Reibung angewandten werden negativ; aber das Katzenfell, vorzüglich die Reibung an dem Felle einer lebenden Katze, macht eine Ausnahme, indem da das Glas negativ wird, und die Katze, wenn man sie isolirt erhält, positiv. Aber obgleich das glatte Glas hiernach mit ziemlichem Rechte der positiven Electricität den Namen Glas-Electricität geben könnte, so verhält sich doch das matt geschliffene Glas ganz anders, indem es, selbst an Wolle gerieben, an Papier gerieben, an der Hand gerieben, negativ wird, und nur diejenigen

*) Sartorph bemerkt, es gebe auch hier Ausnahmen, indem zwei an einander geriebene Federkiele zuweilen beide positiv werden. Ich habe die Behauptung richtig gefunden, obgleich ich in den meisten Fällen die eine Feder + E, die andre — E finde, ohne daß ein Grund, warum diese Verschiedenheit hervorgeht, erhellte. Aber jener Erscheinung ungeachtet, die auf irgend etwas Zufälligem beruhen muß, kann man die Regel wohl unbeschränkt aussprechen.

Körper, die vorzugsweise in sehr starkem Grade zum Negativen hin neigen, das matt geschliffene Glas positiv machen.

Wenn wir die Körper durchgehen, so finden wir allgemein, daß ein Körper A, der an B gerieben +E erhält, dagegen an C gerieben —E erhält, als zwischen B und C stehend angesehen werden kann, so daß, wenn man B und C an einander reibt, diese Körper stärkere Electricitäten geben, einen stärkern Gegensatz gegen einander als gegen A zeigen; und daß B, welches an A gerieben schon —E erhielt, vollends an C gerieben gewiß —E erhalten wird. Dieser Schluß bewährt sich immer. Haben wir zum Beispiel gefunden, daß das glatte Glas, obgleich es fast mit allen Körpern bei der Reibung +E erhält und den andern —E ertheilt, doch am Katzenfelle —E erhält und das Katzenfell positiv macht; so können wir sicher annehmen, daß das Katzenfell an alle den Körpern positiv wird, die das Glas positiv machen, und wirklich steht auch das Katzenfell in der Reihe der positiv werdenden Körper so oben an, daß wir keinen Körper kennen, durch welchen jenes negativ würde. Und auf gleiche Weise scheint Schwefel fast den äußersten Platz unter den negativ werdenden Körpern einzunehmen, indem es selbst an Federharz, an Siegellack, an Bernstein gerieben negativ wird, obgleich alle diese Körper schon zu denen gehören, die bei der Reibung mit zahlreichen andern Körpern negativ werden. Die ganze Reihenfolge der Körper, wie sie negative oder positive Electricität geben, will ich hier nicht aufführen, sondern nur noch einige Fälle erwähnen. Harzige Körper oder Siegellack an Wolle, an wollenen Zeugen, an Seide gerieben, werden negativ, und die Wolle oder Seide wird positiv. Dagegen wird Wolle an polirtem Glase gerieben negativ, an matt geschliffenem Glase gerieben positiv. Federharz an Papier gerieben wird negativ, und wenn das Papier auf dem warmen Ofen liegt, so sieht man im Dunkeln schöne Strahlen electrischen Lichts bei der Reibung hervorgehen; dagegen wird Federharz an Schwefel gerieben oder an Bernstein gerieben positiv, weil diese beiden Körper allzu weit nach der negativen Seite hin stehen.

Bei Körpern, die in dieser Reihe der Körper einander nahe stehen, ist es oft schwer, ihnen ganz genau ihre Stelle anzuweisen, da kleine Unterschiede in der Beschaffenheit der Oberfläche, in der Wärme u. s. w. Ungleichheiten hervorbringen, die keine ganz genaue Bestimmung gestatten. Daß sogar große Ungleichheiten aus der bloßen Veränderung der Oberfläche hervorgehen, zeigt das Glas, welches bei matt geschliffener Oberfläche in so vielen Fällen die negative Electricität zeigt, in der Reihe der Körper mehr als Wolle und Seide auf der negativen Seite steht, statt daß glattes Glas beinahe unter allen positiv werdenden Körpern der erste ist. Ebenso macht bei der Seide die Farbe und bei seidenen Bändern die Anordnung des Gewebes einen Unterschied. Zieht man zwei schwarze seidene Bänder so zwischen den trocknen Fingern durch, daß sie beide sich an diesen reiben, so werden sie beide negativ; ist aber das eine schwarz, das andre weiß, so ist das weiße positiv, das schwarze negativ. Wenn man an weißen seidnen Bändern ein schwarzes reibt, so wird das schwarze negativ, die weißen positiv, und überhaupt zeigt sich das schwarze beim Reiben weit mehr als weiße Seide zum Negativen hinneigend. Nimmt man weiße Atlasbänder, oder überhaupt gleichfarbige seidene Bänder, und zieht das eine der Bänder der Länge nach hin und her über der Querrichtung des andern, so ist das quer geriebene gewöhnlich negativ. Aber kleine Verschiedenheiten können auch diese Resultate ändern.

Ueber die Stelle, welche einzelne Metalle in der Reihenfolge der Körper einnehmen, sind die Angaben sehr verschieden, und hier besonders müssen kleine Unterschiede wohl bedeutenden Einfluß haben. Coulomb fand Zink, Silber, Kupfer, Blei, positiv, wenn sie an wollenem Tuche gerieben wurden; diese Angabe finde ich bei dem Zink richtig, Kupfer und Messing dagegen finde ich negativ, wenn es mit Seide, Wolle oder weichem Leder gerieben wird. Silber habe ich, an einem Siegellackstiele isolirt gehalten, an Seide und Wolle nie anders als negativ erhalten, auch an Siegellack gerieben ist Silber negativ; ja es ist mir so wiederholt gelungen, eine polirte Platte feines Silber an einer glatten Oberfläche gegossenen Schwefels gerieben negativ und Schwefel positiv zu erhalten, daß ich kein Bedenken trage, dem Silber seine Stelle sehr weit nach der negativen Seite hin anzuweisen. Aber die Metalle scheinen alle noch eine sorgfältige Untersuchung zu verdienen, indem selbst

Zink an Seide gerieben zuweilen negativ wird, obgleich es oft positiv wird *).

Bei Körpern, die einander völlig gleich sind, sollte, wenn man sie reibt, gar keine Electricität hervorgehen; aber fast nie scheint diese vollkommene Gleichheit statt zu finden. Gläser an einander gerieben, werden gewöhnlich doch electrisch. So finde ich zum Beispiel ein Bologneser Springkölbchen von weißem Glase im Innern eines Weinglases von gutem, weißem, hartem Glase gerieben, allemal negativ und dagegen das Weinglas positiv; und auf ähnliche Weise findet man oft den geringsten Unterschied zu Erregung der Electricität zureichend.

Auch die ungleiche Wärme beider Körper wirkt hier ein und im Allgemeinen scheint der wärmere sich mehr zum Negativwerden hin zu neigen. So wird gewöhnlich weiße Seide an trockenem Papier gerieben negativ, das Papier positiv; aber weiße Seide an erwärmtem Papier gerieben wird positiv und das Papier negativ.

Eine allgemeine Regel, nach welcher man im Voraus wissen könnte, welcher Körper bei der Reibung positiv würde, kennt man noch nicht. Die Regel, daß der härtere und glatte Körper positiv wird, gilt in den meisten Fällen, aber die positive Electricität des Katzenfelles paßt dazu nicht; und so finden sich fast überall Abweichungen. In vielen Fällen paßt die Regel, daß derjenige Körper, dessen Theile am meisten einer Aenderung der Lage unterworfen sind, durch mindere Härte, durch größere Rauhheit, der eben darum vielleicht auch sich stärker erwärmt, der negative sei.

Quecksilber am Glase hin und her gerieben, macht das Glas electrisch. Luft anhaltend gegen ein Glas geblasen, giebt diesem positive Electricität, so daß man also annehmen muß, die Luft werde negativ. —

*) Bei diesen Versuchen sind viele Vorsichten nöthig, damit man die durch Mittheilung so leicht auf das Metall übergehende Electricität nicht mit der durch Reibung entstandenen verwechsele, wenn man aber bei der Reibung der Silberplatten an Schwefel jene negativ und diesen positiv erhält, so kann, glaube ich, kein Irrthum statt finden. Da die Spuren der Electricität hier schwach sind, so thut Bohnenbergers Electrometer, von dem ich erst später reden kann, hier gute Dienste.

Dieses Hervorgehen der entgegengesetzten Electricitäten läßt sich auf sehr mannichfaltige Weise zeigen. Stehen zwei Personen auf isolirenden Fußgestellen mit Glasfüßen, und reibt die eine mit Seidenzeuge eine von der andern Person gehaltene Glasröhre, so sind nach etwas anhaltendem Reiben beide Personen electrisch; jede zieht leichte Körper an und die an ihr electrisirten Körper werden wieder abgestoßen; aber die an der einen electrisirten Körper werden von der andern angezogen. —

Vierzehnte Vorlesung.

Die Electrisirmaschine.

Obgleich die meisten derjenigen Versuche, die ich neulich erwähnt habe, keine weitere Vorkehrung fordern, sondern mit einer Reibung der in der Hand gehaltenen Körper zu Stande gebracht werden können, obgleich Dufay, Grey und andre frühere Beobachter recht bedeutende Wirkungen der Electricität durch Glasröhren, frei in der Hand gehalten, und mit der Hand oder mit einem in der Hand gehaltenen Wollenzeuge oder Seidenzeuge gerieben, hervorbrachten; so fand man doch bald die Nothwendigkeit, sich der Electrisirmaschine zu bedienen, indem die Schnelligkeit und Stetigkeit der Reibung viel größere Wirkungen hervorbringt, als man bei den in der Hand gehaltenen Glasröhren erreichen konnte. Schon Guericke hatte eine Schwefelkugel mit Hülfe einer Kurbel gedreht, und auch Hawksbee bediente sich auf ähnliche Art einer Glaskugel; aber diese bequeme Einrichtung war doch wieder aufgegeben, bis Hausen sie 1742 aufs neue anwandte. In dieser frühesten Zeit der Electrisirmaschine bediente man sich der Glaskugeln, die mit der Hand gerieben wurden; aber Winkler fand es besser, sich eines Polsters als Reibzeugs zu bedienen. Nachher sind statt der Kugeln die Cylinder, weil das Reibzeug sich gleichförmiger an sie andrückt, vorgezogen worden, und Cylindermaschinen oder Scheibenmaschinen sind es, deren wir uns jetzt bedienen.

Bei allen Electrisirmaschinen sind es drei Haupttheile, die in Betrachtung kommen, der geriebene Körper, das Reibzeug, der Conductor oder Leiter, welcher die Electricität aufnimmt. Bei den Cylindermaschinen ist es ein hohler Glascylinder AB, der zur Erregung der Electricität gebraucht wird (Fig. 47.); hartes, glattes Glas, durchsichtig und weiß, wendet man am liebsten an, doch finden sich auch bei gutem Ansehen Glascylinder, die weniger geeignet sind, starke Electricität hervorzubringen, weshalb man sie am liebsten erst durch wirklichen Versuch prüft. Es ist vortheilhaft, und bei nicht so gutem Glase besonders zu empfehlen, daß man sie inwendig mit einem harzigen Ueberzuge versieht (aus Terpentin, Wachs und Pech, gewöhnlich mit Zinnober roth gefärbt); dieser gewährt den Vortheil, daß sich die Feuchtigkeit, die jeden Falls nachtheilig ist, nicht so leicht anlegt. Der Cylinder wird an beiden Enden mit Axen C versehen, deren Lage so sein muß, daß der Cylinder bei der Drehung nicht mit schlotterndem Gange sich bald stark bald schwach an das Reibzeug andrücke, sondern beständig eine gleiche Reibung leide. Die Axe muß nicht durchgehen, weil sie dann, aus später anzuführenden Gründen, das Hervorgehen der Electricität etwas hindert; sie muß durch Glassäulen DE, DE, isolirt sein, damit nicht so leicht die am Cylinder erregte Electricität, nach der Axe überschlagend, dort eine Ableitung gegen die Erde finde. An der Axe ist zum Drehen eine Kurbel angebracht, deren Haupttheil aus Glas bestehen muß, um die Ableitung durch die Axe zu hindern. Um eine schnellere Drehung zu erhalten, verbindet man ein kleineres, mit der Axe sich drehendes Rad C mit einem größern, F, das durch die Hand gedreht wird.

Das Reibzeug GH besteht aus einem weichen Polster, welches sich mit Federn an den Cylinder andrückt, es erstreckt sich nicht ganz bis an das Ende des Cylinders, weil dort die Electricität zu leicht nach der Axe überschlägt. Die reibende Fläche muß eine solche sein, die an Glas gerieben diesem starke positive Electricität ertheilt, und dazu hat man schon seit langer Zeit einen Ueberzug von Amalgama passend gefunden; dieses wird auf Leder gestrichen, welches die Vorderseite des Polsters GH ausmacht; die Hinterseite belegt man mit einer Metallplatte, welche sich nahe an das Amalgam anschließt, um die Zuleitung der Electricität zu befördern. Das Reibzeug ruht am besten auf isolirenden Säulen HI; denn obgleich es beim Gebrauche der Maschine in Verbindung mit der Erde stehen muß, so ist es doch bei manchen Versuchen nothwendig, es isolirt zu erhalten. Das Reibzeug muß zwar nicht zu schmal sein, damit jeder Punct des Cylinders einen nicht ganz kurzen Weg während der Reibung durchlaufe; aber es muß doch kein Viertel des Cylinders umfassen, weil sonst der Leiter zu leicht zum Zurückschlagen von Funken auf das Reibzeug veranlaßt wird. An das Reibzeug ist da, wo die geriebenen Puncte des Cylinders das Reibzeug verlassen, ein dünner Wachstaffent GHKL befestigt, um dem Cylinder bis gegen die Stelle hin, wo der Leiter die Electricität aufnimmt, zur Bedeckung zu dienen, indem sonst die Funken leicht von der Gegend KL auf die Hinterseite des Reibzeuges zurückschlagen.

Der Leiter KL, der bis oberhalb des Cylinders sich erstreckt, hat bei Z Spitzen, weil diese leichter die Electricität aufnehmen; durch sie geht die Electricität auf den ersten Leiter KL über, der an allen Theilen gut abgerundet sein muß, und auf gläsernen, mit Lack überzogenen Säulen ruht, damit die Electricität, so gut es immer möglich ist, in ihm angehäuft bleibe. Die Spitzen sind gegen den Theil des Cylinders gerichtet, der nur wenig von dem Rande des Wachstaffents KL entfernt ist, damit der Cylinder sogleich da, wo er aus der Bedeckung hervortritt, die Electricität abgebe. An den ersten Leiter kann man sogleich noch einen längern zweiten ansetzen, der die Wirkung noch verstärkt.

Bei den Scheibenmaschinen, wo man sich einer Glasscheibe bedient, (Fig. 48.) bleiben die Hauptumstände, worauf es ankömmt, dieselben. Die Glasscheibe AB ist hier der geriebene Körper. Die durch sie durchgehende und mit der Kurbel oder dem Rade zur Umdrehung versehene Axe C muß genau senkrecht gegen die Ebne der Scheibe sein, damit nicht, bei einem ungleichen Gange der Scheibe, diese sich bald stark bald schwach an das Reibzeug andrücke, und nicht durch kleine Abweichungen von der immer gleichen Lage sich an die Spitzen des Einsaugers der Electricität stoße. Man pflegt der Scheibe zwei Reibzeuge, oben und unten oder auch an beiden Enden des Horizontaldurchmessers, zu geben, indeß behauptet Pfaff aus eigner Erfahrung, daß ein Reibzeug in DE wegen der dann größern Entfernung von dem Einsauger FG der Electricität wohl noch zweckmäßiger sei, und auf jeden Fall ist dieses bequemer. Das Reibzeug steht auf einer isolirenden Säule HI, der Leiter, welcher bei G die Electricität empfängt, auf einer isolirenden Säule LM. Auch hier bedeckt ein dünner Wachstaffent, der an das Reibzeug DE befestigt ist und die nach der Reibung sich vom Reibzeuge entfernenden Theile der Scheibe vor dem Verluste der Electricität schützt, den Theil der Scheibe, welchen die geriebenen Theile durchlaufen, bis sie in FG ihre Electricität dem Leiter übergeben. Weder das Reibzeug noch der Einsauger gehen bis nahe an die Axe, sondern lassen einen Theil in der Mitte frei, da von diesem die erregte Electricität sich zu leicht nach der Axe begeben würde. Diese ist freilich isolirt, und auch die Kurbel muß, um die Ableitung zu verhüten, von Glas sein, aber dennoch ist es auch hier schwer, bei starken Ladungen alle Ableitung ganz zu vermeiden. Das Reibzeug ist bei DE an beiden Seiten der Scheibe angebracht, und besteht, so wie bei der Cylindermaschine, aus einem mit Amalgam bestrichenen weichen Polster, das von beiden Seiten durch Federn angedrückt wird, an seiner Hinterseite aber Leiter hat, die man mit einem größern Leiter DN in Verbindung setzt, um an diesem Leiter die Veränderungen zu beobachten, welche in der Electricität des Reibzeuges vorgehen. Ist die Scheibe nach Pfaffs Angabe eingerichtet, so muß der Wachstaffent fast die halbe Scheibe an beiden Seiten bedecken. In GF befinden sich wieder an beiden Seiten der Scheibe die Einsauger, die zwar Spitzen darbieten, jedoch diese von einem ebnen Rande so umgeben, daß die Scheibe nicht so leicht an sie anstoßen und ihre Politur beschädigen kann. Der Leiter L ist ganz wie bei den Cylindermaschinen. Bei Scheibenmaschinen kann man an derselben Axe zwei Scheiben verbinden, wo dann für jede Scheibe eben die Stücke vorkommen müssen, die Reibzeuge aber in Verbindung mit dem einzigen Leiter HN stehen und die Einsauger mit dem einzigen Leiter L.

Man hat manche andre Körper statt des Glases als Hauptkörper der Electrisirmaschine vorgeschlagen, theils der Wohlfeilheit wegen, theils um statt der positiven Electricität an dem geriebenen Körper negative Electricität zu erhalten. In Hinsicht auf den ersten Zweck hat man Scheiben von gedörrtem Holze empfohlen, die mit gut gegerbten Maulwurfsfellen oder Rattenfellen gerieben wurden, und dann an der Scheibe und dem mit ihr in Verbindung gesetzten Conductor negative Electricität gaben. Noch wirksamer sind die von Lichtenberg aus schwarzem Wollenzeuge, von Walkiers und Rouland aus Taffent verfertigten Electrisirmaschinen. Es wird nämlich dieser Zeug um die beiden Cylinder G und H (Fig. 49.) gezogen und beide Enden zusammen genäht; dann zieht man die beiden Cylinder so aus einander, daß der Taffent oder das Wollenzeug straff angezogen ist, damit diese Fläche von Seide oder Wolle bei der Drehung eines Cylinders mit zum Umlaufen komme; man bringt an dem Cylinder selbst ein Reibzeug von Katzenpelz an, und läßt den Leiter S die von beiden Seiten zugeführte Electricität aufnehmen. Diese ist dann negativ, und kann bei hinreichender Größe der Maschine und guter Erwärmung der geriebenen Zeuge sehr bedeutende Wirkungen hervorbringen. Den Vorzug behalten indeß bei weitem immer die zuerst beschriebenen Maschinen, von deren großen Wirkungen ich in der Folge noch mehr sagen werde.

Ob die Cylindermaschinen oder die Scheibenmaschinen den entschiedenen Vorzug verdienen, darüber ist lange gestritten worden, indeß kann man, wenn es auf die allerstärksten Wirkungen ankömmt, wohl nicht leugnen, daß die Scheibenmaschinen die kräftigern sind, wenn gleich zu Versuchen geringerer Art die Cylindermaschinen mehr Bequemlichkeit gewähren. Da es nämlich vorzüglich, bei sonst gleichen Umständen, auf die Größe der in gleicher Zeit durch Reibung electrisirten Fläche, zugleich aber auch auf die Schnelligkeit der Bewegung ankömmt, so gewähren große Scheiben sowohl in Rücksicht auf den Inhalt der zur Reibung gelangenden Fläche, als in Rücksicht auf die Schnelligkeit, mit welcher die Fläche an dem Reibzeuge vorbeigeht, einen großen Vortheil. Glascylinder kann man nicht von allzu großem Durchmesser machen und Cylinder von 2 Fuß Durchmesser, woran das Reibzeug eine Länge von 1 Fuß hätte, würden schon die größesten sein, die man etwa erhalten könnte; dagegen sind Glasscheiben von 5 Fuß Durchmesser, und noch dazu zwei zugleich an einer Axe gedreht, ausgeführt worden. Ginge nun jener Cylinder auch viermal um, während die Scheibe eine Umdrehung macht, so betrüge dort die geriebene Fläche etwa 25 Quadratfuß in der Zeit, wo die Scheibe einmal umläuft; an dieser aber ist die an jeder Seite geriebene Fläche wenigstens 10 Quadratfuß und also an zwei verbundenen Scheiben 40 Quadratfuß und die Scheiben haben dann selbst in ihren entferntesten Puncten noch nicht die sehr große Geschwindigkeit, die ich dem Cylinder beigelegt habe, so daß, wenn man jenen eben diese Geschwindigkeit ertheilte, der Vortheil noch bedeutender auf der Seite der Scheibe wäre. Auch in Hinsicht auf die immer gleiche Wirksamkeit scheint es leichter, der ganz ebnen Scheibe größere Vollkommenheit zu geben, als dem Cylinder, dessen wahre Axe schwerlich so genau mit der eingesetzten Axe zusammenstimmen wird, und der daher leicht in einigem Grade ungleich sich an das Reibzeug preßt. Versuche, besonders von Cuthbertson und Singer, haben auch diesen Vorzug dargethan.

Damit man aber mit einem Cylinder oder mit einer Scheibe von gegebner Größe alle die Wirkungen hervorbringe, deren sie fähig sind, kömmt es auf eine Menge einzelner Umstände an. Die Schnelligkeit der Reibung ist, so fern man sie ohne andre Unbequemlichkeit steigern kann, eines der wichtigsten Beförderungsmittel. Eine gute Isolirung, damit keine Electricität verloren gehe; ein gutes Amalgam an dem Reibzeuge *), eine starke Zuleitung der Electricität zu dem Reibzeuge hin; selbst die richtig gewählte Dicke des Wachstaffents, der zwischen dem Reibzeuge und dem Conductor den Cylinder oder die Glasscheibe bedeckt, und sich glatt anlegen muß, tragen zu Verstärkung der Wirkung wesentlich bei. Auch die Größe und Gestalt des Conductors ist nicht gleich-

*) Das Kienmayersche Amalgam aus 2 Th. Quecksilber, 1 Th. Zink und 1 Th. engl. Zinn, oder das Singersche aus 6 Th. Quecksilber, 2 Th. Zink und 1 Th. Zinn sind zu empfehlen, doch muß man auch bei der Bereitungs-Art auf bestimmte Weise (S. Gehlers Wörterb. Art. Amalgama) verfahren. Verschiedene Glas-Arten scheinen auch etwas ungleiche Amalgame zu fordern. Ohne Zweifel sind diese Amalgame darum so wirksam, weil sie selbst sehr geneigt sind, negativ zu werden.

gültig für die Wirkung der Maschine. Offenbar nimmt ein großer Leiter mehr Electricität auf und giebt daher stärkere Wirkungen, besonders stärkere Funken; indeß nimmt diese Wirkung nicht immerfort zu, weil eine große Oberfläche auch zu mehr Verlust an die Luft Gelegenheit giebt. Warum vorzüglich eine größere Länge des Conductors vortheilhaft ist, wird sich in der Folge ergeben. Möglichst vollkommene Isolirung und trockene Luft sind die wichtigsten Umständen, worauf es vor allem ankömmt.

Einige Versuche mit der Electrisirmaschine.

Alle Versuche, die man mit einer in der Hand gehaltenen und geriebenen Glasröhre anstellen kann, lassen sich vollkommener und mit mehr Leichtigkeit mit der Electrisirmaschine anstellen. Nähert man den Kopf dem geladenen Leiter oder auch dem geriebenen Glaskörper, so werden die Haare gegen den electrisirten Körper angezogen, und da eben dies in Beziehung auf die kleinen Haare statt findet, die sich an jedem Theile der Haut befinden, so wird durch die geringe Bewegung derselben ein eigenthümliches Gefühl hervorgebracht; wenn man Funken aus dem Conductor überschlagen läßt, während das Gesicht sich so in der Nähe desselben befindet, so bemerkt man einen Wechsel in jenem Gefühle bei jedem hervorgehenden Funken.

Wenn ein Mensch sich isolirt, auf einem mit Glasfüßen versehenen Schemel, electrisiren läßt, so richten seine Haare sich auf, weil sie einander abstoßen; leichte Körper in die Nähe des Menschen gebracht werden von ihm, wie von andern electrisirten Körpern, angezogen und, nachdem sie Electricität erhalten haben, abgestoßen. Läßt man zwei Menschen auf zwei verschiedenen Isolirschemeln sich von demselben Leiter aus electrisiren, so können sie einander berühren, ohne Funken zu geben oder einen Schlag zu bekommen; theilt man aber durch irgend eine Veranstaltung dem einen positive, dem andern negative Electricität mit, so werden die Körper, welche vom einen abgestoßen wurden, vom andern angezogen, und wenn beide Menschen sich berühren, so wird Funke und Schlag desto lebhafter. Von diesen Wirkungen will ich indeß hier noch nicht umständlich reden, da ich von dem electrischen

Lichte in der Folge mehr sagen werde, und die Empfindungen bei dem Schlage uns hier auch noch nicht beschäftigen sollen.

Als ein bloßer Erfolg der gegenseitigen Abstoßung ist dagegen folgende Erscheinung anzusehen. Wenn man in ein Gefäß mit Wasser einen Heber setzt, dessen Ausflußröhre ein enges Haarröhrchen ist, so fließt der Heber, wenn er auch gehörig gefüllt ist und seine Oeffnung niedriger liegt, als die Oberfläche des Wassers im Gefäße, doch entweder gar nicht oder nur in langsam auf einander folgenden Tropfen; aber wenn man das Wasser electrisirt, indem man es in einem metallenen Gefäße an den Leiter anhängt, so fließt der Heber fortwährend und das Wasser wird sogar mit Gewalt herausgestoßen. Die electrisirten Wassertheile, die an der Mündung liegen, werden von den anliegenden abgestoßen und herausgetrieben. Selbst an einem einzelnen Wassertropfen, der am Conductor hängt, sieht man, daß er sich verlängert und eine spitzige Form annimmt, wenn man, während der Conductor electrisirt ist, einen andern Körper dem Tropfen nähert.

Andre Anziehungs- und Abstoßungsversuche lassen sich zahlreich anstellen. Baumwolle, die man dem geladenen Leiter nahe bringt, streckt zuerst alle Fäden gegen den Conductor aus, fliegt dann gegen ihn zu, wird nun wieder abgestoßen, und wenn sie am Conductor festhängt, stoßen sich die einzelnen Fäden einander ab. Rauch, den man in der Nähe des electrisirten Leiters erregt, wird von ihm angezogen. Campher, den man auf einer eisernen Unterlage anzündet, dann ausbläst und sogleich, während er noch raucht, dem electrisirten Leiter nähert, bildet eine Menge kleiner Spitzchen, die durch die Anziehung des Leiters gegen die noch nicht erhärteten Theile entstehen. Ein ähnlicher Versuch mit Siegellack giebt einen ähnlichen Erfolg, aber nicht so feine Spitzen.

Entgegengesetzte Electricitäten des Reibzeugs und des geriebenen Körpers.

Aber weit belehrender als diese, nur Bekanntes wiederholenden, Versuche sind die, wo man die eigentliche Art der Wirksamkeit des Reibzeuges zeigt. Ich habe schon früher erwähnt, daß man das Reibzeug der Maschine so einzurichten pflegt, daß man es isoliren kann, — wir wollen diese Einrichtung zu folgenden

Versuchen benutzen. Man bringt eine leitende Kette an dem Reibzeuge an, damit dieses mit allen benachbarten Körpern in Verbindung stehe; dann wird, bei fortwährender Drehung und Reibung des Glascylinders, der Leiter auf einen ihm genäherten ableitenden Körper unaufhörlich Funken geben, ohne daß bei längerer Dauer des Reibens eine Schwächung der Wirkung bemerkbar würde. Aber nun nimmt man die am Reibzeuge angebrachte Kette ab, so daß das Reibzeug isolirt ist; so zeigt sich zwar bei anfangender Drehung der Maschine der Leiter wieder electrisch, er giebt mehrere Funken, aber diese folgen sich immer langsamer einander, und schon nach kurzer Dauer des Versuches hört die Wirkung des Reibens beinahe ganz auf. Setzt man die Reibung des Glases am isolirten Reibzeuge immer fort, während der zum Ueberschlagen der Funken in geringer Entfernung vom Conductor aufgestellte Körper noch immer seine Stelle einnimmt, und nähert man nun den Finger dem Reibzeuge, so zeigt sich zwischen dem Finger und dem Reibzeuge ein Funke, und so wie dieser überschlägt, giebt auch der Conductor wieder einen Funken, dessen Erscheinen sich wiederholt, und unausgesetzt wiederholt, wenn man bei fortgesetzter Drehung der Maschine aus dem dem Reibzeuge genäherten Körper Funken auf dieses übergehen läßt. Die Reibung giebt also nur dann Electricität, wenn das Reibzeug mit andern Körpern in leitender Verbindung steht, oder selbst Electricität zugeführt erhält. Der Versuch läßt sich noch auf eine andre Weise abändern. Man isolirt das Reibzeug, läßt aber eine leitende Kette von dem Conductor zum Reibzeuge hinübergehen, so giebt weder der Conductor noch das Reibzeug einem dargebotenen Körper Funken; und wenn man nun statt einer ununterbrochenen Leitung eine Kette anbringt, wo Metallglieder durch kleine Glasknöpfe oder durch kurze Stückchen seidener Schnur von einander getrennt sind, so sieht man unaufhörlich die Funken des Conductors von Glied zu Glied zum Reibzeuge hinübergehen, und der Kreislauf der vom Reibzeuge zum Cylinder, zum Conductor, zur Kette und wieder zum Reibzeuge gelangenden positiven Electricität liegt uns deutlich vor Augen.

Sie sehen leicht, daß diese Versuche uns noch mehr lehren können. Die schon früher gemachte wichtige Bemerkung, daß einer der geriebenen Körper negativ electrisch wird, indem der andre positive Electricität annimmt, leitet uns zu dem Gedanken, den electrischen Zustand des isolirten und auch mit dem Leiter L nicht in Verbindung gesetzten Reibzeuges genauer zu untersuchen. Um dieses zu thun bringt man an dem Reibzeuge einen eben solchen isolirten Leiter an, wie derjenige ist, der von dem geriebenen Glase die Electricität empfängt, wie HN (Fig. 48.), und läßt diesen Leiter während der Wirkung der Maschine mit dem Reibzeuge in Verbindung. Schon nach den ersten Umdrehungen der Maschine zeigen sich beide Leiter electrisch, beide ziehen leichte Körper an und stoßen sie nach der Mittheilung ab; aber wenn man einen isolirt gehaltenen, vom Reibzeugconductor abgestoßenen Körper dem Hauptleiter, der mit dem geriebenen Glase in Verbindung steht, nähert, so wird er hier angezogen, und ebenso im umgekehrten Falle. Bringt man einen größern, isolirt gehaltenen Körper an den Leiter des Reibzeugs und läßt ihn da sich laden, so entsteht, wenn er dem Leiter am Glascylinder genähert wird, ein Funke zwischen beiden; und ebenso umgekehrt, wenn man einen vom Glase her geladenen Leiter isolirt zu dem Leiter des Reibzeuges bringt, so schlägt ein Funke über, welches nicht der Fall ist, wenn man den am einen Leiter geladenen Körper eben diesem Leiter wieder darbietet.

Das Reibzeug wird also negativ electrisch, während das Glas positiv wird, und umgekehrt wird das aus Pelz bestehende Reibzeug positiv, wenn man Schwefel oder Seidenzeug oder Wollenzeug, die negativ werden, als geriebene Körper anwendet. Diese Erfahrung kann uns zu einer genaueren Theorie der electrischen Erscheinungen hin leiten; und wenn gleich Franklin schon viel mehr Erfahrungen vor sich hatte, als ich bis jetzt angeführt habe, so werde ich doch Franklins Theorie und dann auch die ihr gegenüberstehende schon hier erklären.

Franklins Theorie der electrischen Erscheinungen.

Nach Franklins Ansicht ist die electrische Materie in allen Körpern verbreitet; aber im natürlichen Zustande der Körper befindet sie sich im Gleichgewichte, so daß sie kein Bestreben hat, vom einen Körper zum andern überzugehen. Wir müssen es also so ansehen, als ob jeder Körper seiner Natur nach geeignet ist, eine gewisse Menge electrischer Materie zu enthalten; diese braucht nicht nothwendig bei allen gleich zu sein, sondern eine Anziehungskraft der Körper, die vielleicht ungleich ist, könnte wohl bewirken, daß die größere Menge Electricität auf dem einen, festgehalten durch eine stärkere Anziehung, doch nicht zu dem andern Körper überginge, wenn auch er die Menge von Electricität hat, die seiner eigenthümlichen Natur angemessen ist. Doch über diese Gleichheit oder Ungleichheit im natürlichen Zustande können wir gar keine Vermuthung aufstellen. Die Reibung stört dieses natürliche Gleichgewicht, und auf eine Weise, die wir nicht weiter erklären können, wird durch die Reibung das Glas fähig, den gewöhnlichen Reibzeugen electrische Materie zu entziehen, so daß sie an dem Glase gesammelt wird, und dort in wirklich vermehrter Menge vorhanden ist. Das Glas ist also nach dieser Ansicht im eigentlichen Sinne positiv geladen, und das Reibzeug hat Electricität hergegeben, es ist also in einen Zustand des Mangels an Electricität versetzt, im eigentlichen Sinne negativ electrisch. Steht das Reibzeug mit der Erde oder auch nur mit einigen größern Körpern in leitender Verbindung, so wird dieser Mangel an Electricität im Reibzeuge in jedem Augenblicke ersetzt, und das Reibzeug zeigt keine Electricität, weil es sich die ihm entzogene electrische Materie aus einer unerschöpflichen Quelle wieder verschafft; dagegen zeigt ein isolirtes Reibzeug sich in der That negativ electrisch. Jene Fähigkeit des Glases, im Augenblicke der Reibung dem ihn reibend berührenden Körper electrische Materie zu rauben, eine verstärkte Anziehung auf die electrische Materie auszuüben, dauert aber nur für den Augenblick des Reibens. Das Glas hat nun mehr electrische Materie, als ihm nach dem natürlichen Zustande zukömmt, und sobald ein geriebener Punct nicht mehr der Reibung unterworfen ist, tritt diese als freie Electricität hervor, das Glas zeigt sich als geladen, und die electrische Materie strebt, einem verdichteten elastischen Flüssigen vergleichbar, zu den Körpern hinüber, die weniger, das heißt nur so viel besitzen, als ihrem natürlichen Zustande gemäß ist.

Dieses Bestreben der electrischen Materie, von einem Körper, der mehr besitzt, zu dem hinüber zu gelangen, welcher weniger besitzt, veranlaßt uns, dieser Materie eine abstoßende Kraft ihrer eignen Theilchen gegen einander oder ein Bestreben sich auszubreiten beizulegen; daher ist das Gleichgewicht der Electricität zwischen allen Körpern nur im natürlichen Zustande möglich, zwischen zwei einzelnen Körpern ist es nur dann möglich, wenn sie sich beide in einem gleichen Zustande des Ueberflusses oder Mangels befinden, und die electrische Materie strebt von dem positiv geladenen Körper zu dem hinüber, der im natürlichen Zustande oder negativ ist, und von dem Körper im natürlichen Zustande zu dem negativ electrischen. Berühren diese ungleich mit Electricität geladenen Körper sich unmittelbar und sind sie beide Leiter, so theilt sich die in ihnen vorhandene Electricität gleichmäßig unter sie; sind sie nicht in unmittelbarer Berührung, so zeigt sich zuerst eine Anziehung, der weniger electrische Körper wird von dem stärker electrischen angezogen, aber wenn diese Anziehung auch keine Berührung hervorbringt, so findet doch, bei hinreichendem Unterschiede der electrischen Ladung und hinreichender Nähe, das Ueberschlagen eines Funkens und damit eine Mittheilung von dem einen Körper an den andern statt.

In Hinsicht auf die Leiter und Nichtleiter bemerken wir aber hier einen wesentlichen Unterschied. Auf der Oberfläche der erstern zeigt sich die electrische Materie als so beweglich, daß sie ohne Zeitverlust diejenige Austheilung über den ganzen Körper oder über die Reihe von Körpern annimmt, die dem Bestreben der angehäuften electrischen Materie, sich nach den Puncten, welche weniger davon besitzen, zu begeben, angemessen ist; die Nichtleiter scheinen dagegen die electrische Materie in jedem Puncte festzuhalten, so daß sie zwar ihre Wirkung auf benachbarte Körper durch Anziehung und ihre Wirkung auf die benachbarte electrische Materie durch Abstoßung zeigt, doch aber nur sehr langsam vom einen Puncte des Nichtleiters zum andern übergeht. Da die Luft ein solcher Nichtleiter ist, so geht auch in ihr die Electricität nur langsam von einem Puncte zum andern über, obgleich die Wirkung auf entfernte Körper sich auch durch die Luft fort erstreckt.

Mit der negativen Electricität verhält es sich in Rücksicht der Erscheinungen ebenso, indem der in einem Puncte eines Leiters entstandene Mangel an Electricität sogleich einen gleichen Zustand für den ganzen Leiter zur Folge hat, weil die electrische Materie von den andern Puncten des Körpers sich sogleich nach demjenigen Puncte ergießt, welcher einen Verlust erlitten hat, dagegen auf dem Nichtleiter nur der geriebene Punct selbst sich als negativ zeigt, weil das Zuströmen von den benachbarten Puncten nicht statt findet. Die Wirkung in die Ferne müssen wir hier durch ein eben solches Hinstreben der electrischen Materie, die in der Luft und den umgebenden Körpern ist, nach dem Puncte zu, wo der Mangel statt findet, erklären, wie wir sie durch ein Hinstreben nach den umgebenden Körpern da erklärten, wo Ueberfluß statt fand. Der luftleere Raum verhält sich ganz wie ein Leiter der Electricität, die Electricität strömt aus, weil sie nicht mehr durch die nicht leitende Luft zurückgehalten wird. Daß die Ableitung von den positiv electrischen Körpern und die Hinleitung zu den negativ electrischen Körpern auf gleiche Art statt findet, erhellt von selbst.

Die Erscheinungen der Anziehung und Abstoßung erklären sich nach Franklins Ansicht am besten auf folgende Weise, obgleich Franklin selbst sich nicht für diese Erklärung entschieden zu haben scheint. Da die Electricität eine anziehende Kraft auf die Körper ausübt oder gegentheils auch von ihnen angezogen wird, so bewegt der leichtere Körper sich dahin, wo ungleiche Anhäufung der Electricität ihn hintreibt, das ist, wenn der leichtere Körper mehr Electricität besitzt als der benachbarte, so strebt die Electricität zu diesem hinüber und führt ihn, als den leichter nachgebenden, mit fort, besitzt der leichtere weniger, so wird er von dem reichlicher mit Electricität begabten angezogen und dies findet statt, der eine mag im natürlichen Zustande, der andre positiv, oder der eine mag negativ und der andre im natürlichen Zustande, oder endlich der eine mag negativ, der andre positiv sein. Zwei electrisirte Körper stoßen einander scheinbar ab. Man erklärt dies am besten durch die Anziehung gegen die umgebende Luft. Die Kugeln b, c, enthalten mehr electrische Materie, (Fig. 50.) als ihnen im natürlichen Zustande zukömmt, dann werden die Lufttheilchen in a von beiden Seiten gleich, die bei d nur nach einer Seite angezogen, und mit dem Heranziehen der Theilchen d gegen c ist auch ein Entgegengehen der Kugel c gegen d verbunden, und eben so geht b nach e zu. So verhält es sich, wenn b und c positiv sind; im Falle, daß sie negativ sind, werden sie offenbar von der in den Lufttheilchen d, e, enthaltenen Electricität nach entgegen gesetzten Richtungen gezogen, und die Einwirkung der Theilchen a, die nach beiden Seiten gleich gezogen werden, kömmt nicht in Betrachtung.

Diese Theorie empfiehlt sich durch ihre Einfachheit, indem nur eine electrische Materie angenommen, und der Ueberfluß und Mangel, das + E und — E, wozwischen der natürliche Zustand als Null, weder Anhäufung noch Mangel, liegt, im eigentlichen Sinne verstanden wird. In der Folge bieten sich indeß mehrere Zweifel gegen diese Ansicht dar, und obgleich sie bei den zunächst anzuführenden Erscheinungen beinahe ebenso gut als die zweite Theorie ausreicht, so ist man doch oft genöthigt, der Voraussetzung, daß es zwei electrische Materien giebt, den Vorzug zuzugestehen.

Dualistische Theorie.

Ein sich sogleich darbietender, und von den Gegnern Franklins sehr hervorgehobener Zweifel ist der, daß die Wirkungs-Art des Mangels an Electricität so vollkommen der Wirkung des Ueberflusses gleich ist, so sehr, daß man durchaus nicht mit Gewißheit sagen kann, ob wirklich die Glas-Electricität als die wahrhaft positive, als Anhäufung electrischer Materie, anzusehen sei. Die Gründe, welche Franklin bestimmten, der Glas-Electricität diesen Namen der positiven beizulegen, die in dem Ansehen des aus Spitzen ausstrahlenden Lichtes, in der Stärke und Richtung des Funkens u. s. w. liegen, sind, wie ich künftig noch anführen werde, keinesweges entscheidend. Schon Symmer fand es daher angemessener, zwei electrische Materien anzunehmen, die ich die positive und die negative Materie nennen werde, obgleich sie hier alle beide als gleich eigenthümlich angesehen werden.

Da die Erfahrung uns zeigt, daß beide electrische Zustände aus dem natürlichen Zustande der Körper mit gleicher Leichtigkeit hervorgehen, so sind wir genöthiget, bei der Voraussetzung zweier electrischer Materien anzunehmen, daß die Körper in ihrem natürlichen Zustande beide electrische Materien enthalten, daß diese aber da, weil sie sich gegenseitig sehr stark anziehen, sich in einem gebundenen Zustande befinden, keine sich kenntlich macht, weil die eine durch die Anziehung der andern unthätig erhalten wird. Bei der Reibung zweier ungleichartiger Körper an einander trennen sich die beiden electrischen Materien, und es verhält sich so, als ob im Augenblicke der Reibung der eine Körper eine verstärkte Anziehung für die positiv-electrische Materie und eine verminderte Anziehung gegen die negativ-electrische Materie erhielte, während bei dem andern das Entgegengesetzte statt findet; wir sehen daher jenen positiv geladen, diesen negativ geladen, das heißt, jener hat positiv-electrische Materie aufgenommen und negativ-electrische abgegeben, statt daß der zweite negativ-electrische Materie empfangen und seine positiv-electrische Materie zum Theil an den ersten abgetreten hat. Diese Trennung, wozu in dem Reiben die Veranlassung lag, erscheint sogleich, wenn die Reibung aufhört, als ein unnatürlicher Zustand, indem die nur im Momente des Reibens verstärkte Anziehung des einen Körpers gegen die positiv-electrische Materie, des andern gegen die negativ-electrische Materie, nun nicht mehr statt findet, und daher jede von beiden wieder auszuströmen, sich mit der entgegen gesetzten zu verbinden, strebt. In diesem Bestreben der einen angehäuften electrischen Materie, sich in andre Körper zu ergießen und dagegen aus diesen die entgegengesetzte Materie herüberzuziehen, zeigt sich uns der Zustand der Ladung, dessen Wirkungen daher genau gleich sind, es mag die positive oder die negative Materie im Uebermaaß in einem Körper vorhanden sein.

Die Erscheinungen erklären sich vollkommen, wenn wir annehmen, daß die Theilchen der positiv-electrischen Materie sich gegenseitig abstoßen und daher nach weiterer Ausbreitung streben, daß sie dagegen die Theilchen der negativ-electrischen Materie stark anziehen. Befinden sich zwei gleichartig und gleich stark geladene Körper neben einander, so kann keine Mittheilung, auch kein Hinüberschlagen eines Funkens statt finden, weil jeder der beiden nicht genug von der andern electrischen Materie hat und diese, als fest gehalten durch das Uebermaaß der entgegen gesetzten Materie, nicht an den andern Körper abgiebt, und jeder die bei ihm im Uebermaaß vorhandene Materie von dem andern Körper abgestoßen findet. Ist dagegen einer im natürlichen Zustande, der andre positiv geladen; so wird freilich die negativ-electrische Materie des erstern durch die mit ihr verbundene positive Materie angezogen und festgehalten, aber die im zweiten Körper verdichtete positive Materie übt, wenn dieser Körper nahe genug kömmt, eine starke Anziehung auf jene negative Materie aus, und es entsteht, da diese Anziehung gegenseitig ist, ein Bestreben zur Vereinigung, ein Bestreben, durch einen übergehenden Funken die Ausgleichung, das Ausströmen der positiv-electrischen Materie, die in der Reihe der mit der Erde in Verbindung stehenden Körper Gelegenheit genug findet, sich mit negativ-electrischer Materie zu verbinden, zu bewirken. Daß diese Wirkung noch lebhafter erfolgen muß, wenn der eine Körper positiv, der andre negativ ist, erhellt von selbst.

Wenn der geladene Körper leicht genug beweglich ist, so wird er durch die anziehende Kraft, die von der entgegengesetzten Electricität eines ungeladenen oder auch entgegengesetzt geladenen Körpers auf seine Electricität ausgeübt wird, zu diesem hingezogen, und wir beobachten die electrische Anziehung; befindet sich dagegen der geladene Körper in der Nähe eines gleichartig geladenen Körpers, so stoßen sich gegenseitig die Theile der im Uebermaaß vorhandenen electrischen Materie ab, und die Körper selbst folgen dieser Abstoßung, wenn sie leicht genug sind, zugleich aber sucht jeder die in der umgebenden Luft enthaltene entgegengesetzte Electricität anzuziehen und entfernt sich daher von dem andern Körper.

Es läßt sich hier noch eine Bemerkung hinzufügen, von der wir nicht wissen, ob sie irgend eine Beziehung auf wirkliche Erscheinungen hat. Bei allen Erscheinungen, die wir kennen, scheint ohne Ausnahme für jeden Antheil positiv-electrischer Materie, der zum einen Körper übergeht, ein gleicher Antheil negativ-electrischer Materie zum andern Körper überzugehen; aber es scheint nicht geradezu eine absurde Frage zu sein, ob es denn nicht einen electrischen Zustand der Körper geben könne, bei welchem beide electrische Materien dem Körper entzogen und er so recht eigentlich in einen Zustand des Mangels an aller electrischen Materie versetzt würde. Indeß diese Frage findet in Erscheinungen, die wir bis jetzt kennen, keine Beantwortung; nach der Franklinschen Theorie ließe sie sich gar nicht aufstellen.

Nähere Bestimmung der Gesetze der Anziehung und Abstoßung electrisirter Körper.

Ehe ich zu andern Erscheinungen übergehe, welche sich uns in den electrischen Wirkungen zeigen, will ich hier noch eine Frage beantworten, deren Beantwortung uns bei vielen Erscheinungen wichtig wird, nämlich, wie die electrischen Anziehungen und Abstoßungen von der Entfernung abhängen, in welchem Maaße sie abnehmen, wenn die Entfernung zunimmt. Die Coulombsche Drehwaage ist am meisten geschickt, diese Frage zu beantworten. Aus der neulich gegebenen Beschreibung wissen Sie, daß eine am Gefäße befestigte, isolirte Kugel C der beweglichen, gleichfalls isolirten Kugel A (**Fig. 45.**) gegenübersteht, und daß man durch eine Drehung der Klemme F bewirken kann, daß der Faden ganz ungedreht ist, wenn beide Kugeln sich berühren. In dieser Stellung befinde sich das Instrument, indem beide an einander liegende Kugeln eine schwache Ladung erhalten; so ist, wie Sie wissen, der Erfolg eine gegenseitige Abstoßung, wodurch die Kugel A um eine Anzahl Grade fortgeführt wird. Da die Abstoßung bei zunehmender Entfernung abnimmt, die Drehung aber einen immer größern Widerstand entgegensetzt, so tritt bei einer gewissen Stellung das Gleichgewicht ein; ich will als Beispiel annehmen, dies geschehe, wenn der Drehungswinkel 40° ist, dann könnten wir ja sagen, bei 40° Abstand *) sei die abstoßende Kraft der Drehungskraft von 40° gleich. Um nun zu sehen, welche Kraft einer geringern Entfernung entspricht, dreht man die Klemme bei F so, daß die Kugel A gezwungen wird, gegen C zu zu gehen und setzt diese Drehung so lange fort, bis die Kugel auf 20° Abstand geführt ist, also die halbe Entfernung erreicht hat. Um dies zu bewirken, muß offenbar der Zeiger an F nicht bloß um 20° zurückgedreht werden, sondern wegen der bei der Annäherung an C zunehmenden abstoßenden Kraft um so viel bis Drehungskraft und Abstoßungskraft sich wieder das Gleichgewicht halten; Coulombs und Biots Erfahrungen zeigen, daß in unserm Falle die Drehung bei F 140° würde betragen müssen, so daß die unten noch statt findende Drehung = 20° mit der Aenderung der Stellung

---

*) Den wir zwar eigentlich nach der Sehne messen sollten.

$= 140^{0}$ zusammen $= 160^{0}$ Drehung beträgt. Jene Versuche zeigen nämlich, daß in der halben Entfernung die vierfache Kraft (also $= 4 . 40^{0}$ Drehung) statt findet, und daß bei ein Viertel der Entfernung die Kraft auf das Sechzehnfache steigt, also in unserm Versuche bei 10^{0} Abstand die Drehungskraft $= 640^{0}$ sein oder die Klemme F um einen Umfang und 270^{0} gedreht werden müsse, damit 10^{0} unten und $360^{0} + 270 = 630^{0}$ oben, jene 640^{0} ausmachen. Ich habe hier immer so gerechnet, als ob die abstoßende Kraft ganz zur Drehung verwendet würde; genau genommen ist dies nicht der Fall, sondern, wenn Fig. 51. den Kreis vorstellt, in welchem das in G aufgehängte Stäbchen sich dreht, so muß die nach C A wirkende Kraft nach den Richtungen A L, A E, zerlegt werden, und nur die erstere kömmt hier als Drehungskraft in Betrachtung. Bei den Versuchen ist wirklich so gerechnet, für meine Darstellung mag jene Angabe, die nicht ganz strenge ist, genügen.

Um die anziehende Kraft, welche von einer electrisirten Kugel auf eine unelectrisirte ausgeübt wird, zu finden, muß man die bewegliche Kugel A durch einen im Glase P Q (Fig. 45.) vertical ausgespannten Seidenfaden hindern, sich an C anzulegen, damit sie nicht sogleich mitgetheilte Electricität erhalte. Man giebt nun der Kugel C eine schwache Ladung und da die Kugel A sich dann gegen C zu drängt, durch jenen Faden aber aufgehalten wird, so hat man Zeit, durch Drehung der Klemme F die Kugel A zu zwingen, daß sie sich weiter von C entfernt. Ich will annehmen, man finde bei einem Versuche, daß man, um A auf 40^{0} zu entfernen, eine Drehung von 50^{0} hervorbringen müsse, das heißt, die Klemme so weit fortdrehen muß, daß die unelectrisirte Nadel A B auf 90^{0} zur Ruhe käme, so wird man eine Drehungskraft von 200^{0} finden für 20^{0} Abstand, oder im letzten Falle müßte man die Klemme so weit fortdrehen, daß die unelectrisirte Nadel bei 220^{0} zur Ruhe käme. Ist nämlich (Fig. 51.) der Bogen C L R $= 220^{0}$ und die Klemme ist so gestellt, daß in E R die Nadel zur Ruhe käme, so ist für C E $= 20^{0}$ die Nadel durch die Anziehung in einer Lage erhalten, wobei der Drehungsbogen E L R $= 200^{0}$ ist.

Könnten diese Versuche zu einer Zeit angestellt werden, wo die Electricität gar keinen Verlust in der Luft erlitte, so könnte man ohne alle Correction eine Reihe solcher Versuche hinter einander anstellen, da es aber nie statt findet, daß nicht einige Verminderung der Electricität erfolgte, so muß man hierauf bei den nach einander folgenden Versuchen Rücksicht nehmen.

Jene Gesetze finden bei der positiven und bei der negativen Electricität auf gleiche Art statt, und geben uns die Regeln, nach welchen wir die Austheilung der electrischen Materie in den Körpern berechnen können.

Funfzehnte Vorlesung.

Electrische Erscheinungen durch Vertheilung.

Die abstoßende Kraft, mit welcher jede der beiden electrischen Materien auf ihre eignen Theilchen wirkt, so wie die anziehende Kraft, die jede auf die entgegengesetzte ausübt, macht sich schon da merklich, wo auch kein Uebergang der Electricität statt findet. Die Erscheinungen, die daraus hervorgehen, nennt man electrische Erscheinungen durch Vertheilung, weil sie in einem leitenden Körper dadurch bewirkt werden, daß, ohne Hinzukommen neuer electrischer Materie, die in demselben vorhandene sich ungleich austheilt, und so am einen Ende die positive, am andern Ende die negative als wirksam hervortritt.

Wenn man einem nicht allzu kurzen, isolirten Leiter AB (Fig. 52.) in C eine geriebene Glasröhre nähert, ohne sie so nahe zu bringen, daß durch ein Uebergehen der Electricität von der electrisirten Glasröhre auf den Leiter dieser mitgetheilte Electricität erhalten könnte; so sieht man dennoch die bei A und bei B angehängten Kugeln aus einander gehen, und also Spuren einer in dem Leiter AB sich zeigenden Electricität. Zieht man die Röhre C wieder in größere Ferne zurück, ohne den Leiter AB zu berühren, so hören jene Abstoßungen auf und der Leiter AB ist ohne merkbare Electricität, so wie er es vor dem Versuche war. Aber nun nähere man diesem unelectrisirten und isolirten Leiter AB jene geriebene Glasröhre C abermals, und berühre, während C nahe genug, jedoch ohne Funken geben zu können, gebracht ist, den Leiter in seinem entferntesten Puncte B nur einen Augenblick, so daß sogleich die Isolirung wieder hergestellt ist; so wird, nachdem hierauf C abermals entfernt worden, AB sich in dauernd electrischen Zustand versetzt zeigen, und wenn man untersucht, welche der beiden Electricitäten es ist, die die Kugeln a, b, so wohl als c, d, aus einander treibt, so findet man diese nach der Annäherung geriebenen Glases negativ, nämlich derjenigen Electricität entgegengesetzt, die der Körper C besaß. Wir wollen, um die Erscheinung noch genauer kennen zu lernen, einen dritten Versuch hinzufügen. Man stellt (Fig. 53.) zwei isolirte Leiter AB, DE, so auf, daß sie, einander berührend, nur einen verbundenen Leiter AD darstellen, dessen einen Theil ED man aber, ohne ihn mit der Erde in leitende Verbindung zu setzen, von dem andern AB entfernen kann; man bringt nun abermals den positiv electrischen Körper C in die Nähe des einen Endes A, während beide Leiter in Berührung sind, man entfernt, während noch C in seiner Stellung bleibt, den Leiter DE, ohne dabei einen der beiden Leiter mit der Erde in Verbindung zu setzen, und nun erst zieht man auch C zurück; so zeigen beide isolirte Leiter sich electrisirt, und zwar der der Einwirkung des positiven C in der nächsten Stellung unterworfene AB ist negativ, der entferntere DE ist positiv, oder allgemein AB hat die entgegengesetzte, DE die gleichartige Electricität, welche C hatte. Will man noch einen vierten Versuch hinzufügen, so bringe man, ehe irgend einer der beiden Leiter berührt worden, AB, DE, abermals in Berührung, so sind sie beide unelectrisirt, wie sie es vor dem Versuche waren, ihre entgegengesetzten Electricitäten haben sich genau einander aufgehoben. Diese Erscheinungen des electrischen Einflusses, welchen der entfernte Körper C ausübt, erklären sich sehr leicht. Um kurz zu sein, will ich bei dieser Erklärung nur eine electrische Materie erwähnen, indem sich durch die Bemerkung, daß allemal mit dem Zurückstoßen der einen ein Heranziehen der andern, mit dem Mangel an der einen ein Ueberfluß der andern verbunden ist, die Erklärung in Beziehung auf zwei electrische Materien ergänzen läßt. Die Erklärung ist folgende.

Indem die positiv-electrische Materie in C angehäuft ist, wirkt diese abstoßend auf die im ungeladenen Leiter doch selbst im natürlichen Zustande enthaltene positive Materie, und stößt sie (Fig. 52.) von A nach B zurück, so daß A sich im negativ-electrischen Zustande befindet, B im positiven Zustande. Bleibt nun AB völlig isolirt, und zieht man C zurück, ohne irgend eine Ableitung an AB anzubringen, so kehrt die positiv-electrische Materie von B nach A zurück, und die nach A angezogene negative Materie geht nach B zurück, so daß die, bloß aus ungleicher Vertheilung in dem Leiter AB entstandene electrische Spannung völlig wieder aufhört und AB als unelectrisirt erscheint. Dagegen wenn man während der Einwirkung des positiv-electrischen Körpers C eine Ableitung an B (Fig. 52.) anbringt, und dadurch die Kugeln c, d, zum ruhigen Herabhängen bringt, so ist die bei B angehäufte positiv-electrische Materie abgeleitet, also nun alle die in AB enthaltene positiv-electrische Materie, welche, der Abstoßung von C her Folge leistend, über B hinaus fortgetrieben ward, ganz entfernt. Hebt man jetzt die Ableitung bei B auf, und entfernt später erst den Körper C, so findet sich AB negativ-electrisch, weil dieser Leiter seine positive Materie während der unter der Einwirkung von C statt gefundenen Ableitung verloren, und — wie man der Vollständigkeit wegen hinzusetzen muß, — negativ-electrische Materie durch den Leiter bei B an sich gezogen hat. Ebenso leicht erklärt sich der dritte Versuch, daß nämlich (Fig. 53.) DE, während des Einflusses von C entfernt, sich positiv-electrisch zeigt und AB negativ-electrisch zurückbleibt; denn die positiv-electrische Materie ist nach D gedrängt und dadurch ein Mangel an derselben in AB entstanden, die negativ-electrische Materie ist nach AB gezogen und daher in DE vermindert worden, und diese ungleiche Austheilung kann sich nicht wieder ausgleichen, weil man beide Leiter, als sie noch unter dem Einflusse von C standen, getrennt hat.

Die Erscheinungen bleiben ganz ebenso, wenn C ein negativ electrisirter Körper ist, nur daß dann auch bei den Wirkungen da positive Electricität erscheint, wo vorhin negative sich zeigte, und negative, wo vorhin positive war. Die Erklärungen bleiben ganz dieselben, und selbst nach der Franklinschen Theorie lassen sich auch dann die Erscheinungen gut erklären, weil der Mangel an electrischer Materie in dem Körper C nothwendig ein Hinüberstreben der in AB (Fig. 52.) enthaltenen, wenn gleich nur dem natürlichen Zustande entsprechenden, electrischen Materie bewirken muß. Wäre nämlich C auch im natürlichen Zustande, so wirkte die in C so gut als die bei B befindliche auf A zurück und in A bliebe die electrische Materie in Ruhe; offenbar dagegen wird sie in A angehäuft, wenn von C her, wegen des dort eingetretenen Mangels, die Abstoßung nicht mehr statt findet.

Die vorigen Versuche lassen sich mannigfaltig abändern; die folgende Anordnung derselben scheint mir vorzüglich belehrend zu sein. Man stelle wieder (Fig. 54.) den isolirten Leiter AB, der sich im unelectrisirten Zustande befindet, auf, und nähere die electrisirte Glasröhre C, die also positiv electrisch ist; während sie ihren Einfluß auf AB ausübt, berühre man mit einem Metallscheibchen a, das an einem isolirenden Stiele b gehalten wird, das dem Körper C zugekehrte Ende des Leiters AB, und trage die auf diese Weise ohne Berührung an C, in a erregte Electricität auf ein Electrometer über; so findet man diese negativ, weil C positiv war, also die positiv-electrische Materie aus a nach AB verdrängt, die negativ-electrische Materie dagegen herangezogen und in a angehäuft wurde. Ist das Electrometer nicht fein genug, um schon kenntliche Zeichen von Electricität zu geben, wenn man die Metallplatte a einmal zu Ladung desselben anwendet, so kann man, durch mehrmalige Berührung in A und Uebertragung der erlangten Ladung auf das Electrometer, die Ladung des letzteren nach und nach verstärken, und so sich überzeugen, daß diese Metallscheibe, die ich ein Prüfungsscheibchen nennen werde, in A negativ wurde unter dem Einflusse des positiven Körpers C. Hat man so mehrmals die in A auf das Prüfungsscheibchen a übergegangene negative Electricität fortgeführt, und entfernt nun C, so bleibt AB in positiv-electrischem Zustande zurück. Fängt man den Versuch von neuem mit einem im natürlichen Zustande sich befindenden Leiter AB an, bringt ihn unter den Einfluß des positiv-electrischen C, und ladet jetzt das Electrometer durch ein wiederholt an dem entferntesten Puncte B angebrachtes Prüfungsscheibchen, so ist die Ladung des Electrometers positiv, und nach der Entfernung von C bleibt AB negativ-electrisch zurück, desto stärker negativ-electrisch, je öfter man an B die Berührung und Hinübertragung des Prüfungsscheibchens wiederholt hat. Wiederholt man eben den Versuch so, daß man das Prüfungsscheibchen an E anbringt, so findet man eine geringe positive Electricität, und kann so den Punct F ziemlich nahe bestimmen, wo der dem Einflusse von C ausgesetzte Leiter gar keine Electricität zeigt, indem zwischen F und A negative Electricität hervortritt.

Diese Versuche zeigen, daß ein unelectrisirter Körper, sobald er in die Nähe eines electrisirten Körpers kömmt, nicht in seinem ganz gleichmäßigen, unelectrischen Zustande bleibt, sondern daß durch die ungleiche Austheilung der electrischen Materie, die nun in ihm entsteht, das dem positiv geladenen Körper C zugewandte Ende negativ-electrisch wird. Ist der positiv geladene Körper C selbst ein Leiter, so muß vermöge dieser Einwirkung die positive Ladung in der Gegend, welche dem Leiter AB am nächsten ist, am meisten hervortreten; denn so wie in A sich die negativ-electrische Materie sammelt und dagegen die positiv-electrische in die Ferne nach B getrieben wird, so muß die in C befindliche Ueberladung mit positiv-electrischer Materie gegen A herangezogen werden. Dieses ist der Zustand, welcher dem Ueberschlagen des electrischen Funkens vorangeht, und wir können daher nicht sagen, der electrische Funke eines mit positiver Electricität geladenen Körpers schlage auf einen völlig im natürlichen Zustande bleibenden Körper, sondern er schlägt auf einen Theil dieses Körpers, der wirklich negativ geworden ist. Ganz ebenso findet es statt, wenn C eine negative Ladung hat. Ein leicht anzustellender Versuch bestätigt diese Behauptungen. Man stelle (Fig. 55.) dem Leiter DA einer Electrisirmaschine eine isolirte Metallkugel B und eine ebenso große Metallkugel C, die aber eine Ableitung CE hat, in gleichen Entfernungen gegenüber; so werden, indem man die Maschine dreht, und DA ladet, die Funken auf C, nicht auf B schlagen. Die Kugel B nämlich wird allerdings, wenn DA positiv geladen ist, an der Seite a negativ sein, aber die positiv-electrische Seite b ist nur wenig weiter als die negative a von A entfernt, und der zum Funkenschlagen erforderliche Gegensatz tritt daher hier bei weitem nicht so hervor, wie an der Kugel C, die ihre positiv-electrische Materie weit hin nach E zurück sendet.

Auch einige kleinere Erscheinungen finden hier ihre Erklärung. Man hat schon früh bemerkt, daß Papierstückchen, die auf Glas liegen, nicht ganz so leicht als die, welche auf einer etwas größern Metallplatte liegen, gegen geriebenes Siegellack oder Glas heraufsliegen, und man kann sich davon überzeugen, wenn man Glas und Metall an einander grenzend mit leichten Körpern bestreuet und dann gegen diese alle gleichmäßig eine geriebene Siegellackstange nähert; — die auf dem Metalle liegenden Körperchen werden zuerst angezogen. Der negativ electrisirte Körper D (Fig. 56.) (denn da ich Siegellack genannt habe, so ist er negativ,) kann nämlich in dem auf Glas AB liegenden Körper a die negative Electricität nur bis auf die Hinterseite dieses Körpers zurücktreiben, da das Glas keine Ableitung gestattet; der Körper b dagegen kann in dem Metalle BC seine negativ-electrische Materie bis nach C zurücksenden, und wird daher viel stärker angezogen.

Ebenso leicht läßt sich eine bei den ersten Versuchen über Electricität oft vorkommende Sonderbarkeit erklären. Wenn man zwei an seidenen Fäden hangende Kugeln, deren eine d sich hinter der andern e befindet, (Fig. 57.) der electrisirten Glasröhre nähert, so wird oft nur die hintere d abgestoßen, während die vordere e am Glase in Berührung bleibt. Dies geschieht dann, wenn beide Kugeln den mit ihnen in Berührung kommenden Glastheilchen die Electricität geraubt haben; indem sie nun nämlich in der Nähe eines positiv electrisirten Körpers bleiben, wird alle aufgenommene positiv-electrische Materie der entferntern Kugel zu gedrängt, und diese wird abgestoßen, die nähere aber, oder wenigstens ihre dem Glase zugekehrte Seite bleibt negativ, und da das Glas von den etwas entlegneren Puncten her nur sehr langsam Electricität zuführt, so dauert es oft lange, ehe auch sie genug Electricität, um abgestoßen zu werden, aufgenommen hat, und dieses tritt eher ein, wenn sie, nach und nach zu andern Puncten des Glases überspringend, sich in verschiedenen Puncten die zu ihrer Ladung nöthige Electricität sammelt.

Vertheilung der Electricität bei zwei Körpern, die beide geladen sind.

Wir nahmen vorhin an, der isolirte Leiter AB (Fig. 58.) sei im natürlichen Zustande; wir wollen jetzt ihn als positiv geladen annehmen, während die positiv electrisirte Glasröhre sich ihm nähert. So lange jener positiv geladene Leiter allein stand, gingen die an seinen Enden angebrachten Kugeln gleichmäßig mit positiver Ladung aus einander; sobald aber C sich, so wie die Figur zeigt, langsam nähert, sinken die Kugeln a, b, herab oder vermindern ihre Abstoßung, während die Kugeln c, d, weiter aus einander gehen; nähert C sich noch mehr, so hängen a, b, ohne alle Abstoßung neben einander herab, und bei noch größerer Annäherung tritt eine neue Abstoßung eben dieser Kugeln ein, die nun zugleich auch gegen C angezogen werden; unterdeß haben die Kugeln c, d, ihre Abstoßung immer mehr verstärkt. Auch diese Erscheinungen erklären sich leicht, indem offenbar die anfangs gegen beide Enden des Leiters A B gleichförmig ausgetheilte positive Electricität desto mehr gegen B und c d hin getrieben wird, je näher die positive Glasröhre C heranrückt. Durch dieses Zurückdrängen der positiv-electrischen Materie von A und a, b, weg, kömmt es dahin, daß a und b nur eben die Menge positiver Electricität wie die umgebende Luft enthalten, und dann hängen die Kugeln ohne Zeichen einer Ladung herab; sie sind auch wirklich im natürlichen Zustande, da aller Ueberfluß an positiv-electrischer Materie nach B gedrängt und die noch übrige verminderte negative Materie nach A herangezogen, hier also der natürliche Zustand hergestellt, die angemessene Menge beider electrischen Materien gesammelt ist. Nähert sich C noch mehr, so wird noch stärker die positiv-electrische Materie von A entfernt, die negativ-electrische Materie zu A herangezogen, und A oder a, b, sind nun wirklich negativ und die Kugeln gehen mit negativer Electricität aus einander; daß sie dann zugleich stark gegen C angezogen werden, versteht sich von selbst.

Wenn man diese Erscheinungen so beobachtet, wie ein langsames Heranrücken des Körpers C sie ergiebt, so nimmt man deutlich das schwächere, durch positive Electricität hervorgehende Abstoßen der Kugeln, das Aufhören desselben, das Uebergehen in ein neues Abstoßen durch negative Electricität, wahr; aber bei schneller Annäherung kann aus der zuletzt eintretenden Anziehung des Körpers C der Irrthum entstehen, A B sei negativ electrisch gewesen, weil allerdings zuletzt die Kugeln a, b, in diesen Zustand versetzt werden, wenn die positive Ladung nicht stark genug war, um unter dem nahen Einflusse von C auch hier noch positiv zu bleiben *). Hätte man dagegen dem positiv geladenen Leiter AB (Fig. 58.) eine geriebene Siegellackstange C, einen negativ electrisirten Körper, genähert, so würden, (wie die dritte unter 58 stehende Figur zeigt,) die nächsten Kugeln a, b, weiter aus einander gehen, die entferntern c, d, sich minder abgestoßen zeigen; denn obgleich AB im Ganzen sich noch immer im positiv=electrischen Zustande befindet, so zieht sich doch die positiv=electrische Materie nun am meisten nach A und läßt B schwächer positiv zurück.

Daß ein negativ electrisirter Leiter AB ganz ähnliche Erscheinungen darbieten wird, versteht sich von selbst. Sind es aber zwei Leiter, AB, CD, (Fig. 59.) die beide gleichartig, z. B. negativ, electrisirt sind, so drängt sich die negativ=electrische Materie vorzüglich nach den entferntern Enden, und da gehen folglich die Kugeln am stärksten aus einander; und ebenso verhält es sich bei positiver Ladung. Auf dieser Einwirkung eines electrisirten Körpers auf einen andern beruht es auch, daß man an Electrisirmaschinen mit mehr Vortheil lange Leiter anbringt **). Käme es bloß auf die mit Electricität zu ladende Oberfläche an, so müßte eine große Kugel, von welcher die sämmtliche Electricität in einem einzigen Funken überginge, eben die Dienste thun; aber der stark mit positiver Electricität geladene Cylinder der Electrisirmaschine giebt seine Electricität leichter an den Conductor ab, wenn die diesem schon ertheilte Ladung in einen ziemlich weit entlegenen Theil des Conductors hinüber gedrängt werden kann, und so läßt sich die Ladung auf einem langen cylindrischen Conductor mehr als auf einem kurzen verstärken. Man hat Leiter von ungewöhnlicher

*) Nähert man den Körper C auf die Weise, daß er oberhalb A, etwa in E, gegen A und a, b, heranrückt, so wird nicht in a, b, die entgegengesetzte Electricität hervortreten, weil von A aus sich die positive Electricität auch nach a, b, nicht bloß nach B zu drängt. Hier können also noch immer die Kugeln a, b, mit positiver Electricität aus einander gehen.

**) Nur zur Ladung von Batterien sind kurze Leiter, wegen des geringern Verlustes von Electricität in der Luft, besser, da die Batterie die hervorgehende Electricität mit starkem Zuge an sich reißt.

Länge mit großem Erfolge zur Verstärkung des einfachen Conductorfunkens angewandt.

Vertheilung der Electricität auf der Oberfläche eines einzigen Leiters.

Wir haben noch nie die Frage aufgeworfen, ob denn die electrischen Materien im natürlichen Zustande sowohl als im angehäuften Zustande die Körper ganz durchdringen, oder ob sie sich nur an der Oberfläche befinden; diese Frage läßt sich hier wenigstens in Beziehung auf den Zustand der geladenen Leiter beantworten. So lange die Körper sich im natürlichen electrischen Zustande befinden, erhellt kein Grund, warum die beiden electrischen Materien sich auf die Oberfläche der Körper begeben sollten, indem sie sich einander so anziehen, daß sie als völlig gebunden, zugleich also als an dem Orte, wo sie einmal sind, ruhend, können angesehen werden. Sobald aber eine Ladung eintritt, das heißt, die eine electrische Materie in vermehrtem Maaße vorhanden ist, wirkt die, welche durch die zu geringe Menge der andern nicht mehr gebunden wird, auf ihre eignen Theile abstoßend, und da sie, wie wir annehmen müssen, in den Leitern keinen Widerstand findet, so muß sie sich auf die Oberfläche begeben, und würde auch von dieser sich entfernen, wenn nicht die nichtleitende Luft ihr einen Widerstand entgegen setzte, wodurch sie gezwungen wird, in einer, vermuthlich sehr dünnen, Schichte auf der Oberfläche zu bleiben. Diese theoretisch begründete Vermuthung läßt sich durch Versuche, unter denen ich nur einen anführen will, bestätigen. Wenn man einen länglich runden Leiter AB (Fig. 60.) besitzt, zu welchem zwei dünne Blechhüllen CDE, FGH, so gearbeitet sind, daß sie ihn von beiden Seiten beinahe ganz umfassen; so wird man dem isolirten und geladenen Leiter AB alle seine Electricität rauben, wenn man jene Blechhülle, an den isolirenden Handgriffen DK, GL, gehalten, über ihn schiebt, und sie dann wieder wegnimmt. Die auf der Oberfläche von AB gesammelte Electricität geht also ganz auf diese Umhüllung über und läßt sich mit ihr fortheben. Eben dieses, daß bloß die Oberfläche mit der Ladung bedeckt ist, erhellt aus andern Versuchen, unter denen folgender einer der interessantesten ist. Wenn man einen metallenen Becher, in welchem eine metallene Kette liegt, isolirt und nun electrisirt, so zeigt ein an dem Becher angebrachtes Electrometer bald einen hohen Grad von Electricität. Zieht man nun an einem isolirenden Handgriffe die Kette allmählig heraus, so sinkt das Electrometer, zum Zeichen, daß die electrische Materie sich jetzt erst auf der aus dem Becher hervorgehenden Kette ausbreitet.

Was die Ausbreitung der Electricität auf der Oberfläche eines Körpers betrifft, so läßt sich zuerst leicht einsehen, daß die Austheilung der electrischen Materie auf der Oberfläche einer Kugel, die isolirt und keinem andern einwirkenden Körper nahe ist, gleichförmig sein muß, wenn die Kugel ein Leiter ist. Wenn man mit dem Prüfungsscheibchen verschiedene Puncte der Oberfläche einer solchen Kugel berührt, und die Stärke der dem Prüfungsscheibchen mitgetheilten Electricität am Electrometer untersucht, so findet sich auch dies bestätigt. Ein andrer leicht erhellender Satz ist, daß die Electricität sich unter zwei gleiche, sich berührende Kugeln gleich austheilen wird. Man lade die eine isolirt aufgestellte Kugel, und berühre sie mit der andern ebenso isolirt gehaltenen Kugel; man entferne dann die eine so weit, daß keine merkliche gegenseitige Einwirkung mehr statt findet; so ergiebt die Untersuchung mit dem Prüfungsscheibchen gleiche Electricität in allen Puncten beider Oberflächen. Diese Gleichheit bemerkt man nicht bloß, wenn beide gleich große Kugeln in ihrer übrigen Beschaffenheit gleich sind, sondern, wofern sie nur aus guten Leitern bestehen, scheint es ganz einerlei zu sein, ob die eine hohl, die andre solide, ob die eine von Metall, die andre von einem andern Körper ist; es scheint daher, daß es keine verschiedene Capacitäten für die Electricität giebt.

Die gleichförmige Vertheilung der Electricität, die man auf Kugeln beobachtet, findet nicht mehr statt bei Leitern, die eine andre Gestalt haben. Unsre meisten als Leiter an der Electrisirmaschine und zu andern Zwecken isolirt aufgestellten Leiter sind Cylinder, die an den Enden halbkugelförmig abgerundet sind, und wenn man diese mit dem Prüfungsscheibchen untersucht, so findet man nach jeder ihnen gegebnen Ladung die Electricität am Ende stärker als in der Mitte. Man verfährt dabei am besten so, daß man zwei kleine Kupferscheiben von gleicher Größe mit Siegellackstielen versieht, und mit beiden Händen gleichzeitig das eine bei L, das andre bei M, (Fig. 61.) in Berührung bringt; trägt man die so erhaltene Electricität von L nach einem, und von M nach einem zweiten gleichen Electrometer hinüber, und wiederholt man dieses so lange, bis beide Electrometer hinreichend geladen sind; so sieht man allemal das vom Ende her seine Ladung empfangende Electrometer mehr steigen, als das andre. Coulomb hat diese Versuche genauer mit seiner Drehwaage angestellt, und die Stärke der Electricität mehr als doppelt so stark am Ende als in der Mitte gefunden. Endigt sich der Cylinder, so wie es bei N gezeigt ist, in einen dünneren, am Ende halbkugelförmig abgerundeten Cylinder, so ist bei N die Electricität noch stärker, als in M. Um die verschiedene Stärke der Electricität dem Auge darzustellen, habe ich (in Fig. 62.) um den Leiter PQ eine punctirte Linie gezogen, deren Abstand die verhältnißmäßig größere oder geringere Stärke der Electricität darstellt; wir könnten uns die den Körper umgebende Schichte frei wirkender electrischer Materie ungefähr so auf dem Körper ausgebreitet denken, aber wir müßten sie dann sehr dünne, jedoch bei P reichlich zweimal so dick als bei A ansehen.

Aehnliche Versuche hat Coulomb über die Austheilung der Electricität auf einer kreisförmigen Scheibe angestellt, und in Fig. 63. zeigt ebenfalls die punctirte Linie durch ihr Höhersteigen gegen die Ränder A, B, an, wie viel stärker man dort die Electricität als in der Mitte findet.

Daß diese ungleiche Austheilung der Electricität auf einem Leiter nothwendig so statt finden muß, läßt sich, wenn man keine genaue Zahlen-Angaben fordert, leicht übersehen. Die in der Mitte A des Leiters AP gesammelte positiv-electrische Materie, (Fig. 62.) wenn er positiv geladen ist, sucht sich nach allen Seiten auszubreiten, und da die Luft dieses nicht gestattet, so kann sie nur nach den Enden des Leiters hin gedrängt werden, wo demnach der Ueberfluß dieser einen electrischen Materie, die, nicht gebunden durch die andre, frei wirkend hervortritt, am merklichsten wird. Eben so ist es gegen den Rand der Scheibe zu. Auf der Kugel dagegen ist, wegen der überall gleichen Krümmung, kein Punct der Oberfläche mehr als der andre fähig, eine stärkere Ladung als der benachbarte aufzunehmen. Poisson hat diesen Gegenstand theoretisch untersucht, und seine scharfsinnigen Betrachtungen verdienen um so mehr, daß ich einen Augenblick dabei verweile, da sie doch zu einigen durch Erfahrungen bestätigten Zahlen = Angaben geführt haben, und da sie die Grundlagen zu mehreren Bestimmungen enthalten, die nur wegen der Schwierigkeiten der Rechnung noch nicht in genauen Zahlen haben entwickelt werden können.

Theoretische Untersuchungen über das Gleichgewicht der Electricität an der Oberfläche der Leiter.

Wenn ein Leiter mehr Electricität der einen Art erhält, als ihm im natürlichen Zustande zukömmt: so begiebt sich diese auf die Oberfläche des Leiters, und dies scheint so zu geschehen, als ob der Leiter der Bewegung der electrischen Materie gar keinen Widerstand entgegensetzte. So viel wir urtheilen können, bildet diese als Ladung hervortretende electrische Materie eine sehr dünne Schichte auf der Oberfläche, und es läßt sich leicht einsehen, daß diese Schichte nicht allemal in allen Theilen der Oberfläche gleich dick sein wird, sondern diejenige Gestalt annehmen muß, welche nöthig ist, damit irgend ein Punct im Innern nach allen Seiten gleich angezogen werde. Denn, wenn im Innern des Körpers, wo sich unzersetzte Electricität (aus der Verbindung beider Materien) ruhend befindet, irgend ein Punct A eine Anziehung für die positive, eine Abstoßung für die negative Materie nach bestimmter Richtung AB litte, (Fig. 64) so würde etwas mehr positive Electricität nach B zu gehen, und etwas mehr negative zurück treten, und dies würde statt finden, bis die Anziehung gegen die eine und die Abstoßung gegen die andre Materie nach allen Seiten gleich ist, für alle Puncte im Innern des Körpers. Sie haben schon in den frühern Vorlesungen gesehen, daß eine Kugelschichte, die außen und innen von concentrischen Kugelflächen begrenzt ist, auf einen Punct im Innern der umschlossenen Kugel gar keine Anziehung ausübt, wenn die Kraft der Anziehung umgekehrt dem Quadrate der Entfernungen proportional ist *), und folglich erfüllt eine solche Schichte positiv = electrischer Materie, die eine Kugel concentrisch umgiebt, die Bedingungen des Gleichgewichtes. Die

*) I. Theil S. 86.

Rechnung zeigt, daß auch für ein Sphäroid (Fig. 64.) ebenso gut das Gleichgewicht der Anziehungen auf alle im Innern liegenden Puncte statt findet, wenn es mit einer Schichte, die gleichfalls sphäroidisch ist und eben das Verhältniß der Axen hat, umgeben ist. Die Figur stellt dies dar, jedoch muß ich Sie wiederholt erinnern, daß die hier gezeichnete Dicke der Schichte viel zu groß ist, und daß diese eine geringere Dicke, als sich in der Zeichnung füglich angeben läßt, hat. Diese Schichte übt nach innen weder Anziehung noch Abstoßung aus; in Beziehung auf Puncte, die außerhalb liegen, ist dagegen die gesammte Anziehung gewiß gegen den Körper DB zu gerichtet, und in Leitern, die nicht allzu entfernt liegen, wird also die entgegengesetzte electrische Materie gegen diesen Körper heran gezogen, die gleichartige zurückgetrieben, wodurch dann aber, wegen gegenseitiger Wirkung, die Schichte DB eine andre Anordnung anzunehmen genöthigt wird.

Ehe ich diese Veränderungen betrachte, muß ich aber noch bei dem Drucke verweilen, den die Schichte nach außen, also gegen die umgebende Luft, ausübt. Offenbar wird die in der Säule BC angehäufte positiv=electrische Materie von der in den nächsten Lufttheilchen vorhandenen Theilchen negativ=electrischer Materie angezogen, und strebt dorthin überzugehen, was jedoch wegen der Natur der Nichtleiter, die keine Aenderung der Lage der electrischen Materie gestatten, zu keinem wirklichen Uebergehen Veranlassung giebt. Der Druck, mit welchem die electrische Materie vermöge dieses Bestrebens die Luft zu durchdringen sucht, ist vierfach so groß, wo die Schichte doppelt so dick, neunfach so groß, wo die Schichte dreifach so dick ist, und überhaupt im Verhältniß des Quadrates der Höhe der Schichten. Der Grund hievon ist leicht einzusehen. Es ist nämlich die Kraft aller von L und M her abstoßenden Theilchen die Ursache, warum die Schichte in B eine gewisse Dicke annimmt, und die Höhe der Schichte ist der Größe der aus jenen gesammten abstoßenden Kräften hervorgehenden Mittelkraft proportional; eine doppelt so dicke Schichte verräth uns also die Wirkung einer in B doppelt so mächtigen Kraft jedes einzelnen Theilchens, und da zugleich eine doppelt so hohe Säule zweimal so viel drückende Theilchen enthält, so übt BC den vierfachen Druck auf die umgebende Luft aus, wenn sie doppelt so dick ist. — Dies gilt genau nur bei sehr dünnen Schichten, die aber auch hier nur vorkommen.

Es erhellt daher, daß ein Sphäroid KH (Fig. 65.) das zehnmal so lang als dick ist, eine zehnmal so hohe Schichte electrischer Materie bei H als bei L haben müßte, und daß der Druck auf die Luft bei H hundertmal so groß als bei L sein würde. Da nun, sagt Poisson, die Luft wie ein Gefäß anzusehen ist, worin sich die electrische Materie eingeschlossen befindet, so kann in H der Druck so groß werden, daß das Gefäß durchbrochen wird, und dann würde ein Funke übergehen, wenn ein andrer Körper sich in der Nähe befände, oder die Electricität würde in die Luft strömend übergehen, wie es bei Spitzen der Fall ist, wenn kein andrer Körper in der Nähe ist.

Auf ähnliche Weise muß man die Austheilung der electrischen Ladung auch bei andern Formen der Leiter, so lange einer allein, entfernt genug von allen andern Körpern, dasteht, beurtheilen; aber auch in dem Falle, wo zwei Körper auf einander einwirken, läßt sich manche allgemeine Bestimmung und manche besondre, auf einzelne Umstände passende, angeben. Zuerst ist der Satz leicht zu übersehen, daß, wenn zwei Kugeln oder andre durch krumme Flächen begrenzte Körper sich in A berühren, der Ladung ungeachtet, in A gar keine electrische Materie als Ladung vorhanden ist, das heißt, keine die nicht durch Verbindung mit der entgegengesetzten in dem völlig neutralen Zustande erhalten würde. Es ist interessant, daß dieses aus den mathematischen Formeln folgt, aber es erhellt auch von selbst, weil A hier (Fig. 66.) als im Innern liegend erscheint, also die Ladung sich eben so gut von hier wegdrängt, wie aus dem Innern eines aus einem Stücke bestehenden Leiters. Eben so leicht erhellt, daß in der Nähe von A nur sehr schwache Spuren von Electricität sein können, weil die in D, E, einander so nahe liegenden Theilchen electrischer Materie sich einander abstoßen und sich gegenseitig mehr gegen B, C, zu drängen. Poissons Rechnung stimmt mit Coulombs Versuchen überein, welche zeigen, daß sich die angehäufte electrische Materie in einer Schichte, deren Dicke nach den Verhältnissen, welche die Figur zeigt, bestimmt ist, um beide Kugeln ordnet. Sind die Kugeln ungleich, so ist auf der kleinern Kugel bei C mehr Electricität angehäuft, als auf der größern bei D. (Fig. 67.) Die Ursache läßt sich wenigstens einigermaßen einsehen, weil auch hier wie bei dem Sphäroid (Fig. 65.) dem stärker gekrümmten Theile eine höhere Schichte zu Erhaltung des Gleichgewichtes zugehört. Man kann dies auch dadurch bekräftigen, weil auf den gerade in der Mitte liegenden Punct F offenbar eine größere Fläche DH von der einen Seite, als CI von der andern Seite unter gleich vortheilhaftem Winkel wirkt und von H, I bis zum Berührungspuncte nur wenig Electricität sich findet. Die Größe der Ladung auf der kleinern Kugel zeigt sich auch, wenn man beide Kugeln nach der Berührung von einander trennt und weit von einander entfernt, stärker, indem da, wenn sie weit genug von einander entfernt sind, jeder Punct der kleinen Kugel, mit dem Prüfungsscheibchen untersucht, stärkere Electricität als jeder Punct der größern zeigt. Man irrt sich daher sehr, wenn man glaubt, bei der Mittheilung der Electricität von einem geladenen Leiter an einen zweiten theile sich die Electricität nach Verhältniß der Oberfläche aus; dieses ist gar nicht der Fall, sondern eine kleinere Kugel erhält einen größern Antheil als dem Verhältnisse der Oberflächen entspricht, und jede Verschiedenheit der Figur giebt ein andres Verhältniß der Austheilung.

Wenn die kleine Kugel, ehe sie electrisirt ist, bloß im Besitze ihrer natürlichen Electricität, der größern Kugel genähert wird, so tritt wegen des Einflusses der geladenen größern Kugel eine ungleiche Austheilung der Electricität auf beiden Kugeln ein. Ist die größere Kugel (Fig. 68.) positiv geladen, so wird die electrische Materie der kleinen Kugel AB zersetzt, die positive geht, bei größerer Annäherung immer mehr, auf die entfernte Hälfte A, die negative auf die nähere Hälfte B, über, und ziemlich genau halbirend liegt die Grenze der einen und der andern Electricität. Da aber nun die negative Materie in B stärker ziehend als die entferntere positive Materie in A abstoßend auf die positive electrische Materie in CD wirkt, so zieht sich die positive Ladung mehr auf die Seite C. Die ganze Schichte von electrischer Materie auf CD muß sich nun anders ordnen, und es tritt, bei unverändert bleibender Lage der isolirt erhaltenen Kugeln nicht eher Ruhe der electrischen Materien wieder ein, bis die Anziehung und Abstoßung auf irgend einen Punct im Innern wieder Null ist. Wenn die Entfernung beider Kugeln geringer wird, so ist immer steigend mehr negative Electricität auf der Hälfte B und die zugehörige positive ist auf A angehäuft; dagegen häuft die auf CD als Ladung vorhandene positiv-electrische Materie sich in C an, je mehr das Verhältniß der Anziehung der näheren negativen Halbkugel B gegen die Abstoßung der entfernteren positiven A bedeutender wird. Endlich geht dann die Ladung von CD auf AB über, und bei der Berührung erhalten beide Kugeln jede einen angemessenen Antheil der Ladung. Wenn man sie dann langsam und immer isolirt von einander entfernt, so tritt an den nächsten Puncten B, C, (wo während der Berührung keine electrische Materie blieb,) die positive Electricität bei der größern, die negative bei der kleinern hervor, die gesammte abstoßende Kraft der auf B wirkenden positiven Electricität in CD ist nämlich vielmal größer als die auf A wirkende, so lange die Entfernung klein ist, und deshalb wird so sehr alle + E nach A gedrängt, daß in B ein — E hervorgeht; bei größerer Entfernung nähern die auf A und B wirkenden Kräfte sich der Gleichheit und die + E kehrt nach B zurück, bis sie endlich in sehr großen Entfernungen sich ganz gleich auf AB austheilt.

Wegen dieser ganz ungleichen Austheilung der Electricität auf Leitern ist es höchst schwierig, theoretisch zu bestimmen, wie fern die Grade unsrer gewöhnlichen Electrometer mit wahren Graden electrischer Ladungen vergleichbar sind. Es sind nämlich nicht die Endpuncte L, M, (Fig. 69.) allein, die sich abstoßen, sondern l, m und alle andere Puncte sind gleichfalls geladen, und da jeder Punct einen andern Antheil der Ladung hat, und jeder Punct bei Veränderung der Lage des einen Theiles Mm einen andern Antheil der Ladung empfängt, so würde eine sehr genaue theoretische Untersuchung, die für jetzt noch unausführbar ist, der Bestimmung wahrer Electrometergrade vorausgehen müssen. Will man also eine solche Bestimmung, die jedoch wegen des ungleichen Verlustes von Electricität in der Luft allemal etwas unsicher bleibt, versuchen, so müßte es experimentirend geschehen. Wenn eine Kugel geladen ist und auf ihr das Electrometer sich bis zu bestimmten Graden hebt, so kann man die genau halbe Ladung beobachten, wenn man jene Kugel mit einer ganz gleichen ungeladenen in Berührung bringt, und sie dann trennt, das genaue Viertel der Ladung, wenn man diesen Versuch wiederholt u. s. w.

Wirkung der Spitzen.

Die Spitzen haben, wie ich schon oft erwähnt habe, die Eigenschaft, die Electricität in die Luft zu zerstreuen, und deshalb darf ein Leiter sich nirgends in Spitzen oder auch nur mit scharfen Kanten endigen. Diese Eigenschaft wird jetzt vollkommen erklärlich. Drängt nämlich auf Leitern die als Ladung ihnen mitgetheilte Electricität sich desto mehr nach dem Ende hin, je schmaler dieses ist, wird schon auf dem Sphäroide, dessen Axe zehnmal so lang ist als der Durchmesser des größesten runden Querschnittes, die Schichte der Electricität zehnmal und der Druck gegen die Luft hundertmal so stark am Ende der Axe als an der Oberfläche jenes runden Querschnittes, so ist es leicht zu übersehen, daß bei sehr spitzig endigenden Leitern der Druck gegen die Luft zu groß werden und den Widerstand der Luft überwinden muß. In diesem Falle strömt die Electricität aus und es ist keine bedeutende Ladung mehr möglich. Man fühlt einen von der Spitze ausgehenden Wind, wenn man ihr die Hand gegenüber hält, und im Dunkeln zeigt sich ein Leuchten an der Spitze. Bei stärkern Ladungen des Leiters zeigen sich eben diese Erscheinungen nicht bloß an Spitzen, sondern schon an kleinen, und bei sehr starken Ladungen auch an größern Kugeln. Hiebei bemerkt man nun eine merkwürdige Verschiedenheit, je nachdem die Ladung positiv oder negativ ist, indem die Spitze an dem positiv geladenen Leiter einen nach allen Seiten sich ausbreitenden Lichtbüschel, eine Menge divergirender Lichtstrahlen, hervorbringt, dagegen eine Spitze an dem negativen Leiter nur einen glänzenden Punct darstellt, der jedoch bei sehr starken Ladungen auch schwache, nach allen Seiten gehende Strahlen zeigen soll. Diese Verschiedenheit ist eines der characteristischen Merkmale beider Electricitäten, die man auch als Beweis für die Franklinische Theorie gebraucht hat, indem man das deutliche Ausströmen der positiv-electrischen Materie als das wahre Ausströmen der angehäuften Electricität ansah, den glänzenden Punct an negativen

Spitzen aber dem Einströmen der Electricität in den seiner electrischen Materie beraubten Leiter zuschrieb; warum aber die sich aus der Luft gegen die Spitze drängende, zuströmende electrische Materie nicht eben so gut schon in einiger Entfernung von dem Endpuncte der Spitze leuchtend wird, als sie beim Ausströmen leuchtend bleibt, scheint doch nicht zu erhellen, und der Beweis, den man hierin gefunden hat, um die Glas-Electricität als wahrhaft positive Electricität nachzuweisen, ist unzulänglich. Nimmt man zwei electrische Materien an, die beide gleich gut ausströmen, so muß man jene Ungleichheit wohl auf ein verschiedenartiges Verhalten beim Ausströmen beziehen.

Aber nicht bloß eine Spitze am Leiter selbst angebracht entladet diesen, sondern auch eine Spitze, die in mäßiger Entfernung gegen den isolirten Leiter gerichtet wird und selbst eine Ableitung hat. Ist nämlich AB (Fig. 70.) positiv geladen, und der Leiter DCE jenem Leiter genähert, so strömt die negativ-electrische Materie der Spitze D zu, und sie strömt hier aus und gegen den positiven Leiter hinüber, und daß dann ihr starkes Anziehen die positive Materie aus der Luft und auch aus AB selbst hinüberführt, scheint sich ganz wohl begreifen zu lassen. Wenn man dem aus einem positiv geladenen Leiter ausstrahlenden Lichtbüschel, der bei starken Ladungen selbst aus einer Kugel von 2 bis 4 Zoll Durchmesser hervorbricht, einen Leiter von der Seite nähert, so wenden sich die Strahlen dieses Lichtbüschels gegen den Leiter zu. Eben das geschieht, wenn man geriebnes Siegellack dem Lichtbüschel nahe bringt, dagegen werden diese Strahlen abgelenkt durch eine genäherte geriebene Glasröhre. Die materiellen Theilchen also, die sich uns hier leuchtend zeigen, folgen eben den Gesetzen der Anziehung und Abstoßung, die wir an der positiv-electrischen Materie wahrnehmen.

Der Grund, warum sich da, wo die negativ-electrische Materie in die Luft ausströmt, nicht ein eben solches Ausbreiten in Strahlen zeigt, warum, da offenbar doch hier auch die positive Materie gegen die Spitze zu strömen muß, diese sich nicht kenntlich darstellt, scheint mir auch nach der dualistischen Theorie nicht deutlich zu erhellen. Wir müssen uns also wohl begnügen, bloß die Erfahrung auszusprechen, daß nur die im Uebermaaß angehäufte electrische Materie uns in dem Lichte des Ausströmens kenntlich wird, und daß vermuthlich die Bewegungsgesetze beider electrischen Materien wesentlich verschieden sein müssen. Ob man hinzusetzen darf, die eine zeige uns in der Luft mehr ein dem Strömen ähnliches Hervorgehen, die andre könne wohl in geschlossenen Kreisen, wellenartig sich ausbreiten, wage ich nicht zu behaupten.

Der electrische Wind, der aus den Spitzen hervorgeht, ist bei beiden Electricitäten nicht wesentlich verschieden, und obgleich man auch darin Verschiedenheiten hat finden wollen, die dem wahrhaften Ausströmen der positiven Electricität entsprächen, so ist doch der Erfolg, wenn man ihn genau beobachtet, durchaus nicht so deutlich. Dieser electrische Wind, das Abstoßen der zunächst liegenden Lufttheilchen, ist auch die Ursache der Bewegung des Flugrädchens mit Spitzen. Stellt man nämlich ein, so wie ABCD (Fig. 71.) geformtes, in Spitzen, die alle nach einer Seite von den Radien abwärts gehen, sich endigendes Rädchen aus Metallblech so in E unterstützt auf dem Leiter einer Electrisirmaschine auf, daß es sich leicht um diesen Mittelpunct dreht; so fängt es, sobald man den Leiter ladet, an, sich sehr schnell nach der Richtung ABCD zu drehen. An jeder Spitze nämlich wird die Luft von der Spitze A ab gegen F gestoßen, und offenbar erleidet daher A selbst die entgegengesetzte Wirkung, wodurch dann das Rädchen von A nach B umzulaufen anfängt. Der Erfolg ist einerlei, der Leiter mag positiv oder negativ geladen sein.

Lichtenbergische Figuren.

Es giebt noch eine andre Erscheinung, die auf ähnliche Weise auf eine Ungleichheit im Ausströmen der positiven und der negativen Electricität hindeutet. Lichtenberg, der sich ums Jahr 1777 viel mit electrischen Versuchen beschäftigte, bemerkte, daß der Staub auf glatten Harzplatten oft in auffallenden Figuren geordnet war, und nach einigen Versuchen, den wahren Ursprung dieser Figuren zu finden, entdeckte er das Mittel, sie nach Willkür hervorzubringen. Hat man einen dünnen Harzguß mit glatter

Oberfläche und läßt auf einen Punct dieser Oberfläche einen electrischen Funken schlagen, bepudert man alsdann die Fläche mit feinem Schwefel oder semen lycopodii, so legt dieser Staub sich nicht gleichförmig auf die Fläche, sondern er bildet Figuren, die wesentlich verschieden sind, je nachdem der Funke ein positiver oder negativer war. Der positive Funke giebt eine mit divergirenden, jedoch nicht ganz geraden, Strahlen sich ausbreitende Figur, in welcher die Hauptstrahlen sich gewöhnlich wieder in feinere zertheilen oder verästeln, (Fig. 72.) der negative Funke giebt eine Figur, die mehr oder minder deutlich aus concentrischen Kreisen besteht; ist sie auch nicht ganz und gar von strahlenden Ausströmungen frei, so sind doch diese unbedeutend, und ihr characteristisches Ansehen besteht darin, daß die mit Staub sich belegenden Flächen kreisförmig sind. Gelingt es, nur einen einzigen negativen Funken auf die Harzplatte zu bringen, so erhält man einen genauen Kreis, der sich mit Staub bedeckt hat, in dessen Mitte der Staub sich nicht so stark aufgelegt hat, und der um die Mitte ein feines Geäder (wie Fig. 73.) zeigt *). Bringt man genau auf denselben Punct einen Funken und nach einigen Augenblicken einen zweiten, so stellt die bepuderte Figur sich wie Fig. 74. dar, und bei mehrern deutlich abgesetzt hinter einander folgenden Funken zeigt sich immer mehr das Bestreben, concentrische Kreise zu bilden. Gewöhnlich gehen neben der Stelle, wo der Hauptfunke aufschlug, noch mehr Kreise, wie Fig. 75., oft sehr zahlreich hervor, ohne Zweifel weil kleine Funken seitwärts hin gefallen sind **).

*) Dieses Geäder ist indeß schon ein Zeichen, daß nach dem Ueberschlagen des negativen Funkens etwas positive Electricität übergegangen ist.

**) Die negativen Figuren fallen am schönsten aus, wenn man eine ziemlich große electrische Flasche inwendig negativ ladet und sie dann auf eine isolirende Unterlage A gestellt (Fig. 76.) auf folgende Art anwendet. Man setzt den einen Knopf E des gewöhnlichen Ausladers ruhend auf die Harztafel CD und berührt mit dem andern Knopfe F langsam angenähert nur einen Augenblick die Kugel B, während die Hand den Glasstiel G faßt, also keine Leitung darbietet; dann erhält man, wenn die Flasche nicht allzustark geladen ist, nur einen deutlich hervorgehenden Funken und kann durch eine zweite und dritte

Das Entstehen dieser Figuren beruht offenbar darauf, daß die electrische Materie, wenn sie auf einen Punct der schlecht leitenden Harztafel fällt, sich doch, des Uebermaaßes wegen, den benachbarten Puncten mittheilt, und bei dieser Mittheilung in dem einen Falle nach andern Bewegungsgesetzen fortschreitet, als im andern Falle. Die electrisirten Stellen aber ziehen den Staub an und bedecken sich mit demselben.

Wenn man den Staub aufpudert, ehe der Funke mitgetheilt wird, so wird er bei dem Uebergange des Funkens von den electrisirten Stellen abgeworfen; die positive Figur entsteht dann als von Staube entblößt in ähnlichen Verästelungen, wie im andern Falle; die negative bietet einen beinahe ganz von Staub befreiten Kreis dar, in dessen Mitte sich indeß noch ein ganz feines Wölkchen von Staub erhalten hat, oder sehr oft auch mehrere runde Flecke.

Wenn man statt der Schwefelblumen oder des semen lycopodii eine Mischung von ungefähr gleich viel Mennig und Schwefel in ein seidenes Läppchen thut, und diese Mischung durch die Seide durchpudert; so legt sich der farbige Staub nicht gleichmäßig auf die positiven und negativen Figuren, sondern wenn der Funke auf die Harztafel gebracht ist, und man mit dieser Mischung bepu-

Berührung auf denselben Punct E mehrere, völlig getrennt wirkende Funken bringen. Hält man dagegen die Flasche in der Hand und bringt die Kugel B der Harztafel nahe, so erstreckt die Wirkung der negativen Electricität sich in unregelmäßigen, jedoch immer rundlichen Flecken, zu weit nach allen Seiten. Eben das ist der Fall, wenn man die Tafel der Kugel eines negativ geladenen Conductors nähert, wo man große, aber nicht so schöne negative Figuren erhält. Wenn man für die negativen Figuren so, wie vorhin angegeben ist, verfährt, und den Auslader abhebt, ohne ihn zu berühren, so bleiben die Kreise ohne Geäder und ohne die von der Mitte ausgehenden Strahlen; berührt man ihn dagegen oder setzt man ihn, nachdem er abgehoben und entladen ist, wieder auf, so geht positive Electricität über, die sich durch jene Strahlen kenntlich macht. Man sieht also, daß auch auf der negativ electrisirten Fläche die positive Electricität eben die Bewegungsgesetze befolgt, wie in andern Fällen. Auch für die positiven Figuren ist die zuerst angegebene Methode die passendste, doch erhält man diese auch auf andre Art eher in ihrer vollkommenen Form. Die negative Electricität scheint viel leichter sich in mehrere Funken zu zertheilen als die positive.

dert, so erscheinen die geästelten positiven Figuren weiß, von ausgesendertem Schwefel, und der Mennig liegt in der Ferne zerstreut, dagegen erscheinen die runden negativen Figuren roth, indem hier der Schwefel unregelmäßig zerstreut abwärts getrieben wird. Hier scheint also der Schwefel mehr negativ von den positiv electrisirten Stellen angezogen zu werden, der Mennig mehr von den negativen. Andre Mischungen zeigen ähnliche Verschiedenheiten.

Sechszehnte Vorlesung.

Erfindung der electrischen Flasche.

Früher als man von den Erscheinungen, mit denen ich Sie neulich unterhalten habe, und die zuerst Canton 1753, darauf Wilke und Aepinus kennen lehrten, etwas wußte, trat unerwartet und im höchsten Grade überraschend eine electrische Erscheinung hervor, die zum ersten Male die Electricität als eine Kraft, deren Wirkung Schrecken erregen könne, kennen lehrte. Im Jahre 1745 bemerkte zuerst von Kleist, daß man einen ungewöhnlich starken electrischen Schlag erhalte, wenn man ein mit Wasser nicht ganz gefülltes Glas, aus welchem ein eiserner Nagel in das Wasser gesetzt hervorragt, in der Hand hält, das Wasser nebst dem Nagel electrisirt, und endlich mit der andern Hand den Nagel berührt. Einen ganz ähnlichen Versuch stellte Cunaeus in Leiden etwas später an. Er hoffte, ein rund um von Glas umgebenes Wasser, dem man durch einen Leiter die Electricität zuführe, werde diese nicht so leicht verlieren; da es sich nun einmal zufällig traf, daß er bei dem Electrisiren das Glas in der Hand hielt, und dann mit der andern Hand den Drath, durch welchen dem Wasser die Electricität zugeführt war, berührte, so erhielt er einen heftigen Schlag, den er von der Ladung einer so geringen Wassermenge gar nicht erwartet hatte. Dieser Versuch erhielt den Namen des Leidener Versuches, die

Flasche ward die Leidener Flasche oder die Kleistische Flasche genannt; ich werde sie die electrische Flasche oder die Verstärkungsflasche nennen.

Metallplatten unter gegenseitigem Einflusse geladen.

Allerdings lag in diesem Versuche etwas ganz Unerwartetes. Wird die Flasche auf den Tisch gesetzt und das Wasser electrisirt, so kann man sie aufheben, und entladen, ohne einen erheblichen Schlag zu bekommen; — kurz, es erhellt im ersten Anblicke gar nicht, von welchen Umständen diese Ladung, deren Wirkung so empfindlich ist, abhängt. Eine genauere Bekanntschaft mit den Erscheinungen, die durch Vertheilung der Electricität hervorgehen, hat erst nach und nach zur richtigen Beurtheilung dieser Erfolge geführt, zu welcher wir am besten durch folgende Versuche gelangen. Es sei (Fig. 77.) AB eine vertical aufgestellte Glasplatte, an deren beiden Seiten gleich große, dicht an sie anschließende, glatte Metallplatten CD, EF, aufgestellt werden. Diese Metallplatten müssen auf recht gut isolirenden Glasfüßen befestigt sein und selbst durchaus keine scharfe Ecken darbieten, um so wenig als möglich Electricität durch Ausströmen zu verlieren; sie müssen auch etwas kleiner als die Glasplatte sein, damit rund um sie ein hinreichend breiter Rand der Glasplatte ein Ueberschlagen von Funken um das Glas weg von C nach E hindre, und man kann sie nun entweder recht nahe an die Glasplatte sich anlehnen oder ein wenig von derselben entfernt lassen. Man bringt den Conductor L einer Electrisirmaschine so an CD, daß die Funken von demselben auf CD überschlagen und CD ebenso wie der Conductor positiv geladen wird; man bemerkt, daß nachdem ein Funke oder einige Funken übergegangen sind, das Funkenschlagen unbedeutend wird, zum Zeichen, daß CD ebenso stark, als jener Leiter selbst geladen ist; aber mit Verwunderung bemerkt man, daß auch die Platte EF, wenn man sie nahe an die Glasplatte setzt und sie dann berührt, Funken giebt, und daß neue Funken vom Conductor auf CD schlagen, wenn man unterdeß aus EF Funken zieht. Daß diese aus EF hervorgehenden Funken nicht einer durch Mittheilung von CD dorthin gelangten Electricität ihren Ursprung verdanken, versteht sich von selbst, da das Glas weit sicherer als die Luft allen Uebergang der Funken hindert; EF muß sich also ohne Zweifel durch Vertheilung electrisch zeigen. Die positiv=electrische Materie in CD treibt, mit ihrer abstoßenden und anziehenden Kraft durch das Glas hindurch wirkend, die positiv=electrische Materie in EF auf die äußere Seite und zieht die negativ=electrische Materie auf die dem Glase zugekehrte Seite; bietet man der Platte EF einen Leiter dar, der mit der Erde in Verbindung steht, so geht die zurückgetriebene positiv=electrische Materie auf diesen über, und EF bleibt also negativ geladen zurück. Aber diese negative Ladung wird so gegen die Glasplatte oder eigentlich gegen CD zu angezogen, daß sie kein Bestreben hat, selbst wenn man EF dauernd mit der Erde verbindet, zu dieser abzufließen, sondern sie wird durch die in CD enthaltene positiv=electrische Materie ebenso gebunden gehalten, wie es im natürlichen Zustande der Körper mit den sich gegenseitig bindenden beiden Electricitäten der Fall ist. Aber genau so wirkt nun auch die negative Electricität in EF auf die positive in CD zurück; jene zieht diese so nahe als möglich an das Glas heran und gestattet ihr nicht, gegen den Conductor L so zurückzuwirken, wie es außerdem der Fall sein würde. Ehe man der positiv=electrischen Materie einen Ausfluß von EF gestattete, war zwar auch die negative Materie nahe an die Glasplatte gezogen, die positive nahm die von CD abgekehrte Seite ein; aber diese geringe Ungleichheit des Abstandes konnte nur eine geringe Anziehung auf die positive Ladung in CD hervorbringen, da die Abstoßung der noch immer sehr nahe liegenden positiven Electricität beinahe ganz das vernichtete, was die Anziehung der negativen bewirkte; so lange also fand noch beinahe, mit geringem Unterschiede, der gewöhnliche Ladungszustand in CD statt, das heißt, die positive Electricität in CD hinderte mit ihrem Streben nach allen Seiten den Zutritt neuer Electricität vom Conductor L her, ungefähr so, wie comprimirte Luft in CD den Zutritt gleich sehr comprimirter Luft von L her hindern würde. Dagegen, wenn die comprimirte Luft in CD durch eine fremde anziehende Kraft an der Fläche des Glases gebunden würde, so würde noch immer neue Luft von L her zudringen, weil die elastische Kraft der Luft in CD nicht mehr stark genug zurückzudrängen im Stande wäre. Und, wenn gleich diese Vergleichung in vielem Betrachte unvoll=

kommen sein mag, so wage ich doch zu sagen, auf ganz ähnliche Weise gestattet die positive Electricität in CD einen vermehrten Zutritt electrischer Materie, weil die an der Glasplatte fest gehaltene außer Stande ist, den Zudrang neuer positiver Electricität zu hindern. Je mehr diese positive Ladung zunimmt, desto mehr nimmt das Heranziehen neuer negativ = electrischer Materie in EF und das Zurücktreten der positiv = electrischen Materie aus EF zu, daher denn bei neuer oder fortwährender Berührung der Platte EF die negative Ladung dieser sich immer vermehren, dadurch aber auch die Fähigkeit der CD, eine stärkere positive Ladung aufzunehmen, immer steigen wird.

Während so CD, EF, unter dem gegenseitigen Einflusse stehen, bemerkt man ihre starke Ladung wenig, wenn man jede einzeln berührt, weil, wie ich schon gesagt habe, die gegenseitig gegen die Glasplatte drängenden Electricitäten sich gegenseitig fesseln, und an der negativen Platte gar kein Drang nach außen merkbar ist, an der positiven aber nur höchstens so viel Drang nach außen, als der Conductor L gleichfalls besitzt.

Aber nun wollen wir die Platte EF, ohne sie leitend zu berühren, von der Glasplatte entfernen, so tritt die bisher unmerkliche negative Ladung der EF hervor, und wir sehen es deutlich, daß bis dahin nur dadurch die in EF enthaltene negative Ladung uns verborgen blieb, weil sie durch die positive Ladung in CD gebunden gehalten wurde. Sie zeigt sich am Electrometer und zeigt sich auch bei der Berührung in einem überschlagenden Funken. Bringt man die entladene Platte EF wieder an die Glasplatte, an welcher CD den alten Platz noch einnimmt, und berührt jene nun wieder, so giebt sie einen neuen Funken; entfernt man sie, immer isolirt gehalten, so giebt sie abermals einen Funken, bei neuer Zurückführung in die Nachbarschaft von CD nochmals und so ferner, vorausgesetzt, daß CD nicht durch Mittheilung an die Luft zu viele Electricität verliert. Auch diese wiederholt sichtbar werdende Electricität läßt sich leicht erklären, weil bei der Entfernung die negativ = electrische Materie in EF, durch keine fremde Kraft an ihrer freien Thätigkeit gehindert, auf den dargebotenen Leiter übergeht, also EF dann völlig entladen ist; aber zurückgeführt in den Wirkungskreis der CD zieht sich wieder die negativ = electrische

Materie in EF gegen die nach CD gewandte Seite, die positive wird nach außen gedrängt, und ein dargebotener Leiter erhält einen Funken, EF ist wieder in den negativen Zustand versetzt, der in der Nähe von CD nicht kenntlich ist, bei der Entfernung aber neue Spuren von Electricität darbietet. — Das was bei der völligen Entladung vorgeht, wenn man beide Platten CD, EF, während ihres gegenseitigen Einflusses durch einen Leiter verbindet, will ich sogleich an der electrischen Flasche selbst erklären.

Die electrische Flasche.

Diese wenden wir nicht mehr in ihrer ersten unvollkommenen Gestalt an, sondern bedienen uns der mit Metall an beiden Oberflächen belegten Flaschen. Ziemlich bald nämlich nach den ersten Versuchen mit der Flasche bemerkte man, daß das Glas zu diesem verstärkten Schlage fähig werde, wenn man beide Oberflächen mit einem leitenden Körper bedeckt. Bei den ersten Versuchen war Wasser an der einen Seite, die das Glas umfassende Hand an der andern Seite der dünnen Glaswand der leitende Körper; jetzt wenden wir eine innen und außen das Glas gleich weit bedeckende Belegung von Stanniol an, und lassen oben einen breiten Rand ohne leitende Belegung, damit kein Funke über den Rand weg von einer Belegung zur andern übergehe. Die innere Metallbelegung steht mit dem Metallstabe AB (Fig. 78.), der sich in eine Kugel B endigt, in Verbindung, und nun ist die electrische Flasche zum Gebrauche fertig. Mit dieser Flasche lassen sich viele lehrreiche Versuche anstellen.

Der gewöhnlichste Gebrauch der electrischen Flasche ist, daß man die äußere Belegung mit der Hand berührt oder mit einem Leiter in Verbindung setzt, daß man die Kugel B gegen den Conductor der Electrisirmaschine hält und einige Zeit die Funken darauf schlagen läßt, daß man dann mit der einen Hand die äußere Belegung berührt und zugleich mit der andern Hand die Kugel B berührt, wobei man einen viel stärkern Schlag als der ist, den man aus dem Conductor zu empfangen gewohnt ist, empfindet. Will man sich die unangenehme Empfindung des Schlages nicht zuziehen, so wendet man den Auslader an, den man an dem gläsernen Handgriff LM hält, während der Leiter CDE mit B und mit der äußern Belegung verbunden wird, wo dann im Augenblicke der Berührung an B und E ein heller Funke und lebhafter Schlag beobachtet wird.

Daß die Möglichkeit der Ladung der Flasche darauf beruht, daß die äußere Belegung, während die Funken des Conductors auf B schlagen, eine Ableitung hat, erhellt aus folgendem Versuche. Man stellt die Flasche auf einen recht trockenen Glasteller, so daß sie völlig isolirt ist, und läßt auf B die Funken des Conductors schlagen, so dauert es nicht lange bis die übergehenden Funken unbedeutend werden, und wenn man die Flasche jetzt entladet, so bekömmt man einen sehr unbedeutenden Schlag, der, selbst wenn man lange genug die Ladung vom Conductor auf B hat übergehen lassen, immer gleich unbedeutend bleibt. Wir wollen diesen Versuch so abändern, daß wir die Funken auf B schlagen lassen, aber wenn diese Funken nicht mehr lebhaft übergehen, einen Leiter in geringer Entfernung von der äußern Belegung der Flasche halten; dann giebt die äußere Belegung Funken gegen diesen Leiter und zugleich gehen wieder lebhaftere Funken vom Conductor auf die innere Belegung über; erst nach längerer Fortsetzung der Ladung sieht man, daß die auf B überschlagenden Funken unbedeutender werden, und die Flasche, obgleich jetzt eine Ableitung von der äußern Belegung durch die immer an ihr hervorgehenden Funken statt findet, sich ihrer vollen Ladung nähert. Wenn man die innere Belegung durch B an dem Conductor unserer gewöhnlichen Electrisirmaschinen positiv ladet, und die aus der äußeren Belegung der isolirt stehenden Flasche hervorgelockten Funken vermittelst eines kleineren isolirten Leiters auf ein Electrometer überträgt, so sieht man, daß die hier hervorgehende Electricität positiv ist; — offenbar ist es die durch Einwirkung der inneren positiven Ladung auf die Außenseite der äußern Belegung getriebene positive Electricität, und die äußere Belegung wird mit jedem aus ihr hervorgehenden Funken immer stärker in negativen Zustand versetzt; diese negative Electricität wird durch die innere positive Ladung mächtig angezogen, und sie selbst zieht diese sich innen sammelnde positive Electricität mächtig an. Daß hierdurch die Fähigkeit der innern Belegung, immer mehr Electricität aufzunehmen, steigt, erhellt aus dem Vorigen. Je dünner das Glas ist, das heißt eigentlich, je näher die negativ=electrische Materie an der einen Seite, die positiv=electrische Materie an der andern Seite des Glases, einander sind, desto kräftiger ziehen sie sich gegenseitig an, und die Ladung wird, bei stets fortgehender Mittheilung neuer positiver Electricität an die innere Belegung, desto größer. Es könnte scheinen, als ob dies ohne Grenzen fortgehen müßte; aber das ist nicht der Fall. Freilich ist es wahr, daß die der innern Belegung zugeführte positive Electricität mächtig gegen die Oberfläche des Glases gezogen wird, und daher nur mit geringer Kraft gegen B zurückstoßend wirkt; aber so sehr sie auch an der Oberfläche des Glases gebunden und unthätig gemacht wird, so ist es doch offenbar, daß bei zunehmender Ladung auch nach und nach die dem fernern Eintritte positiv=electrischer Materie bei B entgegen wirkende Abstoßung stärker wird, weshalb auch ein bei B auf der Flasche befestigtes Electrometer allmählig steigt; diese Gegenwirkung wird endlich so stark, daß die Kraft der Electrisirmaschine nicht mehr fähig ist, neue Electricität hereinzudrängen, und hiemit tritt das Ende der Ladung ein. Indeß wirkt noch ein zweiter Umstand ein, der die Ladung nicht einmal so groß werden läßt. Wie sorgfältig man auch den Rand der Belegung so an das Glas anliegend mache, daß sich keine Spitzen darbieten, so fehlen diese doch nie gänzlich; diese aber lassen einige electrische Materie entweichen und immer stärker entweichen, je stärker die Ladung schon ist, wobei es denn endlich, ohne daß die Flasche sich durch einen Funken entladet, dahin kömmt, daß die vom Conductor auf B einströmende Electricität keine stärkere Ladung mehr bewirkt, sondern nur jenen Verlust, den man im Dunkeln als ein Leuchten der Flasche gewahr wird, ersetzt. So, glaube ich, übersehen Sie die Bedingungen der Ladung völlig; ich will jetzt die Entladung näher betrachten.

Um diese genau zu verstehen, wollen wir die Flasche auf dem isolirenden Glasteller stehen lassen, und den Leiter, welcher an B Funken mittheilte, entfernen. Sie übersehen leicht, daß ich keinen Funken bekomme, wenn ich bloß die äußere Belegung berühre; denn da diese während der Ladung immer mit der Erde in Verbindung stand, da die Ladung nur dadurch möglich war, daß diese Verbindung unterhalten ward, so hat die äußere Belegung kein

Bestreben, weder etwas herzugeben noch zu empfangen. Dagegen wenn man die innere Belegung der isolirten Flasche oder die Kugel B berührt, so bekömmt man einen unbedeutenden, jedoch merklichen Funken. Die innere Belegung hat nämlich eine solche Ladung erhalten, die gegen den geladenen Conductor mit einiger Kraft zurückwirkte, und der bloß im natürlichen Zustande sich befindende Finger meiner Hand bekömmt daher einen kleinen Funken, jener zurückwirkenden Kraft angemessen. Nachdem dieser kleine Funke bei B hervorgelockt ist, berühre ich wieder die äußere Belegung, aber ja nicht beide Belegungen zugleich; ich bekomme hier wieder einen kleinen Funken. Dieser entsteht daher, weil zwar alle in der äußern Belegung gesammelte negativ-electrische Materie am Glase festgehalten wurde, so lange im Innern noch die volle Ladung war, aber nach dem Wegnehmen der geringen Menge positiv-electrischer Materie, die im ersten Funken verloren ging, nicht mehr die gesammte negativ-electrische Materie auf der äußern Belegung festgehalten wird, sondern ein kleiner Theil frei geworden ist, den wir jetzt als Funken aus der äußern Belegung ziehen. Ganz aus denselben Gründen erhalte ich nun bei abermaliger Berührung der innern Belegung oder der Kugel B einen dritten Funken, bei dann wiederholter Berührung der äußern Belegung einen vierten Funken und so fort. Immer nämlich bringt die ein wenig verminderte Menge der positiven Electricität auf der einen, der negativen Electricität auf der andern Seite die Wirkung hervor, daß jedes Mal auf der entgegengesetzten Seite ein wenig Electricität wieder frei wird, seine Spannung nach außen ausübt und also bei der Berührung sich als kleiner Funke zeigt. Durch diese wechselnden Berührungen innen und außen, entladet man in zahlreichen kleinen Funken die Flasche endlich ganz, ohne einen lebhaften Schlag zu erhalten; aber wenn man gleich anfangs die äußere und innere Belegung zugleich berührt hätte, so hätte man den vollkommenen Entladungsschlag erhalten, indem alle diese Fünkchen sich dann in unsrer Empfindung in einem untheilbaren Momente vereinigen. Bietet sich nämlich der nach außen mit geringer Spannung wirkenden Electricität ein von B nach E (Fig. 78.) gehender Leiter dar, so fängt die in B frei wirkende Electricität den Uebergang an, aber da in dem kürzesten Augenblicke nun immer mehr und immer mehr von beiden Electricitäten zu freier Wirksamkeit gelangt, da der ganze Erfolg der vorhin so langsam fortschreitenden Entladung in einem Augenblicke erfolgt, so ist es wohl nicht zu verwundern, daß dieser Erfolg dem Auge als sehr glänzender Funke, der Empfindung als heftige Erschütterung merkbar wird.

Um über die Natur jener einzelnen allmähligen Entladungen gar keinen Zweifel übrig zu lassen, will ich noch einige Versuche erwähnen. Nachdem die Flasche geladen und, vom Conductor entfernt, isolirt aufgestellt ist, bringe man ein isolirtes Prüfungsscheibchen an B, damit dieses den kleinen Funken der ersten theilweisen Entladung empfange, so findet man das Scheibchen positiv geladen; man entlade das Scheibchen und bringe es nun an die äußere Belegung, damit es hier das zweite Fünkchen erhalte, so zeigt sich das Scheibchen negativ; und bei fortgesetzter wechselnder Prüfung findet man, daß immer innen eine geringe Menge positiver Electricität, außen eine geringe Menge negativer Electricität in jedem Fünkchen frei wird, wenn die Ladung der innern Belegung von dem positiven Conductor ausging.

Ein anderer Versuch zeigt eben dies. Man bediene sich einer Flasche, wo (Fig. 79.) am Rande der Flasche ein isolirender Arm AB angebracht ist, der eine zweite Metallkugel C trägt, die in geringerem oder größerem Abstande von der mit der innern Belegung in Verbindung stehenden Kugel D ihren Platz erhalten kann. Bringt man die Kugel C mit der äußern Belegung durch die Kette FE in leitende Verbindung, so kann man die Flasche auf die gewöhnliche Weise laden, und wenn der Abstand der Kugeln DC nicht zu klein ist, der Flasche auch eine starke Ladung geben. Hängt man nun eine Kugel von Kork, Hollundermark oder einem andern Leiter an einem nichtleitenden Faden LM so auf, daß sie zwischen D und C hängt, so wird sie abwechselnd nach D und nach C gezogen, und entladet so, indem sie die positive Electricität von D nach C, die negative von C nach D bringt, allmählig die Flasche.

Auch an jeder andern Flasche wird ein an einem Seidenfaden hängendes Kügelchen, wenn man es der isolirt aufgestellten Flasche zuerst an dem Knopfe der innern Belegung nähert, an=

gezogen und dann zurückgestoßen; nähert man es nun der äußern Belegung, so wird es hier angezogen; die entgegengesetzten Electricitäten beider Belegungen zeigen sich also auch hier. Setzt man eine noch ungeladene Flasche auf eine Harztafel, die mit Schwefelstaub gleichmäßig bestreuet ist, und läßt nun langsam einige Funken auf die innere Belegung der Flasche fallen, so wird auf der Harztafel rund um den Boden der Flasche der Staub abgeworfen, und zwar erkennt man hier sogleich die in Strahlen auslaufenden positiven Figuren, wenn es positive Funken waren, die die innere Ladung bewirkten, und die runden negativen Flecke, wenn die Ladung innen negativ gegeben wurde. Setzt man eine schon geladene Flasche auf die Harztafel, und läßt langsam einige kleine Funken aus der innern Belegung ausladend hervorgehen, so breitet sich die aus der äußern Belegung hervordringende Electricität auf der Harztafel aus, und zeigt nun negative Figuren, wenn eine innere positive Ladung durch jene Funken vermindert wird.

Die in Fig. 79. dargestellte Einrichtung der Flasche hat auch den Vortheil, daß man die Stärke des Schlages, den man geben will, bestimmen kann. Stehen nämlich die Kugeln D, C, einander sehr nahe, so schlägt schon bei schwacher Ladung der Funke über, weil die geringe Kraft der positiven inneren Ladung, indem sie bei D wirkt, C negativ macht, und dieser Gegensatz sich bis zum Ueberschlagen vergrößert. Man ist daher sicher, wenn man die Flasche nicht bis zum Ueberschlagen ladet, daß der Schlag, den man selbst herauszieht, nicht heftiger ist, als der, den man bei unveränderter Stellung der Kugeln aus dem überschlagenden Funken beurtheilen konnte.

Auch ohne eine solche, näher an D gebrachte Leitung zur äußern Belegung hin, schlagen die Flaschen nicht selten über. Das Bestreben der beiden getrennten Electricitäten zu einander zu gelangen, findet nämlich zwar am stärksten durch das Glas hindurch, aber doch auch an den Grenzen der Belegung um den Rand der Flasche hinum statt; da das Glas, wenn es unbeschädigt und gleichförmig ist, auf keinen Fall ein Hindurchgehen gestattet, so findet bei sehr starker Ladung ein Hinüberschlagen des Funkens über den Rand statt. Hätte die Flasche einen Sprung oder befände sich in der Glasmasse ein Leiter, der beide Belegungen verbände, so ginge die Electricität von einer Seite des Glases zur andern über und die Flasche ließe sich gar nicht mehr laden.

Wenn man die Flasche in der Hand hält, während die Funken des Conductors auf die Kugel D der inneren Belegung schlagen, so fühlt man bei den über den Rand schlagenden Entladungsfunken keinen Schlag. Die beiden Electricitäten gleichen sich nämlich bloß aus und gehen nicht durch den Körper dessen, der die Flasche hält; dieser kann nur den geringen Ueberschuß positiver Electricität empfangen, den die innere Belegung über die natürliche Electricität voraus hat, und den wir vorhin bei allmähliger Entladung in dem ersten Funken erhielten. Auch wenn man einen metallischen Leiter in die Hand nimmt, ihn an die äußere Belegung zuerst fest anlegt, und ohne hier ihn zu entfernen, ihn nun auch an die Kugel B (Fig. 78.) drückt, erhält man keinen Schlag, weil die ganze Ladung, vollkommen gut geleitet, zur andern Belegung übergeht. Auf diese Weise kann man selbst größere Flaschen, ohne Gefahr einen Schlag zu erhalten, vermittelst eines mit der Hand berührten Leiters entladen; nur in dem Falle, wo der Leiter in dem Augenblicke, da er die innere Belegung entladet, nicht genau die äußere Belegung berührte, würde man den Schlag erhalten, indem die electrische Materie den längern Weg durch die Hand und den ganzen Körper des Menschen, dann durch die Leiter, auf denen die Flasche steht, bis zur äußern Belegung wählen würde, sobald der metallische Leiter keine vollkommene Bahn für die Ausladung gewährte. Bei größern Batterien wird indeß niemand gern den ausladenden Leiter berühren, da es unsicher ist, ob der Leiter stark genug ist, um alle übergehende Electricität aufzunehmen, und im entgegengesetzten Falle sich ein Theil der Ladung durch den Körper des Beobachters auf gefährliche Weise entladen würde.

Andre Versuche mit der Flasche.

Daß man eine geladene Flasche dadurch entladen kann, daß man sie anscheinend mit der entgegengesetzten Electricität ladet, ist leicht zu übersehen. Hat nämlich die Flasche an dem positiven Leiter an der innern Seite eine positive Ladung erhalten und ist dadurch das auf ihr angebrachte Electrometer gehoben (Fig. 80.), so sieht man dieses sich höher heben, wenn man die Ladung an eben dem Leiter fortsetzt; dagegen sinkt es, wenn man die Ladung nun an dem Leiter des isolirten Reibzeuges fortsetzt, indem das Reibzeug, welches immerfort seine positive Electricität an den Glascylinder oder die Glasscheibe abgiebt, die an der innern Belegung der Flasche gesammelte positive Electricität aus ihr heraus zieht. Setzt man diese Ladung am Reibzeuge fort, so tritt, nachdem das Electrometer völlig gesunken ist, ein neues Steigen ein, weil die Flasche nun inwendig mit negativer Electricität geladen wird, wobei alle Erscheinungen eben so eintreten, obgleich nun die positive Electricität an der äußern Belegung sich sammelt.

Die weite Fortleitung des electrischen Schlages der Flasche hat kurz nach der Erfindung der Flasche noch mehr als in späterer Zeit die Aufmerksamkeit der Beobachter erregt. Da die Ausladung der Flasche in einem Zurückleiten der positiven Electricität von der einen Belegung nach der andern, und so der negativen Electricität auf dem entgegengesetzten Wege, besteht; so ist es begreiflich, daß diese Ausgleichung auf dem kürzesten Wege statt findet. Läßt man einen Leiter, wie es Winkler, Lemonnier, Watson, und andre gethan haben, von der äußern Belegung der geladenen Flasche in das Wasser eines Stromes gehen, und leitet man auf isolirenden Unterlagen einen zur Berührung der innern Belegung bestimmten Leiter bis zu 1000 Fuß von jenem Puncte abwärts, so wird, sobald der letztere das Wasser des Stromes und die innere Belegung berührt, die Flasche entladen. Hat man daher die Leitung von der äußern Belegung aus so eingerichtet, daß ein Mensch mit einer Hand den Leitungsdrath der äußern Belegung hält, und mit der andern einen Leiter, der bis in das Wasser reicht, so erhält diese Person den Schlag, sobald in jener großen Entfernung der das Wasser berührende Leiter mit der inneren Belegung in Verbindung gesetzt wird. Mehrere jener Beobachter haben sich überzeugt, daß selbst bis auf 12000 Fuß und selbst durch die Erde die Wirkung noch fühlbar ist, und daß sie ohne merklichen Zeitverlust erfolgt.

Nach dem Entladungsschlage sehen wir die Flasche als völlig in den natürlichen Electricitätszustand zurückgekehrt an; indeß ist das nicht ganz richtig, sondern wenn man nach einiger Zeit die

Entladung noch einmal versucht, so erhält man noch einen Funken, der jedoch immer schwach gegen die eigentliche Entladung ist. Dieses Residuum, was bei großen Flaschen und vollends bei der Verbindung mehrerer Flaschen noch sehr bedeutend sein kann, entsteht daher, weil die Belegungen das Glas nicht strenge in allen Puncten berühren. Während der Ladung nämlich nehmen, so schlecht auch die Leitung des Glases ist, doch die Puncte des Glases, welche nicht in unmittelbarer Berührung mit der Belegung stehen, auch eine Ladung an; diese Puncte werden bei der schnellen Entladung nicht mit entladen, weil die electrische Materie zu fest an den Nichtleitern hängt; aber nach Verlauf längerer Zeit geht sie dennoch in die Belegung über, die sich daher nun wieder geladen zeigt, und noch einen Funken giebt. Solche Ueberreste zeigen sich selbst nach mehrmaliger Entladung noch, und selbst eine völlig entladene Flasche, aus der kein Funke mehr zu ziehen ist, zeigt an feinen Electrometern immer noch Spuren sehr schwacher Ladung.

Unter den zahlreichen Versuchen, wozu die Flasche Veranlassung giebt, will ich nur noch einige anführen, die mit theoretischen Betrachtungen in Verbindung stehen. Sie sahen vorhin, daß eine isolirt aufgestellte Flasche sich nicht laden ließ; aber wenn man die äußere Belegung der isolirten Flasche mit dem isolirten Reibzeuge, die innere Belegung mit dem isolirten Conductor des geriebenen Glases in Verbindung setzt, so gelingt die Ladung vollkommen. Das geriebene Glas entreißt nämlich dem Reibzeuge die positiv-electrische Materie und führt sie durch den Conductor der innern Belegung der Flasche zu; die dadurch aus der äußeren Belegung ausgetriebene positiv-electrische Materie geht wieder dem Reibzeuge zu, und giebt diesem die Fähigkeit, aufs neue sie an den Cylinder abzugeben; die beiden Belegungen der Flasche kommen aber immer desto mehr in entgegengesetzten Zustand.

Man kann eine Flasche an der andern laden. Ist AB (Fig. 81.) eine isolirt aufgestellte Flasche, die positive Funken für die innere Belegung erhält, so geht die positiv-electrische Materie der äußern Belegung von AB auf die mit ihr in Berührung gesetzte Kugel der zweiten Flasche CD über, und wenn die äußere Belegung dieser durch die Hand E mit der Erde in leitender Verbindung steht, so werden beide Flaschen zugleich und beinahe gleich stark geladen, weil die auf die innere Belegung der ersten Flasche geleitete positive Electricität fast eben so viele positiv-electrische Materie aus der äußern Belegung austreibt, und zur zweiten Flasche hinüber treibt.

Aus der Natur der electrischen Ladung der Flasche läßt es sich auch erklären, warum diese Ladung sich in der Luft nicht so bald verliert. Ein gewöhnlich geladener Leiter bietet die in ihm angehäufte Electricität auf der ganzen Oberfläche der Ableitung durch die Luft dar, und in jedem Puncte der Oberfläche findet ein Bestreben der electrischen Materie, in die Luft überzugehen, statt; in der Flasche hingegen ist die größeste Menge der electrischen Materie an beiden Seiten des Glases so festgehalten, daß sie gar kein Bestreben, in die Luft überzugehen, hat. Der Verlust an die umgebende Luft ist also nur ungefähr so groß, als es bei einem gewöhnlich geladenen Leiter der Fall sein würde, wenn seine Ladung so schwach, wie der der isolirten Flasche bloß an der innern Seite entzogene Funke angiebt, ist. Dennoch wird in langer Zeit auch an der Luft die Flasche entladen, weil jener kleine Ueberschuß an positiver Electricität an der einen Seite, hierauf ein wenig negative Electricität an der andern Seite verloren geht, und so nach und nach die ganze Ladung sich den Lufttheilchen mittheilt; aber selbst nach zwei Tagen findet man mittelmäßig geladene Flaschen in trockner Luft noch unentladen.

Eine ähnliche stille Entladung, wie hier die Luft endlich bewirkt, kann man mit Spitzen, die man gegen die äußere und gegen die innere Belegung der Flasche richtet, hervorbringen. Man stellt die geladene Flasche isolirt auf, und hält zugleich zwei spitzige metallische Leiter mit ihren Spitzen gegen die obere Kugel und gegen die äußere Belegung, ohne diese zu berühren; nachdem man dies einige Zeit gethan hat, findet man, bei Anwendung des Ausladers, daß fast die ganze Ladung verloren ist.

Man kann die Ladung einer Flasche unter zwei Flaschen austheilen; aber es ist schwierig, über das Maaß der Ladung für die eine und die andere Flasche genau zu urtheilen. Wenn man zwei Flaschen neben einander aufstellt, AB, CD, (Fig. 82.) und nun die eine AB ladet, so kann man zuerst die äußeren Belegungen beider verbinden, ohne daß dies irgend eine Aenderung hervorbringt, weil ja die äußere Belegung der Flasche A B während der Ladung mit der Erde in Verbindung stehen mußte; aber wird nun ein isolirter Leiter zwischen den beiden Kugeln E, F, oder den innern Belegungen angebracht, so wird auch die Flasche C D geladen, weil sich zuerst nur die bei E hervorstrebende positive Electricität nach F entladet, dann aber auch von B nach D negative Electricität, wieder von E nach F positive Electricität geht u. s. w. Wären nun beide Flaschen in allen Hinsichten genau gleich, so wäre es gewiß, daß die Ladung zur Hälfte in der einen zurückbleiben, zur Hälfte in die andere übergehen würde; aber selbst wenn die Größe der belegten Fläche beider Flaschen gleich ist, kann man von der völligen Gleichheit der Theilung nur dann überzeugt sein, wenn die Flaschen von gleich dickem Glase sind. Sind die Flaschen ungleich groß, so ist über die Austheilung der Ladung gar nicht genau zu urtheilen möglich, aber gewiß ist es nicht strenge richtig, daß sich die Ladung nach dem Verhältnisse der Quadratzolle der belegten Flächen austheilt. Wenn die geladene Glasfläche, bei mehrern vereinigten Flaschen, sehr groß und die mit ihr in Verbindung gesetzte Flasche sehr klein ist, so kann diese durch die Gewalt des plötzlichen Ueberganges zerschlagen werden.

Die electrische Batterie.

Die Wirkung der Entladung einer Flasche nimmt mit der Größe der belegten Fläche zu, und da man in einer einzigen Flasche keine sehr große belegte Fläche erhalten kann, so verbindet man mehrere Flaschen, die dann die electrische Batterie bilden. Die so verbundenen Flaschen müssen auf einer gut leitenden Unterlage stehen, damit die äußere Belegung die positiv-electrische Materie entlassen, die negativ-electrische heranziehen kann. Die innern Belegungen werden durch die bis oben hervorragenden Metallleiter in Verbindung gesetzt, und indem der Funke auf diese vereinigten Leiter schlägt, bekommen nun alle Flaschen ihren Antheil an der Ladung. Um so viele Flaschen zu laden, bedarf es vieler Drehungen des Cylinders oder der Scheibe der Electrisirmaschine, und man kann sagen, genau nach dem Quadratmaaß der Belegungen fordert die Batterie mehr Electricität, um ganz geladen zu werden. Kleinere Maschinen kann man schon deshalb zu Ladung großer Batterien nicht anwenden, weil sie bei sehr großem Zeitverluste doch keine starke Ladungen hervorbringen könnten, indem in längerer Zeit hier an allzu vielen Stellen Electricität verloren gehen würde.

Bei dem Ausladen einer großen Batterie darf man nicht wagen, selbst mit der Hand den Auslader anzubringen, da bei der Annäherung leicht der Schlag den Beobachter selbst treffen könnte; man bringt daher einen mit der äußern Belegung, so wie die Figur (Fig. 83.) zeigt, durch eine Kette verbundenen Leiter ABC an, dessen beweglicher Theil BC durch die hinreichend lange seidene Schnur CDE gehalten wird; löset man die Schnur bei E, so fällt C auf F herab und entladet die Batterie, während der Experimentator sich entfernt genug befindet.

Noch angenehmer und belehrender ist der von Brooke angegebene Auslader. Er besteht (Fig. 84.) aus einem metallenen Waagebalken AB, der bei C unterstützt ist und sich um C drehen kann. Unter beiden Kugeln B, A, befinden sich die Metallkugeln D, E, deren eine D vor Anfang des Versuches mit der äußern Belegung der Batterieflaschen, die andre E mit den innern Belegungen durch den Leiter EF in Verbindung gesetzt ist. Vor Anfang der Ladung schiebt man das Gewicht G so weit, als man nach dem Maaße der beabsichtigten Ladung für passend hält, gegen B zu, und diese Kugel legt sich an D an. Fängt nun die Ladung an, so wird A gegen E angezogen, aber diese Kraft muß das durch G hervorgebrachte Uebergewicht überwinden, und erst wenn die Ladung dazu stark genug ist, schlägt der Waagebalken über und die Entladung findet statt.

Von den mächtigen Wirkungen dieser Batterien werde ich in der Folge reden.

Siebenzehnte Vorlesung.

Der Condensator.

Von den Mitteln, die Electricität mächtig zu verstärken, mit welchen ich Sie, h. H., neulich unterhielt, gehe ich jetzt zu Mitteln über, um sehr geringe Spuren von Electricität zu beobachten. Diese Mittel hängen genau von denselben Principien ab, die wir neulich betrachtet haben. Der im Jahre 1783 von Volta erfundene Condensator hat seinen Namen daher, weil er die Electricität, die aus einem schwach geladenen Körper zufließt, verdichtet und dadurch merklicher macht.

Die beste Art, den Condensator anzuordnen, ist die, daß man zwei Platten AB, CD, (Fig. 85.), deren eine AB auf der isolirenden Unterlage EF ruhet, vollkommen eben, so daß sie sich genau an einander anschließen, abschleift, und dann mit einer sehr dünnen Schichte eines nicht leitenden Firnisses an einer Seite glatt überzieht. AB ist an der oberen, CD an der unteren Seite mit diesem Firniß sehr dünne und gleichförmig überzogen; GH ist ein isolirendes Stäbchen, um die Platte auf AB aufzusetzen oder abzuheben. An AB sind die mit leitenden Fäden befestigten Kugeln I angebracht, die sich abstoßen, wenn in AB eine frei wirkende Ladung ist.

Will man den Condensator anwenden, so geschieht dies immer nur da, wo die gewöhnlichen Electrometer keine Spur oder schwache Spuren von Electricität zeigen. Man setzt nun die obere Platte CD auf AB, und bringt den Leiter, in welchem man einige Electricität vermuthet, mit der unteren, nicht mit Firniß überzogenen Seite der Platte AB in Berührung. Während er so an AB anliegt, berührt man die obere Seite der Platte CD mit dem Finger, und läßt eine kurze Zeit lang die Einwirkung, welche so statt findet, fortdauern. Alsdann zieht man sowohl die Electricitätsquelle, als den Finger, weg, und hebt die Platte CD an dem isolirenden Handgriffe auf; sobald das geschieht, gehen die

Kugeln I aus einander, wenn sich wirklich noch Electricität in dem zur Ladung angewandten Körper befand, und dieser bei schwacher Ladung doch nach und nach noch eine zureichende Menge von Electricität hergeben konnte.

Die Erklärung dieser Erscheinungen ist nicht schwer. Da beide Platten AB, CD mit einer dünnen Schichte eines isolirenden Firnisses bedeckt sind, so bilden sie, indem sie auf einander liegen, eine belegte Platte, nämlich zwei durch einen dünnen isolirenden Körper getrennte Leiter. Die isolirende Schichte muß dünne und völlig gleichförmig sein, damit selbst eine schwache Ladung des einen Leiters hinreichend und in allen Puncten gleich stark auf den andern wirke. Indem man nun den ladenden Körper, ich will als Beispiel die Kugel einer anscheinend völlig entladenen Flasche annehmen, an den untern Leiter hält, nimmt dieser zuerst nur eine Ladung von eben so unmerklicher Stärke an, wie sie in dem Knopfe der Flasche vorhanden ist; aber wenn man den obern Leiter berührt, so drängt die untere schwache positive Ladung aus der obern Platte ein wenig positive Electricität zurück und neue negative wird herangezogen; dadurch wird die untere fähig, mehr positive Electricität aufzunehmen, versetzt dadurch die immerfort mit der Erde in Verbindung bleibende obere Platte immer mehr in negativen Zustand, und bringt so eine Ladung der beiden Leiter hervor, die in ähnlichem Verhältnisse gegen die schwache Quelle der Electricität verstärkt ist, wie es bei der geladenen Flasche in Vergleichung gegen den sie ladenden Leiter der Electrisirmaschine der Fall war. Entfernt man endlich den ladenden Körper und auch die den andern Leiter berührende Hand, so bleibt die Ladung in den Platten, aber die Kugeln I gehen nicht aus einander, weil die mit ihnen in leitender Verbindung stehende positive Ladung an der isolirenden Schichte durch die Anziehung der entgegengesetzten Electricität fest gehalten wird; erst wenn man die obere Platte schnell aufhebt, und dadurch die Kraft, welche die positive Ladung der unteren Platte festhielt, entfernt, so wird diese ganze Ladung frei nach allen Seiten wirkend, sie geht also auch in die Kugeln I über, und diese zeigen sich geladen und stoßen sich ab. Bringt man die obere Platte, während man sie immer isolirt hält, wieder näher an die untere, so fallen die Kugeln I wieder zusammen und zeigen bei der gegenseitigen Berührung beider Platten keine Electricität mehr; so oft man aber den obern Leiter entfernt, gehen sie wieder aus einander, bis endlich die bei jeder Trennung frei nach außen wirkende Electricität sich in der Luft zerstreuet.

Durch diese Anwendung des Condensators findet man, daß electrische Flaschen, wenn sie auch wiederholt entladen sind und am Electrometer keine Spur von Electricität zeigen, oft noch sehr lange Zeit nach der Ausladung Electricität zeigen. Diese Flaschen sind besonders gut geeignet, um den Versuch mit dem Condensator anzustellen, weil sie bei sehr schwach wirkender Electricität doch eine, beinahe unerschöpflich zu nennende, Quelle von Electricität darbieten. Nur in solchen Fällen nämlich kann der Condensator wirksam sein, wo nicht die gesammte Menge der ihm zugeführten Electricität geringe ist, sondern wo diese groß genug aber von schwacher Spannung ist. Wollte man ein sehr kleines Metallscheibchen schwach geladen anwenden, um den Condensator zu laden, so würde die Condensatorplatte freilich fast die sämmtliche Ladung jener Scheibe aufnehmen; aber damit, wenn die Condensatorplatte größer als die ladende Platte ist, noch nicht einmal so stark als diese selbst geladen sein. Hätte man einen sehr großen Leiter von sehr schwacher Ladung angewandt, so würde man seine Ladung am Condensator bemerkbar machen, weil die vergleichungsweise kleine Condensatorplatte den größesten Theil der Ladung der größern Platte zu sich hin zieht, und diese also, sobald ihre Electricität nicht mehr gebunden ist, als stark geladen erscheint. Mit der entladenen Flasche ist es eben so, da sie noch sehr viel mehr Electricität an der Glas-Oberfläche durch gegenseitige Anziehung beider Electricitäten gebunden enthalten muß, als sich an der Kugel frei wirkend zeigt, und diese vom Glase her zuströmt, wenn der Condensator sie aufnimmt.

Auch die schwache Electricität der Atmosphäre kann man, da sie unerschöpflich zufließt, am Condensator merkbar machen.

Um den Grad der Condensation kennen zu lernen, kann man auf folgende Weise verfahren. Man bringt auf dem Glase, in welchem sich die Kugeln oder Strohhalme der Condensatorplatte befinden, eine Theilung an, um ein Maaß der Abstoßung zu haben, und sucht dieses Maaß mit wirklichen Graden stärkerer und schwächerer Electricität zu vergleichen, wozu sich im Vorigen schon Anleitungen finden. Nun nimmt man eine kürzlich entladene Flasche, die auch ohne Condensation die Kugeln noch ein wenig, z. B. 1 Grad, aus einander treibt, so daß man die nicht condensirte Ladung als = 1 Gr. ansehen kann; eben diese Flasche wendet man zum zweiten Male an, um nach den oben angegebenen Regeln eine Ladung durch Condensation zu erhalten, und wenn man nun, beim Aufheben der obern Platte, das Electrometer auf 20 Gr. gehen sähe, so wüßte man, daß der Condensator zwanzigfach verdichtet, daß er also eine ganz unmerkliche Ladung von $\frac{1}{5}$ Grad noch als 4 Gr. betragend kenntlich machen würde.

Man kann eine sehr schwache Ladung noch mehr kenntlich machen, wenn man zwei Condensatoren, einen mit großen Platten und einen mit kleinen Platten nach einander gebraucht. Ist nur die Electricitätsquelle unerschöpflich genug, um den großen Condensator zu laden, so wird an ihm schon die Electricität verstärkt, aber seine geladene Platte kann nun, nachdem die andre Platte entfernt ist, wieder zu Ladung der Platte des kleinern Condensators angewandt werden, und wenn jene zehnfach so groß ist als diese, so wird die Condensation bei der zweiten Operation ziemlich nahe auf das zehnfache dessen steigen, was der größere Condensator ergab.

Um über die Resultate dieser Beobachtungen aber sicher zu urtheilen, muß man sich allemal vor dem Gebrauche des Condensators überzeugen, ob er auch irgend etwas von Ladung enthält, indem man sonst auch diese fremde Wirkung nachher als Erfolg der angebrachten Ladung ansieht. Man legt daher beide Platten auf einander und berührt beide zugleich an den leitenden Seiten mit den Fingern, um den Condensator zu entladen; man hebt dann die obere Platte auf, und es soll sich nun der Condensator als ganz ungeladen zeigen; wenn das nicht der Fall ist, so kann man die weitern Versuche nicht eher anfangen, als bis es gelungen ist, ihn völlig zu entladen. Diese kleinen Ladungen des Condensators selbst können leicht entstehen, wenn etwa durch Abwischen der gefirnißten Oberflächen diese ein wenig electrisch geworden sind, oder wenn ein ähnliches Residuum wie bei geladenen Flaschen von frühern Ladungen des Condensators zurückgeblieben ist. Große Vorsicht erfordern diese Versuche, so wie alle die, welche sehr feine Untersuchungen betreffen.

Aehnliche Instrumente sind unter dem Namen Duplicator, Luftcondensator u. s. w. angegeben, da sie aber auf gleichen Principien beruhen, so übergehe ich sie.

Das Electrophor.

Dagegen verdient das mit dem Namen: beständiger Electricitätsträger, Electrophor, belegte Instrument eine etwas genauere Betrachtung, da hier einiges Unerwartetes vorkömmt, worüber wir indeß bei genauerer Betrachtung den Aufschluß in eben den bisher erklärten Grundsätzen finden.

Das Electrophor besteht aus einem Harzgusse, der in einem breiten und flachen Metallgefäße, das die Form genannt wird, so gegossen ist, daß er fest mit diesem vereinigt erhärtet ist und eine recht glatte, ebne, von Spalten und Blasen freie Oberfläche darbietet. Das zweite Stück des Electrophors besteht in einer Metallplatte, die an einem isolirenden Stiele abgehoben und wieder aufgesetzt werden kann. Diese Metallplatte, die man den Deckel nennt, muß etwas kleiner als die Harztafel sein, so daß sie, mitten auf die Harztafel gesetzt, von dem Metallrande der Form noch ziemlich entfernt bleibt; sie muß nirgends Spitzen, die ein Ausströmen veranlassen könnten, darbieten, und auch am Rande so abgerundet sein, daß dort keine scharfe Kante eine Gelegenheit zum Ausströmen gebe.

Um das Electrophor zu gebrauchen, hebt man die Metallplatte, den Deckel, ab, reibt die Harzfläche mit einem Katzenfelle oder schlägt sie mit einem Fuchsschwanze, wodurch jene negativ-electrisch wird. Man setzt nun den Deckel auf, berührt mit zwei Fingern zugleich die obere Seite des Deckels und den Rand der Form, worin die Harztafel sich befindet, wobei man einen leichten electrischen Schlag empfindet, und hebt den Deckel mit dem isolirenden Stiele auf; dann giebt er bei der Berührung einen Funken. Nachdem man so den Deckel entladen hat, setzt man ihn, isolirt gehalten, auf die Harzplatte, bringt wieder den Deckel und den Rand der Form in leitende Verbindung, erhält dabei abermals wie vorhin einen eben solchen electrischen Schlag; man hebt den

Deckel wieder und erhält wieder einen Funken. Diesen Versuch kann man, so oft man will, wiederholen, ohne eine Abnahme der Funken zu bemerken und ohne daß es einer neuen Electrisirung der Harzplatte bedarf, die vielmehr die einmal ihr ertheilte Electricität unvermindert behält.

Um die Erscheinungen näher kennen zu lernen, wollen wir zuerst die Electricität des aufgehobenen Deckels, ehe er seinen Funken abgiebt, prüfen. — Sie findet sich positiv; und dies ist es, was auffallend scheinen kann, da der Deckel doch mit der negative electrischen Harzplatte in Berührung gewesen ist. Aber daß hier nicht von einer bloßen Mittheilung der Electricität die Rede sein kann, erhellt schon aus der unerschöpflichen Wirkung, die offenbar nicht so erfolgte, wenn die Harzfläche ihre Electricität abgäbe; sondern die immer gleiche Erneuerung dieser electrischen Wirkung beruht wieder auf einer gegenseitigen Anziehung der electrischen Materien. Indem nämlich die Harzplatte mit einem Thierfelle gerieben wird, während die untere Seite durch das Metall der Form mit der Erde in Verbindung steht, wird zugleich die obere Seite des Harzes negativ, die untere positiv; es wird völlig so wie bei der Flasche, wenn die Ladung sich verstärkt, immer mehr die negativ-electrische Materie an der untern Seite des Harzes weggedrängt, die positiv-electrische herangezogen, und die beiden sich gegenseitig anziehenden Materien, die negative an der obern, die positive an der untern Seite, halten sich gegenseitig gebunden, so daß keine ein Bestreben hat, zu entweichen. Nach der Ladung wollen wir uns die metallene Form CD auf dem isolirenden Fuße AB (Fig. 86.) aufgestellt denken, und nun den Deckel EF isolirt aufsetzen. Da die auf der Oberfläche des Harzes gesammelte negative Electricität fast ganz durch die gegenüberstehende positive Electricität gebunden gehalten wird, so hat sie nur wenig Bestreben zum aufgesetzten Deckel hinüber zu gehen, und da die Berührung des aufgesetzten Metalls mit dem Harze nicht sehr innig ist, und vielleicht kein Punct so nahe berührt wird, daß nicht noch eine dünne Luftschichte den Uebergang der Electricität hinderte, so findet allenfalls nur von den wenigen Puncten, die wirklich berührt werden, ein Uebergang negativ-electrischer Materie statt. Dagegen befindet die ganze untere Fläche des Deckels sich unter dem mächtigen Einflusse der ihm so nahe liegenden negativen Harzfläche. Man kann sich dies so versinnlichen. Gesetzt der Deckel ruhte, (Fig. 87.) auf den wenigen Harzspitzen, a, b, c, so würden freilich die äußersten Puncte dieser Vorragungen eine geringe Menge negativer Electricität an den Deckel F G abgeben, dagegen aber würde, weil wegen der Nichtleitung des Harzes keine weitere Mittheilung statt findet, die abstoßende Kraft der ganzen Fläche a c bewirken, daß die obere Seite des Deckels F G negativ, die untere positiv wird; die in F G enthaltene electrische Materie wird durch Vertheilung so getrennt, daß sich die positiv-electrische Materie nach der untern Seite, die negativ-electrische Materie nach der obern Seite begiebt. Berührt man nun bloß die obere Seite des Deckels, ohne zugleich die Form mit zu berühren, so nimmt man die dort angehäufte, negativ-electrische Materie fort. Die auf der obern Fläche des Harzes C D (Fig. 86.) angehäufte negative Materie hat jetzt nahe über sich an der Unterseite des Deckels E F und nahe unter sich an der Unterseite des Harzes positive Electricität; die letztere wurde gebunden gehalten, so lange der Zug von E F her noch nicht statt fand, sie ist also jetzt zum Theil frei geworden und tritt in die das Harz umgebende metallene Form zurück, durch deren Berührung man sie ableitet und so den Zug nach dieser Seite schwächt, wodurch E F fähig wird, noch mehr positive Electricität aufzunehmen. Bei wiederholter abwechselnder Berührung des Deckels und der Form würde so nach und nach etwas positive Electricität aus der Form entlassen und nach dem Deckel hinübergeführt, und dieses geschieht in einem einzigen, stechenden Schlage oder Uebergange, wenn man Deckel und Form zugleich berührt, indem dann so viel $+E$ als nöthig ist, von der Form auf den Deckel übergeht, und dieser nun offenbar positiv geladen ist. So lange der Deckel so nahe in der Nachbarschaft der negativen Electricität bleibt, die sich auf der Oberfläche des Harzes befindet, ist diese positive Ladung gebunden, man kann den Deckel oben berühren, ohne sie wegzunehmen; aber wenn man den Deckel aufhebt, so entzieht man die positive Electricität der Wirkung der auf sie einwirkenden Kraft, der Deckel zeigt sich als geladen und giebt einen Funken.

Da hiebei die Harz-Oberfläche so gut wie gar nichts von ihrer negativen Electricität verloren hat, so läßt sich der Versuch mit immer gleichem Erfolge wiederholen; denn immer ist es die auf der Harz-Oberfläche fest gehaltene negative Electricität, die ohne selbst verändert zu werden, das Aufnehmen neuer Electricität im Deckel begünstigt.

Wenn man den Deckel isolirt auf die Harzfläche setzt, und sogleich, ohne ihn zu berühren, wieder abhebt, so zeigt der Deckel keine Electricität; denn wenn gleich seine natürliche Electricität eine Veränderung erlitten hat, indem, während des Ruhens auf der Harzplatte, sich die positive Electricität auf die untere Seite, die negative auf die obere Seite begab, so verbinden sie sich doch sogleich wieder, wenn der Deckel gehoben wird, und der natürliche Zustand ist hergestellt. Will man sich von allen Veränderungen überzeugen, die in dem Deckel und der Form vorgehen; so muß man die Form isolirt aufstellen und auch sie muß kein Ausströmen der Electricität gestatten. Ist die Harzfläche electrisirt und man hat die Form berührt, so kann offenbar der Rand der Form keine Electricität zeigen; setzt man aber den Deckel auf, ohne ihn zu berühren, so zeigt sich die mit einem isolirten Prüfungsscheibchen von der oberen Seite des Deckels auf ein Electrometer übertragene Electricität negativ, die vom Rande der Form auf das Electrometer übertragene positiv; — jene ist die abgestoßene negative, diese die aus ihrer frühern Bindung gelösete positive. Bringt man einen Leiter zwischen den Deckel und den Rand der Form, so zeigt das Prüfungsscheibchen keine Electricität mehr; aber hebt man den Deckel, so ist der Rand der Form negativ, weil die positive Electricität sich wieder an die untere Seite des Harzes begeben hat, und die negative sich von da entfernt hat, nachdem der Deckel mit seiner positiven Electricität aus der Nähe weggerückt ist.

Wenn man den gehobenen Deckel gar nicht entladet, aber durch ein auf ihm aufgesetztes Electrometer den Zustand seiner Ladung kenntlich macht, so versteht es sich zuerst von selbst, daß das Electrometer keine Ladung zeigt, wenn der auf der Harzplatte stehende Deckel mit der Erde in Verbindung gesetzt worden ist. Hebt man ihn langsam und isolirt, so steigt das Electrometer, aber sinkt immer wieder, wenn man den Deckel herabsenkt, indem die auf ihm reichlich vorhandene positive Electricität nur dann sich über den ganzen Deckel und bis zum Electrometer hin verbreitet, wenn er sich nicht in der Wirkungssphäre der negativen Electricität auf der Harzplatte befindet. Entladet man den Deckel, wenn er hoch gehoben ist, und nähert ihn dann isolirt der Harzplatte, so steigt das Electrometer und zwar nun mit negativer Electricität; hebt man ihn aber wieder, ohne ihn zu berühren, so zeigt sich keine Electricität mehr. Bei allen diesen Versuchen muß der Deckel so gehoben werden, daß er der Harzplatte parallel bleibt; giebt man ihm eine geneigte Stellung, so geht die Electricität zu sehr auf eine Seite des Deckels über und strömt leichter aus.

Erfindung des Electrophors. Anwendung. — Electrische Lampe.

Doch ich habe wohl hinreichend den ganzen Gang der Erscheinungen erklärt, und fürchte, daß alle diese Einzelnheiten Ihnen nur als Wiederholungen erscheinen. Ich füge daher nur noch kurz die Bemerkung hinzu, daß schon **Wilke** 1762 Wirkungen wie die, welche das Electrophor zeigt, an beweglichen Belegungen einer Glasplatte dargestellt hatte, daß aber **Volta** 1775 durch Erfindung des Electrophors in seiner jetzigen bequemen Form und durch eine vollständigere Erklärung der damit angestellten Versuche sich ein bedeutendes Verdienst um die Erweiterung der Lehre von der Vertheilungs-Electricität erwarb. **Lichtenberg** stellte kurz nachher Versuche mit einem Electrophor von 6 Fuß Durchmesser an, bei welchem die Verbindung des Deckels mit der Form einen so empfindlichen Funken hervorbrachte, daß man ihn ungern oft durch die Hand hervorgehen ließ.

Daß man mit den aus dem aufgehobenen Deckel gezogenen Funken electrische Flaschen laden und den Deckel zu allen den Versuchen gebrauchen kann, wozu der Leiter der Electrisirmaschine dient, versteht sich von selbst; aber es scheint seltsam, daß man durch eine am Electrophor selbst geladene Flasche jenen wieder noch mehr verstärken kann. Um dies zu thun, muß man den oft nach einander gehobenen Deckel seine positiven Funken auf das Innere der Flasche schlagen lassen, und die so geladene Flasche auf die Harzfläche setzen, wo sie dann isolirt steht. Berührt man hierauf die innere Belegung, so bekömmt man, wie Sie wissen, nur einen kleinen Funken, aber es findet zugleich ein Uebergang negativer Electricität aus der äußern Belegung auf die Harzfläche statt, und diese wiederholt sich bei jeder Berührung der innern Belegung. Setzt man daher nach und nach die Flasche auf alle Puncte der Harzfläche, so ertheilt man so dem Electrophor eine verstärkte Ladung.

Als eine angenehme und nützliche Anwendung des Electrophors verdient noch die electrische Lampe erwähnt zu werden. Man giebt diesem, ziemlich allgemein bekannt gewordenen Instrumente, nach Pfaffs Vorschrift, am besten folgende Einrichtung, bei der meistens Langenbuchers Vorschläge zum Grunde liegen. Ein Gefäß D (Fig. 88.) enthält Wasserstoffgas, welches in demselben Augenblicke, wo der geöffnete Hahn K ihm einen Ausfluß gestattet, durch einen zwischen L und p hervorgelockten Funken entzündet wird. Das ganze Instrument besteht nämlich aus zwei Theilen, dem Glase D mit der zugehörenden, oben erweiterten Glasröhre E, zur Entwickelung des Wasserstoffgas, und aus dem Electrophor, das sich in dem Kasten A befindet. Das Gefäß D wird zuerst mit verdünnter Schwefelsäure ganz gefüllt, und die obere Glasröhre E, an welcher in I ein hinreichend großes Stück Zink befestigt ist, eingesenkt. Durch das bei der Auflösung des Zinkes entwickelte Wasserstoffgas füllt sich das Gefäß D mit Wasserstoffgas, wodurch das Wasser aus dem Raume bei I verdrängt, und in die Röhre E hinaufgedrängt wird, bis endlich das Zink oberhalb der Säure ist und die Entwickelung aufhört. Oeffnet man den Hahn K, so strömt etwas Wasserstoffgas bei L aus, die Flüssigkeit erreicht das Zink aufs neue und bringt eine neue Gas-Entwickelung hervor. In dem unteren Kasten befindet sich die Harzplatte des Electrophors, dessen Deckel hbt in seiner Mitte b mit dem starken Glasstreifen a verbunden ist, der sich an seinem Ende q um ein Gewinde dreht, so daß das Anziehen des Fadens efgh den Deckel nicht in geneigter Richtung, sondern in horizontaler Stellung hebt. Dieses Heben wird durch die Drehung des Hahnes K, vermittelst des Glasstreifens op bewirkt, und da der Deckel und sein Hebungsdrath bei op durch Glas, bei baq durch Glas isolirt ist, und auch der Drath eh bei g durch eine Glasröhre geht, so behält der gehobene Teller seine Electricität, bis das Ende p des Metalldrathes gegen L geführt, dort den das Wasserstoffgas zündenden Funken giebt. Damit Teller und Form sich in leitende Verbindung setzen, ist ein Metallstreif angebracht, den der auf die Harzfläche gesetzte Teller h b t berührt. Die Electricität der Harzplatte braucht nur selten neu hervorgebracht zu werden; um dieses zu thun, muß man die Harzplatte aus dem Kasten A herausnehmen und sie reiben; ist dies aber einmal geschehen, so erhält sich, wenn das Instrument an einem trockenen Orte steht, die Electricität Monate lang, und der Funke geht, bei der Berührung des Drathes p an L mit immer gleicher Regelmäßigkeit hervor.

Achtzehnte Vorlesung.

So merkwürdig alle bisher angegebenen Wirkungen der Electricität sind, meine h. H., so sind doch nicht sie es so sehr, die das Auge aller Menschen zu ihr hinzogen, sondern den mächtigen, zum Theil Furcht erregenden Wirkungen, welche sie hervorbringt, verdankt sie es weit mehr, daß man ihr eine allgemeine Aufmerksamkeit zuwandte. Der electrische Funke, den man zuerst in kaum sichtbarer Größe hervorlockte, der bei verbesserten Hülfsmitteln allmählig merklicher hervortrat, der bei der Erfindung der electrischen Flasche in einer so gar gefährlichen Stärke erschien, und dessen Wirkungen wir immer mehr zu steigern Mittel gefunden haben, ist es vor allem, wodurch die Electricität als eine der wundervollsten Kräfte berühmt geworden ist.

Hiebei sind es nun zuerst die Licht-Entwickelungen, die unsre Aufmerksamkeit erregen.

Der electrische Funke.

Das electrische Licht zeigt sich unter zwei Hauptformen, nämlich als eigentlicher Funke überschlagend auf einen nahen Leiter, und als ausstrahlendes Licht, wo kein naher Leiter Veranlassung zu einem Funken giebt; beide Erscheinungen gehen aber in einander über. Wenn man eine Spitze an einem Leiter anbringt und diesen mit positiver Electricität ladet, so zeigt sich ein ausströmender Lichtbüschel, der seine Strahlen nach allen Seiten aussendet, sich aber, wenn ein Leiter genähert wird, gegen diesen zu wendet. Ein negativ geladener Leiter zeigt zwar an der Spitze ein Leuchten, ein Sternchen, aber nur ein sehr schwach sichtbares Ausströmen nach den Seiten. Eben diese Erscheinungen finden bei stärkeren Ladungen auch da statt, wo der Leiter sich nicht in Spitzen endigt, an den Theilen, welche als Kugeln von kleinerem Durchmesser oder überhaupt als stark gekrümmt hervortreten.

Nähert sich ein leitender Körper dem geladenen Leiter, so wissen Sie, daß wir in jedem Falle zwei entgegengesetzt electrisirte Körper einander gegenüber haben, da der dem geladenen Leiter genäherte leitende Körper an seinem zugekehrten Ende in desto höherem Grade die entgegengesetzte Electricität annimmt, je stärker jene Ladung ist. Hier also werden beide Electricitäten mächtig gegen einander gezogen, und durchbrechen endlich, in entgegengesetzten Richtungen übergehend, die Luft. Wenn man starke Maschinen anwendet und ihre Funken im Dunkeln beobachtet, so sieht man bei Annäherung eines abgerundeten Leiters gegen eine nicht zu kleine Kugel an dem geladenen positiven Leiter, daß von der positiven Seite her ein Licht auszugehen anfängt, welches sich zum Bläulichen hin neigt, daß dieses Licht bei langsamer Annäherung des andern Leiters zunimmt, daß bei einer hinreichenden Nähe ein weißer Lichtschein, weniger strahlend, sondern eine gleichförmige gerundete Form zeigend, aus dem negativen Körper hervorbricht, und daß dann auch fast sogleich der Funke überschlägt, wobei jene beiden Erscheinungen ihre Bestimmtheit verlieren. Diese Erscheinung habe ich oft wahrgenommen, aber es scheint bei dem Uebergehen des Funkens von einer Menge einzelner Umstände abzuhängen, und die Beschreibungen, die man von den Licht-Erscheinungen giebt, bieten mannigfaltige Verschiedenheiten dar.

Die Frage, ob nur e i n Funke und ob dieser von dem positiv geladenen Körper ausgehe, ist noch immer nicht entschieden. Läßt man kurze Funken überschlagen, so durchlaufen sie ihren ganzen

Weg so schnell, daß man fast den ganzen Weg auf einmal leuchtend sieht, und bald geneigter ist, die eine Richtung, bald die andre, als die vom Funken befolgte anzugeben; oft sieht man auch bei geringen Abständen einen weißen Glanz an beiden Leitern und zwischen diesen beiden hellen Funken den ganzen Weg mit violettem Lichte leuchtend. Bei weitern Entfernungen scheint mir Hildebrandts Behauptung, daß der positive Funke den größten Theil des Weges durchlaufe, aber nahe am negativen Körper ein von dort ausgehender Funke ihm entgegen komme, aus den eben vorhin angegebenen Erscheinungen des entgegen kommenden ausgebreiteten, aber matten Lichtes, wahrscheinlich; ich kann aber nicht behaupten, daß ich diesen zweiten Funken je deutlich wahrgenommen hätte; dagegen aber ist es oft deutlich, daß der vom positiven Leiter überschlagende Funke erst in bedeutender Ferne von diesem am leuchtendsten hervortritt. In andern Fällen kann man dagegen den Hauptfunken als deutlich vom positiven Leiter ausgehend erkennen, und van Marum hat dieses bei seiner großen Maschine, die 24 Zoll lange Funken gab, so wahrgenommen, daß man das Entstehen eines einzigen, im Fortgange sich in Zweige zerspaltenden Funkens von der positiven Seite her als gewiß ansehen möchte; aber Bischoff und auch Pfaff haben bei negativer Ladung den Funken eine sehr ähnliche, vom negativen Leiter ausgehende Form darstellen sehen, so daß also van Marums Erfahrung, daß auch da, wo der geladene Leiter negativ ist, der Stamm des sich verästelnden Funkens vom positiven Körper ausgehe, nicht allgemein richtig sein kann, sondern dabei etwas auf noch unbekannte Umstände ankommen muß. Die Vertheidiger der franklinischen Theorie fanden in jener Richtung des Funkens, der immer deutlich vom positiven Körper ausgehen sollte, einen Grund für die Behauptung, daß die Glas-Electricität die wahrhaft positive sei; aber die Erfahrungen sind nicht deutlich genug entscheidend, um diese Behauptung für sicher zu halten, und eher scheinen mir die oben erwähnten Erscheinungen auf zwei gleichzeitige, sich als verschieden zeigende, Wirkungen hinzudeuten.

Bei größeren Schlagweiten befolgt der Funke nicht genau die gerade Linie, sondern macht Krümmungen oder Winkel in seiner Bahn, vermuthlich weil er bei seiner schnellen Bewegung die Luft zusammen drückt, und wenn diese Compression zu bedeutend wird, seitwärts gedrängt wird.

Auch die Farbe des Funkens ist ungleich, indem sich mit dem weißen Lichte bald mehr ein violettes, bald mehr ein röthliches, bald ein dunkelblaues Licht verbindet. Pfaffs Bemerkung, daß der vom positiv geladenen Leiter hervorgehende Funke in der größern und ersten Hälfte seiner Bahn mehr röthlich violett, im letzten Theile der Bahn mehr blau sei, scheint mir den meisten Erfahrungen entsprechend; aber auch hier zeigen sich viele Ungleichheiten, unter denen mir die, daß bei minder trockener Luft die Funken mehr dunkelblau sind, ziemlich constant scheint. Auch die Materie der Körper, aus welchen der Funke hervorgeht, hat Einfluß auf die Farbe, und es ist dies um so weniger zu verwundern, da die Versuche mit der voltäischen Säule im Verbrennen der Metallblättchen die bestimmte Abhängigkeit der Farbe des Funkens von der Materie, die beim Uebergange getroffen wird, zeigen.

Der Funke der Flaschen ist kürzer, als der des bloßen Leiters, weil die von den Belegungen abwärts, gegen den Knopf der Flasche hin, wirkende Kraft der Electricität so sehr geringe ist; aber der Funke ist zugleich viel glänzender, wie es der großen Menge electrischer Materie angemessen ist, die hier in einem Augenblicke übergeht. Bei starken Schlägen nähert sich dieses, dann überaus glänzende, Licht sehr dem Weißen, bei kleinen Flaschen ist der Funke zuweilen violett, zuweilen kupferfarben.

Da an jeder Unterbrechung der Leitung ein Funke überschlägt, so hat dies zu mancherlei unterhaltenden Anwendungen, wo die überschlagenden Funken bestimmte Figuren, Buchstaben u. s. w. bilden, Gelegenheit gegeben. Durch dieses fast zahllose Ueberschlagen von Funken kann man im dunkeln Raume eine ziemlich erhebliche Erhellung hervorbringen.

Electrisches Licht im luftleeren Raume.

Wenn man die Luft verdünnt, so hört die Isolirung, welche die Luft gewährte, auf, und die Electricität strömt von dem geladenen Leiter leichter nach allen Seiten aus. Schon Hawksbee hat 1709 über diesen Gegenstand viele Versuche angestellt. Er brachte einen luftleeren Glascylinder in einen zweiten mit Luft gefüllten

Glascylinder, und sah nun in jenem Licht-Erscheinungen, während der äußere gerieben wurde; bei jeder Aenderung der gegenseitigen Lage beider Cylinder zeigten und erneuerten sich die leuchtenden Erscheinungen. Diese Erscheinungen sind Folge der Vertheilung der Electricität, indem, wenn in A (Fig. 89.) positive Electricität erregt wird, die im Glase bei B enthaltene positive Electricität abgestoßen wird, und sich nach entferntern Puncten hin begiebt, welches im luftleeren Raume sich durch Lichtströme kenntlich macht. Wenn die Reibung aufgehört hat, und beide Cylinder ihre Lage gegen einander behalten, so stellt sich das Gleichgewicht, ein Ruhestand der electrischen Materien, her, wobei sie jedoch ungleich ausgetheilt sein können, sobald noch irgendwo eine Ladung übrig bleibt. Nähert sich nun gegen A ein andrer leitender Körper C, so ändert sich die Austheilung der electrischen Materie, weil die in dem Leiter C durch Vertheilung sich anhäufende, von der positiv-electrischen Materie in A angezogene, negative Electricität durch ihre entgegengesetzte Wirkung einem Theile der von B weg getriebenen positiv-electrischen Materie die Rückkehr gestattet. Auf ähnliche Art erklären sich alle von Hawksbee angestellten Versuche und die ähnlichen, die man mit luftleeren Röhren anzustellen pflegt.

Eine der schönsten electrischen Erscheinungen stellt sich dar, wenn man in einem luftleeren Cylinder (Fig. 90.) AB, durch dessen obere Grundfläche AD ein metallischer Leiter EF in den luftleeren Raum hinabreicht, die Electricität überströmen läßt. Ist BG, wie gewöhnlich, ein metallener Teller, auf welchem der Cylinder ruht, und läßt man oben positive Electricität einströmen, so bewirkt diese in ihrem Uebergange auf die untere Ableitung einen zuweilen weißen, meistens aber schön violetten Lichtstrom, der sich, sobald ein andrer Leiter von außen dem Glase genähert wird, in Rücksicht seines Glanzes und seiner Richtung verändert, indem er den eben vorhin erwähnten Anziehungen folgt. Setzt man auch am untern Theile des Cylinders der obern Kugel eine Kugel H entgegen, so schießen Lichtströme in schneller Folge von der obern Kugel auf die untere, und nach Hildebrandt's Bemerkung scheint ein schwächerer Strahl aus der untern Kugel dem von oben kommenden zu begegnen. Wurde die obere Kugel negativ electrisirt und blieb die untere in Verbindung mit der Erde, so erkannte Hildebrandt deutlich einen stärkern aus der untern Kugel kommenden, und einen schwächern aus der obern Kugel kommenden Strahl, beide violett, die sich begegneten.

Mehr oder minder deutlich gehen diese Erscheinungen jedes Mal hervor, so oft man das Ausströmen der Electricität in einen luftleeren Raum statt finden läßt. Die Farben des Lichtes im luftleeren Raume sind ungleich, und dieses hängt nach Davy's genauen Versuchen von der Beschaffenheit der Dämpfe ab, mit welchen die verdünnte Luft gefüllt ist.

Davy bediente sich zu diesen Versuchen (Fig. 91.) einer gebogenen Glasröhre ABC, die vermittelst der bei C angeschraubten Röhre mit einer Luftpumpe in Verbindung gesetzt ward. Die Glasröhre ward mit ausgekochtem Quecksilber gefüllt, so daß bei A nicht die geringste Luftblase übrig blieb; dann ward die Luft bei C ausgepumpt, so daß durch das Sinken des Quecksilbers in der Röhre BA ein luftleerer Raum AD entstand; die Röhre C wurde hierauf durch einen Hahn fest verschlossen und von der Luftpumpe abgenommen. Indem man nun das Quecksilber in der Röhre BCD erhitzte, konnte man den Raum AD über dem Quecksilber mit Quecksilberdämpfen von größerer oder geringerer Dichtigkeit füllen; und da ein bei A eingeschmelzter Drath erlaubte, die Electricität durch den Raum AD fließen zu lassen, so konnte man die Licht-Erscheinungen unter verschiedenen Umständen beobachten. Bei jedem dem luftleeren Raume zugeführten Funken strömte die Electricität durch diesen über, und wenn das Glas zum Theil von außen belegt war, so nahm diese Belegung eine Ladung an. Das Licht der überströmenden Electricität war am lebhaftesten und von schöner grüner Farbe, wenn das Quecksilber sehr erhitzt war, also die Dämpfe einen bedeutenden Grad von Dichtigkeit besaßen; die Intensität des Lichtes nahm ab, wenn die Wärme geringer ward und bei einer Abkühlung bis 25° Cent. unter Null blieb kaum noch eine Spur von Licht, bei völliger Entfernung aller andern Erleuchtung, sichtbar. Wenn man bei der Erscheinung des grünen Lichtes etwas atmosphärische Luft in den mit Quecksilberdämpfen erfüllten Raum gelangen ließ, so ward die

Farbe des Lichtes, je mehr Luft man hinzuließ, desto mehr bläulich, endlich blau oder purpurfarben. Ueber geschmolzenem Zinn statt des Quecksilbers zeigte sich ein sehr schwaches gelbes Licht; über erhitztem Oele statt des Quecksilbers zeigte sich das electrische Licht roth, etwas in Purpur übergehend.

Die Farbe dieses Lichtes hängt also von den dampfförmigen Materien ab, die sich in dem Vacuo befinden, und das Leuchten selbst hört bei einer sehr verminderten Dichtigkeit der Dämpfe und der Luft beinahe völlig auf. Nach Davy's Ansicht ist es also vorzüglich eine durch die Natur der wägbaren Substanzen in dem von Luft entleerten Raume bewirkte Erscheinung, die wir hier beobachten; doch scheint ihm der noch sichtbare schwache Ueberrest von Licht bei einem fast unendlich dünnen Quecksilberdampfe in tiefer Temperatur nicht wohl hierdurch erklärlich zu sein.

Bei sehr großen Kältegraden wurde die Schnelligkeit der Entladung oder das Durchströmen durch den luftleeren Raum stark vermindert, so daß eine schwach geladene Flasche alsdann durch die torricellische Leere hindurch nicht mehr mit Explosion entladen werden konnte, sondern ihre Electricität nur langsam verlor. Hiernach schienen also vorzüglich die den luftleeren Raum immer erfüllenden Dämpfe die Leitung der Electricität zu bewirken. Davy sah zwei in jenem torricellischen Vacuo angebrachte, an Metallfäden hängende Kügelchen sich eben so abstoßen, wie im luftvollen Raume. Diese, von andern Beobachtern bezweifelte, Erscheinung scheint anzudeuten, daß die Mittheilung an die Dämpfe doch langsam genug geschieht, um den electrisirten Leitern einen Theil ihrer Ladung zu lassen. Gilbert wirft hiebei die Frage auf, ob nicht hierdurch Coulombs, Poissons und Biots Behauptung, daß der Widerstand der Luft die electrische Ladung in den gewöhnlichen Fällen zusammenhalte, aufgehoben werde? — und allerdings müssen wir in Beziehung auf diese Erscheinungen wohl noch neue Belehrungen abwarten, um alles mit völliger Sicherheit zu übersehen.

Uebrigens erklären diese Versuche die Verschiedenheit des farbigen Lichtes, welches man in verschlossenen luftleeren Röhren bemerkt, indem die verschiedenen, zufällig oder absichtlich in die Röhren gebrachten Dämpfe gewiß diese Farben veranlassen.

Noch eine Erscheinung der Electricität im luftleeren Raume ist sehr bekannt, nämlich die des leuchtenden Barometers. Wenn man das Quecksilber in der Barometerröhre den luftleeren Raum durchlaufen läßt, so bringt das Reiben desselben am Glase Electricität hervor, die man durch ein weißliches, nur im Dunkeln sichtbares, Licht wahrnimmt.

Wirkung der Electricität auf den Geruch.

Wenn eine nicht zu schwache Electrisirmaschine eine Zeit lang durch Ueberschlagen von Funken oder Ausströmen der Electricität in die Luft wirksam gewesen ist; so bemerkt man einen eigenthümlichen, — phosphorischen, Geruch, d.. ohne Zweifel Wirkung der Electricität ist, doch wissen wir nicht, welchen Antheil die Metalle hieran haben, durch welche wir fast immer die Ausströmungen der Electricität statt finden lassen.

Mittel, um starke Wirkungen der Electricität hervorzubringen.

Um bei den bald zu erwähnenden starken Wirkungen der Electricität nicht durch die Erzählung der Mittel unterbrochen zu werden, deren man sich, um sie zu bewirken, bedient hat, will ich hier einige Nachrichten, theils von den Instrumenten, die hiezu brauchbar sind, theils von der großen Electrisirmaschine van Marums einschalten.

Bei den meisten der folgenden Versuche kömmt es darauf an, einen starken Entladungsfunken auf bestimmte Gegenstände hin zu leiten, und dazu ist, wenn nicht von allzu langen Dräthen oder andern sehr großen Gegenständen die Rede ist, Henley's allgemeiner Auslader vorzüglich bequem. Sein Zweck ist, die beiden Kugeln (Fig. 92.) A, B, einander so zu nähern, daß sie den Gegenstand, welchen der Schlag treffen soll, zwischen sich haben, und sie dann vermittelst der Leiter AC, BD, mit den beiden Belegungen der Batterie in Verbindung zu setzen. Um diese Zwecke zu erreichen, ruhen jene Leiter auf Glassäulen EF, GH, und lassen sich theils durch Hin- und Herschieben in den Fassungen I, K, in die gehörige Entfernung, theils durch Drehung bei I, K, in alle willkührliche Lagen bringen. Man kann nun zwischen den Kugeln

A, B, einen Drath ausspannen, oder auf das über L angebrachte Tischchen den Körper legen und mit ihm an beiden Seiten die Kugeln in Berührung bringen, oder man kann den Körper zwischen den beiden Platten des Tischchens festschrauben. In den einen Ring C wird dann eine Kette, die von der äußern Belegung der Flaschen herkömmt, befestigt, den andern Ring D bringt man in Verbindung mit der Kugel C, Fig. 83., oder der Kugel E, Fig. 84., damit beim Entladen der Batterie der Funke von A auf B, Fig. 92. übergehen müsse.

Unter den Maschinen, mit welchen die auffallendsten Erfolge hervorgebracht sind, nimmt doch wohl immer noch die Electrisirmaschine, deren van Marum sich bediente, den ersten Platz ein, indem von den neueren Maschinen, wenn sie auch allein sehr große Wirkung thaten, mir doch nicht bekannt ist, daß sie mit so ausgezeichnet großen Batterien in Verbindung gesetzt wären. Jene Maschine ist eine Scheibenmaschine, mit zwei Scheiben von 65 Zoll (engl.) Durchmesser, die jede von zwei Reibzeugen gerieben werden. Dem Conductor dieser Maschine, welcher die positive Electricität des Glases aufnahm, ward ein zweiter Leiter, der am andern Ende eine Ableitung hatte, gegenübergestellt, und dieser empfing bis zu 24 Zoll Entfernung die Funken. Diese Funken brachten so viel Electricität auf den zweiten Leiter hinüber, daß die Ableitung durch einen Kupferstab von ⅓ Zoll Durchmesser nicht zureichend war, sondern dieser Kupferstab, welcher die Electricität an die sehr große Metallmasse eines Bleidaches mittheilte, Funken seitwärts auf benachbarte Körper gab, so oft der zweite Leiter einen Funken empfing. Der sonst nur aus Spitzen oder kleineren Kugeln ausströmende Lichtbüschel ging bei dieser Maschine aus einer 4 zolligen Kugel hervor, und breitete sich in der Luft bis 15 Zoll weit aus. Der Funke aus dem Hauptleiter allein schmelzte Goldblättchen von 20 Zoll lang. Bei der großen Stärke der erregten Electricität hemmten selbst 12 Fuß lange seidene Schnüre und 5 Fuß hohe Glassäulen nicht ganz die Ableitung, und es wurde durch Anbringung jener seidenen Schnüre, denen man doch keine Ableitung hätte zutrauen sollen, die Weite des Funkenschlagens sehr abgekürzt. — Für die Ladung mit negativer Electricität am Reibzeuge war die Maschine weniger vortheilhaft eingerichtet. Zu dieser Maschine besaß van Marum anfangs eine Batterie von 135 Quadratfuß Belegung, später eine von 225 Quadratfuß, zuletzt eine aus 100 Flaschen bestehende von 550 Quadratfuß Belegung. Diese größte Batterie ward von der immer mehr verbesserten Maschine durch 100 Umdrehungen der Scheiben so vollständig geladen, daß sie sich über den 4 Zoll breiten unbelegten Rand der Flaschen selbst entladete, wobei die Flasche, welche sich entladete, durchbohrt ward; — um diesen Nachtheil zu vermeiden, mußten so starke Ladungen nachher vermieden werden.

Entzündungen durch den electrischen Funken. Schmelzung und Verbrennung von Metalldräthen u. s. w.

Schon der Funke aus dem Leiter einer ganz gewöhnlichen Maschine zündet Weingeist, zumal wenn dieser etwas erwärmt ist. Es setzte die frühern Beobachter in Erstaunen, daß selbst der Funke, der aus dem menschlichen Körper hervorgeht, wenn ein Mensch sich isolirt electrisiren läßt, zündend wirken konnte. Sehr leicht entzündet sich auch eine Kohle, auf die man einige wenige Tropfen Aether gebracht hat. Noch leichter entzündet sich die Knallluft, und selbst eine, nicht strenge in den richtigen Verhältnissen genommene und mit Stickgas verunreinigte, Mischung aus atmosphärischer Luft und Wasserstoffgas entzündet sich durch den einfachen electrischen Funken. Man bringt diese Mischung in eine hinreichend starke Röhre (Fig. 93.), die dann bei A mit einem Kork verschlossen wird; in dem Innern dieser Röhre stehen sich die beiden Kugeln D der Metalldräthe CD, ED, einander gegenüber, damit hier der Funke überschlage, wenn man an E eine Ableitung anbringt und den Funken der Maschine auf C schlagen läßt. Die Metalldräthe sind vermittelst einer sie umgebenden Glasröhre isolirt, damit der Funke durch sie allein überschlage. Der Funke entzündet die Knallluft und dabei wird der Kork herausgeworfen.

Mit der electrischen Flasche lassen sich mehrere Zündungsversuche anstellen, indem Harz auf Baumwolle gestreut durch diesen Funken entzündet wird, indem ein eben ausgeblasenes, noch rauchendes Wachslicht wieder angezündet wird, u. s. w.

Einige Zündungsversuche fordern besondre Vorkehrungen. So leicht das Schießpulver sich entzündet, so erfolgt diese Entzündung doch nicht, wenn man den Schlag, selbst einer starken Flasche, durch die gewöhnliche Entladung vermittelst metallener Leiter durch dasselbe gehen läßt, sondern es wird dann nur herumgeworfen. Läßt man dagegen die Leitung durch eine feuchte hänfene Schnur gehen, so entzündet sich das Schießpulver durch eben denselben Schlag gewiß. Der weniger schnelle, obgleich immer noch als momentan erscheinende, Durchgang des electrischen Funkens, der bei der schlechten Leitung des feuchten Körpers mehr Widerstand findet, muß wohl hier gerade nöthig sein, um dem Entzünden des Schießpulvers Zeit zu lassen, statt daß die noch mehr in einem einzigen Stoß vereinigte Wirkung der vollkommen guten Leitung zu schnell vorübergehend war. Statt der befeuchteten Schnur kann man auch eine Röhre mit Wasser als Theil der Leitung anbringen, und Leuthwaite bemerkt, daß eine Flasche von 1 Quadratfuß Belegung zu dem Versuche hinreiche, daß er aber nicht gelinge, wenn man die Röhre mit Schwefelsäure, als einem bessern Leiter, füllt.

Wenn man zwischen den Kugeln des henleyschen Ausladers einen dünnen Metalldrath ausspannt, und durch diesen den Funken einer Batterie von 20, 30 Quadratfuß Belegung gehen läßt; so erhitzt sich der Drath, weil er zu dünne ist, um diese große Menge electrischer Materie mit Leichtigkeit durchzuleiten. Harris hat den Grad dieser Erhitzung mit einer Art von Luftthermometer untersucht, indem er (Fig. 94.) den dünnen Drath AB, durch eine mit Luft gefüllte Kugel gehen ließ, und die Ausdehnung der Luft an dem Zurückdrängen des Quecksilbers in der Röhre CD beobachtete. Nahm man gleich dicke Dräthe aus verschiedenen Metallen, so betrug die Ausdehnung der Luft für Silber und Kupfer nur 6 Theile, für Gold 9, Zink 18, Platin und Eisen 30, Zinn 36, Blei 72; offenbar wurden die schlechter leitenden Metalle stärker erhitzt.

Diese Erhitzung geht nun bei dünnen Dräthen und starken Batterien so weit, daß die Dräthe schmelzen und die geschmolzenen Tropfen glühend umhergeworfen werden. Diese Schmelzung gelingt bei desto größern Längen, je stärker die Batterie ist, und van Marum konnte mit seiner Batterie von 225 Quadratfuß Belegung 25 Fuß Eisendrath von $\frac{1}{7}$ Linie dick, und 40 Fuß Eisendrath von $\frac{1}{20}$ Linie dick schmelzen. Van Marum schließt aus seinen Versuchen, daß bei gleicher Dicke des Drathes die Länge, die man schmelzen kann, sehr genau der Größe der belegten Fläche proportional ist. Aber die Schmelzung erfolgt hier nicht bei den Metallen am leichtesten, die im Feuer am leichtesten schmelzbar sind, sondern bei denen am schwersten, welche die besten Leiter der Electricität sind. Nach den eben vorhin angeführten Versuchen ist dies auch nicht unerwartet. Von Drähten, die alle $\frac{3}{8}$ Linien Durchmesser hatten, wurden 120 Zoll geschmolzen, wenn sie aus den leicht schmelzbaren und zugleich schlechter leitenden Metallen, Zinn und Blei bestanden, von dem schwer schmelzbaren Eisen wurden 5 Zoll, von dem viel leichter schmelzbaren, aber so sehr gut leitenden Silber und Kupfer kaum $\frac{1}{4}$ Zoll geschmolzen. Van Marum zeigte die bessere Leitung des Kupfers in Vergleichung gegen das Eisen noch durch einen andern Versuch. Es wurde ein Eisendrath von $\frac{1}{20}$ Linie und parallel mit demselben ein eben so langer Eisendrath von $\frac{2}{9}$ Linie Durchmesser aufgespannt, so daß der Entladungsschlag durch beide seinen Weg nahm; dann wurde 6 Zoll des dünnen Eisendrathes geschmolzen. Nahm er dagegen einen eben so langen dünnen Eisendrath, wie vorhin, und daneben einen $\frac{2}{9}$ Lin. dicken und eben so langen Kupferdrath, so blieb jener ganz ungeschmolzen, weil der Kupferdrath Leitung genug, um alle Electricität durch beide Dräthe abzuleiten, darbot.

Ist der Metalldrath fein, so wird er oft nicht bloß geschmolzen, sondern verbrennt und steigt als Rauch auf, das ist, er wird in Oxyd verwandelt. Sammelt man den aus dem Rauche niederfallenden Staub, so findet man, daß dieser aus Metall-Oxyd besteht. Van Marum hat die Erscheinungen dieses Oxydirens bei vielen Metalldräthen, die er nahe über weißem Papiere ausspannte und dann dem heftigen Schlage aussetzte, beobachtet; der auf dem Papiere nach der Entladung gelagerte Staub ist bei jedem Metalle von einer andern Farbe, so wie es den Oxyden angemessen ist. Van Marum hat sich überzeugt, daß in Stickgas diese Oxydation nicht statt findet. Auch bei kleinern Batterien gelingt der Versuch, Eisendrath, wenn er recht sehr fein ist, zu verbrennen. Noch besser aber zeigt sich das entstandene Oxyd, wenn man einen schmalen Streifen ächtes Blattgold zwischen zwei Glasplatten legt, diese zwischen die beiden Platten des Tischchens L, auf dem Auslader (Fig. 92.) fest schraubt, und die Kugeln A, B, an beide Enden des Streifens anlegt; der durch dieses Blättchen gehende Schlag verwandelt den größten Theil desselben in ein fest in das Glas eingebranntes Gold-Oxyd. Auch die entgegengesetzte Erscheinung, nämlich die Herstellung der Metalle aus ihren Oxyden, hat van Marum durch die Electricität bewirkt.

Versuche, welche die mechanische Gewalt des Funkens zeigen.

Schon mit einer einzigen Flasche gelingt es, den Funken durch starke Pappe oder ein Buch Papier schlagen zu lassen. Das Loch, welches er hervorbringt, ist nach beiden Seiten mit einem aufgeworfenen Rande umgeben, übrigens immer nur sehr klein. Legt man ein Goldblatt zwischen die Blätter des Papieres, so entsteht da, wo dieses getroffen ist, ein Purpurfleck auf dem Papiere. Ist der Schlag stark genug, so schlägt er auch durch ein dickes Packet Spielkarten, und bildet nur ein in einerlei Richtung fortgehendes Loch, wenn auch die Kugeln des Ausladers einander nicht gerade gegenüber, sondern so wie A, B, (Fig. 95.) stehen. Befindet sich aber zwischen den Karten ein Metallstreif CD, so findet man diesen an zwei Stellen durchbohrt, und die Electricität muß den in der Figur bezeichneten Weg genommen haben. Man hat dies als einen ganz bestimmten Beweis für das Dasein zweier Materien angenommen; aber es ist gewiß, daß auch dieser Versuch sich nach Franklins Theorie erklären läßt. So sehr wir nämlich geneigt sind, den Schlag als momentan anzusehen, so dürfen wir doch nie vergessen, daß es in der That auf einander folgende Erscheinungen sind, die nur für unsre Beobachtung zu schnell auf einander folgen; wir müssen daher bedenken, daß, wenn wirklich nur eine einzige electrische Materie von A aus nach B übergeht, dieses mit folgenden Umständen begleitet ist: Ehe der Funke von A ausgeht, ist der Metallstreif bei C negativ, bei D positiv, weil die Karten als schlechtere Leiter diese Vertheilung nicht wesentlich ändern, und darum schlägt der Funke beinahe geradezu von A auf den Metallstreifen; die electrische Materie durchläuft nun den Metallstreifen CD und erst in diesem Augenblicke tritt die volle Wirkung der negativen Electricität in B hervor, wodurch das zweite Ueberschlagen bei B bewirkt wird. Es versteht sich, daß die Erklärung durch zwei electrische Materien eben so leicht ist. Den Umstand, daß die Löcher nach beiden äußern Seiten aufgeworfene Ränder haben, erklärt man durch die explodirende Gewalt, die mit dem Schlage verbunden ist.

Ein Versuch, der vorzüglich die Gewalt des electrischen Funkens zeigt, ist das Durchbohren oder Zersprengen einer Glasplatte; aber dieser Versuch fordert schon eine starke Batterie. Man stellt eine große Glasplatte auf dem Auslader auf, bringt die beiden Kugeln gerade einander gegenüber mit ihr in Berührung, und entladet die Batterie. Hier ereignet es sich nun oft, daß die Glasplatte zu dick ist, und keine Entladung erfolgt, weil der Uebergang der Electricität durch die Glasplatte gehindert wird; aber noch öfter schlägt der Versuch dadurch fehl, daß der Funke, wenn er auch mehrere Zolle auf der einen Seite und eben so mehrere Zolle zurück auf der andern Seite der Glasplatte durchlaufen muß, dennoch diesen Weg lieber wählt, und ohne das Glas zu zerschlagen, die Entladung bewirkt. Dem letzten Umstande kann man dadurch vorbeugen, daß man den ganzen Rand des Glases an beiden Seiten mit einem Lackfirniß überzieht. Da wo der Funke über das Glas schlägt, bemerkt man, selbst bei nur schwachen Funken, daß sein Weg auf dem Glase durch eine Verletzung der Oberfläche bezeichnet ist.

Einer der auffallendsten hieher gehörenden Versuche ist folgender von van Marum. In einen Cylinder von sehr festem Buxbaumholze waren Metalldräthe in der Axe hineingedrückt, so daß sie in ziemlicher Entfernung im Innern einander gegenüber standen. Indem nun der Funke auf die Dräthe und durch die Materie des Holzes schlug, ward der Cylinder gespalten, obgleich er 4 Zoll hoch und 4 Zoll dick war, also 16 Quadratzoll Fläche aus einander gesprengt werden mußten, wozu nach van Marums Berechnung eine Kraft von 9800 Pfund erforderlich war.

Einige andre Versuche.

Unter den chemischen Wirkungen, welche der electrische Funke hervorbringt, und zu welchen auch die Oxydationen gehören nebst den von van Marum gleichfalls bewirkten Herstellungen der Metalle aus ihren Oxyden, will ich nur noch die Zersetzung des Wassers erwähnen. Um sie mit geringern electrischen Kräften hervorzubringen, hat Wollaston folgendes Verfahren angegeben. Man läßt die feinsten Platindräthe, die man erhalten kann, in Glas einschmelzen, feilt sie dann an der einen Seite bis auf die Oberfläche des Glases ab und setzt zwei solche im Glase liegende Drathspitzen einander in einer mit Wasser gefüllten Röhre gegenüber. Die wiederholten Schläge einer kleinen, sich oft nach einander entladenden Flasche verwandeln das Wasser in Luft, die sich als eine Mischung von Wasserstoffgas und Sauerstoffgas zeigt. Der Versuch gelingt so am leichtesten, weil die Wirkung sich so sehr auf einen kleinen Raum vereiniget.

Eine andre Wirkung des überschlagenden electrischen Funkens ist die, daß die Oberflächen, über welche er fortgegangen ist, auf einige Zeit leuchtend werden. Nach Singers Versuchen findet dies bei Kreide, Zucker, Borax und manchen andern Körpern statt. Pearsall hat besonders über die Körper, welche durch Wärme phosphorescirend werden, Versuche angestellt, und gefunden, daß diese auch durch Electricität leuchtend werden, ferner daß die Körper, denen man durch heftiges Glühen ihre Eigenschaft zu phosphoresciren geraubt hatte, diese wieder erlangten, wenn man den electrischen Funken über sie schlagen ließ.

Daß bei der Entladung großer Batterien auf eine schön polirte Fläche von Stahl, Silber, Messing Flecke entstehen, ist ohne Zweifel eine Folge der Oxydirung der Metalle. Eben darauf scheinen auch die farbigen Kreise zu beruhen, die man erhalten hat, wenn man einer polirten Metallfläche gegenüber eine Spitze aufstellte, und die Entladung von der Spitze auf die Metallplatte gehen ließ.

Mancherlei andre Versuche, z. B. daß Körper, die nicht vollkommen gut leiten, im Dunkeln sich als durchscheinend zeigen, während der electrische Funke durch sie geht, darf ich wohl unerwähnt lassen *).

Neunzehnte Vorlesung.

Aehnlichkeit des Blitzes und des electrischen Funkens.

Schon kurz nach den ersten Entdeckungen über das electrische Licht dachte Wall an eine Uebereinstimmung zwischen dem plötzlich hervorgehenden electrischen Lichte und dem Blitze, und zwischen dem geringen Laute, den man bei dem electrischen Funken hört, und dem Donner; indeß war diese Vergleichung damals und auch später noch zu oberflächlich, um weiteren Erfolg zu haben. Bei den sich immerfort vermehrenden Erfahrungen über Wirkungen der Electricität, die den gewaltsamen Wirkungen des Blitzes ähnlich sind, ward man immer näher auf jene Vergleichung hingeleitet; aber doch hat vor Franklin niemand diese vollständig durchgeführt, noch den Gedanken, mit der Gewitter-Electricität electrische Experimente anzustellen, ausgesprochen. Die Schmelzungen durch den electrischen Funken, die Entzündungen, die durch das heftige Ueberschlagen des Funkens bewirkten Zerstörungen, gaben, so wie das plötzliche Entstehen und Vorübergehen des electrischen Lichtes, Veranlassung genug, um den Blitz als einen sehr mächtig wirkenden electrischen Funken anzusehen. Aber Franklin fügte zu diesen Aehnlichkeiten noch die wichtige Bemerkung hinzu, daß der einschlagende Blitz, eben so wie der electrische Funke, an guten Leitern ohne nachtheilige Wirkungen fort-

*) Zahlreiche Versuche aller Art führen Sartorph und Singer an. Sartorphs Darstellung der Electricitätslehre, aus dem Dänischen von Fangel. 2 Theile. Kopenhagen 1803. Singers Elemente der Electricität und Electrochemie, übers. von C. H. Müller. Breslau. 1819.

geht, beim Ueberschlagen von einem Leiter zum andern aber zerstörende Wirkungen, Schmelzungen und zündende Funken hervorbringt. Diese Bemerkung ist durch alle spätern Beobachtungen bestätiget worden. Wenn der Blitz in ein Gebäude einschlägt und dieses nicht in Brand setzt, so kann man gewöhnlich die Spuren der von ihm bewirkten Zerstörungen und dadurch den Weg, den er genommen hat, leicht verfolgen, und findet immer, daß er nach Metallen überzuschlagen und von dem Ende einer längern Metallleitung zu einer andern zu gelangen, ein Bestreben zeigt. Ist diese Metallleitung zu schwach, so geht er auf mehrern Wegen fort und gelangt so zur Erde. Hat er, zum Beispiel, an den dünnen Metalldräthen, die in den Wänden den Kalk-Ueberzug festhalten, nicht genug Leitung gefunden, oder hat eine Unterbrechung dieses Drathes ihn zum Ueberschlagen genöthigt, so sprengt er den über den Dräthen liegenden Kalk ab; muß er durch Holz dringen, um eine Metallleitung wieder zu erreichen, so zertrümmert er dieses auf eine oft wunderbar scheinende und von der größesten Kraft zeugende Weise.

Indem nun **Franklin** die wichtige Eigenschaft der electrischen Materie, durch vollkommen leitende Körper ohne alle sichtbaren Zeichen durchzugehen, in Erwägung zog, so machte er den Schluß, daß auch der Blitz, wenn er einem guten Leiter von den höchsten Theilen des Gebäudes bis zur Erde folge, ohne zerstörende Wirkungen die Erde erreichen werde. Um aber die Meinung, daß wirklich der Blitz ein großer electrischer Funke sei, völlig zu bestätigen, wünschte er durch einen hoch in die Luft aufgestiegenen Drachen Wirkungen der atmosphärischen Electricität auf die Erde herabzuleiten und zu beobachten. Er ließ daher im Juni 1752 an einem Tage, wo Gewitter zu drohen schienen, einen Drachen steigen, an dessen hänfener Schnur er zuerst die gegenseitige Abstoßung einiger frei hängenden Fäden bemerkte, dann aber Funken aus einem daran gehängten Schlüssel zog. Im folgenden Jahre hatte er auf seinem Hause eine Stange angebracht, um die Wirkungen der Gewitter-Electricität näher zu prüfen, wo er sich dann überzeugte, daß sie bald mit der positiven, bald mit der negativen Electricität übereinstimmte. In den letztern Versuchen waren ihm unterdeß schon **Dalibart** und **Delor** in **Frankreich** zuvorgekommen, welche, durch Franklins Schriften veranlaßt, seinen Gedanken von der Herableitung des Blizes schon im Mai 1752 durch einen Versuch bestätigt fanden. Dalibart nämlich hatte eine isolirte eiserne Stange auf seinem Hause errichtet, und aus dieser schlugen bei Annäherung einer Gewitterwolke große Funken hervor. Die Versuche mit dem Drachen wurden etwas später von de Romas wiederholt, der einen Drachen ungefähr 550 Fuß hoch steigen ließ. Er bediente sich einer mit Metalldrath durchwirkten Schnur, die er an einer seidenen Schnur hielt, um die Wirkungen der Electricität nicht auf sich selbst herab zu ziehen; die leitende Schnur endigte sich in einen Blechcylinder, welcher 3 Fuß von der Erde entfernt war und dennoch Strohhalme von der Erde anzog, und endlich drei laut knallende Funken gegen die Erde gab. Diese Erfahrungen zeigen, daß man selbst auf eine gefährliche Weise durch diese Mittel die Gewitter-Electricität auf die Erde herabziehen könne, selbst wenn kein eigentlicher Bliz auf die Leitung trifft.

Man hat in der Folge oft Metallstangen isolirt auf Gebäuden aufgerichtet, um an ihren untern Enden Beobachtungen über die Electricität der Atmosphäre anzustellen, und wenn sich in gehöriger Nähe unter dieser Leitung eine bis zur Erde gehende Ableitung befindet, auf welche bei zu starkem Andrange der atmosphärischen Electricität diese ohne Nachtheil überschlagen kann, so kann man diese Einrichtung als ganz ungefährlich ansehen. Franklin hatte, um von dem zu irgend einer Zeit eintretenden stärkern Grade der Electricität unterrichtet zu werden, mit dieser Stange ein Glockenspiel verbunden, an welchem die Klöppel, angezogen von der oben stehenden Auffangestange und dann zurückgestoßen zu den mit der Ableitungsstange in Verbindung stehenden Glocken, die stärkeren Grade der Electricität in der Luft anzeigten. Daß man bei diesen unterbrochenen Metallleitungen in Gefahr kommen kann, wenn man den eignen Körper ihnen zu sehr nähert, ist offenbar, indeß darf man nicht gerade Richmanns so oft angeführtes Schicksal, welcher am 6. Aug. 1753 an einer solchen Vorrichtung getödtet wurde, als so sehr abschreckend ansehen, da sich bei ihm der immer höchst seltne Fall ereignete, daß ein starker Bliz gerade in dem Augenblicke jene Stange traf, als er sich ihr mit dem Kopfe zu sehr näherte; bei gehöriger Vorsicht würde man selbst während eines Gewitters Beobachtungen an einer solchen unterbrochenen Leitung anstellen können, wie es von Gersdorf oft soll gethan haben.

Blitz=Ableiter. Vorsichtsregeln bei Gewittern.

Nach jenen, schon von Franklin in Betrachtung gezogenen, Erfahrungen konnte es keinen Zweifel leiden, daß ein Gebäude, an welchem ein guter Leiter herabgeht, in dem Falle, da dieser vom Blitze getroffen wird, keiner großen Gefahr ausgesetzt sei, und auf sie gründete eben Franklin die Erfindung der Blitz-Ableiter; aber man kann noch die Frage aufwerfen, ob denn gerade dieser Blitz=Ableiter, diese Metallleitung selbst, vom Blitze wird aufgesucht werden? Wenn wir ein vom Blitze getroffenes Haus sehen, wo der Blitz sich bald hier bald dort eine Reihe von Leitern aufgesucht und um den einen oder andern derselben zu erreichen, dicke Wände durchbrochen, große Holzmassen zerrissen und andre Zerstörungen angerichtet hat, so scheint es uns beim ersten Anblicke seltsam, wie er diesen Weg in seinem ungemein schnellen Laufe aufgefunden habe, und wir denken gewöhnlich nicht daran, daß dieser Weg schon beim ersten Antreffen des Blitzes gewiß als nothwendig vorgezeichnet war. So schnell nämlich auch die sämmtlichen Erscheinungen von dem Hervorgehen des Blitzes aus der Wolke bis zu seinem letzten Uebergange in die Erde auf einander folgen, so sind sie doch in ihrem Fortgange nicht so schnell, daß nicht jede einzelne als eine Wirkung hervorbringend, aus welcher die folgende nothwendig entspringt, könnte angesehen werden. Schon während die Wolke den Blitz hervorzubringen im Begriff ist, haben alle benachbarten Leiter ihren electrischen Zustand verändert, und wenn ein positiv=electrischer Schlag im Ausbrechen ist, so sind alle obern Enden der Leiter AB, CD, EF, GH, (Fig. 96.) in negativem, die untern Enden im positiven Zustande; die Nichtleiter dagegen oder die schlechten Leiter nehmen an dieser Vertheilung der Electricität nur in geringem Grade Antheil. Da nun, wie Sie wissen, der positiv=electrische Funke dahin schlägt, wo der negative Zustand am meisten hervorgetreten ist, so schlägt er auf den bei A negativen Leiter eher als auf die umgebenden Nichtleiter zu; indem er sich nähert, wird A je mehr und mehr in negativen Zustand, B in positiven Zustand versetzt, und in ähnlichem Fortgange tritt auch in C, E, G, die negative Electricität durch die Einwirkung des Blitzes sowohl als der nahen positiven Theile, B, D, F, hervor; in dem Augenblicke, da AB vom Blitze durchlaufen und positiv geladen ist, erreicht C den höchsten Grad des negativen Zustandes, und da dieser in den umgebenden Nichtleitern nicht so eingetreten ist, so schlägt der Blitz von B nach C über, und bringt in auf einander folgenden Zeitmomenten eben die Wirkungen in EF, GH hervor. Und hieraus erhellt nun, warum der ununterbrochene Blitz-Ableiter vorzugsweise vom Blitze getroffen werden, warum er den benachbarten Körpern zu einem Schutze gegen den Blitz dienen wird; denn es ist offenbar, daß in I die anziehende Kraft der negativen Electricität für den positiven Blitz viel größer als in A sein muß, wenn IK ein ununterbrochener Leiter ist, indem in A die in der Nähe gebliebene positive Ladung bei B der Anziehung entgegen wirkt. Aus dieser Ueberlegung erhellt, daß der Blitz, wenn der Ableiter IK da ist, auf diesen schlagen, und die unterbrochene Leitung nicht treffen wird.

Bis zu welcher Entfernung diese Sicherung statt findet, ist, auch in dem Falle, wo der Ableiter IK ganz vollkommen ist, eine schwer zu beantwortende Frage, und einzelne Fälle beweisen, daß unter ungünstigen Umständen diese Entfernung nicht so sehr groß, vielleicht kaum 50 Fuß, ist. In Hinsicht hierauf muß man da, wo man bestimmte Sicherung hervorzubringen wünscht, den Kreis der Wirksamkeit des Blitz-Ableiters nicht größer voraussetzen, obgleich es wohl gewiß ist, daß in vielen Fällen der Blitz auch entferntere Gegenstände vermeidet, um den vollkommenen Leiter zu treffen.

Was die Einrichtung des Blitz-Ableiters betrifft, so erhellt von selbst, daß er ein vollkommener und ununterbrochener Leiter sein und von den höchsten Theilen des Gebäudes bis in die Erde gehen muß. Gewiß werden die höchsten Theile des Gebäudes in der Regel am meisten in den entgegengesetzt electrischen Zustand versetzt, weil sie der Wolke und dem herabschlagenden Blitze am nächsten sind, und deshalb trifft der Blitz auch fast immer die höchsten Spitzen; man läßt daher mit Recht den Blitz-Ableiter sich bis ziemlich hoch über den höchsten Theil des Gebäudes hinauf erstrecken. Daß er aus starken, wohl verbundenen Metallstangen bestehen muß, versteht sich von selbst. Am besten würden die vorzüglich gut leitenden Metalle, Silber und Kupfer, zu Blitz-Ableitern passen, indeß ist Eisen, wenn man hinreichend starke Stangen nimmt, vollkommen brauchbar zu Blitz-Ableitern, und selbst Bleistreifen, obgleich sie schlechter leiten und leichter schmelzbar sind, gewähren Sicherheit, wobei van Marum die Bestimmung giebt, daß man Bleistreifen von 4 Zoll Breite und etwa $\frac{1}{6}$ Zoll Dicke anwenden könne; sicherer ist es indeß, das Maaß der Streifen etwas größer zu wählen; Eisen ist auf jeden Fall besser. Der Blitz-Ableiter muß nicht zu nahe an andern lang ausgedehnten Metallmassen vorbeigehen, damit nicht etwa bei sehr starken Schlägen ein Theil des Blitzes auf diese überspringe. Ist der Ableiter stark genug, so sollte eigentlich die ganze Leitung ohne ein außen sichtbares Leuchten statt finden; aber sehr oft hat man den Ableiter leuchtend gesehen, und dennoch ist der Blitz ohne Nachtheil daran herabgefahren, indeß ist dies doch immer ein Zeichen, daß der Blitzstrahl zu stark für den Ableiter war. Der Ableiter muß bis in die Erde hinabgehen und zwar so tief, daß er feuchte, hinreichend leitende Erde antrifft. Diese Regel scheint mir nothwendig, indem, wenn man ihn an der Oberfläche der Erde sich endigen läßt, vorzüglich bei trocknem Wetter, wo die Erde nur schlecht leitet, es sich ereignen kann, daß der den Ableiter unten verlassende Funke seitwärts auf andre Gegenstände überschlägt *). Die Frage dagegen, ob man den obern Theil der Auffangestange mit einer scharfen vergoldeten Spitze versehen soll, scheint mir von geringerer Wichtigkeit. Die Meinung, welche bei der Erfindung der Blitz-Ableiter viel Beifall fand, daß man durch Spitzen die Gewitterwolken still und ohne Blitz entladen

*) Ueber diesen Punct sind die Meinungen verschieden. Mir scheint die mögliche Gefahr, die das Ueberschlagen vom Ende des in die Tiefe geführten Leiters mit sich bringen kann, wenn auch einmal die Erde ein wenig aufgewühlt wird, geringer, als die, daß der oberhalb der Erde endigende Ableiter zu einem seitwärts Ueberschlagen an der Oberfläche der Erde Anlaß geben kann und da vielleicht die Füße von Menschen getroffen werden könnten.

könne, ist wohl als unrichtig hinreichend widerlegt, indem theils die Entladung eines so ungeheuer großen Leiters wie die Gewitterwolke durch eine oder einige Spitzen unmöglich scheint, theils die dort entstehende Electricität sich zu schnell entwickelt, um dieser langsamen Ableitung Zeit zu lassen; ob man aber hoffen kann, daß der schon im Herunterschlagen begriffene Blitz durch eine Spitze irgend an Kraft verliere, weiß ich nicht, wenn es gleich gegründet ist, daß die am Ende des Ableiters gesammelte entgegengesetzte Electricität in einigem Grade an der Spitze ausströmen muß. Nach diesen und ähnlichen Ueberlegungen bin ich zwar geneigt, den vergoldeten Spitzen keinen sonderlichen Werth beizulegen, aber es ist auch etwas gewagt, ganz entschieden sich gegen den einmal eingeführten Gebrauch zu erklären.

Man hat aus manchen einzelnen Beispielen von Blitzen, die in der Nähe von Blitz-Ableitern eingeschlagen haben, Gründe hergenommen, um die nützliche Wirkung der Blitz-Ableiter verdächtig zu machen; aber dieses doch gewiß mit Unrecht. Es läßt sich allerdings die schwer zu beantwortende Frage aufwerfen, ob der Blitz, welcher ziemlich nahe bei einem Blitz-Ableiter eingeschlagen hat, vielleicht nicht eingeschlagen hätte, wenn der Blitz-Ableiter nicht da war; aber es wird kaum möglich sein, darüber je ein sicheres Urtheil zu fällen, und nur das können wir mit Sicherheit annehmen, daß da, wo er einschlug, eine vorzüglich gute Leitung, sei es auch nur von uns unsichtbaren Dünsten oder Rauch, statt fand, die also auch für sich allein den Blitz anziehen konnte, ohne daß man dieses Anlocken dem benachbarten Blitz-Ableiter zuzuschreiben braucht. Sollte aber auch unter zahlreichen Fällen der Fall möglich sein, daß der beinahe horizontal fortgehende Blitz, (und dieser Fall wäre wohl am ehesten denkbar,) zuerst (Fig. 97.) von AB, dem vollkommenen Ableiter, herbeigezogen, die Richtung GH nähme, dadurch aber so sehr in die Nähe der schlechtern Ableitung CD, EF, käme, daß er seine Bahn verließe und auf C schlüge, so ist doch dieser Fall so selten und so unwahrscheinlich, daß mein Nachbar darauf eben so wenig eine Einwendung gegen meinen Entschluß, einen Gewitter-Ableiter auf mein Haus zu setzen, gründen kann, als er mir verwehren kann, mein Haus mit Ziegeln zu decken, deren einer ihn möglicher Weise im Herabfallen tödten kann, wenn er aus seiner Hausthür tritt.

Noch einen Einwurf gegen die Gewitter-Ableiter hat man von den, theils aus theoretischen Gründen vermutheten, theils auch beobachteten Rückschlägen hergenommen. Es ist nämlich allerdings richtig, daß nach dem Ueberschlagen des Blitzes sich die Electricität in den Körpern auf der Erde wieder ins Gleichgewicht setzen muß, und daß dabei allenfalls wohl Funken hervorgehen können. Unter den mannigfaltigen Möglichkeiten, die man sich denken kann, will ich nur eine hervorheben. Es befinde sich (Fig. 98.) ein durch schlechte Leiter unterbrochener Leiter AB, CD, beinahe unter derselben Einwirkung, wie der gute Leiter LM, so wird, unter dem Einflusse einer positiv-electrischen Wolke so wohl von A als von L die positive Electricität zurückgedrängt, und da sie mit großer Gewalt gegen B gedrängt wird, so kann sie gar wohl auch durch den schlechten Leiter BC zum Theil nach CD hinüber gehen, so daß der ganze Leiter AB negativ ist. Schlägt nun der Blitz auf LM, so ist sogleich nach diesem Schlage das Gleichgewicht in der guten Leitung LM hergestellt, AB hingegen ist im negativen Zustande und CD hat das Bestreben, einen positiven Funken nach B zu senden, weil die schlechte Leitung CB keine hinreichend schnelle Zuführung der nach und nach zurückgedrängten positiven Electricität gestattet. Ginge ein solcher Funke wirklich von C nach B über, so wäre das ein wirklicher Rückschlag, und man weiß Beispiele, wo ein plötzliches Leuchten einiger Leiter in Häusern, die der Blitz traf, oder auch aus der Erde hervorgegangene Blitze, auf solche Rückschläge deuteten. Daß sich hieran die Besorgniß knüpfen kann, der von C nach B gehende Funke könne allenfalls zünden, ist offenbar; aber es scheint mir doch, daß man diese Besorgniß als ganz unbedeutend ansehen kann. Es scheint mir nämlich ganz gewiß, daß in eben dem Verhältniß, wie die Schwierigkeiten des Uebergangs der Electricität von B nach C größer sind, auch die Menge der übergegangenen Electricität kleiner sein wird, so daß da, wo das Zurückgehen von C nach B sehr erschwert ist, auch kaum jemals so viele Electricität als zu einem gefährlichen Funken nöthig ist, hinüber gedrängt sein kann, da hingegen, wo der Uebergang nicht so sehr erschwert ist, auch das Zurücktreten mit ziemlicher Leichtigkeit, eben darum aber auch ohne Funken, geschehen wird. Hierin scheint mir der Grund zu liegen, daß kein Fall bekannt ist, wo diese Rückschläge Unglück bewirkt hätten. Rückschläge von der Erde gegen eine Wolke scheinen mir noch weniger gefährlich. Man braucht daher, glaube ich, auf sie weiter keine Aufmerksamkeit zu richten, da die Regel, so viel als möglich solche nur wenig unterbrochene Leiter in Gebäuden zu vermeiden, schon aus dem Grunde, damit der Blitz nicht zum Theil auf A, zum Theil auf L falle, als nothwendig angesehen werden mußte.

Ueber die übrigen Sicherungsmittel gegen die Gefahren des Gewitters brauche ich nur wenig zu sagen. Für ein durch Gewitter-Ableiter nicht gesichertes Gebäude kann man bei einem herannahenden Gewitter wohl gar nichts weiter thun, als daß man alle Feuer auslöscht, damit nicht der aus den Schornsteinen hervorgehende Rauch eine Blitz-Zuleitung bilde. Diese Vorsicht ist sehr zu empfehlen, da man viele Beispiele hat, wo der Blitz einen rauchenden Schornstein selbst dann getroffen hat, wenn höhere Gegenstände in der Nähe waren. Dagegen scheint Zugluft, ein geöffnetes Fenster zum Beispiel, keinen Einfluß auf den Weg des Blitzes zu haben, und das Schließen der Fenster scheint mir in Beziehung auf den Blitz nicht nothwendig zu sein.

Was die Sicherung unserer Person gegen den Blitz betrifft, so ist zwar ein ängstliches Berechnen, wo wir etwa am gesichertsten sein mögen, zuweilen bis zum Lächerlichen getrieben werden, indeß lassen sich doch folgende Regeln geben. Da der Blitz immer beim Einschlagen die besseren Leiter vorzieht, und den Erfahrungen zu Folge der menschliche Körper besser als trockenes Holz, trockene Wände, lebendige Bäume u. s. w. leitet, so muß man die Nähe dieser Gegenstände, so fern sie durch ihre Höhe den Blitz wohl heranziehen könnten, vermeiden. Hohe Bäume, vorzüglich wenn sie einzeln stehen, werden nicht selten vom Blitze getroffen, der Blitz fährt an ihnen sehr gern an der nassen Oberfläche zwischen Rinde und Holz herunter und sprengt dabei die Rinde ab; befindet sich aber ein Mensch ganz in der Nähe, so springt er sehr oft vom Baume ab und tödtet den Menschen, durch dessen Körper er zur Erde hinabgeht. Etwas Aehnliches würde erfolgen, wenn ein

Mensch nahe an einer Wande stände, an welcher der Blitz herabfährt, und selbst nahe an einem Blitz-Ableiter kann die Heftigkeit der mitgetheilten Erschütterung gefährlich werden, obgleich es auch Fälle giebt, wo Menschen durch den neben ihnen, ja sogar an ihren nassen Kleidern herabfahrenden und ihre Kleider zerreißenden Blitz nicht wesentlich beschädigt wurden. Ist man daher auf freiem Felde, so ist es besser, sich an einem offenen Platze dem Regen auszusetzen, als unter hohen einzelnen Gegenständen Schutz zu suchen. Dagegen ist es angenehm, in einer Entfernung von 50 Fuß höhere Gegenstände neben sich zu haben, die wahrscheinlich eher als der nicht so hoch stehende Mensch den Blitz anlocken können. Auch in Gebäuden ist es besser, sich nicht den äußern Wänden oder metallischen Leitungen, die unterbrochen sind, nahe aufzuhalten; indeß hat man weit mehr Ursache, sich hier vor lächerlicher Aengstlichkeit zu hüten, als sich in eine Berechnung der Wahrscheinlichkeit, daß man eher hier als dort vom Blitze könne getroffen werden, einzulassen; und nur das ist zu bemerken, daß man am Feuerherde, unter dem hoch hervorragenden Schornsteine, vollends wenn Feuer auf dem Herde brennt, an einer der gefährlichsten Stellen sich befindet.

Wirkungen des Blitzes.

Die Wirkungen des Blitzes sind so mannichfaltig, oft so wunderbar, daß man zahlreiche einzelne Fälle erzählen müßte, um nur die merkwürdigsten Verschiedenheiten anzuführen *). Wenn der Blitz zündet, so steht oft sehr schnell das ganze Gebäude in Flammen, weil bei jedem Ueberschlagen von einem guten Leiter zu einem andern ein Funke entsteht, der, wenn er Feuer fangende Materien findet, zünden kann, so daß die Entzündung an vielen Orten zugleich statt findet. Dagegen aber hat auch der Blitz oft, indem er ein schwer entzündliches Holz traf, zwar gezündet, aber das Feuer ist erst langsam anglimmend ausgebrochen. Wenn der Blitz nicht zündet, so liegt dieses nicht an einer wesentlichen Verschie-

*) Reimarus vom Blitze. Hamburg. 1778. Reimarus neuere Bemerkungen vom Blitze. Hamburg. 1794. Auch viele Beispiele in Gilberts Annalen.

denheit kalter und warmer Schläge, sondern gewiß einzig an der weniger zum Brennen geeigneten Beschaffenheit der getroffenen Körper. Die Zerstörungen, welche der nicht zündende Blitz anrichtet, sind oft Zeugen von einer alle unsre Begriffe übersteigenden Gewalt, treffen aber immer die schlechtern Leiter, die sich dem Uebergange zu bessern Leitern in den Weg stellen. Bei den vom Blitze getödteten Menschen sind gewöhnlich die sichtbaren Verletzungen unbedeutend, und der Tod muß entweder von einer plötzlichen Zerstörung der Nerventhätigkeit oder von der plötzlich aufgehobenen Reizbarkeit der Gefäße abhängen. Van Marum sieht das Letztere als die Ursache des gehemmten Blut-Umlaufes und so des plötzlichen Todes an, und stützt diese Meinung darauf, daß Aale, die er mit seinen großen Batterien tödtete, sogleich alle Reizbarkeit der Muskelfasern verloren hatten, wenn der Schlag durch ihren ganzen Körper ging; war der Schlag nur durch einen Theil des Körpers gegangen, so war auch nur in diesem die Reizbarkeit verloren gegangen. Wie plötzlich aber der Tod durch den Blitz sein muß, erhellt aus den Beispielen, wo man die Erschlagenen so, daß keine Muskel eine Zuckung erlitten zu haben schien, gefunden hat.

Erscheinungen, welche der Blitz und Donner darbietet.

Der Blitz bietet uns ganz die Erscheinungen eines sehr großen electrischen Funkens dar, der aus einer Wolke entweder auf eine andre Wolke oder auf die Erde herabschlägt. Er verfolgt selten eine ganz grade Bahn, sondern nimmt, nachdem es gerade fortgegangen ist, oft plötzlich eine andre Richtung an, zuweilen trennt er sich auch in mehrere Blitze. Jene Veränderung seiner Bahn, die mit der Erscheinung des electrischen Funkens bei größern Schlagweiten übereinstimmt, rührt wahrscheinlich davon her, daß die Luft vor dem schnell fortbewegten Feuerballe zusammengedrückt wird, und endlich der weitern Bewegung einen zu großen Widerstand entgegensetzt. Die Farbe des Blitzes geht oft, so wie die des electrischen Funkens, in Violett und Blau über. Die Schnelligkeit des Blitzes kann man auf 1 bis 2 Meilen in der Secunde rechnen; denn oft sieht man ihn von Wolke zu Wolke, selbst wenn das Gewitter noch über 1 Meile entfernt ist, 60 Grad in einer kürzern Zeit als

1 Sec. durchlaufen. Zuweilen sehen wir den Blitzstrahl nicht, sondern der Blitz erleuchtet nur die Wolken. Dies kann geschehen, wenn der Blitz an der von uns abgekehrten Seite der Wolke hervorschlägt; aber es scheint zuweilen auch ein eben solches Licht-Ausstrahlen der Wolke, ohne bestimmten Funken, statt zu finden, wie bei stark geladenen Leitern. Zuweilen sieht man, wenn die Gewitterwolke fast den ganzen Himmel bedeckt, aber unten am Horizonte ein heiterer Streif unter der Wolke ist, bei nächtlichen Gewittern den ganzen Rand der Wolke erleuchtet. Wo man den Blitz hat einschlagen sehen, hat er sich gewöhnlich als ein Feuerball gezeigt.

Daß auch der Donner mit dem, wenn gleich schwachen, Laute unsrer electrischen Funken übereinstimmt, leidet wohl keinen Zweifel, indeß verdient das Rollen des Donners noch eine besondre Betrachtung. Da der Donner zugleich mit dem Blitze entsteht, so dient die Zwischenzeit zwischen Blitz und Donner zum Maaße der Entfernung des Gewitters, weil der Schall in jeder Secunde nur 1000 Fuß durchläuft und folglich das Gewitter ungefähr so viel tausend Fuß entfernt ist, als diese Zwischenzeit Secunden beträgt. Jeder als wirklicher Funke erscheinende Blitz ist von Donner begleitet, dagegen scheint das über einen größern Raum verbreitete Ausstrahlen des Lichtes oft ohne Donner zu sein. Man hört meistens den Donner einfach, wenn man dem Orte, wo der Blitz einschlägt, nahe ist, und dieser dort an guten Leitern herabgeht; dagegen glaubt man einen knatternden Donner als ein Zeichen eines Einschlagens auf schlecht leitende Körper ansehen zu dürfen, und erklärt sich diesen unterbrochenen Knall aus dem wiederholten Ueberschlagen des Blitzes. Der nicht in der Nähe einschlagende Blitz läßt uns gewöhnlich das eigentlich sogenannte Rollen des Donners, ein dumpfes, abwechselnd matter werdendes und dann wieder lauter tönendes, Getöse hören. Diese Verlängerung des Donnerknalles scheint zwar zum Theil in einem Echo ihren Grund zu haben; aber wahrscheinlich ist es, daß auch wiederholte Explosionen des Blitzes mit erneuertem Donner begleitet sind, und von Hellwig glaubt beobachtet zu haben, daß der Donner so viele Wiederholungen eines erneuerten Getöses darbiete, als man Aenderungen der Richtung des Blitzes bemerkt habe, so daß also jede Aenderung der Richtung als eine neue Explosion anzusehen sei. Es ist sehr glaublich, daß diese Meinung der Hauptsache nach richtig ist, da sich einsehen läßt, daß diese auf einander folgenden Donner sehr schnell nach einander gehört werden müßten, wenn der Blitz den kurzen Weg BA (Fig. 99.) von der Wolke herab, beinahe gerade gegen den Beobachter A zu, durchläuft, daß dagegen, wenn der Blitz BH in B, in D, in E, F, G, H, einzelne Donner hervorbringt, ein Beobachter in C die in FG, entstandenen Donner eher als die in D, B, entstandenen hören wird, obgleich der Blitz von B nach H gegangen ist.

Electricität in der Atmosphäre bei heiterem Himmel.

Ehe ich von der Entstehung der Gewitter rede, scheint es mir nöthig, von dem electrischen Zustande der Luft an heiteren Tagen etwas zu sagen.

Als man darauf aufmerksam geworden war, daß wir die Gewitter-Electricität durch unsre gewöhnlichen electrometrischen Instrumente kenntlich machen könne, bemerkte man auch bald, daß selbst bei heiterm Himmel die Luft electrisch ist, und daß man meistens die höhern Luftschichten mehr positiv-electrisch als die untern findet. Cavallo, Beccaria, u. a. haben Beobachtungen hierüber angestellt; aber Saussure und Volta verdienen vorzüglich hier genannt zu werden. Der erstere zeigte, daß ein gewöhnliches empfindliches Electrometer, mit einer 2 Fuß hohen metallenen Spitze versehen, schon wenn man es nur einige Fuße hebt, einen veränderten electrischen Zustand kenntlich macht, und Volta fand, daß die Empfindlichkeit des Electrometers noch vermehrt wird, wenn man auf diesem Leiter eine Flamme anzündet. Diese Flamme führt nämlich den Leitern des Electrometers die in der Luft enthaltene Electricität zu, und sammelt diese so sehr, daß man eine electrische Flasche damit laden kann. Nach Volta's Anleitung soll man auf die Spitze des Electrometers einen brennenden Schwefelfaden oder ein Wachslichtchen setzen, und während diese Flamme eine Viertelstunde unterhalten wird, eine Flasche an das Electrometer halten; diese ladet sich, und wird endlich so weit geladen, daß die Kugeln oder Strohhälmchen des Electrometers aus einander gehen. Will man dann die Stärke der Luft-Electricität noch deutlicher sehen, so bringt man den Knopf der Flasche an den Condensator, ladet diesen und läßt seine Funken auf eine sehr kleine Flasche übergehen, die so bei wiederholtem Versuche ihre volle Ladung erhalten kann. Diese Erscheinungen lassen sich sogar bei heiterm Himmel, wo die Luft gar nicht bedeutend electrisch ist, hervorbringen. Erman hat hierbei vor Täuschungen gewarnt, die durch ungleiche Annäherung des Electrometers an die Erd-Oberfläche, vermöge der Vertheilung der Electricität, entstehen könnten; aber es scheint mir nicht, daß Volta's Versuche sich durch eine bloße Vertheilung, an welche auch Volta selbst gedacht hat, erklären lassen.

Die Electricität der Luft ist gewöhnlich positiv; die negative Electricität scheint nur als Ausnahme vorzukommen, nach Foggo's Beobachtung vorzüglich dann, wenn das Herannahen einer Gewitterwolke, deren Rand das Zenith noch kaum erreicht, durch Einwirkung der positiv-electrischen Wolke die ihr entgegengesetzte Electricität vorherrschend macht.

Bei heiterm Himmel beobachtet die Electricität in ihrem Zunehmen und Abnehmen ziemlich bestimmte Gesetze. Sie ist fast ohne Ausnahme positiv und im Winter stärker als im Sommer. Bei Sonnen-Aufgang ist sie schwach, nimmt aber zu, wenn sich einige Stunden nach Sonnen-Aufgang die Morgennebel niederschlagen, welche aus dem Niederschlage der durch die Erwärmung der Erde vermehrten Ausdünstung in der noch nicht durchwärmten Luft entstehen; wenn etwas später diese leichten Nebel wieder verschwinden, so nimmt die Electricität ab, während die Trockenheit der Luft zunimmt; die Electricität erreicht Nachmittags ihren geringsten Grad um die Zeit, wo die Luft am trockensten ist; aber gegen Sonnen-Untergang, wo die Feuchtigkeit wieder zunimmt, steigt der Grad der Electricität, und wird beim Entstehen des Thaues gewöhnlich am bedeutendsten.

Hiernach scheint es also ein Naturgesetz zu sein, daß, wenn die unsichtbaren Dämpfe sich zu sichtbaren Dünsten verdichten, positive Electricität merklich wird, und dieses läßt sich mit einem von Volta schon angestellten Experimente, welches später auch von Grotthus bestätigt gefunden hat, sehr gut in Uebereinstimmung bringen. Nach diesen Versuchen bleibt nämlich, wenn man Wasser verdampfen läßt, das Gefäß negativ electrisch zurück, und der Dampf muß also positive Electricität in sich aufgenommen haben; es scheint daher natürlich, daß diese +E wieder merklich wird, als freie Electricität sich zeigt, wenn die Dämpfe wieder in den Zustand sichtbarer Dünste zurückkehren.

Entstehung der Electricität in den Wolken, und Erscheinungen, welche die Gewitter begleiten.

Ein ähnlicher Grund, nämlich ein sehr viel schnelleres Fortschreiten des Dunstniederschlages, scheint nun auch die nächste Bedingung des Entstehens der Electricität in den Wolken zu sein. Wenn an heitern und heißen Tagen sich Haufenwolken, Wolken nämlich von ungefähr halbkugel=ähnlicher Form, zu bilden anfangen, so sind diese Wolken auch sogleich in etwas stärkerem Grade electrisch; aber zu Gewitterwolken werden sie nur dann, wenn dieser Proceß der Wolkenbildung sehr rasch fortschreitet. Auch da, wo bei einem heftigen Sturme, (ich glaube sagen zu dürfen, bei einem heftigen Zustürzen der Luft gegen einen Ort, an welchem der Druck der Luft sehr vermindert ist,) die Dünste zusammengedrängt werden, oder wenn die Wolken gegen Gebirge getrieben werden, oder wenn die aus den feuerspeienden Bergen aufsteigenden Dämpfe sich in der Höhe zu Wolken verdichten, gehen Blitze aus den Wolken hervor. Aber ob nun nicht eine Wechselwirkung, wodurch die Electricität selbst wieder Ursache eines vermehrten Heranziehens von Dünsten und einer beschleunigten Wolkenbildung wird, statt findet, darüber scheint mir noch eine große Unsicherheit in unsern Kenntnissen übrig zu sein. Die heftigen Platzregen, die mit den Gewittern entstehen, ja die bei Gewittern immer sehr schnell fortschreitende Wolkenbildung selbst, scheint mir nicht so leicht zu erklären zu sein. Volta hat darauf aufmerksam gemacht, daß, wenn in einer bestimmten Gegend gestern sich Gewitterwolken bildeten, die sich aber wieder zerstreuten, diese Gegend heute die erste ist, wo sich neue Gewitterwolken zeigen, daß also die dort noch übrige Electricität die Veranlassung zu neuen Wolken zu geben scheine; aber auch hierüber sind wir noch unsicher. Eben so wenig als jene schnelle, oft über ganze Länder verbreitete, Wolkenbildung scheint mir der Zusammenhang der drückenden Schwüle vor den Gewittern mit dem Entstehen der Gewitter erklärt zu sein.

Eine andere uns noch völlig dunkle Erscheinung ist die so oft in den Gewitterwolken entstehende Kälte, die sich häufig durch einen empfindlich kalten Wind, seltner durch die Entstehung des Hagels, merklich macht. Bei dem plötzlichen Uebergange der Dämpfe in tropfbares Wasser sollte eher Wärme frei werden; statt dessen aber bilden sich Eisstücke, die oft ganze Gegenden verheeren. Dieser Hagelbildung scheinen einige Gegenden häufiger als andere benachbarte Gegenden ausgesetzt zu sein; sie ist sehr selten über dem Meere und über den nächsten Gegenden am Meere; sie findet fast durchaus nur am Tage und fast nur an sehr heißen Tagen statt. — Keine der zahlreichen, mir bekannten Theorien giebt einen Aufschluß, der eine strenge Critik aushielte, über alle diese Umstände.

Leichter erklärlich ist es, daß die electrischen Wolken einander anziehen, daß man zuweilen ein Annähern der Wolke gegen die Erde und nach einem Blitze ein Höhersteigen der Wolke bemerkt hat, daß zuweilen eine ungeheure Staubmasse gegen die Wolke hinauf gezogen wird, und dann sich das Gewitter zerstreut, so als ob die Electricität eine Ableitung in dieser Staubmasse gegen die Erde zu gefunden hätte. Diese in einem Wirbelwinde, gewöhnlich ohne weiter auffallende Umstände, gehobenen Staubwolken scheinen verwandt mit dem gleichfalls noch ganz unerklärten Phänomene der Tromben oder Wasserhosen, die mit einer wirbelnden Bewegung alles zu zerstören pflegen, was ihnen von beweglichen Körpern in den Weg kömmt, und das Wasser des Meeres aufwärts zu ziehen scheinen.

Endlich muß ich doch noch eine electrische Erscheinung bei Gewittern erwähnen, die W e t t e r l i c h t e r, St. Elmsfeuer oder bei den Alten Castor und Pollux. Dieses sind weiße Flämmchen, die auf den höchsten Spitzen der Gegenstände sich zeigen und ganz der von Spitzen in die Luft ausströmenden Electricität gleichen. Gewöhnlich scheinen sie sich dann zu zeigen, wenn die untere Luft stark electrisch ist, so daß an den Spitzen die entgegengesetzte Electricität ausströmt; da unter den Umständen nicht oder selten das schnelle Zunehmen der Electricität, welches den Blitz hervorbringt, statt findet, so hält man sie für ein Zeichen, daß das Gewitter keine Gefahr drohe. Sie zeigen sich am leichtesten auf Thurmspitzen, auf den metallenen Spitzen der Masten u. s. w.; aber nicht selten haben Reisende im freien Felde sie an ihrem eignen emporgehobenen Finger oder an jedem hervorragenden Gegenstande gesehen. Leuchtender Regen und leuchtender Schnee beruht auf ähnlichen Umständen, jedoch kann da die ausströmende Electricität auch in bloßer Ungleichheit der Electricität in höhern und in niedrigern Luftschichten ihren Grund haben.

An diese großen Natur-Ereignisse mögen sich, ehe ich zu der Berührungs-Electricität oder dem Galvanismus übergehe, noch einige Bemerkungen über Mittel, um Electricität in schwachem Maaße zu erregen, anschließen. Ich werde bei diesen nur kurze Zeit verweilen, da die hier anzuführenden Erscheinungen meistens vereinzelt dastehen.

Electricität durch Druck hervorgebracht.

Schon Haüy hat bemerkt, daß der Kalkspath ohne Reibung durch bloßen Druck mit der Hand positiv-electrisch wird, und diese Electricität lange behält. Becquerel hat an mehrern weichen Körpern, zum Beispiel an Kork und Federharz, gefunden, daß sie, an isolirenden Stielen gehalten, gegen einander gedrückt und schnell getrennt, sich electrisch zeigen. Kork gegen Federharz (Caoutchouk) gedrückt wird +E, und Federharz — E. Die Reihenfolge der Körper in Beziehung auf die hervorgehende Electricität scheint auch hier eine bestimmte, aber von der bei der Reibungs-Electricität geltenden verschieden zu sein. Gleichartige Körper geben zwar, auch beim Drucke, keine Electricität, ward aber unter zwei Korkstücken eines erwärmt, so gab beim Drucke beider gegen einander das erwärmte — E.

Becquerel stellt neben diese Versuche andre, wo die Theile eines Körpers plötzlich getrennt werden. Wenn er an ein Glimmerblättchen zwei vollkommen isolirende Stäbchen befestigte und das Glimmerblättchen zerriß, so zeigten die beiden Stücke entgegengesetzte Electricitäten. Ebenso fand schon Adams die beiden

Stücke einer zerbrochenen Siegellackstange zuweilen entgegengesetzt electrisch, wenn man vorher das Siegellack von aller Electricität befreiet hatte. Becquerel ist geneigt, das Leuchten des Zuckers auch für electrisch zu halten; doch ist es zweifelhaft, ob dies richtig ist.

Electricität, die beim Erhärten flüssiger Körper, bei der Verdampfung, beim Verbrennen entsteht.

Läßt man geschmolzenen Schwefel in gläsernen Gefäßen erkalten, so zeigt er herausgenommen negative Electricität; in metallenen Gefäßen erkaltend ist er nach dem Herausnehmen positiv. Aehnliche Erscheinungen beobachtet man an Wachs und an Chocolade. Es ist nicht ganz sicher, ob hieran die Reibung den wichtigsten Antheil habe, jedoch scheint die an der Chocolade zuweilen beobachtete Electricität stärker zu sein, als man von der geringen Aenderung der Lage beim Erkalten, oder vom Reiben beim Hervorheben erwarten sollte. Noch weniger würde die von v. Grotthus gemachte Beobachtung, wenn sie sich bestätigt, daß nämlich Wasser, welches bei tiefer Temperatur in einem Glase sehr schnell gefriert, positiv-electrisch ist, sich aus Reibung des Eises am Glase erklären lassen, da diese Reibung sonst das Eis negativ macht.

Daß die Aenderung des Aggregatzustandes eine kenntliche Electricität hervorrufe, hat man seit Volta's Zeit in Beziehung auf die Entstehung der Dämpfe als entschieden angenommen, und auch von Grotthus hat es bestätigt gefunden, daß schnell verdampfendes Wasser die Gefäße negativ zurückläßt, also der Dampf in positiv-electrischem Zustande entweichen muß. Daß dieser Versuch so sehr mit den Erscheinungen der Electricität in der Atmosphäre übereinstimmt, habe ich neulich schon erwähnt, und ich bin daher noch immer geneigt, ihn als richtig anzuerkennen, obgleich Pouillet sich überzeugt zu haben glaubt, daß jener Versuch nur wegen Einmischung andrer Umstände am Condensator Electricität zeige. Nach Pouillets Meinung bringt niemals die Aenderung des Aggregatzustandes Electricität hervor, wohl aber zeige diese sich, wenn beim Verdampfen eines aufgelösten alcalischen Körpers oder eines Salzes ein Rückstand nach der Verdampfung übrig bleibe; der Rückstand bleibt nach Pouillets Versuchen positiv zurück, wenn er alcalisch, negativ dagegen, wenn er ein Salz oder eine Säure ist. Hiernach würden also die Ausdünstungen des Meeres mit positiver Electricität beladen aufsteigen. Indem aber Pouillet hierdurch die Meinung widerlegt zu haben glaubt, daß die gewöhnliche Ausdünstung die Electricität in der Atmosphäre hervorbringe, glaubt er die Wirksamkeit der Vegetation an deren Stelle setzen zu können. Er ließ Saamen in Verbindung mit der Condensatorplatte keimen, und fand, daß wenn der Keim die Erde hob und hervorbrach, und wenn die Vegetation sich in stärkerm Fortschreiten entwickelte, bedeutende Spuren von Electricität hervergingen.

Genügender als diese Versuche sind die von Pouillet über die Electricität bei der Verbrennung der Kohle angestellten. Schon Volta hatte 1782 angegeben, daß die Kohle beim Verbrennen negativ zurückbleibe, die entstandene kohlensaure Luft also positiv sei; aber dieser Versuch hatte später nicht immer gleiche Erfolge gegeben. Pouillet findet den Grund des Mißlingens darin, daß man gewöhnlich Kohlen anwende, die an allen Seiten brennen, wodurch die Regelmäßigkeit verloren geht. Seine Vorschrift, prismatische Kohlenstücke aufrecht auf die Condensatorplatte zu setzen und sie nur an ihrem obern Theile brennen zu lassen, wo dann die obere Condensatorplatte gewiß negativ werde, habe ich bewährt gefunden.

Entstehung der Electricität durch Erwärmung.

Als ein ausgezeichneter Körper wegen der in ihm durch Wärme erregbaren Electricität ist schon vor der Mitte des vorigen Jahrhunderts der Turmalin bekannt gewesen. Dieser harte Stein, den man zu den Edelsteinen rechnet, wird durch Reibung zwar auch electrisch, aber er besitzt die Eigenschaft, die er nur mit wenigen Körpern, dem Topas, Galmey, und einigen andern, gemein hat, auch bei Erhitzung Electricität, und zwar die positive am einen, die negative am andern Ende anzunehmen. Nach Haüys und Biots Angaben ist derjenige Turmalin, dessen prismatische Crystalle sich am einen Ende dreiseitig, am andern Ende sechsseitig zuspitzen, am geschicktesten zu dieser Erlangung von Electricität, und eine Ungleichheit in der Crystallform beider Enden scheint *), wo nicht die Bedingung dieser Electricitäts-Erregung, doch wenigstens eine öfter damit verbundene Eigenschaft zu sein. Die Turmaline, welche in bedeutendem Maaße electrisch werden, sind selten; aber auch die dem Turmalin verwandten Schörle zeigen mehr oder minder bedeutende Spuren dieser electrischen Erscheinungen, zu welchen man im Allgemeinen die langen und schmalen Crystallprismen weniger als die von größerm Querschnitte geeignet findet.

Die wichtigsten Erscheinungen am Turmalin sind folgende. Wenn der Turmalin über 40° Cent. erhitzt wird, (durch Eintauchen in kochendes Wasser oder an einer Weingeistflamme), so zeigt sich das eine Ende des Crystalls positiv, das andre negativ electrisch. Dieser electrische Zustand ist indeß nicht merklich bei unverändert bleibender, wenn gleich hoher, Temperatur, sondern nur während diese zunimmt oder abnimmt, und das eine Ende ist allemal beim Zunehmen der Wärme positiv, das andre beim Abnehmen der Wärme positiv-electrisch. Dieser Gegensatz, der für die zunehmende Wärme und für die Abkühlung statt findet, ist schon 1759 von Canton bemerkt, neuerlich aber von Becquerel und Köhler näher untersucht worden, und der letztere giebt auch mit genauer Beschreibung der von ihm angewandten Crystalle an, welcher Theil des Crystalles der beim Erkalten, welcher der beim Erhitzen positive war. Die Electricität zeigt sich stärker bei abnehmender, als bei zunehmender Wärme, und es giebt, (was man auch bei schwächer wirkenden Exemplaren sehr gut wahrnimmt,) eine Periode der Abkühlung, bei schon etwas verminderter Wärme, wo die Erscheinungen am meisten merklich sind. Zerschneidet man den Crystall in Schichten, die auf die Längenrichtung desselben senkrecht sind, so haben alle Stücke unter den erwähnten Umständen immer ihre zwei Pole, und zwar ist die Art der Electricität jeder Seite bei allen Stücken dieselbe, die im ungetheilten Crystalle an eben der Seite gefunden wurde. Selbst

*) Brewster hat mehrere Körper, deren Crystalle nicht alle unsymmetrisch sind, als hierher gehörig angegeben.

jeder Splitter des Turmalins zeigt dieselben Eigenschaften, indem er auf Glas liegend erhitzt sich entweder (wie Brewster angiebt) fest an das Glas anhängt, oder doch deutliche Anziehung auf kleine Körper äußert.

Der Boracit, dessen Crystallform der Würfel mit abgestumpften Ecken ist, wird ebenfalls während der Zunahme und während der Abnahme der Wärme electrisch, und auch bei ihm vertauschen sich die Pole, wenn statt der Wärmezunahme die Abkühlung eintritt. Er hat vier electrische Axen, die mit den vier Diagonalen des Würfels übereinstimmen, und das eine Ende jeder solchen Axe ist positiv, das andre negativ. Köhler bemerkt, daß immer am einen Ende jeder Axe eine glatte Octaederfläche die Abstumpfung der Würfel-Ecke macht, und daß diese am andern Ende der Axe ganz fehlt oder doch rauh und unvollkommen ist. Bei zunehmender Erwärmung ist jene negativ, diese positiv, und das Entgegengesetzte findet bei der Abkühlung statt.

Zwanzigste Vorlesung.

Galvani's Entdeckung neuer electrischer Erscheinungen.

Die bisher angeführten Entdeckungen, die größten Theils schon vor dem Jahre 1790 gemacht waren, schienen beinahe alles das, was die Electricität an merkwürdigen Erscheinungen darbot, erschöpft zu haben, als eine zufällig bemerkte, ziemlich unbedeutend scheinende, Beobachtung die Veranlassung zu den unerwartetsten neuen Entdeckungen gab.

Jene zufällig beobachtete Erscheinung bestand nämlich darin, daß bei dem Präpariren von Froschschenkeln in Galvani's Zimmer bemerkt wurde, daß diese bei der Berührung des Cruralnerven mit einem Metalle zuckten, wenn aus einer entfernt stehenden Electrisirmaschine Funken gezogen wurden. Genau betrachtet enthält diese Erfahrung nichts, was uns so sehr unerwartet erscheinen kann; denn es ist bekannt, daß diese Thiere die Reizbarkeit, worauf die zuckenden Bewegungen der Muskeln beruhen, noch lange nach dem Tode, und selbst nach der Trennung einzelner Theile vom Körper, behalten; es ließ sich vermuthen, daß diese Reizbarkeit nur der schwächsten Spuren von Electricität bedürfen möge, um sich wirksam zu zeigen, und solche Spuren von Electricität konnten, vermöge der Vertheilungs-Electricität, unter den erwähnten Umständen gar wohl vorkommen. Indeß wollen wir nicht vergessen, daß uns, nachdem wir in dem Froschschenkel eines der feinsten Electroscope kennen gelernt haben, diese Erscheinungen sich in einem klareren Zusammenhange darstellen, als es in jener Zeit möglich war. Uns, die wir die bei der Vertheilungs-Electricität vorkommenden Veränderungen des electrischen Zustandes so genau und auf so mannigfaltige Weise kennen, kann der Gedanke nicht fremd sein, daß die Ladung und Entladung eines electrischen Leiters, selbst in den schon bedeutend entfernten Leitern, eine Aenderung des electrischen Zustandes hervorbringen muß, daß also das Messer, welches den entblößten Nerven des Frosches berührt, in seinem von der Electrisirmaschine entferntern Theile positiv-electrisch ist, wenn der Leiter der Electrisirmaschine positiv ist, und daß dieser positive Zustand in dem Augenblicke der Entladung jenes Leiters plötzlich aufhört, daß also ein in hohem Grade empfindlicher Körper diese geringen Unterschiede gar wohl, und der Hauptsache nach eben so gut zeigen kann, als wir es bei stärkern Unterschieden überall gewohnt sind.

Galvani knüpfte an diese Erfahrung eine Reihe von Untersuchungen über die Ursachen dieses Erfolges, und als er einmal präparirte Froschschenkel an einem eisernen Geländer aufgehängt hatte, bemerkte er, daß diese in Zuckungen geriethen, wenn die Häkchen, welche das Rückenmark berührten, mit dem Metalle des Geländers in Verbindung kamen. Diese Beobachtung führte zur Kenntniß der ganz neuen Erscheinung, daß wenn ein Nerve und ein Muskel eines Thieres durch zwei verschiedene Metalle, die in leitender Verbindung stehen, berührt werden, eine Zuckung erfolgt; und dieser Metallreiz erhielt den Namen Galvanismus. Galvani selbst war geneigt, diese Erscheinungen einer eigenthümlichen thierischen Electricität zuzuschreiben, die in den thierischen Theilen erregt, bei Schließnng des durch Nerven, Muskel und Metalle gebildeten Kreises durch das Metall übergehe; andre Naturforscher zweifelten gleichfalls, daß man die Erscheinungen den Gesetzen der gewöhnlichen Electricität entsprechend erklären könne, sondern waren geneigter etwas dem thierischen Körper Eigenthümliches vorauszusetzen, und die Versuche, wodurch man die letztere Meinung zu befestigen suchte, wurden von mehrern Physikern mit großem Fleiße vermehrt.

Aber während so selbst die größesten Physiker, durch unrichtige Hypothesen verleitet, ihre Aufmerksamkeit, ihren Fleiß und ihren Scharfsinn auf Untersuchungen wandten, welche zwar viele merkwürdige Einzelnheiten kennen lehrten, aber doch die tiefere Einsicht in diese Erscheinungen wenig förderten, gab es einen Naturforscher, der fast vom ersten Augenblicke an den richtigen Gedanken, daß die ganze Erscheinung eine reine Wirkung der Electricität sei, unveränderlich festhielt, der diesen richtigen Gedanken mit dem größten Scharfsinn und mit der größesten Geschicklichkeit im Experimentiren aufs sorgfältigste prüfte, und durch ihn zu den glänzendsten Entdeckungen, welche die Richtigkeit seiner Ansichten verbürgten, gelangte. — Dieser Naturforscher war Alexander Volta.

Statt daß die übrigen Physiker ihre Aufmerksamkeit dem in der galvanischen Kette vorkommenden thierischen Körper widmeten und mannigfaltige belehrende Versuche, zum Beispiel über die lange Dauer der nach dem Tode des Thieres noch fortwährenden Reizbarkeit, über die Mittel, sie zu beleben oder zu zerstören, über die Hervorbringung des Reizes ohne Zwischenkunft eines Metalles, anstellten, wandte Volta allen Fleiß darauf, mit den gewöhnlichen electroscopischen Mitteln, die bei der gegenseitigen Berührung zweier Metalle hervorgehende Electricität zu entdecken, indem er deutlich übersah, daß, sobald dieses gelänge, die völlige Ueberzeugung sich begründen müsse, daß der thierische Körper nur als Leiter der Electricität und als feines Electroscop diene, die Quelle der electrischen Erscheinungen aber in der Berührung der Metalle zu suchen sei. Bei diesen Untersuchungen machte ihn nicht die Erfahrung irre, daß auch anscheinend gleichartige Metalle zur Schließung des Kreises dienen können, daß ein neu hinzukommendes Metall sogar ohne zur Schließung zu dienen, sich wirksam zeigte u. s. w.; — und in der That hat sich auch nachher gezeigt, daß es immer geringe Verschiedenheiten *) in dem electrischen Zustande der Körper waren, wodurch jene der voltaischen Theorie anscheinend widersprechenden Erfolge eintraten. Seine genaue Bekanntschaft mit dem von ihm erfundenen und unzählig oft angewandten Condensator machte ihn auch vor allen seinen Zeitgenossen geschickt, jene leisen Spuren von Electricität, die er vermuthete, zu entdecken; und seine Versuche lassen sich jetzt, da wir im Besitze noch feinerer Electrometer sind, mit weit mehr Leichtigkeit als zu jener Zeit wiederholen.

Volta's Fundamentalversuch.

Sie haben aus den bisherigen Betrachtungen schon die Meinung Volta's, daß die Berührung zweier Metalle an einander eine Störung in dem Gleichgewichte der in ihnen enthaltenen electrischen Materien hervorbringe, angedeutet gesehen; folgender Versuch setzt diese Meinung in ein helleres Licht.

Wenn man (Fig. 100.) eine Kupferplatte A B und eine eben so große Zinkplatte C D sorgfältig an ihren unteren Seiten abschleifen, an ihren obern Seiten aber mit den isolirenden Handhaben E, F versehen läßt, diese, nachdem sie vorher mit der Erde in Verbindung gesetzt, also entladen worden, mit den glatten unteren Seiten in gegenseitige Berührung bringt, und hierauf, immer isolirt gehalten, die in der Kupferplatte etwa vorhandene Electricität auf einen Condensator, um diesen zu laden, gehörig überträgt; so findet man die so berührte Condensatorplatte, wenn diese aus Kupfer oder Messing besteht, negativ-electrisch. Gewöhnlich reicht es nicht hin zu einer merklichen Ladung des Condensators, daß man die Zink- und Kupferplatten einmal berührt, dann die Kupferplatte an die untere Condensatorplatte bringt, während der Finger die obere Platte berührt, und so die negative Electricität aus der Kupferplatte zur untern Platte des Condensators hinüber zieht; sondern man muß dieses Verfahren, nachdem die Zink- und Kupferplatte

*) Von Humboldt bemerkte zum Beispiel, daß ein behauchtes Metall schon eine andere Wirkung hervorbrachte, als das unbehauchte.

wieder jede einzeln mit dem Finger berührt sind, wiederholen und mehrmals wiederholen; aber bei gehörigem Verfahren und hinreichend empfindlichem Electrometer findet man gewiß, daß die öfter zur Ladung angewandte Kupferplatte eine negative Ladung hervorgebracht hat.

Dieser Versuch zeigt also, daß die Kupferplatte durch die Berührung an Zink negativ-electrisch wird, und Sie werden bald sehen, daß die Zinkplatte sich dagegen positiv-electrisch zeigt. Um dies zu zeigen, ist es am besten, noch einen zweiten Condensator, an welchem wenigstens die eine Platte, diejenige nämlich, die man zu laden gedenkt, eine Zinkplatte ist, zur Hand zu haben. Dann bedarf es nur des genau eben so angestellten Versuches, wo nun die mit der Kupferplatte in Berührung gebrachte Zinkplatte eben so zur Ladung dieses Condensators angewandt wird, und hiedurch die positive Electricität der Zinkplatte sichtbar wird.

Der Versuch läßt sich noch leichter anstellen. Wenn man einen Condensator mit kupfernen oder (was hier fast einerlei ist,) messingenen Platten hat, so nimmt man ohne Isolirung eine Zinkplatte in die Hand, bringt sie mit der unteren, nicht überfirnißten Seite der untern Condensatorplatte in Berührung, damit die Electricität aus dem Zink zum Kupfer oder umgekehrt übergehen könne, berührt die obere Condensatorplatte mit dem Finger, entfernt dann die Zinkplatte und den Finger, hebt die obere Platte des Condensators und findet die untere Platte negativ, weil sie, als eine Kupferplatte, hier eben so gut positive Electricität an das Zink abgegeben hat, wie es vorhin bei der Kupferplatte und Zinkplatte der Fall war. Den Gegenversuch kann man an dem Condensator aus Zinkplatten machen, wenn diese eben so die untere an ihrer oberen Seite, die obere an ihrer unteren Seite überfirnißt sind. Läßt man nämlich hier eine Kupferplatte oder ein Kupferstück die Zinkplatte an einer nicht gefirnißten Stelle berühren, so nimmt die Zinkplatte positive Electricität auf, und bei dem vorhin gezeigten Verfahren ist nun die Condensatorplatte positiv geladen.

Diese Versuche zeigen deutlich ein bis dahin unbekanntes Naturgesetz, nämlich daß Zink und Kupfer, die beide mit der Erde in Verbindung gewesen, also auf den Nullzustand gebracht sind, wenn sie isolirt gehalten in Berührung gebracht und nun getrennt werden, sich nicht mehr im Nullzustande oder im ungeladenen Zustande befinden, sondern das Zink ist positiv = electrisch, das Kupfer ist negativ = electrisch geworden. Da dieser electrische Zustand aus der bloßen Berührung hervorgeht, so hat man diese Electricität Contact = Electricität, Berührungs = Electricität, genannt. Sie beruht auf dem Naturgesetze, daß in der Berührung eben so gut ein gewisser Antheil positiver Electricität vom Kupfer auf das Zink übergeht, wie bei der Reibung vom Reibzeuge auf das Glas, und daß nach der Trennung beider Metalle der gestörte Gleichgewichtszustand, das Uebermaaß an positiver Electricität im Zink, das Uebermaaß an negativer Electricität im Kupfer, hier eben so kenntlich wird, wie es am Glase und Reibzeuge, sobald die geriebenen Theile aus der Reibung hervorgehen, der Fall ist.

Die beiden Arten, den obigen Versuch anzustellen, scheinen etwas Verschiedenes darzubieten. Nimmt man zwei Platten AB, CD (Fig. 100.) um die Kupferplatte zum kupfernen Condensator überzutragen, so müssen die Berührungsflächen möglichst groß und eben sein; bringt man dagegen die Zinkplatte selbst an die kupferne Condensatorplatte, so kömmt es auf die Größe der Berührungsfläche gar nicht an. Diese anscheinende Verschiedenheit ist leicht zu verstehen. Es ist gewiß, daß vorzüglich an den Berührungspuncten dieser veränderte Zustand eintritt; haben also die Platten AB, CD, (Fig. 100.) sich in 10 Quadratzoll Fläche berührt, so trägt man zehnmal so viel negative Electricität mit der Kupferplatte zum Condensator, als wenn die Berührungsfläche nur 1 Quadratzoll betragen hätte. Hier erhellt also die Nothwendigkeit großer Berührungsflächen und genauer Berührung; am Condensator dagegen ist die Berührung eines Punctes genug, wenn die Condensatorplatte von Kupfer, die berührende Masse dagegen Zink ist. Obgleich nämlich die wichtigste Wirkung nur in dem Berührungspuncte A (Fig. 101.) statt findet *), und hier die positive Electricität auf der Platte AZ die in AK entwickelte negative Electricität gebunden hält, so ist doch dieses Gebundensein

*) Daß dies der Fall sei, hat Fechner durch besonders darauf gerichtete Versuche gezeigt.

hier eben so wenig als auf der Belegung der electrischen Flasche so vollkommen, daß alle Wirkung auf die entferntern Puncte aufgehoben würde. Bei A ist die Kupferplatte AK wegen der Berührung des Zinks, weil das Zink einen bestimmten Vorzug an positiver Electricität fordert, negativ, und dieser Zustand erstreckt sich in schwächerem Maaße bis an die Firnißfläche DE, wo die negative Electricität durch die in der obern Platte angezogene positive Electricität gebunden wird; wegen dieser Anziehung und der dadurch verminderten Gegenwirkung läßt der berührte Punct A etwas mehr negative Electricität nach DE gelangen und nimmt dagegen aus AZ negative Electricität auf, damit in A die Differenz zwischen dem immer durch Ableitung bei Z auf Null erhaltenen Zink und dem Kupfer die gehörige Größe behalte; und diese Mittheilung, diese Ladung des Condensators, dauert, der Kleinheit der Berührungsfläche ungeachtet, fort, bis der Condensator so stark geladen ist, als es nach dem Grade der in A angehäuften negativen Electricität geschehen kann. Uebrigens ist die hiezu erforderliche Zeit nur eine sehr kurze.

Reihenfolge der electromotorischen Leiter.

Ich will hier von den mannigfaltigen Abänderungen dieses Fundamentalversuches, deren Zweck vorzüglich war, zu zeigen, daß Reibung und Druck an dieser Berührungs-Electricität keinen Antheil habe, nichts sagen, sondern nun zu dem gegenseitigen Verhalten der verschiedenen Metalle übergehen. Bisher habe ich immer nur Zink und Kupfer genannt, weil diese Metalle ihrer bedeutenden Wirksamkeit wegen vorzüglich angewandt werden; aber diese Wirksamkeit, diese **electromotorische Einwirkung**, findet in einigem Grade zwischen allen Metallen und zwischen allen den Körpern statt, die wir, nach **Volta**'s Anleitung, Leiter der ersten Art oder auch Electromotoren nennen wollen. Bei ihnen nämlich ist es ein Naturgesetz, daß der eine Körper bei der Berührung ein bestimmtes Uebermaaß an positiver Electricität, der andre an negativer Electricität aufnimmt. Diese bestimmte Differenz ist bei jeden zwei Metallen eine andre, aber bei zwei bestimmten Metallen immer dieselbe, zum Beispiel wenn Silber und Kupfer einander berühren, und man die hier im Silber hervortretende negative

Electricität 1 Grad nennt, also auch die im Kupfer hervortretende positive 1 Gr.; so ist bei der Berührung von Eisen und Silber jenes 3 Gr. positiv, Silber 3 Gr. negativ, bei der Berührung von Blei und Silber, Blei 7 Gr. positiv, Silber 7 Gr. negativ, bei der Berührung von Zink und Silber, Zink 12 Gr. positiv, Silber 12 Gr. negativ *). Aber nicht bloß ist diese Differenz immer dieselbe bei zwei bestimmten Metallen, sondern auch die Reihenfolge der Metalle ist so bestimmt, daß man aus der Prüfung, wie groß die Differenz zwischen Silber und Blei und zwischen Silber und Zink ist, die Differenz zwischen Blei und Zink sicher folgern kann. War nämlich für Silber und Zink Silber 12 Gr. negativ, für Silber und Blei Silber 7 Gr. negativ, so ist gewiß für Blei und Zink Blei 5 Gr. negativ, und so in allen andern Fällen. Silber und Kupfer bieten indeß noch nicht den stärksten Gegensatz gegen Zink dar, sondern Platin steht weiter nach der negativen Seite, Graphit noch weiter, Mangan=Oxyd oder Braunstein noch weiter, so daß bei der Berührung von Braunstein mit Silber jener ungefähr 10 Gr. negativ, bei der Berührung von Braunstein mit Zink jener ungefähr 22 Gr. negativ werden würde, wenn wir die vorige Angabe von Graden, die wenigstens den wahren Verhältnissen nahe kömmt, beibehalten wollen.

Aus diesen, schon von Volta angegebenen, Bestimmungen geht als Folgerung der Satz hervor, daß bei einer Berührungskette mehrerer electromotorischen Leiter, deren erster mit der Erde in Verbindung ist, statt daß die übrigen isolirt gehalten zur Berührung gebracht werden, der electrische Zustand des letzten gar nicht von den Mittelgliedern der Reihe abhängt. Silber an Zink berührend erhielt nach den obigen Angaben 12 Gr. negative Electricität; wir wollen nun die Kette so bilden, daß Silber an Eisen, Eisen an Blei, Blei an Zink berühre, so fordert Zink einen Vorzug von 5 an positiver Electricität vor dem Blei, Blei einen Vorzug von 4 vor dem Eisen, Eisen einen Vorzug von 3 vor dem Silber, und es ist folglich, wenn das Silber mit der Erde in Verbindung steht, also $= 0$ ist, Eisen $= + 3$, Blei $= + 7$,

*) Nach Volta's Angaben. Gilb. Ann. X.

Zink = + 12, gerade eben so wie bei der unmittelbaren Berührung von Zink und Silber.

Aus diesem Grunde erhält man am Condensator keine Spur von Electricität, wenn man die kupferne Condensatorplatte mit einer auf Kupfer liegenden Zinkplatte so berührt, daß dieses Kupfer mit der Erde in Verbindung steht, während das Zink bloß von den beiden Kupferplatten berührt wird. Mag nämlich immer das auf dem Kupfer liegende Zink seinen Vorzug an positiver Electricität haben, so ist doch nicht das mindeste Bestreben da, diese Electricität an die Condensatorplatte abzugeben, da der Ruhestand der electrischen Materien erst eintritt, wenn das Zink seinen gebührenden Ueberschuß an positiver Electricität hat, sowohl über das an der einen als an der andern Seite liegende Kupfer, und daher kömmt das obere Kupfer eben so gut auf den Nullzustand, als das untere. Aus diesem Grunde bedurften wir einer andern Condensatorplatte, um die dem Zink vom Kupfer her zu Theil gewordene Ladung auf den Condensator hinüber zu führen, weil das vom Kupfer her geladene Zink keine Spur von Bestreben zeigen kann, seine Ladung an eben solches Kupfer abzugeben; wollte man also die Versuche mit Silber, Eisen, Blei, anstellen, so müßte man Condensatorplatten von jedem dieser verschiedenen Metalle anwenden.

Wirkung der Leiter der zweiten Art.

Aber diese anscheinende Nothwendigkeit wird gehoben, wenn man einen Leiter der zweiten Art als zwischen liegenden Körper anwendet. Die feuchten Leiter nämlich, Wasser, Salz-Auflösungen, durchnäßtes Papier u. a., haben die Eigenschaft hier bloß als Leiter, nicht electromotorisch, zu wirken, und heißen daher Leiter der zweiten Art. Die Erfahrung zeigt dieß, und die Frage, ob gar keine von der bloßen Leitung verschiedene Wirkung hier eintrete, kann für jetzt bei Seite gelassen werden. Diese Erfahrung liegt in folgendem Versuche. Sie wissen, daß eine Zinkplatte auf die kupferne Condensatorplatte keine positive Electricität hinübersendet, wenn die Zinkplatte Z eine mit der Erde in Verbindung stehende Kupferplatte K berührend, (Fig. 102.) mit ihrer andern Seite die Condensatorplatte L berührt; aber bringen Sie jetzt ein genäßtes

Papier zwischen Z und L, so daß Z nirgends in metallischer Berührung mit L ist; so kann der Condensator, bei dem Ihnen bekannten Verfahren, eben so gut mit der in Z vorhandenen positiven Electricität geladen werden, wie es geschehen konnte, wenn L eine Zinkplatte war. Der Grund, warum ohne jene Zwischenlage keine positive Electricität von Z nach L überging, war, daß Z eben so gut seinen Vorzug an positiver Electricität von L als von K forderte, so lange bei metallischer Berührung die Contact-Electricität wirksam sein konnte; wir sehen also, daß diese Wirksamkeit ganz weggefallen ist durch den zwischen liegenden feuchten Leiter, und daß hier die in Z angezogene positive Electricität ganz gewöhnlich geleitet nach L übergeht, daß Z in dem Berührungspuncte an K sich immer aufs neue mit der dem Zink gebührenden Menge von +E versieht, und daß dieses Hinüberleiten so lange statt findet, bis L und Z beide mit so viel +E geladen sind, als die Ladung des Condensators fordert. Hiemit ist also die Wirkung dieser Leiter der zweiten Art deutlich dargethan.

Und jetzt, da wir die ganze Wirkung der einzelnen Theile dieser einfachen galvanischen Kette aus den Versuchen mit dem Condensator kennen, ist es der Mühe werth, noch einen Rückblick auf den ersten Galvanischen Versuch zu werfen, und zu überlegen, wie Volta's Scharfsinn schon in diesem alles das finden konnte, was ich Ihnen bisher angegeben habe. Jener Galvanische Versuch bestand darin, daß der Froschschenkel einen feuchten Leiter zwischen zwei ungleichartigen Metallen bildete, und den Uebergang von Electricität verrieth, sobald diese Metalle sich berührten. War nun der Gedanke einmal gefaßt, daß in der Berührung der Metalle eine Aenderung des Electricitätszustandes entstehe, so ließ die Zuckung, als Wirkung des ersten Stoßes dieser Electricität, sich erklären, und es war auch klar, daß bei dauernder Schließung des durch die zwei Metalle und den thierischen Körper gebildeten Kreises das Durchströmen der Electricität eben so ohne neue Zuckung statt finden könne, wie wir bei festem Anhalten an dem Conductor der fortgesetzt wirksamen Electrisirmaschine keinen neuen Funkenschlag erhalten *). Es war also ein electrischer

*) Von dem Zucken beim Oeffnen der Kette kömmt später die Erklärung vor.

Strom, der — wenn Kupfer und Zink die beiden Metalle sind, und wir auf den positiv-electrischen Strom sehen, — vom Kupfer zum Zink übergehend den thierischen Leiter trifft, und dann kreisend seinen Lauf unaufhörlich fortsetzt. Daß es Electricität sei, wurde bestätigt, da alle Beobachter fanden, daß die Zuckungen erfolgten, wenn auch die zwei Metalle nur durch andre Leiter der Electricität mit dem thierischen Theile, der durch sein Zucken die Veränderungen kenntlich machte, verbunden waren, und daß die Zuckungen nicht erfolgten, wenn ein Nichtleiter der Electricität die Verbindung unterbrach.

Fragen wir nun, wie sich die Schließung eines solchen Kreises verhalten würde, wenn die drei Körper, aus denen er sich bildet, alle drei der electromotorischen Classe der Körper, welche eine bestimmte Reihenfolge bilden, angehörten; so finden wir, und auch Volta übersah dies sehr bald, daß da kein electrischer Strom entstehen könnte. Wir wollen statt des Froschschenkels Eisen anwenden und Silber, Zink, als die den Kreis schließenden Metalle nehmen, so wissen Sie, daß Zink 9 Gr. positive Electricität als Vorzug vor dem Eisen, Eisen 3 Gr. positive Electricität als Vorzug vor dem Silber verlangt; also schon vor dem Schlusse der Kette können wir, da das Eisen vom Silber am einen, vom Zink am andern Ende berührt wird, dem Silber Null, dem Eisen +3, dem Zink +12 beilegen; und es ist nun klar, daß die Schließung keinen Uebergang von Electricität veranlaßt, da Zink seinen gebührenden Ueberschuß = +12 vor dem Silber schon hat, also keine Aenderung bei der Berührung eintritt *). Der feuchte Leiter mußte also, da die Berührung jenen Uebertritt electrischer Materie veranlaßte, auf eine andre Art, als die Leiter der ersten Art wirken, er mußte nicht der Reihenfolge der electromotorischen Leiter angehören.

Indeß, wenn auch diese Ueberzeugung schon durch jenen ersten Versuch begründet ist, so hat doch Volta, während sein

*) Eine sehr geringe Aenderung möchte allenfalls vorgehen, weil noch ein neuer Berührungspunct hervorgebracht wird; aber keineswegs der mächtigere Kreislauf der electrischen Materien, der jene Wirkungen hervorbringt.

Scharfsinn dieses erkannte, auch diese Eigenthümlichkeit der Leiter der zweiten Art durch zahlreiche Versuche, die ich hier nicht weiter anführen kann, sor ltig bewiesen.

Verstärkte Wirkung der zusammengesetzten galvanischen Kette.

Um aber von jenen Versuchen zu der wichtigen Kenntniß, daß eine Verstärkung der galvanischen Erscheinungen möglich sei, zu gelangen, mußte noch ein andrer neuer Lehrsatz aufgestellt und bewiesen werden. Diejenigen Versuche, die wir unter dem Namen des Volta'schen Fundamentalversuchs zusammen gefaßt haben, zeigten, daß bei der Berührung von Kupfer und Zink das Gleichgewicht der electrischen Materien erst eintrat, wenn das Zink sich einen bestimmten Antheil an positiver Electricität zugeeignet hatte, und daß dieses entweder geschehen konnte, indem Kupfer 0 und Zink in jenem vollen Grade positiv, oder indem Zink 0 und Kupfer in jenem vollen Grade negativ wurde, oder indem beide isolirt zur Berührung gebrachte Metalle entgegengesetzt electrisch wurden, wo dann Zink den halben Grad der positiven und Kupfer den halben Grad der negativen Electricität erreichte. Diese feste Differenz der electrischen Spannung, die wir vorhin annähernd für Silber und Zink durch 12 ausdrückten, und die also entweder Silber 0, Zink + 12, oder Silber — 12, Zink 0, oder Silber — 6, Zink + 6 gab, führte zu der Vermuthung, daß auch bei andern electrischen Zuständen, als dem natürlichen, jene Differenz in der Berührung beider Metalle statt finden möge, und mit dieser Vermuthung war, wenn sie sich bestätigte, das Mittel zur Verstärkung der bei einem Plattenpaare oder bei der einfachen galvanischen Kette so schwachen Electricität gefunden.

Bringt man nämlich auf die Zinkplatte Z (Fig. 103.) eine Kupferplatte K, auf diese eine Platte angefeuchteter Pappe W und auf sie eine zweite Zink- und eine zweite Kupferplatte Z', K'; so muß, wenn jene für Zink und Kupfer geforderte Differenz auch bei andern Graden der Electricität immer dieselbe bleibt, K' doppelt so stark negativ-electrisch sein, als K, und dieses muß sich am Condensator zeigen lassen. Diese Ueberzeugung stützt sich darauf, daß das untere mit der Erde in Verbindung stehende Zink für sich einen bestimmten Vorzug an positiver Electricität vor dem Kupfer fordert, daß also, da das untere Zink Z auf Null erhalten wird, das Kupfer K in diesem bestimmten Grade, den ich jetzt als — 1 ansehe, negativ ist; die feuchte Schichte aber vermittelt zwischen K und Z′ einen gleichen electrischen Zustand und auch Z′ ist in dem Zustande — 1, das heißt, Z′ hat einen Grad negativer Electricität. Wird nun erst K′ aufgelegt, so nimmt Z′ ihm sogleich positive Electricität, und läßt nicht eher einen Ruhestand der electrischen Materien eintreten, bis das Zink seinen gehörigen Vorzug an positiver Electricität hat, das heißt, wie wir vermuthen dürfen, da die Leitung durch die unteren Schichten immerfort statt findet, nicht eher bis K′ um 2 Grade negativ ist. Unsre Vermuthung nimmt nämlich an, das Gleichgewicht finde statt, wenn $K' = -2$, $Z' = -1$, $K = -1$, $Z = 0$ ist, oder wenn die Ladungs-Differenz er sich berührenden Electromotoren ihrer eigenthümlichen Natur gemäß ist. Schließen wir nach eben dem Princip weiter für den Aufbau von vier Schichten (Fig. 103.), so muß für $Z = 0$, $K = -1$, $Z' = -1$, $K' = -2$, $Z'' = -2$, $K'' = -3$, $Z''' = -3$, $K''' = -4$ sein, weil der feuchte Leiter zwischen K, Z′, zwischen K′, Z″, zwischen K″, Z‴, die Gleichheit vermittelt.

Diese Schlüsse waren hypothetisch, — so müßte es erfolgen, wenn der Lehrsatz, daß in jedem Falle die sich berührenden Metalle, Zink, Kupfer, die bestimmte Differenz fordern, richtig ist; — aber diese hypothetischen Schlüsse bestätigte nun Volta durch Prüfung jeder einzelnen Schichtung am Condensator auf das vollkommenste, und in ihrer Bestätigung lag die Entdeckung der voltaischen Säule. Volta übersah jetzt, daß eine Schichtung von hundert Plattenpaaren die Wirkung auf das Hundertfache verstärken müsse, und es läßt sich vollkommen einsehen, daß, während das Erstaunen aller Physiker die Entdeckung der Säule als die unerwartetste und überraschendste feierte, Volta mit voller Wahrheit sagen konnte, die Wirkungen der Säule hätten seinen Erwartungen Genüge gethan, aber ihn nicht überrascht, da die Reihe von Entdeckungen, auf welche die Entdeckung der Säule sich gründete, ihm schon im Voraus den Erfolg verbürgte.

Ein und zwanzigste Vorlesung.

Voltaische Säule.

Die electrische Säule, die voltaische Säule, deren Entdeckung ich Sie neulich Schritt für Schritt zu verfolgen veranlaßt habe, besteht, wie Sie aus dem Vorigen übersehen haben, in einer wiederholten Schichtung der drei Körper, aus denen wir die ersten Schichten hervorgehen ließen. Zwei Metalle, und zwar solche Metalle, die bei der Berührung recht bedeutende Zeichen von Electricität geben oder die in der Reihe der Electromotoren weit von einander entfernt sind, und als dritter Körper eine nasse Tuchscheibe oder Pappscheibe, werden in immer gleicher Ordnung auf einander gelegt, und die Menge dieser Plattenpaare bestimmt den Grad der entstehenden Electricität. Obgleich aber jeder feuchte Leiter die Stelle des dritten Körpers einnehmen kann, so ist doch Wasser weniger gut, als ein mit Säuren oder Salzen geschwängertes Wasser, geschickt, diejenigen Wirkungen hervorzubringen, welche am meisten die Aufmerksamkeit der Physiker erregten, nämlich die starken körperlichen Empfindungen, die man bei der Schließung vielschichtiger Säulen wahrnimmt, die chemischen Erscheinungen u. s. w. Volta glaubte diese vollkommnere Wirkung einzig der besseren Leitung, welche die Säuren und Salze gewähren, zuschreiben zu müssen, und wenn auch nicht ganz allein in ihr die Ursache der stärkern Wirkung liegt, so trägt sie doch mit dazu bei, und wir wollen für jetzt uns mit dieser Auskunft befriedigen.

Electrische Spannung in der ungeschlossenen Säule.

Sobald die Säule bekannt wurde, (am Ende des Jahres 1799) beschäftigten sich die Physiker mit allen den Eigenschaften, wodurch sie sich auszeichnet; ich werde aber zuerst bei den Untersuchungen verweilen, die mit der Entdeckung im nächsten Zusammenhange stehen, nämlich bei denen, welche die electroscopischen Eigenschaften betreffen. Volta hatte diese während des ganzen Fortganges seiner Untersuchung beobachtet, aber für die übrigen

Naturforscher war es eine neue Beobachtung, daß wirklich der Zinkpol der Säule, dasjenige Ende nämlich, gegen welches zu man in der Ordnung Kupfer, Zink, feuchter Leiter fortschreitet, positive Electricität, der Kupferpol negative Electricität darbot. Es war den Physikern eine neue Beobachtung, daß diese Electricität am Condensator verstärkt eben die Erscheinungen, wie die gewöhnliche Electricität, darbot, daß man electrische Flaschen — wenn gleich sehr schwach — durch sie laden, die Lichtenbergischen Figuren durch sie darstellen konnte, u. s. w.

Wenn man die Säule auf einer isolirenden Unterlage aufstellte, so konnte man entweder die Electricität am oberen Ende auf ihren vollen Grad steigen lassen, wenn man dem untern Ende eine Ableitung gab, oder die Electricität des obern Endes auf die Hälfte herabsetzen, wenn man die Isolirung des unteren Endes herstellte. In dieser ungeschlossenen Säule nämlich, wo keine Leitung außer der Säule die beiden Pole in Verbindung setzt, tritt der Ruhestand der electrischen Materien dann ein, wenn jede Zinkplatte ihren gehörigen Vorzug an positiver Electricität hat, und daß dieses, wenn Kupfer unten liegt, Zink darauf liegt, und dann der feuchte Leiter das zweite Plattenpaar trennt, so geschieht, daß die erste Zinkplatte einen bestimmten Grad, die Zinkplatte der zweiten Schichtung zwei Grade positiver Electricität erlangt, habe ich für den Fall, daß unten eine Ableitung statt findet, schon früher angegeben. Berührt man aber oben und unten ableitend die Säule und überläßt sie isolirt stehend nun wieder sich selbst, so findet man von der Mitte aus die positive Ladung desto stärker, je höher man hinaufgeht, die negative desto stärker, je tiefer man hinabgeht, so daß die Säule aus hundert Plattenpaaren nun Null in der Mitte, + 50 am Zink-Ende, (welches ich als das obere annahm,) — 50 am Kupfer-Ende zeigt, statt daß sie, unten mit Ableitung versehen, oben + 100 angab. Setzt man irgend eine Mittelschichte mit der Erde in Verbindung und läßt beide Enden isolirt; so zeigt jedes Ende den Grad von Electricität, der seiner Schichtenzahl entspricht. War z. B. in der Säule aus 100 Plattenpaaren, wo Kupfer unten, Zink oben ist, die 70ste Schichte von unten herauf abgeleitet; so mußte oben die + E 30 Gr. und unten die — E 70 Gr. haben, wenn wir mit dem

Namen eines Grades immer die sehr schwache Electricität bezeichnen, die sich schon bei der aus einem Plattenpaare bestehenden Kette zeigt. Diese Regel findet sich, so weit die geringe Stärke der Electricität eine genaue Abmessung erlaubt, vollkommen bestätigt.

Die trockene Säule.

Bisher habe ich immer den Leiter der zweiten Art als einen feuchten Leiter erwähnt; aber wenn es bloß auf Beobachtung der electroscopischen Erscheinungen ankömmt, so lassen sich auch Papierschichten, die wir trocken nennen, wenn sie gleich dies nicht im vollkommensten Sinne sein dürfen, anwenden. Die große Veränderlichkeit, welcher die feuchten Säulen unterworfen sind, ließ wünschen, daß man eine Anordnung trockener Säulen finden möge, und Marechaux, Behrens und andre hatten schon die Möglichkeit solcher Säulen gezeigt, als Zamboni eine sehr passende Anordnung angab, die unter dem Namen Zamboni's Säule in allgemeinen Gebrauch gekommen ist.

Diese trockne Säule besteht aus eben solchen Schichtungen von unächtem Goldpapier und Silberpapier, wie vorhin die Metalle und der feuchte Leiter sie darboten. Die Metallseiten dieser Papiere, deren Metall meistens Kupfer bei dem einen, Zink bei dem andern, ist, werden in Berührung gebracht, das anscheinend trockene Papier vertritt die Stelle des feuchten Leiters, und wenn man also diese Doppelschichten, deren jede nämlich schon aus unächtem Goldpapier und Silberpapier besteht, so auf einander legt, daß immer dieselbe Papiersorte zu unterst kömmt; so hat man eine richtig geordnete Säule, in welcher das Kupfer des Goldpapiers mit dem Zink des Silberpapiers in metallischer Berührung ist, dann aber die Papiermasse des Silberpapiers und die daran anliegende Papiermasse des Goldpapiers die Stelle des Leiters der zweiten Art einnehmen. Damit die Metallflächen sich innig berühren, werden die Papiere, nachdem sie richtig geordnet sind, mit Seidenfäden fest zusammengebunden. Diese Säulen, denen Zamboni durch einen Ueberzug von schwefelsaurem Zink an der einen und Braunstein (Mangan-Oxyd) an der andern Seite noch mehr Kraft gab, die man aber gewöhnlich bloß aus jenen Papieren bildet, lassen sich nun leicht zu mehreren tausend Plattenpaaren aufbauen, und sie zeigen dann die Wirkungen des Anziehens und Abstoßens vollkommen deutlich. Stellt man zwei solche Säulen AB, CD, (Fig. 101.) neben einander, und zwar so angeordnet, daß in AB das Goldpapier mit seiner Metallseite auf der Metallseite des Silberpapiers liegt, in CD dagegen die umgekehrte Ordnung statt findet, so ist bei A das negative, bei C das positive Ende der Säule. Wenn die Kugeln E, F, mit den obern Schichten der Säulen in guter Leitungsverbindung stehen, so zeigen sie diese beiden Electricitäten, und man pflegt zwischen ihnen das nur wenig oberhalb seines Schwerpunctes bei H unterstützte Pendel GI aufzustellen, dessen oberer Theil eine Metallkugel, die Stange IG dagegen Glas ist; bringt man das Metall I mit E in Berührung, so wird es negativ und von E abgestoßen, zugleich aber von F angezogen, und das Pendel setzt sich daher, wechselsweise die obern Pole der Säulen ausladend, in eine nie aufhörende oscillirende Bewegung. Die Fortdauer dieser Bewegung beruht darauf, daß in beiden Endpuncten durch die electromotorische Wirkung aller Schichten sogleich, oder wenigstens in einem kurzen Zeitverlaufe, diejenige Electricität wieder hervortritt, die diesem Pole der Säule zukömmt. Damit diese Erneuerung der Wirkung schnell genug eintrete, muß man die Platten ziemlich groß (3 Zoll im Durchmesser oder darüber,) nehmen, und damit die Wirkung überhaupt stark genug sei, muß man mehrere tausend Plattenpaare anwenden. Mit 8000 Plattenpaaren hat man dem Pendel Kraft genug gegeben, um ein leichtes Uhrwerk zu treiben, das, so lange nicht Aenderungen in der Säule vorgehen, (indem etwa durch zu viele Feuchtigkeit die Metalle ihren Glanz verlieren oder durch allzu starkes Austrocknen die Leitung zu schwach wird,) seinen Gang ziemlich gleichmäßig fortsetzt.

Wenn man jenes Pendel wegnimmt, und bei E zwei Goldblättchen aufhängt, so stoßen diese einander ab, und die Prüfung mit angenähertem Glase oder Siegellack zeigt, ob E die positive oder negative Electricität habe. Bringt man an E oder F eine isolirte Metallscheibe, so kann man mit dieser die Electricität auf ein auch entfernter stehendes Electrometer übertragen. Stellt man den Knopf einer Verstärkungsflasche nahe an die bei E aufgehängten Goldblättchen, so sieht man, wie diese sich an dem Knopfe ausladen, und dabei genau die Gesetze der gewöhnlichen Electricität befolgen. Steht nämlich die Flasche isolirt, so hören die Goldblättchen bald auf, durch ihr zuerst immer erneuertes Annähern die Ladung fortzusetzen; berührt man aber dann die äußere Belegung der Flasche und zieht dadurch die innen entstandene Ladung gegen die innere Oberfläche des Glases, so setzen die Goldblättchen ihr Zuführen electrischer Materie fort, und erst nach langer Zeit, wenn nämlich die Flasche ganz geladen ist, hört, wofern unterdeß der äußern Belegung Ableitung gegeben wurde, die Fortsetzung der Ladung auf. Diese Ladung ist nun allerdings immer noch eine schwache Ladung; aber bei einer Säule von 2000 Plattenpaaren und einer Flasche von 2 Quadratfuß Belegung ist sie doch hinreichend, um, wenn man die Finger, ehe man die äußere Belegung und den Knopf der Flasche berührt, stark mit salzigem Wasser befeuchtet hat, bei der Ausladung mit so benetzten Fingern eine merkliche Empfindung, einen schwachen Schlag, zu geben. — Mehr kann man nach der immer noch sehr geringen Größe der electroscopischen Erscheinungen nicht erwarten.

Die vollkommene Ladung der trockenen Säule stellt sich nicht, wie bei den feuchten Säulen, in einem Augenblicke her, sondern die Zeit, welche dazu erfordert wird, ist desto größer, je kleiner die Papierscheiben sind. Bohnenberger bediente sich zur Ladung einer electrischen Flasche von 59 Quadratzoll Belegung einer Säule von 4000 Doppelplatten, die nur 8 Quadratlinien groß waren, und bewirkte die Ladung erst in 170 Minuten; dagegen brachten 2000 Doppelplatten von 432 Quadratlinien diese Ladung in 7 Minuten zu Stande und 4000 Doppelplatten würden also nur $3\frac{1}{2}$ Minuten gebraucht haben; die 54 mal so großen Papiere bewirkten also die Ladung in einer Zeit, die nur $\frac{1}{49}$ der Zeit betrug, deren die kleinern bedurften, und man irrt nicht sehr, wenn man die Zeit umgekehrt proportional der Plattengröße und Plattenzahl setzt. Der Grund dieser ungleich schnellen Ladung ist auch ziemlich einleuchtend. Die Langsamkeit der Ladung beruht auf mangelhafter Leitung, und es finden sich gewiß in der großplattigen Säule nach Verhältniß ihres Querschnittes mehr gut leitende Puncte, also schnellere Ladung.

Daß die hier statt findende Wirkung dem Wesentlichen nach dieselbe sei, wie bei den feuchten Säulen, läßt sich gar nicht zweifeln, indeß haben Zamboni, Bohnenberger u. a. auch durch bestimmte Versuche nachgewiesen, daß eine mit nassen Leitern aufgebaute Säule beim allmähligen Austrocknen zwar aufhört, chemische Wirkungen zu zeigen und auf das Gefühl zu wirken, aber fortfährt, die electrische Spannung eben so wie früher, jedoch mit langsamerer Erneuerung, zu zeigen, so wie es die trockene Säule thut.

Da ich von den chemischen und physiologischen Wirkungen der feuchten Säule noch nichts gesagt habe, so könnte ich diese Wirkungen auch hier unerwähnt lassen; indeß will ich doch kurz bemerken, daß sehr vielschichtige und großplattige trockne Säulen allerdings auch chemisch wirken, daß sie da, wo das Pendel an die Kugeln E, F, (Fig. 104.) anschlägt, einen im Dunkeln sichtbaren Funken geben, und daß diese Wirkungen nur darum sehr schwach bleiben, weil die Electricität sich zu langsam ersetzt, der electrische Strom in der geschlossenen Säule nicht schnell genug thätig ist, um diese Wirkungen auffallender hervorzubringen.

Bohnenbergers Electrometer.

Hier findet nun endlich auch das höchst empfindliche Electrometer seine Erklärung, dessen man sich gern sogleich vom Anfange der Electricitätslehre an bedient. Es ist von Behrens zuerst angegeben, aber von Bohnenberger in der bequemsten Form dargestellt, und besteht entweder (wie Fig. 105.) aus zwei trocknen electrischen Säulen, AB, CD, deren entgegengesetzte Pole unten einander gegenüber liegen, und zwischen denen das leicht bewegliche Goldblättchen herab hängt, oder (wie Fig. 106.) aus einer electrischen trocknen Säule AB, von deren beiden Polen Leiter AC, BD, hinaufgeführt sind, um zur Anziehung und Abstoßung des Goldblattes EF zu dienen. In beiden Fällen hängt das Goldblatt, nach der positiven und negativen Seite gleich stark angezogen, ruhig, so lange man ihm keine Electricität ertheilt; hat man aber auch nur die schwächste Electricität durch Mittheilung oder Vertheilung dem Goldblättchen zugeführt, so bewegt es sich schnell gegen den negativen Pol, wenn diese Electricität positiv war, und gegen den positiven Pol, wenn sie negativ war. Bringt man auf dem Leiter G einen Condensator an, so dient dieses Electrometer, nach der Ladung des Condensators und dem Aufheben der obern Platte des Condensators, um die allerschwächsten Grade von Electricität kenntlich zu machen.

Bringt man die Leiter C, D, (Fig. 106.) einander ziemlich nahe, so ist es kaum möglich, das Goldblatt zur Ruhe zu bringen, weil, bei der geringsten Abweichung von der Mitte, es nach der nähern Seite, auch ohne von außen her electrisirt zu sein, angezogen wird, dann aber dort eine Ladung erhält und nach der andern Seite gezogen wird, wo dieselbe Ursache zu einem neuen Uebergange nach jener abermals eintritt. Auch wenn die Entfernung zwischen C, D, groß genug ist, pflegt, wenn das Anschlagen an einer Seite statt gefunden hat, gern noch ein zweites an der andern zu erfolgen, daß aber das erste Anschlagen die Entscheidung giebt, ob die dem Goldblatte ertheilte Electricität positiv oder negativ war, versteht sich von selbst.

Verschiedene Apparate, um die voltaische Verstärkung der Berührungs-Electricität zu bewirken.

Ich habe bisher nur von derjenigen Schichtung der verschiedenen Plattenpaare, welche die Form der Säule giebt, geredet; aber da es nur darauf ankömmt, die zwei Metalle abwechselnd mit einem feuchten Leiter in gleichmäßiger Ordnung in Wirksamkeit zu bringen, so sind mehrere andre Anordnungen möglich. Bei dem Aufbauen der Säule ist das eine Unbequemlichkeit, daß, vorzüglich wenn man etwas stärker gesäuertes und gesalzenes Wasser anwendet, schon während des Aufbauens, das bei größern Säulen nicht so schnell zu vollenden ist, eine starke chemische Wirkung auf die Metalle eintritt, wodurch die Platten Veränderungen erleiden, ferner daß die immer etwas ungleichen Pappschichten oder Tuchschichten keine genaue Gleichheit gestatten, daß das Austrocknen die dauernde Wirksamkeit der Säule hindert, u. s. w. Volta gab daher schon unter dem Namen Becher-Apparat eine Anordnung an, die in Folgendem besteht. Man stellt (Fig. 107.) Gläser A, B, C, D, auf, in deren erstes die mit dem Leitungsdrathe L versehene Kupferplatte K gesetzt wird; ihr gegenüber steht in demselben Glase die Zinkplatte Z, welche durch einen angelötheten Metalldrath M mit der zweiten Kupferplatte K verbunden ist; diese zweite Kupferplatte steht in einem zweiten Glase und hat eine zweite Zinkplatte gegenüber, und so geht es durch so viele Gläser, als man will, fort. Werden nun alle Gläser mit einer leitenden Flüssigkeit gefüllt, so ist die voltaische Kette fertig.

Um die Erscheinungen bequem zu übersehen, nehme ich an, daß auch am letzten Leitungsdrathe l eine Kupferplatte k sich befinde; dann giebt k an die im Glase D stehende Zinkplatte wegen der metallischen Berührung die dem Zink zukommende positive Electricität, die ich als + 1 ansehe; eben diese electrische Spannung wird durch die Flüssigkeit der in eben dem Glase D stehenden Kupferplatte mitgetheilt, diese aber kann nicht + 1 an Electricität besitzen, ohne daß die mit ihr in metallischer Berührung stehende, in C eingetauchte Zinkplatte + 2 an positiver Electricität habe; die Kupferplatte in C erhält durch die leitende Flüssigkeit auch + 2, und kann nur dann eine Electricität von dieser Spannung enthalten, wenn die Zinkplatte im Glase B + 3 hat; daß eben so die Zinkplatte im Glase A + 4 haben wird, erhellt von selbst. Wäre bei K keine Verbindung mit der Erde, so würde das Gesetz der Verstärkung dasselbe bleiben, nur würde dann am einen Ende negative, am andern Ende positive Spannung hervortreten.

Ganz dieser Anordnung ähnlich sind die Trog-Apparate, wo in einer Reihe getrennter einzelner Zellen die Plattenpaare aufgestellt sind. Sie müssen aus Porcellan oder Glas sein, damit das gesäuerte Wasser jeder einzelnen Zelle durchaus nicht in leitender Verbindung mit dem Wasser einer andern Zelle stehe, weil offenbar, wenn in das Wasser eines Glases C (Fig. 107.) mehrere Plattenpaare tauchten, diese alle nur einen und denselben Grad electrischer Ladung erhalten würden. Bei diesen aber hat man, vorzüglich auf Wollastons Angabe, eine wesentliche Verbesserung angebracht, die bei den geschichteten Säulen nicht statt findet. Es ist ein, später noch näher zu untersuchender Erfahrungssatz, daß man mit Vortheil beiden Seiten der Zinkplatte Kupferplatten gegenüber stellen kann und daß die Wirkung dadurch ungefähr dieselbe wird, wie bei doppelt so vielen Plattenpaaren; wenn man daher entweder in jede Zelle eine Zinkplatte Z und eine diese von beiden Seiten umgebende Kupferplatte K (Fig. 108.) eintaucht, oder auch kupferne Gefäße K, K′, so wie Fig. 109. zeigt, neben einander stellt, und in jedes Gefäß eine Zinkplatte taucht, dann aber die Verbindungen von Z nach K′, von Z′ nach K″, von Z″ nach K‴ u. s. w. zu Stande bringt, so hat man einen Apparat, der sich vorzüglich gut zu Anstellung der Versuche eignet. In diesen Trog-Apparaten muß das Zink außerhalb der Flüssigkeit mit dem Kupfer in metallischer Berührung sein, in der Flüssigkeit hingegen müssen die Platten nur einander gegenüber stehen, damit die electrischen Ströme durch die Flüssigkeit von der einen Platte zur andern übergehen. Aus diesem Grunde richtet man die Zinkplatten so ein, daß sie an der unmittelbaren Berührung gehindert werden; denn wenn (Fig. 108.) Z nicht bloß mit K′, sondern auch mit K in metallischer Berührung wäre, so hätten K und K′ gleiche electrische Ladung.

Da es uns jetzt nur um einen oft wiederholten Wechsel der drei die Kette bildenden Körper zu thun ist, so übergehe ich hier noch diejenige Verbindung der Platten im Trog-Apparate, wo alle Platten gleich einem einzigen sehr großen Plattenpaare angewandt werden, wovon ich bei den Wärme-Erscheinungen in der Schließung der Säule reden werde.

Geschlossene voltaische Säule.

Welche von diesen verschiedenen Anordnungen des Apparates man nun auch anwende, so ist der Zustand, sowohl in der ungeschlossenen Säule als in der geschlossenen, in allen diesen Apparaten übereinstimmend; beide Zustände aber sind sehr wesentlich verschieden. Alle bisherigen Betrachtungen betrafen nur die electrische Spannung, die electroscopischen Erscheinungen, welche bei der ungeschlossenen und isolirten Säule an beiden Polen um so stärker entgegengesetzt hervortreten, je größer die Anzahl der Plattenpaare ist; aber diese Kennzeichen der electrischen Spannung hören sogleich fast gänzlich auf bei der Schließung der Kette. Bringt man nämlich an dem Zinkpole der Säule einen Metalldrath an und bringt diesen mit dem Kupferpole in fortwährende Berührung; so muß offenbar (Fig. 110.) die in Z angehäufte positive Electricität sich durch ZMK nach K fortbewegen; und da in dem Augenblicke, wo dadurch die unterste Kupferplatte in den Nullzustand versetzt wird, die nächste Zinkplatte wieder ihren Vorzug an positiver Electricität fordert, so geht der positiv-electrische Strom nicht allein von Z durch M nach K, sondern auch von K durch die Säule nach Z, so daß ein unaufhörlicher Kreislauf statt findet; und eben so macht die negativ-electrische Materie ihren Kreislauf in entgegengesetzter Richtung in der geschlossenen Säule. Der Leiter ZMK heißt der Schließungsdrath, der schließende Leiter. Wird dieser, die Enden der Säule verbindende, Leiter nicht als metallischer Leiter ohne Unterbrechung fortgeführt, sondern der menschliche Körper als Theil dieses Leiters in die geschlossene Kette gebracht, so beobachten wir an der geschlossenen Säule die physiologischen Erscheinungen, welche der electrische Strom auf unsern Körper hervorbringt; macht ein flüssiger Körper einen Theil des Leiters ZMK aus, so giebt dies Gelegenheit zu Beobachtung der chemischen Wirkungen; läßt man den electrischen Strom durch sehr dünne Dräthe übergehen oder auch durch die Luft überschlagen, so erhält man die Erscheinungen der Erhitzung, des Verbrennens, der Funken.

Bei allen diesen Erscheinungen, welche die geschlossene Säule darbietet, können wir die Frage aufwerfen, wie sie von der Anzahl der Plattenpaare, wie sie von der Größe der Platten, wie sie von der ungleichen Wirksamkeit des feuchten Körpers in der Säule, endlich wie sie von der Beschaffenheit des die Schließung bewirkenden Leiters selbst abhängen. Eigentlich käme auch noch die Frage hinzu, wie sie von der Wahl der beiden verschiedenen Metalle abhängen, aber diese übergehe ich, da bei ganz gleicher Einwirkung des flüssigen Leiters die Wirksamkeit wohl genau dem Maaße der electromotorischen Thätigkeit angemessen sein würde; ich werde daher auch fast immer nur von Zink und Kupfer, als den beiden in Anwendung gebrachten Metallen, reden, da schon aus dem Vorigen erhellt, daß Zink und Platin oder gar Zink und Mangan-Oxyd noch wirksamer, Kupfer und Silber dagegen nur in sehr schwachem Grade wirksam sein würden; und folglich sich leicht auf die Wirkung jeder Säule schließen läßt, die aus diesen Körpern bestände.

Physiologische Wirkungen.

Die Anordnung der Betrachtungen, welche sich auf die verschiedenen Wirkungen der Säule beziehen, hat einige Schwierigkeit, da die Betrachtung der einen Wirkung so nahe mit der Betrachtung der andern verwandt ist; ich muß daher Sie um Verzeihung bitten, wenn ich zuweilen eine Bemerkung machen muß, die erst später ihre volle Erklärung findet.

Die physiologischen Wirkungen waren es, die nach der Entdeckung der voltaischen Säule zuerst das Erstaunen der Physiker erregten, da man die früher beobachteten so sehr schwachen Einwirkungen auf die Sinne hier in unerwartet starkem Maaße gesteigert sah. Schon früher, bald nach den ersten galvanischen Versuchen, hatte Volta auf zwei durch Silber und Zink vermittelst der einfachen galvanischen Kette hervorgehende Einwirkungen auf die Sinnes-Organe aufmerksam gemacht. Man nimmt nämlich einen eigenthümlichen Geschmack auf der Zunge wahr, wenn man das eine Ende eines Silberstäbchens an die untere Seite der Zunge und das eine Ende eines Zinkstäbchens an die obere Seite der Zunge bringt, dann aber die beiden andern Enden der Metalle mit einander in Berührung bringt; und eben so läßt das Auge uns die Wirkung des electrischen Stromes gewahr werden, wenn man jene beiden Metalle mit beiden Augenwinkeln in Berührung bringt, indem dann, wenn die beiden andern Enden der Metalle sich berühren, vor dem geschlossenen Auge eine schwache Licht-Erscheinung vorübergeht. Statt dieser Erscheinungen bietet aber die Säule nun viel stärkere und auffallendere dar.

Berührt man mit benetzten Fingern die beiden Pole einer Säule, die aus 50 oder mehr Plattenpaaren besteht, so empfindet man im Augenblicke der ersten Schließung der Kette einen, bei kleinen Säulen bloß in den berührenden Fingern, bei größern Säulen auch bis zu entferntern Theilen der Hand und des Armes fühlbaren Schmerz, der auch während der dauernden Schließung, wegen der in jedem Augenblicke wechselnd mehr oder minder innigen Berührung, fortdauert. Die Empfindung ist, wenn man auch an beiden Polen auf ganz gleiche Weise berührt, ungleich an beiden Polen, und man hat diese Ungleichheit dadurch zu beschreiben gesucht, daß man sagte, die Empfindung am negativen Kupferpole sei so, als ob der Finger von der Säule her nach allen Richtungen schneidend durchdrungen werde, am positiven Zinkpole sei dagegen die Empfindung dumpfer, als ob der Finger eingeengt sei. Ritter glaubt bei dauernder Schließung der Säule am negativen Pole das Gefühl der Kälte, am positiven Pole ein Gefühl von Wärme bemerkt zu haben; aber hierin stimmen andre Beobachter nicht ganz ein, und ich selbst, obgleich ich jene erste Beschreibung der Empfindung nicht unpassend finde, habe doch in Beziehung auf Wärme und Kälte keinen so entschiedenen Gegensatz finden können. Ritter fand hier überall genaue Gegensätze, theils in den Sinnes-Erscheinungen, welche beide Pole bei dem Schließen der Kette darbieten, theils in den Empfindungen, die an demselben Pole beim Schließen und Oeffnen der Kette vorkommen; so strenge kenntlich scheinen mir diese Gegensätze nicht, obgleich das wohl allerdings richtig ist, daß beim Oeffnen der Kette durch die Lebensthätigkeit der Organe das Gefühl eines Zustandes hervortritt, der sich als dem durch jenen unnatürlichen Reiz erregten entgegengesetzt der Empfindung darbietet. Auf der Zunge giebt der vom positiven Pole herkommende Drath einen sauern, stechenden Geschmack, der vom negativen Pole herkommende Drath einen alcalischen; über den Ursprung dieses Geschmacks aus der anfangenden Zersetzung der Feuchtigkeiten auf der Zunge geben die chemischen Erscheinungen noch mehr Aufschluß; daß aber beim Oeffnen der Kette sich die entgegengesetzte Geschmacks-Empfindung wahrnehmen läßt, muß gewiß aus der eben erwähnten Gegenwirkung des Organs erklärt werden. Der Lichtblitz vor dem Auge zeigt sich bei einer mäßigen Anzahl Plattenpaare schon deutlich, wenn man zwei von beiden Polen ausgehende Leiter an benetzte Stellen der Schläfe brin

Von Humboldt, Ritter, Most und andre haben eine große Menge hierher gehöriger Versuche angestellt, die ich nicht weiter anführe, da für die Gesetze der electrischen Erscheinungen selbst wenig belehrende Folgerungen daraus hervorgehen. Merkwürdig scheint mir indeß der Beweis, den Marianini für den Satz, daß die Zuckung der Froschschenkel beim Wiederöffnen der Kette nicht von einem Zurückströmen der Electricität herrührt, aufgestellt hat. Allerdings nämlich zeigt der Froschschenkel auch beim Oeffnen der Kette eine Zuckung, und dieses glaubte man durch ein Zurückströmen der Electricitätsströme erklären zu müssen; Marianini bemerkt aber, daß dieses Zucken fast eben so eintrete, wenn man die Kette nicht unterbricht, sondern durch eine zweite Schließung den Strom bloß bei dem Frosche vorbei leitet; indeß gesteht er zu, daß vielleicht in den thierischen Theilen selbst einige angehäufte Electricität sein könne, die beim Unterbrechen oder beim Vorbeileiten des Stromes eine eintretende Veränderung des electrischen Zustandes zur Folge haben kann.

Es gehörte wohl hieher, etwas von der Einwirkung des voltaischen Stromes und der Berührungsschläge auf die Gesundheit zu sagen; aber der Gegenstand scheint noch viel zu wenig erörtert, als daß man eine andre Regel als die, nur ja keine zu starken Wirkungen in irgend einem Falle anzuwenden, geben könnte. Ich gehe dagegen zu einigen Bemerkungen über die Ursachen dieser physiologischen Wirkungen und über die Umstände, welche ihre Stärke bestimmen, über.

Abhängigkeit der physiologischen Wirkungen von der Zahl und Größe der Platten und von der Leitung.

Um zuerst die unerwartete Verschiedenheit zu erklären, die sich zwischen der Säule und der gewöhnlichen Electricität darin zeigt, daß jene bei kaum bemerkbarer electroscopischer Einwirkung doch so empfindliche Schläge giebt, scheint folgende Bemerkung am meisten geeignet. Es ist bekannt, daß man die größeste Batterie an einer Electrisirmaschine nicht stärker — ja kaum so stark — laden, das ist, das Electrometer nicht zu höherem Steigen bringen kann, als eine kleinere Flasche, und dennoch kann die Wirkung jener furchtbar sein, während die Wirkung dieser geringfügig ist; wir sehen also, daß es bei der Empfindung, die der gewöhnliche electrische Schlag erregt, nicht auf die Spannung allein, mit welcher die Electricität überzugehen strebt, sondern auch ganz vorzüglich auf die Menge der in einem sehr kurzen Zeitraume übergehenden Electricität ankömmt, daß also eine sehr große Batterie nur zu einem sehr schwachen Grade geladen zu sein brauchte, um die empfindlichsten Schläge zu geben. Diese Bemerkung leitet zu dem Schlusse, daß die Menge der electrischen Materien, welche sich in einer gut aufgebauten, die Leitung der Electricität stark befördernden Säule durch diese fortbewegt, ungemein groß sein muß, und hierauf bezieht sich Volta's Vergleichung der electrischen Säule mit einer unendlich großen, aber sehr schwach geladenen Batterie. Die feuchte Säule ist, so lange sie sich in völliger Wirksamkeit befindet, so sehr geeignet, den unausgesetztesten und lebhaftesten electrischen Strom hervorzubringen, daß sie uns in jedem Augenblicke einen neuen Stoß giebt, und also so wirkt, wie eine sehr große, sich immer wieder ladende Batterie. Da die trockene Säule eine viel zu träge Durchleitung der electrischen Ströme gestattet, so kann sie eben so wenig als eine so ungemein schwach geladene und dabei kleine Flasche auf das Gefühl wirken.

Daß aber mit vermehrter Spannung auch die physiologischen Wirkungen zunehmen, das heißt, daß Säulen aus vielen Plattenpaaren wirksamer sein müssen, versteht sich wohl von selbst, und wirklich nimmt auch, wie es scheint unbegrenzt, die Stärke der Schläge mit der Anzahl der Plattenpaare zu. In genauem Verhältnisse kann indeß die Wirkung wohl nicht mit der Anzahl der Plattenpaare stehen, weil bei vielplattigen Säulen auch der Widerstand offenbar zunimmt, den der electrische Strom leidet; aber wenn deshalb auch nicht bei 500 Plattenpaaren die ohnehin schwer abzumessende physiologische Wirkung 5 mal so groß als bei 100 Plattenpaaren ist, so ist die Zunahme der Wirkung dennoch groß genug. Der Widerstand ist viel geringer, wenn die feuchten Leiter nicht aus Wasser allein, sondern aus mehr oder minder starken Auflösungen von Salz, am liebsten noch verbunden mit Säuren, bestehen, und es ist daher natürlich, daß die physiologischen Wirkungen durch die Wahl solcher feuchter Leiter sehr gesteigert werden.

Man hat eine Zeit lang in dem Irrthume gestanden, daß große Platten bei gleicher Anzahl keine stärkere Schläge geben, als kleine; aber es ist offenbar, daß der durch 10 Quadratzoll Oberfläche bewirkte electrische Strom zehnmal so mächtig, als für 1 Quadratzoll sein muß, daß also großplattige Säulen, wenn zugleich der Platten viele sind, ganz gewiß wirksamer sein müssen. Jener Irrthum entstand daher, daß man die Pole der Säule so berührte, daß in der Schließung selbst zu viel Widerstand war, und die in hinreichendem Reichthum vorhandene electrische Materie doch nur einen minder raschen Strom bilden konnte. Wenn man beide Enden einer sehr großplattigen Säule mit einem sehr dünnen Drathe berühren wollte, so würde der electrische Strom genau so aufgehalten werden, wie der Wasserstrom, der durch ein einziges Haarröhrchen hervordringt; bei diesem bewirkt ein höherer Wasserstand, bei jenem bewirkt ein höherer Spannungsgrad der Electricität (eine Vermehrung der Plattenpaare,) eine Zunahme der Geschwindigkeit, aber die Größe des Wasservorraths hilft dort so wenig als hier die Größe der Platten. Eben diese gehinderte Leitung findet statt, wenn man mit unvollkommen befeuchteten Händen oder nur mit der Fingerspitze berührend die Electricität aufnimmt, und in diesen Fällen ist es also wahr, daß großplattige Säulen ohne Nutzen angewendet werden; dagegen wenn man mit großen Metallstücken, die man mit der nassen Hand recht umfaßt, die Pole der Säule berührt, oder wenn man die Hände in zwei mit gesäuertem Wasser gefüllte Gefäße untertaucht, und starke Leiter von beiden Polen der Säule in beide Gefäße taucht und abwechselnd wieder zurückzieht, so bemerkt man den Vorzug der großplattigen Säulen.

Obgleich aber der vermehrte Widerstand in den die Schließung bewirkenden Leitern so sehr zu Verminderung der Wirkung beiträgt, so kann man doch auch den Schlag der voltaischen Säule durch viele Personen, die sich mit nassen Händen anfassen, durchleiten, wobei freilich der Schlag an Stärke verliert. Auch durch andre lange Leiter wird doch der Schlag nicht allzu sehr geschwächt, und Erman hat auf der Havel den Schlag durch 130 Fuß Drath und 130 Fuß Wasser nur wenig geschwächt empfunden, als er den einen Pol der Säule mit dem Wasser in Verbindung setzte, den andern mit einem langen Drathe versah, und dann isolirt in 130 Fuß Entfernung stehend den Drath und das Wasser zugleich berührte. Busse hat eine ähnliche Leitung 4000 Fuß weit angebracht.

Die Größe des Widerstandes bei der Hinüberleitung zum menschlichen Körper ist auch gewiß die Ursache, warum Säulen aus wenigen Plattenpaaren gar keine Empfindung geben, wenn auch die Platten noch so groß sind. Es ist nämlich eine gewisse Spannung, (man darf wohl die, welche 20 bis 30 Plattenpaaren Zink und Kupfer bei einer Befeuchtung der Zwischenschichten mit gesäuertem Wasser entspricht, als die durchaus erforderliche ansehen,) nothwendig, um irgend eine Wirkung, die man electrischen Schlag nennen könnte, hervorzubringen, indem bei geringerer Spannung die Electricität den Widerstand beim Uebergange auf den menschlichen Körper gar nicht zu überwinden vermag.

Säulen von 200 bis 250 Plattenpaaren geben schon bei Berührung mit nassen Händen eine recht empfindliche Wirkung, zumal wenn sie mit stark gesäuertem oder gesalzenem Wasser aufgebaut sind. Gay=Lüssac fand bei einer Säule von 600 Plattenpaaren, und Platten von 120 Quadratzoll groß, wo zu Befeuchtung der Zwischenlagen Wasser mit $\frac{1}{10}$ Salzsäure und $\frac{1}{10}$ Schwefelsäure angewandt worden, die Schläge mit nassen Händen kaum erträglich. Grimm tödtete mit einer Säule von 500 Plattenpaaren einen Bergfinken, indem er ihn 25 Min. lang dem Strome der Kette aussetzte. Säulen von 2000 Plattenpaaren geben, selbst mit trocknen Händen angefaßt, Schläge, die kaum zu ertragen sind und durch 50 Personen, die sich mit trockenen Händen anfassen, fühlbar bleiben.

Die electrischen Fische.

Aehnliche Wirkungen, wie diese, welche die electrische Säule hervorbringt, wahrscheinlich auch beruhend auf ähnlichen Gesetzen, hat man schon lange an den electrischen Fischen gekannt, ja einer derselben, der Zitterrochen, ist schon den Alten bekannt gewesen. Diese Fische, unter denen der im Mittelländischen Meere lebende Zitterrochen und der in Süd=Amerika lebende Zitter=Aal am bekanntesten sind, besitzen die Kraft, electrische Schläge zu ertheilen; und da sich in ihnen ein sonst nirgends vorkommendes Organ, das aus Schichtungen, der voltaischen Säule ähnlich, besteht, findet, so vermuthen wir nicht ohne Grund, daß ihre electrische Wirksamkeit auf ähnlichen Gesetzen, wie die der Säule, beruhe. Freilich sind es hier nicht Schichtungen von solchen Körpern, deren electromotorische Thätigkeit wir nachweisen könnten, sondern es sind Häute und Flüssigkeiten, so wie wir sie sonst im thierischen Körper finden; aber die zu diesem Organe gehenden starken Nerven mögen hier die Ladung des Organes bewirken. Diese Organe bestehen bei dem

Zitterrochen oder Krampfrochen aus Säulen, die, aus Häuten, zwischen denen sich eine Flüssigkeit befindet, zusammengesetzt, von der unteren Seite des Körpers bis an die obere reichen; es stehen viele dieser Säulen neben einander, so daß man bei großen Rochen über tausend gezählt hat. Bei dem Zitter-Aale ist das Organ im Schwanze und nimmt drei Viertel der oft bis auf 6 Fuß gehenden Länge des Fisches ein; es gleicht in seiner geschichteten Bildung dem Organe des Zitterrochen.

Diese Fische besitzen die Fähigkeit, nach Willkühr Schläge, den electrischen ähnlich, zu geben; Volta vergleicht die des Rochen mit den Schlägen einer voltaischen Säule von 60 Plattenpaaren, die Schläge der Aale müssen aber weit heftiger sein, da sie Pferde durch Berührung am Bauche so empfindlich, daß diese niederstürzen, verletzen können. Daß diese Schläge von den Fischen willkührlich ertheilt werden, erhellt daraus, daß man den Fisch in den Händen halten kann, ohne einen Schlag zu erhalten, daß er mancherlei Bewegungen machen kann, ohne einen Schlag zu ertheilen, daß er dagegen diesen unter ganz gleichen Umständen zuweilen plötzlich und oft wiederholt ertheilt.

Wenn man den Zitterrochen nur an einer Seite berührt, so erhält man nur matte Schläge, stärkere dagegen, wenn man beide Seiten berührt. Liegt der Fisch auf einer metallenen Schüssel, so hat man vom Schlage nichts zu fürchten, wenn man bloß die Schüssel berührt; aber wenn man diese berührt und zugleich die obere Seite, so kann man den Schlag vollkommen stark erhalten. Dagegen wenn die obere Seite mit einer Metallplatte bedeckt ist, welche mit jener Schüssel in metallisch leitender Verbindung steht, so kann man beide Metallplatten berühren, ohne die Wirkung des Schlages zu empfinden; es erhellt also, daß der Leiter für die Electricität hier eine eben so gegen die Schläge sichernde Schließung bewirkt, wie es bei der Schließung der voltaischen Säule der Fall ist, deren electrischer Strom durch einen Metalldrath hinreichende Ableitung findet. Der Schlag wird mehreren Personen zugleich ertheilt, wenn sie, sich bei den Händen fassend, die Schließung, welche von der oberen Seite nach der untern geht, bilden. Der Zitter-Aal giebt im Wasser seinen Schlag bis zu bedeutenden Entfernungen.

Der Fisch muß ein eigenthümliches Gefühl für die Leitung, die den Schlag möglich macht, haben, wenigstens scheint dies aus folgendem von Walsh angestellten Versuche zu erhellen. Walsh führte zwei Metalldräthe, aus dem Gefäße mit Wasser, worin der Fisch sich befand, zu zwei andern mit Wasser gefüllten Gefäßen; waren nun die letztern durch Leiter verbunden, so kam der Fisch gern zu den Metalldräthen heran, um den Schlag zu ertheilen; aber er zeigte keine Neigung, den Schlag zu ertheilen, wenn diese Leitung unterbrochen war.

Der Schlag geht so schwer durch den geringsten mit Luft gefüllten Zwischenraum über, daß man fast durchaus keinen Funken sieht; nur wenn die Unterbrechung des leitenden Metalles äußerst geringe ist, kann man im Dunkeln den Funken erkennen. Die hier wirksame Electricität ist also von äußerst geringer Spannung, so daß jedes Hinderniß der Leitung den Uebergang vollkommen aufhält; da sie aber dennoch so mächtig wirkt, so muß die Menge der in Thätigkeit gesetzten Electricität wohl sehr groß sein.

Am Electrometer oder mit Hülfe des Condensators kann man keine Spur von Electricität gewahr werden, ohne Zweifel deswegen, weil hier keine dauernde Ladung, sondern nur eine plötzliche Erzeugung von Electricität statt findet, und weil der Fisch keine Electricität hervorbringt, wenn, wie es beim Condensator geschehen muß, die Leitung unterbrochen ist. Eben diese nur momentane Erregung der Electricität, wobei aber die Menge der in Bewegung gesetzten electrischen Materie sehr groß ist, mag auch, wie Davy glaubt, die Ursache sein, warum der electrische Schlag des Zitterrochen keine electromagnetischen Wirkungen zeigt, so wenig als chemische Wirkungen.

Zwei und zwanzigste Vorlesung.

In der Reihe neuer Entdeckungen, m. h. H., zu welchen Volta's Säule Veranlassung gegeben hat, nehmen diejenigen, welche die chemischen Wirkungen betreffen, einen vorzüglichen Platz ein, und so wie wir es neulich sehr belehrend fanden, Volta bei jedem einzelnen Fortschritte seiner Entdeckungen zu folgen, so werden wir hier vorzüglich Davy's philosophischen Sinn in der Wahl des richtigen Weges zu neuen Entdeckungen zu bewundern Gelegenheit haben.

Wasserzersetzung durch die voltaische Säule.

Doch nicht Davy, sondern Carlisle und Nicholson waren die ersten, welche eine chemische Wirkung der Säule wahrnahmen, und die ersten Untersuchungen darüber anstellten. Sie bemerkten in einem auf der letzten positiven Platte der Säule liegenden Wassertropfen ein Entstehen von Bläschen, als der die Schließung der Säule bewirkende Drath den Wassertropfen berührte; die damals schon lange bekannte Erfahrung von der bei so manchen Veranlassungen statt findenden Wasserzersetzung schien ihnen die Erklärung der Erscheinung darzubieten, die auch bald in fernern Versuchen ihre völlige Bestätigung fand. Um diese Wasserzersetzung und eben so andre chemische Wirkungen in Flüssigkeiten hervorzubringen, bedient man sich oft nur der einfachen Glasröhre EF, (Fig. 111.), in welcher die Spitzen der von beiden Polen der Säule herkommenden Schließungsdräthe AB, CD, einander in einer mäßigen Entfernung gegenüber stehen; indem hier die durch die Dräthe zugeleiteten electrischen Ströme zwischen B, D, durch die flüssige Materie gehen, bringen sie auf diese die chemischen Wirkungen hervor, die den Umständen nach statt finden können. Befindet sich reines Wasser in der Röhre und sind es Platin- oder Golddräthe, die sich im Wasser gegenüber stehen, so gehen an beiden Drathspitzen Bläschen hervor; ist der zum positiven Pole der

Säule gehende Drath dagegen von einem leichter oxydirbaren Metalle, so oxydirt dieser sich, während an dem andern Drathe, der nämlich mit dem negativen Pole in Verbindung steht, immer auf gleiche Weise Bläschen hervorgehen.

Diese Wahrnehmung zeigt schon, daß die Wasserzersetzung hier auf eine ungewöhnliche Weise statt findet, daß nämlich am negativen Drathe nur der eine Bestandtheil, am andern Drathe nur der andre Bestandtheil sich uns kenntlich darstellt. Da diese Erscheinung der Vorstellung von einer Zersetzung des Wassers nicht entsprechend schien, so glaubten zuerst einige Physiker, man müsse die Lehre von der Wasserzersetzung aufgeben; aber spätere Versuche, die auch bei andern Zersetzungen dasselbe Gesetz, daß nur der eine Bestandtheil am einen Pole, der andre Bestandtheil am andern Pole ausgeschieden hervorgeht, beweisen, ließen keinen Zweifel übrig, daß auch hier die wahren Bestandtheile des Wassers, als durch Zerlegung des Wassers hervorgehend, sich uns darstellen. Um die beiden Luft-Arten, die bei der Zerlegung des Wassers entstehen, abgesondert zu erhalten, dient, da die Wirkung einer nicht allzu schwachen Säule sich weit genug erstreckt, ein Instrument, wo die Dräthe sich am untern Ende zweier Röhren finden. Es sei die Röhre (Fig. 112.) ABC ganz mit Wasser gefüllt, und befinde sich in das weitere, mit reinem Wasser gefüllte Gefäß DE eingetaucht; über die Oeffnungen der Röhre ABC sind zwei oben geschlossene, aber ganz mit Wasser gefüllte Röhren oder Glöckchen AF, CG gestürzt, damit diese die bei B etwa sich entwickelnde Luft aufnehmen. In diese Glöckchen sind die Platindräthe FH, GK, durch Einschmelzen befestigt, deren Enden sich ziemlich tief im untern Theile der Röhren befinden. Daß die Gefäße AF, CG, sich wegen des auf die Oberfläche LM des Wassers wirkenden Luftdruckes mit Wasser gefüllt erhalten, wenn man sie angefüllt mit ihren Mündungen unter die Oberfläche LM bringt, brauche ich nicht zu sagen. Wird nun der eine der Platindräthe bei N mit dem einen, der andre bei O mit dem andern Pole der Säule in Verbindung gesetzt, so bildet sich eine, theils aus den Metalldräthen NH, OK, theils aus der Wassermasse HBK bestehende, Schließung der Kette, und indem die electrischen Ströme von der Spitze des einen Draths zur Spitze des andern übergehen, zersetzen sie das Wasser so, daß bei H die eine Luft-Art, bei K die andre Luft-Art hervorgeht, und jede sammelt sich, in ihrer abgesonderten Röhre aufsteigend, ungemischt in den Glöckchen bei F und G. Die Untersuchung der so aus reinem, ausgekochtem Wasser hervorgehenden Luft-Arten zeigt, daß sie sowohl der Beschaffenheit nach, als der Quantität nach dem entsprechen, was man schon sonst von der Wasserzersetzung wußte, daß nämlich dem Raume nach doppelt so viel Wasserstoffgas als Sauerstoffgas hervorgeht, und jenes wird am negativen Pole, dieses am positiven Pole, das ist, das letztere an dem vom Zink herkommenden Drathe ungemischt gefunden.

Obgleich aber auf diese Weise der eine Bestandtheil des Wassers an einem von der Entstehung des andern Bestandtheiles weit genug entfernten Puncte hervorgeht, so ist doch auch hier jedes Wassertheilchen in seine zwei Bestandtheile zerlegt. Wir können uns die Wassertheilchen als eine Kette bildend vorstellen, wo, indem das erste Theilchen sein Oxygen an dem positiven Drathe hergiebt, das Hydrogen zum zweiten Theilchen übergeht und sich mit dem Oxygen des zweiten Theilchens verbindet, dessen Hydrogen zum dritten Theilchen übergeht, und so fort bis zum letzten Theilchen, welches sein Hydrogen als frei geworden am negativen Drathe hergiebt. Diese Anziehung des Oxygens zum positiven Ende der Säule hin, des Hydrogens zum negativen Ende, womit zugleich eine Abstoßung des andern Bestandtheiles verbunden ist, findet so sehr in demselben Augenblicke durch die ganze zwischen liegende Wassermasse statt, daß in dem Zwischenraume nicht eine Spur von Freiwerden des andern Bestandtheiles merklich ist, und es muß daher dieser Austausch, wodurch jedes in der Mitte liegende Theilchen statt des nach der einen Seite abgegebenen Hydrogen-Antheils und des nach der andern Seite abgegebenen Oxygen-Antheils sogleich den Ersatz in entgegengesetzten Richtungen empfängt, völlig momentan sein.

Menge des entwickelten Gas unter verschiedenen Umständen.

Die Wasserzersetzung ist bei Anwendung derselben voltaischen Säule desto stärker fortgehend, je näher die Drathspitzen einander sind; aber nach Ermans Versuche, wo Glasröhren mit durchbohrten Korkstöpseln zu einer sehr langen Röhre vereinigt angewandt wurden, ist die Wasserzersetzung noch merklich, wenn auch 18 Fuß Wasser sich zwischen den Drathspitzen einer gut wirkenden, aus 100 Plattenpaaren bestehenden Säule befinden. Wenn die Drathspitzen ihre immer gleiche Stellung behalten, so kann die Menge der aus dem Wasser hervorgehenden Luft zu einem Maaße der chemischen Wirksamkeit verschiedener Säulen dienen. Bischoff hat zu diesem Zwecke, nämlich um die Zeit, in welcher ein bestimmtes Maaß der beiden Luft-Arten hervorgeht, zu beobachten, mit Vortheil eine vertical stehende Röhre AB (Fig. 113.) angewandt, in welcher der von oben eintretende eingeschmelzte Platindrath CD dem von der Seite eintretenden Drathe EF gegenüber steht. Ist hier zu Anfang des Versuches die Röhre mit reinem ausgekochtem Wasser gefüllt, so fängt, sobald die Säule in Thätigkeit ist, ein Hinaufsteigen der Luft-Arten von beiden Platindräthen D, E, an, und diese dauert fort, bis beide Drathspitzen sich nicht mehr im Wasser befinden; bemerkt man also den Augenblick, da man die Dräthe ihre Wirkung anfangen läßt, und da sie wegen aufgehobener Leitung zwischen D, E, aufhört, so hat man die Zeit, in welcher das immer gleiche Luftvolumen bei gleicher äußerer Temperatur und gleichem Luftdrucke, aber unter verschiedenen Einwirkungen der Säule hervorgegangen ist.

Außer der Annäherung der Drathspitzen gegen einander hat auch auf die vermehrte Menge der entwickelten Luft die Art der Metalle Einfluß, aus welchen die Dräthe bestehen. Ein Drath von einem in der Reihe der Electromotoren als sehr stark positiv erkannten Metalle ist am positiven Pole am wirksamsten, um viel Wasserstoffgas am andern Pole zu erhalten, und dies in solchem Grade, daß Marechaux die achtfache Menge Wasserstoffgas erhalten zu haben angiebt, als er am positiven Pole statt des Golddrathes einen Zinkdrath anbrachte. Will man an beiden Polen gleiche Dräthe anbringen, so sind Dräthe aus einem positiven Metalle besser, als die aus einem negativen Metalle, geeignet, um viel Wasserstoffgas zu geben. Wenn die Flüssigkeit, die man der Zersetzung unterwirft, kein reines Wasser ist, sondern Säuren oder Salze enthält, so vermehrt sich die durch Wasserzersetzung erhaltene

Luftmenge in hohem Grade, so daß Gay-Lüssac bei einem Versuche aus verdünnten Säuren viermal so viel Gas als aus einem undestillirten reinen Wasser, das nur sehr wenig Kalktheile enthielt, entwickelte, bei einem andern Versuche aber, wo ganz reines, von Luft befreites Wasser angewandt wurde, kaum 1 Maaß Gas erhielt, statt daß 49 Maaß hervorgingen, wenn $\frac{1}{250}$ einer gesättigten Auflösung von schwefelsaurem Natron hinzugethan wurde, und 328 Maaß, wenn diese gesättigte Auflösung selbst der Zersetzung unterworfen wurde *). Hiebei kommen indeß, je nachdem man verschiedene Säuren oder Salze anwendet, große Ungleichheiten vor, indem einige Auflösungen bei vermehrter Verdünnung immer weniger Gas geben, andre dagegen diesem Gesetze nicht entsprechen.

Die Gas-Entwickelung nimmt unter sonst gleichen Umständen nicht in gleichem Verhältnisse mit der Anzahl der Plattenpaare in der Säule zu, sondern Gay-Lüssac fand, daß die erzeugte Luftmenge sich erst verdoppelte, als die Anzahl der Plattenpaare auf das Achtfache stieg. Um die Wasserzersetzung in einem nicht destillirten und nicht ausgekochten Wasser deutlich zu zeigen, reichen Säulen von 12 Plattenpaaren vollkommen aus und selbst zwei oder drei Schichtungen zeigen sich schon wirksam. Wendet man Säulen mit Platten von verschiedener Größe an, so ist unter sonst gleichen Umständen die entwickelte Gasmenge der Größe der Platten proportional, was auch, da eine Säule von 50 mal so großen Platten so anzusehen ist, als ob 50 Säulen aus kleinen Platten neben einander ständen, nicht wohl anders sein kann.

In sehr starkem Maaße aber hängt die Menge des entwickelten Gas von der Verschiedenheit der Flüssigkeiten ab, mit welchen die feuchten Leiter in der Säule benetzt oder die Zellen des Trog-Apparates gefüllt sind. Je mehr diese Flüssigkeiten den schnellen Kreislauf des electrischen Stromes befördern, desto wirksamer zeigt sich auch in chemischer Hinsicht die Säule. Wenn bei Gay-Lüssacs Versuchen die dem Wasser in den Zellen zugesetzte Salpetersäure auf das Doppelte und Vierfache vermehrt wurde, so erhielt man immer desto mehr Gas, und so in ähnlichen Fällen. Trockene Säulen bringen nur sehr geringe Spuren chemischer Wirkungen

*) Gilb. Ann. XXXVIII. 140.

hervor, weil die Langsamkeit des in ihnen seinen Kreislauf vollendenden electrischen Stromes diese Wirkungen nicht gestattet.

Andre Zersetzungen in der Schließung der Säule.

Daß nicht das Wasser allein dieser Zersetzung unterworfen sei, ließ sich erwarten, und die Erfahrung zeigt, daß alle Salze und ähnliche zusammengesetzte Körper ähnliche Zersetzungen erleiden. Füllt man die Röhre, in welcher die Drathspitzen einander gegenüber stehen, mit einer Auflösung von Bleizucker (essigsaurem Blei), so erhält man schon in wenigen Augenblicken an dem Drathe des negativen Poles einen Bleiniederschlag, während am positiven Drathe sich, so weit es die Natur des Metalles erlaubt, die Einwirkung der dort hervorgehenden Säure zeigt. Das Salz wird also zerlegt, und zwar so, daß Blei am negativen, Säure am positiven Pole hervorgeht. Verwechselt man die Dräthe, so daß man den Drath, an welchem die feinen Bleispänchen sich angehängt haben, ohne ihn zu erschüttern, an das Zink-Ende der Säule knüpft, und den andern Drath dagegen an das Kupfer-Ende, so verschwindet allmählig das an jenem niedergeschlagene Blei, indem es sich in der Flüssigkeit auflöst, und ein neuer Niederschlag von Blei zeigt sich nun an dem jetzt negativen Drathe. Eben dieses Niederschlagen des Metalles erfolgt in allen ähnlichen Fällen am negativen Drathe, und der saure Bestandtheil geht dagegen zum positiven Drathe über.

Wenn man die beiden Röhren (Fig. 114.) mit einem durch etwas Lackmußtinctur gefärbten Wasser füllt, so findet man, nachdem die Thätigkeit der mit den beiden Dräthen gehörig geschlossenen Säule eine Zeit lang gedauert hat, die Färbung an dem positiven Drathe geröthet, zum Zeichen, daß alles, was von sauren Bestandtheilen in dem selten von allen Salzen ganz freien Wasser war, nebst dem bei der Zersetzung des Wassers dorthin übergehenden Oxygen, sich nach dem positiven Drathe hin begeben hat. Füllt man die Röhren mit Veilchensyrup, der bekanntlich seine blaue Farbe in Roth verwandelt, wenn Säure, in Grün, wenn alcalische Stoffe zu ihm gemischt werden, so sieht man am positiven Drathe die Röthung, am negativen Drathe das Grün so hervorgehen, daß die Flüssigkeit in der einen Röhre roth, in der andern grün wird, mit dem auffallendsten Gegensatze.

In allen ähnlichen Versuchen spricht sich ganz unbezweifelt die Regel aus, daß das Oxygen und die in den Salzen enthaltenen Säuren mit großer Gewalt zum positiven Pole der Säule, der Wasserstoff, die Alcalien, die Erden, die Metalle, zum negativen Pole der Säule hingezogen werden. Auf dieser Zersetzung der Flüssigkeiten beruht auch der saure Geschmack, den man auf der Zunge am positiven Drathe, der alcalische, den man am negativen Drathe wahrnimmt.

Diese Wirkung der Säule überwindet die gewöhnlichen chemischen Einwirkungen, wenn die Säule mächtig genug ist. Es ist bekannt, wie leicht sich Zink, Eisen und andre Metalle in verdünnter Schwefelsäure auflösen, aber dennoch bleiben sie in dieser Säure unangegriffen, wenn sie sich als Leiter von dem negativen Pole her in dieser Säure befinden; denn da unter diesen Umständen das etwa schon in der Säure aufgelöste Metall an diesem Pole sich metallisch niederschlägt, so findet eine Sicherung des Metalles gegen Auflösung offenbar statt. Am positiven Pole dagegen übt eine auf das Metall ohnehin schon wirkende Säure eine vermehrte Gewalt aus.

Chemische Wirkungen der einfachen galvanischen Kette.

Aber nicht bloß an voltaischen Säulen zeigen sich diese chemischen Wirkungen, sondern selbst an einfachen galvanischen Ketten. Wenn man in eine Auflösung von Kupfervitriol (schwefelsauerm Kupfer) in Wasser einen Platindrath bringt, so zeigt dieser keine Veränderung; aber wenn man einen Platindrath und einen Eisendrath nahe an einander liegend und so, daß beide sich in einigen Puncten berühren, in die Auflösung bringt, so belegt sich der Platindrath mit einem Ueberzuge von Kupfer. Im letztern Falle entsteht nämlich ein electrischer Strom, indem die positive Electricität vom Platin zum Eisen in den Puncten, wo die metallische Berührung statt findet, und dann durch die Auflösung zurück zum Platin strömt; das in der einfachen galvanischen Kette den negativen Pol darbietende Platin zieht daher aus der Auflösung das

Metall an sich, statt daß die Säure zum Eisen oder überhaupt zum positiven Metalle übergeht.

Ein andrer Versuch, der eben so leicht anzustellen ist, besteht in folgendem. Man tröpfle zu einem Glase voll Wasser nur so wenig Schwefelsäure, daß das so wenig gesäuerte Wasser noch keine Wirkung zeigt, keine Luftbläschen hervorbringt, wenn man auch Zink oder Kupfer hineinbringt; aber nun bringe man Zink und Kupfer so, daß die eingetauchten Metalle an ihrem untern Theile von einander entfernt gehalten, oben mit den Fingern zusammen gedrückt werden, in dieses Wasser, so geht aus dem Kupfer ein Strom von Bläschen hervor, weil der jetzt vom Kupfer zum Zink, vom Zink durch das Wasser zum Kupfer zurück gehende positiv-electrische Strom dem Kupfer die Eigenschaft des negativen Poles, den Wasserstoff des Wassers stark an sich zu ziehen, ertheilt, und dieser hier frei wird, während die Säure und das ausgeschiedene Oxygen sich zum Zink hinüberziehen.

Ein schon 1792 von Fabroni bekannt gemachter Versuch, daß Zink allein im Wasser liegend sich langsamer oxydire, als Zink, das auf Kupfer oder Silber liegt, gehört ganz in eben diese Classe von Erscheinungen. Und so wie hier das Zink der Oxydation in verstärktem Maaße unterworfen wird, weil es unter den beiden sich berührenden Metallen dasjenige ist, welches den positiven Pol der electrischen Kette bildet, so kann man dagegen ein Metall gegen die Oxydation sichern, wenn man ein mehr positives Metall mit ihm in Verbindung bringt. Eisen wird in einem nur wenig gesäuerten Wasser oxydirt, und das Wasser zersetzt sich; bringt man aber Zink in Berührung mit Eisen in das Wasser, so bleibt das Eisen unangegriffen, weil das Oxygen sich nun dem Zink zuwendet.

Sicherung des Kupferbeschlages an Schiffen.

Diese Sicherung gegen Oxydation hat Davy zu einer practisch vortheilhaften Anwendung benutzt. Es ist bekannt, daß man Schiffe durch einen Kupferbeschlag gegen die Seewürmer zu sichern pflegt; aber dieses Kupfer wird sehr bald grün und zeigt im Laufe längerer Zeit eine so starke Oxydation, daß es aufgelöst wird, und seinen Zweck nicht mehr erfüllt. Da diese Oxydation hier ein

Metall trifft, das ziemlich weit nach der negativen Seite steht, so schien es leicht, es durch Verbindung mit einem positiven Metalle zu sichern. Davy überzeugte sich, daß die Einwirkung des Meerwassers auf das Kupfer nur eintrat, wenn das Meerwasser nicht von Luft befreit war, daß aber diese Einwirkung völlig gehindert wurde, wenn man auch nur $\frac{1}{150}$ der Kupfer-Oberfläche mit Eisen belegte. Bei Versuchen, die an Schiffen, welche weite Seereisen machten, angestellt wurden, fand sich, daß eine solche Armirung mit Eisenplatten, wenn diese $\frac{1}{35}$ der Kupfer-Oberfläche betrugen, so mächtig die entgegen gesetzte Wirkung hervorbrachte, daß nun ein Niederschlag der im Meerwasser enthaltenen Erden und alcalischen Substanzen am Kupfer statt fand. Dieser Niederschlag an dem allzu sehr in negativ-electrischen Zustand versetzten Kupfer war so bedeutend, daß der Nachtheil einer starken Ansiedelung von Seegewächsen an demselben daraus erwuchs; aber diese entgegengesetzten Nachtheile wurden vermieden, wenn Guß-Eisen, dessen Größe ungefähr $\frac{1}{150}$ der Kupferfläche betrug, an dieser befestigt wurde, und das Guß-Eisen erhielt sich lange genug unzerstört wirksam.

Eine ähnliche practische Anwendung dieser Kenntnisse findet bei den Leitungsröhren für Wasser statt. Sind diese von Blei und an ihren Zusammensetzungen mit einer Löthung versehen, die mehr negativ-electrisch ist, so schlagen sich in einem kalkhaltigen Wasser diese erdigen Bestandtheile in der Gegend der Löthungen nieder, und verstopfen die Röhren; man muß daher an Stellen, die man so wählt, daß sie keiner Verstopfung unterworfen sind, ein noch mehr negatives Metall anbringen, damit dieses den Niederschlag auf sich ziehe.

Davy's Untersuchungen über die Gewalt, mit welcher die Zerlegung hier bewirkt wird, und über das Hinüberführen der Stoffe.

In mehreren der angeführten Versuche zeigte sich ein Hinüberführen der einzelnen Bestandtheile nach den beiden Polen der electrischen Säule; aber dieses Hinüberführen, wenn gleich schon früher von Berzelius und Hisinger beachtet, ward erst durch Davy vollständig ins Licht gestellt. Eine als wichtig bekannt gemachte, aber unrichtig ausgelegte Entdeckung gab zu diesen Versuchen die nächste Veranlassung. Pacchiani nämlich glaubte aus vollkommen reinem Wasser am positiven Pole eine Säure, die er für Salzsäure hielt, dargestellt zu haben, und da man die Zusammensetzung der Salzsäure nicht kannte, aber sie als aus Oxygen und einem andern Grundbestandtheile zusammengesetzt ansah, so schien es nicht unglaublich, daß dieser zweite Bestandtheil Hydrogen sein könne, und daß die Salzsäure aus eben den Bestandtheilen wie das Wasser, aber in anderm Verhältnisse gemischt, bestehen möge. Am andern Drathe zeigte sich Natron, dessen Ursprung man gleichfalls schon glaubte erklären zu können. Diese, von mehrern Physikern als richtig anerkannten Erfolge zogen Davy's Aufmerksamkeit auf sich. Auch er fand, wenn zwei Glasröhren voll destillirten Wassers, mit Blase als leitender Substanz in Verbindung gesetzt, der Wirkung der voltaischen Säule ausgesetzt waren, an dem an das positive Ende angebrachten Golddrathe eine salpetersalzsaure Gold-Auflösung, am negativen Drathe eine Natron-Auflösung, glaubte aber bald sich zu überzeugen, daß hier die Salzsäure der thierischen Substanz ihren Ursprung verdanke, und daß das Natron aus dem Glase, welches da, wo der Drath es berührte, stark angefressen war, herrühre. Um diese Vermuthung zu prüfen, wurden zwei Achatbecher und ein Stück Amianth, das zur leitenden Verbindung beider dienen sollte, mit destillirtem Wasser ausgekocht, und dann in diesen Bechern destillirtes Wasser mit Anwendung von Platindräthen der Einwirkung des electrischen Stromes ausgesetzt; da sich aber auch hier Säure am einen, Natron am andern Pole zeigte, so schien dieser Versuch die Meinung von der Entstehung dieser Substanzen aus dem reinen Wasser zu bestätigen. Davy überlegte indeß, daß, da sich hier lange nicht so viel Alcalisches als beim Glase zeigte, wohl selbst die kleinsten dem Achate anhängenden fremden Theilchen zu einem solchen Erfolge Anlaß geben könnten, und daß sich dies bei öfterer Anwendung derselben Becher und desselben Amianths entscheiden müsse, indem das reine Wasser immer gleiche Substanzen hergeben müsse, die am Achat zufällig anhängenden Theilchen aber sich erschöpfen würden. Wirklich nahm bei den folgenden Versuchen die Menge der alcalischen Substanz ab, da sie aber doch immer noch in einigem Maaße hervorging, und auch die Erzeugung von

Säure fortdauerte, so schloß Davy, daß im Wasser hiezu die Veranlassung liegen möge, wenn gleich eine Verstärkung des Erfolges als abhängig von den Gefäßen nicht zu verkennen war. Dem reinen Wasser konnte man bei dieser Ungleichheit, die in den Gefäßen ihren Ursprung hatte, die Entstehung jener Stoffe nicht wohl mehr zuschreiben; es mußte also untersucht werden, ob das destillirte Wasser vollkommen rein sei, und zu diesem Zwecke ward dieselbe Quantität Wasser in kleinen goldenen Gefäßen lange Zeit dem electrischen Strome ausgesetzt. Da sich hiebei nur eine, sehr schnell merklich werdende, aber immerfort klein bleibende Menge von Alcali zeigte, so ließ sich schließen, daß dieser Stoff in bestimmter Menge dem Wasser beigemischt gewesen war; und dies bestätigte sich, als aus dem abermals langsam destillirten Wasser ein kleiner alcalischer Rückstand übrig blieb, das nun erhaltene destillirte Wasser aber kaum noch die leisesten Spuren eines alcalischen Stoffes, selbst bei lange dauernder Einwirkung des electrischen Stromes, zeigte. So war die Entstehung des alcalischen Stoffes deutlich nachgewiesen, und da ein Stückchen Glas in die Goldbecherchen gelegt, unter Einwirkung des electrischen Stromes, immer wieder bedeutende Mengen des alcalischen Stoffes gab, da Marmor auf ähnliche Art wirkte, so blieb kein Zweifel, daß die zersetzende Kraft des electrischen Stromes diese Substanz den Gefäßen oder den eingetauchten Körpern entreiße.

Ueber die Entstehung der am positiven Pole hervorgehenden Säure, die bei Anwendung thierischer Substanzen zur Leitung sich als Salzsäure und Salpetersäure, ohne Anwendung jener Substanzen als Salpetersäure, zeigte, war hiedurch noch nichts entschieden; aber da das Wasser immer während der Einwirkung der Säule atmosphärische Luft absorbiren konnte, so war Davy's Vermuthung, daß der Stickstoff der atmosphärischen Luft mit Sauerstoff verbunden als Salpetersäure dem positiven Pole zu gehe, sehr natürlich, und sie fand schon darin, daß sich am negativen Pole einige Spuren von Ammoniak (einer Verbindung von Stickstoff und Wasserstoff) zeigten, eine vorläufige Bestätigung. Vollkommen aber wurde diese Vermuthung bestätigt, als die im luftleeren Raume und die in einem mit Wasserstoffgas gefüllten Raume angestellten Versuche keine Erzeugung von Säure mehr zeigten; und so war die Erklärung des Versuches von Pacchiani gänzlich auf länger bekannte Principien zurückgeführt und seine Meinung über die Zusammensetzung der Salzsäure widerlegt.

Aber diese Reihe von Versuchen hatte die wichtige Kenntniß, daß die im Wasser nicht auflöslichen Körper dennoch von der electrischen Einwirkung zersetzt würden, ergeben, und diese Erfahrung weiter zu prüfen war Davy's nächstes Bestreben. Zwei Gefäße aus Alabaster (schwefelsaurem Kalk) wurden mit reinem Wasser gefüllt und durch einen feuchten Leiter verbunden; nach einer mäßig langen Einwirkung der voltaischen Säule war in dem Gefäße, das den negativen Drath enthielt, Kalk, in dem andern Schwefelsäure; vom Alabaster war also ein Theil in seine Bestandtheile zerlegt und einer dieser Bestandtheile in das eine Gefäß, der andre in das andre Gefäß hinüber geführt. Zahlreiche andre Versuche zeigten eben das; aber dieses Hinüberführen in die Ferne verdiente noch genauer untersucht zu werden. Es wurde in dem Gefäße, das den positiven Drath aufnahm, destillirtes Wasser, in dem Gefäße, das den negativen Drath aufnahm, eine Auflösung von schwefelsaurem Kali der Wirkung des electrischen Ströme ausgesetzt, zwischen diesen Gefäßen aber ein Gefäß mit Wasser, das mit Lackmuß gefärbt war, aufgestellt; diese Gefäße wurden so durch feuchte Leiter verbunden, daß der positiv-electrische Strom vom Wasser durch das gefärbte Wasser zu der Auflösung, der negativ-electrische Strom von der Auflösung schwefelsauern Kali's durch das gefärbte Wasser gehen mußte, und dennoch war nach kurzer Zeit das Wasser am positiven Drathe mit Schwefelsäure gemischt, ohne daß in dem gefärbten Wasser sich der ganze von der Säure durchlaufene Weg durch eine Röthung der Lackmußtinctur kenntlich gemacht hätte; die Röthung fand da zuerst statt, wo das letzte Ziel des Hinstrebens der Säure lag, in der Nähe des positiven Drathes, und nach und nach erst verbreitete sich diese Röthung rückwärts weiter, aber ohne in dem Theile des Mittelgefäßes, der der schwefelsauern Kali-Auflösung am nächsten war, irgend eine Veränderung der Farbe hervorzubringen. Bei einem andern Versuche war das Mittelgefäß mit einer Ammoniak-Auflösung gefüllt, aber auch hier fand keine Verbindung der durch diese Auflösung gehenden Schwefelsäure mit derselben statt, sondern die Säure ward durch die Auflösung hindurch geführt. Offenbar also findet eine so unaufgehaltene Fortführung der Säure nach dem positiven Pole zu statt, daß die Verbindung, in welche sie mit dem im Mittelgefäße enthaltenen alcalischen Stoffe einzugehen im Begriff ist, in jedem Augenblicke von Theilchen zu Theilchen wieder getrennt wird, und daher diese Verbindung kaum durch die geringsten Spuren kenntlich wird; und allerdings würde ja ein im Mittelgefäße enthaltenes Salz seine Säure nach der positiven Seite abgeben, weshalb aus gleichem Grunde das im Entstehen begriffene Salz auch in jedem Augenblicke wieder zersetzt werden muß, und die Verbindung der Säure mit dem alcalischen Stoffe auf keine dauernde Weise zu Stande kömmt. Nur in dem Falle, da das Salz, welches sich im Mittelgefäße nach den gewöhnlichen Gesetzen bilden sollte, unauflöslich im Wasser ist und daher sogleich bei seiner Entstehung zu Boden fällt, ändert sich der Erfolg. Wurde die Auflösung von schwefelsauerm Kali am negativen Drathe, reines Wasser am positiven Drathe angebracht, und es befand sich im Mittelgefäße gesättigtes Barytwasser, so gelangte fast nicht der kleinste Theil der Schwefelsäure zum positiven Drathe hin; es hatte nämlich die durch die Kraft der electrischen Anziehung aus der Auflösung schwefelsauern Kali's ausgeschiedene Schwefelsäure zwar ihren Weg gegen den positiven Drath zu angetreten, aber da sie im Mittelgefäße Schwer-Erde antraf, mit der sie bei ihrem Eintritte in dasselbe ein zu Boden fallendes Salz bildet, so war sie aus dem electrischen Strome entfernt worden, und die Hinüberführung hatte hier ihr Ende erreicht. Alle ähnliche Versuche hatten gleichen Erfolg, und die Natur dieser Hinüberführung der Stoffe war so in das vollkommenste Licht gestellt, und auch das war noch klarer geworden, was ich schon vorhin über die Wasserzersetzung und den Grund des getrennten Hervorgehens der Bestandtheile des Wassers gesagt habe.

Davy hat ein gleiches Hinüberführen der Stoffe auch durch die gewöhnliche Electricität hervorgebracht, indem er den electrischen Strom einer Electrisirmaschine durch äußerst feine Platinspitzen in eine Auflösung schwefelsauern Kali's eintreten ließ, die in zwei mit feuchtem Asbest verbundenen Gefäßen enthalten war; auch hier erschien Kali um die negativ=electrische, Säure um die positiv=electrische Spitze.

Diesen Untersuchungen, die ich, weil sie so musterhaft ausgeführt sind, etwas ausführlicher glaubte darstellen zu müssen, fügte Davy noch eine andre Reihe von Versuchen hinzu. Die große Gewalt, welche die Electricität in mehreren der vorigen Versuche als wirkend zur Zersetzung der Körper gezeigt hatte, ließ Davy vermuthen, daß man durch sie die Bestandtheile derjenigen Körper, die sich durch die bisherigen Mittel noch nicht hatten zerlegen lassen, werde kennen lernen. Aus diesem Grunde setzte er zuerst Kali, später Natron, der Wirkung stark wirkender voltaischer Säulen aus, und sah aus beiden am negativen Drathe glänzende Metallkügelchen hervorgehen, die unter Stein=Oel aufbewahrt ihren Metallglanz behielten, an der Luft dagegen sich sogleich wieder oxydirten und durch diese Oxydirung in Kali im einen, in Natron im andern Falle verwandelt wurden; mit Wasser in Berührung gebracht zersetzten sie, wegen ihrer sehr großen Verwandtschaft zum Sauerstoff, das Wasser. Es zeigte sich also nun, daß die für unzerlegbar gehaltenen Alcalien eine metallische Basis enthalten, die aber zum Oxygen eine so große Verwandtschaft hat, daß sie sich sehr schwer davon trennen läßt, und sich bei jeder Gelegenheit sogleich wieder damit verbindet; diese Metalle, deren Eigenschaften Davy näher untersuchte, unterscheiden sich von allen andern Metallen, sie sind auch unter sich verschieden, und die verschiedenen Erd-Arten bieten ähnliche Grundstoffe dar. Doch die weiter fortgesetzte Reihe neuer Entdeckungen über die Bestandtheile der Körper kann ich hier nicht vollständiger anführen, da ich ohnehin schon fürchte, bei diesem Gegenstande zu lange verweilt zu haben *). Nach Davy's Meinung könnten wohl diese metallischen Grundstoffe der Erden, wenn sie irgendwo in der Tiefe unoxydirt vorhanden wären, beim Zutritt von Wasser, durch ihre Verbindung mit dem Sauerstoff und durch die dabei eintretende Verbrennung des Wasserstoffgas, zu Erdbeben und vulcanischen Ausbrüchen Anlaß geben; aber diese Meinung hat keinen allgemeinen Beifall gefunden.

---

*) Davy's Untersuchungen stehen in Gilb. Ann. XXVIII. 1. 161. XXXI. 113.

Um die Hinüberführung der Stoffe selbst zu sehen, braucht man nur eine Säule von 60 Plattenpaaren, etwa 4 Quadratzoll groß, mit Pappenschichten, die mit ziemlich starker Kochsalz-Auflösung befeuchtet sind, in Thätigkeit zu setzen, die Dräthe in zwei mit blauem Pflanzensafte gefüllte Gefäße zu führen, und diese mit einem Mittelgefäße, in welchem sich in Wasser aufgelöstes schwefelsaures Kali befindet, durch befeuchtete Baumwolle oder feuchtes Papier zu verbinden; es dauert nicht so sehr lange bis die blaue Flüssigkeit in dem Gefäße am negativen Drathe vollkommen grün wird, die Flüssigkeit am positiven Drathe sich etwas mehr geröthet zeigt, zum Zeichen, daß das Salz im Mittelgefäße zerlegt, seine verschiedenen Bestandtheile den beiden Polen zugesendet hat. Man könnte auch die Auflösung schwefelsauern Kali's so stellen, daß sie den positiven Drath aufnähme, das Mittelgefäß und das den negativen Drath enthaltende Gefäß mit jener blauen Flüssigkeit füllen, und die Verbindung zwischen den drei Gefäßen durch feuchte Leiter bewirken; dann würde man die blaue Flüssigkeit am negativen Drathe grün werden, im Mittelgefäße blau bleiben sehen. Zu diesem Versuche dient, als vorzüglich gut die Farben-Aenderung zeigend, ein Aufguß warmen Wassers auf die recht braunen, fast rothen, jungen Blätter des gewöhnlichen braunen Kohles.

Electrochemische Theorie.

Diese Erfahrungen, daß unter der Einwirkung der voltaischen Säule gewisse Bestandtheile der Körper zum positiven Pole, andre zum negativen Pole hin gezogen werden, veranlaßten schon Davy, sogleich an die angeführten Entdeckungen eine Theorie zu knüpfen, welche die chemischen Verwandtschaften der Körper mit den Eigenschaften, die sie hier zeigen, in Verbindung setzt, und diese electrochemische Theorie ist nachher von Berzelius weiter ausgebildet worden. Die electrische Kraft der Säule überwindet die anziehende Kraft der Verwandtschaft, indem sie die sehr fest verbundenen Bestandtheile des Wassers trennt, indem sie aus den Salz-Auflösungen die Säure zum einen den alcalischen oder metallischen Bestandtheil zum andern Pole hinüberzieht, indem sie die Schwefelsäure in Schwefel und Sauerstoff zerlegt, u. s. w. Je größer die Verwandtschaft zweier Stoffe ist, eine desto stärkere electrische Kraft wird auch zur Trennung erfordert, so daß die Kraft der Verwandtschaft sich dem Grade nach als vergleichbar mit der Kraft der Electricität darstellt. Die einzelnen Stoffe haben aber nicht eine unbedingte Neigung zum einen oder andern Pole, sondern es giebt Körper, die aus gewissen Verbindungen geschieden zum positiven Pole, in andern Fällen zum negativen Pole hingezogen werden. Der Sauerstoff geht in allen bekannten Fällen zum positiven Pole hin und überläßt alle mit ihm verbundene Körper, sobald die Zersetzung erfolgt, dem negativen Pole; andre Stoffe dagegen sind nach verschiedenen Graden bald der Hinüberführung nach dem einen, bald der Hinüberführung nach dem andern Pole unterworfen. Die Körper zeigen sich hier also als in ihren kleinsten Theilen electrisch, und zwar so, daß sie in ihren Verbindungen einen ähnlichen Gegensatz darbieten, wie es die Electromotoren in der Berührung thun; man kann daher nicht geradezu den einen Stoff positiv-, den andern negativ-electrisch nennen; sondern die Körper bieten eine Reihenfolge dar, in welcher der eine mehr dem negativen Ende, der andre mehr dem positiven Ende nahe steht. Der Schwefel zum Beispiel, welcher sich in der Schwefelsäure als der positive Körper zeigt und zum negativen Pole der Säule hingeht, während der mit ihm verbundene Sauerstoff zum positiven Pole gezogen wird, muß in der Hydrothionsäure ganz gewiß als negativ erscheinen, weil er hier mit dem Wasserstoff, als einem dem positiven Ende der Reihe der Körper viel näher stehenden Körper verbunden ist; und so wird in allen Fällen der Körper dem positiven Pole zugehen, der als der negative in Vergleichung gegen den andern erscheint. Nach B e r z e l i u s nimmt das Kalium, die metallische Basis des Kali, unter allen bekannten Körpern den äußersten Platz unter den positiven ein, so wie der Sauerstoff bis jetzt unbedingt als der am meisten negative Körper anerkannt ist.

Dieses alles veranlaßt uns, die Bestandtheile der Körper, selbst in ihrer Verbindung mit einander noch als entgegengesetzt electrisch anzusehen, wo es dann begreiflich ist, daß bei einer hinreichend starken electrischen Einwirkung auf sie, der den Umständen nach negative Bestandtheil dem positiven Pole zu geht, der positive dem negativen Pole zu. Aber auch bei dem Eingehen in chemische Verbindungen und bei den bloß auf chemischem Wege erfolgenden Zersetzungen lassen sich die Ursachen der Verbindungen auf eben die Gründe zurückführen. Der Sauerstoff hat ein großes Bestreben sich mit den Metallen zu verbinden, weil seine negativ-electrische Beschaffenheit bei der Berührung des Metalles, welches dagegen positiv wird, stark hervortritt; das Kalium und Natrium, als die am meisten positiven Körper, sind hiezu am meisten geneigt. Die Säuren, weil sie ihres Oxygens wegen sich so sehr zum negativen Zustande hinneigen *), haben eine starke chemische oder electrische Anziehung zu den Metallen, Erden u. s. w. Wenn diese Anziehung sehr heftig ist, wenn die chemische Verbindung mit vorzüglicher Gewalt geschieht, so giebt die Vereinigung beider Electricitäten auch hier, wie in unsern, eigentlich so genannten, electrischen Experimenten, eine Feuer-Erscheinung, und die Entzündungen sind der Erfolg dieses electrischen Funkens, so daß nun ein Grund erhellt, warum die mit großer Gewalt erfolgenden chemischen Verbindungen zu Verbrennung, zu Licht- und Wärme-Entwickelung, Anlaß geben. Findet eine Verbindung zwischen zwei Körpern statt, die in der Reihe der Körper nicht gar weit aus einander stehen, so trennt ein dritter, entfernter stehender Körper diese Verbindung durch Wahlverwandtschaft. Blei zum Beispiel ist mit der Essigsäure im essigsauren Blei allerdings innig verbunden; aber wenn in eine Auflösung des essigsauern Bleies im Wasser ein Zinkstab eingetaucht wird, so zeigt das Zink sich als das mehr positive Metall, indem es von der Säure angezogen und aufgelöst wird, wogegen das Blei sich ausscheidet. Das Blei setzt sich hier an den Zinkstab an, und sobald nur das erste Theilchen frei geworden ist, bilden nun Zink und Blei eine durch die Auflösung geschlossene einfache galvanische Kette, in welcher das Blei den negativen Pol darbietet, weil Blei in der Berührung mit Zink negativ-electrisch wird; wegen dieses Zustandes setzt sich ein Theilchen Blei an das andre und bildet den Bleibaum. Auf ähnliche Weise er-

*) Die Hydrogensäuren aus ähnlichem Grunde, weil Chlor zum Beispiel fast am Ende der negativen Reihe, dem Sauerstoff zunächst, steht.

klären sich die Erscheinungen, wo ein Körper aufgelöst und der andre dafür niedergeschlagen wird, indeß bleibt der Chemie hier die Erklärung im Einzelnen vorbehalten, da theils die Ueberwindung der Cohäsionskräfte einen großen Theil der wirkenden Kräfte erfordern kann, wodurch dann die Auflösung gehindert wird, theils die Einwirkung mehrerer Körpertheilchen eines an sich weniger entgegengesetzt electrischen Körpers gar wohl stärker sein kann, als die Einwirkung weniger Theilchen eines entfernter stehenden Körpers; und so kommen hier noch viele einzelne Umstände in Betrachtung. Als Beispiel solcher Ueberlegungen theile ich nur eines mit. Wenn ein Metall in Wasser getaucht wird, so ist die Anziehung des Wasserstoffs gegen den Sauerstoff in den Wassertheilchen zu stark, als daß beide getrennt werden sollten und eine Wasserzersetzung entstände; aber wenn Säure zum Wasser kömmt, so ist der Gegensatz zwischen dem gesäuerten Wasser und dem Metalle verstärkt, wodurch dies in Stand gesetzt wird, das Oxygen an sich zu reißen und das Wasser zu zersetzen.

Diese Theorie erklärt eine Menge einzelner Erscheinungen, ja sie giebt zugleich einen Aufschluß über die Reihenfolge der electromotorisch wirkenden Körper, indem sie einen Grund übersehen läßt, warum diejenigen Metalle die am stärksten positiven sind, deren Oxyde am meisten Verwandtschaft zu den Säuren zeigen; — diese stärkere Verwandtschaft zu den Säuren ist nämlich selbst durch die electro-positive Natur des Metalles bestimmt. Dagegen bleibt uns allerdings noch manches dunkel, worüber die sinnliche Wahrnehmung keine unmittelbare Belehrung geben kann. Die Körpertheilchen sind aufs innigste verbunden und zeigen sich dennoch in entgegengesetzt electrischem Zustande, obgleich man denken sollte, es müßte hier eine Ausgleichung beider Electricitäten statt finden. Die Körpertheilchen bleiben in diesem entgegengesetzten Zustande, obgleich sie im Augenblicke der Verbindung in so vielen Fällen durch eine Licht-Erscheinung eine theilweise Vereinigung beider Electricitäten zeigen. Alle Körper nehmen ihren bestimmten Platz in dieser electrischen Reihenfolge der Körper ein, und dennoch giebt es Leiter der zweiten Art, die in unsern electrischen Säulen keine electromotorische Wirksamkeit zeigen. — Ueber diese Schwierigkeiten hat vorzüglich Fechner Aufschluß zu geben gesucht, und seine Bemerkungen verdienen wohl erwähnt zu werden. Was die Frage betrifft, warum die Bestandtheile nach der Vereinigung so fest vereinigt bleiben, wenn auch im Augenblicke der Verbindung beide Electricitäten sich durch eine Feuer-Entwickelung neutralisiren; so antwortet Fechner darauf, die electromotorische Wirkung bestehe eben darin, daß ein Theil der positiven Electricität des einen Körpers sich mit einem Theile der negativen Electricität des andern im Uebergange zwischen beiden neutralisire, wo dann der erstere negativ, der andre positiv zurückbleibe. Diese Erklärung hat manches für sich, aber da die Theilchen nicht bloß in ihrer Verbindung entgegengesetzt electrisch sind, sondern durch eine auch nach der Trennung statt findende electrische Beschaffenheit dem Anziehen des einen oder andern electrischen Poles folgen, da sie durch ihre eigenthümliche Natur zur Verbindung angetrieben werden, also schon eine Kraft des Anziehens vor der Vereinigung, — vermuthlich also ein entgegengesetzt electrischer Zustand — da sein muß; so scheint mir damit doch noch nicht alle Dunkelheit gehoben zu sein. In Rücksicht der zweiten Schwierigkeit, daß die flüssigen Leiter in der voltaischen Säule nicht electromotorisch wirken, da doch vorzüglich die, welche eine starke chemische Wirkung zeigen, nach der electro-chemischen Theorie einen recht starken electromotorischen Gegensatz zeigen sollten, bemerkt Fechner folgendes. Die Flüssigkeiten zeigen sich in der Säule darum nicht als Electromotoren, weil bei der Beweglichkeit ihrer Theilchen ein Hinüberführen der Bestandtheile nach beiden Polen statt findet. Möchte nämlich auch zum Beispiel eine gesäuerte Flüssigkeit im Ganzen negativ werden an dem Metalle, so wird doch gewiß der am meisten negative Bestandtheil gegen das positive, der am meisten positive Bestandtheil gegen das negative Metall gezogen, und so folgt jener dem positiven Strome und befördert ihn, statt daß der andre dem negativen Strome folgt und ihn befördert, ohne daß es dabei darauf ankömmt, welche electromotorische Wirkung der flüssige Körper, wenn man ihn von der Beweglichkeit seiner Theile befreien könnte, ausüben würde. Diese Ansicht hat das für sich, daß sie zeigt, wie die chemische Einwirkung der Flüssigkeit zu einer Bedingung der Thätigkeit der Säule wird, obgleich in den Electromotoren selbst der eigentliche Grund der electrischen Ströme liegt; die von Volta entdeckte Differenz des electrischen Zustandes beider Metalle ist die Ursache des Hinüberführens der Stoffe, und dieses macht ferner den durch die ganze Säule gehenden electrischen Strom möglich, indem da, wo keine Hinüberführung eintritt, keine wirksame Kette gebildet werden kann. Einige Bemerkungen, die ich künftig anführen werde, geben dieser Ansicht noch mehr Befestigung.

Diese Aufklärung über einen schwierigen Punct der Theorie der Säule vermindert wenigstens die Schwierigkeit, wenn sie sie auch nicht völlig hebt. Für die trockne Säule, in welcher Körper, deren Theile uns unbeweglich erscheinen, die Leiter der zweiten Art darstellen, paßt jene Erklärung nicht, und doch wäre es wohl gewagt, bei ihr ein andres Erklärungsprincip anzunehmen. Man hat ein solches angenommen, und Davy selbst deutete darauf hin, nämlich daß die Zwischenschichten zwischen den Electromotoren, als Halbleiter, isolirend für so schwache Electricitäten wirken, und daß daher in der zweiten Zinkschichte durch Vertheilung mehr positive Electricität, unter dem Einflusse des durch die Zwischenschichte getrennten negativen Kupfers, condensatorisch hervorgerufen werde; aber diese Theorie scheint unzulässig, da dann dickere Zwischenschichten aus jenen Halbleitern gebildet, viel nachtheiliger der Verstärkung der Säule entgegen wirken müßten, als es nach den Erfahrungen der Fall ist.

Ich verlasse diese schwierigen Gegenstände, zu denen ich noch bei einer andern Gelegenheit zurückkehren muß, und füge jetzt noch einige merkwürdige Erscheinungen hinzu, die bei den chemischen Wirkungen der Säule vorkommen.

Besondere chemische Wirkungen. Nobili's electrochemische Figuren.

Unter den zahlreichen Merkwürdigkeiten, welche die Zersetzungen und Verbindungen unter dem Einfluß der electrischen Ströme darbieten, will ich hier nur eine erwähnen.

Wenn man in Auflösungen von Metallsalzen die beiden Polardräthe einander gegenüber stellt, so hängt sich in vielen Fällen das Metall in Blättchen, die sich an einander ansetzen, in andern mehr ohne bestimmte Form an, und die Oxydirung am andern Drathe oder die Verbindung des dortigen Metalls mit Säuren zeigt sich gegen die Spitze zu ohne besonders merkwürdige Bildung. Bringt man dagegen einem Metalldrathe, am besten einem sehr fein gespitzten, gegenüber eine schön polirte Metallplatte an, so zeigen sich in vielen Fällen die schönsten farbigen Kreise, die von ihrem Entdecker Nobili die nobilischen Figuren heißen. Nobili hat zahlreiche einzelne Fälle untersucht und die Erfolge angegeben; ich werde mich begnügen, einige wenige zu erzählen.

Wenn man eine Säule von etwa 12 Plattenpaaren mit einer nicht allzuschwach wirkenden salzigen Flüssigkeit aufbauet, und den Drath des negativen Poles mit einer Platinplatte in Verbindung setzt, die mit einer Schichte in Wasser aufgelösten Bleizucker bedeckt ist, dann aber die Spitze des vom negativen Pole kommenden Drathes in diese Auflösung taucht, so daß die Spitze nur $\frac{1}{2}$ oder 1 Linie vom Platin entfernt ist, so bilden sich in wenigen Augenblicken die schönsten Farbenkreise um den Mittelpunct, gegen welchen hin der Drath in unverrückter Lage festgehalten wird. Die Farbenfolge ist: In der Mitte eine dunkle Fläche mit drei violetten und grünen Ringen umgeben, dann zwei Ringe, die vom Violett zu innerst zu Roth, Gelb, Grün, Blau, Violett übergehen, ferner ein Ring, wo nach dem Roth und Gelb, Weiß und dann Blau, Violett folgt, endlich noch ein sehr mit Violett gemischtes Roth und dann Orange. Die äußern Farbenfolgen nehmen viel mehr Raum ein, als die innersten Ringe.

Dieses Experiment ist wegen der Sicherheit und Schnelligkeit, mit welcher es auf polirtem Platin gelingt, vorzüglich angenehm; und wenn man keine Platinplatte hat, so dient die Oberfläche der mit einem sehr dünnen Platin = Ueberzuge versehenen Porcellangefäße sehr gut dazu. Mehr Zeit fordert ein gleicher Versuch auf polirtem Silber, wo übrigens, wenn man den electrischen Strom lange genug auf denselben Punct gehen läßt, Ringe von ähnlicher Farbenfolge, doch nicht so überaus schön wie im vorigen Falle, hervorgehen.

Bei den letztern ist merkwürdig, daß sie durch das vom hellen Himmel reflectirte Licht andre Farben zeigen, als wenn man sie in einer Richtung sieht, wohin jene reflectirten Strahlen nicht gelangen. Eben jene Auflösung giebt auch auf polirtem Stahl Farbenringe.

Auf positivem Silber gehen auch, wenn es sich unter einem recht stark gefärbten Aufguß von braunem Kohl befindet, schön gefärbte Ringe hervor. Auf Stahl habe ich dagegen diese nicht erhalten können.

Diese Ringe sind genau concentrische Kreise, wenn die Wirkung regelmäßig statt gefunden hat. Sie finden sich in zahlreichern Fällen schön ausgebildet, wenn die Metallplatte positiv ist, aber auch das negative Metall giebt, (zum Beispiel wenn Silber unter der Auflösung essigsauern Kupfers liegt) in einigen Fällen schöne Ringe. Ohne Zweifel entstehen sie durch höchst dünne Schichten eines Körpers, der sich auf dem Metalle ansetzt oder der mit Hülfe dieses Metalles selbst entsteht, und sind folglich wohl mit dem Anlaufen des Stahles zu vergleichen. Aber was bei dem für Essigsäure und andre Säuren unangreifbaren Platin diese Veränderungen hervorbringt, weiß ich nicht zu erklären.

Ganz diesen Erscheinungen auf negativen Metallen verwandt ist diejenige Erscheinung von Farbenringen, die man erhält, wenn man auf Platin oder Silber eine Auflösung des schwefelsauern Kupfers in Wasser gießt und das Metall mit einer Zinkspitze in der Auflösung berührt. Es entstehen sogleich um den berührten Punct Ringe, die offenbar auch hier von der Wirkung einer galvanischen einfachen Kette abhängen, in welcher das die Ringe darbietende Metall das negative ist. In den Ringen tritt Kupferroth und Gelb besonders hervor. Offenbar ist es hier niedergeschlagenes Kupfer auf dem negativen Metalle, das sich besonders in der Mitte sehr fest mit dem Silber vereinigt.

Ungleiche Anziehungswirkungen der positiv und negativ geladenen Leiter.

Noch eine Erfahrung, die mit den bisher abgehandelten Gegenständen in Verbindung steht, will ich hier zum Schlusse anführen. Man hatte ehmals einen, unter andern von Cuthbertson angeführten, Versuch mit der Electrisirmaschine als sehr entscheidend für die franklinische Theorie angesehen, der so angestellt wird, daß man der Kugel des positiv geladenen electrischen Leiters A gegenüber eine andre Kugel B mit Ableitung zur Erde (Fig. 120.) aufstellt, und zwischen beide eine Lichtflamme C bringt. Diese wird nach der negativen Seite hinüber gezogen, belegt die Kugel B mit Ruß und erhitzt diese weit stärker, als die positive Kugel A. Der Schluß schien natürlich, daß hier die, nach Franklins Meinung, einzige electrische Materie von A nach B ströme und die Flamme mit sich fortreiße. Aber dieser Schluß ist von Brande sehr bestimmt widerlegt worden, indem die Phosphorflamme gerade die entgegengesetzten Phänomene zeigt. Statt also hier von dem kenntlichen Hinüberströmen der electrischen Materie zu reden, muß man aus diesen Versuchen schließen, daß die im Brennen des Phosphors entstehende Phosphorsäure von dem positiv-electrischen Körper angezogen wird, und dies auch bei benzoesaurem Dampfe und in andern Fällen statt findet, daß dagegen die aus Wasserstoff und Kohlenstoff bestehenden Flammen, vorzüglich die des Camphers, von dem negativ-electrischen Körper angezogen werden, welches auch deutlich bei der Flamme des Kalium der Fall war.

Drei und zwanzigste Vorlesung.

Die chemischen Wirkungen der Säule führen zu einer so mannigfaltigen Reihe von Untersuchungen, daß es mir nicht allein unmöglich sein wird, diese erschöpfend darzustellen, sondern es sogar schon schwierig scheint, das Wichtigste in einer für alle einzelne Gegenstände recht passenden Anordnung mitzutheilen. Indeß werde ich suchen, diejenige Anordnung zu wählen, welche die Uebersicht am meisten erleichtert.

Chemische Wirkungen in der Säule selbst.

Daß auch die Flüssigkeiten, die sich zwischen den Schichtungen der Säule selbst befinden, eine Zersetzung erleiden müssen, läßt sich leicht einsehen. Sobald nämlich die Säule geschlossen ist, befindet sich jede feuchte Zwischenschichte, sie sei nun als Befeuchtung eines lockern Körpers in der aufgebauten Säule, oder sie sei völlig flüssig in den Zellen des Trog=Apparates zwischen den Metallplatten enthalten, in dem positiven und negativen electrischen Strome, wo also die Säuren und das Oxygen dem positiven Metalle zugeführt werden, der Wasserstoff und die Alcalien dem negativen Metalle. Vermöge dieser Zersetzung wird die Oxydirung des Zinkes und seine Verbindung mit den Säuren, die schon durch gewöhnliche chemische Wirkung eintreten würde, in hohem Grade befördert, und auch die Kupfer=Oberfläche leidet durch die ihr zugeführten Stoffe Veränderungen. Jene Auflösung des Zinkes in der Feuchtigkeit der Zwischenschichten bringt als entferntern Erfolg ein Hindurchgehen des Zinks durch diese und einen Zinkniederschlag auf dem Kupfer hervor, indem sich auch in Beziehung auf dieses in der Flüssigkeit der Zwischenschichten neu aufgelöste Metall die zersetzende Kraft der electrischen Ströme und das Hinüberführen des Metalles nach der negativen Seite äußert.

Diese sichtbaren Veränderungen schwächen nun in hohem Grade die Wirksamkeit der Säule, und dies scheint davon abzuhängen, daß sie theils die Zinktheile auf dem Kupfer niederlegen und so dem an beiden Seiten, wenn auch nur theilweise, mit Zink in Berührung gesetzten Kupfer seine electromotorische Wirksamkeit rauben, theils in die Strömungen der hinübergeführten Theilchen, die zu Unterhaltung der electrischen Ströme wesentlich sind, eine Stockung bringen, theils andre Stoffe erzeugen und die Leitung der electrischen Ströme in der geschlossenen Kette hindern. Allerdings liegen hierin Gründe für eine Schwächung der Wirkung, aber da diese Schwächung schon weit eher in bedeutendem Grade eintritt, ehe die Veränderungen sich stark genug zeigen, denen man eine merklich verminderte electromotorische Wirkung beilegen könnte, so haben sich an die Beobachtungen über diese abnehmende Kraft der Säule wichtige Einwürfe gegen Volta's Theorie angeschlossen.

Absorption von Sauerstoffgas.

Diese Einwürfe fanden eine neue Stütze darin, daß die Wirksamkeit der electrischen Säule ohne Zutritt des Sauerstoffgas gar nicht statt zu finden scheint. Die geschlossene Säule absorbirt das Sauerstoffgas, und wenn sie sich in einem eingeschlossenen

Raume befindet, so hört ihre Wirksamkeit ganz auf, wenn alles Sauerstoffgas verzehrt ist, und ihre Wirksamkeit erneuert sich wieder, wenn man einen Vorrath von Sauerstoffgas wieder in die umgebende Luft hineinbringt. Um dieses zu zeigen, hat man nur nöthig, über eine voltaische Säule, die mit salzigem Wasser aufgebaut ist, und auf einer Unterlage in einem mit Wasser gefüllten Teller steht, nachdem ein Schließungsdrath zu Verbindung beider Pole angebracht ist, ein cylindrisches Glas, das durch die Säule großen Theils ausgefüllt wird, zu stürzen, damit die die Säule umgebende Luft völlig abgesperrt sei. Man findet dann, daß nach einigen Stunden das Wasser in dem Glase aufgestiegen, die Luft also vermindert ist; in längerer Zeit erreicht diese Absorption ihr Ziel, und wenn man dann die noch übrige Luft untersucht, so findet man sie ihres Sauerstoffs beraubt. Wenn man die Einrichtung so gemacht hat, daß sich am Schließungsdrathe ein zur Wasserzersetzung dienendes Röhrchen befindet, das die Enden der Schließungsdräthe aufnimmt, so bemerkt man, daß die Wasserzersetzung aufhört, wenn das Sauerstoffgas der umgebenden Luft verzehrt ist, daß sie aber wieder anfängt, wenn man neues Sauerstoffgas in das die Säule bedeckende Gefäß gelangen läßt, wogegen Hydrogengas und andre keinen Sauerstoff enthaltende Luft-Arten keine Verstärkung der Wirkungen der geschlossenen Säule hervorbringen. Die Absorption des Sauerstoffs ist bei kleinplattigen Säulen, oder eigentlich bei Säulen, deren der Luft ausgesetzte Oberfläche in Vergleichung gegen den Querschnitt größer ist, bedeutender. Die Ursache dieser Absorption, so wie der eigentliche Grund ihres Erfolges in Beziehung auf die Wirksamkeit der Säule, ist noch nicht völlig aufgeklärt; doch kommen wir noch auf mehrere sich hieran anschließende Erfahrungen.

Einwürfe gegen die voltaische Theorie.

Diese offenbare Abhängigkeit der Wirkung der Säule von der Gegenwart des Oxygen hat zu mehrern Einwürfen gegen die Theorie Volta's Veranlassung gegeben. Es bietet sich nämlich allerdings die Frage dar, ob nicht, da die Entstehung und Fortdauer des electrischen Stromes so deutlich an die chemische Einwirkung der Flüssigkeit auf die Platten geknüpft ist, diese chemische

Einwirkung als der erste Ursprung aller hier vorkommenden Erfolge anzusehen sei. Unter allen, die sich für diese Ansicht zu erklären geneigt waren, ist wohl niemand weiter gegangen als de la Rive, welcher geneigt ist, selbst den voltaischen Fundamentalversuch als von chemischen Bedingungen abhängend anzusehen. Parrots Einwürfe, die auf der Meinung beruhen, daß dieser Fundamentalversuch überhaupt nicht eine eigenthümliche Entstehungs-Art der Electricität nachweise, übergehe ich, da es jetzt nicht mehr möglich ist, irgend noch daran zu zweifeln, daß bei trockner Berührung von Zink und Kupfer Electricität auf die früher schon angegebene Weise hervorgehe. Aber de la Rive bemerkt, die Berührung des Fingers und die Einwirkung der atmosphärischen Luft könne wohl auf die allerdings hervorgehende Berührungs-Electricität Einfluß haben, und seine Versuche, glaubt er, zeigen, daß in Hydrogengas der voltaische Versuch nicht gelinge. Da de la Rive die Berührung der Hand an den Metallen vermeiden wollte, so bediente er sich einer hölzernen Zange, also eines, da diese nicht feucht sein durfte, sehr unvollkommenen Leiters, und hierin lag wohl die Ursache, warum er eine schwache oder gar keine Electricität bei der Berührung der beiden Metalle erhielt. Pfaff und Becquerel haben eben die Versuche so angestellt, daß weder die Hand noch die atmosphärische Luft einwirken konnte, und haben dennoch am Condensator eben die Anzeigen von Electricität erhalten, die Ihnen schon bekannt sind. Becquerel nämlich bediente sich eines Condensators, dessen eine Platte sorgfältig vergoldet war, so daß hier Gold statt des Kupfers angewandt wurde; die zweite Condensatorplatte bestand zwar aus Zink, sie war aber der Einwirkung der Luft und der feuchten Hand dadurch entzogen, daß sie an allen Seiten vollkommen mit Firniß überdeckt war, und nicht sie, sondern nur ein an sie angelöthetes Platinstäbchen berührt wurde. Hier waren also Gold und Platin die beiden Metalle, die bei der Ladung des Condensators berührt wurden, — beides Metalle, die gewiß der Oxydation so wenig ausgesetzt sind, daß niemand ihrer Oxydation während der Berührung die Wirkungen zuschreiben wird, die sich hier darbieten. Und dennoch erhielt hier die vergoldete Condensatorplatte eine negative Ladung, wenn man, während die Zinkplatte sich auf der untern Condensatorplatte aufgesetzt befand, das Platinstäbchen mit der Erde in leitende Verbindung setzte, und dann nach gehöriger Ladung des Condensators die obere Condensatorplatte hob; also hatte die Zinkplatte, durch die in der Löthung statt findende Berührung des Platins, positive Electricität angenommen, obgleich die Zinkplatte nirgends der Luft ausgesetzt war. Pfaff stellte den voltaischen Versuch in einer Glocke an, die mit Wasserstoffgas oder andern Luft-Arten gefüllt war; zwei durch luftdichte Fassungen in diesen innern Raum der Glocke hinein reichende Handgriffe waren so eingerichtet, daß der eine zum Laden des Condensators, der andre zum Abheben der obern Platte diente. Die eine Platte des Condensators bestand aus Zink, die andre aus Kupfer und die Ladung geschah dadurch, daß ein Kupferdrath mit der obern und untern Platte zugleich, vermittelst des aus der Glocke hervorreichenden Handgriffes, in Berührung gesetzt, nachher aber entfernt wurde; während der Berührung mußte die Zinkplatte positive Electricität von der untern Platte erhalten, wie wir es nach Volta's Ansicht immer gefunden haben, und die untere Platte mußte, nach dem Aufheben der oberen, sich negativ zeigen, und dieses fand sich auch wirklich so, es mochte die den Condensator umgebende Luft feucht oder trocken sein, und Oxygen enthalten oder nicht. So kann dieser Einwurf also wohl als gehoben angesehen werden, und die Entstehung der Contact-Electricität zeigt sich als unabhängig von der Gegenwart des Oxygen.

Schwieriger ist die Beantwortung der Frage, wie die Entstehung und Unterhaltung des electrischen Stromes in der geschlossenen Säule an die Oxydirung der Metallplatten geknüpft sei, und ob sie so daran geknüpft sei, daß diese als ein wesentliches Erforderniß müsse angesehen werden. Um hierüber etwas zu entscheiden, hat schon Davy eine Reihe von Versuchen angestellt, die ich bald nachher anführen werde; hier begnüge ich mich, folgende zwei Arten von Versuchen anzugeben. Wenn die Wirksamkeit der Säule von der oxydirenden Einwirkung als der wesentlichen Ursache abhinge, so müßten die am stärksten angegriffenen Platten nach dem Maaße dieser Veränderung auch auf einerlei Weise den electrischen Strom hervorbringen, das ist aber nicht der Fall, wie folgender Versuch von Ohm zeigt. Wenn man in einer gebogenen Röhre den untern gekrümmten Theil mit Asbest, der mit verdünnter Salpetersäure befeuchtet ist, ausfüllt, damit die Flüssigkeiten in beiden Schenkeln zwar in leitender Verbindung stehen, aber doch nicht zu einander übergehen können, wenn man dann den einen Schenkel mit verdünnter Salpetersäure, den andern mit einer ganz gesättigten Auflösung von Zink in Salpetersäure füllt; so ist es bekannt, daß Kupfer in jene eingetaucht aufgelöst wird, während Zink in die letztere eingetaucht, wegen der vollkommenen Sättigung, gewiß nicht angegriffen wird; dennoch aber entsteht, wenn Zink und Kupfer durch einen metallischen Leiter in Verbindung gesetzt werden, und das Kupfer in die verdünnte Säure, das Zink in die gesättigte Zink-Auflösung getaucht wird, eben der electrisch-positive Strom vom Kupfer zum Zink, wie wir ihn sonst zu finden gewohnt sind. Ganz ähnliche Versuche von Berzelius, Marianini u. a. beweisen dasselbe.

Eine andre Art von Beweis gegen die Oxydationstheorie geben Versuche von Fechner, in welchen eben so wie in den eben angeführten der Multiplicator, dessen Einrichtung ich erst später beschreiben kann, angewandt ward, um die Richtung und Stärke des electrischen Stromes zu bestimmen. Wenn man in einen Trog-Apparat eine Anzahl Plattenpaare so einsenkt, daß sie dem Gesetze der Säule gemäß in gleicher Ordnung fortgehen, aber nun eine eben so große Anzahl entgegengesetzt geordneter Plattenpaare hinzufügt; so müssen diese, wenn man sie als eine einzige zusammenhängende Reihe behandelt *) und eine Schließung anbringt, gewiß ohne alle Wirkung sein, wenn man sie gleich tief in die Flüssigkeit einsenkt; dagegen sollte man nach der Oxydationstheorie erwarten, daß die sich gegenseitig völlig zerstörende Gleichheit der Wirkung aufhöre, wenn die nach der einen Richtung geordnete Folge tiefer als die entgegengesetzt geordnete eingetaucht wird; aber dieses ist nicht der Fall, sondern es entsteht auch dann kein electrischer Strom. Nach Volta's Theorie ist das ganz richtig, indem zehn Schichtungen Kupfer, Zink, feuchter Leiter einen zehnfach

*) Nämlich so, daß Zink, Kupfer, Wasser; Zink, Kupfer, Wasser; Kupfer, Zink, Wasser; Kupfer, Zink, Wasser, die Reihen bilden.

verstärkten electrischen Strom nach der einen Richtung hervorbringen sollten, dem aber der zehnfach verstärkte electrische Strom von der entgegengesetzten Seite her das Gleichgewicht hält, auch wenn dort die Größe der Platten oder ihres befeuchteten Theiles eine andre ist. Nach dieser Theorie steht die Wirkung der größern und kleinern Platten sich so gegenüber, wie in der Hydrostatik der Druck des Wassers in einer weiten und in einer engen Röhre, wo die Höhe des Wassers dieselbe ist. Eben dieses Gleichgewicht besteht auch noch, wenn eine der entgegengesetzten Reihen von Plattenpaaren in Wasser, die andre in ein mit Salzsäure gesäuertes Wasser getaucht ist; aber hier besteht das Gleichgewicht nur kurze Zeit, und sehr bald wirkt die Säure schwächer, (gegen die Ansicht der Oxydationstheorie), welches gewiß davon herrührt, daß die veränderte Oberfläche der Metalle in der Säure eine Verminderung der electromotorischen Thätigkeit zur Folge hat.

Dies wird zur Widerlegung der Ansicht, daß der electrische Strom sich nach dem Maaße der stärkern oxydirenden Einwirkung auf die Zink-Oberfläche bestimme, wohl zureichen. Auf andre Betrachtungen, die sich hieran anschließen, komme ich noch wieder zurück.

Voltaische Säule aus zwei flüssigen und einem festen Körper.

An diese Untersuchungen über den Zusammenhang der chemischen Wirkungen auf die Plattenpaare mit den electrischen Erscheinungen der Säule knüpfen sich andre Versuche Davy's, die hier angeführt zu werden verdienen. Davy machte bei dem Aufbauen einer Säule von Gold und Silber die Bemerkung, daß, wie sich erwarten ließ, diese Säule wenig Wirkung that, wenn Wasser der feuchte Leiter war, weil jene zwei Metalle in der Reihe der Electromotoren einander zu nahe stehen; aber wenn Salpetersäure als feuchter Leiter diente, so brachte diese Säule viel größere Wirkungen hervor. Davy sah diesen Versuch zuerst als der Oxydationstheorie günstig an, weil die starke Wirkung der Salpetersäure auf Silber und die geringe Wirkung auf Gold hier den Gegensatz zu bewirken schien; da er aber nachher von dieser Ansicht zurückgekommen ist, so will ich nur die Schlüsse, die wichtiger sind, hier ausheben. Eine Säule, worin die feuchten Schichten theils mit Wasser, theils mit Salpetersäure benetzt waren, gab, wenn man Zinn unten, dann Salpetersäure, dann Wasser, auf einander schichtete und so die Säule fortbaute, dann aber von der obern und untern Schichte die Schließungsdräthe in eine Röhre mit Wasser leitete, am untern Drathe Oxygengas, am obern Hydrogengas; es war also von der Säure zum Zinn ein positiver Strom entstanden, der die angegebenen Wirkungen hervorbrachte, und es ließ sich dies so ansehen, als ob Säure und Metall in eine electromotorische Thätigkeit gesetzt wären, wobei die Säure negativ, das Metall positiv wird. Diese Ansicht wurde durch die Berührung der Metalle an trockene Säuren, Boraxsäure, Sauerkleesäure u. s. w. bestätigt; Kupfer, mit diesen in Berührung gebracht, wird positiv, wogegen die Säure negativ gefunden wird. Die entgegengesetzte Wirkung zeigen die alcalischen Stoffe und der Schwefelwasserstoff, der in dieser Hinsicht jenen ähnlich ist. Es sei ein voltaischer Becher-Apparat, in welchem Wasser im einen und eine alcalische Flüssigkeit im andern Becher und so fort abwechselnd sich in den Bechern befinden, aufgestellt; der erste Becher sei mit dem zweiten durch einen feuchten Leiter, der zweite mit dem dritten durch ein Metall, der dritte mit dem vierten durch einen feuchten Leiter, der vierte mit dem fünften durch ein Metall verbunden, u. s. w.; dann wird der positiv-electrische Strom vom Metalle zu der alcalischen Flüssigkeit übergehen und der so angeordnete galvanische Apparat seine Wirksamkeit zeigen. Hier zeigen also auch Flüssigkeiten eine electromotorische Thätigkeit auf ganz bestimmte Weise.

Mit diesen Versuchen stimmen spätere, welche an der einfachen galvanischen Kette mit Hülfe des electromagnetischen Multiplicators angestellt sind, überein. Wenn man Platin an der einen Seite mit einer in Kali-Auflösung getränkten Pappscheibe, an der andern mit einer in Säure getränkten Pappscheibe in Verbindung setzt, so wird, wenn ein Leitungsdrath jene feuchten Scheiben verbindet, der positive Strom vom Metalle zum Kali und von der Säure zum Metalle gehen; oder wenn man jene zwei befeuchteten Scheiben K (Kali), S (Säure) (Fig. 115.) auf einander legt und die oberhalb und unterhalb liegenden Platinscheiben durch den Leitungsdrath verbindet, so geht der Strom so wie die Figur anzeigt, nämlich vom Metalle zum Kali, von der Säure zum Metalle.

Daß diese Einwirkung der flüssigen Körper nun gar wohl eine Aenderung in der durch die zwei Metalle hervorgebrachten Richtung des Stromes bewirken könne, ist einleuchtend. Eisen und Kupfer, die sich als Electromotoren einigermaßen nahe stehen, bringen bei der Berührung einen nur schwachen electrischen Strom, wo der positive Strom vom Kupfer zum Eisen geht, hervor; dieser Strom zeigt sich bei Säulen, die mit Wasser oder mit Auflösungen von Neutralsalzen aufgebauet sind, diesem Gesetze gemäß; aber wenn man die Säule mit gesättigter Kalilauge oder mit liquider Schwefelleber aufbauet, so hat der Strom die entgegengesetzte Richtung, weil nun der vom Kupfer zum Kali gehende Strom ohne Zweifel mächtiger als der vom Kupfer zum Eisen und vom Eisen zum Kali gehende Strom ist. Daß übrigens hiebei der flüssige Leiter immer so fern, als seine Theile beweglich sind, in einer andern Weise seine Wirksamkeit ausübt, als feste Leiter, brauche ich nicht zu erwähnen.

Widerstand der Leitung des Stromes.

Wir haben bisher den Ursprung des electrischen Stromes kennen zu lernen gesucht, und ihn dem Wesentlichen nach immer als von der electromotorischen Wirksamkeit der Körper abhängig gefunden; aber wir müssen auch nach den Hindernissen fragen, die sich diesem Strome entgegensetzen, und die Betrachtung derselben wird uns noch einige Hülfsmittel zur Aufklärung der noch übrigen Dunkelheiten gewähren. Daß der electrische Strom, weder in der Säule selbst, noch im Schließungsdrathe, so fortgeleitet wird, daß man diese Leitung als durchaus ungehindert ansehen könnte, ist schon öfter erwähnt worden, und läßt sich bei minder guten Schließungsleitern, z. B. wenn die Schließung durch eine längere Wassermasse bewirkt wird, daran erkennen, daß da die Enden der Säule und die ihnen zunächst liegenden Theile des leitenden Wassers eine deutliche Ladung zeigen. Da nun auf dem schnellen Fortströmen des electrischen Stromes ein großer Theil der Wirkungen beruht, so ist es wichtig, die Hinderungen dieses Fortströmens kennen zu lernen.

Daß in der Säule selbst immer, sie sei nun in Form der Säule aufgebauet oder in einem Trog=Apparate angeordnet, ein Widerstand statt finde, davon kann man sich durch Versuche leicht überzeugen. Wenn man nämlich die Kraft des electrischen Stromes durch passende Mittel abmißt *), so findet man sie abnehmend, wenn man den Abstand der Platten von einander im Trog=Apparate vermehrt, und es ergiebt sich daraus ein Mittel, den ungleich großen Leitungswiderstand verschiedener Flüssigkeiten zu vergleichen, wenn man durch weitere Abstände in der besser leitenden Flüssigkeit Gleichheit der Wirkung mit der nähern Stellung in der schlechter leitenden Flüssigkeit hervorbringt.

Diese Versuche, wo der Abstand der Platten im Trog=Apparate geändert wird, zeigen, daß der Widerstand einer bestimmten Flüssigkeit diesem Abstande proportional ist. Dieser Widerstand zeigt sich bei größern Platten minder wirksam als bei kleinern, und ist bei kleinern Platten alsdann bedeutender, wenn die flüssige Masse nur eben den Durchschnitt hat, wie die Platten selbst. Dieser eigentliche Leitungswiderstand der Flüssigkeiten läßt sich auch dadurch bestimmen, daß ein flüssiger Körper einen Theil des Schließungsleiters ausmacht. Die flüssigen Körper leiten sehr ungleich. Wasser ist ein sehr schlechter Leiter, dessen Leitungsfähigkeit aber schon durch wenig darin aufgelöstes Kochsalz und noch besser durch darin aufgelösten Salmiak gesteigert wird. Pfaff hat Vergleichungen zwischen der Leitung der Metalle und flüssiger Leiter angestellt, und gefunden, daß concentrirte Salmiak=Auflösung einen Querschnitt von 6 Quadratzoll haben mußte, um eben so gut zu leiten als ein Eisendrath von $\frac{1}{41000}$ Quadratzoll Querschnitt, so daß man also den Leitungswiderstand in jener Flüssigkeit 250000 mal so groß als im Eisen angeben kann.

Mit diesem Leitungswiderstande in der Flüssigkeit verbindet sich aber noch der Widerstand beim Uebergange aus der Flüssigkeit in die Metallplatten. Daß dieser sehr merklich ist, hat schon Marianini dadurch gezeigt, daß er die durch Hineinbringung unwirksamer Metallplatten herabgesetzte Kraft des electrischen Stro-

*) Dieses geschieht am besten durch die electromagnetischen Wirkungen; aber auch die Menge des bei der Wasserzersetzung entwickelten Gas kann einigermaßen dazu dienen.

mes nachwies, aber Fechner hat diesen Gegenstand viel vollständiger behandelt. Der wichtige Umstand, daß die Wirksamkeit der voltaischen Apparate so bestimmt von der chemischen Einwirkung der Flüssigkeit auf die Platten abhängt, scheint ganz auf diesem Leitungswiderstande des Uebergangs zu beruhen. Dieselbe Flüssigkeit zeigt sich nicht als gleich gut leitend oder als gleich gut die Wirkung der Säule befördernd bei allen zur Säule angewandten Metallen, (und dies ist es, worauf ich früher hindeutete, als ich Volta's Meinung über die ungleiche Wirkung der Flüssigkeiten anführte,) sondern die Metalle, die einer stärkern chemischen Einwirkung unterworfen sind, gewähren derselben Flüssigkeit den Vorzug einer bessern Leitung; und dabei ist allerdings das gewiß, daß die Innigkeit der Berührung, das eigentliche Eindringen der Flüssigkeit in die Oberfläche des festen Körpers, sehr nahe verbunden ist mit der chemischen Einwirkung. Hierauf also scheint es zu beruhen, daß ein völlig luftfreies, ganz reines Wasser, wenn der Zutritt des Sauerstoffgas ausgeschlossen ist, ganz und gar keine Wirkung einer aus Kupfer- und Zinkplatten gebauten Säule gestattet, und daß nach dem Absorbiren alles Sauerstoffs aus der umgebenden Luft die Wirksamkeit der in andern Luft-Arten eingeschlossenen Säule aufhört.

Dieser Leitungswiderstand ist, wie Fechner umständlich zeigt, im ersten Anfange der Wirksamkeit der Kette gleich für die negativen und für die positiven Metalle in der Kette; aber nach längerer Wirkung zeigt sich das negative Metall als den größern Leitungswiderstand im Uebergange gebend. Die Versuche hierüber sind so angestellt, daß bei den vergleichenden Versuchen das eine Mal die beiden wirksamen Platten K, Z in bestimmtem Abstande (Fig 116.) aufgestellt und durch den bei U in Quecksilber tauchenden Leitungsdrath verbunden wurden, wogegen das andre Mal (Fig. 117.) außer den wirksamen Platten K, Z, noch die unwirksamen Z′, Z′, in eben den flüssigen Leiter eingeschoben wurden, und die Verbindung durch die Quecksilbergefäße U, U, U, statt fand; so daß in beiden Fällen die Leitung zwischen LM nicht unterbrochen war. Hatte man nun hier im ersten Falle den Abstand KZ eben so groß als die Summe der Abstände KZ, Z′Z′, im zweiten Falle, so konnte der eigentlich so zu nennende

Leitungswiderstand der Flüssigkeit nicht ungleich sein, war überdies die Verlängerung des metallischen Schließungsleiters LM unbedeutend, so konnte die veränderte Wirksamkeit nur von jenem Uebergange auf Zwischenplatten abhängen. Jener eben vorhin ausgesprochene Satz wurde nun dadurch bewiesen, daß bald Zinkplatten, bald Kupferplatten, an der Stelle Z' Z', als Zwischenplatten angewandt wurden. Und hieraus erklärt sich der schon früher erwähnte Umstand, daß man in den voltaischen Trog-Apparaten zwar mit Vortheil (Fig. 108.) der Zinkplatte an beiden Seiten eine Kupferplatte gegenüber stellen, ja diese Kupferplatten sogar mit Vortheil größer als die Zinkplatte nehmen kann, dagegen aber keinen dauernden Vortheil erhält, wenn man umgekehrt einer Kupferplatte gegenüber an beiden Seiten Zinkplatten aufstellt. Nach **Fechners** Versuchen ist auch dieser Gegensatz nur richtig in Beziehung auf den längern Fortgang des Versuches, auf die länger dauernde Schließung der Kette, so daß im ersten Anfange der Wirksamkeit die große Kupferplatte der kleinen Zinkplatte zugeordnet nicht mehr wirkt, als die große Zinkplatte der kleinen Kupferplatte zugeordnet; später aber, wo der Leitungswiderstand am Kupfer zunimmt, das Zink leichter einen electrischen Strom unterhält, wenn dieser den größern Widerstand überwindend sich auf viele Kupfertheile ergießen kann, als umgekehrt. Ich sagte, diese Ungleichheit sei nun erklärt; aber freilich bedarf der Umstand selbst noch der Erklärung, warum dann die Kupfer-Oberfläche, die doch geringere chemische Veränderungen erleidet, sich hier als stärker verändert in ihrer Wirksamkeit zeigt.

Veränderter Zustand der negativen Platten, Ladungsphänomene.

Diese Erklärung wird zwar durch die Ladungsphänomene, die man schon früh an den Platten der Säule bemerkt hat, auch nicht herbeigeführt; aber dennoch reihen sich diese Erscheinungen so an die eben betrachteten an, daß sie wohl hier am besten ihre Stelle finden. Die Kupferplatten nämlich, obgleich sie bei längerem Verweilen in der Säule nicht so sehr zerstört, durch chemische Einwirkung nicht so sehr verändert sind, als die Zinkplatten, ja sogar Goldplatten, die der sichtbaren chemischen Veränderung so sehr wenig unterworfen sind, zeigen nach längerem Verweilen in der geschlossenen Kette einen merklich veränderten electromotorischen Zustand. Statt daß zwei Stücke gleichen Metalles, zwei gleiche Kupferstücke zum Beispiel, zu Hervorbringung eines electrischen Stromes gar nicht geeignet sein sollten, erhält man einen deutlichen electrischen Strom, wenn man ein Stück Kupfer, das lange nicht in der electrischen Kette gewesen ist, mit einem zweiten Stücke Kupfer, das so eben aus einer längere Zeit geschlossen gebliebenen Kette heraus genommen ward, zu einer einfachen Kette verbindet; hier zeigt sich das mit Zink zu einer wirksamen Kette vereinigt gewesene Kupfer als positiv-electrisch gegen das gewöhnliche Kupfer. Man hat dies eine Ladungs-Erscheinung genannt, obgleich es nicht so heißen sollte, da bloß der electromotorische Zustand des Kupfers ein andrer, in der Reihenfolge mehr nach der positiven Seite hin gerückt, geworden ist.

Schon Ritter bemerkte diese Erscheinung, auf welche sich die secundären Säulen oder die von ihm sogenannten Ladungssäulen gründen. Ritters Entdeckung war folgende. Wenn man eine gewöhnliche Säule (Fig. 118.) ZK aus Kupfer, Zink, feuchtem Leiter aufbauet, und auf sie noch Schichtungen von Kupfer und feuchten Leitern allein K' K'' (nämlich: Kupfer, feuchter Leiter, Kupfer, feuchter Leiter, u. s. w.) legt, dann aber die Schließung KLK'' einige Zeit dauern läßt, so daß der electrische Strom durch die an sich unwirksame Säule K' K'' mit hindurch geht; so zeigt nun diese, wenn man sie hierauf für sich allein schließt, indem man den Leiter K' K'' anbringt, die Erscheinungen einer wirksamen Säule, deren Wirkungen freilich bald abnehmen und endlich verschwinden, aber doch deutlich genug sie als in einen electrisch wirksamen Stand versetzt zeigen. Diese Wirksamkeit beruht darauf, daß die Kupferplatten in der Säule K' K'' an ihren beiden Seiten eine ungleiche electromotorische Beschaffenheit haben, so daß diese zwei Seiten als ein verbundenes, wirksames Plattenpaar anzusehen sind. Hat eine solche secundäre Säule sich lange Zeit in Verbindung mit der wirksamen Säule ZK befunden, so schwächt sie den electrischen Strom in dieser; denn da die Platten K' K'' an ihrer nach Z zugewandten Seite sich als mehr positiv in Vergleichung gegen die andre Seite zeigen, so wirkt der hiedurch angeregte positive Strom dem in der Säule ZK wirksamen Strome entgegen, also schwächend, und so erhellt, wie auch die Kupferplatten in der aus Zink und Kupfer erbauten wirksamen Säule ZK selbst nach und nach beitragen, den electrischen Strom aufzuhalten.

Das Wogen der Kraft in der Kette.

So führt also diese Untersuchung uns wieder zurück zu der allmähligen Abnahme der Wirkung der voltaischen Säule und zu der Frage, wovon diese abhänge. Wenn man diese Veränderungen kennen lernen will, so muß man sich lieber der Trog-Apparate als der Säulen bedienen, indem in den letztern allzuleicht Nebenumstände einwirken und auch das allmählige Austrocknen der Platten eine nicht eigentlich in der Natur der Wirksamkeit der Säule begründete Verschiedenheit hervorbringt. Bei der Säule kann es sich, wenn auch nur eine Zwischenplatte minder feucht ist, ereignen, daß dadurch die Wirksamkeit gehemmt wird, bei ihr erfordert es zuweilen einige Zeit, ehe die Feuchtigkeit die trocken aufgelegten Metallplatten innig berührt, u. s. w. Aber darin stimmen alle Apparate, in welchen nach dem voltaischen Principe zwei Metalle durch flüssige Leiter verbunden sind, überein, daß ihre zu Anfang starke Wirkung sich bei fortdauernder Schließung sehr vermindert. Diese Abnahme der Wirkung ist desto merklicher, je besser durch eine gute Schließungsleitung ohne Unterbrechung die Wirksamkeit des electrischen Stromes erhalten wird; sie ist geringer, wenn man sich schlechterer Schließungsleiter bedient, so wie sie durch die Aufhebung der Schließung am besten gehemmt wird. Wenn auch die Platten im Troge der Einwirkung der sauern oder salzigen Flüssigkeit ausgesetzt bleiben, aber keine Schließung der Kette statt findet; so stellt sich die während der Schließung schon herunter gegangene Thätigkeit der Säule wieder her, und es findet also wirklich ein Wechseln der Kraft in der Kette statt. Ohm und Fechner haben diese Veränderungen, die man mit dem Namen des Wogens in der Kette belegt hat, näher untersucht. Dabei ist nun die Beobachtung des letztern höchst merkwürdig, daß, wenn gleich die auf die electromotorische Thätigkeit der Platten einwirkende, durch chemische Ursachen entstehende Veränderung ihrer

Oberfläche, wenn gleich der durch Auflösung des Metalles veränderte Zustand der Flüssigkeit, auf diese Wirkungs-Abnahme Einfluß hat, doch die Hauptwirkung in dem vermehrten Leitungswiderstande des Ueberganges zu liegen scheint, und daß dieser an den negativen Platten am meisten zunimmt. Fechner, dessen mit dem Multiplicator angestellten Versuche gestatteten, von Minute zu Minute die Kraft der Säule wahrzunehmen, fand, daß eine Bewegung der Zinkplatte in der Flüssigkeit keine Aenderung in der Kraft der Säule hervorbrachte, wogegen eine Bewegung der Kupferplatte in der Flüssigkeit, oder ein Umrühren der Flüssigkeit in der Nähe der Kupferplatte, oder gar ein Abwischen derselben, während sie in der Flüssigkeit blieb, mit dem Barte einer Feder, die schon heruntergesetzte Wirksamkeit der Kette wieder erhöhete. Wenn man eine mit Salmiak-Auflösung in den Zellen in Thätigkeit gesetzte Kette so lange geschlossen gelassen hat, daß sie eine große Abnahme der Wirkung zeigt, so stellt theils ein Aufheben der Schließung, theils noch weit schneller ein Herausheben der Kupferplatten, so daß sie mit der Luft in Berührung kommen, die Wirksamkeit der Säule her. — Offenbar ist also die atmosphärische Luft oder vielmehr das Sauerstoffgas wirksam zu Unterhaltung der Thätigkeit der Säule, ihr Einwirken auf die negativen Platten, welches noch keinesweges erklärt ist, macht, daß der vermehrte Widerstand, welchen der electrische Strom bei dem Uebergange zu diesen Platten leidet, sich wieder vermindert und auch der ursprüngliche electromotorische Zustand hergestellt wird *). — Der electrische Strom selbst bringt jene Aenderung hervor; denn wenn Plattenpaare, theils in der einen, theils in der entgegengesetzten Richtung verbunden, ihre electrischen Ströme selbst zerstören oder unwirksam machen, so zeigen diese Plattenpaare, auch bei längerer Dauer ihrer Eintauchung und der Schließung dieser unwirksamen Kette, sich, zu einer wirksamen Kette verbunden, nicht schwächer in ihrer Wirkung. — — Doch alle diese, am reichlichsten von Fechner gelieferten, wichtigen

*) Obgleich man den letztern Umstand gleichfalls berücksichtigen muß, so scheint mir doch, daß Fechners Versuche deutlich zeigen, man dürfe nicht, wie Ohm geneigt ist es zu thun, jenen Widerstand im Uebergange und seine Veränderungen aus den Augen lassen.

Beiträge zu einer künftigen Erklärung dieser, sich an einander anreihenden Erfahrungen lassen über den eigentlichen Grund der Erscheinungen noch viele Dunkelheit übrig, wenn sich gleich zwischen diesem Wogen in der galvanischen Kette, zwischen der Ladung der negativen Platten und andern hier angeführten Erscheinungen ein unverkennbarer Zusammenhang zeigt.

Vier und zwanzigste Vorlesung.

Die Erscheinungen, welche von den chemischen Wirkungen der voltaischen Säule abhängen, führten mich zu einer so langen Reihe von einzelnen Betrachtungen, daß ich den Faden unserer Untersuchungen, nämlich die Darstellung der mannigfaltigen Wirksamkeit der Säule, fast ganz verloren zu haben scheine. Ich nehme diesen Faden wieder auf, indem ich zu einer neuen Reihe von Erscheinungen, den Licht-Erscheinungen und Wärme-Erzeugungen durch die Säule übergehe, woran sich noch manche Untersuchungen über die Leitung des electrischen Stromes durch Metalldräthe anknüpfen. Einige vereinzelter da stehende Erfahrungen mögen zuletzt den Beschluß dieser Lehre machen.

Funken aus der voltaischen Säule.

Bei den ersten Untersuchungen über die voltaische Säule war es von mehreren Beobachtern als eine sehr auffallende Abweichung der electrischen Erscheinungen der Säule von denen der Reibungs-Electricität angesehen worden, daß jene bei so starken Einwirkungen auf das Gefühl keine Funken gab. Man fand nun zwar bald, daß die Funken keinesweges ganz fehlten, aber dennoch zeigten sie sich darin vom gewöhnlichen electrischen Funken abweichend, daß sie bei den damals einzig angewandten kleinplattigen Säulen sich nur mit einiger Schwierigkeit hervorbringen ließen und eine nur ganz unmerkliche Schlagweite hatten. Man bemerkte bald, daß die Pappschichten zwischen den Platten mit einer stark gesalzenen Flüssigkeit, mit Salmiak-Auflösung zum Beispiel, befeuchtet sein müßten, daß man also die Lebhaftigkeit des electrischen Stromes durch eine den Leitungswiderstand möglichst vermindernde Flüssigkeit befördern müsse, um Funken zu erhalten. Man bemerkte auch, daß der Funke nur an den feinsten Spitzen leicht hervorgehe, daß er mit einem wirklichen Verbrennen der zur Berührung gebrachten Theile verbunden sei, und eben darum auch sehr verschiedene Farben zeige. Auf diesen Erfahrungen beruht die Vorschrift, daß man das Ende des Schließungsdraths mit den feinen Spitzchen eines Stückes Blattgold versehen zur Berührung bringen solle, damit der Uebergang durch einen Leiter von sehr kleinem Querschnitte geschehe und zugleich auch das leichte Metallblättchen sich leicht entzünde. Auch die Beförderung der Funken dadurch, daß man das Ende des Drathes in der Lichtflamme mit Ruß überzieht, oder ein mit Ruß überzogenes Silberstück zu Hervorlockung der Funken anwendet, beruhen eben hierauf, da die feinen Rußtheile sich leicht, einzelne Funken gebend, entzünden. Am besten geschieht dies in der Lichtflamme selbst, wenn man die an den Dräthen angelegte Rußbedeckung in der Lichtflamme, wo die Erhitzung das Funkengeben erleichtert, einander gegenüber stellt. Hier bilden sich zugleich in der Flamme Dendriten aus Ruß, nämlich in die Länge gedehnte, wachsende, Rußfäden, die sich einander anziehen.

Bei Säulen, wo die Platten nicht über 3 oder 4 Quadratzoll Oberfläche haben, kann man unter 80 bis 100 Plattenpaaren nicht auf das Erscheinen von Funken rechnen, dagegen reichen 30 Platten von 1 Quadratfuß groß, mit einer mäßig stark gesäuerten oder gesalzenen Flüssigkeit zu Befeuchtung der Zwischenplatten, vollkommen aus, um die herrlichsten Funken-Erscheinungen und Verbrennungen von Metallblättchen hervorzubringen. Läßt man nämlich eine von der untersten Platte heraufgehende Leitung sich neben der obern Platte so endigen, daß hier ein Gefäßchen mit Quecksilber das Ende des Leiters ausmacht, taucht man dann das eine Ende eines starken Drathes in das Quecksilber und befestigt an das andre Ende ein Blatt ächten oder unächten Goldes oder ächten oder unächten Silbers, um damit die obere Platte zu berühren, so verbrennt das Metallblatt mit den schönsten Farben. Vor allen zeichnet sich das ächte Silber durch das schönste

Smaragdgrün aus. Die Farbe des Lichtes beim Verbrennen richtet sich nicht allein nach dem verbrennenden Metallblättchen, sondern es kömmt dabei auch auf das Metall an, mit welchem das Blättchen in Berührung kömmt, indem, wenn die Berührung an einer Quecksilber-Oberfläche statt findet, dieses immer ein Hinneigen zu einem bläulichen Lichte hervorzubringen scheint. Nach Singer geht selbst das schöne Smaragdgrün des brennenden Silbers bloß dadurch in glänzendes Weiß über, daß man das Silberblatt durch Schließung mit Kohle, welche das Silber berührt, zum Verbrennen bringt, und ähnliche Verschiedenheiten zeigen sich oft unter veränderten Umständen. Läßt man den Leitungsdrath sich in eine sehr feine Stahlspitze endigen, oder befestigt man mit guter Leitung eine Nähnadel daran, deren Spitze die Berührung macht, so verbrennt diese Spitze unter dem Aussprühen rother Funken, die aus dem Verbrennen des Eisens hervorgehen. Unter der Einwirkung sehr starker Apparate giebt das Verbrennen der Kohle vorzüglich glänzende Erscheinungen, wie Davy angiebt; und obgleich zur ersten Hervorbringung des Glühens der Kohle eine sehr große Annäherung erforderlich war, so ging doch, unter der Wirkung des von Davy angewandten sehr starken Apparates, später, selbst wenn die Kohlenspitzen 4 Zoll von einander entfernt waren, ein Feuerstrom zwischen ihnen über, der vermuthlich durch losgerissene Kohlentheilchen unterhalten wurde.

Der Grund, warum die voltaische Säule eine so sehr geringe Schlagweite hat, so daß selbst bei 1200 Plattenpaaren die Spitzen, die den Funken bewirken sollen, bis auf $\frac{1}{4}$ Linie oder $\frac{1}{3}$ Linie angenähert werden müssen und bei schwächern Säulen fast gar kein Abstand kenntlich bleibt, ist offenbar die geringe Spannung, mit welcher hier die Electricität nach außen wirkt. Eine schwach geladene Batterie aus electrischen Flaschen, die nur leichte Goldblättchen zu heben und dadurch ihre Ladung darzuthun vermöchte, würde schwerlich überhaupt einen Funken geben, weil, wenn sie auch noch so groß wäre, die aus allen Flaschen sich vereinigende Electricität vermuthlich viel zu langsam zuströmte; wenn also die, in electroscopischer Hinsicht nicht stärker geladene voltaische Säule dennoch Funken zeigt, so liegt das in dem mit ungemeiner Schnelligkeit, wenn gleich mit schwacher Spannung, übergehenden Strome der

Electricität, und es erhellt leicht, daß eine möglichste Herabsetzung des Leitungswiderstandes wesentlich ist, um diesen schnellen Strom zu unterhalten, weshalb zum Funkengeben der Säule recht stark gesalzene oder gesäuerte Flüssigkeiten vorzüglich brauchbar sind.

Erhitzung und Glühen der Schließungsdräthe.

Schon diese, auch an mäßigen Säulen sich zeigenden, Erscheinungen des Verbrennens der Metalle beweisen deutlich, daß eine Erhitzung des Leitungsdrathes statt findet, und dieser zeigt sich bei größern Apparaten durch das Glühen längerer Metalldräthe noch deutlicher. Schon ein Trog-Apparat von 10 Kupfergefäßen, in welche 10 Zinkplatten von 1 Quadratfuß eingetaucht sind, bringt Stahldrath von $\frac{1}{3}$ Linie dick in 3 bis 4 Zoll Länge zum vollen Glühen, und Dräthe von 1 Linie dick werden bedeutend erhitzt. Mit 200 Plattenpaaren von 64 Quadratzoll brachte Wilkinson 60 Zoll $\frac{1}{6}$ Linie dicken Stahldrath zum Glühen und sogar zum Verbrennen. Aber noch auffallendere Erfolge haben Childern und Hare erhalten. Childern brachte 21 Zinkplatten, jede von 32 Quadratfuß, zwischen zwei Kupferplatten, und mit der mächtigen Wirkung dieses Apparats wurden $5\frac{1}{2}$ Fuß Platindrath von $\frac{1}{3}$ Linie dick in das vollste Rothglühen versetzt, ein Platinstäbchen von 2 Linien dick und $2\frac{1}{4}$ Zoll lang glühete nicht nur, sondern schmolz endlich, die sehr schwer schmelzbaren Metalle und Metall-Oxyde (Tantalum-Oxyd, Titan-Oxyd, Molybdän-Oxyd und andre) wurden geschmolzen und zum Theil reducirt. Hare glaubt mit seinem Deflagrator die Kohle in einen Zustand der Schmelzung versetzt zu haben, und sogar noch auffallendere Erscheinungen, daß nämlich aus der Verflüchtigung der Kohle Körper, die sich dem Diamant nahe ähnlich zeigten, hervorzugehen schienen, giebt er an *). Mit so großen Apparaten gelingt auch das Zersetzen des Kali und das damit verbundene Verbrennen des Kaliummetalls am besten.

Umstände, die zur Beförderung dieser Wirkungen beitragen.

Sobald man anfing, diese Wärme-Erzeugung durch die voltaische Säule näher zu untersuchen, fand man, daß sie, so wie

*) Schweigg. Jahrb. IX. 100.

die Schönheit der Funken, die immer mit Verbrennung begleitet sind, weit mehr von der Größe, als von der Zahl der Plattenpaare abhänge. In welchem Maaße dies der Fall sei, darüber sind, theils wegen der Schwierigkeit, diese Versuche oft zu wiederholen, theils wegen der Schwierigkeit, sie im strengsten Sinne vergleichbar anzustellen, noch nicht genug Bestimmungen vorhanden. Ungefähr scheint die Drathlänge, die man mit verschiedenen Apparaten zum Glühen bringt, der Anzahl der Platten proportional zu sein, aber bei doppelt so großen Platten auf das Vierfache, bei dreimal so großen Platten auf das Neunfache u. s. w. zu wachsen. Aus diesem Grunde fand man es zu diesen Versuchen zweckmäßig, nicht bloß sich großer Platten zu bedienen, sondern auch die Trog-Apparate etwas anders als zu den übrigen Versuchen einzurichten, worauf ich früher *), als ich die Trog-Apparate beschrieb, deren Zinkplatten an beiden Seiten Kupferplatten gegenüber haben, schon hindeutete. Wenn es der Zweck ist, einen oft wiederholten Wechsel des Ueberganges vom Kupfer zum Zink zu bewirken, so muß man (Fig. 109.) jede Zinkplatte Z mit dem folgenden Kupfergefäße K′ verbinden; wenn man dagegen nur eine einfache Kette, diese aber aus großen Platten bestehend verlangt, so verbindet man (so wie Fig. 119. zeigt,) alle Zinkplatten Z durch einen Metallstab AB und bringt auch die Kupfergefäße durch metallische Leiter D, D, D, in Verbindung. Diese letztere Anordnung dient, um den bei AC aufgespannten dünnen Drath glühend zu machen; denn durch ihn muß der vom Kupfer zum Zink, von allen Kupfergefäßen zu allen Zinktafeln, hinübergehende Strom positiver Electricität hindurch gehen, und da eben dieser Strom an den sämmtlichen Oberflächen des Zinks und Kupfers durch die die Gefäße füllende Flüssigkeit einen so sehr freien Uebergang, um seinen Kreislauf zu vollenden und vom Zink zum Kupfer zurückzukehren, findet, so ist die Schnelligkeit des durch CA gehenden Stromes gewiß ungemein groß. Nach diesem Principe, eine große Anzahl Kupferplatten, und so auch eine große Anzahl Zinkplatten in Beziehung auf ihre Wirkung zu einem einzigen Plattenpaare zu verbinden, ist Hare's Deflagrator oder

*) 21ste Vorles.

Calorimotor (Wärme = Erreger) eingerichtet, und wirklich lassen sich schon mit 10 Zinkplatten von 1 Quadratfuß Größe, denen also Kupferplatten oder Kupfergefäße von reichlich 2 Quadratfuß gegenüber stehen, sehr bedeutende Wirkungen hervorbringen.

Man hat zu eben dem Zwecke vorgeschlagen, eine einzige sehr große Zinkplatte von einer eben so großen Kupferplatte durch dünne Holzstäbchen zu trennen und dann beide zusammen zu wickeln; diese spiralförmig aufgewickelte Doppelplatte, die in keinem Puncte eine metallische Berührung der beiden Platten darbieten muß, läßt sich dann in ein großes Cylinderglas tauchen, und wenn man dies mit gesäuertem Wasser füllt, oben aber zwischen der Zink= und Kupferplatte den zum Glühen oder zum Schmelzen zu bringenden Drath ausspannt, so muß wieder der ganze electrische Strom, den das eine Metall in jedem Augenblicke, weil es seinen bestimmten Vorzug an positiver Electricität fordert, zu sich hinüber veranlaßt, durch den dünnen Drath gehen.

In allen diesen einfachen, nur aus einem Plattenpaare bestehenden, Ketten muß aber die Verbindung der durch metallische Leitung vereinigten Theile auf das vollkommenste statt finden. Ist unter den Leitungsdräthen D (Fig. 119.) nur einer, der durch einen leichten Ueberzug von Fett oder einem andern fremden Körper nicht zur wahren innigen Berührung an beiden Gefäßen gelangt, so findet in ihm kein Uebergang der Electricität statt, und die durch ihn anscheinend mit in die Verbindung gezogenen Gefäße tragen nichts zur Wirkung bei. Man thut daher wohl, entweder alle diese Verbindungen durch Anlöthen ganz zuverlässig zu Stande zu bringen, oder an jedes Kupfergefäß kleine Schälchen anzulöthen, welche, nachdem sie zu jedem Versuche mit Quecksilber gefüllt sind, jene Dräthe aufnehmen; wenn so eine metallische Verbindung statt findet, so hat der unaufhörlich von allen entferntern Gefäßen her sich zudrängende electrische Strom Leitung genug, wobei er auch die Dräthe oder Stäbchen D, die nicht zu dünn sein dürfen, stark erhitzt; aber einen Uebergang durch schlechte Leiter, durch einen Ueberzug von Fett oder von Oxyd, macht dieser, mit so schwacher Spannung vordringende, Strom nicht, selbst wenn dieser Ueberzug nur die unmerklichste Dicke hat. Aber indem so ein Strom von ungeheurer Breite, nämlich so breit als die sämmtlichen einander im gesäuerten Wasser gegenüber stehenden Metallflächen, in den höchst engen Canal, den der dünne Leitungsdrath darbietet, hinüber geleitet, in diesem also zur schnellsten Bewegung genöthiget wird, leidet nun auch dieser Strom einen großen Widerstand, und gewiß wird seine Stärke dadurch vermindert. Dies ist ein Umstand, der nachtheilig für die zu bewirkenden Erscheinungen ist; aber in eben demselben Umstande liegt auch von der andern Seite die Möglichkeit dieser Wärme-Erscheinungen. Hätten wir irgend einen Körper von einer wirklich unendlich zu nennenden Leitungskraft, so würde selbst der schnellste Strom der Electricität mit vollkommener Leichtigkeit, ohne irgend einen Widerstand, durch ihn hindurchgehen, und, so viel wir übersehen, dann uns gar keine Zeichen des Durchgangs durch Wärme-Erzeugung darbieten; aber indem ein Widerstand statt findet, entsteht diese fühlbare Wärme. Obgleich also von der einen Seite der Strom geschwächt wird durch den Widerstand, so wird doch seine sichtbare Wirkung, vorausgesetzt daß dieser Widerstand nicht zu groß ist, eben durch ihn vermehrt. Dies ist der Grund, warum bei gleicher Dicke des Leitungsdrathes sehr oft dieser glühend wird, wenn es ein Platindrath ist, und nicht glühend, wenn es ein Silberdrath ist. Ein Experiment, wo ein aus gleich dicken Stücken zusammengesetzter Silberdrath und Platindrath, so nämlich, daß der electrische Strom aus dem Platindrathe zum Silber und aus diesem wieder zum Platin übergeht, die Leitung bildet, zeigt dies recht deutlich, indem hier, bei richtig gewählter Dicke des Drathes, die Platinstücke glühen, während die Silberstücke nicht zum Glühen kommen.

Die Leitungsfähigkeit der Körper nimmt ab durch die Erhitzung. Davy hat dies durch mehrere Versuche gezeigt. Waren zwei Schließungsdräthe angebracht, deren einer, im Wasser unterbrochen, eine Wasserzersetzung bewirkte, der andre aber, ein $\frac{1}{10}$ Linie dicker Platindrath, ohne Unterbrechung fortging; so ward die Säule, zu deren Schließung beide Dräthe dienten, durch den letztern vollkommen entladen, wenn er, in kaltem Oele fortgehend, sich nicht erhitzen konnte; dagegen wenn er sich erhitzte oder wenn er erwärmt wurde, fing der Wasserzersetzungs-Apparat an, Luft zu entwickeln, zum Zeichen, daß jener Drath nicht mehr Leitung genug gewährte. Ein noch auffallenderer Versuch ist folgender.

Wenn ein nicht zu kurzer Platindrath als Schließung des voltaischen Kreises sich fortwährend rothglühend erhält, so erhitzt man einen Theil dieses Drathes durch eine Weingeistflamme bis zum Weißglühen und sieht dann den übrigen Theil seine Rothglühehitze verlieren; dagegen, wenn man einen Theil des rothglühenden Drathes durch Eis abkühlt, so gelangt der übrige Theil durch den electrischen Strom zum Weißglühen. In dem einen Falle nämlich erschwert die Erhitzung des Drathes mit der Weingeistflamme den Zutritt des electrischen Stromes, und dieser, mit verminderter Gewalt durch den übrigen Theil des Drathes gehend, unterhält nicht mehr die Rothglühehitze; im andern Falle ist die Strecke des Drathes, in welcher die Leitung gehindert wird, verkürzt, der gesammte electrische Strom ist also verstärkt, und bringt den unabgekühlten Theil zum Weißglühen.

Vergleichung des Leitungswiderstandes in metallischen Schließungsdräthen.

Wenn man die neulich schon erwähnten Mittel anwendet, um die Stärke des electrischen Stromes in der geschlossenen Säule zu bestimmen, so kann man, wenn in der Säule selbst alle Umstände gleich bleiben, die Aenderung der Stärke des Stromes, so fern sie von dem Schließungsdrathe abhängt, untersuchen. Die Stärke des Stromes ist, bei gleich bleibender electromotorischer Thätigkeit drr Säule, den sämmtlichen Leitungswiderständen umgekehrt proportional, und wenn man für den Widerstand im Schließungsdrathe voraussetzt, daß er der Länge des überall gleich dicken Drathes proportional sei, so geben zwei Versuche mit ungleichen Längen solcher Dräthe, die sonst gleich sind, an, welcher Antheil den sämmtlichen übrigen Widerständen, welcher hingegen dem Schließungsdrathe beizulegen sei. Zahlreiche Versuche von Ohm und Fechner bestätigen, daß man so den Widerstand beider Theile richtig bestimmt *). Diese Versuche zeigen ferner, daß Dräthe von glei-

*) Ein Beispiel wird dies erläutern. Bei einem Versuche Fechners nahm die Kraft des Stromes von 1000 auf 433 ab, wenn der Leitungsdrath auf das 11fache verlängert wurde, und die Kraft nahm von 1000 auf 206 ab, wenn der Leitungsdrath bis zum $23\frac{1}{2}$ maligen

cher Materie und gleich lang nur halb so viel Widerstand geben, wenn ihr Querschnitt doppelt so groß ist, nur ein Drittel des Widerstandes, wenn ihr Querschnitt dreimal so groß ist, daß es dabei auf die Größe der Oberfläche nicht ankömmt, also die Electricität sich hier nicht, wie im Ruhezustande auf geladenen Körpern, auf die Oberfläche begiebt, sondern auch im Innern des Leitungsdrathes fortgeht. Es ist leicht zu übersehen, daß man durch solche Versuche auch die Ungleichheit des Leitungswiderstandes verschiedener Körper findet; denn wenn man fände, daß ein Schließungsdrath von Zink bei bestimmter Länge und Dicke genau eben so viel Widerstaud leistete, als der gesammte Widerstand in der Säule selbst beträgt, daß dagegen ein gleicher Kupferdrath nur ein Drittel des Widerstandes leistete, der in der Säule statt findet; so hätte man das Verhältniß 1 zu 3 als Verhältniß der Leitungsfähigkeit für Zink und Kupfer.

Becquerel hat noch ein andres Mittel angewandt, um die Leitung der Schließungsdräthe zu vergleichen, indem er die Wirkung des electrischen Stromes durch einen kürzern, schlechter leitenden Drath nach einer Richtung und durch einen längern, besser leitenden Drath nach der entgegengesetzten Richtung fortgeleitet, compensirte; doch darauf werde ich an einer andern Stelle zurückkommen müssen.

Läßt man den electrischen Strom durch mehrere Schließungsdräthe zugleich gehen, so theilt er sich genau dem Leitungsvermögen gemäß. Die Mittel nämlich, welche die Stärke des electrischen Stromes angeben, zeigen, daß er sich unter zwei gleich-artige Dräthe, deren einer aber viermal so lang ist, so theilt, daß dieser einen Theil und der kürzere vier Theile bekömmt. Eben so verhält es sich bei ungleich dicken Dräthen oder bei Dräthen von un-

verlängert wurde. Die Rechnung zeigt, daß der Leitungswiderstand in der Säule ziemlich nahe 7 mal so groß, als in der einmaligen Länge oder in der anfänglichen Länge des Leitungsdrathes war. Also im ersten Falle der Widerstand 7 + 1, im zweiten Falle 7 + 11, im dritten 7 + 23½;

die Zahlen 18 : 8 verhalten sich, wie 1000 zu 444 (statt 433)

die Zahlen 30½ : 8 verhalten sich, wie 1000 zu 262 (statt 260)

also beinahe völlig den Versuchen gemäß.

gleicher Materie, daß nämlich immer der zehnmal so gut leitende Drath auch zehnmal so viel electrische Materie fortführt, als der mit ihm zugleich angewandte schlechter leitende Drath.

Unipolare Leiter.

Eine auffallende Beobachtung Ermans hat lange die Physiker in einige Verlegenheit wegen der Erklärung gesetzt. Wir sind nämlich durch so viele Erfahrungen geleitet zu der Ueberzeugung gelangt, daß ein Zuleiten und Ableiten der electrischen Materien nicht wohl so statt finden könne, daß die eine besser oder minder gut als die andre fortgeleitet werde, sondern beide schienen hierin ganz gleichen Gesetzen zu folgen; jene Beobachtung Ermans aber scheint Ausnahmen von dieser Regel anzugeben. Erman stellte eine voltaische Säule isolirt auf, und versuchte, ob auch die Weingeistflamme sich als Leiter der Electricität zeige. Sie wissen, daß die isolirt aufgestellte Säule, wenn sie an beiden Enden mit Electrometern versehen ist, uns am Zink-Ende eine gegenseitige Abstoßung der Goldblättchen durch positive Electricität, am Kupfer-Ende durch negative Electricität zeigt, und es ist offenbar, daß eines dieser Electrometer auf Null herabgehen mußte, wenn die Flamme, als Leiter der Electricität, einen Theil der am einen Pole angebrachten Ableitung ausmachte. Wirklich erfolgte dies, wenn man den vom einen Pole ausgehenden Leitungsdrath sich in der Flamme endigen und einen zweiten von einem andern Puncte der Flamme bis zur Erde gehen ließ; und was damit immer verbunden ist, daß das am andern Pole der Säule angebrachte Electrometer nun auf die doppelte Spannung steigt, trat auch hier ein. So zeigte sich also die Weingeistflamme als ein Leiter an jedem einzelnen Pole der Säule; aber wenn man die Flamme isolirt aufgestellt als Verbindung der Enden beider Schließungsdräthe anbrachte, wenn sowohl der vom Zinkpole als der vom Kupferpole kommende Drath sich in der isolirten Flamme endigte und die Flamme hier als Leiter dienen sollte, so sank nur am positiven Pole das Electrometer auf Null und am negativen kam es dagegen zu der doppelten Divergenz, so als ob dieser isolirt wäre. Die Flamme zeigte sich also als unipolarer positiver Leiter, aber als die negative Seite nicht entladend. Gleiche Wirkung zeigten alle unsre gewöhnlichen Flammen, welche auf Entbindung von Kohlenstoffgas und Wasserstoffgas beruhen, wogegen die Flamme des Schwefels gar nicht, und die Flamme des Phosphors als die negative Electricität unipolar leitend erschien. Eben so ist auch die Seife eine die negative Electricität unipolar leitende Substanz.

Zu diesen Versuchen Ermans hat kürzlich Ohm einige neue hinzugefügt, die eine Aufklärung des Räthselhaften in jenen zu gewähren scheinen. Ohm fand nämlich, daß auch die concentrirte Schwefelsäure negativ unipolar leite, daß dies aber nur dann vollkommen deutlich statt finde, wenn der vom positiven Pole kommende Drath aus Messing oder Zink besteht, wogegen ein Gold- oder Platindrath am positiven Pole die unipolare Wirkung aufhebt. (Einige andre Metalle geben nicht so entschiedene Erfolge.) Den Grund von dieser Unipolarität fand Ohm darin, daß sich am Zink und Messing in der Schwefelsäure ein harter Ueberzug am positiven Drathe bildet, der sehr schnell die Leitung an dieser Seite aufhebt, und ähnlichen Umständen schreibt er auch die bei der Seife und bei den Flammen beobachteten Erscheinungen zu, wodurch, wenn sich diese Meinung bestätigt findet, das Räthselhafte größten Theils wegfiele.

Brande hat diese unipolaren Erscheinungen mit den früher *) erwähnten Beobachtungen an Flammen in Verbindung gesetzt, und allerdings schließt sich der von Erman beobachtete Gegensatz der Wirkungen der Alcoholflamme und der Phosphorflamme an jene an; aber eine Erklärung, wie Brande sie versucht, scheint sich daraus nicht herleiten zu lassen.

Electrochemische Bewegungen in leitenden Flüssigkeiten.

Ich muß zum Schlusse der Untersuchungen über die galvanischen Erscheinungen hier noch ein von Erman schon bemerktes, von Herschel, Nobili, Pfaff und andern weiter untersuchtes Phänomen erwähnen, das noch nicht erklärt ist, und das, bei der Ungewißheit, die über die eigentliche Natur desselben statt findet, hier seinen Platz finden mag.

*) Am Ende der 22. Vorl.

Wenn man die von den beiden Polen einer nicht zu schwachen voltaischen Säule *) ausgehenden Dräthe, die hier sich am liebsten in Platindräthe endigen müssen, mit Quecksilber, über welchem sich eine alcalische Auflösung befindet, in Verbindung setzt, so entstehen auffallende Bewegungen, die, je nachdem der eine oder der andre Drath bis in das Quecksilber reicht oder beide sich in der darüber stehenden Flüssigkeit endigen, verschieden sind. Ich begnüge mich, von diesen Erscheinungen, die ungleich sind für eine über dem Quecksilber stehende alcalische und eine saure Flüssigkeit, nur einige zu erzählen.

Man thut reines Quecksilber in ein flaches Glasgefäß, ein Uhrglas zum Beispiel, und gießt auf dasselbe eine Auflösung von ätzendem Kali; man läßt dann den vom positiven Pole kommenden Drath sich in der Flüssigkeit, etwas entfernt vom Quecksilber, endigen und den negativen Drath dagegen in das Quecksilber eintauchen; so nimmt das Quecksilber statt seiner convexen Gestalt eine mehr abgeplattete an, und in der Flüssigkeit entsteht ein Strom, dessen Richtung in **Fig. 121.** die Pfeile angeben. Stehen nämlich der positive Drath **A** und der negative **B** sich ungefähr im Durchmesser des Glases gegenüber, so geht von **A** nach **B** ein grader Strom, der sich gegen **B** zu theilt und Wirbel nach beiden Seiten hin hervorbringt, so daß die Bewegung so fortdauert, wie die Figur angiebt und die Drehung beider Wirbel sehr lebhaft ist. Stehen **A**, **B**, sich nicht im Durchmesser gegenüber, so zieht der eine Wirbel sich zusammen oder verschwindet auch ganz, indem der ursprüngliche Strom immer fast gerade vom positiven zum negativen Drathe hinüber geht. Hat man die Dräthe eine Zeit lang in der angegebenen Eintauchung gelassen und zieht nun den negativen Drath aus dem Quecksilber heraus bis in die Flüssigkeit zurück, so dauert der Strom noch eine geraume Zeit fort, und nach Herschels genauer Untersuchung so lange, bis das bei der vorigen Schließung reducirte und mit dem Quecksilber amalgamirte Kaliummetall sich wieder oxydirt und in Alcali verwandelt hat.

Hat man den negativen Drath in das Quecksilber eingetaucht

*) Pfaff hat nur 24 zweizollige Plattenpaare angewandt; mit 50 etwas größern Plattenpaaren gelingt der Versuch sehr leicht.

und den positiven Drath nicht weit vom Rande des Gefäßes grade zur Berührung mit dem Quecksilber gebracht, so zieht dies sich zurück, um seine gewöhnliche convexe Gestalt anzunehmen, und da es dann nicht mehr in Berührung mit dem positiven Drathe bleibt, so entsteht das Bestreben, wieder zur abgeflachten Form zurückzukehren, dadurch aber eine neue Berührung und ein wechselndes Ausdehnen und Zusammenziehen.

Daß bei der Schließung, wo nur der negative Drath bis in das Quecksilber reicht, das Quecksilber ganz unoxydirt bleibt, versteht sich von selbst, weil dann die ganze Quecksilbermasse den negativen Pol darstellt, von welchem das Oxygen fortgetrieben wird. Auch daß aus der Kalilauge sich Kaliummetall reduciren und mit dem Quecksilber amalgamiren kann, ist nicht unerwartet, da bei entstehender Zersetzung des Kali offenbar das reine Metall dem negativen Pole zu geht. Aber worauf diese Strömungen beruhen, erhellt daraus nicht.

Läßt man gleich zu Anfang den positiven Drath in das Quecksilber eintauchen und den negativen sich in der Flüssigkeit endigen, so wird, wenn das Quecksilber sich unter einer Kali-Auflösung befindet, die Oberfläche des Quecksilbers sogleich gelb und sehr bald dunkelbraun; sobald man aber den positiven Drath aus dem Quecksilber bis in die Flüssigkeit hervorzieht und dagegen den negativen Drath in das Quecksilber eintaucht, so verschwindet bei einer stark wirkenden Säule sehr schnell diese Haut und das Quecksilber nimmt seinen Spiegelglanz wieder an, und auch dabei ändert sich die convexe Form des Quecksilbers im Augenblicke des Verschwindens des Oxydes.

Nobili bemerkt, daß, wenn beide Dräthe sich oberhalb des Quecksilbers in der Flüssigkeit endigen, sich den Dräthen gegenüber Bewegungen zeigen, die eben solche Figuren darstellen, wie man sie farbig hervorgebracht auf den festen Metallplatten sieht, wenn man ihnen gegenüber durch feine Dräthe die Schließung bewirkt. Diese Bewegungen habe ich nicht deutlich wahrnehmen können; dagegen scheint zuweilen, wenn der negative Drath sich oberhalb des Quecksilbers befindet, unter diesem ein mit verschiedenen Farben schillender Ring in der auf dem Quecksilber entstehenden Haut hervorzugehen.

Die Erscheinungen, die in andern Fällen hervorgehen, will ich hier nicht anführen, da die in ihnen statt findende Mannigfaltigkeit noch nicht zu einer weitern Erklärung geführt hat. Auch in dem eben beschriebenen Experimente treten zuweilen neben den regelmäßigen Bewegungen noch andre ein, die von der zufälligen Lage der Dräthe gegen die Ränder des Quecksilbers abhängen.

Fünf und zwanzigste Vorlesung.

Zu den Erscheinungen, welche der electrische Strom der galvanischen Kette darbietet, gehört noch eine, die vielleicht an Merkwürdigkeit alle andern übertrifft, die Einwirkung des electrischen Stromes auf die Magnetnadel; aber von dieser kann ich nicht eher umständlich reden, bis ich Sie mit den Eigenschaften des Magnets und mit den mannigfaltigen Erscheinungen, welche der Magnet selbst und der Magnetismus der Erde uns darbietet, bekannt gemacht habe.

Anziehende Kraft des Magnets.

Ich muß mit den bekanntesten Erscheinungen, die schon seit Jahrtausenden bekannt sind, anfangen, nämlich daß es einige Eisen-Erze giebt, welche die besondre Eigenschaft besitzen, Eisen bei der Berührung mit einer gewissen Gewalt festzuhalten und kleine Eisentheile auch aus der Ferne an sich zu ziehen. Dieses sind die natürlichen Magnete oder Magnetsteine. Ihre Wirkung geht nicht bloß durch die Luft bis in einige Ferne, sondern sie wird auch durch Glas, Holz und Metalle nicht aufgehalten, nur wenn man eine Eisenplatte zwischen den Magnet und die anzuziehende Eisenfeile bringt, zeigen sich die Wirkungen verändert und geschwächt. Die Stärke dieser Kraft ist bei den natürlichen Magneten sehr ungleich. Es giebt kleine Magnete, die dadurch, daß sie ein Gewicht tragen, welches gegen ihr eignes sehr groß ist, merkwürdig sind *), und unter den größern üben manche eine sehr große Gewalt, selbst bis auf bedeutende Entfernungen, bis zu 2 Fuß Entfernung merklich, aus.

Das Eisen ist nicht das einzige Metall, auf welches der Magnet anziehend wirkt, sondern auch das reine Nickel ist dieser Wirkung auf ganz ähnliche Weise unterworfen. Mit dem reinen Kobalt sind wenige Versuche angestellt, die aber zeigen, daß auch dieses Metall zu den dem Magnete angehörigen Metallen zu rechnen ist; Ritter behauptet eben dies vom Magnesium und Uranium, und bemerkt dabei, daß alle diese Metalle so sehr schwer schmelzbar und darin einander einigermaßen ähnlich sind. Das Eisen behält selbst in den Eisensalzen und in den meisten Mischungen mit andern Metallen seine Eigenschaft vom Magnete angezogen zu werden; ein Messingdrath, der nur sehr wenig Eisen enthält, zeigt, an einem Seidenfaden aufgehängt, daß er der Anziehung des Magnetes folgt. Dagegen bemerkt schon van Swinden, daß sehr wenig Antimon dem Eisen beigemischt diesem seine Anziehbarkeit raube, und eben das behauptet Ritter vom Arsenik; Seebecks Versuche über Verbindungen von Antimon und Eisen bestätigen dies, und zugleich zeigt Seebeck, daß eben so das Kupfer in der Verbindung mit Nickel diesem seine Anziehbarkeit raube, daher auch das Argentan, obgleich es so viel Nickel enthält, nicht erheblich vom Magnet gezogen wird.

Noch auffallender aber als dieses ist Le Baillifs und Becquerels Erfahrung, daß Wismuth und Antimon vom Magnete abgestoßen werden, — eine Erfahrung, die auch Brugmanns schon an dem dunkeln und fast violett gefärbten Wismuth machte, während er an andern Wismuth-Arten eine Anziehung bemerkte **).

Richtung des Magnets nach den Weltgegenden.

Wenn man den Magnetstein in Eisenfeile legt, so bedeckt er sich damit nicht gleichförmig, sondern es sind gewöhnlich zwei ein-

*) Newton soll einen 3 Gran schweren Magnet gehabt haben, der 746 Gran trug. Journ. of the roy. Inst. 1831. Mai.

**) Gilb. Ann. VIII. 18. Poggend. Ann. X. 203. 292.

ander gegenüber liegende Seiten, die sich am stärksten damit belegen. Hängt man den Magnet so auf, daß diese Seiten in horizontaler Richtung einander gegenüber stehen, so findet man, daß er eine bestimmte Stellung, so daß jene Seiten sich ungefähr nach Norden und Süden wenden, annimmt. Der Magnet hat also einen Nordpol und einen Südpol. — Diese Eigenschaft des Magnetes ist erst spät bemerkt worden, und wie man glaubt, den Chinesen eher bekannt gewesen; in Europa ist sie erst im dreizehnten Jahrhundert bekannt geworden und Flavio Gioja aus Amalfi um das Jahr 1300 wird immer als derjenige genannt, der den Compaß, die Anwendung des Magnets zu Bestimmung der Weltgegenden, erfunden hat; doch schreibt Gilbert dem Marco Polo das Verdienst zu, die Richtung des Magnets nach Norden, auf die er im Orient aufmerksam gemacht war, den Europäern bekannt gemacht zu haben. Bei den unvollkommenen Mitteln, die Himmelsgegenden durch einen auf einem Brettchen befestigten und so auf Wasser schwimmenden Magnet zu bestimmen, will ich indeß nicht verweilen, sondern sogleich auf die Mittel kommen, die uns zu viel bequemerer Anwendung des Magnetes dienen.

Mittheilung der magnetischen Kräfte an Eisen und Stahl.

Schon wenn man den natürlichen Magnet in Eisenfeile legt, macht man die Bemerkung, daß er sich mit derselben nicht so überzieht, wie etwa ein nasser Körper mit Sandkörnern, wenn man ihn mit Sand bestreut; die feinen Eisentheile legen sich nicht jedes einzeln an, sondern, als ob sie kleine Nadeln bildeten, reihen sich mehrere, vom Magnete abwärts, an einander, so daß die Eisentheilchen selbst wieder einander anzuziehen scheinen. Noch auffallender wird dies, wenn man Eisendräthchen oder auch stählerne Nadeln nimmt; obgleich diese für sich allein keine Kraft, einander anzuziehen, besitzen, so hängt sich doch, wenn die erste vom Magnete getragen wird, an sie gern die zweite und an die zweite auch noch wohl die dritte. Der Versuch läßt sich aber noch weiter fortsetzen, indem unter der Einwirkung eines hinreichend starken Magnetes ein Stab von weichem Eisen oder ungehärtetem Stahle, wenn er auch einen Fuß lang und länger ist, an seinem andern

Ende Eisenfeile anzieht, wenn sein eines Ende an einem hinreichend starken Magnete anliegt. Das Eisen erlangt also, so lange es unter der nahen Einwirkung des Magnetes ist, selbst magnetische Kraft; aber das weiche Eisen verliert sie sogleich wieder, wenn man es vom Magnete entfernt, und eben das gilt vom weichen Stahle; der gehärtete Stahl dagegen bleibt in einigem Grade magnetisch, die Nähnadel, die am Magnete eine andre anzog, behält diese anziehende Kraft in einigem Grade auch in der Folge. Bei einem recht starken Magnete geht jene Wirkung noch weiter, indem selbst ohne Berührung, ja in 6 Zoll, 10 Zoll Entfernung, ein unmagnetisches Eisen, ein größerer Schlüssel zum Beispiel, ganz erhebliche Stücke Eisen zu tragen im Stande ist, aber auch diese Kraft behält das Eisen nur in der Nähe, unter dem Einflusse des Magnets.

Wir wollen diese merkwürdige Erfahrung sogleich dazu benutzen, künstliche Magnete zu verfertigen. Die Nähnadel, die eine Weile von einem starken Magnete angezogen an ihm hing, ist ein kleiner Magnet geworden, sie fährt fort, Eisenfeile anzuziehen, und was noch merkwürdiger ist, wenn man sie an einem feinen Seidenfaden im Schwerpuncte aufhängt, so zeigt sie nach Norden, auch sie hat ihren Nordpol und Südpol erhalten. Natürlich fragen wir, welches Ende der Nadel ist denn Nordpol geworden? — und jeder Versuch beantwortet uns diese Frage ganz entschieden dahin, daß der am Nordpole des Magnets anhängende Theil der Nadel ein Südpol wird, hingegen das am Südpole anhängende ein Nordpol, daß also die Nadel in ihrem berührenden Theile den Pol erhält, welcher dem berührten Magnetpole entgegengesetzt ist, daß der entferntere Theil der Nadel dagegen dem Magnetpole, wo sich die Nadel befindet, gleichnamig ist. Den Reichthum von Lehrsätzen, zu denen diese wenigen Erfahrungen den Weg bahnen, müssen wir nach und nach weiter kennen zu lernen suchen.

Die Erfahrung, daß weicher Stahl nur unter der dauernden Einwirkung des Magnetes sich magnetisch zeigt, nachher aber alle Kraft wieder verliert, nöthigt uns, zu Verfertigung künstlicher Magnete uns des gehärteten Stahles zu bedienen. Ueber den Grad und die Art der Härtung sind die Künstler nicht ganz einig; Horner giebt für Magnetnadeln die Vorschrift, als am meisten bewährt, daß die Stahlnadel vollkommen gehärtet und bis zur strohgelben Farbe angelassen, oder besser noch aus der Weißglühehitze in siedendem Lein=Oel abgelöscht werde. So harter Stahl nimmt aber nicht so leicht durch bloße Berührung den Magnetismus an, sondern das Bestreichen hat sich hier als erfolgreicher gezeigt und die Kunst dieses Bestreichens ist auf mehr als eine Weise vollkommener gemacht worden.

Anziehung der ungleichnamigen Pole, Abstoßung der gleichnamigen Pole.

Aber ehe ich dazu übergehe, muß ich Sie noch mit einer andern merkwürdigen Eigenschaft des Magnets bekannt machen. Wir sind dahin gelangt, aus jeder dünnen Stahlnadel einen Magnet zu machen, und haben gesehen, daß diese Nadel mit ihrem Südpole fest an dem Nordpole des Magnets hing; lassen Sie uns jetzt eine dieser magnetischen Nadeln horizontal aufhängen, und den Nordpol einer zweiten dem Südpole der ersten nähern, so sehen wir eine starke gegenseitige Anziehung, dagegen wenn wir den Nordpol der zweiten dem Nordpole der ersten nähern, diese sich mit bedeutender Kraft einander abstoßen. Ich stelle den Versuch mit zwei Nadeln, die ungefähr beide gleich stark magnetisirt sind, an, weil, wenn Sie den Südpol einer kleinen Stahlnadel gegen den Südpol eines sehr starken Magnetes bringen, jener nicht bloß angezogen wird, sondern, wie die nachherige Untersuchung beim Aufhängen zeigt, zugleich in einen Nordpol verwandelt ist.

Diese Erfahrungen erinnern so sehr an die Ihnen bekannten electrischen Erscheinungen, daß ich nicht unterlassen kann, die Uebereinstimmungen etwas näher nachzuweisen. Wenn wir statt des Magnets einen geladenen electrischen Körper SN nehmen und ihm einen isolirten Leiter AB (Fig. 122.) gegenüber stellen, so hat A die entgegengesetzte, B die gleichnamige Electricität zu der, welche sich in N findet, und völlig so ist hier A ein Südpol, B ein Nordpol, wenn N ein Nordpol war. Dort zogen sich die entgegengesetzt electrisirten Körper an, wie hier der Nordpol den Südpol anzieht, dort stießen sich die gleichartig electrisirten Körper ab, wie es hier bei Südpol gegen Südpol und bei Nordpol gegen Nordpol der Fall ist. Die Analogie geht noch weiter, wenn wir das weiche Eisen oder den weichen Stahl den electrischen Leitern und dagegen den harten Stahl den Nichtleitern vergleichen. Wenn N S ein Nichtleiter für die Electricität ist, so findet, während ein andrer Körper A B ihm gegenüber gestellt wird, in seiner eignen Electricität keine merkliche Veränderung statt; in A B aber, wenn A B ein guter Leiter ist, findet sich, sogleich im Augenblicke der ohne Berührung eintretenden Einwirkung, in B die zu N gleichnamige, in A die entgegengesetzte Electricität, und so verhält sich es hier mit dem Magnetismus im weichen Eisen; dagegen wenn A B ein Nichtleiter ist, so wird nur erst nach langer Einwirkung, durch Anziehung und Abstoßung der von N aus wirkenden positiven Electricität, die negative Electricität in A gesammelt, die positive nach B hin gedrängt, und eben so tritt im harten Stahle die magnetische Wirkung langsam ein. Aber gerade so, wie der Leiter A B wieder unelectrisch ist, nach Entfernung des electrisirten Körpers, so ist das weiche Eisen unmagnetisch nach der Entfernung des Magnets; und so wie der Nichtleiter A B, wenn er einmal durch lange und kräftige Einwirkung des electrisirten Körpers in A negativ, in B positiv geworden wäre, nun lange Zeit seine electrischen Eigenschaften behalten würde, so thut es der gehärtete Stahl, wenn er einmal magnetisch geworden ist. Ja es ereignet sich wohl in dem Nichtleiter A B, daß die positive Electricität, nur nach a zurückgedrängt, dort eine Zone positiver Electricität bildet, und so wechselnde Zonen beider Electricitäten auf einander folgen; und eben so ereignet es sich in längeren Stahlnadeln A B, daß sich, wie man es nennt, F o l g e p u n c t e bilden, nämlich ein Wechseln mehrerer magnetischer Pole, so daß A Südpol, a Nordpol ist, und weiterhin sich ein neuer Südpol findet.

Ich werde auf diese Vergleichung des Magnetismus mit der durch Vertheilung hervortretenden Electricität noch öfter zurückkommen müssen, so wie die einzelnen Erscheinungen die Veranlassung geben; hier aber muß ich sogleich auch eine sehr auffallende Verschiedenheit in der Wirkungs-Art des Magnetismus und der Electricität bemerklich machen, nämlich die, daß der Magnetismus nichts darbietet, was sich mit der Mittheilung der Electricität vergleichen ließe. Schon die durch Jahre langen Zeitverlauf im harten Stahle sich nicht ausgleichende Trennung des nordpolarischen und südpolarischen Zustandes an den entgegengesetzten Enden des Magnetes, ist offenbar dem nicht entsprechend, was ein Nichtleiter der Electricität darbieten würde, indem, auch abgesehen von dem Verluste in der Luft, es unmöglich scheint, daß ein Siegellackstab in S l, verbunden mit dem Glasstabe l N (Fig. 123.) für immer negativ bleiben sollte, während l N positiv-electrisch wäre, sondern es vielmehr als ganz gewiß erscheint, daß in langer Zeit die Electricität den Leitungswiderstand überwinden und eine Ausgleichung der positiven und negativen Ladung hervorbringen würde. Und so wie hier kein Uebergang der beiden Magnetismen, wenn ich diesen Ausdruck gebrauchen darf, von einem Pole zum andern statt findet, eben so findet auch, selbst bei der genauesten Berührung, keine Mittheilung des nordpolarischen Zustandes (Fig. 122.) von N an A B, keine Mittheilung, die der electrischen Ladung durch Uebergang zu vergleichen wäre, statt, sondern bei der engsten Berührung bleiben es immer nur Wirkungen, die der durch Vertheilung entstandenen Electricität entsprechen, welche wir in dem Stabe A B wahrnehmen.

Diese Einwirkung des Magnetes, welche wir der Vertheilungs-Electricität entsprechend finden, ist jedoch nicht bloß in der Berührung, sondern schon in einiger Entfernung deutlich zu bemerken. Wenn man einen starken, in die Form eines Huf-Eisens S N (Fig. 124.) gebogenen Magnet so legt, daß der eine Pol oberhalb des andern liegt, und nun ein weiches Eisen, einen großen Schlüssel zum Beispiel, vertical über diesem Pole hält, so trägt der Schlüssel ziemlich bedeutende Stücke Eisen. Ist nämlich S ein Südpol, so wird sowohl des größern Eisens s n unterer Theil als des kleinern t m unterer Theil nordpolarisch, t und n hängen daher als entgegengesetzte Pole an einander. Hält man dagegen zwei oben an demselben Faden hängende Eisendräthchen a b, c d, (Fig. 125.) über dem Pole des Magnetes, so stoßen sich die untern Enden stark ab, weil b, d, gleichnamige Pole sind.

Künstliche Magnete. Verfertigung derselben.

Diese Bemerkungen mußte ich der Verfertigung künstlicher Magnete vorausschicken, um die Mittel, wodurch wir Nordpole und Südpole, auch dann, wenn sie nicht am Ende des Stabes liegen, unterscheiden, als bekannt voraussetzen zu können. Die Verfertigung künstlicher Magnete wäre nun freilich schon durch das einfache Mittel der Berührung an einem starken Magnete möglich, ja ein sehr starker Magnet könnte einen kürzern Stahlstab selbst schon aus einiger Ferne in den magnetischen Zustand versetzen, wenn dieser mit seinem einen Ende gegen einen Pol des Magnets gekehrt wäre; aber diese Methode würde an sich schwierig und Zeit raubend sein, überdies aber sehr leicht, zumal bei etwas längern Stäben, das Entstehen von Folgepuncten, von mehrern Abwechselungen der Pole, deren einige in der mittlern Gegend des Stabes lägen, zur Folge haben. Man hat daher schon lange auf andere Methoden gedacht, unter denen das einfache Bestreichen die älteste ist. Die Erfahrung zeigt nämlich, daß, auf eine uns nicht weiter erklärliche Weise, die Erschütterung den Stahl leichter disponirt, magnetisch zu werden, und daß man einen Magnet erhält, wenn man mit einem Pole eines starken Magnetes über die ganze Länge des Stahlstabes, berührend und einigen Druck ausübend, hinstreicht. Ist (Fig. 126.) N der Nordpol des Magnetes, und man führt diesen von A nach B fort und hebt ihn erst ab, wenn er über das Ende B hinaus kömmt, so ist B ein Südpol; um aber den neuen Magnet zu verstärken, bringt man den Nordpol, entfernt von AB, wieder nach A, streicht abermals nach B zu, entfernt ihn wieder, und giebt so so viele Bestreichungen als man für nöthig hält. Es scheint, als ob hier entgegengesetzte Wirkungen entstehen und sich beinahe aufheben müßten; aber die Erfahrung zeigt, daß dieses doch nicht der Fall ist. Bliebe nämlich der Nordpol N immer in A, so würde A ein Südpol und B ein Nordpol; so wie N fort rückt, ist die Entstehung eines Südpols immer da am meisten begünstigt, wo N gerade berührt, und wenn N lange Zeit in a verweilte, so könnte es sich gar wohl ereignen, daß a ein Südpol würde, während A und B beide Nordpole gäben *); aber wenn der Strich nach B fortgeht, so ist B ein Südpol und zeigt sich bei der Untersuchung als solcher, während A zum Nordpole geworden ist. Fängt man zum zweiten Male bei A wieder den Strich an,

*) Man könnte dies bemerken, wenn man den Südpol einer kleinen Nadel an a brächte, und diesen abgestoßen sähe.

so scheint es, man zerstöre die vorige Wirkung; aber wenn man nur nicht N zu lange in A verweilen läßt und die Operation immer nicht eher endigt, bis der Strich in B angekommen ist, so schadet dieses nichts. Wenn wir uns vorstellen, daß die kleinsten Theile des Magnetes oder die Theilchen der in ihnen enthaltenen magnetischen Materie eine Aenderung der Lage annehmen, so scheint es, daß diese durch die Erschütterung des Bestreichens in jedem Augenblicke diejenige Aenderung der Lage erhalten, die der Stellung des Magnetes gemäß ist, ja daß sie durch das nahe Vorübergehen des Magnetes an ihnen vollkommener zu der Aenderung der Lage veranlaßt werden, als wenn der Magnet bloß aus der Ferne, am einen Ende berührend, auf sie gewirkt hätte. Indeß wenn auch diese Vorstellung von der Aenderung der Lage jedes feinen Theilchens bloß eine hypothetische ist, so ist wenigstens der Erfolg gewiß, daß bei jedem von A nach B mit dem Nordpole N vollendeten Striche der Nordpol bei A, der Südpol bei B sich verstärkt hat. Folgepuncte können auch hier entstehen, und man würde sie sogar absichtlich hervorrufen können, wenn man an einem bestimmten Puncte a mit dem Nordpole verweilte und über die benachbarten Puncte ohne scharfe Berührung wegeilte, um die in a entstandene Südpolarität nicht wieder zu zerstören.

Als Verbesserungen dieser Methode sind nach und nach folgende bekannt geworden. Knight, der sich schon im Besitz sehr starker Magnetstäbe befand, legte (Fig. 127.) zwei Magnetstäbe mit ihren ungleichnamigen Polen an einander, so daß N, der Nordpol des einen, den Südpol s des andern berührte; auf sie ward der zu magnetisirende Stahl AB so gelegt, daß jene beiden Pole in seiner Mitte lagen. Schon durch die Berührung ward nun die Hälfte B einigermaßen in den nordpolarischen Zustand versetzt, die Hälfte A in den südpolarischen Zustand, und wenn man nun mit einem etwas stärkern Andrücken beide Magnete gegen die Enden A, B, aus einander zog, so ward B ein starker Nordpol, A ein starker Südpol. Offenbar fand hier jene entgegengesetzte Wirkung nicht statt, die bei der vorigen Methode den schon hervorgebrachten Nordpol in einen Südpol schien verwandeln zu müssen; sondern es mußte, je weiter s gegen B, N gegen A rückte, desto mehr der nordpolarische Zustand, die nordpolarische Stellung der Theilchen, in jener Hälfte, die südpolarische in dieser Hälfte gestärkt werden.

Duhamel brachte bei diesem Verfahren eine doppelte Veränderung an, indem er erstlich (Fig. 128.) an die Enden des zu magnetisirenden Stahlstabes AB Stäbchen von weichem Eisen AC, BD, anlegte, die durch einen zweiten Stahlstab CD verbunden wurden, und indem er zweitens den auf die Mitte aufgesetzten und gegen die Enden fortgeführten Magneten NS, sn, eine geneigte Stellung gab. Der Vortheil, welchen die Stäbchen weichen Eisens gewähren, ist sehr einleuchtend; denn wenn durch den ersten Strich, den s nach B und N gleichzeitig nach A gemacht hat, in B auch nur ein schwacher Nordpol, in A ein schwacher Südpol entstanden ist, so erhalten die weichen Eisen BD, AC, sogleich auch Polarität und der in B erregte nordpolarische Zustand wird durch den an B anliegenden Südpol des weichen Eisens BD fester gehalten. Es ist dies grade so, wie die Wirkung eines durch Vertheilung electrisch gewordenen Leiters BD, dessen in B frei gewordene negative Electricität stark beiträgt, die in AB bei B erregte positive Electricität hier zu binden, und so sehr als möglich auf diesen Punct zu concentriren. Mag nun also auch der bei dem zweiten Striche nach dem Abheben bei B in der Mitte wieder aufgesetzte Südpol in einigem Grade der in B entstandenen Nordpolarität entgegen wirken, so schadet dies, weil sie bei B gebunden gehalten wird, weniger, und der zweite und jeder folgende Strich erhöhet desto sicherer den magnetischen Zustand. Das zugleich erfolgende Aufsetzen beider Pole in der Mitte bewirkt, daß die dem eigentlichen Zwecke entgegengesetzte Wirkung sehr viel minder nachtheilig wird, indem der Nordpol N in der Mitte aufgesetzt aus A und B Nordpole, der Südpol s in der Mitte aufgesetzt aus A und B Südpole zu machen strebt; aber auch die geneigte Stellung, die Kater so verlangt, daß der Winkel der Magnete mit dem Stahlstabe bedeutend unter 30 Grade sei, hilft dieses mit bewirken; denn indem s und n beim Anfange des Striches ziemlich gleich weit von B entfernt sind, bringen sie gemeinschaftlich fast gar keine Wirkung auf B hervor, und B ist daher unter dem Einflusse des Nordpols N eher geneigt nordpolarisch zu werden, weil n und s fast nichts bewirken.

Jene Bindung des schon entstandenen Magnetismus hat Aepinus noch verstärkt, indem er nicht weiches Eisen, sondern starke Magnete an beide Enden des zu magnetisirenden Stahls anbrachte. Wird B (Fig. 129.) von einem Südpole berührt, so erhält und verstärkt dieser den durch das Bestreichen in B erweckten Nordpol. Aepinus führte zugleich den Doppelstrich ein, der darin besteht, daß man die beiden in einer mäßigen Entfernung von einander stehenden Pole n und s' in derselben Entfernung von einander zuerst beide von der Mitte gegen das eine Ende, sodann, ohne abzuheben, gegen das andre Ende und so hin und her führt, endlich aber beide zugleich in der Mitte abhebt. Durch dieses Verfahren entsteht bei B ein Nordpol, weil diese Hälfte mehr unter der Einwirkung des Südpols s', dagegen die andre mehr unter der Einwirkung des Nordpols n bleibt. Diese Methode scheint mir doch immer wenigere Vorzüge als die vorige zu besitzen.

Noch eine Methode der Magnetisirung ist der Strich in die Runde, wo man zwei Stahlstäbe AB, CD, (Fig. 128.) zugleich magnetisirt. Beide sind durch weiche Eisen AC, BD, verbunden und die in immer gleichem Abstande erhaltenen beiden Pole N, s, werden von A nach B, D, C, A, B und so weiter fortgeführt; führt man zuletzt den Nordpol N bis über B hinaus und endigt hier, so ist B ein Südpol, A ein Nordpol, und an CD, C ein Südpol, D ein Nordpol, weil wieder die letzte Wirkung die Entscheidung giebt.

Coulomb hat diese Methoden alle genau untersucht und die von Duhamel und Aepinus am zweckmäßigsten gefunden. Statt einzelner starker Magnete nahm er aber eine Verbindung mehrerer, deren Nordpole mit weichem Eisen verbunden den Südpol des zu verfertigenden Magnets berührten, und eben so ward eine Verbindung von starken Magneten mit dem Südpole an dem hervorzubringenden Nordpole angebracht. Auch zum Bestreichen dienten mehrere verbundene Magnete. Durch dieses Mittel kann man selbst mit Hülfe schwächerer Magnete starke Magnete hervorbringen; denn wenn man eine Anzahl gut gehärteter Stahlstäbe nach einander so weit magnetisirt, als es mit Hülfe des schwachen Magnetes möglich ist, so erhält man dadurch, daß man nun einen derselben der Wirkung der übrigen, die theils an den Enden berühren, theils zum Bestreichen angewandt werden, aussetzt, einen stärkern Magnet, und kann so die Magnetisirung bis zu der Stärke, die man als völlige Sättigung ansieht, treiben. Es erhellt hieraus, daß der Magnetismus nicht durch Uebergang oder Mittheilung an den neuen Magnet ertheilt wird, sondern es verhält sich so, wie es in einem fast gar nicht leitenden Körper mit der Electricität sein würde. In dem zwischen stark electrisirten Körpern liegenden Körper würden nämlich durch Vertheilung die beiden Electricitäten immer mehr hervortreten, aber hierdurch würde auch in jenen Körpern nicht nur keine Schwächung, sondern vielmehr eine Stärkung der entgegengesetzten Electricitäten statt finden.

Aus diesen Ueberlegungen wird es auch klar, warum man an natürlichen Magneten Armirungen anbringt und warum diese aus weichem Eisen sind. Diese (Fig. 130.) an die Pole des Magnetes angelegten Eisenplatten AB, CD, haben nicht allein den Zweck, in E, F, bequemere Puncte zum Anhängen der Gewichte, die der Magnet tragen soll, darzubieten, sondern sie tragen auch bei, die magnetische Kraft in diesen Puncten zu vereinigen, den Magnet zu stärken, indem sie die Trennung des Nordpolarischen und Südpolarischen oder der beiden Magnetismen dadurch, daß die am Magnete anliegenden Eisentheile die entgegengesetzten Pole erhalten, befördern. War AB die nordpolarische Seite des Magnetes, so ist das Ende E der Armirung gleichfalls ein Nordpol. Da diese Einwirkung durch weiches Eisen am vollkommensten hervortritt, so wählt man zur Armirung weiches Eisen.

Auch das Eisen, das man an EF anhängt, um es mit den Gewichten zu belasten, die der Magnet tragen soll, muß weiches Eisen sein, damit es sich sogleich beim Anhängen in den polarischen Zustand versetze, der am meisten geeignet ist, die magnetischen Kräfte in den Polen des Magnetes selbst hervorzurufen. Offenbar liegt in diesem vollkommneren Hervorrufen der magnetischen Kräfte durch ein beide Pole vollkommen gut berührendes Eisen und in dem besseren Anziehen der Endflächen des Magnetes auch der Vorzug der Huf-Eisen-Form, die man dem Magnete mit so großem Vortheil giebt. Auch der Umstand, daß der Magnet an Kraft gewinnt, wenn man das weiche Eisen EF immer mit ihm in Verbindung läßt, ist nun erklärt.

Magnetnadeln. Bestimmung der magnetischen Kraft, welche sie erlangt haben. Boussolen. Compaß.

Unter den künstlichen Magneten verdienen die Magnetnadeln, ihrer großen Nützlichkeit wegen, besonders angeführt zu werden. Ihre Bestimmung ist bekanntlich, daß sie, in der Mitte unterstützt, sich horizontal drehen und in die Richtung, wozu die magnetische Kraft sie antreibt, stellen können. Man giebt ihnen durch Bestreichen die magnetische Kraft und kann bei ihnen durch die Zeit der Oscillationen die Stärke der erlangten Kraft bestimmen. Da man bei ihnen leichte Beweglichkeit und vollkommen genaue, immer gleiche Rückkehr in die Stellung, welche den magnetischen Kräften gemäß ist, verlangt; so verdienen die Umstände, wodurch diese Zwecke erreicht werden, noch eine nähere Betrachtung.

Daß die Spitze, auf welcher die mit einer Höhlung oder mit einem Hütchen versehene Nadel ruht, möglichst scharf und möglichst hart, um nicht abgenutzt zu werden, sein muß, versteht sich von selbst. Man hebt, um diese Abnutzung zu vermeiden, gern die Nadel von der Spitze ab, wenn sie außer Gebrauch ist, und diese Abhebung muß so eingerichtet sein, daß die Nadel bei dem Wiederauflegen im genau richtigen Puncte unterstützt wird und ohne Stoß diese richtige Lage wieder erhält. Um die Leichtigkeit der Bewegung zu befördern, würde es vortheilhaft scheinen, die Nadel recht leicht zu nehmen, damit die Reibung desto geringer sei; aber diesem Vortheile steht der große Nachtheil, daß eine sehr leichte Nadel eine allzu geringe magnetische Kraft annimmt, entgegen. Coulomb hat über die angemessenen Verhältnisse der Nadel viele Versuche angestellt, und giebt eine Breite von 1 Linie gegen 3 Zoll Länge als zweckmäßig an; eine erhebliche Dicke giebt man der Nadel nicht, weil eine doppelt so dicke Nadel nicht zweimal so viel magnetische Kraft erlangt, als die von einfacher Dicke. Dagegen hat man vorgeschlagen, zwei Nadeln, einige Linien von einander entfernt, in genau gleicher Richtung zu verbinden, damit ihre vereinigte Richtungskraft mit desto mehr Gewalt die Nadel zu der richtigen Stellung zurückführe. Etwas entfernt von einander müssen sie sein, da sonst die einander nahen gleichnamigen Pole eine gegenseitige Schwächung der Kraft hervorbringen, aus eben den Gründen, welche die Stärkung der Kraft in der Nähe eines entgegengesetzten Poles (des Nordpoles in der Nähe des Südpoles eines andern Magnets) bewirkten.

Die Stärke der Richtungskraft einer Magnetnadel läßt sich aus der Zeit ihrer Oscillationen, wenn sie entfernt von Eisen und Magneten aufgestellt ist, beurtheilen. Woher auch die Kraft entstehe, welche die Nadel zu ihrer bestimmten Richtung zurückführt, so befolgen doch gewiß die Oscillationen eben die Gesetze, wie die des Pendels; denn die wirkende Kraft ist offenbar eine mit der Richtung, welche die Nadel annehmen muß, parallel wirkende, und alle Erfolge sind daher denen vergleichbar, die Sie früher bei dem Pendel kennen gelernt haben. Auch hier gilt es, und ein leichter Versuch dient dafür zum Beweise, daß die Oscillationen der Nadel gleichzeitig sind, die Nadel mag um einen Grad oder um zehn Grade von ihrer Richtung abweichen. Auch hier gilt es, daß die Zeit einer Oscillation auf die Hälfte herabgeht, wenn die die Richtung der Nadel bewirkende Kraft zu dem Vierfachen wächst; denn je mächtiger die Kraft wirkt, desto schneller zieht sie die Nadel zu ihrer richtigen Stellung zurück, desto kürzer ist die Oscillationszeit, jedoch nicht in einfachem umgekehrtem Verhältnisse, sondern der eben angegebenen Regel gemäß. Wie die Zeit der Oscillationen von der Länge und dem Gewichte der Nadel abhängt, will ich hier übergehen, und dagegen nur bei den Erfahrungen, welche die ungleiche Kraft einer und derselben Nadel betreffen, noch verweilen.

Es ist offenbar, daß eine schwach magnetisirte Nadel, die vielleicht nur durch einen einzigen Strich eines Magnets aus dem völlig unmagnetischen Zustande herausgetreten ist, nur sehr langsame Oscillationen machen wird, weil sie nur mit geringer Kraft in die bestimmte Richtung gezogen wird; erhält sie durch fortgesetztes Bestreichen eine vermehrte Kraft, so werden ihre Oscillationen schneller, aber nach und nach erreicht dieses eine Grenze und man sagt dann, die Nadel sei gesättiget, weil, wie es scheint, sie unfähig ist, nun noch einen stärkern Grad von Magnetismus anzunehmen. Ist die Nadel von sehr gut gehärtetem Stahle, so behält sie die einmal erlangte Kraft fast ganz unveränderlich, minder harter Stahl aber verliert nach und nach seine Kraft, vorzüglich wenn er sich in der Nähe andrer Magnete so befindet, daß sie seine Kraft vermindern oder wenn er sich in unrichtiger Lage gegen die Erde befindet.

Die verschiedenen Aufstellungen der Nadel, um sie bequem zu gebrauchen, muß ich doch noch erwähnen. Will man die Magnetnadel in ganz ruhiger Stellung mit möglichst großer Genauigkeit beobachten, so ist es vortheilhaft, ihr eine solche Form zu geben, daß eine auf ihrer obern Fläche gezogene feine Linie die eigentliche genaue magnetische Richtung anzeige. Die Nadel muß dann mit sehr großer Sorgfalt magnetisirt sein, damit beim Bestreichen die eigentliche magnetische Axe der Nadel nicht durch eine schiefe Richtung des Streichens von dieser Linie abweiche. Befindet sich dann die Nadel in einem eingetheilten Kreise aufgestellt, dessen Mittelpunct mit ihrem Drehungspuncte zusammentrifft, so kann man vermittelst eines Microscops den Theilungspunct des Kreises genau ablesen, auf dem jene Linie einspielt. In diesem Falle muß der getheilte Kreis durch astronomische Mittel genau gestellt sein, damit man die Lage der Nadel gegen den astronomischen Meridian mit aller Strenge bestimme.

Der Compaß, wie der Schiffer ihn gebraucht, hat fast immer die Einrichtung, daß auf die Nadel der in seine 32 Windstriche oder auch noch in kleinere Theile getheilte Kreis aufgeklebt ist, wobei sich dann die Stelle, die dem Nordpuncte entspricht, durch eine bestimmte Bezeichnung kenntlich macht. Damit der Compaß bei den Schwankungen des Schiffes immer horizontal bleibe, hat das Kästchen LM, worin er sich befindet, eine doppelte Aufhängung. Es ist nämlich zuerst (Fig. 131.) mit der Axe AB in einen Ring eingehängt und um diese Axe beweglich; der Ring selbst aber dreht sich um die Axe CD, welche auf jene senkrecht ist, und ist dadurch in dem größern Kasten befestigt. Hierdurch wird bewirkt, daß bei einer Hebung oder Senkung von C in Vergleichung gegen D eine Drehung um AB eintritt; bei einer Hebung des Punctes A eine Drehung um CD, und bei einer Hebung oder Senkung in einer gegen AB und CD schiefen Richtung eine Drehung um beide Axen.

Für die Zwecke des Feldmessers eignet sich sehr gut die Schmalkaldersche Boussole (Fig. 132.), welche den Vortheil gewährt, die Theilungen des Kreises zugleich mit dem Gegenstande, nach welchem man visirt, beobachten zu können. Beim Feldmessen nämlich ist es der Zweck des Gebrauches der Boussole, zu wissen, welchen Winkel irgend eine Linie, nach welcher man visirt, mit dem Meridiane macht, und dieser Zweck könnte erreicht werden, wenn man die horizontal aufgestellte Boussole so richtete, daß das Visirlineal, AB, in dessen Richtung der Nullpunct des eingetheilten Kreises liegen müßte, auf den bestimmten Gegenstand zielte, und wenn man dann nachsähe, welchen Winkel die Magnetnadel zeigt; aber folgende Einrichtung erleichtert die Beobachtung. Die Magnetnadel ist unter einem auf sie befestigten eingetheilten Kreise angebracht, und dieser Kreis kann da, wo das Norden der Magnetnadel liegt, seinen Nullpunct haben. Vor der Diopter B, an welcher das Auge sich befindet, ist ein unter 45 Gr. geneigter Spiegel, an diese Diopter befestigt, angebracht, damit das Auge, horizontal über A nach dem Gegenstande blickend, auch die Zahlen des eingetheilten Kreises im Spiegel grade vor sich sehe. Während nun das Visirlineal auf die bekannte Weise gegen den abzuvisirenden Punct gerichtet und so festgestellt ist, giebt man, ohne die Stellung des Auges zu ändern, Achtung, vor welchem Grade des im Spiegel gesehenen Kreises die über den Spiegel weg gesehene Visirlinie einspielt, und hat so die verlangte Richtung.

Untersuchungen über die magnetische Kraft der einzelnen Theile des Magnets.

Da die Nordpolarität am einen Ende des Magnets, die Südpolarität am andern Ende hervortritt; so läßt sich leicht erwarten, daß der Magnet in der Mitte neutral ist. Dieses ist auch wirklich so der Fall, daß in der Mitte keine magnetische Kraft merklich ist. Wenn man etwas längere Stahlnadeln magnetisirt, so sind sie nur gegen die Enden zu im Stande Eisenfeile zu tragen, und belegen sich in der Mitte nicht damit. Wenn man zwei magnetisirte Nadeln so an einander legt, daß der Nordpol der einen den Südpol der andern berührt, so bilden sie nur e i n e n Magnet, der am Verbindungspuncte keine erhebliche Kraft hat, Eisen anzuziehen, und dies offenbar deswegen, weil hier Nordpol und Südpol zugleich wirken, also die dem Magnete zu gewandte

Seite des Eisenstäubchens weder die eine noch die andre Polarität erlangt.

Diese ungleiche Stärke des Magnetismus oder die ungleiche Vertheilung der magnetischen Kräfte am Ende und gegen die Mitte des magnetisirten Stabes kann man mit Coulombs Drehwaage auf folgende Weise genauer untersuchen. Es sei (Fig. 133.) AB eine an dem Faden LM der Drehwaage horizontal aufgehängte Magnetnadel, A ihr Nordpol; man lasse diese in ihrer natürlichen Stellung so zur Ruhe kommen, daß der Faden ungedreht ist, und bringe nun in senkrechter Richtung gegen sie den Magnet SN an, dessen Nordpol den Nordpol jener Nadel berührt. Da die gleichnamigen Pole sich abstoßen, so nimmt der Drath LM eine Drehung an und man muß durch Zurückdrehen die Nadel AB zwingen, sich dennoch an N anzulegen; die Größe dieser Zurückdrehung, welche nämlich erforderlich ist, um die Abstoßung zu hindern, giebt das Maaß der abstoßenden Kraft der beiden auf einander wirkenden Pole. Stellt man nun den Versuch zuerst am äußersten Ende des Magnets, dann immer weiter gegen die Mitte zu an, so findet man, daß die Kraft in einer geringen Entfernung vom Ende am stärksten ist, dann aber gegen die Mitte sehr schnell abnimmt. Durch dieses Mittel erhält man zwar nicht im strengsten Sinne die Kraft jedes einzelnen Punctes, sondern die vereinigte Kraft auch der benachbarten Puncte, indeß läßt sich doch das Gesetz der Austheilung der magnetischen Kräfte gar wohl aus diesen Versuchen herleiten, zumal da die Einwirkung der nur etwas bedeutend weiter entfernten Puncte schon bald geringe wird. Ein zweites Mittel, um diese Kenntniß der Kräfte der einzelnen Puncte zu erhalten, besteht darin, daß man kleine Magnetnadeln in der Nähe der einzelnen Puncte eines größern Magnetes oscilliren läßt, und aus der Schnelligkeit der Oscillationen die Kraft der Anziehung bestimmt.

Bei dieser Untersuchung findet man, daß die stärksten Puncte oder die eigentlichen Pole nicht ganz am äußersten Ende des Magnetes liegen, und auf diesen Umstand muß man bei manchen Untersuchungen Rücksicht nehmen. Christie stellte zu andern Zwecke den Versuch an, daß er einen magnetisirten Stab, in welchem diese Pole gleich entfernt von beiden Enden lagen, dadurch schwächte, daß er mit dem Nordpole eines starken Magnets einmal oder zweimal gegen den Nordpol zu strich; dann rückte der wahre Nordpol des so verschlechterten Magnets gegen die Mitte zu, der Südpol aber näherte sich mehr dem andern Ende; bei zwei solchen Strichen oder mehrern ging der Nordpol stark gegen die Mitte zu und es entstand ein zweiter Südpol an dem vorher nordpolarischen Ende, so daß man hier deutlich die nach und nach erfolgende Umkehrung der Pole kennen lernte.

Abnahme der magnetischen Kraft in der Ferne.

Wenn man so die Stärke jedes einzelnen Punctes eines Magnetes kennt, so kann man auch die Abhängigkeit der abstoßenden Kraft gleichnamiger Pole von dem Abstande bestimmen. Statt nämlich (Fig. 133.) den verticalen Magnet SN ganz nahe an die andre Nadel zu bringen, stellt man ihn neben dem Endpuncte der Nadel, aber in einiger Entfernung, auf; zwingt durch Drehung des Fadens die Nadel in die bestimmte Entfernung zurück, und lernt so die Kraft kennen. Wenn man dies für ungleiche Abstände von der Nadel thut, und dabei auch auf die Einwirkung der benachbarten Puncte durch gehörig geführte Rechnung Rücksicht nimmt; so findet man, daß die Wirkung der magnetischen Kraft auf ein Viertel herabgeht, wenn die Entfernung sich verdoppelt, auf ein Neuntel, wenn die Entfernung sich verdreifacht, u. s. w. Mit Hülfe dieses Gesetzes und der vorhin angegebenen Bestimmung der ungleichen Austheilung des Magnetismus in jedem Magnete, ist es möglich, die Lage, welche eine Magnetnadel in der Nähe eines Magnetes erhalten muß, zu bestimmen, indem man die Abstoßung der gleichnamigen Hälfte von Punct zu Punct, und eben so die Anziehungen der ungleichnamigen Hälften, berechnet, und die Summen zu Bestimmung der Gleichgewichtslage anwendet. Auf ähnliche Art kann man auch die gesammte Kraft der Einwirkung auf eine Nadel und folglich die Schnelligkeit der Oscillationen, welche sie unter dieser Einwirkung machen muß, bestimmen und mit Versuchen vergleichen.

Andre Versuche, die das Magnetisiren und die Anziehung und Abstoßung der Pole betreffen.

Bei der Magnetisirung durch den einfachen, von einem Ende bis zum andern gehenden, Strich bietet sich ein Gedanke dar, den

Brugmanns und van Swinden weiter verfolgt haben. Wenn man (Fig. 134.) in A mit dem Nordpole zu bestreichen anfängt, so ist A im ersten Augenblicke gewiß südpolarisch, aber am Ende des Striches, wenn N in B angekommen ist, findet sich A nordpolarisch; es muß also, während N fortrückt, einen Punct a geben, wo N ankömmt, wenn A keines von beiden ist. Brugmanns fand, daß dieser Punct, der in Beziehung auf A der Indifferenzpunct heißen müßte, bei dickeren Stäben entfernter vom Ende A ist, als bei dünneren Stäben, daß sich aber noch ein zweiter Indifferenzpunct b in Beziehung auf B findet, der näher gegen B zu liegt und die Eigenschaft hat, daß B weder Nordpol noch Südpol ist, wenn man von A bis b streicht und hier den Magnet abhebt. Van Swinden hat noch eine neue Bemerkung hinzugefügt, daß nämlich, wenn man in A mit dem Nordpole zu bestreichen anfängt, B nordpolarisch ist, daß dieser Nordpol B verstärkt wird, wenn man etwas näher von A gegen B fortrückt, daß es aber einen Punct c giebt, wo man, um die nordpolarische Kraft in B am stärksten hervorzurufen, den Magnet abheben muß, indem bei dem Fortrücken bis b das Ende B seinen polarischen Zustand wieder verliert. Jenen Punct c nennt van Swinden den Culminationspunct, den Punct der größten Stärke. Diese Erfahrungen sind bemerkenswerth, indeß, da die Lage aller dieser drei Puncte von der Dicke und Härtung des Stabes abhängt, so ist ihre Kenntniß von keiner weitern Wichtigkeit.

Die unter dem Einflusse eines Magnetes entstehende Magnetisirung des Stahles und — zu diesem Zwecke noch besser — des weichen Eisens bietet noch mehrere, zuerst unerwartet scheinende, aber sich doch leicht erklärende Erscheinungen dar, die man, nach Brugmanns Anleitung, leicht darstellen kann. Man stellt eine Magnetnadel AB (Fig. 135.) auf, deren natürliche Richtung AB darstellt; man nähert ihrem Nordpole A gegenüber den Nordpol N eines Magnetes NS und wartet, bis die Nadel, die nun etwas am Nord-Ende abgestoßen wird, in einer andern Lage ab zur Ruhe kömmt; man legt ein weiches Eisen CD ungefähr in die in der Figur angegebene Stellung und so, daß D sich nicht zu verrücken braucht, wenn C mit N zur Berührung gebracht wird; nachdem man jetzt die Nadel ihre ruhige Lage hat erlangen lassen, bringt man C zur Berührung des Poles N, und nun vergrößert sich die Abstoßung des Nordpoles bedeutend, beinahe so als wenn der Nordpol des Magnetes nach D gerückt wäre. Der Grund ist einleuchtend, es wird nämlich D zu einem Nordpole, der, wenn er auch nicht so stark als N selbst ist, doch seiner Nähe wegen stark abstoßend auf die Nadel wirkt.

Hat man wieder die Nadel AB durch den angenäherten Nordpol N in die Lage ab gebracht, und legt nun den Eisenstab EF, so wie Fig. 136. zeigt, an den Magnet, so kehrt die Nadel etwas näher zu der Stellung AB zurück, weil E ein Südpol geworden ist, der auf ab eine entgegengesetzte Wirkung hervorbringt.

Wenn man an dem von der Nadel am meisten entfernten Pole des Magnetes N (Fig. 137.) eine Stange weiches Eisen GH anbringt, so verstärkt sich die Wirkung des der Nadel zugekehrten Poles; ward also A vom Südpole S angezogen, so wird, wenn das lange Eisen GH angebracht ist, die Nadel noch mehr ihre Richtung ändern. Offenbar deswegen, weil der Nordpol N doch etwas abstoßend auf a wirkte, diese Kraft aber nun durch den an N hervorgebrachten Südpol G aufgehoben, S also in seiner Wirkung gestärkt wird.

Aehnliche Wirkungen zeigen sich auch auf die an einem Magnete hängenden Körper. Hängt (Fig. 138.) an dem Pole N des Magnetes ein Eisen E und man bringt ein Eisen AB von bedeutender Größe mit N in Berührung, so fällt E herab, weil der bei A entstehende Südpol, wenn N ein Nordpol ist, auf den in dem obern Puncte von E entstandenen Südpol abstoßend wirkt und E also zwei widerstreitenden Kräften unterworfen ist, die in den meisten Fällen sich hinreichend aufheben werden, um der Einwirkung der Schwere auf E nicht mehr zu widerstehen. Auf ähnliche Weise macht man den Pol eines Magnetes kraftlos, indem man eines stärkern Magnetes gleichnamigen Pol nähert. Der schwächere Magnet läßt dann die Eisenfeile fallen, die an ihm hing.

Sechs und zwanzigste Vorlesung.

Neigung der Magnetnadel.

Um die Frage, nach welchen Gesetzen denn die Kraft wirke, die den, bloß der Einwirkung der Erde ausgesetzten, Magnet in seine bestimmte Richtung bringt, vollständig zu beantworten, müssen wir, m. h. H., Mittel aufsuchen, um zu entscheiden, ob diese Kraft genau nach Norden, vor allem aber, ob sie genau nach horizontaler Richtung ihre Wirkung ausübt. Bis dahin nahmen wir immer die zur horizontalen Aufstellung bestimmte Magnetnadel als schon magnetisirt und dann so unterstützt an, daß sie horizontal blieb; wir wollen jetzt eine vollkommen unmagnetische Nadel zu erhalten suchen und diese im strengsten Sinne in ihrem Schwerpuncte aufhängen. Ich erwähne hier die Schwierigkeiten nicht, die es hat, eine Stahlnadel vollkommen unmagnetisch zu erhalten, obgleich es, wie ich später bemerken werde, so leicht geschieht, daß sie unter der Bearbeitung schon magnetisch wird, sondern nehme an, die Nadel AB (Fig. 139.) sei genau so gearbeitet, daß die horizontale Axe C durch den Schwerpunct geht. Sie wissen, daß damit zugleich gesagt ist, daß die Nadel nicht bloß in der horizontalen Lage, sondern in jeder Lage, die man ihr giebt, ruhend bleibt, indem die Schwerkraft keine Drehung um die Axe bewirkt. Diese völlig äquilibrirte Stahlnadel nun wird magnetisch gemacht, so daß B der Nordpol, A der Südpol ist; wenn man sie alsdann wieder mit der Axe C auflegt, so findet das Gleichgewicht nicht mehr statt, sondern das nordpolarische Ende B senkt sich herab und die Nadel kömmt, (in unsern Gegenden wenigstens) in einer stark geneigten Stellung zur Ruhe, und daß diese Stellung nicht eine zufällige ist, zeigt sich dadurch, daß die Nadel um diese schiefe Stellung Oscillationen macht, wie das Pendel um die verticale Stellung.

Um mit dieser Neigungsnadel die wahre Richtung der auf die Nadel wirkenden magnetischen Kraft zu finden, giebt es zwei Mittel.

Das beste wäre, die Axe C an einem langen und feinen Faden aufzuhängen, damit die Nadel durch nichts gehindert würde, in jeder Beziehung dem Antriebe zu folgen, den die auf die Magnetnadel wirkende Richtungskraft darbietet; das zweite wäre, der auf einer Unterlage ruhenden Axe C verschiedene Stellungen bald nach der einen, bald nach der andern Weltgegend zu geben und in jeder dieser Stellungen die Neigung der Magnetnadel zu beobachten. Wählt man die erste Methode, so findet man, daß die Nadel in derjenigen Vertical-Ebne ruhend bleibt, die wir schon aus der Stellung der horizontalen Nadel als die magnetische Richtung, als den magnetischen Meridian kennen, und daß sie in dieser Ebne einen bestimmten Neigungswinkel, in Sachsen ungefähr von 67 Grad, mit dem Horizonte macht. Bei Anwendung der zweiten Methode findet man, wenn die Ebne, in welcher sich die Nadel frei bewegt, der magnetische Meridian ist, eben jene Neigung von 67°; aber je mehr die Stellung der Axe C von der gegen diesen Meridian senkrechten Richtung abweicht, das heißt, je mehr die Ebne, in welcher die Nadel selbst ihre Bewegung macht, nach Osten und Westen zu geht, desto mehr stellt sich die Nadel in die verticale Lage, und erreicht diese, wenn die Drehungs-Ebne der Nadel ganz genau senkrecht auf den magnetischen Meridian ist.

Da unsere Nadel im genauen Schwerpuncte aufgehängt ist, so kömmt bei ihrer Stellung die Schwerkraft gar nicht in Betrachtung und die Richtung der frei schwebenden Nadel ist übereinstimmend mit der Richtung der magnetischen Kraft, welche allein auf die Nadel wirkt. Da diese nach CA wirkende Kraft ungefähr mit dem Horizonte einen Winkel von 67° macht, so ist sie, nach Grundsätzen der Statik, anzusehen, als ob sie aus einer horizontalen Kraft, die ungefähr $\frac{2}{5}$ der ganzen Kraft ($CD = \frac{2}{5}\,CA$) ist, (Fig. 140) und aus einer $\frac{92}{100}$ der ganzen Kraft ($CE = \frac{92}{100} \cdot CA$.) betragenden Verticalkraft zusammengesetzt wäre, oder sie kann durch zwei solche Kräfte ersetzt werden. Befindet sich die Axe der Nadel in der Lage, daß die Drehung in der verticalen Ebne des magnetischen Meridians geschieht, so wirkt die gesammte magnetische Kraft der Erde, — denn so dürfen wir die hier wirksame Kraft wohl nennen, — zur Zurückführung der Nadel in ihre genau richtige Lage, die Oscillationen der Nadel werden daher hier schneller sein, als in jeder andern Stellung; weicht dagegen die Drehungs-Ebne, die ich noch immer als vertical, die Lage der Axe der Nadel als genau horizontal, voraussetze, vom magnetischen Meridiane ab, so müssen wir so rechnen. Immer bleibt die vertical wirkende Kraft (Fig. 140. 141.) CE in gleicher Stärke wirksam; aber wenn (Fig. 141.) DCF einen in der horizontalen Ebne gezeichneten rechten Winkel bedeutet, CD der magnetische Meridian ist, und die Nadel ihre Bewegungen in der Vertical-Ebne GCE macht, so muß man die Horizontalkraft CD in zwei, gleichfalls horizontale, auf einander senkrechte Seitenkräfte CH, CI, zerlegen, und nur CI trägt zur Drehung der Nadel bei, weil CH nichts als einen unmerklichen Druck auf den einen Endpunct der Drehungs-Axe hervorbringt. Da nun CI desto kleiner wird, je mehr CG sich der rechtwinklichen Stellung gegen den magnetischen Meridian nähert, so ist, eben so fortschreitend, die horizontale, auf die Nadel wirkende Kraft desto kleiner, und wenn die Nadel sich senkrecht auf den magnetischen Meridian bewegt, so ist gar keine Horizontalkraft mehr wirksam, weshalb dann die Nadel sich, wegen der noch immer auf sie wirkenden Verticalkraft, vertical stellt. Beobachtet man die Oscillationszeiten einer recht guten, mit möglichst geringer Reibung an der Axe sich drehenden, Nadel, so zeigen auch diese, daß die Kraft, welche in der Stellung von Ost nach West, (dies nämlich auf den magnetischen Nordpunct bezogen,) die Nadel zur verticalen Stellung zieht, nur ungefähr neun Zehntel derjenigen ist, mit welcher die Nadel zu ihrer Neigungsstellung im Meridiane selbst zurück geführt wird.

Giebt man eben dieser Nadel dadurch, daß man die Axe der Nadel in einer verticalen Stellung festhält, die Lage einer horizontalen Nadel, so ist die Horizontalkraft es allein, welche die Nadel zum Meridiane zurückführt; die Oscillationen der Horizontalnadel werden also noch langsamer sein, so daß eine Nadel die 10 Schwingungen in bestimmter Zeit in ihrer natürlichen Inclinationslage machte, nur etwa 6 in eben der Zeit in horizontaler Stellung macht.

Astatische Nadel.

Auf diese Ueberlegungen gründet sich eine Aufstellung der Nadel, welche die Nadel eben so der Einwirkung der magnetischen

Richtungskraft entzieht, wie es bei dem gewöhnlichen Waagebalken in Beziehung auf die Schwere der Fall ist. Der Grund, warum wir bei einem gut äquilibrirten Waagebalken, der, an einem feinen Faden hängend, horizontal steht, es lächerlich finden, zu fragen, ob er eine bestimmte Richtung nach Norden oder Osten unter Einwirkung der Schwere annehmen werde, liegt darin, daß die vertical wirkende Schwerkraft durchaus kein Bestreben haben kann, die horizontale Richtung des Waagebalkens gegen irgend eine Weltgegend zu bestimmen; stellt man daher die Magnetnadel so auf, daß ihre Axe die Richtung der magnetischen Kraft, das ist, die Richtung der Neigungsnadel, hat, so ist hier eben so gut wie dort bei dem Waagebalken alle Directionskraft des Magnetismus aufgehoben. Man hat, um diejenigen Wirkungen zu beobachten, die von andern Ursachen abhängen, diese astatische Aufstellung der Nadel zweckmäßig gefunden, und die in Fig. 142. dargestellte Einrichtung ist sehr angemessen, um der Nadel alle verschiedenen Stellungen und also auch die astatische zu geben. Hier ist auf der genau horizontal zu stellenden Ebne AB ein eingetheilter Kreis, an welchem der mit der verticalen Säule DE verbundene Zeiger C die Stellung des ganzen oberen Theiles des Instruments angiebt. Diese verticale Säule läßt sich so, daß sie immer senkrecht auf AB bleibt, um ihre Axe drehen, und da sie den Kreis FG mit der Magnetnadel NS so trägt, daß man beide zusammen mit Hülfe des bei D angebrachten Halbkreises in jede schiefe Stellung bringen kann, so lassen sich alle Erscheinungeu, die sich in der Lage und den Oscillationen der Magnetnadel darbieten, hier beobachten. Ist nämlich zuerst FG vertical gestellt, welches an dem Halbkreise D durch 90° bemerkt ist, so sieht man in unsern Gegenden die Nadel, mit ihrem Nordpole nach unten, von ungefähr 67° bis 90° ihre Neigung ändern, während man nach und nach den Zeiger C auf verschiedene Lagen stellt. Hat man den Grad, welchen C angiebt, wenn die Neigung 90° war, angemerkt, so findet man C um einen Quadranten fortgerückt, wenn die Neigung am kleinsten ist, und die letztere Stellung ist die im magnetischen Meridiane, die erstere bezeichnet das magnetische Osten und Westen. Stellt man C in dieser ostwestlichen Stellung fest und verändert nun bei D die Lage des Kreises FG, so sieht man die Oscillationen der

Nadel immer träger werden, und wenn die Ebne F G um 23 Gr. nördlich gehoben gegen den Horizont geneigt ist, so hat die Nadel alle Richtungskraft verloren, sie ist in der astatischen Aufstellung und hat gar kein Bestreben, irgend eine bestimmte Richtung anzunehmen. Die Ebne, in welcher sich dann die Nadel bewegt und die dann zugleich durch den Kreis F G dargestellt wird, heißt die Ebne des magnetischen Aequators, weil sie senkrecht gegen die Linie ist, in welcher die beiden Pole des Magnetes ihre natürliche Stellung annehmen, und diese Ebne des magnetischen Aequators stellt sich uns in vieler Hinsicht als merkwürdig dar.

Ungleiche Neigung der Nadel in verschiedenen Gegenden der Erde.

Die bisher bloß in Beziehung auf unsre Gegenden betrachtete Erfahrung, daß die im strengsten Sinne äquilibrirte Nadel durch das Magnetisiren anscheinend am nördlichen Pole schwerer wird, oder durch die Magnetisirung sich einer auf unmagnetische Körper nicht wirkenden Kraft der Erde unterworfen zeigt, führt natürlich zu der Frage, wie sich die Erscheinung in andern Gegenden der Erde verhalte. Ich will hier von der nähern Bestimmung, ob es der wahre Nordpunct ist, gegen den die Nadel sich wendet, noch nicht reden, sondern bloß auf die Neigung oder Inclination sehen. Beobachtet man diese in verschiedenen Gegenden, so findet man in der Gegend des Erd-Aequators die Nadel wenig von der horizontalen Stellung abweichend, jenseits des Aequators dagegen wird der Südpol der Magnetnadel eben so gegen die Erde herab gezogen, wie bei uns der Nordpol. Verfolgt man die Beobachtungen genauer, so findet man, daß es eine um die Erde gezogene Linie giebt, wo die Nadel im strengsten Sinne horizontal bleibt, also gar keine Neigung hat, und diese Linie, die zwar dem Erd-Aequator nahe ist, aber doch nicht genau mit ihm übereinstimmt, nennt man den magnetischen Aequator der Erde. (S. die Charte Taf. V) Geht man von dieser Linie abwärts, so nimmt zuerst die Neigung so beträchtlich zu, daß sie in 10 Grad Abstand vom magnetischen Aequator schon beinahe 20 Gr. beträgt, aber nach und nach muß man immer weiter fortgehen, um sie auf 30, 40 Gr. zunehmen zu sehen; in der Gegend der Canarischen Inseln ist die Neigung ungefähr 60°, in Ober=Italien 64°, in Paris 68°, in London $69\frac{1}{2}$ °, u. s. w. Der magnetische Aequator der Erde selbst ist kein größester Kreis, sondern scheint, nach den von Hansteen, Morlet und andern zusammen gestellten Beobachtungen eine unregelmäßige Linie zu bilden. Er schneidet nicht weit von der westlichen africanischen Küste den Erd=Aequator, geht durch das atlantische Meer südlich von demselben fort, und entfernt sich in der Nähe der Küste Brasiliens am meisten, etwa 15° von demselben; im großen Südmeere findet sich, nicht weit von Neu=Guinea, ein zweiter Durchschnittspunct, und von da geht der magnetische Aequator nördlich vom Erd=Aequator fort, nördlich von Borneo und Ceylon vorbeigehend erreicht er in dem Meere zwischen der Indischen Halb=Insel und Africa seine größte Entfernung vom Erd=Aequator und kehrt so zu dem zuerst erwähnten Durchschnittspuncte zurück. Und so wie dieser magnetische Aequator alle die Puncte auf der Erde verbindet, wo die Neigung der Magnetnadel = 0°, so lassen sich auch für alle andern Neigungswinkel die Linien gleicher Neigung (isoclinische Linien) ziehen. Diese Linien zeigen, je größer die Neigung wird, desto mehr eine zweimalige Krümmung nach Süden und nach Norden, indem, so weit die Beobachtungen reichen, im östlichen Asien die Neigung in 50° nördl. geographischer Breite eben so groß ist als im mittlern Asien in 53° bis 55° nördl. Breite, und im atlantischen Meere in 40° Breite eben dieselbe Neigung statt findet, wie in Europa in 50° Breite, an der Grenze Asiens in 57° und in Kamtschatka in 60° Breite. Etwas Aehnliches findet auf der südlichen Halbkugel statt. Die punctirten Linien zeigen in der Charte diese Linien gleicher Neigung.

Bis hieher habe ich die Beantwortung der Frage, ob es denn Puncte auf der Erde giebt, wo die Magnetnadel, welche vor dem Magnetisiren völlig äquilibrirt war, sich vertical stellt, wo die Neigung 90° ist, aufgeschoben, um das etwas unerwartet scheinende Resultat, daß es vier solche Puncte, zwei im Norden, zwei im Süden, giebt, vorzubereiten.

Gehen wir nämlich von unsern Gegenden aus, wo die Neigung 67° bis 68° ist, grade nach Norden, so müßten wir bis nach Spitzbergen (beinahe in 80° Breite) reisen, um die Nadel eine Neigung von 80° erlangen zu sehen, dagegen hat die Magnetnadel im nördlichen America schon in der Breite von 54° (im südlichsten Theile der Hudsonsbay) eben die Neigung von 80°. Verfolgt man die Linien auf der Erde, wo die Neigung 83°, 85°, und mehr beträgt, so findet man immer deutlicher, daß sie sich in etwas ovaler Form um einen Punct herumziehen, der ungefähr 100° westlich von Greenwich in 71° Norderbreite, etwas südlich von der Gegend liegt, wo Parry auf seiner Polarreise überwinterte. Parry beobachtete eine Neigung von 88¾°, und befand sich also nicht weit von dem Puncte, wo die Neigung 90° betragen muß. Dieser eine Punct ist ziemlich genau bekannt und in der Charte (Taf. V.) nördlich von America angegeben. Die Krümmung der Linien gleicher Neigung in Sibirien deutet auf einen eben solchen, aber sehr im unzugänglichen Norden liegenden, zweiten Punct hin, wo die Neigung 90° ist, dessen genaue Lage aber schwerer zu bestimmen ist, weil wir keine Beobachtungen aus Gegenden, die ihm sehr nahe sind, erhalten können. Und eben so wie es zwei nördliche magnetische Pole der Erde giebt, (denn so können wir jene Puncte nennen,) so zeigen uns die Linien gleicher Neigung auf der südlichen Halbkugel, daß es dort einen magnetischen Südpol ungefähr in 70° Breite grade südlich von Neuholland und einen Südpol in noch größerer Breite südwestlich von der südlichsten Spitze America's geben muß. Die Zeichnung Tafel V. giebt die ungefähre Lage der vier Pole an.

Die Erde ist selbst ein Magnet.

Die Erde zeigt sich uns also selbst als ein Magnet, als mit einer nur auf die magnetisirten Körper wirkenden Kraft begabt, wodurch in der nördlichen Halbkugel der nach Norden zeigende Pol der Nadel angezogen wird, in der südlichen Halbkugel der nach Süden zeigende Pol. Ueberlegen wir nun, daß der Nordpol eines Magnetes den Südpol des andern anzieht, so erhellt, daß wir eigentlich dem Nord-Ende unserer natürlichen und künstlichen Magnete Südpolarität beilegen müßten, weil dieser Theil der Nadel vom Nordpole der Erde selbst angezogen wird; und wirklich haben mehrere, vorzüglich französische, Schriftsteller diesen Ausdruck angenommen, daß sie das nach Norden zeigende Ende der Nadel ihren wahren Südpol nennen und umgekehrt; indeß da wir uns am liebsten an das halten, was in die Augen fällt, so trage ich kein Bedenken, der gewöhnlichen Art zu reden gemäß, den nach Norden zeigenden Pol der Nadel den Nordpol oder das Nord-Ende der Nadel zu nennen, obgleich dies nicht ohne einige Unbequemlichkeit ist, weil eben dieser Pol in den allernördlichsten Gegenden, nördlich vom magnetischen Pole der Erde, sich nach Süden wendet.

Wir dürfen jetzt den Gedanken, daß die Erde ein magnetischer Körper ist, in welchem vier Puncte der Oberfläche, oder vielleicht richtiger, zwei durch die Erde gezogne magnetische Axen, sich als vorzüglich einwirkend zeigen, noch nicht weiter verfolgen, sondern müssen zuvor auch die übrigen Erscheinungen, die Abweichung der Nadel nämlich und die Stärke der magnetischen Kraft, in verschiedenen Gegenden näher kennen lernen; indeß wollen wir den Gedanken, daß die magnetischen Pole der Erde doch in jeder Beziehung merkwürdige Puncte sein mögen, nicht aus dem Auge verlieren.

Abweichung der Magnetnadel. Linien gleicher Abweichung.

Ueber die Richtung, in welcher die horizontale Magnetnadel zur Ruhe kömmt, habe ich mich bisher immer nur sehr oberflächlich ausgedrückt; aber diese Richtung ist für die genauere Kenntniß der magnetischen Kraft der Erde sehr wichtig. Damit die auf einer Spitze frei schwebende Nadel sich nicht, der Inclination der magnetischen Richtungskraft gemäß, von der horizontalen Lage entferne, muß man die horizontalen Nadeln nicht ganz strenge in ihrem Schwerpuncte unterstützen, sondern so, daß der Schwerpunct sich ein wenig gegen den Südpol zu von dem unterstützten Puncte entfernt befinde, damit das durch die magnetische Kraft bewirkte Sinken des Nordpols aufgehoben werde; reiset man aber dann mit dieser für unsre Gegenden eingerichteten Magnetnadel in Gegenden, wo die Neigung geringer ist, so zeigt sich das Uebergewicht der südlichen Hälfte der Nadel, und man muß ein kleines Gewichtchen an die nördliche Hälfte befestigen, damit nun nicht eine Neigung gegen die Horizontallinie eintrete.

Daß die Magnetnadel in ihrer natürlichen Stellung bei uns nicht genau nach Norden zeigt, habe ich schon erwähnt; der Winkel, um welchen sie von Norden, vom Meridiane, abweicht, heißt ihre Abweichung oder Declination. An den meisten Orten der Erde findet eine ähnliche Abweichung statt, und zwar so, daß der Nordpol der Nadel an einigen Orten, wie bei uns, nach Westen abweicht, an andern nach Osten. In unsern Gegenden ist die westliche Abweichung ungefähr 17 Grad. Diese Abweichungen sind nur in der Nähe der magnetischen Pole der Erde einer ziemlich genau richtigen und leicht zu übersehenden Regel unterworfen, nämlich der Regel, daß dort die Spitze der Nadel sich nach dem nächsten magnetischen Pole der Erde richtet. Hansteen hat, in der Ueberzeugung, daß es nicht wohl anders sein könne, durch Beobachtungen der Abweichung zuerst die Lage der Pole zu bestimmen gesucht, indem er die Durchschnittspuncte der Richtungslinien aufsuchte, die ihm die Beobachtungen der horizontalen Nadel im nördlichsten America für den einen Pol, in Sibirien für den zweiten Pol, und so in der Gegend südlich von Neuholland für den dritten Pol und in den Gegenden südlich von America für den vierten Pol, angaben, und so hat er die Lage des am genauesten bekannten Poles sehr nahe richtig bestimmt. Es ist einleuchtend, daß die Regel nur in der Nähe dieser Pole gültig sein kann, indem eine Magnetnadel, die weit entfernt von den Polen, etwa in der Mitte zwischen zweien jener Pole, liegt, offenbar einer nach beiden Nordpolen hin gerichteten Anziehung ihres Nord-Endes unterworfen ist; ihre Richtung wird also zwar dem stärker wirkenden mehr zugewandt sein, als dem andern, aber doch nicht so, daß sich daraus so leicht die wahre Lage des einen oder andern Poles auf eine sichere Weise herleiten ließe *). Parry sah, als er sich nördlich von dem über Nord-America liegenden Pole befand, den Nordpol der Magnetnadel gegen Südwest oder gegen Südost gekehrt, so wie es seine Lage gegen den aus andern Beobachtungen bekannten magnetischen Pol forderte.

*) Ueberhaupt ist diese Angabe unvollkommen, und so ist auch die Lage der auf unsrer Charte eingetragenen Pole nur als einigermaßen der Wahrheit nahe anzusehen.

Schon seit Halleys Zeiten, das heißt seit dem Ende des siebenzehnten Jahrhunderts, hat man es der Mühe werth gefunden, diejenigen Linien auf der Erd-Oberfläche aufzusuchen und aufzuzeichnen, in welchen eine gleiche Abweichung der Magnetnadel vom Meridiane statt findet. Diese Linien gleicher Abweichung, die man (mit einem wohl nicht ganz passenden Namen) isogonische (Linien gleicher Winkel) genannt hat, stellen sonderbare Figuren dar, und dieses ist freilich so fern nicht zu verwundern, als die Vergleichung der magnetischen Richtung mit dem astronomischen Meridiane zwar eine für die Anwendung in der Seefahrt bequeme, aber doch nicht eigentlich in der Natur der Sache gegründete ist. Wenn, wie man in früherer Zeit es anzunehmen geneigt sein konnte, die beiden wahren Pole der Erde auch ihre magnetischen Pole wären, so hätte man im Meridiane zugleich eine mit der magnetischen Kraft der Erde in unmittelbarer Beziehung stehende Linie; wenn die Erde zwei magnetische Pole, aber entfernt von den Erdpolen hätte, so würden die größesten Kreise durch diese zwei Pole am besten geeignet sein, um die Richtung der Nadel auf sie zu beziehen; aber da die Erde wohl gewiß mehr als zwei magnetische Pole hat, so ist es schwer anzugeben, auf welche Linien man am besten die beobachteten Richtungen der horizontalen Magnetnadel beziehen könnte. Aber wie wenig passend für theoretische Bestimmungen diese Linien gleicher Abweichung sind, das erhellt am besten, wenn man annimmt, die Lage der Umdrehungs-Axe der Erde sei eine andre, während die magnetischen Eigenschaften der Erde dieselben blieben; dann hätten wir andre astronomische Meridiane und ganz verschiedene isogonische Linien, obgleich in dem Magnetismus der Erde keine Aenderung vorgegangen wäre. Die Betrachtungen, wozu wir hier hingeleitet werden, wollen wir indeß verlassen, um nur zuerst die Erfahrungen in einer klaren Darlegung zu übersehen.

In manchen Orten auf der Erde ist die Abweichung der Nadel vom astronomischen Meridiane Null, und diese Orte, wo die Magnetnadel genau nach Norden zeigt, bilden zwei zusammenhängende Linien. Die eine Linie ohne Abweichung geht ungefähr von demjenigen magnetischen Nordpole, welcher über

Nord=America liegt, aus *), durchläuft in beinahe südlicher, nur etwas östlicher, Richtung das nördliche America, geht dann nach Brasilien, von dem sie nur den kleinern Theil als östlich liegend abschneidet, und geht dann gegen den Südpol zu in unzugängliche Gegenden. Die zweite Linie ohne Abweichung, die ich von Süden nach Norden verfolgen will, kömmt ziemlich eben so von dem unter Neuholland liegenden magnetischen Südpole her, wie jene vom einen Nordpole; sie geht dann (freilich zum Theil schlecht bestimmt, wegen Mangel an Beobachtungen,) grade nordwärts bis in die Gegend von Celebes, bildet aber hier, wie Hansteen aus den Beobachtungen herleitet, eine Reihe von Krümmungen, zuerst westlich nach Borneo, dann nördlich, ferner westlich und dann südlich durch Sumatra, westlich und dann nördlich durch Ceylon, hierauf nordöstlich durch China, nördlich und etwas westlich in das nördlichste Sibirien, abermals westlich, dann südlich durch Irkutzk, westlich im vierzigsten Breitengrade, nordwestlich gegen Archangelsk und weiter dem Pole zu **). Europa und Afrika nebst den benachbarten Meeren und den benachbarten Theilen Asiens und America's, so weit sie zwischen jenen beiden Linien liegen, haben westliche Abweichung; diejenigen Gegenden aber, welche jenseits jener Linien, auf der Erdkugel ungefähr Europa gegenüber bei Kamtschatka und von da südwärts, liegen und zugleich die, welche im nördlichsten Sibirien liegen u. s. w. haben östliche Abweichung.

Gehen wir von der uns westlich liegenden Linie ohne Abweichung aus, so gehen die Linien gleicher Abweichung für 5°, 10°, 15°, westlicher Abweichung beinahe mit ihr gleichlaufend; und eben das gilt für die westlich von Archangelsk und Casan liegenden Linien gleicher Abweichung, wo diese nicht über 15°

---

*) Vergl. die Charte Taf. V.

**) Diese Linie ist in ihren einzelnen Krümmungen noch nicht sehr genau bestimmt, überdies habe ich (Tafel V.) zum Theil die ältern Beobachtungen nach Hansteen und die neuern nach Erman vereinigt zum Grunde legen müssen, was allerdings fehlerhaft ist.

Dieses Zusammenfügen ungleichzeitiger Beobachtungen ist auch bei den übrigen isogonischen Linien als ein Fehler anzusehen, den man aber nicht wohl vermeiden kann, wenn man einen Ueberblick über das Ganze zu geben wünscht.

beträgt. Dagegen verlassen die Linien von 25°, 30° und mehr westlicher Abweichung diese Parallelität gänzlich, und gehen von dem americanischen Nordpole des Magnetismus zuerst südlich, denn östlich laufend, sehr bald in die genau nördliche Richtung über; und ebenso finden sich südwestlich von Neuholland Linien gleicher Abweichung von 20°, 30°, 40°, die von dem unter Neuholland liegenden Südpole nördlich, dann westlich laufend, bald die genaue südliche Richtung nehmen. Im mittlern und südlichen Asien, wo die Nulllinie so unregelmäßige Krümmungen macht, scheinen in sich zurückkehrende, ovale Linien gleicher Abweichung zu liegen*). Was die Linien gleicher östlicher Abweichung betrifft, so läßt sich die Uebereinstimmung mit den eben betrachteten Linien gleicher westlicher Abweichung am besten übersehn, wenn man die starke Krümmung der asiatischen Nulllinie zuerst aus den Augen läßt und vom 60sten nördlichen Breitengrade nach Neuholland eine ziemlich ungekrümmt fortgehende Linie zieht. Mit dieser ungefähr gleichlaufend sind die Linien, wo 4°, 6°, 10° Abweichung statt findet; dann aber folgen im Norden und im Süden Linien gleicher Abweichung, die, ganz in den nördlichen und südlichen Gegenden bleibend, wenigstens der Vermuthung, daß sie von einem der magnetischen Pole ausgehend, dem nächsten Erdpole zu gehn, nicht widersprechen. In den starken Krümmungen der asiatischen Nulllinie scheinen auch für östliche Abweichung solche in sich zurückkehrende Curven zu liegen, wie für die westliche Abweichung. Aber nun findet sich noch ein System in sich zurückkehrender Curven gleicher östlicher Abweichung, wozu wir bei den Linien gleicher westlicher Abweichung keine genaue Analogie kennen. Im stillen Meere nämlich wird ein großes Vier Eck übrig gelassen, wohin die von Norden kommenden und bald nach Norden zurückkehrenden und auch die von Süden kommenden und bald nach Süden zurückkehrenden Linien gleicher Abweichung nicht gelangen, und das auch von den mit den Nulllinien gleichlaufenden Linien nicht erreicht wird. In diesem großen Raume, westlich von Süd-America, ist ungefähr bei den Marquesas-Inseln die Abweichung am kleinsten, und die

*) Namenauf unter 130° Länge und 50° Nordbreite.

Linien gleicher, zunehmender Abweichung bilden Ovale um diesen Punct bis zum Anschließen an die oben erwähnten Grenzen. Vielleicht giebt es für westliche Abweichung etwas Aehnliches im Innern von Africa, wo ein kleinerer viereckiger Raum von den Linien einer 15° betragenden Abweichung an der Ost- und Westseite, und von den Linien einer 20° betragenden Abweichung nördlich und südlich begrenzt wird. Diese africanischen Ovale, die in unbesuchten Gegenden liegen müßten und noch ununtersucht sind, würden ungefähr da liegen, wo zwei größte Kreise sich durchschneiden, deren einer durch die beiden stärksten Pole in Nord-America und unter Neuholland, der andere durch die beiden schwächern Pole geht; und wenn gleich eine eben solche Bestimmung für die Ovale im stillen Meere weniger gut zutrifft, so deutet sie doch einigermaßen die Gegend an, wo diese sich wirklich finden, und an mehr als oberflächliche Uebereinstimmung ist hier ohnehin nicht zu denken.

Schwierigkeiten bei der genauen Bestimmung der Declination und Inclination.

Ich darf diesen Gegenstand nicht verlassen, ohne noch zu bemerken, welche Schwierigkeiten diesen Bestimmungen, die wir bisher benutzt haben, entgegenstehen. Auf dem festen Lande sind diese in Beziehung auf die Abweichung unbedeutend, da man die Nähe von Eisenmassen vermeiden und die Richtung des Meridians vollkommen genau kennen lernen kann; auf dem Meere aber ist die Sicherung gegen die Einwirkung des Eisens im Schiffe minder zuverlässig, und auch die Bestimmung des wahren Norden schwieriger. Bei den älteren Beobachtungen der Abweichung ist oft die Vergleichung der Richtung der Magnetnadel mit derjenigen Richtung, in welcher man die Sonne untergehen sah, benutzt; aber dieses ist keine gute Bestimmung, da bei stärkerer Strahlenbrechung, — und Sie wissen, daß diese sehr ungleich ist, — die Sonne in einem etwas nördlicheren Puncte den scheinbaren Horizont erreicht.

Die genaue Bestimmung der Neigung hat weit mehr Schwierigkeit. Da nämlich die Axe der Nadel, wenn sie gleich dünne ist, die Reibung an ihrer Oberfläche immer doch in einigem Abstande vom Drehungspuncte leidet, so hat die Reibung ein nicht unerhebliches Moment, und hindert die Nadel an der Erlangung der genau richtigen Stellung. Es ist nämlich offenbar, daß die nur noch wenige Minuten von der richtigen Stellung entfernte Neigungsnadel mit einer höchst schwachen Kraft zu dieser richtigen Stellung hingezogen wird, indem, wenn CB die Richtung der Nadel, CA die Richtung der magnetischen Kraft ist, (Fig. 143.) die Linie AB verhältnißmäßig diejenige Kraft ausdrückt, welche zur Drehung der Nadel beiträgt. Wenn diese so klein wird, daß sie die Reibung nicht überwinden kann, so bleibt die Nadel bald um einige Minuten an der einen Seite, bald um einige Minuten an der andern Seite von der richtigen Stellung entfernt, und die Grenzen dieser Ungleichheiten lehren uns wenigstens den Grad der Unsicherheit der Angaben kennen *). Da diese Unsicherheit davon herrührt, daß zuletzt keine merkliche, den Ausschlag gebende Kraft vorhanden ist; so hat Mayer eine andere Einrichtung der Neigungsnadeln empfohlen, die auch Sabine nach vielmaliger practischer Anwendung zweckmäßig gefunden hat. Statt nämlich, wie wir es früher voraussetzten, die Nadel für alle Stellungen zu äquilibriren, oder sie genau im Schwerpuncte aufzuhängen, wird sie nur wie ein Waagebalken für die horizontale Stellung abgeglichen und (Fig. 144) mit einem angelegten Blättchen GH absichtlich an der untern Seite schwerer gemacht. Wird nun die Nadel magnetisirt, so sinkt ihr nördlicher Theil herab; aber die Nadel nimmt nun nicht die eigentliche Stellung der Neigungsnadel an, sondern indem (Fig. 145, wo das angelegte Stück GH der besseren Verständlichkeit wegen sehr breit dargestellt ist), der in C liegende Schwerpunct gehoben wird, bleibt AB weniger geneigt, als die Richtung ED der magnetischen Kraft es fordert; diese Kraft nämlich zöge B herabwärts, aber da dann der Schwerpunct C gehoben werden müßte, so tritt ein Gleichgewicht ein. Um aus dieser unrichtigen Neigung die richtige abzuleiten, muß man die Nadel in ihrer Unterlage umlegen; dann nimmt sie eine zu nahe mit der Vertical-

*) Aus diesem Grunde sieht man auch die Neigungsnadeln ihre Oscillationen viel weniger lange fortsetzen, als die horizontalen Nadeln, obgleich die langsamen Oscillationen der letztern eine schwächer wirkende Kraft anzeigen.

linie übereinstimmende Lage an, wie Fig. 146. zeigt, indem die nach ED wirkende Kraft des Magnetismus nun B zu heben sucht und dem Bestreben des Schwerpunctes C herabzusinken, auf die entgegengesetzte Art entgegenwirken muß. Daß sich aus zwei solchen Beobachtungen die wahre Neigung finden läßt, erhellt wohl, jedoch wird vorausgesetzt, daß die unmagnetisirte Nadel für die horizontale Stellung ganz genau berichtiget war; wenn das ungewiß ist, so muß man durch neues Bestreichen der Nadel den Nordpol in einen Südpol verwandeln und jene beiden Beobachtungen wiederholen. Diese Einrichtung giebt den Vortheil, daß die Nadel, wie Sabine bestätigt fand, mit großer Genauigkeit immer dieselbe Stellung annimmt, weil die Drehungskraft, selbst nahe bei der Gleichgewichtsstellung, noch ziemlich erheblich bleibt.

Intensität der magnetischen Kraft.

Die bisherigen Untersuchungen betrafen die Richtung der magnetischen Kraft an jedem Orte auf der Erde, und diese ist durch Neigung und Abweichung so angegeben, daß man alle Beziehungen, die bloß die Richtung der magnetischen Kraft betreffen, dadurch kennen lernt. Aber auch die Stärke der magnetischen Kraft ist in verschiedenen Gegenden ungleich. Um hierüber Versuche anzustellen, muß man sehr vollkommen gehärtete Magnetnadeln haben, damit man sicher sei, daß diese an sich selbst als unveränderlich dürfen angesehen werden; die Versuche über ihre Oscillationszeiten geben dann die Bestimmungen über die Ungleichheit der wirkenden magnetischen Kraft. Bedient man sich einer solchen Neigungsnadel, die nach allen Richtungen äquilibrirt war, ehe sie magnetisirt wurde, so dienen die Oscillationszeiten unmittelbar zu Bestimmung der Kraft, indem schnellere Oscillationen größere Kraft anzeigen; bedient man sich der horizontalen Nadel, so muß man bedenken, daß die horizontal wirkende magnetische Kraft, vorzüglich da, wo die Neigung der Magnetnadel bedeutend ist, geringer ist, daß also die Bestimmung der gesammten magnetischen Kraft erst aus dieser Rücksicht auf die Neigung hervorgeht.

Eine in der natürlichen Richtung der magnetischen Kraft oscillirende Nadel machte in Peru unter dem magnetischen Aequator der Erde in 10 Minuten 211 Oscillationen, in Paris in eben der Zeit 245 Oscillationen; die magnetische Kraft in Peru, unter dem magnetischen Aequator, verhielt sich also zu der in Paris, wie 211 . 211 = 44521 zu 245 . 245 = 60025, das ist, wie 1 zu 1,3482. Die horizontale Nadel schwingt dagegen in Paris langsamer, weil bei der starken Neigung der Nadel, welche 69° beträgt, die horizontal wirkende Kraft nur etwas mehr als ein Drittel der gesammten magnetischen Kraft ist, in mehr nördlichen Gegenden sind die horizontalen Oscillationen noch träger, obgleich die gesammte Kraft in den nördlichern Gegenden noch mehr zunimmt.

Die Beobachtungen zeigen, daß die magnetische Kraft am schwächsten ist um den magnetischen Aequator der Erde, daß sie im Allgemeinen mit der Neigung der Nadel zunimmt, daß sie aber doch keineswegs bei gleicher Neigung gleich oder auf jeder isoclinischen Linie in jedem Puncte gleich ist. Schon Hansteen hat bemerkt, daß, wenn man auf den Linien gleicher Neigung von Europa nach America fortgehe, man in America viel größere Intensitäten finde, und Erman zeigt, daß im magnetischen Aequator im westlichen Theile des atlantischen Meeres die magnetische Kraft nur $\frac{3}{4}$ derjenigen ist, die 100 Grade westlicher im stillen Meere statt findet. Da nun, wenn man von diesem Puncte einer so geringen Intensität nördlich und südlich fortgeht, man zu stärkern Graden der magnetischen Kraft gelangt, so haben die Linien gleicher Kraft, die isodynamischen Linien, so fern sie so geringen Kräften angehören, Durchschnittspuncte mit dem magnetischen Aequator; dagegen haben die Linien gleicher Kraft, wo die Kraft merklich über $\frac{4}{3}$ jener schwächsten Intensität steigt, keine Durchschnittspuncte mit dem magnetischen Aequator, sondern bilden in der nördlichen Halbkugel Linien, die sich in America und im östlichen Asien südlicher ziehn, in den zwischenliegenden Gegenden etwas nördlichere Gegenden erreichen. Auch diese isodynamischen Linien, die in der Charte ganz ausgezogen und mit 0,8; 1,0; 1,2; 1,4; bezeichnet sind, wenden in den vom Aequator entfernten Gegenden auffallend ihre concaven Seiten gegen die Gegenden, wo die vier magnetischen Pole liegen, aber die Lage der Puncte, die man als der Mitte dieser Concavitäten entsprechend ansehn möchte, stimmt keinesweges genau mit den früher aufgefundenen Polen überein; sondern wir werden hier darauf aufmerksam gemacht, daß die Puncte einer senkrechten Stellung der Magnetnadel nicht so gradezu die magnetischen Pole der Erde sind.

In den nördlichsten Gegenden von America ist die magnetische Kraft ziemlich viel über das Doppelte derjenigen, die am magnetischen Aequator an der Westküste Africa's statt findet. Der Punct der größten Intensität im nördlichen America muß nach Hansteens Zusammenstellungen ungefähr 80° von Paris westlich, im 55° nördlicher Breite liegen; nach Ermans Beobachtungen liegt ein eben solcher Punct größester Intensität in Sibirien, in größerer Breite als 60° und 120° östlich von Paris. Diese Puncte größter Intensität stimmen nicht genau mit denen, die wir nach den Angaben der Richtung der Magnetnadeln Pole nennen wollten, überein. Auf der südlichen Halbkugel sind wenigere Bestimmungen der Intensität des Magnetismus bekannt, indeß weiß man, daß südlich von Neuholland die magnetische Kraft fast eben so groß, als in Nord-Amerika und Sibirien ist, so wie es die Nähe des dortigen Poles zu fordern scheint *).

Die Untersuchungen über die Intensität der magnetischen Kraft sind erst in der neuesten Zeit durch von Humboldt in ihrer Wichtigkeit dargestellt und seitdem weiter verfolgt worden. Offenbar geben sie uns wichtige Belehrungen über die Austheilung der magnetischen Kraft der Erde, und müssen sehr wesentlich beitragen, unsre Kenntnisse über den Erdmagnetismus zu berichtigen und eine Theorie aller dieser Erscheinungen herbeizuführen.

*) Die Linien gleicher Kraft sind in Taf. V. meistens von Erman entlehnt, (Poggend. Ann. XXI.) doch habe ich in Neuholland und dem nördlichsten America einige Bestimmungen von Hansteen beigefügt. Die Zahlen 0,8; 0,9; 1,0; 1,2; 1,4; 1,6; geben die Verhältnisse der magnetischen Kraft an.

Sieben und zwanzigste Vorlesung.

Die neulich betrachteten Erfolge der Einwirkung der magnetischen Kräfte auf unsre Magnetnadeln sollten uns nun billig zu der Beantwortung der Frage führen, welche Austheilung der magnetischen Kräfte in der Erde selbst statt findet; aber um hiebei nichts aus den Augen zu lassen, was die Beobachtungen darbieten, muß ich noch bei den Aenderungen, welche die Richtung und Stärke der magnetischen Kraft im Laufe der Zeit erleidet, verweilen.

Aenderungen der Neigung und der Abweichung.

Die Inclinationen der Nadel sind in früherer Zeit selten und nicht vollkommen genau beobachtet worden, indeß sind doch auch diese älteren Beobachtungen zu mehrern wichtigen Bestimmungen zureichend. In London war um oder kurz nach dem Anfange des vorigen Jahrhunderts die Neigung gegen 75° und jetzt ist sie nicht völlig $69\frac{3}{4}°$; in Paris war sie 1671 75°, 1754 $72\frac{1}{4}°$, 1806 69° 12′, 1827 68°. Ebenso ist sie in allen Gegenden Deutschlands im Abnehmen. Die Linie ohne Neigung scheint nach den neuesten Beobachtungen ihre Durchschnittspuncte mit dem Aequator und ihre größte Entfernung vom Aequator etwas westlicher zu haben, als es nach den von Hansteen für das Jahr 1780 gesammelten Beobachtungen der Fall war. Dieses würde auf ein Fortrücken der magnetischen Erdpole nach Westen hinzuweisen scheinen, und so viel wenigstens ist klar, daß, wenn der am stärksten wirkende Nordpol der Erde im nördlichen America sich von Europa weiter nach Westen entfernt, jeder Ort in Europa immer mehr in Linien geringerer Neigung hineinrückt, wie Sie bei einem Blicke auf die Charte leicht übersehn.

Noch auffallendern Aenderungen ist die Abweichung unterworfen. Sie ist in frühern Zeiten in unsern Gegenden östlich gewesen, ist dann westlich geworden und kürzlich hat die westliche

Abweichung ihren größesten Werth erreicht; jetzt ist sie noch immer westlich, aber abnehmend. Von Paris und London haben wir am längsten fortgesetzte Beobachtungen. In Paris betrug die Abweichung östlich 11° im Jahre 1580, die Nadel zeigte genau nach Norden im Jahre 1666, ihre westliche Abweichung war 10° im Jahre 1712, 20° im Jahre 1771, und erreichte gegen das Jahr 1819 beinahe 23°. In London betrug 1580 die östliche Abweichung 11 Grad, 1657 fand weder östliche noch westliche Abweichung statt, 1692 war die westliche Abweichung 6°, 1750 ungefähr 18°, 1797 war sie 24° und nahm nun sehr langsam zu, so daß die Nadel 1819 die größte westliche Abweichung, etwas mehr als $24\frac{1}{2}$°, erreichte; seitdem ist dort die Declination in langsamem Abnehmen. Im östlichen Deutschland ist die Abweichung schon länger abnehmend und hat sich seit 1814 stark vermindert.

Diese Aenderungen der Abweichung an jedem Orte bringen im Fortgange der Zeit die auffallendsten Aenderungen der Linien gleicher Abweichung hervor, und diese Aenderungen sind vorzüglich darum zu merken, damit man sich nicht verleiten lasse, solche Unregelmäßigkeiten, wie sie jetzt die Linie ohne Abweichung in Asien zeigt, für bloße Folge örtlicher Einwirkungen der Gebirge und der unveränderlichen Theile der Erde anzusehen. Im Jahre 1600 ging die Linie ohne Abweichung von Africa beinahe genau nördlich bis nach Finnland und Lappland, wo sie sich westlich wandte und dann an der Südostküste von Island vorbei, südlich auf die Nordküste von Süd-America zulief. Sie umschloß in Europa ovale Linien gleicher Abweichung, in deren Mitte England mit 9° östlicher Abweichung lag. Im Jahre 1700 hatte sich diese starke Krümmung mit den eingeschlossenen ovalen Linien gleicher Abweichung ganz verloren, und der regelmäßigere Theil der Linie ohne Abweichung hatte sich auf die Westseite Africa's hin begeben, von wo sich diese Linie in mäßiger Krümmung nach der Küste von Nord-America wandte. Dagegen scheint im Jahre 1700 die durch das östliche Asien gehende Linie ohne Abweichung frei von den Krümmungen gewesen zu sein, die sie jetzt angenommen hat. Die schon seit 1700 durch das atlantische Meere gehende Linie ohne Abweichung hat sich immer mehr gegen die Küste von Brasilien hin gezogen und hat sie, nach Erman, jetzt wirklich erreicht.

daß mit diesen Aenderungen auch entsprechende Aenderungen der übrigen Linien gleicher Abweichung verbunden gewesen sind, versteht sich von selbst. So lange die westlich von Europa liegende Linie ohne Abweichung, die sich von uns entfernt, uns noch nahe war, rückte jeder Ort in Europa nach und nach in Linien größerer westlicher Abweichung hinein; jetzt ist die Linie größester Abweichung über unsre Gegenden hinausgerückt und die Linien kleinerer westlicher Abweichung kommen in unsre Gegenden, desto mehr, je näher die asiatische Linie ohne Abweichung zu uns heran kömmt.

Daß auch die Intensität des Magnetismus in unsern Gegenden abnimmt, hat man erst neuerlich bemerkt. Wenn, wie es scheint, der für unsere Gegenden wirksamste Pol sich von uns entfernt, so ist es natürlich, daß wir eben so nach und nach zu Linien geringerer Intensität gelangen, wie zu Linien geringerer Neigung, wenn gleich diese nicht genau mit einander übereinstimmen.

Legrand hat in Hinsicht auf die Aenderungen der Abweichung und Neigung die Bemerkung mitgetheilt, daß man sie in Verbindung betrachten müsse, um sie einfacher zu übersehen. Die wahre Richtung der magnetischen Kraft ändere sich in Paris gleichförmig und durchlaufe eine Kegelfläche, die an der Spitze einen Winkel von 17° 19′ bilde; seit 1666, wo die Abweichung in Paris = 0 war, bis 1819, wo sie am größesten war, habe die Richtung der Nadel auf dieser Fläche 69° 9′ durchlaufen, und wenn man darnach die Abweichung und Neigung für die einzelnen Jahre berechne, so finde man Zahlen, die bei der Inclination höchstens 17′, bei der Declination höchstens 36′ von den Beobachtungen abweichen. Wenn sich die Richtigkeit dieser Bemerkung, daß man die Aenderung der Richtung der magnetischen Kraft als gleichmäßig finde, auch für andre Orte bestätigte, so würde die Axe, um welche herum sich diese Richtungslinien gleichförmig bewegen, eine für jeden einzelnen Ort sehr wichtige Linie sein.

Jährliche und tägliche Aenderungen der Richtung und Stärke der magnetischen Kraft.

Die Abweichung nimmt nicht von einem Tage zum andern und von einer Stunde zur andern gleichmäßig zu oder ab, sondern schon Wilke, Cassini u. a. fanden, daß die horizontale

Nadel um 2 bis 3 Uhr Nachmittags am meisten westlich stand und früh Morgens am meisten östlich. Beaufoy fand für London $8\frac{1}{2}$ Uhr als die Zeit der geringsten westlichen Abweichung, $1\frac{1}{2}$ Uhr als die Zeit der größesten Abweichung, und der Unterschied betrug um das Jahr 1820 in London 9 Minuten. Auch Beobachtungen an andern Orten auf der nördlichen Halbkugel stimmen hiermit überein.

Barlow hat eine neue Methode befolgt, um die täglichen Variationen merklicher zu machen, indem er die Kraft der Nadel durch Magnete, in ihrer Nähe angebracht, schwächte. Es ist nämlich offenbar, daß wenn die Nadel AB (Fig. 147.) genau nach Norden gerichtet ist, und man ihrem Nordpole den Nordpol N eines Magnetes nähert, dieser sie aus ihrer Richtung zu treiben strebt, also die Richtungskraft nach Norden hin schwächt. Ist dieses in bedeutendem Maaße geschehen, und man läßt den Magnet ganze Tage in gleicher Stellung, so werden die täglichen Schwankungen der Magnetnadel viel stärker und gehen auf mehrere Grade. Dabei hat Barlow noch eine andre Bemerkung gemacht. Wenn man durch nahe gebrachte Magnete die Nadel in andern Richtungen, abweichend vom magnetischen Meridiane, zur Ruhe bringt, so sind die Schwankungen der Nadel im Laufe des Tages bei jeder dieser Stellungen anders, und es giebt eine Stellung der Magnetnadel, bei welcher gar keine täglichen Schwankungen eintreten; diese ist in London merklich vom magnetischen Norden abweichend von NNW nach SSO gerichtet. Allerdings scheint diese Linie von Wichtigkeit zu sein; aber man muß bedenken, daß in allen den Versuchen, wo die Nadel in Rücksicht ihrer Richtungskraft geschwächt ist, sie von einer Menge Nebenumstände abhängig gemacht wird, (weshalb schon Cassini die Schwankungen schwacher Nadeln unregelmäßig fand,) daß ferner die Kraft der Magnete selbst bei der größern Tageswärme eine geringere ist, und daß daher auf diese Versuche und Beobachtungen noch kein allzu großes Gewicht gelegt werden darf.

Was die Ursache dieser täglichen Aenderungen der ohne fremde Störung beobachteten Nadel betrifft, so darf man sie wohl in der ungleichen Erwärmung der Erde suchen. Jeder Magnet wirkt etwas schwächer, wenn er warm ist; dehnen wir diese Erfahrung auf die verschiedenen Theile der Erde aus, so müssen Vormittags die östlichen Theile der Erde weniger anziehend wirken, die westliche Abweichung muß zunehmen und ungefähr um dieselbe Zeit, wie die größte Tageswärme, ihr Maximum erreichen. Christie hat die täglichen Aenderungen durch eine Reihe thermomagnetischer Versuche mit diesen später erst zu erwähnenden Erscheinungen in Verbindung gesetzt; ich weiß aber nicht, ob man seine Schlüsse als recht genügend ansehen kann.

Auch die magnetische Kraft der Erde ist täglichen Wechseln unterworfen und Hansteen findet sie um 4 bis 5 Uhr Nachm. am stärksten, um 11 Uhr Morgens am schwächsten. Foster aber, der auf Spitzbergen die Oscillationen sowohl der Neigungsnadel, als der horizontalen Nadel zu verschiedenen Tagesstunden beobachtet hat, findet aus 11tägigen Beobachtungen, daß die Neigungsnadel kurz nach Mitternacht am schnellsten, um 3 Uhr Nachmittags am langsamsten vibrirte, statt daß bei der horizontalen Nadel fast genau das Umgekehrte eintrat. Bei jener mußte man eine Zunahme der Kraft um $\frac{1}{118}$ von Mittag bis Mitternacht, bei dieser ein Abnehmen der Kraft um $\frac{1}{70}$ in eben der Zeit annehmen. Dieser anscheinende Widerspruch hebt sich, wenn man um Mittag die ganze magnetische Kraft, so wie die Neigungsnadel sie angiebt, am kleinsten, zugleich aber die Neigung als um mehr als 10 Min. kleiner als um Mitternacht annimmt, indem bei geringer werdender Neigung der in horizontaler Richtung wirkende Theil der Kraft größer wird.

Auch nach den Jahreszeiten ist die Aenderung der Abweichung etwas verschieden; Cassini fand vom Januar bis April die westliche Abweichung größer als in den Sommermonaten.

Neben diesen ziemlich regelmäßigen Veränderungen der Abweichung treten auch zuweilen plötzliche Veränderungen ein. Beaufoy hat diese zuweilen bei Gewittern bemerkt; auffallender und bestimmter, (obgleich nicht ohne Ausnahme,) gehen sie bei Nordlichtern hervor, worauf ich nachher noch zurückkomme.

Theorie des Erdmagnetismus.

Bei so zahlreichen Beobachtungen über Richtung und Stärke der magnetischen Kraft der Erde sollte man glauben, daß es nicht schwer sein müßte, über die Art der Einwirkung der Erde, über die Lage ihrer magnetischen Pole u. s. w. etwas ganz Genaues anzugeben. Gleichwohl hat dieses große Schwierigkeit. Ein Theil dieser Schwierigkeiten entsteht daraus, daß wir practischer Zwecke wegen unsre Aufmerksamkeit vorzüglich auf die Lage der horizontalen Nadel gegen den astronomischen Meridian jedes Ortes richten, obgleich es ziemlich deutlich zu erhellen scheint, daß diese Meridiane in keinem natürlichen Zusammenhange mit dem Magnetismus der Erde stehen; und wir würden vielleicht eine etwas bessere Uebersicht der Erscheinungen gewinnen, wenn wir die Richtungen der magnetischen Kraft an verschiedenen Orten auf eine für die Natur der Sache angemessenere Weise zusammen zu ordnen wüßten.

Wir haben einige Kenntniß von vier magnetischen Polen aus den früher mitgetheilten Angaben geschöpft; aber wir sind noch weit davon entfernt, ihre genaue Lage zu kennen. Bleiben wir zuerst bei den Puncten stehen, die man scheinbare Pole nennen könnte, so würden sie durch Beobachtung der nahe an 90° kommenden Neigung, und durch Beobachtung der Puncte, nach welchen die Abweichungsnadeln in der Nachbarschaft dieser Pole gerichtet sind, wohl zu bestimmen sein; aber es läßt sich ziemlich leicht übersehen, daß diese Puncte nicht so gradezu die wahren magnetischen Pole der Erde sind. Deuten nämlich, wie es sehr den Anschein hat, die sämmtlichen magnetischen Erscheinungen auf der Erde darauf hin, daß die Erde zwei magnetische Axen hat; so lägen die wahren Pole da, wo diese Axen oder ihre Verlängerungen die Oberfläche der Erde treffen. Offenbar aber steht die Nadel im nördlichen America nicht ganz so, wie es die dahin gerichtete magnetische Axe fordert, sondern die zweite Axe übt auch einige Wirkung aus, und der von beiden Nordpolen der Erde angezogene Theil der Nadel nimmt eine mittlere Richtung zwischen beiden auf ihn wirkenden Kräften an. Da wir demnach die genaue Lage der Endpuncte der magnetischen Axen nicht kennen, so müssen wir die geographische Länge und Breite der wahren vier Pole als unbekannte, aus den Beobachtungen erst zu bestimmende, Größen ansehen; und zu diesen acht unbekannten Größen kommen noch vier, nämlich die Tiefe der vier wirksamsten Endpuncte jener Axen unter der Oberfläche der Erde, und endlich das Verhältniß der magnetischen Kräfte beider Axen. Diese Größen müßten, unter der Voraussetzung, daß jene zwei magnetischen Axen sich in Hinsicht der Austheilung des Magnetismus in ihnen ungefähr wie unsre künstlichen Magnete verhalten, aus den vorhandenen Beobachtungen berechnet werden, und Hansteen hat es in der That versucht, solche Bestimmungen aus den Beobachtungen herzuleiten. Aber so sehr schätzenswerth diese Arbeit ist, so kann sie doch, zumal bei der Einwirkung mancher Nebenumstände auf die Beobachtungen, nur mit großer Schwierigkeit durchgeführt werden, und es möchte daher wohl rathsam sein, die Frage, ob die Annahme zweier magnetischer Axen der Wahrheit ziemlich entspreche, auf einem indirecten Wege zu prüfen. Dies könnte so geschehen, daß man nur obenhin den vorhin genannten Größen ihre Werthe, so wie sie ungefähr zu sein scheinen, beilegte, daraus aber, welches viel leichter ist, für zahlreiche Orte die Intensität, Inclination und Declination berechnete; diese Berechnung würde zeigen, wie die Puncte der senkrechten Stellung der Magnetnadel gegen die angenommenen Pole liegen, welche Formen die Linien gleicher Neigung, gleicher Abweichung, gleicher Kraft, erhalten, und so könnte man gewiß deutlich erkennen, ob die Hypothese, welche zwei magnetische Axen, gleichsam zwei große Magnete im Innern der Erde, annimmt, Resultate, der Wahrheit nahe entsprechend, giebt. Daß man bei dieser Untersuchung auf mehrere große Schwierigkeiten geräth, hat indeß schon Hansteen gezeigt.

Hier muß ich mich begnügen zu zeigen, daß die Untersuchung sich nicht als ganz außer den Grenzen der Ausführbarkeit liegend ansehen läßt, und dazu mag folgende Betrachtung dienen, die sich durch Experimente erläutern läßt. Wenn man neben einem starken Magnete AB (Fig. 148.), der in der Richtung des magnetischen Meridians liegt, eine Magnetnadel CD so aufstellt, daß die Mittelpuncte beider in der auf AB senkrechten Linie EF liegen, so bleibt gewiß die Nadel CD in der richtigen Stellung, weil ihr Nordpol D eben so stark vom Nordpole B abgestoßen wird, als ihr Südpol C vom Südpole A, und eben diese Gleichheit in Beziehung auf die Anziehung gegen die ungleichnamigen Pole statt findet. Bringt man dagegen die Magnetnadel nach GH, so wird gewiß der Südpol G vom Nordpole B angezogen, H dagegen von A angezogen, und wenn die Einwirkung stark genug ist, um die Einwirkung des Erdmagnetismus zu überwinden, so wird der Nordpol H sich sogar bis in eine südliche Richtung hin ablenken lassen. Es ist leicht einzusehen, daß eine Berechnung der Einwirkung aller Theile des Magnetes auf alle Theile der Nadel sich ausführen und daraus die Lage der Magnetnadel sich bestimmen ließe, und daß eben so, man mag nun eine oder zwei magnetische Erd-Axen voraussetzen, die Bestimmung der Abweichung und Neigung der Magnetnadel auf der Erde ausführbar wäre. Wenn man eine ganze Folge von kleinen Magnetnadeln neben dem Magnete aufstellte, so würden sie sich in eine regelmäßige Linie stellen, die man, befreit von der Einwirkung des Erdmagnetismus, durch folgenden Versuch zeigt. Man legt (Fig. 149.) einen starken Magnet SN unter eine horizontale Glasplatte und läßt feine Eisenfeile auf diese fallen, so ordnet sie sich in lauter kleine Nadeln, die ohngefähr solche Linien bilden, wie Fig. 149. darstellt. Jedes Theilchen Eisenfeile bildet hier einen kleinen Magnet, dessen Nordpol a gegen den Südpol, der Südpol b gegen den Nordpol des großen Magnetes angezogen wird, aber wegen der ungleichen Entfernung ist die Gewalt dieser Anziehungen ungleich und die Nadeln nehmen die mannigfaltigen Stellungen an, welche die krummen Linien zeigen. Legt man zwei starke Magnete gegen einander geneigt unter das Glas, so entstehen mannigfaltige, aber immer zu den vier Polen in regelmäßiger Beziehung bleibende, krumme Linien.

Magnetische Eigenschaften des weichen Eisens unter Einwirkung des Erdmagnetismus.

Die in der neuesten Zeit unternommenen Reisen in die Nähe des im nördlichen America liegenden magnetischen Poles haben auf einen Umstand, den man früher nicht sehr beachtet hatte, aufmerksam gemacht. Obgleich nämlich frühere Seefahrer schon gefunden hatten, daß auf dem Schiffe eine nicht genaue Uebereinstimmung zwischen den unter verschiedenen Umständen beobachteten Stellungen der Magnetnadel statt findet, sondern diese ihre Richtung gegen die Weltgegenden etwas ändert, wenn das Schiff seine Richtung bedeutend ändert, obgleich Flinders aus seinen Beobachtungen bei Neuholland geschlossen hatte, daß diese Unsicherheit in der

Richtung der Magnetnadel da bedeutender werde, wo die Neigung der Nadel sehr groß ist; so wurde es doch 1820 als etwas Unerwartetes angezeigt, daß Roß bei seiner Aufsuchung einer nordwestlichen Durchfahrt die Declination der Nadel viel anders gefunden habe, wenn das Schiff ostwärts, als wenn es westwärts segelte. Man bemerkte indeß bald, daß jede fremde Einwirkung auf die Magnetnadel da am wirksamsten sein müsse, wo die Richtungskraft geringer ist, daß aber die Richtungskraft da, wo die Neigungsnadel senkrecht ist, ganz und gar verschwindet, also in der Nähe dieser Gegenden auch nur sehr geringe sein kann. Die Beobachtung zeigte auch, daß die horizontale Nadel dort so träge war, daß sie kaum die Reibung zu überwinden vermochte, und nur, wenn man durch kleine Erschütterungen der Unterlage, worauf sie ruhte, die Wirkung der Reibung abwechselnd unterbrach, ziemlich auf eine immer gleiche Richtung zurückkam.

Als Ursache jener, von der Lage des Schiffes herrührenden, Aenderungen mußte man offenbar das Eisen im Schiffe annehmen; aber wir sind gewohnt, das Eisen als ganz gleich wirkend auf beide Pole anzusehen, und wenn wir darin Recht hätten, so könnten etwas entferntere Eisenmassen, die vom Nordpole der Nadel nicht viel mehr oder minder als vom Südpole entfernt sind, nicht erheblich auf sie einwirken. Diese gleiche Wirkung der Eisenmassen auf beide Pole findet aber nicht statt, wie Barlow durch eigends darauf gerichtete Versuche zeigte. Stellt man nämlich die Nadel auf einem horizontalen Tische auf, über welchem eine große eiserne Kugel in einem Kreise, dessen Centrum genau über der Mitte der Magnetnadel liegt, herumgeführt werden kann; so zeigt sich, daß bei gewissen Stellungen der Kugel der Nordpol, bei andern der Südpol der Nadel angezogen wird. Um sogleich die Regel zu übersehen, denken Sie sich auf jenem Tische eine Linie durch den Mittelpunct der Nadel senkrecht gegen ihre Richtung, also nach dem magnetischen Ost und West, gezogen; legen Sie durch diese Linie eine geneigte Ebne, die sich nordwärts unter einem Winkel von 23° geneigt *) erhebt; so haben Sie die Ebne des magnetischen Aequators, die Ebne senkrecht auf die Neigungslinie des Ma-

*) 23° für unsre Gegenden, etwa 20° in London.

gnets. So lange nun die eiserne Kugel sich oberhalb dieser Ebne befindet, wird der Südpol der Nadel gegen sie angezogen; befindet sich der Mittelpunct der Kugel in dieser Ebne, so ist keine Anziehung merklich; senkt man die Kugel unter diese Ebne, so wird der Nordpol gegen sie angezogen. Diese Erscheinungen finden bei weichem Eisen unbedingt statt, wenn die Eisenmasse nicht in allzu große Nähe zu einem Pole der Nadel heran kömmt. Bei einem auch nur wenig verstahlten und gehärteten Eisen ist dagegen ein so bestimmtes Hervorgehen des der Lage entsprechenden magnetischen Zustandes unsicher, und es ist überdies leicht der Fall, daß der angewandte Körper selbst etwas magnetisch ist; daher ist Guß-Eisen am besten zu diesem Versuche.

Das weiche Eisen zeigt sich hier selbst als Magnet, indem der untere Theil der Masse nordpolarisch wirkt, der obere südpolarisch, und beide Theile in der Mitte des Körpers durch eine Ebne senkrecht auf die Richtung der Neigungsnadel getrennt werden. Jeder eiserne Ofen bietet Ihnen Gelegenheit dar, selbst den Versuch anzustellen, am besten, wenn er eine Seite hat, die nicht zu weit von der Richtung des magnetischen Meridians abweicht. **A B C D** sei diese Ebne (Fig. 150.), ich will annehmen, die Ostseite des Ofens, **D** in Norden, **B** in Süden. Nähert man nun aus der Ferne eine Magnetnadel horizontal gegen **D**, so wird der Südpol stark angezogen; geht man nach **A** fort, so dreht sich die Nadel und der Nordpol wird angezogen; etwas Aehnliches findet in allen obern und untern Puncten statt; aber wenn man die Nadel gegen die Mitte **E** zuführt und von da unter 23 ° geneigt, nach **F** oder **G**, so zeigt die Eisenmasse keine Einwirkung. Da man bei einer feststehenden Masse an zufällige Magnetisirung denken könnte, so ist es besser, den Versuch mit kleinern Massen zu wiederholen, wo sich immer zeigt, daß der obere Theil immer südpolarisch wirkt, der untere nordpolarisch, welcher Theil der Masse auch die obere Stelle einnehme. Bedient man sich eines eisernen Lineals oder einer eisernen Stange, so muß man (weil diese leicht durch Härtung fähig sein können, selbst magnetisch auf dauernde Weise zu werden,) sich vorher überzeugen, daß beide Enden ganz gleich wirken; ist das der Fall oder ist auch das Lineal vollkommen ungehärtet, so läßt sich der Versuch bequem so zeigen. Man legt das eine Ende des Lineals mit der scharfen Kante an den Ostpunct des Kästchens, worin die Magnetnadel sich befindet, und richtet das Lineal vertical aufwärts, dann wird der Südpol der Nadel angezogen; man neigt den obern Theil nach Norden hin, immer mehr und mehr herab, so nimmt diese Ablenkung der Nadel ab, und wird Null, wenn das Lineal 23° gegen den Horizont geneigt ist; kömmt es unter diese Neigung, so fängt der Nordpol an, sich dem Eisen zu nähern, obgleich noch immer derselbe Punct des Lineals an dem Kästchen anliegt; dieses Ende zeigt sich also bald als Südpol, bald als Nordpol, bloß nach der Lage des ganzen Eisenstabes wechselnd. Das weiche Eisen ist unter der Einwirkung der Erde in seinem untern Theile eben so nordpolarisch, wie es der untere Theil der Neigungsnadel ist; aber die Eigenschaft des weichen Eisens, den unter Einwirkung eines Magnetes entstandenen magnetischen Zustand sogleich wieder zu verlieren, zeigt sich auch hier bei der Aenderung der Lage.

Barlow stellte seine Versuche zunächst zum Nutzen der Schifffahrt an, und dachte daher auf Mittel, wie man diese unrichtige Ablenkung der Nadel im Schiffe corrigire. Offenbar waren es die bei der jetzigen Einrichtung der Schiffe zahlreichen und großen Eisenmassen, die, jetzt mehr als ehmals, diese Ablenkungen bewirkten, und diese Einwirkung ist so stark, daß sie selbst in den englischen Häfen über 10 Gr., in den nördlichen Gegenden aber mehr als 40° Ablenkung bewirken kann. Man überzeugt sich von dieser Einwirkung, wenn man auf dem im Hafen liegenden, mit dem Steuer nach Norden gekehrten Schiffe nach einem Gegenstande visirt und den Richtungswinkel mit der Magnetnadel bestimmt, hierauf aber das Schiff um 90° nach der einen und um 90° nach der andern Richtung wenden läßt; dann ändert die Nadel ihre Stellung und jener Richtungswinkel wird bei jeder Lage des Schiffes anders gefunden. Daß diese Unsicherheit, ob man nach Norden oder nach Nord-Ost steuert, nicht gleichgültig ist, brauche ich nicht erst zu bemerken. Barlow überlegte nun, daß eine nahe, wenn gleich kleinere, Masse die Einwirkung jener großen Massen ausgleichen könne, und erfand daher seine Correctionsplatte, deren richtige Stellung man, ehe das Schiff den Hafen verläßt, durch Versuche bestimmt. Diese Eisenplatte wird nämlich in der Nähe der Magnetnadel, die auf dem Schiffe in der Nähe des Steuers immer an demselben Orte bleibt, befestigt, und ihre feste Stellung so gewählt, daß bei dem eben angegebenen Versuche die Drehung des Schiffes keine Wirkung mehr zeigt; dann sind, weil die großen Eisenmassen im Schiffe auch ihre Lage behalten, diese Wirkungen für immer compensirt. Die Erfahrung hat völlig die Wichtigkeit dieser nützlichen Erfindung bestätigt, indem selbst in den nördlichen Gegenden die Lage der Nadel bei allen Wendungen des Schiffes nur um 3 oder 4 Grade schwankte, wenn man die Platte an ihrer Stelle ließ, obgleich Schwankungen von 40° eintraten, wenn man die Platte wegnahm.

Barlow hat übrigens bei Gelegenheit dieser Versuche mehrere wichtige Bemerkungen gemacht, von denen ich einige kurz mittheilen will. Bei der Herumführung der Eisenmasse um die Magnetnadel läßt sich bei jeder Stellung die Ablenkung der Nadel strenge berechnen. Sie ist am größesten, wenn die Eisenmasse in Osten oder Westen steht und die Richtungslinie zu ihr hin um 45° gegen den magnetischen Aequator geneigt ist. Die Ablenkungen nehmen bei nicht zu großen Ablenkungswinkeln umgekehrt wie die Cubi der Entfernungen zu. (Ist bei dem Abstande = 1 die Ablenkung = 10°, so ist sie bei der doppelten Entfernung = $\frac{10}{8}$° Gr., bei der dreifachen = $\frac{10}{27}$ Gr. u. s. w.) Endlich nehmen bei soliden Kugeln die Ablenkungen *), wenn sie klein sind, unter sonst gleichen Umständen wie die Massen zu; aber unerwartet ist es, daß hohle Eisenkugeln, wenn die Schale nur nicht allzu dünne war, eben so stark wirkten, als solide Kugeln von eben der Größe, woraus Barlow glaubte schließen zu dürfen, daß die magnetische Kraft vorzüglich nur in den äußeren Theilen wirksam sei; — eine Folgerung, die ich noch näher beurtheilen werde.

Aber auch Folgerungen andrer Art knüpfen sich an diese Betrachtungen. Es ist eine lange bekannte Erfahrung, daß Stangen, die nicht aus weichem Eisen oder Stahl sind, sondern einige Härtung haben, wenn sie lange vertical oder noch lieber in der Rich-

*) Eigentlich die trigonom. Tangenten der Ablenkungswinkel.

tung der Neigungsnadel gestanden haben, sich dauernd magnetisch zeigen, wo dann allemal in unsern Gegenden das untere Ende ein Nordpol ist. Es ist lange bekannt, daß eine Stange von Stahl, wenn sie in der Richtung der Neigungsnadel aufgestellt und dann gefeilt, mit einem Hammer geschlagen oder sonst in starke Erschütterung gesetzt wird, sich sehr bald magnetisirt zeigt und diesen Magnetismus längere Zeit behält. Genauere Untersuchungen haben gelehrt, daß man diese Hervorbringung eines magnetischen Zustandes vermeidet, wenn man die noch völlig unmagnetische Stange in der Ebne des magnetischen Aequators, das heißt, senkrecht auf die Richtung der Neigungsnadel, befestigt, und daß man sie dann hämmern und feilen darf, ohne daß sie magnetisch wird; ja sogar, daß die schon magnetische Stange, zumal wenn sie von schwacher Härtung ist, ihre Polarität verliert, wenn man sie in dieser Richtung gehalten, in Erschütterung setzt. Hierin liegt daher ein Mittel, den so leicht in schwachem Grade hervortretenden Magnetismus aufzuheben, indeß hält dies bei stärker gehärtetem Stahle schwer, weil dieser die einmal erlangte magnetische Kraft sehr fest hält, statt daß der völlig weiche Stahl, so wie weiches Eisen, durchaus keinen dauernden Magnetismus erhält, sondern nur, theils unter dem Einflusse der Erde den eben vorhin erwähnten Magnetismus nach der jedesmaligen Lage annimmt, und sogleich wieder verliert, theils in der Nähe eines Magnetes in dem Puncte, welcher seinem einen Pole nahe genug ist, die entgegengesetzte Polarität annimmt. Die Fälle, wo man in älteren Versuchen durch einen durch die Nadel gehenden electrischen Schlag diese magnetisch machte, beruhte auch nur hierauf, indem ein ganz gleicher Schlag die Nadel unmagnetisch läßt, wenn sie sich im magnetischen Aequator befindet. Dies alles kömmt darauf hinaus, daß auch die Stahltheilchen diejenige Disposition, diejenige Aenderung der Lage oder worin es sonst bestehe, unter dem Einflusse der magnetischen Kraft der Erde anzunehmen geneigt sind, die erforderlich ist, um den Stahl zum Magnet zu machen, daß dies bei jeder Erschütterung leichter eintritt, aber offenbar auf keine merkliche Weise eintreten kann, wenn die Stange im magnetischen Aequator ist, weil da die kleinen Magnete, die wir uns als aus den Theilchen des Eisens gebildet vorstellen, ihre Pole quer gegen die Richtung der Stangen wenden, also von keiner erheblichen Wirksamkeit werden.

Scoresby gründet hierauf einen Rath, wie man nach dem Verluste der Magnetnadel, wenn man nur Messer oder andern Stahl bei sich hat, sich einen Magnet, also auch eine Magnetnadel, verschaffen kann. Man stellt den Stahlstab in die doch ungefähr bekannte Richtung der magnetischen Neigung, und macht ihn durch Schläge magnetisch; kann man ihn dabei auf eine Masse weiches Eisen aufsetzen, so ist es noch besser, und wenn man so mehrere Magnete erhalten hat, kann man sie durch gegenseitiges Bestreichen stärken.

Einfluß der Wärme auf den Magnet.

Schon Canton beobachtete, daß die Erwärmung die Kraft des Magnetes schwächt. Brachte er zwei Magnete in die Nähe einer Magnetnadel und beobachtete die Stellung, in welcher sie zur Ruhe kam; so folgte sie, sobald man den einen erwärmte, mehr der Anziehung oder Abstoßung des andern; der wärmere war also schwächer geworden. Eben dies ergiebt sich, wenn man die Oscillationen einer mehr oder minder erwärmten Magnetnadel, die bloß der natürlichen Kraft des Erdmagnetismus unterworfen ist, beobachtet; sie oscillirt langsamer, wenn sie warm ist. Kupfer fand, daß mit jedem Grade der Wärme die Kraft gleichmäßig abnahm, aber bei der Abkühlung sich nicht in demselben Grade, wie vorher, wieder erneuerte.

Bei der Weißglühehitze verliert ein magnetisirter Stahlstab alle Kraft und erlangt sie auch nach dem Abkühlen nicht wieder, wenn man ihn dann ungehärtet läßt. Wird der Stahl abgelöscht, so muß er dabei in einer mit dem magnetischen Aequator übereinstimmenden Lage sein, wenn er nicht schon hiedurch wieder etwas magnetisch werden soll. Auf diesen Umständen beruht die Schwierigkeit, eine zur Neigungsnadel bestimmte Stahlnadel völlig zu bearbeiten und sie doch so lange, bis sie genau äquilibrirt ist, von allem Magnetismus frei zu erhalten. Aber nicht bloß diese Wirkung hat das Glühen, sondern im Zustande des Weißglühens ist zugleich das Eisen ohne Wirksamkeit auf den Magnet, und dieses ist um so merkwürdiger, da ein weicher Eisenstab sich bei einer nur bis zum Rothglühen steigenden Hitze als den Wirkungen des Erdmagnetismus stärker unterworfen zeigt. Seebeck, der dieses sehr genau untersucht hat, fand eine vertical gehaltene weißglühende Eisenstange ohne alle Wirkung auf die Magnetnadel; aber als nahe an der Stelle, wo die Stange in der Mitte mit der Zange gehalten wurde, die Abkühlung anfing, zeigte sich der untere Theil des kurzen abgekühlten Stückes nordpolarisch, das obere südpolarisch; bei fortgehender Abkühlung rückten die Pole gegen die Enden zu, und erreichten das Ende, als das dunkelrothe Glühen nur noch schwach am Tageslichte sichtbar war. Diese polarische Wirkung der beiden Hälften des Eisens war, nachdem es in verticaler Stellung gehalten sich abgekühlt hatte, stärker als vor dem Glühen.

Diese Versuche zeigen, daß die Disposition der einzelnen Theilchen zur Erlangung der Polarität unter dem Einfluß der Erde größer ist während solcher Erhitzung, die das Rothglühen nicht übersteigt, daß aber die Weißglühhitze, vielleicht weil sie das Metall dem flüssigen Zustande näher bringt, diese Anordnung der Theilchen nicht mehr gestattet.

Daß man wegen dieses Einflusses, der auch bei geringern Wärmegraden schon sehr merklich ist, Versuche über die Intensität der magnetischen Kraft der Erde nicht ohne Rücksicht auf die Temperatur der Nadel, deren Oscillationen man beobachtet, anstellen darf, läßt sich leicht übersehen. Barlocci's Beobachtung, daß ein künstlicher Magnet, nachdem er dem Sonnenlichte ausgesetzt gewesen, mehr Gewicht trage, bedarf noch mehrseitiger Prüfung. Daß man die magnetische Kraft der Erde als auf gleiche Weise von der Wärme abhängig angesehn und daraus die täglichen Aenderungen der Richtung der Magnetnadel erklärt hat, ist schon angeführt worden*).

Das Nordlicht.

Ich habe vorhin die Nordlichter, als Störungen der Magnetnadel hervorbringend, erwähnt, und muß daher bei dieser glänzenden Natur-Erscheinung noch etwas länger verweilen. Schon

*) Hier müßte wohl auch die angebliche Magnetisirung durch den violetten Lichtstrahl am besten ihren Platz finden; aber die Versuche darüber scheinen mir noch allzu zweifelhaft, um davon zu reden.

bei einer andern Gelegenheit hätte ich das Nordlicht erwähnen können, nämlich bei dem mit so mildem, farbigem Lichte sich darstellenden Uebergange der Electricität durch den luftleeren Raum, indem man die Erscheinungen dieses Lichtes nicht mit Unrecht den Erscheinungen des Nordlichts ähnlich gefunden hat.

Das Nordlicht, das sich in den Polargegenden häufiger als bei uns zeigt, ist eine bald mit weißem, bald mit rothem, zuweilen auch mit violettem und grünem Lichte den Himmel erhellende Erscheinung. In den nördlichen Gegenden hat man zuweilen es mit einem Geräusche verbunden beobachtet; in unsern Gegenden ist es dagegen ganz ohne Laut. Die Licht-Erscheinungen, welche es darbietet, sind sehr verschieden, indem zuweilen der nördliche Himmel sich bloß wie von einer Dämmerung erhellt zeigt, zuweilen ganze Theile des Himmels mit einem weißen oder farbigen Lichte plötzlich bedeckt sind, ohne daß man ein strahlenartiges Fortschießen dieses Lichtes wahrnimmt, zuweilen dagegen Lichtsäulen, wie in Strahlenschüssen, sich schnell fortzubewegen scheinen. Jene ruhig und oft plötzlich entstehenden Lichtflecke, die oft ganze Sternbilder überdecken, ohne ihre Sterne unsichtbar zu machen, dauern zuweilen eine geraume Zeit, werden allmählig dunkler und verschwinden, ohne ihren Ort zu verändern; zuweilen entstehen sie ohne kenntliche Ordnung bald in einer, bald in einer andern Gegend, zuweilen treten zwischen ihnen schmale Lichtsäulen hervor, zuweilen aber bilden sie auch einen unterbrochenen, und zu andern Zeiten auch einen vollständigen Bogen. Die Strahlenschüsse dagegen, wenn sie recht vollständig sind, gehen als zahlreiche, sich oft erneuernde feurige Säulen hervor, die sich in einem nicht weit vom Zenith liegenden Puncte zu vereinigen scheinen, und dort, was man eine Krone genannt hat, einen Vereinigungspunct aller dieser leuchtenden Bogen, bilden. Oefter als diese letzte Erscheinung hat man einen oder mehrere vollständige Lichtbogen gesehn, die sich von Norden gegen das Zenith herauf bewegen, so daß sie ihrer ganzen Ausdehnung nach parallel fortzurücken scheinen; gewöhnlich ist dann das unter diesen Bogen liegende Segment des Himmels von dunkler Färbung, so daß man es für bedeckt halten würde, wenn nicht doch die Sterne in diesem Dunkel sichtbar blieben.

Ueber die Höhe des Nordlichts giebt es sehr verschiedene Angaben. Da man zuweilen Nordlichter, die im mittlern Europa das Zenith erreichten, in Italien noch bedeutend hoch über dem Horizonte sah, so erhellt, daß sie in großen Höhen müssen vorkommen können; aber in andern Fällen sind sie gewiß in sehr niedrigen Regionen. Daß wir jetzt so selten in unsern Gegenden Nordlichter sehen, scheint nicht daran zu liegen, daß sie wirklich selten sind, sondern daran, daß sie jetzt nie oder sehr selten die Höhe und Ausdehnung erreichen, wie es zu andern Zeiten der Fall gewesen ist. Franklin und Hood haben bei ihrem Winter-Aufenthalte im nördlichsten America vom August 1820 bis Mai 1821 140 Nordlichter gesehen, aber mehrere derselben waren nicht über $1\frac{1}{2}$ Meilen von der Erde, indem der eine Beobachter den Lichtbogen 10 Grad hoch sah, während dem andern, nur 11 Meilen entfernten, Beobachter nichts davon sichtbar wurde, so daß die Dünste am Horizonte ihn schon verdecken mußten. Diese, dort noch immer häufigen Nordlichter scheinen auch keine große Ausdehnung zu haben, statt daß in den siebziger und achtziger Jahren des vorigen Jahrhunderts Nordlichter gleichzeitig in Europa und Nord-America gesehn wurden*), und einzelne Tage vorkamen, die zugleich durch Südlichter in Süd-America und durch Nordlichter in Europa und Nord-America ausgezeichnet waren**). Die Bemühungen, die Höhe der Nordlichter zu bestimmen, haben darum nicht immer sichern Erfolg gegeben, weil es so schwer ist, sich zu überzeugen, daß zwei Beobachter einen und denselben leuchtenden Punct beobachtet haben, deshalb sind die frühern Bestimmungen, daß Nordlichter über 100 Meilen hoch gewesen sind, zwar nicht gradezu zu verwerfen, aber doch unsicher. Unter neuern Beobachtern haben in England Dalton und Farquharson Höhenbestimmungen versucht; der erstere giebt aus gleichzeitigen Beobachtungen die Höhe mehrerer Nordlichtbogen auf 100 englische, also doch über 20 deutsche Meilen an; der andre glaubt, gewöhnlich gebe es

*) Namentlich 1783 am 29. März, 7. Apr. 12. Apr. 27. Apr. S. meine Beitr. z. Witterungskunde S. 29. 115. 270.

**) Namentlich 1783 am 27. Apr. und 22. Oct.

mehrere Nordlichtbogen zugleich und den Berechnungen sei wegen der Verwechselung der verschiedenen Bogen nicht zu trauen; das Nordlicht stehe aber mit Wolken, die nicht viel über 2000 Fuß hoch sein möchten, in Verbindung, und die ganzen Nordlichtströme möchten sich wohl nur einige tausend Fuß höher hinauf erstrecken. Eine Behauptung, die mir doch keinesweges auf alle Nordlichter zu passen scheint.

Doch es ist hier nicht der Ort, hiebei zu verweilen, und ebenso lasse ich auch die Frage, warum die Nordlichter in manchen Zeiten häufig und in manchen Zeiten selten in unsern Gegenden gewesen sind, vorbei, um nur von dem zu reden, was wir über ihre Natur vermuthen und über ihre Wirkungen beobachten. Ob sie electrisch sind, ist ungewiß, da sie in unsern Gegenden keine electrische Wirkung zeigen, und auch die von Franklin in Nord-America angestellten Beobachtungen wohl nicht entscheidend genug sind. Desto sicherer aber ist ihre magnetische Wirkung. Schon Hiorter hat vor sechzig Jahren bemerkt, daß die Magnetnadel gewöhnlich bei einem Nordlichte ihre Richtung ändert und diese Beobachtung ist neuerlich von vielen Seiten her bestätigt worden, ja Arago hat durch eine bedeutende Anzahl seiner in Paris angestellten Beobachtungen gezeigt, daß die Magnetnadel an den Tagen sich unregelmäßig verändert hatte, wo in sehr entfernten Gegenden Nordlichter beobachtet waren*). Hansteen bemerkt, daß die Magnetnadel schon vor dem Nordlichte unruhig wird und zuweilen bis 5° von ihrer Richtung abweicht, daß die Intensität der magnetischen Kraft vor dem Nordlichte größer ist und während desselben wieder abnimmt. Die Magnetnadel scheint dann am meisten unruhig zu sein, wenn auch die Nordlichtstrahlen nicht immer gleiche Richtung behalten.

Zu diesen Beobachtungen kömmt nun noch die Bemerkung, daß die Nordlichtbogen fast genau im magnetischen Norden ihre Mitte haben, und daß die Lichtsäulen des Nordlichtes mit der Neigungsnadel parallel liegen. Die Nordlichtbogen scheinen aus

---

*) Brewsters Einwürfe zeigen nur, daß nicht in allen Fällen das Nordlicht so einwirkt.

kurzen parallelen Säulen zu bestehen, und daher kömmt es, wie Farquharson bemerkt, daß sie nahe am Zenith weniger breit erscheinen, weil man da die Säulen nicht ihrer ganzen Länge nach sieht, sondern die Gesichtslinie ungefähr ihrer Axe parallel ist. Sie müssen also aus einer langen, auf den magnetischen Meridian ungefähr senkrechten Reihe solcher Lichtsäulen bestehen, und diese ganze Reihe rückt, oft mit großer Regelmäßigkeit, südwärts, behält auch zuweilen längere Zeit genau dieselbe Stellung, wo sich dann die von Dalton benutzte Gelegenheit findet, ihre Höhe über der Erde zu bestimmen. In den Gegenden, wo die Magnetnadel mit ihrem Nordpole nach Süden gerichtet ist, nämlich nördlich vom magnetischen Nordpole der Erde, sieht man auch die Nordlichter am südlichen Himmel. Und nicht bloß die neuern Beobachtungen zeigen, daß die Mitte dieses Bogens in der Richtung des magnetischen Meridians liegt, sondern Biot beweiset aus den Angaben älterer Beobachter, daß diese die Mitte der Nordlichtbogen im genauen Norden sahen, als die Magnetnadel keine Abweichung hatte, 10 Grade von Norden entfernt, als die Abweichung 10° betrug, u. s. w. Dalton hat zuerst darauf aufmerksam gemacht, daß diejenigen Nordlichter, welche ein Zusammentreffen der Strahlenbogen von allen Seiten her in der Nähe des Zeniths zeigten, diesen Vereinigungspunct, die Nordlichtskrone, allemal so weit südlich vom Zenith hatten, als es die Richtung der Neigungsnadel fordert. Er knüpft hieran und an seine übrigen Beobachtungen den Schluß, daß die Nordlichtstrahlen, wenn sie nicht in großen ungeordneten Massen erscheinen, der Neigungsnadel oder der Richtung der magnetischen Kraft in der Gegend, wo sie entstehen, parallel sind, und alle spätern Beobachter sind geneigt, diese Behauptung als richtig anzusehen; Hansteen bestätigt sie ausdrücklich durch eigne und fremde Beobachtungen.

Der eigentliche Hauptsitz der Nordlichter scheint in der Nähe der vier magnetischen Pole der Erde zu sein, indem Cook sie in Beziehung auf den unter Neuholland liegenden Südpol ziemlich eben so beobachtete, wie wir die Nordlichter sehen, indem Sibirien, wenigstens ehmals, reich an Nordlichtern war, und am nord-americanischen Pole noch jetzt, nach Franklins und Hoods Beobachtungen, sich zahlreiche Nordlichter zeigen. Nach

Hansteens Meinung bilden die in Europa und Nord-America beobachteten Nordlichter Kreise um den in America liegenden Nordpol, und zwar in beträchtlicher Höhe; diese leuchtenden Bogen können sich bis zu 40 Grad auf der Erde vom Pole ausdehnen, und Hansteen sucht nachzuweisen, wie sich aus diesen Voraussetzungen die Erscheinungen an allen Orten erklären lassen. Aehnliche Bogen sind auf der südlichen Halbkugel in der Gegend des südlich von Neuholland liegenden Poles gesehen worden. Nach Hansteens Meinung werden die Nordlichtstrahlen erst außerhalb der dichtern Atmosphäre leuchtend, statt daß sie die Atmosphäre, so lange sie in ihr fortgehen, etwas verdunkeln.

So haben wir also hier eine leuchtende magnetische Erscheinung, die offenbar mit dem Magnetismus der Erde in Verbindung steht, die auf unsre Magnetnadeln so wirkt, wie es magnetische Säulen in großer Entfernung thun könnten, deren eigentliche Natur aber uns noch sehr räthselhaft ist.

Acht und zwanzigste Vorlesung.

Poissons Theorie der magnetischen Erscheinungen.

Obgleich wir, wie wir in der Folge sehen werden, in den electro-magnetischen Erscheinungen Veranlassung finden, die Theorie des Magnetismus mit der Theorie der Electricität in Verbindung zu setzen, so kann ich doch nicht unterlassen, auch hier schon einen Versuch zu einer, die bisher angegebenen Erscheinungen umfassenden Theorie, die freilich mancher Modificationen bedürfte, um sich an die später anzuführenden Erscheinungen anzuknüpfen, mitzutheilen. Poisson hat eine solche Theorie am meisten ausgeführt angegeben und sie theils auf bekannte Versuche, theils auf mathematische Bestimmungen gegründet.

Daß er wegen der großen Uebereinstimmung mit der Electricität sich veranlaßt fand, zwei magnetische Materien, die nördliche und südliche, vorauszusetzen, ist Ihnen gewiß nicht unerwartet.

Diese Materien wirken eine auf die Theilchen der andern anziehend und die Theilchen einer jeden wirken gegenseitig abstoßend auf einander. Die Uebereinstimmung, die das weiche Eisen mit den Leitern der Electricität zeigt, der harte Stahl mit den Nichtleitern, habe ich schon öfter erwähnt, und eben so die große Abweichung von dem, was die Electricität uns darbot, die nämlich darin besteht, daß nie eine Spur von Mittheilung, von Uebergehen der magnetischen Materien, statt findet. Diese letztere Eigenthümlichkeit bewog schon Coulomb anzunehmen, daß nur in den kleinsten Theilchen des Eisens oder Stahles sich die beiden magnetischen Materien trennen oder verbinden, niemals aber zu einem zweiten Theilchen übergehen. Wir können uns daher, nach Poissons Ansicht, zur Erleichterung der Vorstellung, am besten die Molecüle der der Magnetisirung fähigen Körper als durch Zwischenräume getrennt denken, durch welche die magnetischen Materien nie hindurch gehen. Aber auch jene Molecüle selbst sind von verschiedenartiger Natur, indem im weichen Eisen die im gewöhnlichen Zustande mit einander neutralisirten magnetischen Materien sich sogleich, fast ohne Widerstand, trennen, sobald eine magnetische Kraft von außen auf sie wirkt, wogegen im harten Stahle diese Trennung durch eine hindernde Kraft (Coercitivkraft) erschwert wird, und eben so nach erfolgter Trennung, das heißt, nachdem der Stahl magnetisch geworden ist, die gegenseitige Verbindung beider Materien nicht so leicht wieder eintritt. Wenn man annimmt, daß jene magnetischen Elemente, die Molecüle nämlich, deren jedes seine magnetischen Materien nicht an das nächste mittheilt, in dem einen Körper, dem Eisen zum Beispiel, zahlreicher vorhanden sind, als in einem andern, so läßt sich die ungleiche Einwirkung erklären, welche Körper von verschiedener Beschaffenheit durch den Magnet erleiden und selbst auch rückwirkend ausüben. Diese Ungleichheit der Wirkung ist bei Eisen und Nickel sehr merklich, indem, nach Gay Lussac's Versuchen, eine Eisenstange, nahe unter eine oscillirende Magnetnadel gelegt, die Zeit einer Oscillation auf die Hälfte herabsetzte, während eine gleiche Nickelstange sie nur auf $\frac{3}{5}$ herabsetzte. Auch die ungleiche Einwirkung des Eisens auf den Magnet bei verschiedener Temperatur kann wohl hiervon abhängen, wenn nämlich das Verhältniß der zwischen den magnetischen Elementen übrig bleibenden Zwischenräume zu diesen Elementen selbst sich mit der Temperatur ändert. Endlich gestattet diese Voraussetzung einer ungleichen magnetischen Dichtigkeit (wie Poisson dieß Verhältniß der dem Magnetismus unterworfenen Elemente zu dem ganzen Volumen nennt), auch, alle Körper als einigermaaßen dem Magnetismus unterworfen anzusehn, nur mit dem Unterschiede, daß in den uns unmagnetisch scheinenden entweder die Zahl der magnetischen Elemente klein oder die Trennung beider Magnetismen schwer ist.

Um nun eine theoretische Untersuchung über die Erscheinungen des Magnetismus anzustellen, mußte die Frage rechnend beantwortet werden, wie sich bei größern Massen die Erscheinungen zeigen müssen, wenn wir, den bisher angegebenen Voraussetzungen gemäß, annehmen, daß jedes magnetische Element des Körpers seine beiden magnetischen Materien, ohne etwas davon ausströmen zu lassen, behält, dieselben aber im unmagnetischen Zustande vermischt, im magnetischen Zustande zum Theil so getrennt enthält, daß die nordmagnetische Materie am einen Ende, die südmagnetische am andern vorwaltend vorhanden ist. Es läßt sich leicht übersehn, daß wir nach Anleitung der Erscheinungen annehmen müssen, daß diese Zersetzung, die Trennung der beiden magnetischen Materien, unter der Einwirkung eines Magnetes und so auch unter Einwirkung der Erde selbst, in geringem Grade statt finde bei schwacher Einwirkung, in stärkerm Grade bei starker Einwirkung, daß aber selbst bei den stärksten Einwirkungen, die wir kennen, noch immer ein großer Theil unzersetzter magnetischer Materie übrig bleibe, indem wir allen Grund haben zu glauben, daß die Grenze bei allen unsern Versuchen noch lange nicht erreicht wird.

Wenn man nun die Einwirkung aller magnetischen Kräfte auf einen bestimmten, innerhalb oder außerhalb des magnetischen Körpers liegenden Punct angeben will, so muß man die beiden Fälle unterscheiden, wo die Trennung der beiden magnetischen Fluida dieses Punctes mit Leichtigkeit statt findet, oder wo im Gegentheil eine hindernde Kraft sich dieser Trennung widersetzt. Im ersten Falle müssen, sobald der sich schnell einstellende bleibende magnetische Zustand eingetreten ist, die sämmtlichen auf einen

Punct des der Magnetisirung fähigen Körpers wirkenden Kräfte sich gegenseitig gänzlich aufheben; denn so lange dieß nicht der Fall ist, würde die Zersetzung der vereinigten beiden Materien immer noch einen höhern Grad erreichen. Dagegen wenn eine Coercitivkraft sich der Trennung der magnetischen Materien widersetzt, so kann das Gleichgewicht in mehreren Fällen eintreten, nämlich immer, wenn die auf diesen Punct wirkenden Kräfte die widerstehende Kraft nur nicht übertreffen. Da aber der erstere Fall der leichtere ist, so verweilt Poisson einzig bei demselben und zeigt, daß für diese unter Einfluß magnetischer Körper selbst sogleich magnetisch werdenden Körper, das Gleichgewicht der magnetischen Materien so bedingt ist, daß, obgleich jedes einzelne magnetische Element seine magnetischen Materien nicht entweichen läßt, sondern sie polarisch getrennt auf seiner Oberfläche behält, dennoch die Gesammtwirkung auf jeden innerhalb des Körpers liegenden Punct sich gänzlich aufhebt, und die Gesammtwirkung auf jeden außerhalb liegenden Punct so ist, als wäre der ganze Körper mit einer dünnen Schichte beider magnetischer Flüssigkeiten und zwar in getrenntem Zustande bedeckt.

Diese aus der Theorie fließende Folgerung ist unstreitig merkwürdig, da sie sich an mehrere Beobachtungen und vorzüglich an eine von Barlow gemachte Erfahrung anschließt. Ich habe schon bei einer andern Gelegenheit erwähnt, daß Barlow die Wirkung hohler Eisenkugeln auf die Magnetnadel fast genau ebenso groß fand, als die Wirkung eben so großer solider Eisenkugeln. Poisson zeigt, daß man hieraus mit Unrecht schließen würde, die magnetischen Materien begäben sich auf die Oberfläche der Kugel, sondern die auf die angegebene Weise den einzelnen Elementen eigen bleibenden magnetischen Materien üben eine gemeinschaftliche Wirkung aus, die sich fast ganz so verhält, als wenn bloß eine Schichte auf der Oberfläche wirksam wäre, und dieß ist um so mehr der Fall, je weniger der Raum, den die magnetischen Elemente einnehmen, von dem ganzen Volumen des Körpers verschieden ist. Bei Barlows Versuchen betrug die Einwirkung der hohlen Eisenkugeln zwar fast eben so viel als der ebenso großen soliden Eisenkugeln, so lange die Schale nicht allzu dünne wurde, aber die Ablenkung der Magnetnadel ging doch auf zwei Drittel herab, als die Dicke der Kugelschale nur $\frac{1}{30}$ Zoll betrug. Nach Poissons theoretischen Bestimmungen müßte es sich fast genau so verhalten, wenn die magnetische Dichtigkeit in dem vorhin angeführten Sinne $\frac{49}{50}$ betrüge, und so müßten wir hiernach die Beschaffenheit des Eisens ansehen.

Dieses sind die einzigen Sätze, die ich aus Poissons Theorie mitzutheilen im Stande bin. Die ganze Entwickelung dieser Theorie hat mehr Schwierigkeit als die, sonst in mancher Hinsicht ähnliche, Theorie der electrischen Erscheinungen, und auch die hypothetischen Voraussetzungen scheinen weder so überzeugend noch so einfach; indeß ist es immer wichtig, auf strenge mathematischem Wege zu zeigen, daß diese Hypothese, der durch Einfluß magnetisch gewordene Körper sei in seiner Wirkung mit einer unendlichen Menge kleiner polarischer Nadeln übereinstimmend, nicht gegen die Erfahrung streitet. Wären nicht die Versuche über die Einwirkung einer Eisenkugel auf die Magnetnadel darum so schwierig, weil die Rückwirkung der Magnetnadel auf die zur Ablenkung derselben wirksame Kugel unvermeidlich ist, statt daß die Formeln am liebsten diese Rückwirkung ganz bei Seite setzen; so ließe sich manche Prüfung der Theorie durch Anwendung hohler und solider Kugeln, die weniger Eisen in ihrer Mischung enthielten, in Vorschlag bringen, und die hohlen Kugeln müßten in ihrer Wirkung um so mehr von den soliden abweichen, je mehr unmagnetische Theile mit dem Eisen gemischt wären.

Magnetische Einwirkung anderer Körper im Zustande der Ruhe.

Um die Frage zu entscheiden, ob außer den als magnetisch anerkannten Körpern nicht auch andre einige Wirkung auf die Magnetnadel zeigen, hat Coulomb eine Menge von Versuchen angestellt. Er ließ Nadeln von 3 bis 4 Lin. Länge aus andern Metallen und selbst aus Holz an den feinsten Seidenfäden zwischen den Polen zweier starker Magnete hängen, und fand nicht nur, daß sie vorzugsweise die Richtung gegen die Magnete zu annahmen, sondern daß sie auch durch schnelleres Oscilliren unter der Einwirkung der Magnete zeigten, daß sie nicht ganz gleichgültig in Beziehung auf die magnetische Kraft waren.

Um zu entscheiden, ob vielleicht eine unmerklich geringe Quantität Eisen in der Mischung dieser Körper die Wirkung hervorbringe, verfertigte Coulomb Nadeln aus einer Mischung von Wachs und Eisenfeile und fand, daß die Kraft, mit welcher sie vom Magnete angezogen wurden, der Menge von Eisen proportional war. Da sich nun die Wirkung des Magnets auf chemisch reines Silber 415 mal schwächer fand, als wenn dem Silber absichtlich $\frac{1}{320}$ an Eisen beigemischt war, so schloß Coulomb, daß jenes reine Silber so wirke, als ob der 132800ste Theil an Eisen beigemischt wäre, und es blieb daher unentschieden, ob so geringe Beimischungen von Eisen unsern chemischen Untersuchungen entgehen, oder ob das Silber als absolut rein dennoch diese geringe Wirkung ausübt.

Ein viel neuerer Versuch von Muncke machte darauf aufmerksam, daß längere Nadeln ab (Fig. 151.) aus einem, nur wenig Eisen enthaltenden Messingdrathe sich zwar in die Richtung eines unter ihnen liegenden Magnetes NS stellen, wenn oberhalb ein zweiter Magnet ns seinen Nordpol n über dem Südpole S des andern Magnetes hat, daß dagegen die Nadel ab eine schiefe Stellung gegen beide Magnete annimmt, wenn n sowohl als S ein Südpol oder n sowohl als S ein Nordpol ist. Seebeck wiederholte diesen Versuch auch mit andern Metallmischungen, in denen sich einige Procente Eisen befanden, und fand den Erfolg immer übereinstimmend. Auch wenn die Lage der Nadel zwischen den Magneten so war, daß (Fig. 152.) SN, sn, die mit gleichnamigen Polen übereinander liegenden Magnete sind, zwischen welchen die Nadel sich aufgehängt befindet, trat eine eben solche Stellung, abweichend von der Richtung der Magnete, ein. Um diese Sonderbarkeit aufzuklären, wandte Seebeck Röhren mit Eisenfeile gefüllt an, und auch diese, ebenso aufgehängt, kamen zwischen den beiden Magneten zur Ruhe, wenn die oberhalb und unterhalb liegenden Pole von entgegengesetzter Art waren, dagegen kamen sie in einer seitwärts abweichenden Richtung zur Ruhe, wenn die über einander liegenden Pole gleichnamig waren. Seebeck erkannte hierin eine Eigenthümlichkeit der Einwirkung der Magnete auf zertheilte Eisenpartikelchen, und überzeugte sich von dieser durch einen andern Versuch. Wenn man das eine Ende eines Eisenstabes mit einem Magnete in Berührung bringt, so ist, wie Sie wissen, bis zu bedeutenden Längen des Stabes das andere Ende desselben magnetisch; aber wenn man das eine Ende einer mit Eisenfeile gefüllten Glasröhre mit einem starken Magnete in Berührung bringt, so zeigt schon bei sehr mäßiger Länge der Eisenfeilsäule, diese am andern Ende gar keine von jener Berührung abhängende, polarische Einwirkung auf die Magnetnadel; die unter Einfluß jenes Magnetes entstehende magnetische Disposition der Theilchen erstreckt sich also in der Eisenfeile nur bis auf geringe Entfernung. Diese Erfahrung erklärt die oben angegebene Erscheinung. Ist nämlich a (Fig. 152.) zwischen zwei ungleichen Polen, so hat sich nach der Querrichtung der Nadel oder der mit Eisenfeile gefüllten Röhre ein kurzer Magnet gebildet, oder vielmehr, so weit die Wirkung reicht, eine Reihe kurzer verticaler Magnete, die vom obern Magnetpole so gut als vom untern angezogen werden; diese halten also das Ende der Nadel zwischen sich fest. Sind dagegen die oberhalb und unterhalb liegenden Pole gleichnamig, so zerstören sie gegenseitig die in verticaler Richtung entstehenden Wirkungen, das heißt, die obere Seite der Nadel kann nicht südpolarisch werden durch Einwirkung des oberhalb angebrachten Nordpols, wenn der untere Nordpol aus der obern Seite einen Nordpol zu machen strebt; wendet sich aber die Nadel seitwärts, so entstehen in horizontaler Querrichtung kurze Magnete,. die ihre Südpole jenen beiden Nordpolen zuwenden, und diese Wirkung ist weit merklicher, weil die Zahl dieser kleinen Magnete sn, sn, sn, (Fig. 153.) größer ist, als sie bei der Stellung ab (Fig. 154.) sein würde, wo nur ein sehr beschränkter Theil der nicht fest verbundenen Eisentheilchen die polarische Einwirkung erleidet.

Einwirkung rotirender Körper auf den Magnet.

Diese von andern Körpern uns dargebotenen Zeichen magnetischer Einwirkung ließen sich alle auf eine wahrscheinliche Beimischung von Eisen zurückführen; aber eine ziemlich unbedeutend aussehende Erscheinung, auf welche Arago zuerst aufmerksam wurde, leitete diesen zu einer Reihe ganz neuer und wichtiger Entdeckungen. Jene geringfügig zu nennende Erscheinung ist folgende.

Wenn man eine horizontal aufgestellte, sehr leicht bewegliche und stark magnetisirte Stahlnadel in große Schwingungen versetzt, so dauert es lange, ehe diese durch einen großen Bogen gehenden Schwingungen um eine bedeutende Anzahl von Graden abnehmen; aber wenn die Nadel sich sehr nahe über Kupfer oder einem andern Metalle, ja auch über Wasser oder Eis bewegt, so wird die Weite der Schwingungen stark vermindert, ohne daß die Zeit einer Oscillation merklich abnimmt. Der Versuch, der sich bei jeder Wiederholung als richtig zeigt, ist von Arago, Nobili, Seebeck u. a. mit großer Sorgfalt unter verschieden abgeänderten Umständen angestellt worden. Arago ließ eine an einem ungedrehten Seidenfaden hängende Magnetnadel das eine Mal über einem hölzernen Ringe, das andre Mal über einem kupfernen Ringe ihre Oscillationen vollenden; in jenem Falle machte sie 145 Oscillationen, in diesem Falle 33, ehe die Weite der Oscillationen von 90° bis auf 10° herabkam. Kupfer zeigte sich hier und in allen Fällen als vorzüglich stark einwirkend; aber daß selbst Wasser und Eis diese Wirkung zeigen, ergab sich aus Arago's Versuchen, bei welchen eine über einer ebenen horizontalen Eisfläche oscillirende Nadel ihre Oscillationen von 53° bis 43° verkleinerte, nach 60 Oscillationen, als die Entfernung von des Eises Oberfläche 21 Lin. betrug, nach 56, 34, 26 Oscillationen, als die Entfernung 13, $\frac{2}{3}$, $\frac{1}{3}$ Linie betrug. Seebeck fand 116 Schwingungen, ehe die Nadel über einer Marmorplatte von 45° weiten Oscillationen bis zu 10° weiten Oscillationen kam; über einer dünnen Zinkplatte reichten 71, über einer noch dünnern Kupferplatte reichten 52 Oscillationen hierzu hin, und als man unter die Kupferplatte noch die Zinkplatte schob, 48 Oscillationen, ja bei 4 Kupferplatten und 4 Zinkplatten übereinander schon 25 Oscillationen. — Eisen wirkt, wie Seebeck bemerkt, noch stärker ein; dagegen eine Verbindung von 4 Th. Antimon und 1 Th. Eisen die Größe der Oscillationen gar nicht verminderte, obgleich das Antimon allein in einigem Grade diese Wirkung zeigt; Antimon dem Kupfer beigemischt, Wismuth dem Kupfer beigemischt, Nickel dem Kupfer beigemischt, vermindern die Einwirkung des Kupfers.

Daß hier nicht etwa die mindere Beweglichkeit der Luft in

der Nähe eines festen Körpers ein Hinderniß der Bewegung sei, läßt sich, wenn man es vermuthen wollte, dadurch leicht zeigen, daß die Abnahme der Oscillationen nach der Natur der Körper verschieden ist, so daß Kupfer mehr als Zink, dieses mehr als Zinn oder Blei die Oscillationen verkleinert; die Ursache dieser Erscheinung, glaubten mehrere Beobachter, lasse sich sehr leicht darin finden, daß kein Körper ohne alle Einwirkung auf den Magnet sei; auch die Kupferplatte nehme in schwachem Grade eine Magnetisirung unter Einwirkung der Nadel an, und indem sie dadurch anziehend auf dieselbe wirke, störe sie die Oscillation. Arago bemerkt, daß er diese Meinung nie geäußert habe, weil er sogleich sie durch Versuche geprüft und widerlegt habe, und ferner daß die Meinung derer, die Coulombs Versuche über die Einwirkung des Magnets auf andre Körper hiemit zusammenstellen, unrichtig sei, weil bei Coulombs Versuchen sich Blei wirksamer als Zinn, dieses wirksamer als Kupfer zeigte, statt daß die hier angeführten Versuche gerade das Umgekehrte geben.

Doch diese Versuche führten zu größern Versuchen. Kann die ruhende Kupferplatte durch ihre bloße Nähe die Bewegung der Magnetnadel hindern, so wird, darf man vermuthen, auch eine rotirende Kupferplatte einer Magnetnadel durch bloße Nähe eine rotirende Bewegung ertheilen können, und diese Vermuthung findet sich wirklich bestätigt. Man stelle die Kupferscheibe AB, (Fig. 155.) der man eine sehr schnelle Drehung ertheilen kann, horizontal auf und gebe der Magnetnadel CD an einem feinen ungedrehten Faden eine solche Lage, daß die Mitte der Nadel dem Mittelpuncte der Scheibe entspricht; so wird, wenn man AB in eine schnelle drehende Bewegung setzt, die Nadel sehr bald dieser Rotation folgen, und entweder, bei mäßiger Schnelligkeit der Drehung, in einer gewissen Entfernung vom Meridiane, zur Ruhe kommen, oder bei schnellerer Drehung mehrere Umläufe vollenden, bis die gegenwirkende Kraft des gedrehten Fadens keine weitere Drehung gestattet. Daß nicht etwa der Luftzug über der rotirenden Scheibe dies bewirkt, davon überzeugt man sich leicht, indem eine zwischen der gedrehten Scheibe und der Magnetnadel ruhend bleibende Glasscheibe EF die Wirkung nicht hindert, indem eine unmagnetische Nadel sich dieser Wirkung nicht unterworfen zeigt, und andre rotirende Scheiben nach ihrer verschiedenen Beschaffenheit geringere Wirkungen als Kupfer zeigen. Die letztere Verschiedenheit ist so bedeutend, daß zum Beispiel unter gleichem Abstande und bei gleicher Schnelligkeit der Drehung eine Kupferscheibe die Nadel um 55°, eine Zinkscheibe sie nur um 14°, eine Bleischeibe nur um 8° ablenkte.

Diese von Arago zuerst angestellten Versuche änderten Babbage und Herschel so ab, daß sie einen starken Magnet, der beide Pole aufwärts kehrte, so in rotirende Bewegung setzten, daß diese Pole um einen in ihrer Mitte liegenden Punct kreisten, darüber aber eine am ungedrehten Faden hängende Metallscheibe angebracht war. Sobald der Magnet rotirte, so folgte auch die so aufgehängte Metallscheibe der Drehung. Prevost und Colladon hingen über der rotirenden Scheibe zwei verbundene Magnetnadeln auf, und fanden die Ablenkung ganz aufhörend, wenn die Nadeln mit den entgegengesetzten Polen vereinigt neben einander lagen, wogegen die Ablenkung mehr betrug, wenn die gleichnamigen Pole vereinigt waren.

Wirkungsgesetze dieses Rotationsmagnetismus.

Daß diese Erfolge sich wohl durch eine vorübergehende Magnetisirung des Kupfers und der übrigen Metalle erklären ließen, war leicht zu übersehen; denn wenn der Nordpol des Magnets den unter ihm liegenden Punct der Scheibe südpolarisch macht, so wird beim Fortrücken des Nordpols dieser Südpol ihm zu folgen geneigt sein, wenn auch nur die kürzeste Zeit verfließt, ehe der bei der neuen Stellung des Magnetes unter ihm liegende Punct eine gleiche Südpolarität annimmt. Aber diese Meinung, die sich allerdings durch ihre Einfachheit empfiehlt, paßt nicht auf alle Erscheinungen. Arago nämlich, von dem ich schon erzählt habe, daß er diese Meinung widerlegte, ehe sie von jemand ausgesprochen war, stellte die richtige mathematische Ueberlegung an, daß da, wo eine Kraft wirksam ist, es nicht genüge, ihre nach einer bestimmt vorgeschriebenen Richtung hervorgehende Wirkung zu kennen, sondern man müsse Mittel suchen, die eigentliche wahre Richtung dieser Kraft, und daraus ihre Wirkung nach jeder Richtung zu finden. In der bewegten Kupferscheibe erkennen wir eine Kraft, welche die Magnetnadel parallel mit der Scheibe fortführt; aber damit ist nicht ausgemacht, daß die gesammte Wirkung der Kraft auf diese parallele Richtung beschränkt sei, sondern es ist nöthig zu untersuchen, ob auch eine nach der Richtung des Kreisradius hervorgehende, oder eine auf die Ebene des Kreises senkrechte Wirkung merklich ist. Diese Untersuchung hat Arago auf folgende Art angestellt.

Wenn man eine Neigungsnadel, die sich um eine fest mit ihr verbundene horizontale Axe drehen kann, so aufstellt, daß sie sich in der von Westen nach Osten gerichteten Vertical-Ebne bewegt, so nimmt die Inclinationsnadel eine verticale Stellung an. Giebt man nun (Fig. 156.) dieser Nadel AB ihren Platz über der rotirenden Scheibe CD, so wird sie, wenn irgend eine vom Mittelpuncte G abwärts oder gegen ihn hin wirkende magnetische Kraft in der Nähe der Scheibe merklich ist, die verticale Stellung verlassen und uns die nach der Richtung des Kreishalbmessers wirksame Kraft kennen lehren. Wenn diese Nadel so aufgestellt ward, daß ihre Drehungs-Ebne senkrecht auf den magnetischen Meridian war und durch den Mittelpunct der rotirenden Scheibe ging, so fand sich 1. keine Abweichung von der verticalen Richtung, wenn die Nadel über dem Mittelpuncte der Scheibe stand, welches sich von selbst versteht wegen der nach allen Seiten gleichen Wirkung; 2. wenn die Nadel etwas vom Mittelpuncte entfernt wurde, so ward die Spitze gegen den Mittelpunct hin gezogen, und diese Wirkung nahm zu bis zu einem gewissen Abstande vom Centro; von da an nahm sie wieder ab, und es fand sich zwischen dem Mittelpuncte und Umfange ein Indifferenzpunct, dem abermals eine vertical bleibende Stellung der Nadel entsprach; 3) entfernte man die Nadel weiter gegen den Rand der Scheibe hin, so ward ihre untere Spitze vom Mittelpuncte abwärts getrieben, und eben das fand noch statt, wenn die Nadel sich etwas außerhalb der Grenze der Scheibe befand. Diese Wirkungen zeigen sich also im Ganzen als abwärts wirkend von dem Kreise, den die am meisten wirksamen Theile der Scheibe durchlaufen. Der mittlere Raum der Scheibe äußert, als langsam bewegt, nur wenig Wirkung, und so lange die Nadel innerhalb desjenigen Ringes bleibt, den man den Ring der vollkommensten Wirksamkeit nennen möchte, wird sie von diesem nach innen abgestoßen; befindet sie sich über diesem Ringe der vereinigten Wirksamkeit, so bleibt sie vertical; geht sie über ihn hinaus, so treibt jene unbekannte Kraft des Rotations-magnetismus sie hinauswärts.

Aber auch die dritte Richtung, nämlich die auf die Ebne der Scheibe senkrechte Kraft, mußte untersucht werden. Hierzu bediente sich Arago eines doppelten Mittels. Zuerst nämlich ward wieder die Neigungsnadel, die aber durch ein kleines Gegengewicht gezwungen wurde, die horizontale Stellung ab anzunehmen, (Fig. 157.) angewandt; und indem nur ihre eine Hälfte a der Wirkung der Scheibe ausgesetzt wurde, zeigte sich eine auf diese Hälfte abstoßend wirkende Kraft, so daß sie gehoben wurde. Eben dies ergab die zweite Art, den Versuch anzustellen, wo nämlich an einem Waagebalken FG (Fig. 158.) ein Magnet AB aufgehängt und mit seinem einen Pole der Scheibe genähert ward; dieser Magnet wurde zurückgestoßen, er mochte sich befinden, über welchem Puncte des Radius man wollte.

Diese Versuche waren es, die Arago bewogen, jene Meinung, daß der Nordpol des Magnetes in den nächsten Puncten des Kupfers eine Südpolarität errege, als unzureichend anzusehn, indem die Kraft, die jeder bewegte Punct der Scheibe annimmt, zwar nach der Richtung der Tangente des Kreises vorwärts, aber sowohl nach der Richtung des Radius als senkrecht auf die Scheibe abwärts, Entfernung bewirkend, gerichtet ist.

Ehe diese Versuche bekannt wurden, hatte Barlow schon eine andre, gleichfalls merkwürdige Reihe von Versuchen angestellt. Er ward durch seine Versuche über die Einwirkung der Eisenmassen auf die Magnetnadel auf die Frage geführt, ob bewegte Eisenmassen sich ebenso verhielten, wie ruhende, und dies veranlaßte ihn, eine große eiserne Kugel in schnelle Umdrehungsbewegung zu setzen und dann ihre Einwirkung auf die Magnetnadel zu beobachten. Die Drehungs = Axe lag horizontal, und es ergab sich, wenn die Richtungskraft der Magnetnadel durch nahe stehende Magnete so gut wie ganz aufgehoben war, daß der Nordpol sich der gedrehten Kugel näherte, wenn die Nadel sich neben dem herabwärts gehenden Theile der Kugel befand, dagegen der Südpol sich näherte, wenn die hinaufwärts gehende Seite der Kugel der Nadel am nächsten war. Stellte man die Nadel etwas höher als die durch die Axe gehende Horizontal-Ebne, so blieb die Nadel senkrecht gegen die Axe gerichtet, mit dem Nordpole nach der Kugel zu, wenn die Drehung herabwärts ging oder die obern Theile gegen die Nadel zu gingen; dies fand statt, bis die Nadel neben dem 54ten Grade der Kugel stand; bei höherer Stellung drehte sich die Nadel und kehrte ihren andern Pol gegen die Kugel. Eine ähnliche Veränderung fand ungefähr bei 54° auch statt, wenn man die Nadel hinabwärts ihre Stellung ändern ließ.

Diese Versuche würden wohl zweckmäßiger so angestellt, daß man die Drehungs-Axe der Richtung der Neigungsnadel parallel stellte, damit die Wirkung der Rotation sich reiner von dem Einflusse des Erdmagnetismus trennte; denn bei der horizontalen Lage der Axe bringen offenbar die in der höchsten Stellung südpolarisch wirkenden Eisentheilchen noch etwas von dieser ihnen ertheilten Veränderung des Zustandes mit, indem sie sich herab bewegen.

Poisson hat einen theoretischen Versuch gewagt, diese Erscheinungen des Rotationsmagnetismus zu erklären. Die Bemerkung ist zuerst einleuchtend, daß der Einfluß ruhender Körper darum ein anderer sein kann, weil die kurze Zeit, innerhalb welcher die magnetischen Fluida in den Elementen des Eisens und so auch in den kleinsten Theilen andrer Körper ihre angemessene Austheilung erlangen, zu kurz ist, um uns kenntlich zu sein, wogegen uns in dem Einfluß der bewegten Körper grade dieser noch in der Veränderung begriffene, gleichsam aufgeregte, Zustand der magnetischen Materien kenntlich werde. Es ist im Allgemeinen wohl denkbar, daß diese Einwirkung, wo nach Poissons Vorstellung die magnetischen Materien in dem ganzen innern Raume der magnetischen Elemente sich im getrennten Zustande befinden mögen, viel stärker sein kann, als es der Fall ist, wenn diese getrennten magnetischen Materien sich auf die Oberflächen jedes magnetischen Elementes begeben haben; aber es scheint mir für jetzt noch unmöglich, in bloßen Worten von den Schlüssen, die Poisson in Beziehung auf die durch die Bewegung veränderten magnetischen Erscheinungen an seine Voraussetzungen knüpft, einen Begriff zu geben.

Seine Rechnung führt ihn zu Folgerungen, die mit Barlows Versuchen, vorzüglich mit dem Erfolge, daß der Nordpol sich an der herabwärts gehenden Seite der Kugel näherte, übereinstimmen. Er bemerkt dabei, daß, obgleich die Theorie eine beinahe gleiche Wirkung nach außen für solide und hohle Eisenkugeln von gleichem Durchmesser giebt, wenn diese ruhen, doch diese Wirkung für rotirende Kugeln sehr ungleich wird, so daß es der Mühe werth wäre, Versuche mit hohlen rotirenden Kugeln anzustellen, und allenfalls damit Versuche zu verbinden, wo statt des Eisens Körper genommen würden, die eine geringere Menge Eisen in ihrer Mischung enthielten.

Diese wenigen Hindeutungen auf das, was die Theorie hier zu leisten versucht hat, glaubte ich mittheilen zu müssen; aber die genauere Ueberlegung, mit welchem Rechte man einige Erfolge der Versuche als Criterium der Uebereinstimmung der Theorie mit der Erfahrung ansehen darf, während man andre Erfolge der Versuche als Grundlage der Zahlenrechnung und als gegebene Größen benutzen muß, — diese Ueberlegung anzustellen ist hier unmöglich und doch verdiente sie wohl recht strenge angestellt zu werden. Ueberhaupt habe ich diesen Theil der Theorie am wenigsten mit Ueberzeugung auffassen können.

Einfluß der Trennung der Theile auf den Rotationsmagnetismus.

Unter den über diesen Gegenstand angestellten Beobachtungen scheinen mir die von Christie noch eine Erwähnung zu verdienen, welche das schon von Arago gefundene, unerwartete Resultat, daß der Zusammenhang der Theile des rotirenden Körpers von so großem Einflusse ist, in ein vorzüglich helles Licht setzen. Christie bediente sich eines Apparates, wo auf einer sehr festen Unterlage eine Axe vertical aufgerichtet stand (Fig. 159.) und neben ihr zwei Magnete, die mit gleichen Polen A, B, nach oben gerichtet, in gleichem Abstande von der Axe C, nach einander gleiche Wirkung auf die darüber hängende Scheibe auszuüben bestimmt waren. Die Scheibe von Kupfer DE hing an einem langen Metallfaden, und (da sie durch die Bewegung der Magnete mit in Drehung gesetzt wurde, so diente die Drehungskraft des Drathes, welche endlich die weitere Rotation der Scheibe hinderte, als ein Maaß der Kraft, mit welcher die Magnete die Scheibe zur Drehung antrieben. Die Magnete wurden bei den verschiedenen Versuchen bald der Axe näher, bald entfernter, also dem Rande der Scheibe näher rückend, aufgestellt, und nun beobachtet, wie viele Umläufe und Theile eines Umlaufes der an dem Faden und an der Scheibe befestigte Zeiger durchlief, ehe die Scheibe, wegen zu starker Drehung des Fadens, eine rückgängige Drehung anfing. Hier zeigte sich nun, daß die nahe am Mittelpuncte aufgestellten Magnete die Kupferscheibe weniger mächtig mit fortzogen, daß sie in der Mitte des Halbmessers stehend 6 Umdrehungen, auf drei Viertel des Halbmessers stehend $8\frac{1}{4}$ Umdr. bewirkten, aber nahe am Rande stehend kaum 4 Umdrehungen. Da nun schon andre Versuche von Arago sowohl als von Babbage und Herschel gezeigt hatten, daß Einschnitte in die Scheibe die Wirkung sehr änderten, so ließ Christie einen Ring von $\frac{1}{4}$ des Halbmessers breit am Rande so abtrennen, daß er anfangs noch an vier Stellen, dann nur an zwei Stellen, endlich gar nicht mehr mit dem innern Kreise zusammenhing. Dieses hatte den Erfolg, daß der unter dem mittlern Theile des Ringes rotirende Magnet die Scheibe nur ungefähr mit $\frac{2}{3}$ der Kraft, die er auf die unzerschnittene Scheibe gezeigt hatte, fortzog, als der Ring noch an vier Zoll breiten Stellen festsaß, und nur kaum mit $\frac{1}{3}$ jener Kraft, als der Schnitt die Trennung ganz vollendet hatte. Wurde die Scheibe durch mehrere concentrische Schnitte getheilt, so ward durch das bloße Zerschneiden fast eben das bewirkt, wie durch das völlige Wegnehmen der etwas entferntern innern Theile. Die Magnete befanden sich einen Zoll vom Rande der $4\frac{1}{5}$ Zoll Halbmesser habenden Scheibe, und es wurden nach und nach Schnitte auf 0,7 Zoll, 1,2 Zoll, 1,7 Zoll, und 2,2 Zoll vom Mittelpuncte angebracht; die Kraft, die zuerst eine gewisse Drehung = 100 hervorbrachte, als die Scheibe ganz war, sank auf 94 nach dem innern Schnitte, auf 88 nach dem zweiten Schnitte, auf 76 nach dem dritten, auf 58 nach dem vierten Schnitte herab, und als der 2 Zoll breite Ring, der zuletzt außen noch übrig blieb, allein angewandt wurde, zeigte der unter seiner Mittellinie kreisende Magnet auf ihn eben die Wirkung, wie vorhin, als die mittlern bloß durch den Schnitt abgetrennten Stücke noch mit jenen zugleich der Wirkung unterworfen wurden.

Diese Versuche und mehrere ähnliche zeigen deutlich, daß die Continuität eine wichtige Bedingung bei der Hervorbringung dieser magnetischen Wirkungen ist. Ich mag nicht wagen, irgend eine hypothetische Meinung an diese Erfahrung anzuknüpfen, aber ich leugne nicht, daß mir diese Erfahrung mit der Meinung, daß auch bei der Bewegung die magnetischen Materien nur eben jene unendlich kleine Ortsveränderung erleiden, die wir ihnen bei dem dauernden Magnetismus in ruhenden Körpern zuschrieben, nicht gut zusammen zu stimmen scheint *).

Neun und zwanzigste Vorlesung.

Magnetische Wirkungen der Electricität.

Noch einmal kehre ich zu der galvanischen Kette zurück, um Sie mit den wunderbaren Erscheinungen bekannt zu machen, die aus der magnetischen Einwirkung der Electricität hervorgehen.

Es war eine alte Erfahrung, daß der Blitz oder der electrische Schlag Stahlnadeln magnetisch machen, gelegentlich die Pole einer Magnetnadel umkehren könne, u. s. w.; aber obgleich darin eine magnetische Wirkung der Electricität kenntlich zu werden schien, so führten doch genauere Untersuchungen zu der Ueberzeugung, daß die Wirkung der Electricität hier wenig von dem, was auch andre Erschütterungen unter dem magnetischen Einflusse der Erde hervorbringen, verschieden sei, daß man es nicht in seiner Gewalt habe, den Nordpol an einem bestimmten Ende der Nadel hervorzubrin-

*) Die neuesten, noch nicht vollständig bekannt gemachten Untersuchungen Faraday's deuten darauf hin, daß electrische Ströme unter der Einwirkung des Magnetes bei der Drehung entstehen, und diese Versuche werden uns vielleicht bald einer Einsicht in diese noch sehr dunkeln Erscheinungen näher führen.

gen, und daß eine Stahlnadel senkrecht gegen die Richtung der Neigungsnadel gehalten auch durch den electrischen Schlag, der durch sie geht, nicht electrisch werde. Die voltaische Säule mit ihrer entschiedenen Polarität gewährte anfangs die Hoffnung, daß hier endlich der lange geahndete Zusammenhang zwischen Electricität und Magnetismus deutlich hervorgehen werde; aber auch diese Hoffnung schien durch eine zwanzigjährige Reihe von Versuchen, die nichts zu Bestätigung eines solchen Zusammenhanges beigetragen hatten, vereitelt.

Endlich hatte der auch sonst durch große Verdienste um die Naturlehre ausgezeichnete Oerstädt das Glück, eine Entdeckung zu machen, die unsre Kenntnisse um sehr vieles erweitert und den Grund zu einem ganz neuen Theile der Electricitätslehre gelegt hat. Er fand nämlich, daß eine völlig bestimmte und gleichmäßige Einwirkung des electrischen Stromes auf die Richtung der Magnetnadel statt finde, wenn jener nicht durch die Nadel selbst, sondern auf eine angemessene Weise neben ihr vorbei geht. Dieses Experiment gab (1820) den seitdem sehr weit fortgeführten electromagnetischen Untersuchungen ihren Ursprung.

Der Oerstädt'sche Versuch.

Man bringt den Schließungsdrath einer galvanischen Kette in horizontaler Richtung über oder unter einer Magnetnadel, am liebsten mit ihrer natürlichen Stellung von Norden nach Süden parallel, an; so findet, sobald der electrische Strom den Schließungsdrath durchläuft, eine Ablenkung der Magnetnadel statt, die entgegengesetzt ist für eine oberhalb und eine unterhalb des Stromes stehende Nadel, und wieder entgegengesetzt für eine oberhalb stehende, wenn der positive Strom nach Norden und wenn er nach Süden den Leiter durchläuft. Da hier immer von der Richtung des Stromes die Rede ist, so ist es gewöhnlich geworden, immer nur den positiven Strom, der in der metallischen Berührung vom Kupfer zum Zink geht, zu erwähnen, indem jeder leicht übersieht, was sich daran in Beziehung auf den negativen Strom anschließt. Auch hat Ampère es bequem gefunden, den Namen Rheophoren, Träger des electrischen Stromes, für den Schließungsleiter, in welchem die Electricität fortströmt, einzuführen.

Der Versuch läßt sich bequem auf folgende Weise anstellen. Es sei (Fig. 160.) AB ein kupfernes Gefäß von etwa 6 Zoll breit und hoch, dessen Boden sich in genauer Berührung mit dem Metallstreifen CDEF befindet; an diesem Metallstreifen ist oben bei F, aber so, daß das Gefäß nicht damit in Berührung ist, ein horizontaler Ramen von Metall angelöthet, auf den die in das Gefäß und ohne Berührung mit dem Gefäße einzusenkende Zinkplatte sich mit einem an der letztern befestigten Rande aufstützt. Auf den beiden horizontalen Theilen des Metalles CDEF stehen Magnetnadeln, und wenn man will, können auch nahe unterhalb CD und unterhalb EF Magnetnadeln angebracht werden, die man jedoch nicht alle zugleich anbringen kann, weil dies eine gegenseitige Störung zur Folge haben würde. Füllt man jenes Kupfergefäß mit einem gesäuerten Wasser, und taucht die Zinkplatte, die nur wenig kleiner als der Querschnitt AB des Gefäßes ist, in dasselbe ein, so entsteht der electrische Strom vom Kupfer AB nach der Richtung CDEF gegen das Zink zu, und dieser Strom dauert, weil er durch das gesäuerte Wasser wieder zum Kupfer übergeht, unaufhörlich fort. Ist nun der Apparat so gestellt, daß CD die Richtung von Norden nach Süden ist, so besteht der Erfolg des Versuches darin, daß sogleich beim Entstehen des electrischen Stromes die Magnetnadel G über dem von Norden nach Süden gehenden electrischen Strome ihren Nordpol nach Westen ablenkt, daß die Magnetnadel H über dem nach Norden zu gehenden electrischen Strome mit dem Nordpole östlich abgelenkt wird, und daß eine bei G unter dem Strome stehende Nadel östlich, eine bei H unter dem Strome stehende Nadel westlich abgelenkt würde.

Ich verweile jetzt nicht dabei, diese Erfahrungen unter ein einfacheres Gesetz zu bringen, indem sich das Gesetz bald von selbst ergeben wird.

Andre magnetische Wirkungen des Schließungsleiters.

Die Wiederholung dieses wichtigen Versuches beschäftigte bald alle Physiker, und man fand bald, daß der Schließungsleiter nicht bloß auf die Nadel wirke, sondern gradezu selbst magnetisch sei.

Arago machte sogleich bei der Wiederholung des Oerstädtschen Versuches die Bemerkung, daß der Schließungsdrath seines starken galvanischen Apparats Eisenfeile anzog und sich rund um damit belegte; sobald aber die Verbindung unterbrochen ward, hörte diese magnetische Wirkung des die Schließung bildenden Messingdrathes auf. Diese Anziehung war nur auf Eisenfeile wirksam, nicht auf Kupferfeile oder andre Körper, und unterschied sich daher deutlich von der gewöhnlichen electrischen Anziehung; und die Art, wie die Eisenfeile sich anlegte, den Drath gleichsam umwickelte, unterschied sich auffallend von der in Nadeln auslaufenden Anordnung der Eisenfeile, die wir unter der Einwirkung des Magnetes bemerken. Das weiche Eisen erhielt keinen dauernden Magnetismus durch die Berührung des Drathes, Stahlnadeln aber wurden durch den Schließungsdrath, er mochte von Silber, Kupfer oder einem andern Metalle sein, so magnetisirt, daß sie dauernd ihre magnetische Kraft behielten. Als Arago diese Erfolge an Ampère mittheilte, sagte ihm dieser, eine Reihe andrer Versuche leite ihn zu der Vermuthung, daß die Stahlnadel isolirt innerhalb eines schraubenförmig gewundenen Leitungsdrathes noch besser magnetisch werden würde. Dieser Versuch, den ich später erst beschreiben werde, gelang vollkommen und gab ein Mittel, auch mit der Electrisirmaschine Stahlnadeln magnetisch zu machen; führte aber auch zugleich die Theorie Ampère's auf eine sehr empfehlende Weise in die Welt ein.

Ampère's Versuche über die gegenseitige Anziehung und Abstoßung electrischer Ströme.

Die eben erwähnten Versuche Ampère's betreffen eine Wirkung der electrischen Ströme, die von der Wirkung der geladenen Körper gänzlich verschieden ist, obgleich sie gleichfalls sich durch Anziehung und Abstoßung äußert. Der Leitungsdrath einer geschlossenen galvanischen Kette zeigt in der Regel keine Ladung, sondern, wenn die Schließung und Leitung vollkommen ist, bemerkt man an Goldblättchen keine gegenseitige Abstoßung, wenn sie auch mit dem den electrischen Strom leitenden Drathe in Verbindung sind. Wenn man den Leitungsdrath so fortführt, daß er parallel mit einem beweglichen Drathe ist, so zeigt jener keine An=

ziehung oder Abstoßung gegen diesen, so lange der letztere mit keiner galvanischen Kette in Verbindung steht; dagegen wenn beide Dräthe, parallel neben einander, electrische Ströme leiten, so ziehen sie einander an, wenn die parallelen Ströme nach gleicher Richtung gehen, und stoßen sich ab, wenn die Ströme nach entgegengesetzten Richtungen gehen. Da man bei diesen Versuchen sehr darauf achten muß, daß die Leitung des electrischen Stromes durch nichts aufgehalten werde, so muß man den beweglichen Leitungsdrath, den ich den beweglichen electrischen Strom nennen will, um eine Axe, die in einem mit Quecksilber gefüllten Gefäßchen steht, sich bewegen lassen, und diese Regel ist hier, wo man eine mit so geringer Kraft zum Uebergange wirkende Electricität anwendet, fast allemal zu befolgen. Fig. 161. stellt einen solchen Leiter vor, der auf den beiden feinen Spitzen A, B, die in Quecksilber eintauchen, ruht, und der sich daher um die Verticallinie PQ drehen kann. Der in das Quecksilber A von U her hinein geleitete electrische Strom nimmt seinen Weg nach ACDEFB, und fließt dann vom Quecksilber in B durch den Leiter BR gegen den andern Pol der Kette. Befindet sich nun neben CD, so daß CD sich durch Drehung um die Axe AB gegen LM annähern kann, ein fester Leitungsdrath LM parallel mit CD, so wird der electrische Strom CD angezogen, wenn beide Ströme LM, CD, gleiche Richtung haben, also in beiden die positive Electricität entweder herauf oder herabströmt, dagegen wird CD von LM abgestoßen, wenn die parallelen Ströme entgegengesetzte Richtungen haben. Damit bei der Berührung der Dräthe die Ströme nicht in einander übergehen, nimmt man zu diesen Versuchen mit Seide umsponnene Dräthe, die also zwei isolirt fortgehende Ströme leiten, wenn auch die Bedeckungen von Seide sich berühren. Die beiden Ströme LM, CD, können als Schließungsdräthe einer und derselben galvanischen Kette oder als Schließungsdräthe zweier Ketten genommen werden, immer ist die Erscheinung dieselbe. Wenn L mit BR in Verbindung stände, so durchliefe derselbe electrische Strom von U kommend zuerst den beweglichen Leiter ACDEFB, dann den festen Leiter BRLM und die Erscheinung würde sich unter diesen Umständen vollkommen gut darstellen.

Diese Erfahrungen sind aber nur einzelne Fälle, die in folgendem viel mehr umfassenden Lehrsatze mit enthalten sind. Wenn zwei electrische Ströme so neben einander liegen, daß sie die Schenkel eines spitzen Winkels bilden, daß sie nämlich verlängert sich schneiden würden, so ziehen die Ströme sich an, wenn sie beide NO und PQ (Fig. 162.) von der Spitze R des Winkels ab oder beide gegen dieselbe zu gehen; dagegen stoßen sie sich ab, wenn der eine ST (Fig. 163.) gegen die Spitze zu, der andre WX von der Spitze ab fließt. Auch zu diesem Versuche könnte der wie in Fig. 161. aufgehängte Leitungsdrath dienen, wenn ein horizontaler Strom in der Nähe von DE in schiefer Richtung flösse; um aber ganz der Angabe des Lehrsatzes treu zu bleiben, ist diejenige Einrichtung des frei beweglichen Leiters angemessener, die man in Fig. 164. sieht. Es erhellt leicht, daß der nach beiden Seiten äquilibrirte Drath, der bei Z, Y in Quecksilber eingetaucht ist, sich leicht um die Axe ZY dreht. Ist nun in eben der Horizontal-Ebne, in welcher UX sich bewegt, ein fester horizontaler Leitungsdrath, der so gebogen ist, daß ein Theil von ihm den nicht ganz bis an U reichenden Schenkel VW des Winkels XUW darstellt, so legt sich UX an VW an, wenn beide Ströme vom Scheitel ab oder zum Scheitel hin fließen, und im Gegentheil vergrößert sich der Winkel und sucht sich bis 180° zu vergrößern, wenn die Ströme entgegengesetzt sind.

Endlich findet noch eine ähnliche Anziehung und Abstoßung statt, wenn auch die beiden Ströme nicht als Schenkel eines Winkels, so nämlich, daß sie verlängert sich schneiden würden, anzusehen sind; sondern wenn sie in zwei sich bei der Verlängerung nicht schneidenden graden Linien fortfließen; auch dann haben sie ein Bestreben zur möglichst nahen parallelen Richtung zu gelangen; sie ziehen sich daher an, wenn sie beide von dem Puncte weg oder beide gegen den Punct zu fließen, wo sie sich am nächsten kommen, und es findet dagegen Abstoßung statt, wenn der eine Strom gegen diesen Punct zu, der andre von ihm ab fließt.

Man kann diese Wirkungen, die bei einem einfachen Strome sehr schwach sind, verstärken, wenn man einen längern Schließungsdrath so beugt, daß er mehrmals den Strom in gleicher Richtung fortführt. Mit Seide umsponnene Dräthe schicken sich hiezu am besten, weil sie, ohne die Ströme in einander übergehen zu lassen, ganz nahe an einander anliegen dürfen, und es ist leicht zu übersehen, wie man (Fig. 161.) den Drath LM bei M krümmen und in hinreichender bedeutender Entfernung hinauf leiten, dann dicht neben LM wieder herableiten und dies mehrmals wiederholen könnte, um in LM einen vervielfachten herabgehenden Strom zu erhalten. Dieser Strom übt eine verstärkte Wirkung aus; dagegen verliert der Strom alle Kraft, wenn man ihn von L nach M herab und nahe an LM anliegend von M nach L hinauf leiten wollte, woraus dann zugleich erhellt, daß die anziehende Kraft paralleler gleichlaufender Ströme genau so groß ist als die abstoßende Kraft paralleler entgegengesetzter Ströme.

Hieraus erhellt die Möglichkeit, einem electrischen Strome seine Wirksamkeit nach gewissen Richtungen ganz zu rauben, während sie in anderer Beziehung fortbesteht. Ist zum Beispiel (Fig. 168.) AB ein Leitungsdrath, dessen Krümmungen alle in einer Ebne liegen, so geht der Strom in AC eben so weit rechts als in CD links, und da diese Ströme einander sehr nahe und entgegengesetzt sind, so würden sie zusammen auf einen neben ihnen horizontal vorbei fließenden Strom gar keine Wirkung der Anziehung oder Abstoßung ausüben; aber da der Strom in diesen Krümmungen von A nach D herabwärts gelangt, so wird ein verticaler, gleichfalls herabwärts gehender Strom keinesweges unwirksam sein, sondern diese Ströme ziehen sich an. Daß diese letztere Wirkung eben so statt finde, als ob der Strom vertical von A nach D herabginge, hat Ampère durch einen eignen Versuch nachgewiesen, indem er einen graden verticalen Strom, der, wie CD Fig. 161, beweglich war, zwischen zwei verticalen Strömen aufstellte, deren einer grade herab ging, der andre sich in einer Ebne hin und her krümmte, welche senkrecht gegen die Ebne war, in der die zwei graden Ströme und die Hauptrichtung des gekrümmten lagen. Hier fand er, daß der grade Strom an der einen Seite und der eben so entfernte, gekrümmte Strom an der andern Seite mit gleicher Kraft auf den beweglichen Strom einwirkten, so daß dieser nach keiner Seite angezogen ward. Dieser Versuch führte zu dem Satze, daß die Wirkung der electrischen Ströme genau eben so sich zerlegen lasse, wie es die Statik von andern Kräften lehrt, daß nämlich ein (Fig. 165.) von A nach C fließender Strom so wirke, wie zwei Ströme, deren einer AD horizontal, der andre DC vertical ist. Daraus geht auch hervor, daß ein schraubenförmig um einen Cylinder gewundener Strom ACB (Fig. 165.) eben die Wirkungen ausübt, wie ein in der Axe des Cylinders fort gehender grader Strom verbunden mit eben so vielen kreisförmigen Strömen als die Zahl der Schraubenwindungen; und wenn man den von A durch den Schraubendrath nach B geleiteten Strom durch den graden Drath BA zurück leitet, so ist die Wirkung des der Axe parallelen Stromes zerstört und die ganze Wirkung auf die Umkreisungen zurückgeführt. Andre Versuche, welche zeigen, daß sich die Anziehung zweier parallel nach einerlei Richtung fließender Stromtheile umgekehrt verhält, wie das Quadrat des Abstandes, kann ich hier wohl übergehen.

G. G. Schmidt hat diesen Versuchen Ampère's einige sehr merkwürdige hinzugefügt, wo die Ströme der Reibungs-Electricität eine ganz gleiche Anziehung und Abstoßung zeigen. Er bediente sich zweier belegter Platten AB, CD, (Fig. 166.), deren eine mit dem Conductor E so in Verbindung stand, daß die Seite F positiv geladen wurde. Sie wissen, daß alsdann durch den Leiter GH, der zu der andern belegten Platte hinübergeht, ein Strom positiver Electricität von G nach H fließt, um die Belegung H der zweiten Platte positiv zu laden, und daß beide Platten zugleich geladen werden, wenn von der Belegung der zweiten Platte an der Seite I eine Ableitung IK statt findet. Statt des einen Leiters GH, wurden aber hier zwei, nämlich ein feststehender GH und ein an seidenen Fäden aufgehängter LM horizontal neben jenem angebracht; der letztere war an den Enden mit Spitzen versehen, um so die von der Belegung G einströmende Electricität aufzunehmen und auf die Belegung H überströmen zu lassen. So ging in beiden Leitern ein electrischer Strom nach gleicher Richtung und der bewegliche Strom LM wurde wirklich von GH angezogen.

Um entgegengesetzte Ströme hervorzubringen, wurden zwei gleiche belegte Platten, UV, WZ gleich stark geladen und nun die positiv geladenen Seiten gegen einander gekehrt. Sie wissen, daß ein Leiter AB (Fig. 167.), der mit einer Spitze versehen ist, die Platte UV auslabet, wenn unterdeß eine Verbindung KL mit der Erde auf der andern Seite statt findet; gegen diese Spitze B zu geht also ein positiv-electrischer Strom von A nach B. Bringt man eben so einen an seidenen Fäden hängenden Leiter CD an der andern belegten Platte an, der frei beweglich ist und bei D durch eine Spitze die positive Electricität ausströmen läßt, so gehen die Ströme AB, CD nach entgegengesetzten Richtungen, und Schmidt fand, daß sie sich wirklich abstoßen.

Ampère's Theorie der electromagnetischen Erscheinungen.

Diese wenigen Erfahrungen reichen aus, um die Hypothese zu verstehen, durch welche Ampère die Einwirkungen auf die Magnetnadel erklärt. An jene Erfahrungen knüpft sich nämlich ohne alle Hypothese der nothwendige Schluß, daß ein beweglicher electrischer Strom, der in der Ebne ABCD (Fig. 169.) einen Kreislauf oder lieber zahlreiche Kreisläufe neben einander vollendet, seine Ebne dem graden Leiter EF parallel stellen wird, wenn auch in diesem ein electrischer Strom fortgeht, und zwar wird sich der kreisförmige Strom so stellen, daß die Richtung des Stromes in seinen nächsten Theilen mit der Richtung des Stromes in EF übereinstimmt, das ist, A wird links, B rechts liegen, wenn der Strom EF von links nach rechts und in AB von A nach B geht, wogegen AB sich umwenden würde, wenn der Strom EF weggenommen würde und dagegen der Strom ef unterhalb von e nach f strömte, indem, wenn B an der linken Seite liegt, der untere Strom mit ef gleichlaufend wird.

Hieran schließt sich nun die Betrachtung, daß die Magnetnadel ihre Stellung unter oder über einem electrischen Strome ganz genau so nimmt, wie eine Reihe umkreisender electrischer Ströme sie nehmen würde, also die Hypothese, der Magnetismus bestehe in einer um den Magnet oder die Magnetnadel statt findenden Umkreisung der electrischen Materie. Ohne über die Frage, ob diese Hypothese wahrhaft das Wesen des Magnetismus ausdrücke, zu entscheiden, kann man wenigstens das mit Sicherheit behaupten, daß die Erscheinungen sich ohne Ausnahme auf das vollkommenste übersehen lassen, wenn man diese Hypothese annimmt, und ich werde daher künftig von den den Magnet umkreisenden electrischen Strömen so reden, als ob sie unbezweifelt vorhanden wären, und alle Erscheinungen mit dieser Hypothese vergleichen. Diese Ströme müssen den Magnet so umkreisen, daß sie, wenn der Magnet in seiner richtigen Stellung mit dem Nordpole nach Norden gekehrt ist, an der obern Seite von Westen nach Osten, an der Ostseite herabwärts, an der untern Seite von Osten nach Westen, an der Westseite hinaufwärts gehen, und diese Regel läßt sich in die wenigen Worte fassen: Die Umströmungen um den Magnet sind der täglichen Bewegung der Sonne entgegengesetzt. Um mit diesen Umkreisungen vertraut zu werden, überlegen Sie also, daß für die verschiedenen Stellungen des Magnets die Richtung der Umkreisungsströme folgende ist: für die Stellung des Nordpoles nach Süden der Strom an der obern Seite von Osten nach Westen, an der Westseite herab; für die Stellung des Nordpols nach Osten der Strom an der obern Seite von Norden nach Süden an der Südseite herab; bei verticaler Stellung des Magnetes, wenn der Nordpol oben ist, geht der Strom von der Südseite nach der Ostseite, Nordseite, Westseite; bei verticaler Stellung, wenn der Südpol oben ist, geht der Strom von Norden nach Osten, Süden, Westen. Dies alles läßt sich leicht aus der ersten Regel herleiten, die daher als der einfachste Ausdruck für diese Hypothese anzusehen ist.

Die Erfolge des Oerstädt'schen Versuches bestehen darin, daß ein mit der natürlichen Lage der Magnetnadel paralleler Leitungsdrath den Nordpol der Nadel nach Westen ablenkt, wenn der positive Strom unter der Nadel von Norden nach Süden geht; die nach Westen abgelenkte Nadel hat nach unserer Hypothese an der untern Seite ihre electrischen Ströme von Norden nach Süden, also sucht die Nadel diese Stellung, damit die Uebereinstimmung der Richtung zwischen ihren Strömen an der untern Seite und dem unter ihr angebrachten electrischen Strome statt finde. Kömmt dagegen (Fig. 160.) der von E nach F gehende electrische positive Strom von Süden her, so lenkt die über ihm stehende Nadel sich ostwärts ab, weil dem Nordpole nach Osten gekehrt electrische Ströme an der untern Seite von Süden nach Norden entsprechen. So lassen sich alle einzelne Fälle des Oerstädt'schen Versuches durchgehen. Bedient man sich bei diesem Versuche einer astatisch aufgestellten Nadel und führt den electrischen Strom von

Norden nach Süden über sie hin, so stellt die Nadel sich genau nach einem rechten Winkel mit dem Nordpole nach Osten; bei horizontal aufgestellten Nadeln tritt dies wegen der entgegen wirkenden Richtungskraft des natürlichen Magnetismus nicht vollkommen ein, sondern die ablenkende Kraft des Stromes treibt die Nadel nur so weit seitwärts, bis beide Kräfte einander das Gleichgewicht halten.

Einwirkung des Erdmagnetismus auf Nadeln mit electrischen Strömen umwunden.

Die Hypothese, die Magnetnadel gleiche einem Systeme umkreisender electrischer Ströme um die Nadel, scheint Ihnen vielleicht etwas voreilig aufgestellt, da nur eine einzige Reihe von Versuchen bisher zu ihr hinleitete; aber unstreitig gewinnt diese Hypothese gar sehr an Begründung, wenn ich Ihnen zeige, daß sich aus einem Glasstabe eine nach Norden weisende künstliche Magnetnadel machen läßt, wenn man den Glasstab mit electrischen Strömen umwindet. Nimmt man nämlich einen Glasstab AB und umwickelt ihn in zahlreichen Schraubenwindungen vom einen Ende bis zum andern mit einem mit Seide übersponnenen Silberdrathe oder Kupferdrathe, läßt man dann die Enden CD, EF, in grader Richtung wieder bis zur Mitte zurückgehen, (Fig. 170.) und löthet eine Kupferplatte K an den einen, eine Zinkplatte Z an den andern; so hat man, sobald diese Verbindung an einem ungedrehten Faden bei W aufgehangen wird, und K, Z in gesäuertes Wasser getaucht werden, eine sich in den magnetischen Meridian stellende Nadel. Die Richtung, wie die Nadel sich stellt, können Sie leicht selbst finden, wenn Sie sich erinnern, daß unsre Hypothese der richtig nach Norden gekehrten Magnetnadel positiv = electrische Ströme hinaufwärts gehend an der Westseite zuschrieb. Nehmen Sie in unsrer Zeichnung an, daß von C aus die Umwickelung CG gegen uns zugekehrt sei, so ist in CG, und so in allen einzelnen Umwickelungen, ein gegen uns zu liegender aufwärts gehender positiver Strom, der vom Kupfer K durch den Leitungsdrath nach dem Zink Z geht, sobald KZ in gesäuertes Wasser getaucht ist; die Nadel wird sich also so stellen, daß diese hinaufwärts gehenden Ströme an der Westseite liegen und A wird also ein Nordpol,

B ein Südpol. — Und genau so findet es sich. — Lägen die Umwickelungen umgekehrt, so daß CG hinter der Nadel einen hinaufsteigenden Strom, GH vor der Nadel einen herabsteigenden gäbe, so würde die Nadel die gegen uns gekehrte Seite der Zeichnung nach Osten wenden, und A wäre ein Südpol.

Dieser Versuch läßt sich mit so einfachen Mitteln ausführen, daß er deswegen ganz vorzüglich empfohlen zu werden verdient; Ampère hat ihn aber noch vollkommener dargestellt. Sind nämlich die wirklichen electrischen Ströme, die wir in einem Schließungsdrathe fortleiten, einer eben solchen Einwirkung von Seiten der magnetischen Kraft der Erde unterworfen, wie unsre Magnetnadeln, so wird sich dies wohl auch auf eine solche Weise, wie sie bei unsern Inclinationsnadeln statt findet, zeigen, das heißt, die umkreisenden Ströme werden sich nicht allein senkrecht gegen die Richtung des magnetischen Meridians, sondern auch senkrecht gegen die Richtung der Neigungsnadel stellen. Um diese Vermuthung zu prüfen, bediente Ampère sich eines beinahe in völligem Gleichgewichte aufgehängten electrischen Stromes, der sich um eine horizontale Axe drehen konnte, und an dem sich dann deutlich das Bestreben, jene Stellung anzunehmen, zeigte. Am besten ist es, zu diesem Zwecke die Quecksilbergefäße (Fig. 171.) A, B, die jedes mit einem Pole der Säule in Verbindung stehen, in der Richtung des magnetischen Ost und West horizontal neben einander aufzustellen, damit die Axe CD horizontal und gegen den magnetischen Meridian senkrecht sei. Geht dann der electrische Strom von D nach EFGHIKC, so daß GH von Osten nach Westen geht, und ist der ganze Leitungsdrath durch die Glasstäbchen LM, N, äquilibrirt, so hebt GH sich nach Süden. In der Neigungsnadel nämlich, die ihre herabgesenkte Spitze gegen Norden kehrt, gehen, wie wir annehmen, die umkreisenden electrischen Ströme an der unteren Seite, das ist an der gegen Süden gekehrten Seite, von Osten nach Westen, und dieser Lage ähnlich hebt sich auch in unserm wirklichen electrischen Umkreisungsstrome der von Osten nach Westen fließende Strom südwärts.

Um die Wirkung verstärkt zu zeigen, hat Schweigger folgende Einrichtung vorgeschlagen. (Fig. 172.) In dem Kreise ABC ist ein mit Seide umsponnener Leitungsdrath so aneinander gelegt, daß der electrische positive Strom zahlreiche Umläufe, alle in gleicher Richtung von A nach BC, machen muß, und dieser Strom hängt leicht beweglich auf einer Metallspitze D, um sich leicht nach allen Weltgegenden zu stellen, und selbst, wenn eine Aequilibrirung angebracht ist, ein Streben zu der eben angezeigten Abweichung von der verticalen Richtung kenntlich zu machen. Um diesen Zweck zu erreichen, steht die metallene Spitze D bei F mit dem einen Pole der Säule in Verbindung, damit der positive Strom bei F eintrete. Auf D ruht das metallene Hütchen E, so daß der positiv-electrische Strom in E eintritt und von da in den Ring ABC nach der Richtung AB übergeht. Auf diesem Hütchen E liegt ein isolirendes Plättchen gh und auf diesem steht das Gefäß L mit Quecksilber; das Ende des umkreisenden Drathes U ist mit diesem Quecksilber in Verbindung, so daß der positive Strom in das Quecksilber und von da vermittelst der bloß eingetaucht erhaltenen Spitze k zu dem negativen Pole der Säule übergeht. Da hier die Bewegung auf der Spitze D mit völliger Leichtigkeit statt findet, und der umkreisende Lauf des electrischen Stromes immer gleich fortdauert, dieser werde in eine oder in die andre Stellung gewandt, so nimmt er von selbst diejenige Richtung an, die ihm durch irgend eine Kraft ertheilt wird. Eine solche Kraft ist diejenige, die den Magnet nach Norden richtet, und die, wenn unsre Vergleichungen richtig sind, den electrischen Strom so stellen muß, daß der herabgehende AB die Ostseite einnimmt und daß der untere Theil des Stromes sich südwärts von der Verticallinie entfernt; — und diese Stellung gegen die Weltgegenden zeigt sich vollkommen deutlich, die Hebung nach Süden aber so weit als es die Aequilibrirung und die ganze Einrichtung des Apparats erlaubt. Je mehr Umkreisungen der Strom in dem aus Drathwindungen bestehenden Ringe macht, desto stärker ist die Wirkung.

Einwirkung des Magnetes auf die electrischen Ströme.

Wenn man zwei kreisförmige electrische Ströme völlig beweglich neben einander aufhängt, so werden sie, wenn wir jetzt von dem Einflusse der magnetischen Kraft der Erde absehen, sich so stellen, daß die Richtung des Stromes in beiden gleich ist. Wollte man sie genau neben einander so aufhängen, daß im einen oben der Strom links, im andern rechts, also im einen der an der linken Seite liegende Strom herab, im andern heraufflösse, so würden sie so nicht ruhen, sondern sich abstoßen und erst zur Ruhe kommen, wenn die Ströme gleichlaufend sind. Bei zwei mit electrischen Strömen umwickelten Cylindern AB, CD (Fig. 173.), die ihre Enden gegen einander kehrten, würde es ebenso seyn, sie würden an Fäden L, M, aufgehängt, zur Ruhe kommen, wenn ihre gegen uns zu liegenden Ströme entweder in beiden herauf oder in beiden herab gingen. Behalten wir den einen umwickelten Cylinder AB und hängen in CD einen Magnet auf, dessen Nordpol C ist, so wendet dieser uns seine Westseite zu, wo wir hinaufwärts gehende electrische Ströme annehmen; der Cylinder AB muß also so zur Ruhe kommen, daß auch in ihm die hinaufwärts gehenden Ströme uns zugekehrt sind. Der Versuch zeigt dieß wirklich; — und der mit electrischen Strömen umwickelte Cylinder wird zugleich mit diesem Ende gegen den Nordpol C des Magnets gezogen, grade als ob B ein Südpol einer Magnetnadel wäre. Der Magnet wirkt also auf die electrischen Ströme so wie auf einen zweiten Magnet, und ein umkreisender Strom wirkt so auf den Magnet wie auf einen andern umkreisenden Strom, so daß sich die Uebereinstimmung zwischen den magnetischen Phänomenen und denen der electrisch umkreisenden Ströme immerfort bestätigt findet.

Einige Einwendungen, die sich im ersten Augenblicke darzubieten scheinen, widerlegt eine nähere Betrachtung. Es scheint nämlich, wenn wir (Fig. 174.) den Südpol S des einen Magnets grade neben den Nordpol n des andern bringen, daß diese sich abstoßen müßten, weil hier herabgehende Ströme an der Seite a den hinaufgehenden an der Seite b zu gekehrt sind; aber die gesammte Wirkung aller bis nach c, d, hin liegenden Ströme ist dennoch, die Ebnen der Umströmungen so parallel zu stellen, daß in beiden die obern Theile der Ströme parallel, die unteren Theile der Ströme parallel u. s. w. sind. Dies zeigt sich bei wirklichen mit umkreisenden Strömen versehenen Nadeln, und es erhellt daher, daß es nicht der Hypothese entgegen ist, wenn auch in dieser Lage Nordpol und Südpol zweier Magnete sich ebenso gut, wie Nordpol und Südpol zweier Nadeln mit umkreisenden Strömen anziehen.

Man hat diese Anziehung in mehreren Versuchen gezeigt, unter denen ich nur noch einen von de la Rive anführen will. Dieser bediente sich eines schwimmenden electrischen Stromes, welcher der Wirkung eines Magnets ausgesetzt wurde. Denken Sie sich nämlich in das Korkstück AB (Fig. 175.) einen metallenen Streifen L, an welchem in K Kupfer, in Z Zink angelöthet ist, eingesetzt; so geht, sobald die Theile K, Z, in gesäuertes Wasser getaucht sind, auf welchem AB schwimmt, ein electrischer Strom von K durch L nach Z. Hält man nun einen starken Magnet mit seinem Nord=Ende von vorne her gegen den Ring L gerichtet, so zieht er den Schwimmer heran und dieser nimmt seine Stellung so, daß das Ende des Magnets sich bis in den Ring L erstreckt; hätte man dagegen den Südpol des Magnets so gehalten, daß der Südpol vom Beobachter vorwärts gerichtet und der herabgehende Strom LZ rechts liegt, so wird der Schwimmer abgestoßen und sucht sich zu drehen, bis der hinaufwärtsgehende Strom an der rechten Seite ist, wo er dann angezogen wird. Dies ist wieder richtig, denn der von mir abwärts, vorwärts gerichtete Südpol hat seine hinaufwärts gehenden Ströme nach unsrer Hypothese an der rechten Seite.

Nach allen diesen Uebereinstimmungen hat es mir vom ersten Augenblicke der Bekanntmachung der Ampère'schen Theorie an geschienen, daß es kaum möglich sei, eine glücklichere, allen Erscheinungen noch besser entsprechende Hypothese aufzustellen, und alle folgenden Untersuchungen bestätigen dies so sehr, daß ich hoffe, Sie werden dieser meiner Meinung Ihre Zustimmung geben.

Dreißigste Vorlesung.

Magnetisirung des Stahls und Eisens.

Die electrischen Ströme ziehen sich einander an oder stoßen sich ab; sie werden vom Magnet angezogen und vom Magnet abgestoßen; sie zeigen unter der Einwirkung der Erde genau so wie der Magnet eine polarische Richtung gegen die Himmelsgegenden; — das war der Inhalt der neulich mitgetheilten Folgerungen aus den Versuchen; aber die Electricität dient auch zum Magnetisiren der Stahlnadeln, und dieser Gegenstand soll uns jetzt beschäftigen.

Ich ging neulich von der kurzen Bemerkung, daß Arago Stahlnadeln mit Hülfe des electrischen Leitungsdrathes magnetisirt, und daß Ampère dazu schraubenförmig gewundene Schließungsdräthe empfohlen habe, zu den wichtigen Entdeckungen Ampère's über; jetzt aber kann ich jene Versuche leichter angeben und erklären. Wenn ich eine Stahlnadel ihrer Länge nach so über die Querrichtung eines Leitungsdrathes wegziehe, daß der electrische Strom von rechts nach links unter der so bestrichenen Stahlnadel fortfließt; so ist die Stahlnadel magnetisirt, und das von mir abwärts gehaltene Ende der Nadel ein Nordpol geworden. — Die Magnetnadel hat aber, indem ich mir ihren Nordpol von mir abwärts gehalten denke, solche Umkreisungsströme, nach der Theorie Ampère's, daß sie an meiner rechten Seite, welches jetzt die natürliche Ostseite der Nadel ist, herab und an der untern Seite von meiner rechten nach meiner linken Seite gehen; diese magnetisirte Nadel ist also so magnetisirt, als ob der von rechts nach links unter ihr vorbeifließende wirkliche electrische Strom auch in ihr selbst an der untern Seite einen gleichen Strom und diesem gemäß einen Umkreisungsstrom hervorgebracht hätte. Findet nun dies schon statt, wenn die Nadel nur auf jenem Strome in der Querrichtung auflag; wie viel mehr wird es der Fall sein, wenn der Strom umkreisend um alle Theile der Nadel geleitet wird! — Dieser Schluß, welcher dem Vorschlage Ampère's zum Grunde lag, ist so vollkommen wahr, daß man ihn durch eine Reihe von Versuchen bestätigt findet, bei denen man nur vermeiden muß, daß der electrische Strom nicht die Nadel der Länge nach durchlaufe, indem er da gänzlich unwirksam sein würde, ja sogar den schon erlangten Magnetismus zerstören kann. Nimmt man aber, damit kein Uebergang der Electricität auf die Nadel selbst statt finde, einen mit Seide umsponnenen Drath als Leitungsdrath, und windet diesen in Form eines Schraubenganges um die Stahlnadel; so macht der electrische Strom, wenn er mit hinreichender Stärke den Drath durchläuft, die Nadel magnetisch, und zwar ist diejenige Seite der Nadel ihre Ostseite, wo der positiv-electrische Strom, um die horizontale Nadel kreisend, herabwärts geht. Und nicht bloß der Schließungsdrath der einfachen galvanischen Kette oder der voltaischen Säule kann hier als Leiter des electrischen Stromes dienen, sondern man kann auch eine electrische Flasche durch die Leitung dieses Drathes ausladen, oder einen Strom durch Reibung erregter positiver Electricität so umkreisend fortleiten; auch dann hat man nicht bloß eine sicher hervorgebrachte Magnetisirung, sondern auch eine Magnetisirung, bei welcher die Lage der Pole völlig sicher bestimmt ist, und bei gleichbleibender Lage der Nadel ist immer dasjenige Ende ein Nordpol, welches nach Verschiedenheit der Richtung der Umwickelung ein solcher werden muß. Auf die Lage der Nadel selbst gegen Norden oder Osten kömmt dabei nichts an. Dies nun ist eben etwas, was man früher mit electrischen Schlägen durchaus nicht zu leisten vermochte, da diese, wenn man sie durch die Nadel gehen ließ, wie ich früher erwähnt habe, nur eben so wie andre Erschütterungen unter Einfluß des Erdmagnetismus wirkten, aber bei der Lage der Nadel in der Ebne des magnetischen Aequators auch eben so unwirksam wie andre Schläge waren.

Diese Magnetisirungen sind auf höchst mannigfaltige Weise ausgeführt worden, und jede neue Anordnung gewährt eine neue Belehrung; indeß kann ich hier nur noch bei einigen wenigen Abänderungen des Versuches verweilen. Pfaff in Erlangen ließ den electrischen Strom durch Spiraldräthe, (Fig. 176.) die in einer Ebne liegen, gehen, und fand hier, daß die Nadel Nn, die beinahe durch den Mittelpunct geht, also gegen die Windungen des Stromes beinahe senkrecht ist, zwei Nordpole in N und n erhielt, wenn die Nadel auf der Spirale lag und der Strom von K in den Mittelpunct, von dort aber durch die Umläufe nach Z geleitet wurde. Dies ist ganz richtig; denn der electrische Strom, den wir als den Magnet umkreisend ansehen, geht unten von der Ostseite nach der Westseite der Nadel, also wird nS ein Magnet, dessen Südpol S, dessen Nordpol n ist, dem unter ihm von der Ostseite O nach der Westseite W fließenden Strome gemäß; aber umgekehrt wird SN ein Magnet, der seinen Nordpol in N hat, weil der hier von o nach w eintretende Strom es so fordert, und dieser o zur Ostseite der Nadel macht.

Aus denselben Grundsätzen erklärt sich auch folgender anfangs unerwartet scheinender Versuch. Wenn man einen in sich selbst zurückkehrenden Ring ABC von Stahldrath (Fig. 177.) so aufstellt, daß der Leitungsdrath senkrecht gegen die Ebne desselben durch seinen Mittelpunct D geführt wird; so zeigt der Ring, nachdem man Entladungsschläge durch D hat gehen lassen, keine magnetische Kraft; aber wenn man den Ring zerschneidet, so ist jedes Stück ein Magnet und die Pole aller Stücke finden sich in derselben Richtung liegend. Wäre bloß der Stahldrath AB da und ginge der positive Strom in D von oben nach unten, so wissen wir, daß die nach dem Mittelpuncte zu gekehrte, dem herabgehenden Strome zu gekehrte Seite eine Ostseite des Magnets, also B ein Nordpol, A ein Südpol würde; wäre bloß der Stahldrath AC da, so würde durch denselben Strom die innere Seite eine Ostseite und A ein Nordpol; alle einzelnen Theile des Drathes würden also sämmtlich ihre innere Seite als eine Ostseite zeigen und der Südpol jedes nächsten Stückes würde an den Nordpol des andern Stückes grenzen, woraus eine völlige Aufhebung der magnetischen Wirkungen, so lange der Ring ganz bleibt, hervorgeht. Eben so hat man den Schlag durch den Mittelpunct einer Stahlscheibe gehen lassen, deren einzelne Theile sich dann erst nach der Zerlegung magnetisch zeigen.

Savary hat bei Versuchen, wo der electrische Schlag in einem gradlinigten Drathe senkrecht gegen die Richtung der Stahlnadel an ihr vorbe geführt wurde, die Bemerkung gemacht, daß nur bei der Berührung und in großer Nähe die Pole der Nadel so werden, wie es diesen Bestimmungen gemäß ist, daß etwas entfernter vom Leitungsdrathe liegende Nadeln bei ganz gleichen Schlägen entgegengesetzte Pole erhalten, daß aber auch dies nur bis zu einer gewissen Grenze statt findet und noch entferntere Nadeln ihre Pole wieder so haben, wie die nahe am Leitungsdrathe liegenden, ja dieser Wechsel der Pole kann sogar noch öfter vorkommen. Bei sehr dünnen Leitungsdräthen fand ein solcher Wechsel nicht statt, und der Erfolg war überhaupt nach der Länge und Dicke des Leitungsdrathes, auch nach der Dicke und Härtung der Stahlnadeln verschieden. Aus den übrigen Versuchen Savary's will ich nur noch die ausheben, wo die zu magnetisirenden Nadeln in metallischen Umhüllungen lagen. Arago hatte gefunden, daß die in Glasröhren innerhalb eines schraubenförmigen Leitungsdrathes liegenden Stahlnadeln eben so gut magnetisch wurden, als wenn diese isolirende Umhüllung nicht da war; dagegen fand Savary, daß eine Stahlnadel, die sich in einem Cylinder von starkem Kupfer befand, nicht magnetisirt wurde, wenn der electrische Schlag, ohne auf das Kupfer übergehen zu können, in schraubenförmigen Umwindungen außerhalb des Kupfers fortging. Das Kupfer hinderte also bei bedeutender Dicke den Einfluß des electrischen Stromes auf die Stahlnadel, bei geringerer Dicke ward diese Hinderung geringer, und bei sehr geringer Dicke fand sich die eingeschlossene Nadel sogar stärker magnetisch, als die uneingeschlossen daneben liegende. Da die Gesetze, nach welchen sich alle diese Ungleichheiten richten, noch nicht recht klar erhellen, so glaube ich hier nicht weiter bei diesen Versuchen verweilen zu dürfen, und füge nur noch hinzu, daß Kupferfeile und Eisenfeile als dichte Umhüllung der Nadeln gebraucht, keine erhebliche Wirkung zeigten und hier also eben die Ungleichheit der Wirkung fester Massen und zertheilter Massen, wie bei dem durch Rotation hervortretenden Magnetismus, sichtbar wird. Savary glaubt, jene Wechsel in den Wirkungen deuteten auf Vibrationen hin.

Zu diesen Versuchen hat Sturgeon noch einen ungemein schönen Versuch hinzugefügt. — Man hätte wohl schon früher auf den so nahe liegenden Gedanken geleitet werden sollen, daß, wenn Stahl sich unter dem Einflusse eines umkreisenden electrischen Stromes dauernd magnetisch machen lasse, weiches Eisen, weil es dem magnetischen Einflusse so leicht nachgiebt, während dieses Einflusses noch viel mehr magnetische Kraft zeigen müsse. Dieser Gedanke war es ohne Zweifel, der Sturgeon zu dem Versuche leitete, um einen in die Form eines Huf-Eisens gebogenen Stab ABC weichen Eisens (Fig. 178.) einen starken Kupferdrath schraubenförmig zu wickeln, einen kräftigen electrischen Strom diesen durchlaufen zu lassen und dann das Eisen AC als angehängten Anker diesem Electromagnete darzubieten. Der Versuch gehört zu den überraschendsten, die man sehen kann, wegen des schnellen Wechsels einer schnell entstehenden und schnell verschwindenden Magnetisirung. Wenn alles zum Versuche vorbereitet ist, aber die Leiter, die von den Quecksilbergefäßen D, E aus, worin die Enden des Kupferdrathes sich befinden, zu den beiden Polen des galvanischen Apparates gehen und dort in Quecksilber eingetaucht die Leitung des Stromes bewirken sollen, noch nicht angebracht sind; so ist das Eisen unmagnetisch oder nach öfterem Gebrauche allenfalls nur so unbedeutend magnetisch, daß das Eisen AC doch immer fast mit gar keiner Kraft an dem gekrümmten Stabe anhängt; aber bringt man nun die leitende Verbindung zu Stande, so ist die Anziehung sogleich so groß, daß sie Lasten, die ungemein bedeutend sind, trägt. Ein gebogener Eisenstab von etwa 20 bis 24 Zoll Länge und ½ Zoll Dicke mit 170 Windungen starken Kupferdraths umwunden, erhält, mit Hülfe eines galvanischen Apparates von einer Zinkplatte, die lange keinen Quadratfuß groß zu sein braucht, und zwei eben so großen Kupferplatten, fast im Augenblick der anfangenden Wirkung des Stromes eine Tragkraft von 20 Pfund, die aber in einem Momente verloren ist, wenn man den einen Leitungsdrath oder beide aus den Quecksilberschälchen aushebt, und sich augenblicklich wieder herstellt, wenn der Kreislauf des Stromes hergestellt ist. Welcher Pol dieses künstlichen Magnetes Nordpol, welcher Südpol ist, will ich nicht umständlich angeben, da die Anleitung zu dieser Bestimmung im Vorigen gegeben ist, und diese Anleitung sich allemal richtig zeigt.

Dagegen muß ich die riesenmäßige Ausführung dieses Versuches noch erwähnen, die von einigen americanischen Naturforschern zu Stande gebracht ist. Sturgeon selbst hat jenen Versuch schon etwas mehr im Großen ausgeführt, indem er einen größern Eisenstab mit mehreren Lagen von schraubenförmigen Leitungsdräthen umwickelte und diese Lagen durch Seide von einander trennte; aber sehr viel weiter haben dies Henry und ten Eyck getrieben. Sie nahmen eine gehörig gekrümmte, drei Zoll dicke, 30 Zoll lange weiche Eisenstange von 60 Pfund schwer, und wandten 26 einzelne 31füßige Kupferdräthe zur Umwickelung an, so daß die in Schraubengängen das Eisen umkreisenden Windungen 728 Fuß betrugen; die übrig bleibenden Enden wurden so zusammen gelöthet, daß alle 26 den positiven Strom empfangenden vereinigt und eben so alle 26 den positiven Strom wieder zur galvanischen Kette hinüberführenden Dräthe vereinigt und zusammen an die Metalle gelöthet wurden, welche die Elemente der galvanischen Wirkung darboten. Wurden diese Dräthe, die alle auf gleiche Weise in mehreren Schichten übereinander gewickelt waren, und zwar an den Enden des Eisens am dichtesten, mit einem Plattenpaare von $4\frac{7}{9}$ Quadratfuß durch Löthung fest verbunden, und dieses Plattenpaar in gesäuertes Wasser getaucht; so konnte dieser Magnet 2000 Pfund tragen und war also stärker als man nur je einen Magnet zu erhalten gehofft hat.

Schweiggers Multiplicator.

Von diesen Erstaunen erregenden Wirkungen lassen Sie uns jetzt auf nützliche Anwendungen übergehen, die man von den electromagnetischen Apparaten gemacht hat, um die Gesetze der Wirkung der electrischen Ströme genauer kennen zu lernen. Schweiggers Multiplicator, ein Instrument, das auch den Namen Galvanometer erhalten hat, ist hiezu von vorzüglichem Nutzen. Die Einrichtung dieses Instrumentes, das ich schon früher zuweilen genannt habe, obgleich ich es noch nicht beschreiben konnte, ist folgende. Eine an dem ungedrehten Seidenfaden AB (Fig. 179.) hängende Magnetnadel NS befindet sich zwischen den über und unter ihr fortgehenden, zahlreichen Umwickelungen eines mit Seide übersponnenen Metalldrathes, dessen Enden K, Z mit den beiden Körpern, die zu Erregung des electrischen Stromes dienen sollen, in Verbindung gesetzt werden. Haben nun diese Umwickelungen die Stellung nach der Richtung des magnetischen Meridians, so bleibt die Nadel in Ruhe zwischen diesen Windungen des Multiplicators so lange kein electrischer Strom den Drath durchläuft; sobald aber von K nach LMZ ein positiv-electrischer Strom erregt wird, so stellt sich die Magnetnadel so, daß ihre Ostseite den herabgehenden Strömen, ihre Westseite den hinaufgehenden Strömen zugewandt ist, und ihre Ablenkung vom Meridiane macht uns das Vorhandensein dieser Ströme kenntlich. Die Empfindlichkeit dieses Instrumentes wird desto mehr vergrößert, je zahlreicher die Umwickelungen, deren die Figur nur wenige darstellt, sind; denn da der electrische Strom diese Umwickelungen nach einander durchläuft, so übt jeder dieser Ströme seine ablenkende Wirkung aus, und die Vervielfachung der Wirkungen ist bei hundert Windungen nur darum nicht vollkommen die hundertfache, weil theils der längere Leitungsdrath durch vermehrten Widerstand den Strom um etwas schwächt, theils es nicht möglich ist, alle hundert Umwickelungen gleich nahe und gleich vortheilhaft anzubringen; indeß, wenn wir diese Umstände, als doch nur wenig bedeutend, aus den Augen lassen, so können wir bei hundert Umwickelungen von einer hundertfachen Vervielfachung der Wirkungen sprechen. Die Ablenkungen der Nadel werden auf einem in Grade getheilten Kreise abgelesen.

Die Empfindlichkeit des Instrumentes wird noch erhöht, wenn man außerhalb der Windungen des Multiplicators an demselben Faden und mit der ersten Nadel durch ein feines Stäbchen fest verbunden, noch eine zweite Magnetnadel ns in genau entgegengesetzter Richtung anbringt, wo dann der getheilte Kreis sich nahe unter sn befindet. Diese beiden Nadeln, obgleich sie stark magnetisirt sein müssen, haben dann vereinigt fast gar keine Richtungskraft, indem nur der Unterschied ihrer etwas ungleichen Drehungskräfte sie zu der richtigen Stellung in den magnetischen Meridian zurückführt; eben darum aber reicht dann auch die allerschwächste ablenkende Kraft hin, um beide vereinigte Nadeln vom Meridian zu entfernen, und die Einwirkung der Ströme L führt die umgekehrt gestellte Nadel sn nach eben der Seite, nach welcher die Ströme L und M die unten stehende Nadel NS, (die ich als die etwas stärkere annehme,) führen. Ein Multiplicator mit zwei Nadeln giebt die kleinsten Spuren eines electrischen Stromes an; doch bemerkt Nobili, daß die Zuckungen des Frosches selbst noch da in schwachem Maaße erfolgen, wo der Multiplicator aufhörte, deutliche Ablenkungen zu zeigen.

Die nächste Anwendung, die man von diesem Multiplicator machen kann, ist nun die Prüfung zweier Metalle, ob der positive Strom vom ersten zum zweiten oder vom zweiten zum ersten geht. Man will zum Beispiel wissen, ob der positive Strom vom Kupfer zum Silber oder umgekehrt geht; so nimmt man eine Silberplatte und eine Kupferplatte, legt ein angefeuchtetes Papier zwischen beide, und drückt nun den Drath K an das Kupfer, den Drath Z an das Silber. Indem dies geschieht, sieht man die Nadel diejenige Ablenkung annehmen, die einem von Z nach MLK gerichteten Strome entspricht, oder die Nadel wird nach eben der Seite abgelenkt, wie es der Fall sein würde, wenn man in K Zink und in Z Kupfer anbringt. Da der Multiplicator selbst für die kleinsten Unterschiede der electromotorischen Wirksamkeit eine Entscheidung giebt, so kann man mit seiner Hülfe selbst über Fälle entscheiden, wo die electromotorische Thätigkeit nur sehr geringe ist, zum Beispiel, ob sich, wie ich früher erwähnt habe, zwischen einer lange Zeit nicht gebrauchten Kupferplatte und einer Platte, die so eben aus einer wirksamen voltaischen Säule genommen wird, ein electrischer Strom erzeugt, und so in ähnlichen Fällen.

Die Wirkung, welche sich hier, wegen der zahlreichen auf die Nadel wirkenden electrischen Ströme des Multiplicators, zeigt, ist so groß, daß die so höchst bewegliche Nadel oft mehrere ganze Umläufe in Folge des bei der Berührung der Metalle entstehenden electrischen Stromes macht; dieses ist Folge der Gewalt, mit welcher die Ablenkung hervorgebracht wird, durch welche die Nadel sehr weit über das eigentliche Ziel, nämlich die gegen den Meridian senkrechte Stellung, hinausgeführt wird. — Daß man die Nadel zu Abweichungen nach entgegengesetzten Seiten zwingt, wenn man an die durch nasses Papier getrennten zwei Metalle bald K an das Kupfer, Z an das Zink bringt, bald die entgegengesetzte Anordnung wählt, brauche ich wohl kaum zu erwähnen.

Der Multiplicator kann aber nicht allein angewandt werden, um zu sehen, ob der positive Strom durch den Leitungsdrath von K nach Z oder von Z nach K geht; sondern er dient auch zur Messung der Stärke des Stromes, und in dieser Hinsicht habe ich ihn mehrmals bei Gelegenheit der Versuche Fechners erwähnen müssen. In den früheren Untersuchungen ist wohl die Menge des entwickelten Gas bei der Wasserzersetzung, oder die Länge des zum Glühen kommenden Drathes, als Maaß der Kraft eines galvanischen Apparates angegeben; aber diese und ähnliche Bestimmungen erlauben keine sonderliche Genauigkeit. Die Einwirkung auf die Magnetnadel könnte nun auf mehrere Art zum Maaße der Kraft des Stromes dienen, entweder indem man bei nicht allzu beweglichen Nadeln den Abweichungswinkel bestimmte, oder indem man die an einem zarten Faden hängende Nadel nach Art der Coulombschen Drehwaage behandelte und die Kraft der Ablenkung mit der Drehungskraft des Fadens ins Gleichgewicht setzte, oder indem man die Oscillationen der Nadel beobachtete. Die letzte Methode, die Fechner mit Recht als am meisten zu Vergleichungen geeignet wählte, bedarf einer genauern Erklärung. Wir nahmen bisher immer an, daß die electrischen Ströme in der Richtung des magnetischen Meridians über und unter der Nadel fortliefen, und daß diese daher zu einer gegen den Meridian senkrechten Richtung hin abgelenkt werde; für die jetzt zu beschreibenden Versuche dagegen ist es nothwendig, die Umströmungen senkrecht auf den Meridian und so statt finden zu lassen, daß der herabgehende positive Strom an der Ostseite der Nadel herabgeht, der unter ihr hin fließende von Osten nach Westen u. s. w. Bei dieser Stellung der Ströme wird die Nadel gar nicht von ihrer Richtung abgelenkt; aber eben die Kraft, welche sie im vorigen Falle zu derjenigen Stellung in Beziehung auf die Umströmungen hinzog, in welcher sie sich jetzt schon befindet, eben die Kraft zeigt sich nun durch schnelleres Oscilliren der Nadel. Die Kraft der electrischen Umströmung besteht darin, daß sie die Nadel in die gegen die Ebne der Umströmungen senkrechten Richtung zu bringen strebt; wenn also durch eine fremde Gewalt die Nadel von dieser Richtung entfernt wird, so kehrt sie mit desto größerer Schnelligkeit zu derselben zurück, je größer die Kraft der electrischen Ströme ist, und die Größe dieser Kraft läßt sich also aus der Schnelligkeit der Oscillationen berechnen. Bei einem Versuche Fechners machte die Magnetnadel, ehe sie dem electrischen Strome ausgesetzt wurde, 4 Schwingungen in 15 Sec. und nachher, als die Wirkung des electrischen Stromes die Oscillationen beschleunigte, brauchte sie nur 33 Sec. zu 56 Oscillationen; im ersten Falle also 56 Schwingungen in 210 Secunden, im andern Falle eben so viele in 33 Sec. Die Kräfte verhalten sich wie die Quadrate dieser Zahlen, also die allein wirkende magnetische Kraft der Erde zu der aus dieser und der Einwirkung des Stromes zusammen gesetzten Kraft wie 33.33 = 1089 zu 210.210 = 44100, das ist wie 1 z 40,49; die Kraft, mit welcher die Einwirkung des electrische Stromes die Nadel zu ihrer Lage zurückführte, war also $39\frac{1}{2}$ m so groß, als die Kraft, mit welcher der Erdmagnetismus auf di Nadel wirkte.

Aus dieser Anwendung des Multiplicators läßt sich in jeder Falle die Größe der Kraft des electrischen Stromes bestimme Ihre Abnahme nach bestimmter Zeit der Schließung der Säul ihre Erneuerung, nachdem die Schließung unterbrochen worde oder überdies die Platten der Luft ausgesetzt worden, ihre Ae derung, wenn man längere Schließungsdräthe anwendet u. s. w.

Hier läßt sich nun auch der Versuch deutlich machen, den i früher als passend, um die ungleiche Leitung verschiedener Metal zu bestimmen, erwähnt habe. Wenn man nämlich zwei mit Seit umsponnene Dräthe von gleicher Dicke aber von verschiedene Metallen neben einander zu den Windungen des Multiplicator anwendet und durch den einen den electrischen Strom von K na Z, durch den andern von Z nach K gehen läßt; so schwächen die entgegengesetzten Ströme offenbar die Wirkung auf die zwischen d Windungen des Multiplicators liegende Magnetnadel gegenseiti Sind die Dräthe nicht bloß gleich dick und gleich lang, sondern au von gleich gut leitenden Metallen, so müssen die Wirkungen völli aufgehoben werden; sind sie gleich dick und gleich lang, aber d Metalle ungleich leitend, so wird die Wirkung des besser leitende sich dadurch kenntlich machen, daß die Magnetnadel nach der Sei abgelenkt wird, wohin der stärkere Strom im besser leitenden M talle sie abzuweichen nöthiget; giebt man aber dem besser leitende Metalle nach und nach eine größere Länge und vermehrt man i den Leitungswiderstand, so bringt man immer näher eine Gleichhe beider Ströme hervor, und wenn man fände, daß der eben so dic Silberdrath sechsmal so lang als der Platindrath sein müßte, u die Gleichheit der Ströme zu bewirken, so würde man dem Platin einen 6 mal größern Leitungswiderstand als dem Silber beilegen.

Einwirkung der Reibungs-Electricität auf die Magnetnadel.

Bei mehreren Versuchen, die man angestellt hatte, um die Einwirkung eines Stromes der durch Reibung erregten Electricität auf die Magnetnadel zu beobachten, konnte man mit dem Multiplicator keine solche bemerken, und wußte sich diese Verschiedenheit nicht recht zu erklären. Colladon hat aber gezeigt, daß sich die Wirkung allerdings wahrnehmen läßt, wenn man nur hindert, daß die mit zu starker Spannung die Isolirungen durchbrechende Electricität nicht von einer Windung des Multiplicators zur andern übergeht. Colladon wandte einen mit doppelter Seide genau umsponnenen Multiplicatordrath an, und ließ eine electrische Batterie von 4000 Quadratzoll Oberfläche nur so schwach laden, daß man an dem Electroscop der Flaschen eine geringe Divergenz bemerkte. Wurde nun das eine spitzig auslaufende Ende des Multiplicatordrathes dem Knopfe der Batterie, isolirt gehalten, genähert, während das andre Ende an der äußern Belegung anlag, so zeigte die Ablenkung der Magnetnadel den electrischen Strom an, und zwar fand diese Ablenkung nach entgegengesetzten Seiten statt, wenn die Enden der Dräthe vertauscht und dadurch die Richtung des Stromes eine entgegengesetzte wurde. Auch der durch Drehung einer Electrisirmaschine hervorgebrachte Strom von Electricität vom geladenen Leiter zum isolirten Reibzeuge zurück, brachte, wenn er durch den Multiplicatordrath geleitet wurde, eine Ablenkung der Nadel hervor, und endlich ließ sich auch bei einem herannahenden Gewitter die atmosphärische Electricität auf diese Weise wahrnehmen, als man eine hoch stehende, isolirte Metallspitze so mit dem Multiplicator in Verbindung setzte, daß die von jener aus der Atmosphäre angenommene Electricität durch den Multiplicator zur Erde geleitet wurde.

Ein und dreißigste Vorlesung.

Faraday's Entdeckung der electrisch-magnetischen Rotationen.

Die meisten Versuche, von denen ich Sie bis jetzt unterhalten habe, bezogen sich auf horizontale Leitungsdräthe oder auf Dräthe, die in schraubenförmigen Windungen dem electrischen Strome zahlreiche Umkreisungen gestatteten. Die Wirkungen eines einzelnen neben der Magnetnadel herabwärts oder hinaufwärts gehenden electrischen Stromes schienen sich nach den bisherigen Angaben immer ziemlich leicht bestimmen zu lassen; aber dennoch bieten sich hier ganz neue Erscheinungen dar, die von Faraday zuerst beobachtet worden sind.

Wenn die horizontale Magnetnadel in ihrer natürlichen Stellung im magnetischen Meridiane sich befindet; so muß, allen bisher betrachteten Erscheinungen zu Folge, ein an ihrer Ostseite herabwärts gehender electrischer Strom sie anziehen, ein an ihrer Westseite herabwärts gehender electrischer Strom sie abstoßen. Dieses findet sich auch wirklich so; aber wenn man den Leitungsdrath an der Seite der Magnetnadel nahe bis an die Enden bringt, so kehrt sich die Wirkung um und die Anziehung des an der Ostseite herabgehenden Stromes geht in Abstoßung über. Dies beruht offenbar auf der schon früher erwähnten Entfernung des wahren Poles der Nadel von ihrem Ende, wodurch (Fig. 180) es sich so verhält, als ob sN ein kleiner Magnet mit dem Nordpole in N, dem Südpole in s, wäre, und als ob die nach Ampère anzunehmenden Umkreisungen zwar in der Mitte des Magnetes ihre volle Wirksamkeit zeigten, an den äußersten Enden aber ein umgekehrter Erfolg einträte. Jene Beobachtung führt nun zu der Ueberzeugung, daß ein beweglicher Leitungsdrath eine Bewegung um den Pol der Magnetnadel anfangen muß; denn ein verticaler hinaufgehender Strom, dessen bloßen Querschnitt ich in A zeichne, weil der Drath senkrecht gegen die Ebne des Papieres gehen soll, wird durch die

Abstoßung in der Gegend B nach AC fortrücken, weil offenbar die abstoßenden Ströme um die Mitte des Magnetes wirksamer sind, als die wenigen zwischen B und N liegenden, und daher ein Fortrücken nach dem Ende hin veranlassen; ist aber A bis neben N gekommen, so geht er weiter dem Ende zu und wird zugleich angezogen. So fängt er also an, den wahren Nordpol N zu umkreisen und würde auch auf der andern Seite diesen Umlauf fortsetzen, wenn gleich das Anstoßen an den Magnet wiederholte Umläufe hindert. Dies war die erste Ueberlegung, die zu einer Kenntniß der von selbst entstehenden Rotationen führte, welche Faraday sogleich auch noch vollkommener darstellte, die wir aber nun mit andern Betrachtungen in Verbindung setzen wollen.

Ampère's fernere Untersuchungen über die gegenseitigen Wirkungen electrischer Ströme.

Ampère bemerkte nämlich sogleich, daß die von ihm gefundenen Anziehungen und Abstoßungen electrischer Ströme diese Rotationen als nothwendigen Erfolg unter bestimmten Umständen angäben. Um dieses mit der völligsten Ueberzeugung einzusehen, braucht man nur zu überlegen, was geschehen wird, wenn (Fig. 181.) der electrische Strom AB, der gegen den zweiten electrischen Strom CD zu fließt, so angeordnet ist, daß er eine mit CD parallele Bewegung annehmen kann. Die Anziehung und Abstoßung electrischer Ströme befolgt, wie Sie schon wissen, das Gesetz, daß sie sich anziehen, wenn beide gegen die Spitze des Winkels E zu fließen, aber sich abstoßen, wenn einer gegen diese zu, der andre von ihr abwärts strömt; die Wirkung des Stromes ED auf AB ist also eine andre als die Wirkung des Stromes CE; wenn man die Wirkung gleich entfernter Puncte m, n, auf einen Punct l betrachtet, so ist die Wirkung von n nach nl abstoßend, die Wirkung von m nach lm anziehend; die eine und die andre tragen daher bei, den Strom AB nach lk hin zu treiben, und dieser Strom muß, wenn er keine andre Richtung annehmen, wohl aber von AB nach ab fortrücken kann, zu diesem Fortrücken angetrieben werden. Ampère nennt hier den Strom CD unbegrenzt, den Strom AB begrenzt, weil es erforderlich ist, daß der erstere an beiden Seiten entgegengesetzt wirke, daß AB dagegen sich nicht bis an den Durchschnittspunct E oder bis über ihn hinaus erstrecke, indem, wenn dies geschähe, die fortrückende Bewegung (wegen entgegengesetzter Einwirkung auf beide Enden) nicht eintreten würde. Unsre Betrachtungen ergeben also die Regel, daß ein begrenzter Strom AB, der gegen den unbegrenzten CD zu fließt, neben diesem in einer Richtung, der Richtung des letztern entgegengesetzt, fortgetrieben wird, oder auf dem unbegrenzten Strome zurück rückt; und ganz eben so erhellt, daß, wenn der Strom AB von dem unbegrenzten Strome CD abwärts flösse, jener ein Bestreben haben würde, diesen zu begleiten, weil jetzt der Theil ED anziehend, CE dagegen abstoßend wirken würde.

Unter den unbegrenzten Strömen verdienen die kreisförmig in sich selbst zurückkehrenden Ströme vorzügliche Beachtung. Tritt hier (Fig. 182.) der Strom bei A ein und macht nach der Richtung ABCD einen oder mehrere von einander isolirte Umläufe, indem er von D wieder weiter geleitet wird; so werden alle Theile eines zweiten von E nach C fließenden Stromes nach B zu angezogen, von b her dagegen abgestoßen, und der Strom EC hat, wenn er beweglich ist, ein Bestreben auf CB zurück zu gehen; ein von C nach E gehender Strom würde dagegen, weil der Strom Cb eben so wie CE von C abwärts ginge, nach b vorwärts gezogen werden. Solche um den Mittelpunct des Kreises ABCD bewegliche Ströme lassen sich bequem darstellen und daher läßt sich die Erscheinung des Fortrückens hier wirklich zeigen.

Wäre nicht EC beweglich, sondern wäre der kreisförmige Strom so aufgehängt, daß er selbst sich um seinen Mittelpunct drehen könnte, so würde, wenn in EC der Strom von E nach C fließt, der Ring ABCD zu einer Rotation angetrieben werden, und dieses nach derselben Richtung, nach welcher sich der Strom im Ringe fortbewegt; denn da die Ströme EC, BC beide nach der Spitze des Winkels C gehen, so ziehen sie sich einander an, das heißt, alle gegen B zu liegende Theile werden nach EC hin gezogen, also zur Drehung von B nach C angetrieben, wogegen alle bei b liegenden Theile abgestoßen, nach der Richtung Cb vorwärts getrieben werden, weil Cb von der Spitze C weg, EC gegen die Spitze C zu fließt.

Diesen letztern Satz hat Savary durch einen Versuch nachgewiesen, den man leicht versteht, wenn man bedenkt, daß im Metalle die Leitung viel schneller als im Wasser ist, und daß daher das von Wasser umgebene Metall dennoch einen electrischen Strom in sich fortleitet. Savary's Anordnung des Versuches fordert einen starken voltaischen Apparat, damit ein recht kräftiger Strom entstehe. Das Instrument (Fig. 183.) besteht aus einem flachen, kreisförmigen Metallgefäße AB, dessen Boden im Centrum durchbohrt ist und eine durch Glas isolirte Metallsäule IH durchläßt, auf deren Gipfel in einem mit Quecksilber gefüllten Schälchen die Metallspitze U ruht, die einen an dem Bügel LGF hängenden Metallring FDE trägt. Dieser Ring ist bei F so unterbrochen, daß ein isolirender Körper die beiden Enden des Metallreifens trennt; vom Ende des Metalles aber geht ein metallischer Leiter FGU nach der Spitze zu, statt daß die andre Hälfte des Bügels LM aus Nichtleitern besteht. K und C sind die beiden Puncte, wo die electrischen Ströme eintreten können. Ist nun das Gefäß AB mit gesäuertem Wasser gefüllt, und der Metallreifen FDE in dasselbe (ohne das Gefäß zu berühren) eingetaucht, so wird der bei C eintretende electrische Strom auf alle Puncte des Gefäßes AB übergehen und, weil er hier keine Ableitung findet, durch das Wasser überall zu dem Metallringe hinübergehen. Diese Ströme sind begrenzte Ströme, die sich nur bis an den Ring erstrecken, aber so wie sie den Ring erreichen, der bessern Leitung wegen, zu ihm übergehen und in ihm von D nach F, von E über D nach F, sämmtlich in einerlei Richtung fließen, weil sie nur diesseits der isolirenden Unterbrechung durch FG nach H und so durch HIK zum andern Pole der Säule gelangen können. Da der Metallring so aufgehängt ist, daß er sich um die feine Spitze U mit vollkommner Leichtigkeit drehen kann, so ist der kreisförmige Strom EDF ein beweglicher und er fängt daher an so zu rotiren, daß D nach F rückt, weil die von D im Ringe nach F zu fließenden Theile des electrischen Stromes durch die im Wasser gegen D zu fließenden Theile fortgestoßen, die jenseits D liegenden aber heran gezogen werden, und dieses nicht bloß für D, sondern für jeden Punct des Ringes gilt. Dieses Rotations-Instrument wird einerlei Drehung geben, man lasse den positiven Strom bei C einfließen und bei K ausfließen oder umgekehrt, indem im letztern Falle die sämmtlichen Ströme die entgegengesetzten Richtungen haben und daher eben die Wirkung hervorbringen. Das Gelingen dieses Experiments zeigt also deutlich, daß das Anziehen und Abstoßen der electrischen Ströme auch diese Wirkung, die man nach dem Princip der Zerlegung der Kräfte erwarten durfte, in der That hervorbringt *).

Ich könnte nun sogleich zur Anwendung des Magnets übergehen, aber um alle Umstände genau zu übersehen, erlauben Sie mir noch eine Erweiterung der bisherigen Theorien beizufügen. Auch ein vertical herabgehender Strom wird von einem horizontalen kreisförmigen Strome zur rotirenden Bewegung angetrieben, nur darf jener nicht tiefer herabgehen, als der horizontale Kreisstrom, damit nicht die Wirkung des untern Theiles die des obern vernichte. Erstreckt sich aber der herabgehende Strom (Fig. 184.) ED bloß bis D, so wird er gegen die nachfolgenden Theile des Kreisstromes angezogen und von den schon vorbeigeflossenen Theilen AB zurückgestoßen; er geht also nach der Richtung, welche der Richtung des Stromes selbst entgegen ist, von A nach C um den Kreisstrom herum; ein von D nach E hinaufwärts gehender Strom würde dagegen Umläufe von A gegen B vollenden, weil die von den nächsten Puncten A, D beider Ströme abwärts gehenden Ströme sich anziehen. Daß diese Anziehung nach schiefer Richtung geschieht, dennoch aber, durch Zerlegung der Kräfte, wie die Statik sie lehrt, die eben angegebene Wirkung hervorbringt, läßt sich leicht übersehen.

Magnetisch-electrische Rotationen.

Die Uebereinstimmung zwischen umkreisenden electrischen Strömen und dem Magnete findet sich nun auch hier wieder bestätiget. Wenn man einen Magnet vertical stellt und zwar mit dem Nordpole oben, so legten wir ihm umkreisende electrische Ströme bei,

---

*) Dies Experiment bedarf eines starken electrischen Stromes wegen der Einwirkung des Erdmagnetismus, auf den ich noch zurückkomme, dessen Einwirkung überwunden werden muß.

die in diesem Falle von Norden nach Westen, Süden, Osten, laufen. Befindet sich also in dem Glascylinder AB (Fig. 185.) unten bei NS ein verticaler Magnet mit dem Nordpole oben, umgeben von einer Quecksilbermasse, die den untern Theil des Cylinders so füllt, daß der Magnet nur wenig hervorragt; so wird, wenn der in das Quecksilber tauchende Drath CD den positiv-electrischen Strom herunterwärts leitet, dieser Drath Umläufe um den Magnet von Norden nach Osten, Süden machen, ein hinaufwärts gehender Strom dagegen wird, wenn der Nordpol N oben bleibt, die entgegengesetzte Rotation zeigen; jener geht nämlich neben dem den Magnet umkreisenden Strome rückwärts, der hinaufwärts gehende folgt dem umkreisenden Strome. Daß der Südpol oben alle Erscheinungen umgekehrt hervorbringen muß, versteht sich von selbst. Diese Erscheinungen wurden, sogleich nach Faraday's Entdeckung, theils von ihm, theils von Gay-Lüssac und Ampere dargestellt; sie erfordern indeß eine nicht zu schwache Kraft des voltaischen Stromes und reines Quecksilber, um die Hindernisse der Bewegung zu vermindern. Es ist hier sowohl der von C nach D herabgehende als der von D nach N durch das Quecksilber gehende positive Strom, der auf dem umkreisenden Strome gegen die Seite, von welcher der Strom kömmt, angezogen wird.

Noch überraschender, weil das Instrument keiner besondern voltaischen Säule bedarf, sondern selbst durch eine einfache Kette den electrischen Strom hervorbringt, sind die Versuche mit einem von Ampère angegebenen, nachher von andern in Rücksicht der Form noch verbesserten Instrumente, das aus einem Kupfergefäße und einem darin zur Drehung kommenden Zinkreifen besteht. Es sei (Fig. 186.) AB dieses Kupfergefäß, in dessen Boden der eine Pol N eines starken Magnetes befestigt ist. Der in der Mitte erhöhete Boden umgiebt den Magnet und trägt die Säule NI, die oben auf einer feinen Spitze I den Bügel LIM trägt, an welchem unten der kreisförmige Zinkreifen PQ befestigt ist. Füllt man nun das Gefäß mit gesäuertem Wasser, so geht vom Kupfergefäße der positive Strom durch die in der Mitte stehende Säule aufwärts, in beiden Theilen des Bügels aber herabwärts vom Kupfer gegen das Zink und von allen Puncten des Zinkreifens durch das gesäuerte Wasser dem Kupfergefäße zu. Da das Gefäß in der Mitte einen so erhöheten Boden hat, daß das gesäuerte Wasser dieses nur ringförmig umgiebt, wie der Durchschnitt Fig. 186. zeigt, so sind es die von P nach N und von Q nach N, das ist von allen Puncten des Zinkreifens nach dem Kupfer zu durch das Wasser gehenden Ströme vorzüglich, die, als dem Magnete am nächsten, hier wirksam sind; sie sowohl als die in den Armen des Bügels herabgehenden Ströme sind, als gegen die umkreisenden Ströme des Magnets zu gerichtet, geneigt, nach der Richtung zu rotiren, welche den Umkreisungsströmen des Magnets entgegengesetzt ist, also von Norden nach Osten, Süden, Westen, wenn der Nordpol oben ist. Bringt man, wie die Figur zeigt, um den Südpol S eines gekrümmten Magnetes genau eben die Einrichtung an, so geräth dort der Bügel mit dem Reifen in eine Rotation, die der bei N entgegengesetzt ist. Setzt man dagegen auf die Pole des Magnetes Zinkgefäße, in denen an dem Bügel ein Kupferreifen schwebt, so sind die Drehungen den vorigen entgegengesetzt, weil nun der vom Kupferringe zum Zink gehende Strom in den Seiten des Bügels aufwärts, dann von I gegen das in der Mitte befindliche Zink, ferner im Wasser von der Mitte abwärts gegen den Kupferreifen geht, die Ströme, die wir dem Magnet beilegen, aber ungeändert bleiben.

Dieses leicht gelingende Experiment, welches bloß feine Spitzen zum Aufhängen bei I, sorgfältige Reinigung von allem Oxyde und Schmutze an der Stelle, wo bei I der Uebergang erfolgen soll, und einen nicht zu schwachen Magnet fordert, gehört zu den auffallendsten, weil diese von selbst entstehenden, mit völliger Sicherheit nach bestimmten Richtungen entstehenden Rotationen so ganz ohne künstliche Nachhülfe, bloß durch eingegossenes Wasser, hervorzugehen scheinen.

Man kann auf ähnliche Weise einen verticalen Magnet um einen Leitungsdrath sich bewegen lassen. Wird nämlich (Fig. 187.) der Magnet NS durch ein unten daran befestigtes Stück Platin in Quecksilber schwimmend vertical erhalten, so wird er durch den in AB herabgeleiteten electrischen Strom, der in dem Quecksilber Strömungen von B abwärts bewirkt, theils in drehende, theils in umlaufende Bewegung gesetzt. Was die erstere betrifft, so ist es offenbar, daß der herabgehende Strom AB auf die Theile DC der umkreisenden von D nach C gehenden Ströme anziehend wirkt, und daher D nach C zu führen, eine Drehung des Magnetes um seine Axe zu bewirken strebt; die Umlaufsbewegung aber wird durch alle von B durch das Quecksilber gehenden horizontalen Ströme befördert. Diese sind sämmtlich, wenn AB herunterwärts geht, abwärts von B gegen das Gefäß gerichtet; einige gehen, wie BL, an der Seite des Magnetes vorbei, wo die Richtung der Umkreisungsströme des Magnets mit ihnen übereinstimmt, und diese ziehen also die Umkreisungsströme und den Magnet selbst an; andre, wie BM, gehen an der Seite des Magnetes vorbei, wo die Umkreisungsströme DC die ihnen entgegengesetzte Richtung haben und sie stoßen daher diese Ströme und den Magnet selbst ab, der sich also nach der Seite BL zu vorwärts bewegt; andre BN treffen den Magnet und ihr zunächst an B liegender Theil zieht die gegen D liegenden Puncte des Magnetes vorwärts, ihr zunächst an N liegender Theil zieht gleichfalls die an der Seite D liegenden Puncte heran, beide also tragen bei, um den Magnet nach BL zu fortzuziehen, da bei B der herankommende Strom auf die hinterwärts bei D liegenden Theile anziehend und bei N der abwärts gehende Strom auf die bei D liegenden Theile gleichfalls anziehend wirkt.

Man hat diesen Rotations-Apparaten die mannigfaltigsten Einrichtungen gegeben, indem z. B. Sturgeon den Magnet selbst durch einen electrischen Strom, der einen weichen Eisenstab umwindet, erst hervorbringt und ihn dann seine magnetische Einwirkung ausüben läßt; indem Leuthwaite gleichzeitig ein Umlaufen des Magnetes um den Leitungsdrath und des Drathes um den Magnet statt finden läßt; indem Pouillet den in der Mitte bleibenden Magnet selbst als Leiter gebraucht und ihn in eine Rotation um seine eigne Axe setzt; indem Schweigger zwei Nadeln mit entgegengesetzten Strömen über einem und demselben Magnetpole zu entgegengesetzten Rotationen bringt; indem Barlow sogar ein größeres Rad damit umtreibt, u. s. w.; aber ich glaube genug gethan zu haben, indem ich Ihnen einige Anordnungen gezeigt habe, die diese — man darf wohl sagen, wundervollen — Erscheinungen vor Augen legen. Ich übergehe daher auch die electro-magnetischen Bewegungen, die Davy, Schweigger und andre im Quecksilber selbst, wenn es electrischen Strömen zum Leiter dient, unter dem Einflusse des Magnetes haben entstehen sehen.

Rotationsbewegungen unter dem bloßen Einflusse des Erdmagnetismus.

Dagegen muß ich wenigstens einen derjenigen Versuche erzählen, wo electrische Leiter ohne Magnet und ohne Einwirkung eines zweiten electrischen Stromes in eine rotirende Bewegung gesetzt werden; diese Versuche geben uns Veranlassung, dem Erdmagnetismus eben die Wirkung wie electrischen Strömen, die wir uns als die Erde umkreisend denken, beizulegen. Schweigger hat folgenden sehr belehrenden Versuch angegeben. AB (Fig. 188.) ist ein flaches Gefäß, das mit einer leitenden Flüssigkeit gefüllt ist. Die Leitungsdräthe KEC, ZFD, führen, durch Glasröhren von diesem flüssigen Leiter getrennt, den positiven electrischen Strom von K nach C und leiten ihn von D nach Z wieder ab, so daß K die Kupferplatte, Z die Zinkplatte einer einfachen galvanischen Kette berühren müßte. Dieser electrische Strom findet seine Leitung von C nach D durch zwei auf den feinen Spitzen C, D, horizontal vermittelst metallener Hütchen aufgelegten Nadeln, die jede nur mit einem Ende, indem nämlich die am einen Ende gebogene Spitze die Flüssigkeit berührt, den Strom in die Flüssigkeit hinüber leitet oder aus ihm aufnimmt. Ist der Apparat so angeordnet und tauchen die Spitzen n, q, ein, während der entgegengesetzte Theil der Nadeln ohne Eintauchung durch ein Gegengewicht das Gleichgewicht erhält; so durchläuft der positiv-electrische Strom seinen Weg von K nach C, dann von C nach n in der Nadel vom Drehungspuncte abwärts, von n nach q in der Flüssigkeit, von q nach D in der zweiten Nadel gegen den Drehungspunct zu, und vollendet endlich von D nach Z seinen Kreislauf. Diese Nadeln sieht man nun, sobald der electrische Strom in Thätigkeit gesetzt ist, Umläufe um die Spitzen C, D, nach entgegengesetzten Richtungen machen und zwar so, daß die Nadel m n, in welcher der positive Strom vom Mittelpuncte abwärts geht, sich von Westen durch Süden nach Osten dreht:, die andre dagegen in umgekehrter Richtung.

Da hier weder ein andrer electrischer Strom hervorgebracht ist, noch auch ein Magnet einwirkt, so werden wir auf electrische Ströme, welche die Erde selbst umkreisen mögen und die vermuthlich die Ursache der magnetischen Erscheinungen enthalten, geführt. Nach Ampère sollen wir uns die Erde als mit electrischen Strömen um die Gegend des Aequators von Osten nach Westen umkreiset vorstellen, und wir müssen nun sehen, ob diese Hypothese den Erscheinungen entspricht. Da ein horizontaler electrischer Strom, der von einem Mittelpuncte ausgehend nach Süden gerichtet ist, gegen den Aequator zu geht, so wird die Anziehung der nachfolgenden, also östlichen Theile des den Aequator umkreisenden Stromes, diesen Strom oder die Nadel, welche er durchläuft, von Süden nach Osten ziehen; dagegen wird die nach Norden gerichtete, den Strom vom Aequator abwärts leitende Nadel von Norden nach Westen, den vorangehenden Stromtheilen folgend angezogen; die nach Osten gerichtete Nadel wird, weil ihr Strom dem Strome des Aequators entgegengesetzt ist, abgestoßen nach Norden fortgehen, und in allen Lagen also wird die Nadel, in welcher der Strom vom Mittelpuncte aus geht, eine drehende Bewegung von Norden nach Westen, Süden, Osten, erlangen. Der entgegengesetzte Fall erhellt dann von selbst *).

Aber auch die Lagen, in welchen kreisförmige electrische Ströme vermöge der Einwirkung der Erde zur Ruhe kommen, stimmen mit dieser Hypothese überein. Wir haben nämlich oben gesehen, daß ein der Einwirkung der Schwere ganz entzogener ringförmiger electrischer Strom sich senkrecht auf die Richtung der Neigungsnadel zu stellen strebt und zwar so, daß der von der nördlichen Seite der Neigungsnadel herabsteigende Strom an der östlichen Seite liegt; es kömmt also darauf an, zu sehen, ob diese Stellung der electrischen Ströme der Voraussetzung von einem die Erde umkreisenden electrischen Strome entspricht. Ist dieser ringförmige Strom nicht ganz genau in der Stellung, daß der von Norden herabwärts gehende Strom an der Ostseite liegt, so wird er als ein dem Erd-Aequator sich nähernder Strom auf diesem zurück-

*) Wie es sich für Experimente, die in der südlichen Halbkugel der Erde angestellt würden, verhält, läßt sich leicht übersehen.

gehen, das ist, seine Lage so weit als möglich östlich nehmen, also die Ostseite einzunehmen streben; dagegen wird der vom Erd-Aequator, vom Strome des Erd-Aequators, sich entfernende Strom die Westseite einnehmen. Wir können nun hinzusetzen: sind unsre Magnete und Magnetnadeln auf ähnliche Weise von electrischen Strömen umkreiset, so müssen sie die Seite, wo die electrischen Ströme hinaufwärts gehen, nach Westen wenden, und der die Erde umkreisende von Osten nach Westen gerichtete electrische Strom ist die Ursache, warum in unsern Magnetnadeln der electrische Strom an der obern Seite von Westen nach Osten, an der untern von Osten nach Westen geht.

So ließe sich also der ganze Zusammenhang der Ampère-schen Theorie so übersehen. Ein electrischer positiver Strom umkreiset die Erde in der Gegend ihres Aequators von Osten nach Westen. Die Magnetisirung des Eisens und Stahles besteht in einer Erregung umkreisender electrischer Ströme um den magnetisirten Stab und zwar so, daß die herabgehenden Ströme an der Ostseite sind, wenn der Magnet seinen Nordpol nach Norden wendet. Unter diesen Voraussetzungen müssen die Magnete auf einander und die Erde auf die Magnete so einwirken, wie es wirklich der Fall ist, und unter diesen Voraussetzungen muß die gegenseitige Wirkung des Magnetes und der electrischen Ströme und endlich die Einwirkung der Erde auf die electrischen Ströme genau die Erfolge hervorbringen, die ich angeführt habe.

Ampère hat indeß, um den Erscheinungen der Magnete noch vollständiger Genüge zu thun, noch eine andre Voraussetzung hinzugefügt. Dieselbe Erfahrung nämlich, die Coulomb und nachher Poisson bewog, die beiden magnetischen Materien zwar in jedem magnetischen Elemente des Körpers getrennt, nicht aber von einem Elemente zum andern übergehend und nicht auf der Oberfläche des ganzen Magnetes angehäuft anzunehmen, eben diese Erfahrung nöthiget auch Ampère die electrischen Umströmungen jedem einzelnen Elemente beizulegen und sie nicht als die äußere Oberfläche des ganzen Magnets umkreisend anzusehen. Offenbar läßt sich gar wohl zeigen, daß diese Umkreisungen, eben so gut als in der Theorie Poissons die in jedem Elemente getrennten magnetischen Materien, eine Gesammtwirkung hervorbringen werden, die mit Umkreisungen um den ganzen Magnet übereinstimmt; — bei Poisson zerstört sich im Innern das Zusammenwirken der einander nahe liegenden Nordpole und Südpole und es entsteht eine Gesammtwirkung so, als ob jene zwei Materien in den beiden Polen angehäuft wären; hier zerstören sich im Innern die Wirkungen der an zwei nächsten Theilchen in der Umkreisung um das eine hinauf, um das andre hinabgehenden Ströme, aber alle diese Wirkungen vereinigen sich so, als ob die Umströmungen um den ganzen Magnet liefen.

Einwürfe gegen Ampère. Transversalmagnete.

Ampère's Theorie ist nicht mit so allgemeinem Beifall aufgenommen, als es nach dieser großen Uebereinstimmung mit allen Erscheinungen zu erwarten gewesen wäre. Einige Einwürfe gegen dieselbe scheinen mir nach und nach von selbst verschwinden zu müssen, indem das, was man über die nicht vollkommen consequente Durchführung der Hypothese in den Anwendungen auf die sich uns deutlich zeigenden Erscheinungen gesagt hat, wohl bei recht genauer Untersuchung als unbegründet erscheinen wird. Eben so halte ich dafür, daß einzelne Erscheinungen, die man als der Hypothese widersprechend ansah, dieses nicht sind, wenn man, wie Ampère es lehrt, die gesammte Wirkung ins Auge faßt und nicht bei einzelnen Umkreisungsströmen stehen bleibt. Diejenigen Einwürfe, die man davon hernehmen kann, daß schwerlich die Stellung aller Magnetnadeln auf der Erde sich aus einem einzigen, um die Gegend des magnetischen Erd-Aequators die Erde umkreisenden electrischen Strome mit Genauigkeit möchten berechnen lassen, daß sie schwerlich alle einem einzigen solchen Strome entsprechen, sind gewiß nicht ungegründet; aber man darf, um sie zu beantworten, wohl bemerken, daß wir durch Beobachtungen zu zwei großen magnetischen Axen der Erde schienen geführt zu werden, statt daß wir bei minder genauer Untersuchung mit einer, auf den magnetischen Aequator senkrechten Axe auszureichen hoffen konnten; eben so werden wir wohl auch zu zwei Hauptströmen, die ungefähr als jene Axen umkreisend angesehen werden könnten, hin geleitet werden, und jener eine Strom kann nur als die wichtigsten Erscheinungen darstellend, wenn es auf Kleinigkeiten noch nicht ankömmt, oder als eine erste Annäherung zu den wirklichen Ursachen der Erscheinungen angesehen werden.

Wichtiger sind die Einwürfe, welche das innere Wesen des Magnetes betreffen. Sind auch alle Erscheinungen so, als ob jene umkreisenden Ströme vorhanden wären, so wird es uns doch schwer, kann man mit Recht sagen, uns diese jedes Element umkreisenden Ströme als wirklich zu denken; wir begreifen nicht, wie diese Ströme, in unendlicher Nähe bei einander, in entgegengesetzten Richtungen neben einander hin gehend, sich nicht zerstören; wir begreifen nicht, wie sie im Eisen plötzlich erzeugt und plötzlich vernichtet oder in entgegengesetzte verwandelt werden, warum sie im Stahle dauernd sind, warum sie in andern Körpern, die die Electricität weder besser noch schlechter leiten, gar nicht so entstehen, wie es zur Hervorbringung eines Magnetes nöthig ist. Diesen Einwürfen kann man wohl nichts anderes entgegensetzen, als daß wir überall, wo wir das innere Wesen der Körper erforschen wollen, auf ähnliche Dunkelheiten gerathen, daß auch die andre Vorstellung von kleinen magnetischen Partikeln, die wir uns, um die Erscheinungen besser zu übersehen, machten, gar nicht frei von Schwierigkeiten ist, und daß die Lehre vom Lichte und von der Wärme, wenn wir nach der eigentlichen Beschaffenheit der Lichtmaterie, der Wärmematerie, fragen, uns eben solche Schwierigkeiten darbietet. Diese Schwierigkeiten wegzuräumen, hat Ampère sich nicht bemüht, sondern sein eigentliches Bestreben ist nur auf eine mathematische Darstellung der sich wirklich deutlich zeigenden Erscheinungen gerichtet gewesen, die er so durchgeführt hat, daß er wohl nicht mit Unrecht behauptet, jede künftige Hypothese werde sich an seine Formeln anschließen müssen, weil diese mit strenger Genauigkeit allen Thatsachen entsprechen.

Auf den Einwurf, warum denn der Magnet uns nie electrische Erscheinungen gezeigt habe, komme ich künftig noch zurück.

Was andre Theorien betrifft, so hat noch keine eine Anwendung auf alle Erscheinungen gestattet. Am meisten Beifall schien die Meinung zu verdienen, welche den electrischen Leitungsdrath als einen Transversalmagnet betrachtet. Man versteht unter einem

Transversalmagnet einen solchen, der an der ganzen Seite Ss (Fig. 189.) südpolarisch und an der ganzen Seite Nn nordpolarisch ist. Solche Transversalmagnete lassen sich allenfalls, obgleich schwierig, durch ein in der Querrichtung vorgenommenes Bestreichen hervorbringen; aber auch (nach Schmidts Anleitung) durch einen electrischen Schlag, indem man einen Cylinder ganz dicht mit Stahldrath umwickelt und einen starken electrischen Funken durch die obere Seite desselben mit der Axe parallel gehen läßt, wo man das Ende, in welchem der Funke eintrat, zum West-Ende magnetisirt, die Seite rechts *) sich nach Norden wendend findet. Es ist offenbar, daß eine Magnetnadel unter einen solchen Quermagnet gestellt in der Querrichtung zur Ruhe kommen muß, so wie es in der Nähe des Leitungsdrathes geschieht, aber mit dem wichtigen Unterschiede, daß bei dem Transversalmagnete die nordpolarische Seite nordpolarisch wirkt, man mag über oder unter ihm die Magnetnadel aufstellen, statt daß der electrische Strom die über ihm stehende Nadel in die eine Richtung, die unter ihm stehende in die genau entgegengesetzte Richtung bringt **). Die Meinung, der Leitungsdrath sei ein Transversalmagnet, ließ sich daher in ihrer Einfachheit nicht beibehalten, sondern man fing an, dem Leitungsdrathe vier oder sechs Pole, entweder zwei oder drei nordpolarische Seiten der ganzen Länge nach beizulegen; aber niemand konnte angeben, daß irgend ein bestimmter Punct des Umfangs vorzugsweise Nordpol, ein andrer mit mehr Recht Südpol heißen könne. Die Vertheidiger dieser Ansicht scheinen sich zuletzt dabei beruhigt zu haben, daß jede nach der Länge des Leitungsdrathes auf seiner oberen Fläche gezogene Linie, wenn in ihr der Strom

*) Vorausgesetzt, daß der Funke gegen den Beobachter zu ging.

**) Auch der Umstand, daß Eisenfeile vom Leitungsdrathe so angezogen wird, daß sie ihn umwickelt, nirgends in Spitzen oder Nadeln nach außen hervortritt, würde bei dem Transversalmagnete nicht statt finden, oder nur dann statt finden, wenn dieser Magnet sehr schmal wäre und also Nordpol und Südpol ganz nahe bei einander lägen. Entstehen dagegen in der Eisenfeile electrische Ströme, so legt jedes, als eine kurze Magnetnadel gedachte, Theilchen sich quer über die Längenrichtung des Leitungsdrathes und alle zusammen bringen daher jene Umwickelung hervor.

sich vom Beobachter entfernt, an ihrer linken Seite nordpolarisch, an ihrer rechten Seite südpolarisch sei, der Leitungsdrath also als mit unzähligen unendlich schmalen Quermagneten umgeben sich zeige. Dem Wesentlichen nach kömmt das dann auf Pohls Circularmagnetismus hin, mit dem ich mich nicht habe befreunden können. Die übrigen Erscheinungen durch diese Hypothese zu erklären, hat mir immer unmöglich geschienen, und mehrere Physiker, die sich zuerst der transversalmagnetischen Theorie geneigt zeigten, sind auch zu der Ueberzeugung, daß sie nicht ausreiche, gelangt *).

*) Zum Schlusse führe ich hier noch die Bemerkung an, daß die spiralförmige Windung, die man schon längst als in den Tromben oder Wasserhosen bemerkbar angegeben hat, zu dem (namentlich von Horner ausgesprochenen) Gedanken geführt hat, daß die Natur hier einen solchen Umkreisungsstrom hervorbringe, wie wir ihn in den electromagnetischen Experimenten benutzen. Dieser Gedanke verdient gewiß alle Aufmerksamkeit, aber mir sind noch keine Erfahrungen bekannt, die uns genauern Aufschluß gäben, ob die Richtung dieser Windungen bestimmt ist, ob sie mit der Richtung des Fortrückens der Wasserhose in einer Beziehung steht, ob die letztere vielleicht senkrecht auf den magnetischen Meridian ist u. s. w. Wir müssen daher die deutlichere Kenntniß dieser Erscheinung erst von der Zukunft erwarten.

Zwei und dreißigste Vorlesung.

Thermomagnetismus.

Die durch den Schweigger'schen Multiplicator so sehr erleichterte Auffindung, selbst der schwächsten electrischen Ströme, hat noch zu einer sehr merkwürdigen und unerwarteten Entdeckung geführt. Seebeck nämlich, indem er den durch electromotorische Einwirkung zweier Metalle auf einander entstehenden electrischen Strom untersuchte, bemerkte, daß zwei Metalle auch ohne einen feuchten Leiter magnetische Einwirkungen hervorbringen können, und daß besonders Antimon und Wismuth sonderbare Ungleichheiten der hervorgebrachten Wirkungen zeigen. Eine Reihe von Versuchen, wo entweder eines dieser Metalle oder auch Zink mit Kupfer in Berührung gebracht wurde, dienten, um die Umstände, welche ohne Einfluß waren, kennen zu lernen, und führte endlich dahin, ungleiche Erwärmung als die Ursache einer bei trockener Berührung zweier Metalle hervorgehenden Einwirkung auf die Magnetnadel, oder eines entstehenden electrischen Stromes anzuerkennen. Diese Erscheinungen haben daher den Namen der thermomagnetischen (durch Wärme erregten magnetischen) oder thermo-electrischen erhalten. Um den Versuch am einfachsten anzustellen, verbindet man einen Kupferstreifen (Fig. 190.) ABC mit einem Wismuthstabe AC, bringt auf die Spitze D eine Magnetnadel und stellt den Kupferstreifen in die Richtung des magnetischen Meridians; erwärmt man nun die eine Löthungsstelle C des Wismuths und des Kupfers, (ich nehme hier an, das untere Ende des südlich stehenden Wismuths) so weicht die Nadel östlich ab; erwärmt man das obere Ende A des südlich stehenden an das Kupfer bei A befestigten Wismuths, so weicht die Nadel westlich ab. Wenn Antimon statt des Wismuths angebracht wird, so erfolgen beide Erscheinungen entgegengesetzt; und dieser Gegensatz zeigt sich nicht bloß bei der Verbindung mit Kupfer, sondern in jeder ähnlichen Verbindung scheinen Wismuth und Antimon die beiden äußersten

Glieder einer Reihenfolge zu sein, die mit der Reihenfolge der Körper in electromotorischer Hinsicht vergleichbar, obgleich eine ganz anders geordnete ist.

Nach den bisherigen Erfahrungen, wo ein positiv electrischer Strom, wenn er um die nach Norden gerichtete Magnetnadel in der Richtung CDBA geführt wird, eine Ablenkung nach Osten hervorbringt, werden wir also sagen müssen, wenn am Wismuth-Kupfer-Ringe die Verbindungsstelle C erwärmt wird, so entsteht ein positiv-electrischer Strom vom erwärmten Wismuth zum Kupfer; eben die Regel findet immer statt, indem eine Erwärmung bei A die entgegengesetzte Ablenkung, also einen entgegengesetzten Strom, das ist, wieder vom erwärmten Wismuth zum Kupfer, hervorbringt. Dagegen wenn Antimon und Kupfer einen fest verbundenen Ring bilden, geht der positiv-electrische Strom an der Erwärmungsstelle vom Kupfer zum Antimon. Verbindet man Antimon und Wismuth, so geht an der erwärmten Stelle der positiv-electrische Strom vom Wismuth zum Antimon; und auch für fast alle andere untersuchten Metalle ist, wenn sie mit Antimon einen Ring bilden, der electrische Strom an der erwärmten Stelle gegen das Antimon zu, wenn sie mit Wismuth einen Ring bilden, der electrische Strom an der erwärmten Stelle vom Wismuth abwärts gerichtet.

Erwärmt man beide Verbindungspuncte A, C, der beiden Metalle in gleichem Grade, so zeigt die Magnetnadel keine Aenderung, weil die entgegengesetzten Ströme die Wirkung zerstören. Setzt man (Fig. 191.) den Stab FGH aus Wismuth FG und Antimon GH zusammen und schließt den Ring HIKF durch Kupfer oder ein andres Metall; so weicht, wenn H gegen Norden gekehrt ist, der Nordpol östlich ab, wenn man in G erwärmt, (der Strom vom Wismuth zum Antimon); sie weicht westlich aus, wenn man in H erwärmt (der Strom vom Kupfer zum Antimon); sie weicht westlich aus, wenn man in F erwärmt (der Strom von Wismuth zum Kupfer und weiter vom Kupfer zum Antimon); sie weicht noch stärker westlich aus, wenn man in F und H zugleich erwärmt, weil der Strom nun nicht allein angeregt wird bei H vom Kupfer zum Antimon, sondern auch bei F aufs neue vom Wismuth zum Kupfer überzugehen.

Abkühlung in einem der Verbindungspuncte bringt die genau entgegengesetzten Wirkungen hervor, und man verstärkt daher die Wirkung, wenn man (Fig. 190.) in A eine Erhitzung, in C eine Abkühlung statt finden läßt. Die Wirkung findet zwar statt, wenn an der Erwärmungsstelle sich diese auch nur auf eines der Metalle erstreckt, besser aber ist es, wenn sie beide daran Theil haben. Je größer die Differenz der Wärme in den Verbindungsstellen ist, desto größer wird die Ablenkung der Magnetnadel.

Sehr große Berührungsflächen vermehren die Wirkung nicht merklich; aber zu klein dürfen diese nicht sein, und vollkommen innige Berührung, am besten durch Löthung, ist eine wesentliche Bedingung der Wirksamkeit.

Gesetze der thermo-electrischen oder thermomagnetischen Erscheinungen.

Die Metalle bilden auch in Beziehung auf diese durch ungleiche Wärme in beiden Verbindungspuncten hervorgehenden Erscheinungen eine Reihenfolge. So wie Zink und Mangan-Oxyd so ziemlich die Endpuncte der Reihe in electromotorischer Hinsicht, um den voltaischen Strom hervorzubringen, darstellen, so sind Antimon und Wismuth unter den bekanntern Metallen die Endpuncte der Reihe in thermo-electrischer Hinsicht, oder bei der Hervorbringung des seebeckischen Stromes. In Hinsicht auf diese beiden Metalle sind alle Beobachter einig; in Hinsicht auf die übrigen haben sich bei verschiedenen Versuchen Verschiedenheiten in der Reihenfolge ergeben, die entweder von beigemischten fremden Bestandtheilen oder von ungleicher Behandlung abhängen mögen *). Wenn man vom Wismuth ausgeht, so setzt selbst Seebeck einige Arten Kupfer vor dem Silber und Zink, einige Arten nach demselben; indeß ist es gewiß, daß auch das Zink ziemlich in der Mitte liegt, und die Reihenfolge ist ungefähr so: Wismuth, Platin, Blei, Silber, Kupfer, Zink, Eisen, Antimon, welchem noch das Tellurium folgt. Nach Seebecks Versuchen gilt nun freilich auch

*) Daß diese Ungleichheit der Wirkung beim Platin gänzlich von der Reinheit dieses Metalles abhänge, und deshalb als Prüfungsmittel hiefür dienen könne, hat Seebeck gezeigt.

hier, was bei der voltaischen Säule galt, daß die Stärke des electrischen Stromes am größesten ist, wenn man die in der Reihe am meisten gegen beide Enden stehenden Metalle verbindet, (vorzüglich Wismuth und Antimon,) aber es zeigen sich auch unerwartete Ausnahmen, daß z. B. Tellur mit Silber stärker wirkt, als Tellur mit Wismuth zu einem Kreise verbunden, obgleich aus andern Versuchen doch so unfehlbar erhellt, daß die Stelle des Wismuth weit über dem Silber, die allerentfernteste vom Tellurium ist.

Die zahlreichen Versuche Seebecks über Erze und Metallmischungen, über Metallmischungen im festen und im flüssigen Zustande u. s. w., welche viele einzelne Merkwürdigkeiten darbieten, aber keine allgemeinere Ansichten begründen, muß ich übergehen. Dagegen darf ich die Bemerkung wohl nicht übergehen, daß Antimonstäbe an einer Stelle erwärmt eine magnetische Polarität zeigten und Wismuthstäbe eben so angewandt werden konnten. Dieses beruhte auf einer Ungleichheit ihrer Masse und ließ sich so ansehen, als ob die beiden ungleichen Theile, die wir vorhin mit den Enden an einander löthéten, hier der ganzen Länge nach an einander lägen. Daß diese Ansicht richtig sei, zeigte sich, als ein Kupferstab und Antimonstab der ganzen Länge nach auf einander liegend, zusammen vereinigt wurden; erhitzte man dann beide Enden, während die Mitte kalt blieb, so zeigten sich die Enden polarisch. Eine Kugel von Antimon zeigte sich, an einzelnen Stellen erwärmt, magnetisch-polar, und Seebeck knüpft hieran Betrachtungen über die Beschaffenheit der ganzen Erde, die in ihren verschiedenen Puncten durch die unterirdischen Feuer so ungleich erwärmt ist *).

Der electrische Strom, den wir uns durch die ungleiche Erwärmung hier hervorgebracht denken, unterscheidet sich sehr von demjenigen, den die voltaische Erregung, die hydro-electrische Kette, wie man sie im Gegensatz genannt hat, hervorbringt, dadurch, daß er nicht so leicht die dünnern leitenden Körper durchläuft. Ein Schweigger'scher Multiplicator, der den Strom in öftern Wiederholungen um die Nadel führt, ist hier nicht von dem entschiedenen Nutzen, ja bei größerer Länge scheint er den Strom

*) Poggend. Ann. VI. I. 133. 253.

ganz und gar zu hindern, so daß man bei 500 Umwindungen keine Wirkung fand, obgleich sie bei 100 Umwindungen statt fand. Dagegen zeigt der einfache, aber durch dickere Stäbe fortgeführte, Strom sich so bedeutend wirksam. Aus diesem Grunde sind auch die ringförmigen Zusammensetzungen, wo Wismuth, Antimon, Wismuth, Antimon, mehrmals abwechseln, wie Fig. 192., zwar bei der Erhitzung in den gehörigen Verbindungspuncten wirksamer als einfache Ketten, aber dieses nur dann, wenn die Länge der ganzen Verbindung nicht vergrößert wird. Ist der ganze, vom electrischen Strome zu durchlaufende Ring EFGHIK aus Antimon EFGH und Wismuth HIKE zusammengesetzt, so bringt eine Erwärmung in E und Abkühlung in H eine bestimmte Ablenkung der Nadel hervor; diese wird größer, wenn der eben so lange Ring aus den Antimonstücken EF, GH, IK, besteht, zwischen welchen drei Wismuthstücke FG, HI, KE, befestigt sind, besteht, und wenn man nun E, G, I, in eben dem Grade, wie vorhin E, erwärmt, und F, H, K in eben dem Grade, wie vorhin H, abkühlt, wäre aber der Umfang im letzten Falle dreimal so groß als im ersten Falle genommen, so würde der wachsende Widerstand den Vortheil der vervielfachten Wirkung aufheben.

Dieser electrische Strom scheint daher mit sehr geringer Kraft vorzudringen, weshalb er denn auch zwar Contractionen bei Froschpräparaten, aber keine Wirkungen auf das Gefühl, keine erhebliche chemische Wirkungen, keinen Funken hervorbringt, und durch die geringsten Hindernisse an der Löthungsstelle beider Metalle gänzlich aufgehalten wird.

Becquerel hat zu Abmessung der magnetischen Kräfte, die bei den thermo-electrischen Versuchen thätig sind, folgendes Verfahren angewandt. Es werden mehrere ganz gleiche, mit Seide umwickelte, Leitungsdräthe über der Magnetnadel neben einander angebracht; jeder derselben bildet auf ganz gleiche Art einen aus zwei Metallen zusammengesetzten vollständigen Ring, um, wenn man einen der Verbindungspuncte erwärmt, einen thermo-electrischen Strom in sich fortzuleiten. Beobachtet man nun die Ablenkung der Magnetnadel, wenn nur einem der Dräthe an einem Löthungspuncte eine bestimmte Erhöhung der Temperatur, wenn zweien, wenn dreien dieselbe Erhöhung der Temperatur ertheilt wird, so hat man die einfache, zwelfache, dreifache Kraft mit den Angaben der Magnetnadel zusammengestellt. Mit Anwendung dieser Kenntniß von den wahren Werthen der Kraft des Stromes findet man, daß bei einer Verbindung von an einander gelöthetem Kupfer= und Eisendrath die Kraft gleichmäßig wächst, wenn man die Temperatur=Unterschiede der Löthungen von 0° bis 140° Cent. zunehmen läßt; von 140° an ist, bei gleicher Zunahme der Temperaturdifferenzen, die Zunahme der Kraft geringer und bei 300° ist sie beinahe unveränderlich geworden, ja bei noch höhern Temperaturen schien eine entgegengesetzte Wirkung einzutreten. Andre Dräthe zu einem Umlaufe verbunden zeigten bis zu andern Temperaturen hin eine mit den Wärme=Differenzen gleichmäßig steigende Kraft, und zwar bis zu desto höhern Temperaturen, je schwerer schmelzbar sie waren. Platindrath mit Eisendrath gab selbst bis zu 300° Erwärmung, wenn der andre Löthungspunct auf 0° erhalten wurde, gleichmäßig mit der Wärme steigende Kraft und Becquerel gründet darauf ein Verfahren, sehr hohe Temperaturen zu bestimmen, dessen nicht vollkommene Sicherheit indeß auch leicht erhellt. Da die oben erwähnten Maaßbestimmungen gezeigt hatten, daß eine Ablenkung der Nadel $= 22\frac{1}{2}°$ einer $\frac{14}{3}$ mal so großen Kraft als die Ablenkung $= 8°$ zugehöre, da ferner die Erhitzung in der Weingeistflamme, an der Stelle, wo das Blau in Gelb übergeht, für eine Verbindung von Platin= und Eisendrath eine Ablenkung $= 22\frac{1}{2}°$ unter eben den Umständen hervorbrachte, wo eine Erhitzung von 300° eine Ablenkung $= 8°$ bewirkte, so müßte $300 . \frac{14}{3} = 1400°$ die Hitze der Weingeistflamme sein, wenn die proportionale Wirkung bis so hoch hinauf statt fände.

Von Christie's Versuchen, wodurch er die in den verschiedenen Tagesstunden eintretenden Veränderungen des Erdmagnetismus mit den thermo=electrischen Erscheinungen in Verbindung zu setzen sucht, sage ich nichts, da seine Folgerungen mir nicht genug Ueberzeugung gewähren.

Auch in Hinsicht auf die Theorie dieser Erscheinungen habe ich wenig zu sagen. Seebeck glaubt, sie ständen den electromagnetischen Theorien, welche den electrischen Strom als Ursache der Einwirkungen auf die Magnetnadel ansehen, sehr entgegen, weil die eine Spannungsreihe von der andern so sehr abweiche, und sich keinesweges diejenigen Verstärkungen oder Schwächungen bei höhern Temperaturen zeigen, die man zu erwarten berechtiget scheine. — Wiefern diese Einwürfe begründet sind, oder sich heben lassen, scheint mir aus unsern jetzigen Kenntnissen noch nicht zu erhellen; aber ich weiß auch nicht, daß man bis jetzt eine genügendere Theorie aufzustellen im Stande gewesen sei.

Electrische Ströme durch bloße Nähe electrischer Ströme oder des Magnetes.

Ich gehe nun zu den neuesten Entdeckungen über die electrischen und magnetischen Erscheinungen über und werde sie, da der eigentliche Gang dieser Entdeckungen, wie nämlich Faraday dazu gelangte, noch nicht bekannt ist, an einen Einwurf gegen Ampère's Theorie, der mir die Veranlassung dazu zu enthalten scheint, anknüpfen. Dieser Einwurf, auf welchen ich neulich nur hindeutete, besteht darin, daß wir gar keine electrische Wirkungen des Magnetes kennen und es daher nicht begreiflich finden, wie jedes Element des Magnetes von electrischen Strömen umkreiset sein soll und dennoch diese electrischen Ströme keine Art von electrischer Wirkung zeigen. Man konnte hierauf mit Recht antworten, daß sich hier, wo es auf eine Wirkung unzähliger geschlossener Kreise electrischer Umströmungen ankomme, gar wohl ein eben solches Zerstören der nach außen merkbaren Wirksamkeit denken lasse, wie es zum Beispiel bei einem magnetischen Ringe der Fall ist, dessen Magnetismus, weil überall Nordpol und Südpol zugleich sind, uns erst kenntlich wird, wenn wir ihn zertheilen; indeß war damit doch jene Bedenklichkeit nur abgewiesen und nicht widerlegt.

Ob nun Faraday durch Betrachtungen, die sich hierauf bezogen, geleitet, neue Untersuchungen, wie umkreisende electrische Ströme auf unelectrisirte Körper wirken, unternommen habe, ist mir unbekannt; sehr wohl aber ließe sich denken, daß diese Betrachtung ihn zu derjenigen Kenntniß der Einwirkung electrischer Ströme auf unelectrisirte Leiter geführt habe, welche ich jetzt angeben will. Die erste Entdeckung, die Faraday zu den wichtigen neuesten Entdeckungen leitete, scheint die gewesen zu sein, daß ein electrischer Strom, der einen Metalldrath durchläuft, in einem ihm benachbarten Drathe einen ähnlichen, aber nur einen Augenblick dauernden, Strom von entgegengesetzter Richtung hervorruft, und daß, nach der Entfernung jenes electrischen Stromes, in dem benachbarten Drathe ein neuer electrischer Strom, gleichlaufend mit dem diese Wirkungen hervorbringenden Strome, entsteht. Man kann sich wundern, daß diese Wirkung nicht schon lange beobachtet worden ist, aber die sehr kurze Dauer dieser durch Einwirkung entstandenen Ströme enthält schon Grund genug, um zu erklären, warum niemand hierauf aufmerksam geworden ist *). Sobald aber Faraday sie bemerkte, mußte nun sich gewiß die Ueberlegung hieran anschließen, daß die den Magnet angeblich umkreisenden electrischen Ströme, wenn sie gleich keine Electrisirung ertheilen können, wenn sie gleich keiner Ableitung selbst durch die besten Leiter fähig sind, doch vielleicht eine gleiche Einwirkung auf benachbarte Leiter durch Erregung electrischer Ströme in ihnen zeigen könnten. Und diese Vermuthung fand sich bestätigt. Brachte Faraday den Magnet einem schraubenförmig gewundenen Leiter nahe, so zeigte die Einwirkung dieses Drathes auf die Magnetnadel des Multiplicators einen in ihm entstandenen electrischen Strom, so wohl bei der Annäherung als bei der Entfernung des Magnetes.

Diese Entdeckung ist unstreitig eine der merkwürdigsten, da sie die erste ist, welche eine Electricität des Magnets verräth oder welche zeigt, daß der Magnet, ganz allein wirkend, electrische Erscheinungen hervorbringt, daß also jener Einwurf seinen Werth fast ganz verliert. Nobili hat eine vortheilhafte Anordnung dieser Versuche angegeben. Wenn man die beiden Pole eines Huf-Eisen-Magnetes mit einem weichen Eisen verbindet, so ist dieses bekanntlich nun selbst ein Magnet, und man kann den schrauben-

*) Daß der Magnet electrische oder chemische Wirkungen hervorbringen müsse, ist oft vermuthet worden; aber weder die, die dieses vermuthet haben, noch die, welche einen schraubenförmigen Leiter um den Magnet gewickelt haben, dürfen sich rühmen, dieser Entdeckung nahe gewesen zu sein, (auch Fresnel nicht, der selbst das gänzliche Fehlschlagen seines Versuches bekannte, Gilb. Ann. LXVI. 410.) denn diese schnell vorübergehenden Wirkungen erwarteten sie nicht.

förmigen Drath nicht besser anbringen, als wenn man ihn um dieses Eisen wickelt und dann seine Enden mit dem Drathe des Multiplicators in Verbindung setzt. So wie das Eisen, der Anker am Magnet, die Pole des Magnets berührt und dadurch zum Magnete wird, zeigt dieser um das Eisen gewickelte, also in der Nähe dieses schnell entstehenden Magnetes befindliche Drath auf kurze Zeit einen in ihm entstehenden electrischen Strom; wird das Eisen abgerissen, so hört der Magnetismus des Eisens auf und der Multiplicator zeigt einen entgegengesetzten Strom in jenem Umwickelungsdrathe.

Auf diese Weise läßt sich der Versuch mit einem Magnet, der etwa 12 Pfund trägt, leicht wiederholen, nur muß man sorgen, die Leitungsdräthe lang genug zu nehmen, damit man sicher sei, den Magnet so entfernt zu legen, daß er nicht beim Abziehen und Anlegen des Eisens ungleich auf die Nadel des Multiplicators wirket. Ein $\frac{1}{2}$ Linie starker Messingdrath mit Seide umwickelt und 12 bis 14 Umwindungen um das Eisen machend, reicht hiebei zu, und man kann, sobald nur der Gehülfe das Anlegen und Abziehen pünctlich ausrichtet, sehr bedeutende Ausweichungen der Nadel hervorbringen, wenn man den Wechsel des Anlegens und Abreißens des Ankers so statt finden läßt, daß allemal die Oscillation der Nadel nach der Seite, wohin sie grade geht, verstärkt wird *).

Diese Versuche dienen, indem sie einen Einwurf gegen die Theorie Ampère's heben, ihr zur Bestätigung; denn auch hier zeigt wieder der Magnet genau dieselbe Wirkung, wie die umkreisenden electrischen Ströme. Ampère selbst hat in Verbindung mit Becquerel die Versuche Faraday's wiederholt, und auch mit einem starken schraubenförmig gewundenen Drathe, der einen

---

*) Ich finde es am zweckmäßigsten, die Enden des Multiplicatordrathes in zwei Glasgefäßen in Quecksilber eingetaucht zu lassen und auch die beiden Enden des Umkreisungsdrathes in das Quecksilber dieser Gefäße tauchend, ungeändert fest zu erhalten; dann hat der Beobachter bloß auf die Nadel zu sehen, während der Gehülfe den Anker des Magnets anlegt und abreißt. Der Versuch gelingt, wenn man auch den Leitungsdrath da, wo er ohne Seide ist, mit der trockenen Hand berührt.

electrischen Strom leitete, genau die Erscheinungen, wie bei Anwendung des Magnets erhalten. Auch wenn dieser electrische Strom in die Windungen des mit dem Multiplicator verbundenen Drathes gebracht wurde, zeigte die Nadel des Multiplicators nur eine kurz dauernde Ausweichung und kehrte dann zu ihrer ruhigen Stellung zurück, bei der Entfernung des electrischen Stromes machte sie eine gleichfalls kurz dauernde Ausweichung nach entgegengesetzter Richtung; — genau wie Faraday es angegeben hatte. Ampère hat schon in seinen frühern Theorien es nöthig gefunden, den electrischen Umströmungen um den Magnet in der Mitte eine größere Intensität als gegen die Enden beizulegen, weil nur so sich alle Erscheinungen des Magnetes erklären ließen; die Wirkung eines mit gleichen Umkreisungsströmen umwickelten Cylinders mußten sich also auch hier etwas von den Wirkungen des Magnetes darin unterscheiden, daß bei jenem die Enden sich verhältnißmäßig wirksamer zeigten; und in der That fand sich, daß zwar auch bei dem Fortschieben des mit wirklichen electrischen Strömen umwickelten Cylinders die Wirkung zunahm, bis die Mitte des Cylinders jenen andern Umwickelungsdrath erreichte, aber daß beim Magnet diese Zunahme gegen die Mitte stärker war. Jeder Umstand findet sich also so wie die Ampère'sche Theorie es fordert.

Magnetische Funken.

Diese Erscheinungen, welche eine bestimmte Hervorbringung electrischer Wirkungen durch den Magnet beweisen, gewähren nun die Hoffnung, auch andre electrische Wirkungen hervorgehen zu sehen. Bei der nur momentanen Dauer der electrischen Ströme, welche in den benachbarten Körpern durch die Annäherung und Entfernung electrischer Ströme und des Magnets erregt werden, läßt sich auf chemische Wirkungen am wenigsten rechnen, es müßten denn solche sein, die zu ihrem Entstehen nur die allerkürzeste Zeit gebrauchen; dagegen hat schon Faraday einen Funken hervorgehen sehen, und Mittel angegeben, ihn mit Bestimmtheit zu erhalten. Nobili und Antinori aber haben zuerst die genauern Umstände, von denen er abhängt, bekannt gemacht. Sie fanden nämlich, daß zu Hervorbringung desselben die schnelle Unterbrechung der Leitung während des kurzen Augenblickes, wo die Ströme wirksam sind, erforderlich sei, und brachten ihn daher zuerst so hervor, daß sie beide Enden des Drathes, in welchem der electrische Strom durch Einwirkung des Magnetes entstand, in einem einzigen Gefäße mit Quecksilber eingetaucht anbrachten, und nun gleichzeitig das Eisen vom Magnet abzureißen und den einen Drath aus dem Quecksilber hervorzuziehen suchten; geschah beides fast in demselben Moment, so zeigte sich der Funke. Da aber diese Gleichzeitigkeit so schwer zu erhalten war, so wählten sie nachher ein anderes Verfahren. Legen sich die beiden Enden des um den Anker gewickelten Drathes, ohne mit dem Anker des Magnetes in leitender Verbindung zu stehen, vollkommen leitend an beide Pole des in die Form des Huf-Eisens gekrümmten Magnetes an, so machen die electrischen Ströme, welche in dem Drathe entstehen, wenn das weiche Eisen plötzlich den Magnet berührend zum Magnet wird, ihren Kreislauf durch den Drath und den Magnet; richtet man es nun so ein, daß beim Abreißen des Eisens gleichzeitig auch die Enden des Drathes sich vom Magnet trennen, so wird der im Augenblicke des Abreißens entstehende Strom in seinem Uebergange gehindert und schlägt als Funke über.

Aussichten auf künftige Entdeckungen.

Die nächsten Erweiterungen unserer Kenntnisse, die wir von ferneren Untersuchungen über diese Hervorbringung electrischer Ströme durch den Magnet zu erwarten haben, scheinen den bei der Rotation der Metallscheiben in der Nähe eines Magnetes hervortretenden Magnetismus zu betreffen. Schon Faraday und nachher auch Ampère und Nobili haben hierauf ihre Aufmerksamkeit gerichtet, und es erhellt schon jetzt, daß die schnell vorübergehenden, nur einen neuen Gleichgewichtszustand der electrischen Materien bewirkenden, electrischen Ströme, die der Magnet in ruhenden Körpern hervorbringt, uns nicht leicht merklich werden können, daß dagegen in einer Metallscheibe, deren einzelne Puncte am Magnete schnell vorübergehen, entgegengesetzte electrische Ströme, damit aber auch sichtbare Einwirkungen auf den Magnet, entstehen müssen. In den herannahenden Theilen des bewegten Leiters müssen nämlich electrische Ströme den Umkreis ungeströmen des Magnets entgegengesetzt, in den sich aus der Einwirkung des Magnets entfernenden Theilen müssen neue electrische Ströme, denen des Magnetes gleichlaufend, hervorgehen; diese müssen von der vorangehenden Seite der Scheibe anziehend, von der nachfolgenden Seite abstoßend auf den Magnet wirken; sie müssen durch Unterbrechung des Zusammenhanges der Theile in ihrer Wirkung gestört werden u. s. w. Nobili sowohl als Ampère haben die Erklärungen schon weiter fortgesetzt, aber da die vollständige Einsicht in alle Umstände noch mehr Versuche fordert, und Faraday nicht völlig mit diesen Folgerungen zufrieden ist, so will ich hier nicht dabei verweilen.

Aber noch über einen zweiten Gegenstand dürfen wir nun bald besser belehrt zu werden hoffen. Das Nordlicht ist eine leuchtende magnetische Erscheinung, zu der sich bisher keine ähnliche in unsern Versuchen fand; jetzt, da wir einen magnetischen Funken kennen, oder den Magnet einen wahren electrischen Funken hervorbringen sehen, scheint es weniger räthselhaft, wie ein electrisches Licht ganz dem im luftleeren Raume ausströmenden electrischen Lichte ähnlich, magnetische Wirkungen zeigen und mit den magnetischen Polen der Erde in Beziehung stehen kann.

Mit diesen wichtigen Entdeckungen, mit so schönen Aussichten auf neue Erweiterungen unserer Kenntnisse schließe ich die Reihe von Betrachtungen, mit welchen ich Sie zu unterhalten mir vorgesetzt hatte. Habe ich gleich aus dem unermeßlichen Reichthum mannigfaltiger Forschungen Ihnen nur weniges und nur das, was mir zum Uebersehen des ganzen Systemes nothwendig schien, nur die Untersuchungen, die den Zusammenhang der Erscheinungen am meisten aufklären, mittheilen können, habe ich gleich manches Verdienst unerwähnt lassen, und mich begnügen müssen, nur diejenigen Entdeckungen in ihrer Entstehung und Ausbildung zu verfolgen, die durch ihren Erfolg vorzugsweise dies zu verdienen scheinen; so hoffe ich doch, daß ich Ihnen Gelegenheit genug gegeben habe, nicht nur den Reichthum der Natur an merkwürdigen Erscheinungen, sondern auch den Scharfsinn mancher ausgezeichneter Männer zu bewundern und in ihren Bemühungen Beispiele des ächten philosophischen Forschens, Beispiele, die uns als Vorbilder dienen können, zu erkennen. Und was den Erfolg unserer Bemühungen, die Erscheinungen der Natur in ihrem Zusammenhange zu übersehen, die Gesetze ihrer Verbindung kennen zu lernen, betrifft, so habe ich zwar oft das Bekenntniß ablegen müssen, daß vieles uns noch dunkel sei, vieles noch zu untersuchen übrig bleibe; aber dennoch hoffe ich sagen zu können, daß Sie nicht ohne Freude den Reichthum unserer Kenntnisse, das gelungene Bestreben der Physiker, die Erscheinungen in einem Systeme zu vereinigen, werden kennen gelernt haben, wenn anders meine Darstellung nicht zu mangelhaft gewesen ist.

Und an die Freude über das, was wir besitzen, knüpft sich die Hoffnung auf immer reichere Kenntnisse, auf immer vollendetere Einsicht in die Natur, die, nie erschöpft, dem Menschengeschlechte immer neue Wunder darbieten wird. Möge nur diese vermehrte Einsicht auch durch weise Anwendung immer mehr zum Wohl der menschlichen Gesellschaft beitragen, möge dadurch die Zahl der Leiden, mit denen das menschliche Geschlecht umgeben ist, vermindert werden; aber möge auch nie die Demuth aus den Herzen der Menschen entweichen, anzuerkennen, daß selbst die größeste menschliche Weisheit nicht zu einer vollkommenen Herrschaft über die Natur führt, und daß wir die Heilung zahlreicher Leiden und Gebrechen, welche die Menschheit drücken, von keiner irdischen Hand erwarten dürfen.

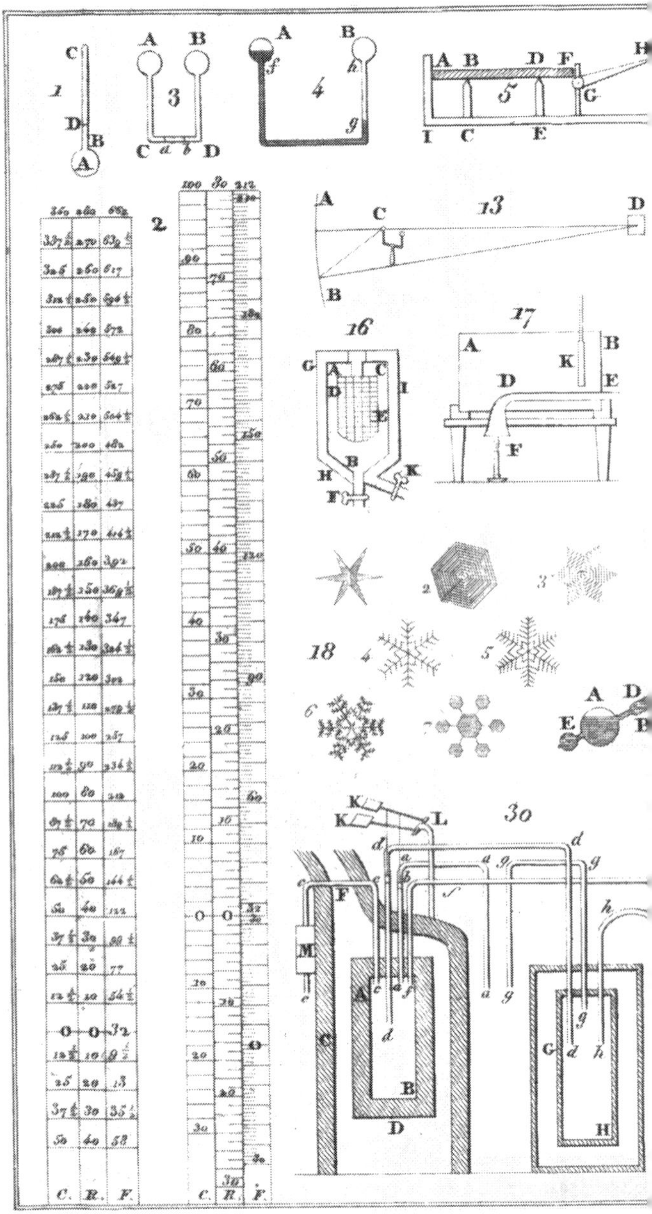
1
3
4
5
2
13
16
17
18
30
C. R. F.
C. R. F.

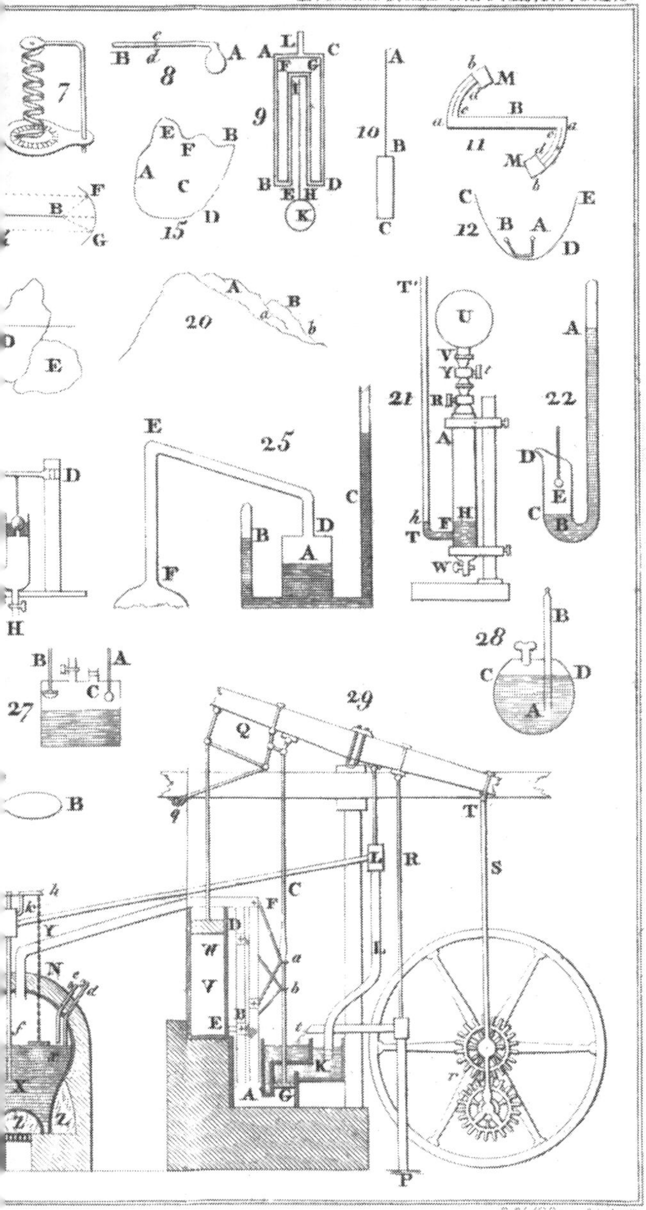
7
8
9
10
11
12
15
20
21
22
25
27
28
29

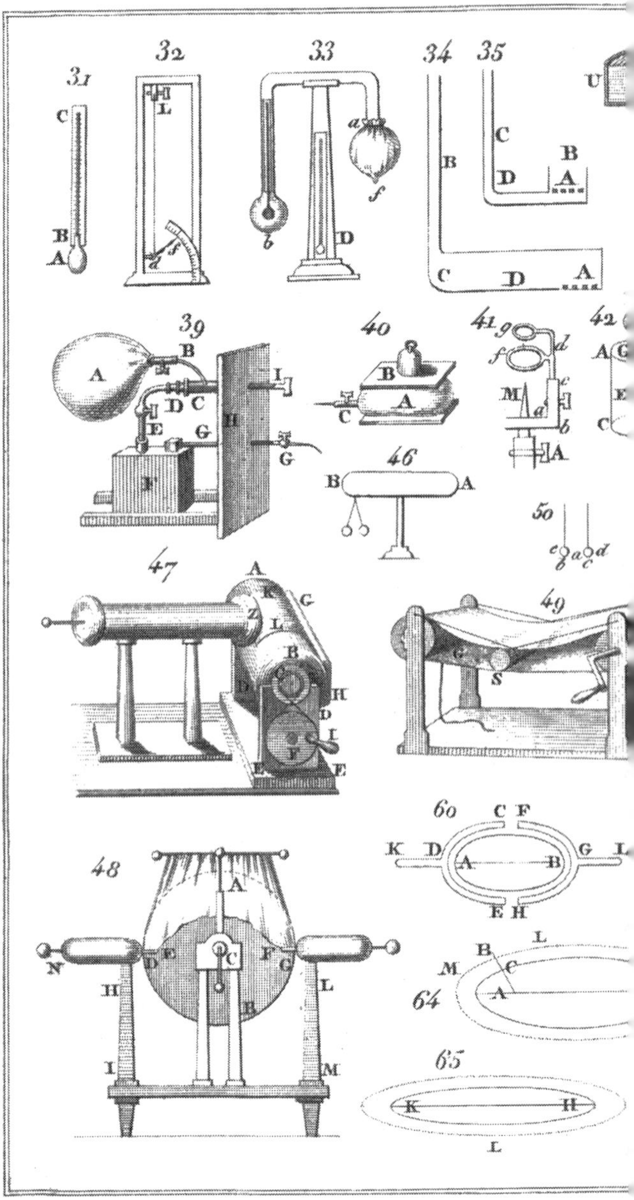
31
32
33
34
35
39
40
41
42
46
47
48
49
50
60
64
65

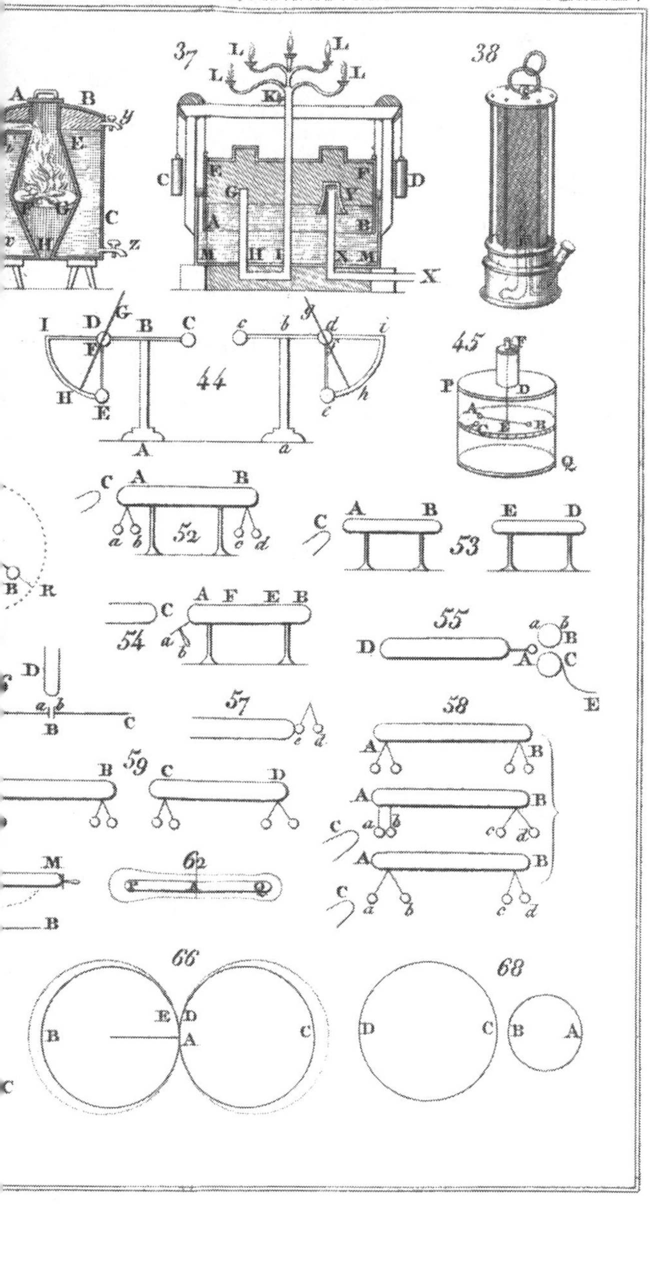
37
38
44
45
52
53
54
55
57
58
59
62
66
68

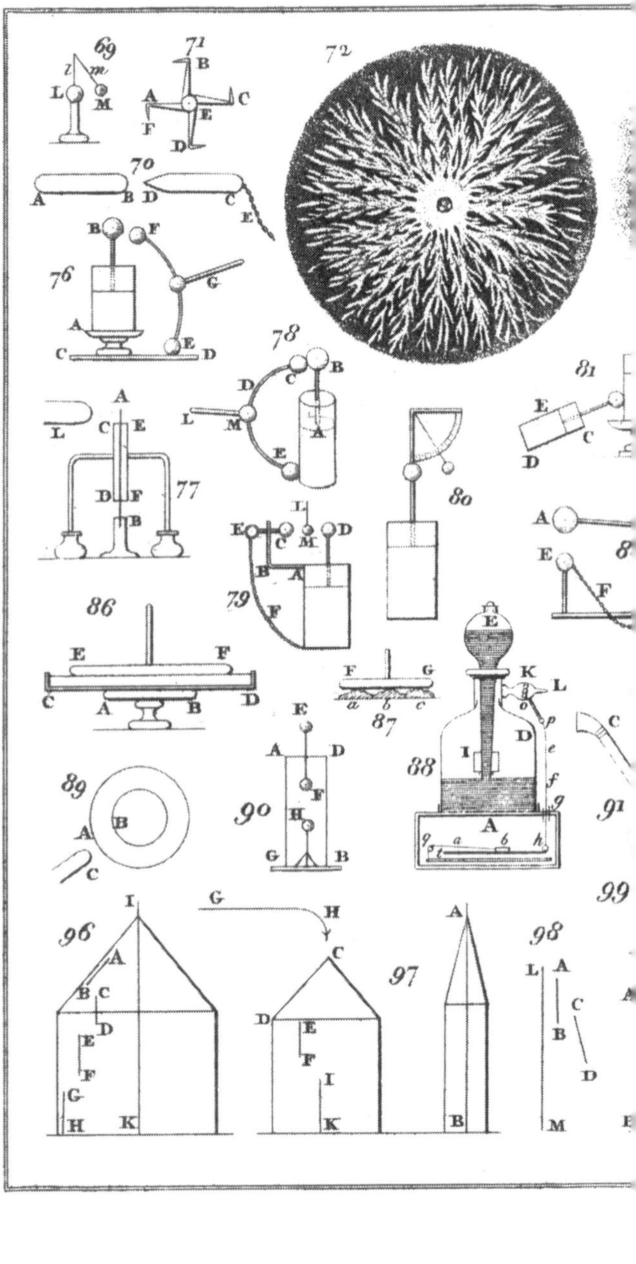
69
71
72
70
76
78
77
81
80
79
86
87
88
89
90
91
96
97
98
99

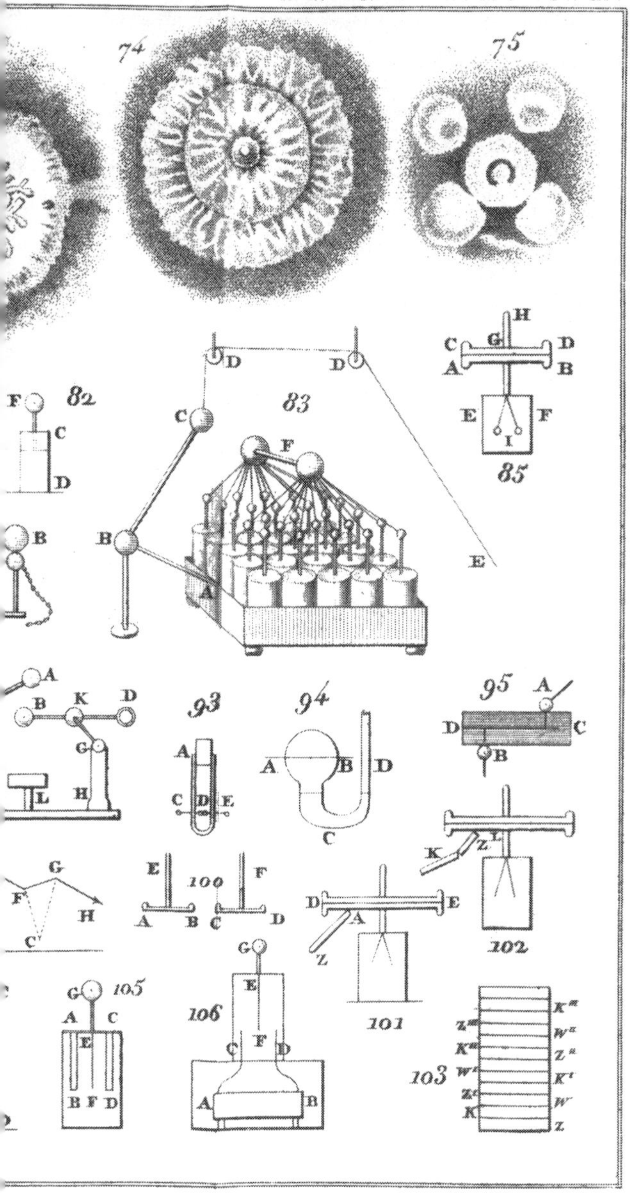
74
75
82
83
85
93
94
95
100
101
102
103
105
106

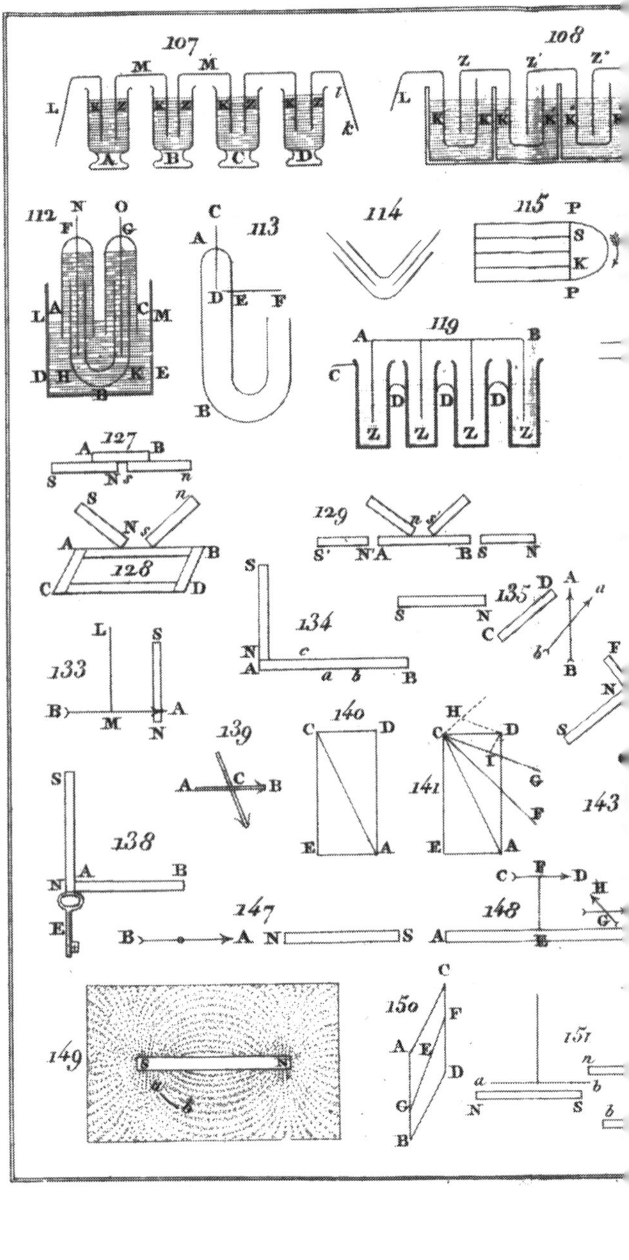
107
108
112
113
114
115
119
127
128
129
133
134
135
138
139
140
141
143
147
148
149
150
151

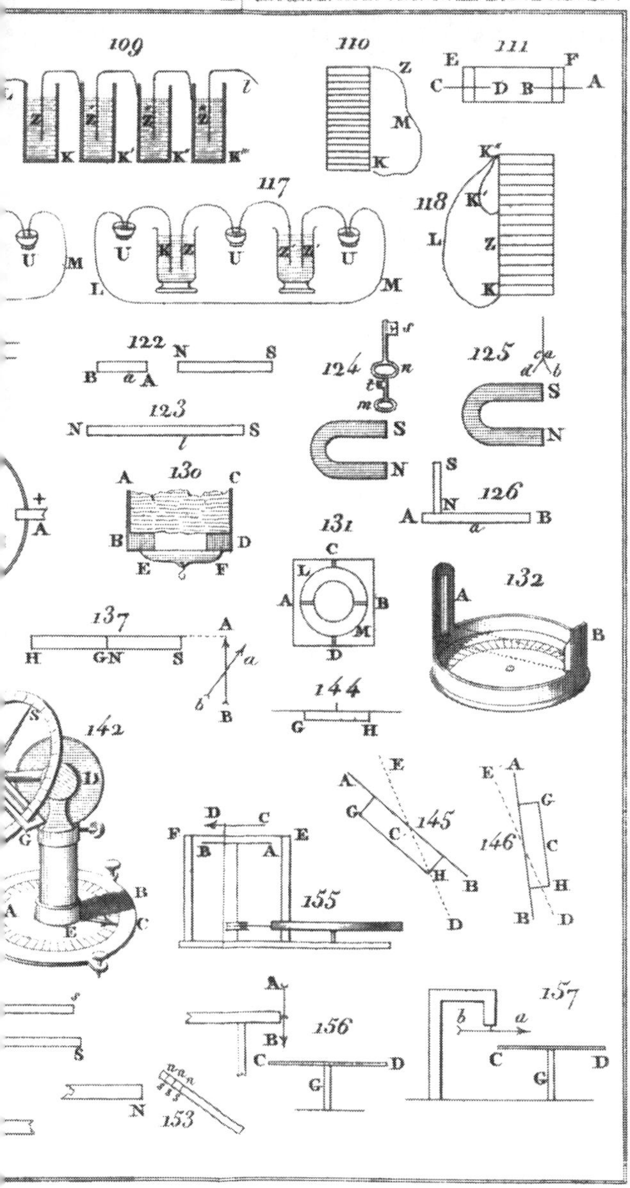
109
110
111
117
118
122
123
124
125
126
130
131
132
137
142
144
145
146
153
155
156
157

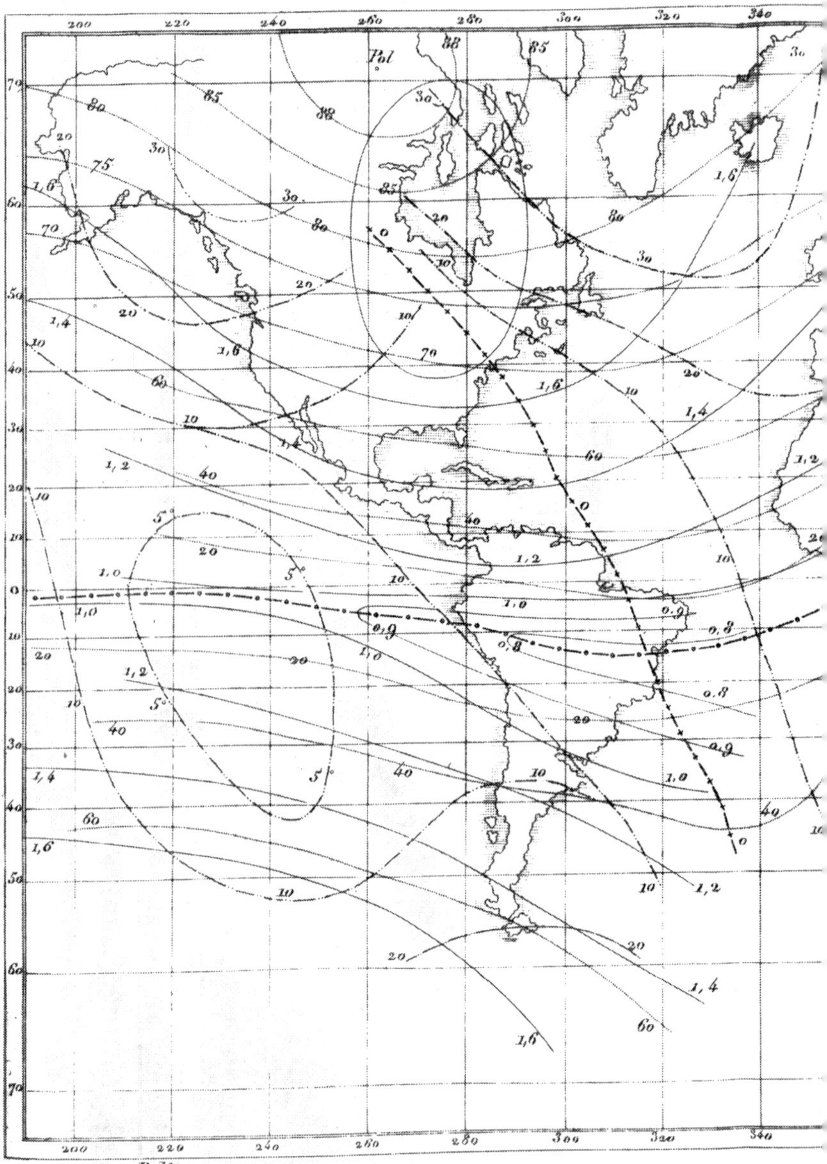
Pol
200
220
240
260
280
300
320
340
70
60
50
40
30
20
10
0
10
20
30
40
50
60
70
Pol°

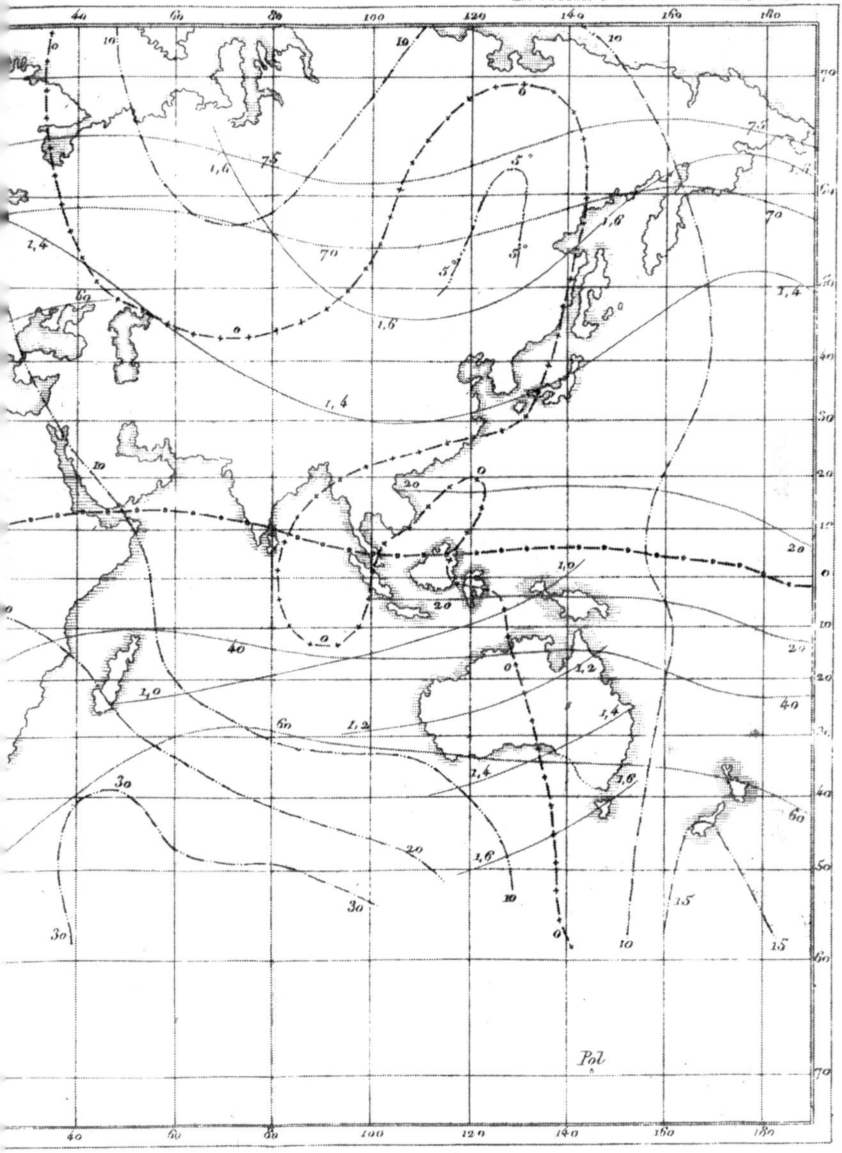
40
60
80
100
120
140
160
180
Pol

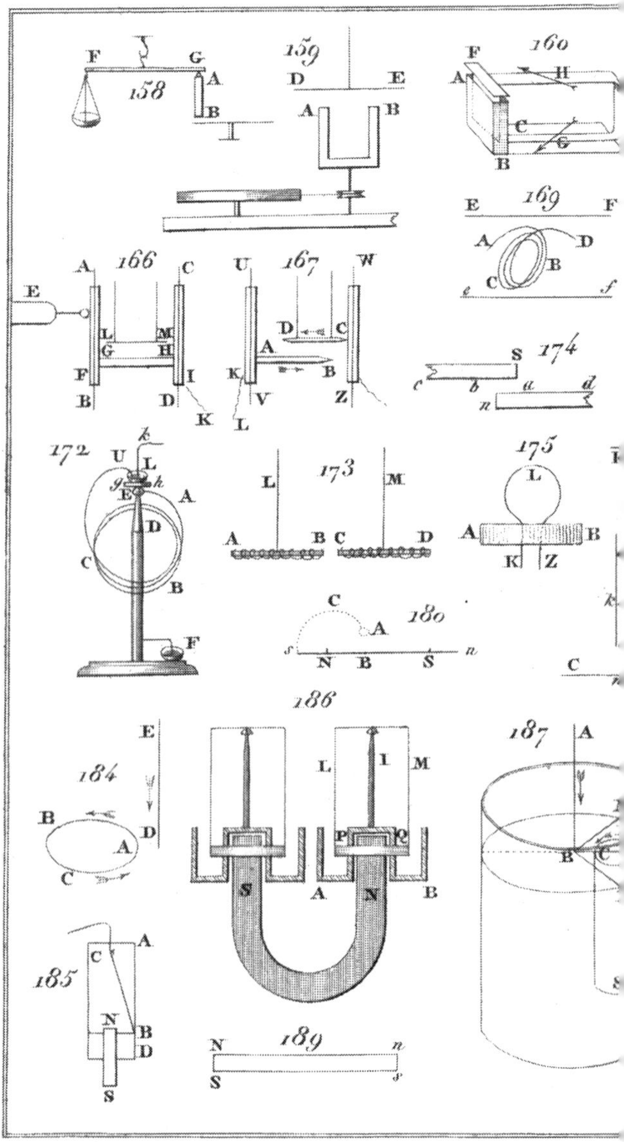
158
159
160
166
167
169
172
173
174
175
180
184
185
186
187
189

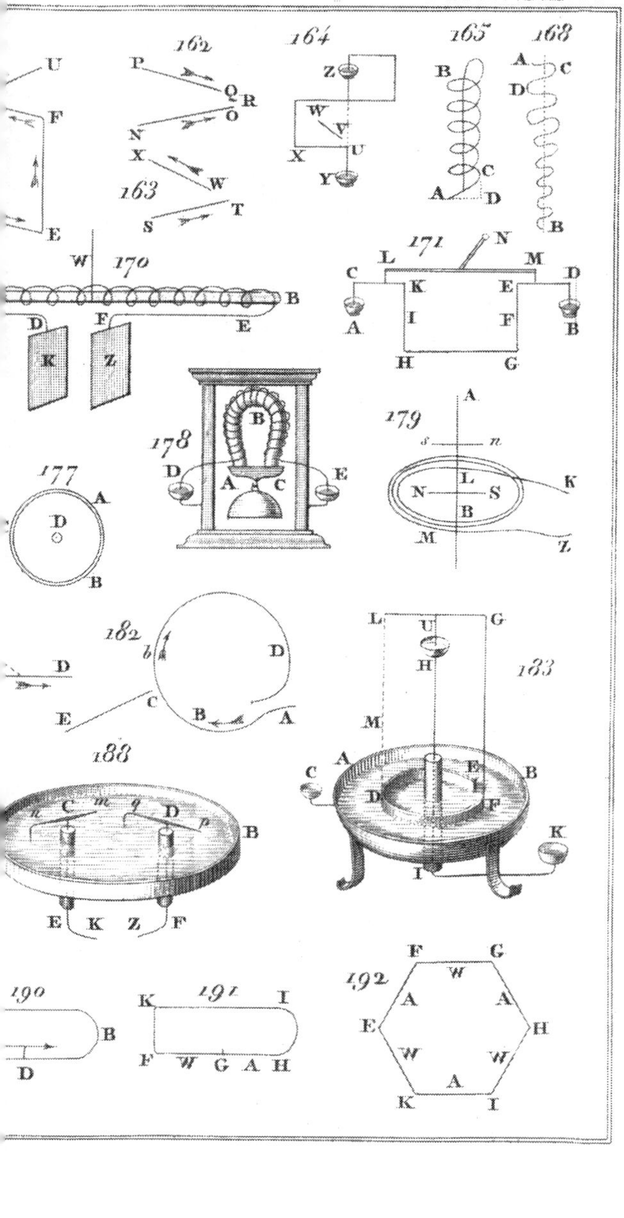

FSC
www.fsc.org
MIX
Papier | Fördert
gute Waldnutzung
FSC® C083411

Kolibri 360 GmbH
Ferdinand-Jühlke-Straße 7
99095 Erfurt, Deutschland
produktsicherheit@kolibri360.de